Hendrik Radatz
Wilhelm Schipper
Rotraut Dröge
Astrid Ebeling

Handbuch für den Mathematikunterricht

3. Schuljahr

Schroedel

Autoren: Dr. Hendrik Radatz, Professor für Didaktik der Mathematik †

Dr. Wilhelm Schipper, Professor für Didaktik der Mathematik

Rotraut Dröge, Schulleiterin

Astrid Ebeling, Grundschullehrerin

Die Deutsche Bibliothek - CIP Einheitsaufnahme

Handbuch für den Mathematikunterricht / Hendrik Radatz … -
Hannover: Schroedel
(Anregungen zur Unterrichtspraxis)
Schuljahr 3. - Dr. A,1. - 1999
ISBN 3-507-34052-8

ISBN 3-507-**34052**-6

Druck A 7 6 5 / 2007 2006 2004

Druck und Bindung: westermann Braunschweig

Inhaltsverzeichnis

Vorbemerkung 5

1. Zu einigen allgemeinen Themen des Mathematikunterrichts 7

1.1 Fördern und Fordern im Mathematikunterricht 7

1.2 Kopfrechnen – Anregungen für tägliche Übungen, exemplarisch dargestellt an Beispielen zur Multiplikation 15

1.3 Differenzierte Mathematikarbeiten 19

1.4 Tafelarbeit und Tafelbild im Mathematikunterricht 25

1.5 Computer in der Grundschule 28

2. Arithmetik 37

2.1 Die ersten Wochen im 3. Schuljahr 38

2.2 Zahlenraumerweiterung bis 1 000 52

2.3 Addition und Subtraktion 73

2.4 Multiplikation und Division 89

2.5 Beziehungen, Untersuchungen und Entdeckungen 113

2.6 Schriftliche Addition und Subtraktion 119

3. Geometrie 143

3.1 Ebene Figuren und Formen 113

3.2 Geometrische Körper und räumliche Beziehungen 159

3.3 Abbildungen und Bewegungen 170

3.4 Topologische Fragestellungen 179

3.5 Geometrisches Zeichnen 187

4. Sachrechnen und Größen 195

4.1. Voraussetzungen, Formen und Einordnung des Sachrechnens 195

4.2. Handlungserfahrungen und Sachrechnen mit Größen 197

4.3. Sachrechnen mit Geld 201

4.4. Sachrechnen mit Längen 213

4.5. Sachrechnen mit Zeit 222

4.6. Sachrechnen mit Gewichten 230

4.7. Sachrechnen mit Rauminhalten 239

4.8. Sachrechnen mit verschiedenen Größen 247

4.9. Festigung und Erweiterung von Bearbeitungsstrategien 255

Kopiervorlagen

Arithmetik 266

Geometrie 284

Sachrechnen und Größen 294

Literaturverzeichnis 296

Querverweise Kopiervorlagen → Textseiten 300

Sachwortregister 301

Vorbemerkung

Der Mathematikdidaktiker Gerlach hat 1907 im Vorwort der ersten Auflage seines Buches „Von schönen Rechenstunden“ geschrieben: „Von allen Unterrichtsfächern ist der Rechenunterricht bisher noch am wenigsten durch die neuen Reformbestrebungen beeinflußt worden.“ Zwar hat sich der Mathematikunterricht an Grundschulen in den letzten Jahrzehnten gewandelt, dennoch gibt es viele Aspekte, die sich seit Gerlach immer noch nicht geändert haben.

Die meisten Lehrpläne bzw. *Rahmenrichtlinien*
- sind voller methodischer Vorschriften, die LehrerInnen und Schulbuchautoren gängeln, obwohl es nicht *die eine beste* Methode für alle Kinder geben kann, auch nicht per Erlass der Kultus- oder Schulministerien;
- haben durchweg immer noch die starren Schuljahresgrenzen bei der Zuweisung der mathematischen Unterrichtsinhalte und
- beschreiben inhaltliche Ziele des Mathematikunterrichts mit Blick auf einen Durchschnittsschüler, ohne Offenheit für eine sinnvolle Differenzierung, durch die Möglichkeiten des Förderns und zugleich Forderns aller Kinder geschaffen werden könnten.

Der *Unterricht* selber ist oft noch gekennzeichnet durch
- eine starre Bindung an das eingeführte Schulbuch („von Seite zu Seite, dabei die Geometrieteile aussparend“),
- den „didaktischen Dreisprung“ Vormachen – Nachmachen – Einüben, wie ihn auch Gerlach schon bemängelte, und
- das Abzielen auf Normalverfahren, die es den Kindern nicht erlauben, eigene Wege zu gehen und eigene Lösungsstrategien zu entdecken.

Die Ergebnisse einer internationalen Vergleichsstudie zum Mathematikunterricht in zahlreichen Ländern (TIMSS – Third International Mathematics and Science Study; vgl. z. B. Baumert u. a. 1997) haben zu einer intensiven Diskussion geführt, weil sich die mathematischen Leistungen der Schüler an deutschen Schulen im internationalen Vergleich allenfalls als mittelmäßig erwiesen haben, weit entfernt vom Können der Schüler in den Ländern der Spitzengruppe. Diese Erkenntnisse beziehen sich auf den Mathematikunterricht in den Sekundarstufen I und II. Die deutschen Länder haben sich nicht an dem entsprechenden Vergleich am Ende der Grundschule beteiligt. Dennoch ist zu vermuten, dass die Mathematikleistungen der deutschen Schüler auch am Ende der Grundschulzeit im internationalen Vergleich nicht besser wären.

Wodurch unterscheidet sich der Mathematikunterricht in den erfolgreicheren Länder von dem bei uns? Zum einen sind die eingangs für den deutschen Unterricht beschriebenen Reformdefizite in den Ländern der Spitzengruppe weitgehend überwunden. Die Analysen von Unterricht zeigen eine größere „Offenheit“ und eine andere „Unterrichtskultur“. Hinzu kommen aber weitere Aspekte bzw. Unterschiede wie etwa folgende:
- In vielen Ländern haben die Eltern ein großes Interesse an den schulischen Leistungen ihrer Kinder, insbesondere in den ostasiatischen Ländern.
- Diese Länder haben im Laufe eines Schuljahres mit bis zu 240 Schultagen pro Jahr deutlich mehr Unterricht, weil es nicht so lange Ferien und so viele Feiertage gibt.
- Regelmäßige Leistungskontrollen bzw. Leistungsvergleiche zwischen Klassen, Schulen, Regionen oder landesweit in diesen Ländern zeigen, dass offensichtlich auch für Schule der Grundsatz der „Qualitätssicherung durch Evaluation“ gilt.

Diese Tatsachen werden vielen von uns nicht gefallen, aber wir müssen uns wohl entscheiden, ob wir es uns als Industrienation auf Dauer leisten können, dass unsere schulischen Mathematikleistungen hinter denen vieler anderer Industrienationen herhinken.

Das vorliegende Handbuch kann die aufgezeigten Probleme nicht lösen. Wir bemühen uns aber über die Inhalte um mehr methodische und mehr inhaltliche Offenheit, über die methodischen Anregungen um eine größere Selbstständigkeit und Selbsttätigkeit der Kinder und über Anregungen zu Aktivitäten in Nicht-Standard-Inhaltsbereichen (Wahrscheinlichkeit, Geometrie, Taschenrechner ...) zum Mathematiktreiben anzuregen. Unserer Ansicht nach hat Gerlach (1907) richtig formuliert: „In der Schule der Zukunft wird die Frage nach Umfang und Bedeutung des Rechenunterrichts keine Rolle mehr spielen. Wir dürfen unseren Schülern nicht eine fertige Anordnung bieten, sondern müssen sie unter unmerklicher Führung selber eindringen lassen in eine für sie neue Welt.“

Nun schon nach alter Tradition werden auch im Handbuch für das 3. Schuljahr zunächst einige allgemeine Themen des Mathematikunterrichts diskutiert: Fördern und Fordern im Mathematikunterricht, Kopfrechnen, Differenzierung und differenzierende Klassenarbeiten, Tafelbild und Tafelarbeit sowie Computereinsatz. Den eigentlichen Kern des Handbuches bilden Vorschläge und Anregungen zu den drei zentralen Inhaltsbereichen des Mathematikunterrichts in der Grundschule:

- Arithmetik
- Geometrie
- Sachrechnen und Umgang mit Größen

Neben diesen drei Bereichen werden weitere wichtige inhaltliche Themen angesprochen, die in den meisten der derzeit gültigen Rahmenrichtlinien nicht genannt werden. Sie sind jedoch zum Erreichen der inhaltsübergreifenden Ziele des Mathematikunterrichts besonders gut geeignet und ermöglichen zudem interessante mathematische Entdeckungen und Einsichten, so wie sie etwa Robert in dem für Schüler und Lehrer gleichermaßen anregenden Buch „Der Zahlenteufel“ (1997) von Hans Magnus Enzensberger macht, nachdem er lange Zeit große Schwierigkeiten im Rechenunterricht hatte.

Am Ende des Handbuches finden Sie neben Kopiervorlagen auch Hinweise auf ausgewählte Literatur, ein praktisches Sachwortregister und, zur eigenen Orientierung, einen Stoffplan für das 3. und 4. Schuljahr.

Bitte schreiben Sie uns Ihre Meinung, Ihre Kritik oder Ihre Erfahrungen zum vorliegenden Handbuch für das 3. Schuljahr.

Im Frühjahr 1998

R. Dröge,
A. Ebeling,
† H. Radatz,
W. Schipper

1. Zu einigen allgemeinen Themen des Mathematikunterrichts

1.1 Fördern und Fordern im Mathematikunterricht

Grundschulkinder unterscheiden sich teilweise sehr stark hinsichtlich ihrer Fertigkeiten und Kenntnisse einerseits und ihrer Fähigkeit zu Ausdauer und Konzentration andererseits. Große Unterschiede sind ebenfalls im Bereich ihrer Gedächtnisleistungen zu beobachten. Das Spektrum an individuellen Strategien, die Kinder im Mathematikunterricht anwenden, ist vielfältig. Im Mathematikunterricht der Grundschule kann die Lehrerin deshalb davon ausgehen, dass nicht alle Kinder zum gleichen Zeitpunkt auf die gleichen Lernerfahrungen und Lernwege zurückgreifen können. Aus dieser Tatsache leitet sich die Notwendigkeit eines differenzierenden Mathematikunterrichts ab, denn Lernen in der Grundschule kann nur dann für möglichst viele Schüler erfolgreich sein, wenn es im Unterricht gelingt, an die unterschiedlichen Lernvoraussetzungen, Lernerfahrungen und Lernfähigkeiten der Kinder anzuknüpfen.

„Die Grundschule soll ihre Schüler entwicklungsgerecht durch angemessene Anregungen und Aufgabenstellungen fördern und unter dem Aspekt ausgleichender Bildungsvermittlung jedem Schüler den Lernweg eröffnen, der seine mitgebrachten Erfahrungen, die vom Elternhaus geprägten Lerngewohnheiten und seine individuellen Eigentümlichkeiten mit den systematischen Lernanforderungen der Schule verbindet." (Niedersächsisches Kultusministerium 1981, S. 116) Diese Zielvorstellung, die mit ähnlichen Formulierungen in den Richtlinien aller Länder zu finden ist, erfordert einen Unterricht, der in seiner Planung, Gestaltung und Durchführung Maßnahmen der Differenzierung zur individuellen Förderung und Forderung berücksichtigt. In einem differenzierenden Mathematikunterricht dominieren entwicklungsgerechte Aufgabenstellungen, schülerorientierte Lernangebote und Lernhilfen sowohl für Lernschwache als auch für besonders Leistungsstarke.

1.1.1 Fördermöglichkeiten in der Grundschule

Fördermaßnahmen sind unverzichtbare Bausteine einer zeitgemäßen Erziehungs- und Bildungsarbeit in der Grundschule. In der Schulpraxis unterscheidet man vornehmlich zwischen zwei Organisationsformen der Förderung: *Fördermaßnahmen im Klassenunterricht* und *Fördermaßnahmen außerhalb des Klassenunterrichts.*

Fördermaßnahmen im Klassenunterricht

- *Innere Differenzierung/eine Lehrkraft*
- *Innere Differenzierung/zwei Lehrkräfte (Doppelbesetzung)*

Fördermöglichkeiten, die im Klassenunterricht durchgeführt werden können, sind gegenüber den Fördermaßnahmen außerhalb des Klassenunterrichts zu bevorzugen. Sie können unmittelbar lernprozessbegleitend greifen und verhindern eine Stigmatisierung lernschwacher Kinder durch Ausgliedern und Erteilen von „Extra-Stunden". Sie bieten den Vorteil, dass

- auf Lernstörungen sofort reagiert werden kann, ohne dass andere Kinder in ihren Denkprozessen unterbrochen werden müssen;
- unterschiedliche Zugänge zu einem Sachverhalt zeitgleich für verschiedene Schülergruppen angeboten werden können;
- parallel Übungsangebote für alle Schüler angeboten werden können.

Ein differenzierender Unterricht mit integrativen Fördermaßnahmen setzt Arbeitsformen voraus, die es ermöglichen, auf die Individualität des Kindes einzugehen. Ein einheitlicher Unterricht mit frontaler Belehrung kann ein differenziertes Eingehen auf die spezifischen Bedürfnisse der Kinder nicht garantieren. Deshalb ist es erforderlich, das Lernverhalten der Kinder zu beobachten bzw. die Lernergebnisse und Lösungswege mit den Kindern zu erörtern, um die unterschiedlichen Strategien, Stärken und Schwächen der Kinder auszuloten. Den Beobachtungen entsprechend können dann sowohl alternative Methoden als auch adäquate Lernhilfen und Arbeitsmittel bereitgehalten werden. Voraussetzung ist dabei, dass die Klasse mit Übungs- und Lernmaterialien zur Differenzierung ausgestattet ist.

Ein binnendifferenzierender Unterricht mit dem Anspruch, möglichst viele Schülerinnen und Schüler einer Lerngruppe angemessen zu fördern, stellt hohe Anforderungen an die Lehrkraft. Die Lehrerin wird entlastet bei diesen Aufgaben, wenn sie die Möglichkeit erhält, Teamarbeit mit einer Kollegin zu pflegen. Diese Teamarbeit ist etwa in Integrationsklassen eine Selbstverständlichkeit. Sie sollte auch in Regelklassen praktiziert werden, weil nicht selten gerade solche Klassen aufgrund der großen Leistungsheterogenität nichts anderes als Integrationsklassen sind. Wenn man die Förderstunde nicht als zusätzliche Stunde für einige wenige Kinder anbietet, sondern eine zweite Lehrkraft als so genannte Doppelbesetzung parallel im Klassenunterricht einsetzt, erhöht sich die Chance, integrative Fördermaßnahmen gezielter durchführen zu können. Voraussetzung ist, dass beide Kolleginnen gut miteinander zusammenarbeiten können, denn um z. B. auf Lernprobleme direkt mit einer Maßnahme reagieren zu können, bedarf es zwischen den Lehrkräften enger Absprachen bzgl. der Planung, Gestaltung und Durchführung des Unterrichts. Eine solche Doppelbesetzung bietet mehrere Vorteile: Pläne mit individuell zugeschnittenen Fördermaßnahmen für einzelne Schüler oder Schülergruppen können gemeinsam entwickelt, Unterrichtsbeobachtungen gezielter angestellt und effizienter ausgewertet werden. Darüber hinaus können die Lehrkräfte sich gegenseitig beobachten und ihre Methoden, ihre Verhaltensweisen und andere Komponenten des Unterrichtens einer gemeinsamen kritischen Reflexion unterziehen.

Fördermaßnahmen außerhalb des Klassenunterrichts

- *Arbeit in Kleingruppen*
  - Fördergruppe Mathematik einer Klasse
  - Fördergruppe Mathematik jahrgangs- bzw. klassenübergreifend
- *Arbeit mit einzelnen Kindern (Einzelförderung)*

Da auf der einen Seite sowohl die personellen als auch die organisatorischen Gegebenheiten an der Grundschule meistens nicht ausreichen, auftretenden Lernschwierigkeiten durch Doppelbesetzung mit integrativer Förderung zu begegnen, wird in der Regel wöchentlich eine Mathematik-Förderstunde eingerichtet, in der Schülergruppen mit Lernbeeinträchtigungen bzw. im Ausnahmefall auch einzelne Kinder mit besonders starken Lernauffälligkeiten oder gar Rechenstörungen betreut werden. Förderstunden werden demnach in der Unterrichtspraxis vorrangig rechenschwachen Kindern eingeräumt.

Stundenplantechnische Gegebenheiten machen es zeitweise sogar erforderlich, dass der Klassenunterricht und die Mathematik-Förderstunde in unterschiedlichen Händen liegen. Dies kann durchaus von Vorteil sein, wenn, auf der Grundlage wechselseitiger Abstimmung, die Förderlehrerin nach einem Förderplan arbeitet, ggf. andere Methoden oder Arbeitsmittel einsetzt und nicht nur versucht, Lücken in aktuellen Unterrichtsthemen zu stopfen. Von Nachteil ist, wenn sich die Kolleginnen nicht absprechen und Förderstunden größtenteils nur dazu genutzt werden, der Fördergruppe weitere Übungsaufgaben anzubieten, in der stillen Hoffnung, dass für viele wenigstens etwas dabei ist. Vielleicht erzielt man Erfolge bei den Kindern, deren Defizite nicht allzu groß sind und die in einer kleineren Gruppe besser lernen können. Für lernschwache Kinder ist diese Art der Förderung, die zumeist auch noch am Ende des Schultages stattfindet, wenig Erfolg versprechend.

Handelt es sich um eine Einzelförderung, können Lernschwächen gezielt ermittelt und Fördermaßnahmen dem individuellen Lernstand angepasst und kontinuierlich fortgesetzt werden. In solchen Stunden mit einzelnen Kindern können auch tief liegende Rechenstörungen aufgedeckt werden (vgl. Abschnitt 2.1.1, S. 39 ff.). Bei einer heterogen zusammengesetzten Fördergruppe erweist es sich als wesentlich aufwendiger, Strategie- oder Erfahrungsdefizite zu ermitteln. Fördermaßnahmen können aber nur greifen, wenn sowohl die Defizite als auch die vorhandenen Fähigkeiten der Schüler bekannt sind. Fördermaßnahmen außerhalb des Klassenunterrichts, in denen Schülergruppen evtl. sogar klassen- oder jahrgangsübergreifend gefördert werden, sind wenig erfolgreich, wenn in ihnen nur der in den Mathematikstunden behandelte Stoff mit gleichen Methoden erneut durchgenommen und das Übungsangebot erhöht wird. Denn was nützen die vielen Aufgaben, wenn jemand sie entweder gar nicht bzw. nur bestimmte Schritte nicht lösen kann oder ihm die Grundlagen völlig fehlen? Die Wahrscheinlichkeit, dass bei derartigem Üben individuelle Fehlertechniken sich verfestigen, erhöht sich eher.

Förderung hat dann Aussicht auf Erfolg, wenn sie sich eng an den Defiziten und, was allzu häufig vergessen wird, an den Stärken des Kindes oder der Lerngruppe orientiert. Eine Förderung kann für die Lernenden nur auf der Ebene beginnen, auf der sie sich (noch) kompetent fühlen. Das wiederum setzt voraus, dass die Lehrkraft sich sowohl bei klasseninternen Fördermaßnahmen als auch außerhalb des Klassenunterrichts zuerst Aufschluss über die Art der vorherrschenden Lernauffälligkeiten und -strategien verschafft, um ihre Förderangebote möglichst schülergerecht zu gestalten.

1.1.2 Diagnostische Verfahren zur Lernstandsbestimmung

Es gibt verschiedene Möglichkeiten, sich Aufschluss über Lernschwächen und Fähigkeiten der Schüler zu verschaffen. Einige der Verfahren, die sich im Unterricht bewährt haben, werden im Folgenden vorgestellt.

Schülerbeobachtung im Unterricht

Schülerbeobachtung im Unterricht ist eines der wichtigsten Diagnoseinstrumente im Schulalltag. Man erhält Aufschluss über Lösungsstrategien und Denkprozesse des Kindes, wenn mit ihm Gespräche über seine Vorgehensweise geführt werden oder wenn es dazu aufgefordert wird, beim Arbeiten einfach „laut zu denken". So kann man u. a. beobachten, ob das Kind mehrstellige Zahlen wirklich von links nach rechts schreibt, erfahren, dass es Multiplikationsaufgaben nur additiv lösen kann, feststellen, dass es zweistellige Zahlen nicht lesen kann und die Stellenwerte vertauscht, oder ermitteln, dass es nur über Zählstrategien verfügt.

Häufig zeigen sich massive Ausfälle und Defizite im Mathematikunterricht erst gegen Ende des 2. und zu Beginn des 3. Schuljahres, weil es rechenschwachen Kindern – wenn auch nur mühsam und unter großem Zeitaufwand – gelingt, im relativ kleinen Zahlenraum mit Weiterzählstrategien oder Auswendiglernen von Aufgaben richtige Endergebnisse zu produzieren. Umso wichtiger ist es, dass in dieser Phase ein erfolgversprechender Förderunterricht einsetzt, der Lernauffälligkeiten und -schwächen zuerst aufdeckt, um sie im Weiteren durch adäquate Förderangebote beheben oder minimieren zu können. So kann es sicherlich für viele rechenschwache Kinder im 3. Schuljahr sinnvoller sein, die Inhalte des 2. Schuljahres erneut anschaulich und handlungsorientiert aufzuarbeiten als sofort mit der Zahlenraumerweiterung zu beginnen (vgl. dazu auch die Ausführungen in Kap. 2.1, S. 38 ff.).

Fehleranalysen schriftlicher Schülerarbeiten

Die Analyse von Schülerfehlern ist ein weiteres, für die Schulpraxis geeignetes Diagnoseinstrument. Mit diesem Verfahren erhält man aufschlussreiche Erkenntnisse über das Denken, das Verstehen und die vorherrschenden Schwierigkeiten, denn Fehlern liegt meistens eine bestimmte Lösungstechnik, eine eingeschliffene Denkstrategie der Schüler zugrunde. Insofern sind Fehler keine Zufallsprodukte, sondern in der Regel Ausdruck einer sehr individuellen Logik der Kinder, der es „auf die Schliche" zu kommen gilt. Dadurch gewinnt man auch Hinweise für die Planung des Unterrichts und die Zusammenstellung des Übungsangebots.

Zu Beginn des 3. Schuljahres werden in den ersten Wochen in der Regel die Inhalte des 2. Schuljahres wiederholt. Es geht schwerpunktmäßig um die Anordnung der Zahlen bis 100, Addition und Subtraktion, das kleine Einmaleins, die Division, den Umgang mit Größen. Bereits die erste Förderstunde des neuen Schuljahres kann dazu genutzt werden, den als lernauffällig eingeschätzten Schülern und Schülerinnen einige Aufgaben aus diesen Bereichen zum Bearbeiten zu geben. Die Schüler werden beobachtet, man führt mit ihnen diagnostische Gespräche und macht sich auf diese Weise ein Bild von ihren Fähigkeiten und Schwierigkeiten und notiert seine Beobachtungen. Vielleicht kann die eine oder andere Schülerin sogar selbst Hilfsaufgaben bzw. Vorgehensweisen schriftlich festhalten, die Aufschluss über vorhandene Strategien geben. Andernfalls kann auch die Lehrerin diese Notizen aufgrund ihrer Beobachtungen und ihrer mit den Betroffenen geführten diagnostischen Gespräche vornehmen.

Beispielaufgaben zur Addition/Subtraktion		
Aufgabe	Hilfsaufgabe/ Lösungsweg	Beobachtungen
36 + 13 = 49	6 + 3	Analogie genutzt
84 – 8 = 77	84, 83, 82, 81, 80, 79, 78, 77	Klassischer Zählfehler
56 – 19 = 37	Erst minus 10, dann gezählt	Zehnernähe nicht erkannt
96 – 94 = 2	94 + 2 = 96	Zahlennähe erkannt

Ebenso werden Aufgaben zum kleinen Einmaleins zusammengestellt. Auch hier geht es nicht darum, dass das Endergebnis möglichst schnell und richtig geliefert wird, sondern darum, wie es ermittelt wird:

- Geht das Kind von den Königsaufgaben aus?
- Kennt es bestimmte Aufgaben bereits auswendig?
- Kann es einige Einmaleinsreihen nur mechanisch aufsagen?
- Ermittelt es die Ergebnisse nur additiv?

Ein weiterer Bereich, in dem aufschlussreiche Erkenntnisse über die mathematischen Fähigkeiten der Schüler gesammelt werden können, ist das Operieren auf dem Hunderter-Feld:

- Wie findet das Kind Zahlen?
- Wie zählt es weiter?
- Kann es die Zahlen klassifizieren, die in einer Zeile oder in einer Spalte stehen?
- Kann es, ohne auf das Hunderter-Feld zu sehen, die Zahlen rings um die 34 benennen? (vgl. **Handbuch 2,** S. 37 und **Handbuch 3**, S. 64).

Wenn man sich auf wenige Bereiche beschränkt, kann man auch mit nur einer Förderstunde pro Woche kleine Ziele erreichen (Weniger ist häufig mehr!) und Lernschwächen frühzeitig kompensieren.

Diagnostische Aufgabensätze

Wenn Vorbehalte bestehen, eigene Aufgaben für eine Lernstandsanalyse zusammenzustellen, dann kann man auch auf diagnostische Aufgabensätze zurückgreifen, die seit einigen Jahren zu einigen Themenkreisen des Mathematikunterrichts entwickelt worden sind (vgl. Gerster 1982 zu den schriftlichen Rechenverfahren). Lorenz/Radatz (1993, S. 221 ff.) haben zahlreiche diagnostische Aufgaben zu unterschiedlichen Inhaltsbereichen des Mathematikunterrichts zusammengestellt. Für besonders wichtig halten wir diagnostische Aufgaben zu den folgenden Inhalten des Mathematikunterrichts, weil sie die Zahlenraumvorstellungen betreffen.

Relationen, Ordnungen, Stellenwertbegriff

- Vorwärtszählen, Rückwärtszählen von einer beliebigen Zahl im Hunderterraum
- Zählen in bestimmten Schritten, vorwärts und rückwärts
- Verdoppeln, Halbieren
- Ordnen nach der Größe, Beschreiben des Stellenwertes einer Zahl
- Erkennen von Größer- und Kleinerbeziehungen

Schreiben und Lesen von Zahlen

- Zahlen nach Diktat schreiben, Zahlen in den Taschenrechner eingeben
- Zahlen lesen

Addition und Subtraktion

- Addition/Subtraktion vom/zum vollen Zehner: 70 + 4, 74 – 4, 70 – 4, 74 + 6
- Addition/Subtraktion voller Zehner: 60 + 30, 60 – 30
- Addition/Subtraktion von Einern ohne Zehnerübergang: 64 + 3, 67 – 3
- Addition/Subtraktion zu/von Zehnern: 46 + 20, 46 – 20, 20 + 46, 60 – 5
- Addition/Subtraktion von gemischten Zehnern ohne Zehnerübergang: 53 + 31, 76 – 23
- Addition/Subtraktion zum Zehner: 67 + 23, 67 – 27
- Addition/Subtraktion von Einern mit Zehnerübergang: 68 + 7, 85 – 8
- Addition/Subtraktion mit Zehnerübergang: 43 + 38, 85 – 29

Diese Anzahl von Beispielen diagnostischer Aufgaben soll an dieser Stelle genügen. Bei Lorenz/Radatz (a. a. O.) werden darüber hinaus auch diagnostische Aufgaben zu den Inhaltsbereichen Multiplikation und Division angeboten. Sie empfehlen, diagnostische Aufgaben mit dem Ziel einer vergleichenden Beurteilung der individuellen Fähigkeiten der Schüler einzusetzen. Die Kinder werden bei der Bearbeitung von der Lehrkraft beobachtet, sodass diese Aufschluss über die Strategien der Schüler gewinnt. Sie erkennt, inwieweit die Schüler in der Lage sind, dekadische Analogien oder operative Beziehungen zu erkennen bzw. ob sie Rechenvorteile ausnutzen. Anhand der Beobachtungen werden Auffälligkeiten und Lernschwierigkeiten der den Fördergruppen zugewiesenen Schülerinnen festgehalten, damit man ihnen mit geeigneten Fördermaßnahmen begegnen kann, indem man an vorhandene Fähigkeiten anknüpft.

Nachdem das Fähigkeitsprofil jedes Förderschülers anhand eines oder mehrerer der dargestellten Verfahren zu Beginn des 3. Schuljahres ermittelt worden ist und die damit verbundenen Schwierigkeiten offenkundig geworden sind, ist es sinnvoll, für jeden Schüler oder für Kleingruppen mit ähnlichen Profilen einen Förderplan zu erstellen (vgl. Abschnitt 1.1.5, S. 11 ff.).

1.1.3 Beschreibung von Problembereichen

Bei Kindern mit Lernschwächen schälen sich im Mathematikunterricht am Ende des 2. bzw. zu Beginn des 3. Schuljahres meistens folgende Problembereiche heraus:

a) Der Überblick im Hunderterraum und das Erkennen operativer Beziehungen sind nicht ausreichend entwickelt, sodass nur fehleranfällige Weiterzählstrategien zur Verfügung stehen.

b) Die Kinder verfügen nicht über Vorstellungsbilder von Zahlen und Operationen. Das hat zur Folge, dass sie stark abhängig sind von Arbeitsmitteln und enaktiven Vorgehensweisen.

c) Die eindeutige Unterscheidung zwischen Zehner und Einer gelingt nicht. Der Stellenwertbegriff ist nicht gesichert und das Prinzip der Bündelung nicht erfasst.

d) Analogien im Aufbau des dekadischen Zahlsystems werden nicht erkannt und folglich auch nicht als erleichternde Rechenstrategien genutzt.

e) Einige Kinder können noch immer nicht alle Grundaufgaben der Addition und Subtraktion im Zahlenraum bis 20 auswendig und müssen selbst bei diesen Rechenaufgaben auf zählende Verfahren zurückgreifen. Das gilt auch für Zahlzerlegungen.

f) Aufgaben des kleinen Einmaleins können nur additiv gelöst werden. Zusammenhänge und Beziehungen in bzw. zwischen den Reihen werden nicht erkannt. Die Aufgaben können nur schwer auswendig gelernt werden.

1.1.4 Förderung von Fähigkeiten für erfolgreiches Mathematiklernen

„Kinder mit Lernschwierigkeiten sind weniger als ihre Mitschüler in der Lage, eigene effektive Strategien zu entwickeln und adäquat einzusetzen. Sie erkennen nicht die Struktur des Stoffes, und es geht schnell der Überblick verloren bzw. kann gar nicht erst hergestellt werden. Sie sind kaum in der Lage, Verbindungen zu ihrem bisherigen Wissen herzustellen und es für weitere Lernanforderungen aktiv zu nutzen. Einzelkenntnisse werden oft mechanisch aneinandergereiht. Mathematiklernen ist aber in weiten Bereichen ein Erfassen von Beziehungen. Diese Beziehungen erschließen sich dem Lernenden nicht von sich aus, sondern müssen durch kognitive Aktivitäten aufgedeckt werden" (Schulz 1994, S. 7). Kognitive Anforderungen zur Aneignung mathematischer Inhalte betreffen vor allem die Bereiche Abstraktions- und Vorstellungsvermögen sowie Konzentrations- und Gedächtnisleistungen. Umfangreiche Übungsformen, mit denen die genannten Fähigkeiten gefördert werden können, sind in Lorenz/Radatz (1993) und in Schulz (1994) zu finden.

Für Schüler mit Lernschwierigkeiten ist es wichtig, dass sie selbst Teile im Komplexen erkennen, einordnen und für sich nutzen lernen. Wenn man diesen Kindern jedoch streng nach dem Prinzip der kleinsten Schritte, der Isolierung von Schwierigkeiten immer wieder nur Bruchstücke vorsetzt, kann kein Zusammenhang aufgebaut werden. Stattdessen werden die Kinder abhängig von anderen, die ihnen kleine Portionen mathematischer Inhalte anbieten und ihnen immer wieder erklären, wie sie diese bewältigen können. Bei dieser Vorgehensweise werden die

Kinder daran gehindert Strategien zu erkennen und auf neue Aufgaben zu übertragen. Bei der Erstellung der an Fachinhalten orientierten Förderpläne soll deshalb besonderer Wert auf die Berücksichtigung der zuletzt genannten Kriterien gelegt werden, indem das Spektrum an Strategien erweitert und das Erbringen von Transferleistungen angestrebt wird. Zahlreiche methodische Hilfen dazu sind im Arithmetikkapitel im **Handbuch 2** zu finden.

1.1.5 Erstellen von Förderplänen

Stellen Sie anhand ihrer förderdiagnostischen Beobachtungen z. B. die unter a) und b) im Abschnitt 1.1.3 skizzierten Ausfälle bei einem oder mehreren Kindern fest, so heißt das, dass Übungsangebote notwendig sind für die Förderung des Zahlverständnisses.

Übungsformen zur Förderung des Zahlverständnisses

Mit diesen Übungsformen ist das Ziel verbunden, die Zahlen nicht als starre Einheiten zu sehen, sondern mit ihnen ein ganzes Netz von operativen Beziehungen zu verbinden, die es ermöglichen, sich flexibel im größeren Zahlenraum zu bewegen.

Strukturiertes Zählen in Sachkontexten / Zähl- und Schätzübungen

- Die Kinder sammeln Bucheckern und bringen sie in den Unterricht mit. Die Anzahl wird geschätzt. Immer zehn Bucheckern kommen in einen Beutel. Das Ergebnis wird auf verschiedene Weisen notiert und in Worte gefasst. Im Beispiel unten sind es 36 Bucheckern: 3 volle Beutel, 6 Einzelne (vgl. **Handbuch 2**, S. 23.f.).

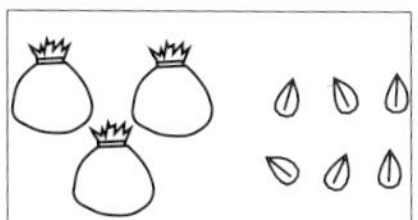	
drei 3	sechs 6

Zehner	Einer
3	6

Z (-zig/ßig)	E
3	6

36 **sechs**und**dreißig**

Sehr hilfreich hat sich in der Schulpraxis dabei ein betontes Lesen einhergehend mit Kopfnicken erwiesen (sechsund**dreißig**, vier**zehn**), weil der Schüler durch die Betonung und den Körpereinsatz daran erinnert wird, den Zehner zuerst zu schreiben. Es muss konsequent darauf geachtet werden, dass der Schüler die Zahlen von links nach rechts schreibt. Durch Klopfzeichen auf den Tisch wird die Schreibrichtung unterstützt. Mit der Schreibhand wird erst rechts vom Körper einmal auf den Tisch geklopft und die Einerstelle markiert, danach vor der linken Körperseite der Zehner betont. Jetzt wird zuerst links der Zehner geschrieben.

Besonders wichtig ist es, das Beziehungsgeflecht, in dem sich jede Zahl befindet, hervorzuheben. Die Zahl 36 ist kleiner als 37 oder 73, größer als 35, das Vierfache von 9, das Sechsfache von 6 usw. Bis zum nächsten Zehner fehlen 4, bis zu Hundert fehlen 4 und 60, also 64. 36 ist eine gerade Zahl, die Hälfte davon ist 18. Ein Schüler wiegt ungefähr 36 kg. Das Schullineal ist etwas (6 cm) kürzer als 36 cm u. v. a. m.

Mögliche Zählübungen sind z. B.: die Zahlwortreihe vorwärts, rückwärts aufsagen, rhythmisch zählen, indem bei jedem fünften Mal z. B. in die Hände geklatscht und in 2er-, 5er-, 10er-Sprüngen gezählt wird. Wenn die Zählübungen nicht in der Vorstellung gelingen, ist es notwendig, auf Anschauungsmittel wie Gegenstände, Hunderter-Tafel, Rechenrahmen, Mehrsystemblöcke, Zahlenband (vgl. **Handbuch 2,** S. 40) oder Rechenstrich (vgl. **Handbuch 2,** S. 58) zurückzugreifen.

Zahlen erfassen mit vielen Sinnen / Darstellen, Beschreiben, Ertasten, Erhören von Zahlen

Als Arbeitsmittel hierzu eignen sich besonders gut die Mehrsystemblöcke. Sie haben den Vorteil, dass sie leicht zu handhaben sind und dass die mit dem Material gelegten Zahlen schnell in eine klare grafische Darstellung übertragen werden können. Rechenschwachen Kindern gelingt der Wechsel zwischen der enaktiven und der ikonischen Ebene recht schwer, deswegen sollten die Vorstellungsbilder von Zahlen auch immer wieder in Verbindung gebracht werden mit Zahlen aus der Umwelt.

- Welche Zahl ist hier dargestellt?

- Ertaste unter einem Tuch, welche Zahl dargestellt ist.
- Lege Zahlen.
- Lege Zahlen mit verbundenen Augen.
- Beschreibe deinem Mitschüler die gelegte Zahl. Der Mitschüler muss sie nennen. Wie sieht die Zahl aus, wenn du sie mit den Mehrsystemblöcken legst?
- Die Lehrerin spielt auf dem Xylophon einen tiefen Ton (Repräsentant für einen Zehner) und einen hohen Ton (Repräsentant für einen Einer). Als Alternative dazu ist auch ein Ratscher über das Xylophon als Repräsentant für einen Zehner und ein einzelner Ton als Repräsentant für einen Einer denkbar. Die Schüler übertragen das Gehörte entweder auf ikonischer Ebene in die Mehrsystemzeichensprache (Hunderter als Quadrat, Zehner als Strich und Einer als Punkt) oder legen auf enaktiver Ebene das über das Gehör Wahrgenommene mit dem konkreten Material (Hunderter-Platten, Zehnerstangen und Einerwürfel). Es bedarf hoher Konzentration, diese Übung durchzuführen.

Orientierungsübungen im Hunderterraum
Diese Übungen dienen der Erarbeitung der Struktur der Hunderter-Tafel und somit der Struktur der Zahlen bis 100. Sehr hilfreich sind in diesem Zusammenhang die Kopiervorlagen A 1, A 2, A 3 oder A 4 der Hunderter-Tafel im **Handbuch 2** und die dort vorgeschlagenen Übungsformen:

- Verdeckte Zahlen über Nachbarschaftsbeziehungen identifizieren und Begründungen angeben
- Ausschnitte aus der Hunderter-Tafel ausfüllen
- Hunderter-Puzzle basteln und zusammenfügen
- Zahlen auf der leeren Hunderter-Tafel suchen
- Wege auf der Hunderter-Tafel zurücklegen
- Felder nach Anweisung färben
- Muster entstehen lassen, indem man bestimmte Zahlenfelder ausmalt
- Zahlen auf der Hunderter-Tafel zeigen, Gemeinsamkeiten und Unterschiede beschreiben

Übungsformen zur Sicherung des Stellenwertbegriffs und zur Erfassung des Bündelungsprinzips

Die Lerndefizite a) und b) aus Abschnitt 1.1.3 korrespondieren häufig mit Lernausfällen in den Bereichen c), d) und e). Deshalb werden im Folgenden ergänzende Übungsformen beschrieben zur Sicherung des Stellenwertbegriffs und zur Erfassung des Prinzips der Bündelung. Ziel ist es, mit den Kindern alternative Rechenstrategien aufzubauen, indem z. B. Analogien im Aufbau des dekadischen Zahlsystems bewusst gemacht und genutzt werden.

Als Arbeitsmittel werden wiederum Hunderterplatten, Zehnerstangen und Einerwürfel vorgeschlagen, weil mit deren Hilfe Operationen konkret als Handlungen nachempfunden werden können. Auch mithilfe der Hunderter-Tafel lassen sich viele Zusammenhänge belegen.

Operationen mit Zahlen / Addition und Subtraktion
Operative Übungsformen sollen die Beweglichkeit des Denkens fördern. Die Schüler sollen nicht voneinander isolierte Aufgaben lösen, sondern vielfältige Beziehungen zwischen den Aufgaben entdecken. Deshalb werden Aufgabengeflechte mit Umkehraufgaben, Probeaufgaben, Tauschaufgaben, Nachbaraufgaben, Analogieaufgaben, Zerlegungsaufgaben, Invarianzaufgaben usw. im Verbund angeboten. Die Schüler sollen erklären und begründen, wie die Lösungen zustande kommen und im Austausch mit Mitschülern (Strategiekonferenzen!) ihre Vorgehensweisen reflektieren und optimieren lernen. Wichtig ist, dass die rechenschwachen Kinder für die Begründungen jederzeit die konkreten Arbeitsmittel als Beleg hinzuziehen können. Nicht die Lösung der Aufgabe 47 – 3 ist die wesentliche Leistung, sondern die Erkenntnis, dass die Lösung ableitbar ist aus ähnlichen Aufgaben wie 37 – 3 = 34 und 7 – 3 = 4, wie durch anschauliches Legen im wahrsten Sinne des Wortes dargelegt werden kann.

Aufgabengeflecht des operativen Übens (vgl. **Handbuch 1**, S. 84):

Kernaufgabe 18 + 19		
Grundaufgaben		
Tauschaufgabe	Umkehraufgaben	Nachbaraufgaben
19 + 18	37 – 18 37 – 19	17 + 19 19 + 19 18 + 18 18 + 20
Grundstrategien		
Zerlegen und Zusammensetzen	Verdoppeln und Halbieren	Gegensinniges oder gleichsinniges Verändern
18 + 10 + 9 10 + 10 + 8 + 9 20 + 20 – 2 – 1 20 + 10 + 9 – 2	18 + 18 + 1 19 + 19 – 1	17 + 20 (18 – 1) + (19 + 1) 20 + 17 (18 + 2) + (19 – 2)
Weitere Strategien bzw. operative Übungsformen		
Ergänzen bei Zahlennähe	Ausnutzen der Zehnernähe	Zurückgreifen auf Analogieaufgaben
19 – 18 18 + □ = 19	37 – 19 37 – 20 + 1	37 – 19 37 – 29 37 – 9

Schriftliche Rechenverfahren als Notlösung?
Für einzelne Kinder, bei denen eine ausgeprägte Rechenstörung vorliegt, kann es ratsam sein, die schriftlichen Rechenverfahren vorzuziehen und sich auf überschlägiges Rechnen mit reinen Zehnern zu beschränken. Allerdings darf diese Notlösung nicht leichtfertig, sondern nur dann eingesetzt werden, wenn tatsächlich alle an der Schule realisierbaren Fördermöglichkeiten ausgeschöpft worden und nicht erfolgreich gewesen sind. Alternativ könnte man den Betroffenen auch bis zur Einführung der schriftlichen Rechenverfahren im 3. Schuljahr nach Absprache mit den Eltern und Beratung in der Fachkonferenz einen Taschenrechner als Rechenhilfsmittel zur Verfügung stellen.

Übungsformen zum Bewusstmachen des Beziehungsgsgeflechts der Einmaleinsaufgaben

Stellt man bei Schülern die in Abschnitt 1.1.3 unter f) beschriebenen Defizite fest, sind Übungsformen erforderlich, die das Beziehungsgeflecht der Einmaleinsaufgaben verdeutlichen. Ziel dieser Fördermaßnahme ist, dass die Schülerinnen zunehmend lernen, Multiplikationsaufgaben über das Zurückführen auf bekannte Einmaleinsaufgaben zu lösen.

Operative Untersuchungen an Punktefeldern

Die Lösungen von Tauschaufgaben, Zerlegungsaufgaben sowie Verdoppelungsaufgaben werden mit Hilfe von Punktefeldern begründet, damit sie als Strategien beim Lösen von Multiplikationsaufgaben zur Verfügung stehen.

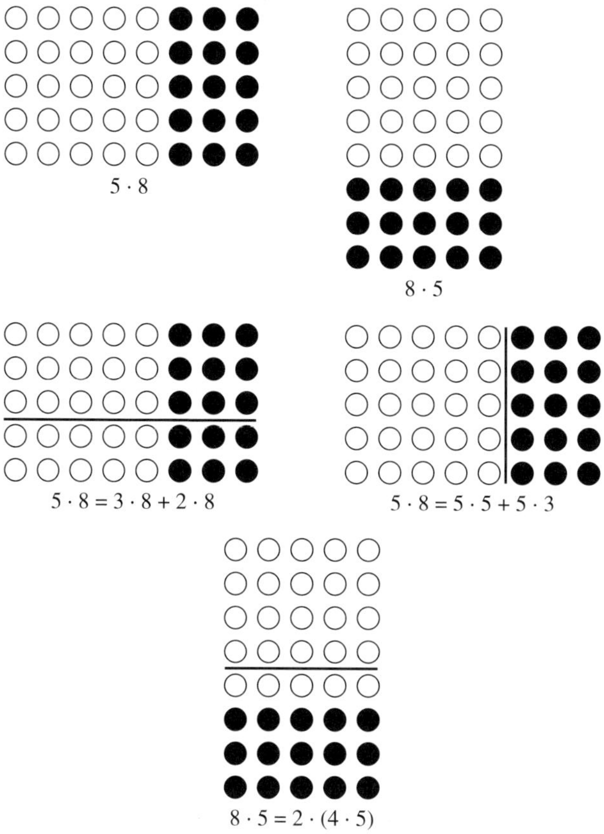

Lösen von Multiplikationsaufgaben durch Zurückführen auf die so genannten „Königsaufgaben"

Dieser Weg setzt das Auswendiglernen der Königsaufgaben 0 mal x, 1 mal x, 2 mal x, 5 mal x, 10 mal x und der Quadratzahlen x mal x sowie die Einsicht in die Kommutativität (Strategie: Tauschaufgaben) und in das Distributivgesetz (Strategie: Zerlegungsaufgaben) voraus. Sowohl das Auswendiglernen dieser Einmaleinsaufgaben als auch das Bewusstmachen operativer Grundstrategien sind wichtige Förderziele (vgl. dazu **Handbuch 2**, S. 86 ff.).

Beispiele:

Aufgabe	Königs-aufgabe	Strategie	Begründung
4 · 6	5 · 6 = 30	Ableitung, 1 · 6 weniger, 5 · 6 – 1 · 6 = 30 – 6 = 24	Die Aufgabe 4 · 6 wird über die Königsaufgabe 5 · 6 erschlossen, denn 4 · 6 ist 1 · 6 weniger, also 30 – 6 = 24.

Aufgabe	Königs-aufgabe	Strategie	Begründung
4 · 6	2 · 6 = 12	Verdoppelung, 4 · 6 = 2 · 6 + 2 · 6 = 12 + 12 = 24	Die Aufgabe 4 · 6 kann ebenso über die Königsaufgabe 2 · 6 erschlossen werden, denn 4 · 6 ist das Doppelte von 2 · 6.
7 · 6	5 · 6 = 30	Zerlegen und Zusammensetzen, 5 · 6 + 2 · 6 = 30 + 12 = 42	Die Lösung der Aufgabe 7 · 6 wird durch Zerlegen in 5 · 6 + 2 · 6 ermittelt.

Das Ableiten über Königsaufgaben soll von den Kindern begründet werden. Beispiel: „Wenn 5 · 6 = 30 ist, dann ist 6 · 6 = 36. Warum?"

Der Schüler beweist es durch Zeigen am Punktefeld oder durch Schieben am Hunderter-Rechenrahmen. Wichtig ist, dass das ganze Aufgabengeflecht jeder Einmaleinsreihe immer wieder in den Förderstunden operativ durchleuchtet wird und die Lösungen der Multiplikationsaufgaben begründet und zu anderen Lösungen in Beziehung gesetzt werden. Es ist zu empfehlen, in der Klasse ein großformatiges Plakat aufzuhängen, auf dem das Aufgabengeflecht einer Einmaleinsreihe beispielhaft aufgezeichnet ist. Das gleiche Schema wird für die Schülerhand auf DIN-A4-Format verkleinert und in eine Klarsichthülle gesteckt, damit es mit wasserlöslichen Stiften beschriftet werden kann.

Königsaufgaben

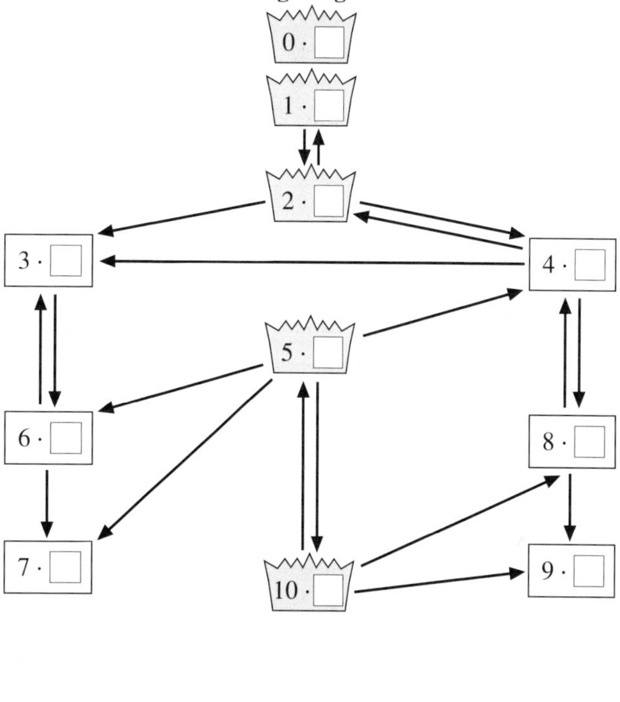

Mit dem Zeigestock auf dem Plakat bzw. mit dem Finger auf der Klarsichthülle bestimmt der Schüler eine Startaufgabe und durchläuft von da ausgehend das Schaubild. Er hat dabei die Aufgabe, die Lösung der gewählten Einmaleinsaufgabe mit seinem Wissen um das Beziehungsgeflecht der Aufgaben untereinander zu begründen.
Weitere Unterstützung für das Bewusstmachen von Ableitungsstrategien beim Einmaleinslernen erhält der Schüler durch eine Einmaleinstabelle, die gemäß der individuellen Lernfortschritte der Schüler weiterentwickelt wird und auf der vorteilhafte Strategien durch Farbgebung hervorgehoben werden:

- die Königsaufgaben sowie die Königs-Tauschaufgaben werden mit einer gelben Krone versehen (leichte Aufgaben zum Auswendiglernen!),
- die Quadratzahlen werden mit Bleistift grau unterlegt,
- bereits auswendig gewusste Einmaleinsaufgaben werden durchgekreuzt;
- Tauschaufgaben werden durch gleichfarbige Setzsteine markiert oder mit Verbindungspfeilen über die Diagonale hinaus versehen.

•	0	1	2	3	4	5	6	7	8	9	10
0	0 · 0	0 · 1	0 · 2	0 · 3	0 · 4	0 · 5	0 · 6	0 · 7	0 · 8	0 · 9	0·10
1	1 · 0	1 · 1	1 · 2	1 · 3	1 · 4	1 · 5	1 · 6	1 · 7	1 · 8	1 · 9	1·10
2	2 · 0	2 · 1	2 · 2	2 · 3	2 · 4	2 · 5	2 · 6	2 · 7	2 · 8	2 · 9	2·10
3	3 · 0	3 · 1	3 · 2	3 · 3	3 · 4	3 · 5	3 · 6	3 · 7	3 · 8	3 · 9	3·10
4	4 · 0	4 · 1	4 · 2	4 · 3	4 · 4	4 · 5	4 · 6	4 · 7	4 · 8	4 · 9	4·10
5	5 · 0	5 · 1	5 · 2	5 · 3	5 · 4	5 · 5	5 · 6	5 · 7	5 · 8	5 · 9	5·10
6	6 · 0	6 · 1	6 · 2	6 · 3	6 · 4	6 · 5	6 · 6	6 · 7	6 · 8	6 · 9	6·10
7	7 · 0	7 · 1	7 · 2	7 · 3	7 · 4	7 · 5	7 · 6	7 · 7	7 · 8	7 · 9	7·10
8	8 · 0	8 · 1	8 · 2	8 · 3	8 · 4	8 · 5	8 · 6	8 · 7	8 · 8	8 · 9	8·10
9	9 · 0	9 · 1	9 · 2	9 · 3	9 · 4	9 · 5	9 · 6	9 · 7	9 · 8	9 · 9	9·10
10	10·0	10·1	10·2	10·3	10·4	10·5	10·6	10·7	10·8	10·9	10·10

Das Gedächtnis der Schüler wird durch diese Maßnahmen entlastet. Der Schüler muss sich nur noch auf das Erlernen einiger weniger Aufgaben konzentrieren. Die Menge der noch zu lernenden Aufgaben wird überschaubar und die Kompetenzen des Schülers, d. h. die bereits beherrschten Einmaleinsaufgaben werden sichtbar. Weiterführende Übungen zu operativen Untersuchungen und Bezüge zur Geometrie sind im **Handbuch 2**, S. 89 ff. zu finden.

Entwicklung von Einprägestrategien
Im Zusammenhang mit dem Auswendiglernen der Einmaleinsaufgaben ist es ebenso wichtig, Einprägestrategien zu entwickeln. „Rechenschwache Schüler lernen genauso viel wie ihre Klassenkameraden, aber das Falsche.“ (Lorenz/Radatz 1993, S. 190) Offenbar nutzen rechenschwache Schüler den Ordnungsgrad des angebotenen Materials nicht aus, geben ihm von sich aus keine Struktur. Deshalb sollten auch Angebote im Förderplan einen Platz haben, die vom Schüler erfordern, dass er z. B. Dinge aus einer vorgegebenen Menge wiedererkennt, Dinge, Zahlen u. a. in der richtigen Reihenfolge wiedergibt, Oberbegriffe bildet, Gegenstände angeben kann, die aus einer Menge weggenommen bzw. ihr hinzugefügt worden sind u. Ä.
Stellt man allerdings fest, dass das Kind überhaupt keine Vorstellungen vom Malnehmen hat, dann werden die zuvor genannten Trainingsformen zum Strategieerwerb eine Überforderung des Kindes darstellen. In diesem Fall ist ein Rückgriff auf durch Handlungen gestützte Förderangebote notwendig, die der Förderung des Operationsverständnisses dienen:

- Multiplizieren als Wiederholung gleichartiger Handlungen:
  Gib mir 3-mal 4 Buntstifte.
  Packe immer 3 Steckwürfel in jede der 5 Tüten.
- Anordnungen multiplikativ interpretieren:
  In unserem Klassenraum sind immer 4 Stühle an 6 Gruppentischen.
  In jedem der 6 Pakete befinden sich 10 Kreidestückchen.
- Punktebilder multiplikativ interpretieren
  Lege mit Plättchen, male das Punktebild und rechne die Aufgabe 6 · 4. Schreibe eine Malaufgabe zu dem vorliegenden Punktebild.

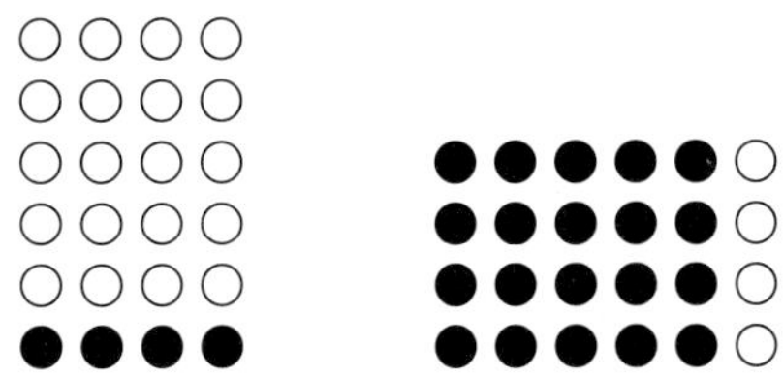

6 · 4 oder 4 · 6 ?

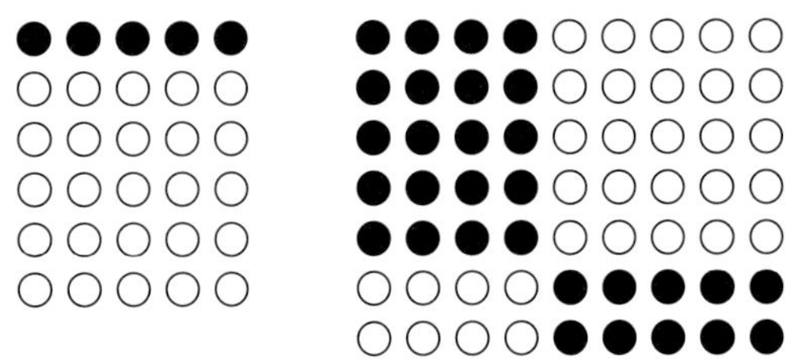

5 · 6 oder 6 · 5 ? 9 · 7 oder 7 · 9 ?

Betrachtung fehlerhafter Lösungswege

Rechenschwache Kinder verlieren im Klassenunterricht häufig ihr Selbstvertrauen und beteiligen sich kaum mündlich, weil sie Angst vor Fehlern haben. In der kleinen Fördergruppe besteht die Chance, einen anderen Umgang mit Fehlern anzuregen, denn ein Fehler ist keine statische Lösung, sondern ein Lösungsweg, dem eine fehlerhafte Rechenstrategie zugrunde liegt. Häufig wird der Begriff „Fehler“ nur dem Endprodukt zugeordnet. Viel wichtiger aber ist eine Fehleranalyse, d. h. eine Rückverfolgung des eingeschlagenen Lösungsweges.

Fehler werden im Förderunterricht als Instrument eingesetzt mit dem Ziel, durch Bewusstmachung fehlerhafte Strategien zu erkennen und in Zukunft zu vermeiden.
Beispiel: 34 – 8 = 27

1. Besprich mit deinem Nachbarn, welcher Rechenfehler hier wohl gemacht wurde.
2. Bildet gemeinsam ähnliche Aufgaben, bei denen derselbe Fehler gemacht wurde.
3. Versucht, gemeinsam herauszufinden, wie man solche Fehler vermeiden kann.

Schülerbeiträge:

Rechenfehler erkennen:
S1: „Die 34 wurde beim Abziehen mitgezählt."

Ähnliche Aufgaben konstruieren:
S2: 28 – 9 = 20
S2: 56 – 9 = 48

Fehler vermeiden/Fehlerhafte Strategien verändern:
S1: „Erst bis zum nächsten Zehner abziehen, dann den Rest, und nicht einzeln rückwärtszählen und dabei die Ausgangszahl mitzählen."
34 – 8 = 34 – 4 – 4 = 30 – 4 = 26

Schülerfehler bekommen, wenn sie zu einem dynamischen Unterrichtsgegenstand gemacht werden, einen positiven Wert, indem man sie aufwertet als einen möglichen Lösungsweg mit einer fehlerhaften Rechenstrategie und über die Fehlerinterpretation gleichzeitig eine hilfreiche Erweiterung des verfügbaren Spektrums an Rechenstrategien erreicht.

1.2 Kopfrechnen – Anregungen für tägliche Übungen, exemplarisch dargestellt an Beispielen zur Multiplikation

Für diese Form des Übens gibt es in der didaktischen Literatur verschiedene Namen (tägliche Übungen, 10- bzw. 5-Minuten-Rechnen, Blitzrechnen, Kurzübung u. a.), die bei ihrem methodischen Einsatz und in ihren Zielen leicht variieren. Wir verwenden für diese Übungsfamilie den traditionellen Begriff „Kopfrechnen", auch wenn bei manchen Aufgabenstellungen nicht allein nur im Kopf gerechnet wird, sondern die Teilergebnisse, die Teilschritte und die Endergebnisse des Kopfrechnens auch schriftlich notiert werden. „Kopfrechnen" bezeichnet also in diesem Abschnitt eine institutionalisierte Form des täglichen Übens, die das gestützte Kopfrechnen einschließt, während in anderen Teilen dieses Handbuchs (z. B. Abschnitt 2.3.1) „Kopfrechnen" ein Rechenverfahren beschreibt, das auf alle Stützen der Notation von Zwischenergebnissen verzichtet.

Das Kopfrechnen ist eine Form des automatisierenden Übens mit dem Ziel, das Wissen und Können einer mathematischen Anforderung – nachfolgend am Beispiel des Einmaleins und Einsdurcheins erläutert – zu festigen. Intensives Kopfrechnen eines Inhalts darf erst dann einsetzen, wenn das Verständnis ausreichend entwickelt ist. Bei verfrühten automatisierenden Übungen besteht die Gefahr, dass einige Kinder ihre individuellen, häufig fehlerhaften Lösungsstrategien und Regeln verfestigen.

Die Bedeutung des Kopfrechnens darf nicht unterschätzt werden. Diese Übungsform sollte regelmäßig in die Unterrichtsplanung einbezogen werden, weil sicheres Kopfrechnen (z. B. des Einmaleins) die Kinder bei komplexeren Anforderungen (z. B. großes Einmaleins, Sachrechnen, schriftliches Rechnen) entlastet. Tägliches Kopfrechnen ist darüber hinaus eine wichtige Phase der Konzentration im Mathematikunterricht. Durch die verschiedenen Möglichkeiten eines geöffneten Unterrichts können auch der Zeitpunkt und die inhaltliche Gestaltung des Kopfrechnens stärker variiert werden. Es steht nicht mehr nur am Anfang einer Unterrichtsstunde, sondern kann sinnvoll in jede Unterrichtsphase eingebracht werden. Hinzu kommt, dass das Kopfrechnen nicht mehr nur Lösen von Aufgaben bedeutet, die von der Lehrerin verbal gestellt werden. Viele verschiedene Formen und Variationen der Aufgabenstellung sind möglich, wie die folgenden Beispiele in diesem Abschnitt und die zahlreichen Anregungen in anderen Abschnitten dieses Handbuchs zeigen.

Zum Kopfrechnen lassen sich einige methodische Prinzipien formulieren, die hier nur kurz skizziert werden (vgl. dazu Schmid/Vortmann 1995).

- Kopfrechnen sollte in einer Arbeitsatmosphäre der besonderen Ruhe und Konzentration stattfinden.
- Beim Kopfrechnen können sowohl das Bearbeitungstempo als auch die Schwierigkeit der Aufgaben gesteigert werden.
- Am Kopfrechnen sollten möglichst alle Schüler einer Lerngruppe beteiligt werden, auch die schwächeren Rechner.
- Kopfrechnen kann in verschiedenen Sozialformen durchgeführt werden: im Klassenverband, in Gruppen-, Partner- und Einzelarbeit. Für manche Übungen bietet sich die Zusammensetzung möglichst leistungshomogener Lerngruppen an.
- Kopfrechnen erfordert eine möglichst schnelle Erfolgsbestätigung durch die Lehrerin oder durch verschiedene Formen der Selbstkontrolle.
- Die Aufgabenstellungen müssen für alle Kinder klar und verständlich sein, d. h. das Verstehen der Einkleidung einer Aufgabe darf nicht aufwendiger sein als das Rechnen selbst.

- Die Einzelaufgaben des Kopfrechnens sollten kurz und ohne zahlreiche Teilaufgaben mit verschiedenen Zwischenergebnissen sein, damit das Kurzzeitgedächtnis einiger Kinder nicht überfordert wird.
- Kopfrechenaufgaben sollten zu einem inhaltlichen Schwerpunkt ansprechend und abwechslungsreich sein, kein inhaltliches Allerlei.
- Kopfrechnen darf auch mal Wettrechnen sein, allerdings nicht unbedingt in der Form, dass immer die guten Rechner gewinnen und die schwächeren Rechner bloßgestellt werden. Hier helfen Übungen, bei denen auch einmal der Zufall über den Sieg entscheidet (z. B. Bingo, s. u.) oder solche mit leistungshomogen zusammengesetzten Gruppen.

In den nachfolgenden Übungsanregungen finden Sie Beispiele für Aufgabenstellungen (Bingo, Quiz u. a.), bei denen alle Kinder gewinnen können. Aber auch die guten Rechner freuen sich über Erfolgserlebnisse, und sei es in einer Gruppe gleichstarker Rechner. Wettbewerb und Leistungsvergleiche können und sollten nicht gänzlich aus dem Mathematikunterricht herausgehalten werden. Man mag es bedauern, aber sie sind wichtige Elemente des alltäglichen Lebens.

Beispiele und Anregungen zum Multiplizieren und Dividieren im 3. Schuljahr

Die folgenden Übungen dienen der Automatisierung und Festigung des Einmaleins und des Einsdurcheins, sie können leicht variiert und dann bei anderen Inhaltsbereichen angewendet werden.

- Bingo
  Jeder Schüler zeichnet ein 4x4-Quadrat (Variationen: 3x3- oder 5x5-Quadrat) in sein Heft und füllt es mit einstelligen Zahlen seiner Wahl, wobei Zahlen doppelt oder mehrfach vorkommen dürfen. Es werden Aufgaben des kleinen Einsdurcheins gestellt. Die Schüler kreuzen jeweils eine Lösungszahl auf ihrem Feld an, falls sie in ihrem Bingo-Feld vorkommt (und sie die Lösung berechnen konnten). Wer zuerst vier Kreuze in einer Reihe hat (waagerecht, senkrecht oder diagonal), der ruft laut „Bingo" und hat diese Runde gewonnen.

2	~~1~~	~~3~~	9
~~5~~	4	~~7~~	8
4	6	~~2~~	~~1~~
~~3~~	9	~~9~~	5

  Variationen:
  - Es werden auch noch die Plätze 2 und 3 ausgespielt.
  - Um auch den schwachen Rechnern eine Gewinnchance einzuräumen, wird jede Rechenaufgabe von einem Kind der Klasse laut gelöst. Jetzt entscheidet nur noch der Zufall (Verteilung der Zahlen auf dem Bingofeld) über den Sieg.

- Quiz
  Es werden Aufgaben des Einmaleins und des Einsdurcheins gemischt mit Fragen zum Sachwissen gestellt.
  Beispiel:
  $4 \cdot 7$
  $5 \cdot 9$
  $36 : 6$
  Welcher Monat kommt vor September?
  $45 : 5$
  Wie viele Buchstaben hat der Vorname der Lehrerin?
  $7 \cdot 8$
  Wie heißt der höchste Berg im Harz?
  $9 \cdot 0$

  Die Kinder schreiben die Antworten untereinander in ihre Hefte. Wer hat alle Antworten richtig? Von Vorteil ist, dass bei dieser gemischten Quizform nicht immer nur die guten Rechner gewinnen - und nicht immer alles nur ganz ernsthaft zugehen muss.

- Rechenkreis
  Nahezu ganz auf eigenes Sprechen kann verzichtet werden, wenn Sie einige Zahlen und einen Operator an die Tafel schreiben.

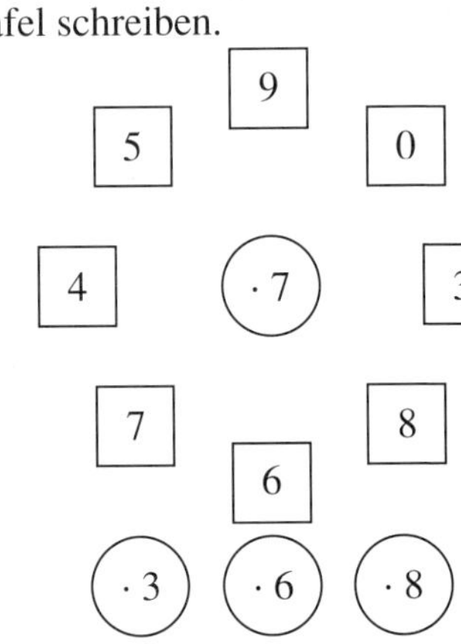

  Sie brauchen nur noch auf eine Zahl zu zeigen, und die Kinder wissen, welche Aufgabe sie rechnen sollen. Dann wird der Operator geändert und die nächste Einmaleinsreihe geübt.

  Noch weniger tägliche Vorbereitungszeit (Tafelanschrieb) wird benötigt, wenn Sie einmal die Zahlen von 0 bis 10 in Form eines solchen Rechenkreises auf Folie bringen und die Operatoren je auf eine eigene Folie, sodass Sie auch schnell die Einmaleinsreihe wechseln können. Damit steht Ihnen dann auch Material zur gezielten Übung ausgewählter Einmaleinsreihen z. B. in leistungsdifferenzierten Gruppen zur Verfügung.

Weitere Hinweise zu diesem Rechenkreis und ähnlichen Übungsformaten sowie Tipps und Vorlagen zur Herstellung entsprechender Folien finden Sie im Abschnitt 2.3.1., S. 79 f.

- Zahlenuhr
  Die Zahlenuhr entspricht im Prinzip dem Rechenkreis, allerdings können hier die Operatoren von Aufgabe zu Aufgabe gewechselt werden. Gezeigt werden nun immer gleichzeitig eine Zahl und ein Operator, z. B. durch Markieren mit Plättchen. Wichtig ist, die Reihenfolge am Ziffernblatt zu wechseln, wenn ein „Vorrechnen" vermieden werden soll. Dabei sollte aber berücksichtigt werden, dass dieses Vorrechnen für rechenschwache Kinder oft die einzige Möglichkeit ist, sich an solchen Übungen zu beteiligen.

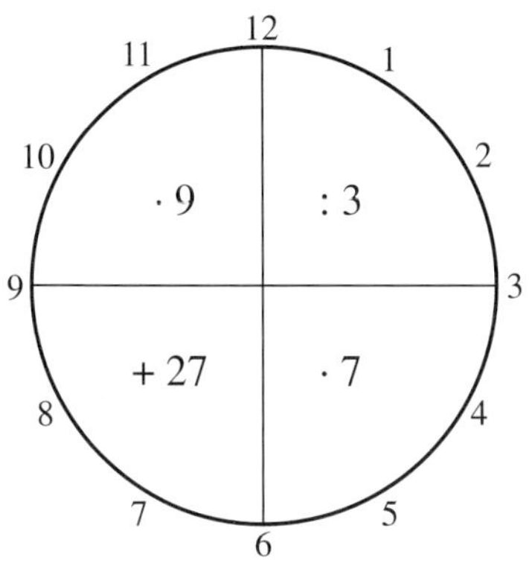

- Aufgabenkette
  Sie beginnen mit einer Einmaleinsaufgabe und rufen einen Schüler auf, das Ergebnis zu nennen. Dieser setzt die Kette fort, indem er eine neue Aufgabe stellt, die mit der Lösungszahl beginnt, und eine Mitschülerin aufruft usw. Dabei sollen die Kinder nach Möglichkeit Mal- und Geteiltaufgaben nennen, allerdings nicht einfach nur die Umkehraufgabe zur gerade gerechneten Aufgabe. Erlaubt sind auch Plus- und Minusaufgaben, um dem nächsten Kind eine Multiplikations- oder Divisionsaufgabe zu ermöglichen, wenn es (im kleinen Einmaleins) nur die direkte Umkehraufgabe zur vorhergehenden gibt.

  Beispiel:

Lehrerin:	3 · 8	Anne:	24 : 6	Bernd:	4 · 7
Carla:	28 + 2	Doris	30 : 5		

  Ein wenig Bewegung kommt dabei ins Spiel, wenn das Aufrufen der im Kreis sitzenden Kinder durch das Zuwerfen eines Softballs ersetzt wird.

- Partnerrechnen
  Zwei Schüler stellen sich gegenseitig Aufgaben. Jeder schreibt alle (also auch die eigenen) Aufgaben und Lösungen in sein Heft. Zum Schluss vergleichen die beiden Kinder ihre Ergebnisse. In Zweifelsfällen hilft der Taschenrechner.

- Kleeblätter
  Im **Handbuch 1** (S. 85 und Kopiervorlage A 17) haben wir als Beispiel für operative Übungen zur Addition und Subtraktion das Aufgabenformat „Kleeblätter" vorgestellt. Zu drei Zahlen im Kleeblatt (z. B. 3, 4, 7) gibt es vier Aufgaben (3 + 4 = 7, 4 + 3 = 7, 7 – 4 = 3, 7 – 3 = 4). In gleicher Weise eignet sich diese Übungsform für Multiplikations- und Divisionsaufgaben. An der Tafel bzw. mit dem Tageslichtprojektor werden drei Kleeblattzahlen (z. B. 4, 7, 28) präsentiert. Aufgabe der Kinder ist es, alle vier Aufgaben mit Lösungen zu finden.

  Variante: Nur zwei der drei Kleeblattzahlen werden vorgegeben. Finden die Kinder auch dann alle vier Aufgaben mit Lösungen, vielleicht sogar mehr als vier Aufgaben, weil sie (z. B. beim Zahlenpaar 4, 8) noch eine weitere Möglichkeit für die dritte Zahl (4 · 8 = 32, aber auch 2 · 4 = 8) gefunden haben?

- Aufgabensätze
  An die Tafel werden fünf Zahlen geschrieben, aus denen eine Aufgabenkette aus vier Aufgaben gebildet wird. Dabei müssen alle fünf Zahlen und alle vier Grundrechenarten verwendet werden.
  Beispiel: 2, 3, 6, 8, 10
  Lösung 1:
  2 · **10** = 20
  20 – **3** = 17
  17 + **8** = 25
  25 : **6** = 4 R1

  Lösung 2:
  10 + **8** = 18
  18 **– 6** = 12
  12 : **2** = 6
  6 · **3** = 18
  Wer erreicht eine besonders große (möglichst kleine) Endzahl?
  Diese Übung eignet sich auch für Partnerarbeit mit dem *gemeinsamen* Ziel, eine möglichst große/kleine Zahl oder ein Ergebnis ohne Rest zu erreichen.

- Zahlen löschen
  An die Tafel werden Zahlen (Produkte) geschrieben. Die Schüler sollen Einmaleinsaufgaben bilden, sodass die Zahlen „getroffen" werden. Getroffene Zahlen werden gelöscht bzw. eingekreist.

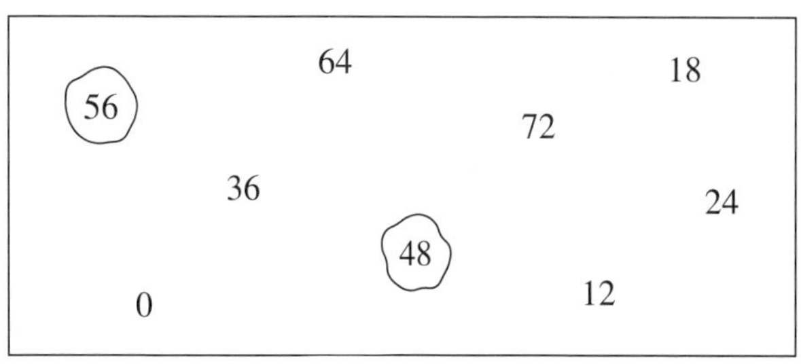

Auch bei dieser Übungsform können Sie sich viel Schreibarbeit ersparen, wenn Sie mehrere Zahlensätze mit Ergebnissen von Einmaleinsaufgaben auf verschiedene Folien schreiben. Getroffene Zahlen können dann mit einem Plättchen abgedeckt werden.

- Verdoppeln (Verdreifachen ...)
  Das Doppelte von
  a) 2, 4, 5; 20, 40, 50; 12, 14, 15; 22, 24, 25; ...
  b) 7, 8, 9; 70, 80, 90; 17, 18, 19; 37, 38, 39; ...
  Das Dreifache von
  a) 1, 2, 3; 10, 20, 30; 11, 12, 13; 31, 32, 33; ...
  b) 4, 5, 6; 40, 50, 60; 14, 15, 16; 24, 25, 26; ...
  c) 7, 8, 9; 70, 80, 90; 17, 18, 19; 27, 28, 29;

- Kopfrechenübungen in Einzelarbeit
  Gerade in den Bereichen des kleinen Einmaleins und Einsdurcheins zielen Kopfrechenübungen darauf ab, das automatisierte Lösen der Aufgaben durch Verdoppeln, Nachbarschaftsbeziehungen oder schnelles Ableiten von den Königsaufgaben zunehmend durch das Memorisieren zu ersetzen. Auch heute noch sollen die Kinder im ersten Halbjahr des 3. Schuljahres lernen, diese Aufgaben „im Schlaf" zu beherrschen, sie also sicher memorisiert haben. Dazu eignen sich auch Kopfrechenübungen in Einzelarbeit, die deshalb auch fest im Tages- bzw. Wochenplan verankert sein sollten.

  – Ein bekanntes Übungsgerät
    Im **Handbuch 1** (Kopiervorlage A 24, A 25) haben wir ein Übungsgrundgerät für Addition und Subtraktion vorgestellt, das sich ebenso auch für das Einüben des kleinen Einmaleins und Einsdurcheins eignet. Die Reihenfolge der Aufgaben auf der Karte sollte nicht an der Einmaleinsreihe orientiert sein, sondern das Ausnutzen von operativen Beziehungen nahe legen. Geeignet sind z. B. die folgenden Aufgabenreihen. Zum besseren Verständnis der Anordnung sind hier die Königsaufgaben durch Einfärbung hervorgehoben.

2 · 4 = 8	5 · 5 = 25
4 · 4 = 16	4 · 5 = 20
8 · 4 = 32	8 · 5 = 40
7 · 4 = 28	9 · 5 = 45
10 · 4 = 40	2 · 5 = 10
9 · 4 = 36	3 · 5 = 15
5 · 4 = 20	6 · 5 = 30
6 · 4 = 24	7 · 5 = 35
3 · 4 = 12	10 · 5 = 50

10 · 7 = 70	1 · 8 = 8
9 · 7 = 63	2 · 8 = 16
8 · 7 = 56	4 · 8 = 32
4 · 7 = 28	8 · 8 = 64
2 · 7 = 14	9 · 8 = 72
1 · 7 = 7	5 · 8 = 40
5 · 7 = 35	6 · 8 = 48
6 · 7 = 42	7 · 8 = 56
7 · 7 = 49	10 · 8 = 80

  – Das Einmaleinsaufgabenhosentaschenübungsbuch – ein Einmaleinsleporello
    Die Herstellung von Einmaleinsleporellos ist, selbst mithilfe der **Kopiervorlage K 1**, recht zeitaufwendig. In einer schulinternen Lernwerkstatt oder auf einem Elternabend kann diese Zeit aber zugleich für informelle Gespräche genutzt werden über unterrichtliche Ziele, mögliche Hilfen für einzelne Kinder, über die Praxisferne des neuesten Erlasses oder über die aktuelle Schandtat der Schulleiterin.
    Für jede Einmaleinsreihe wird ein eigenes Leporello erstellt. Das aufgeklappte Buch zeigt die erste Aufgabe; beim Umblättern erscheint zur Selbstkontrolle auf der oberen Seite die gleiche Aufgabe mit Lösung, auf der unteren Seite die nächste Aufgabe usw.

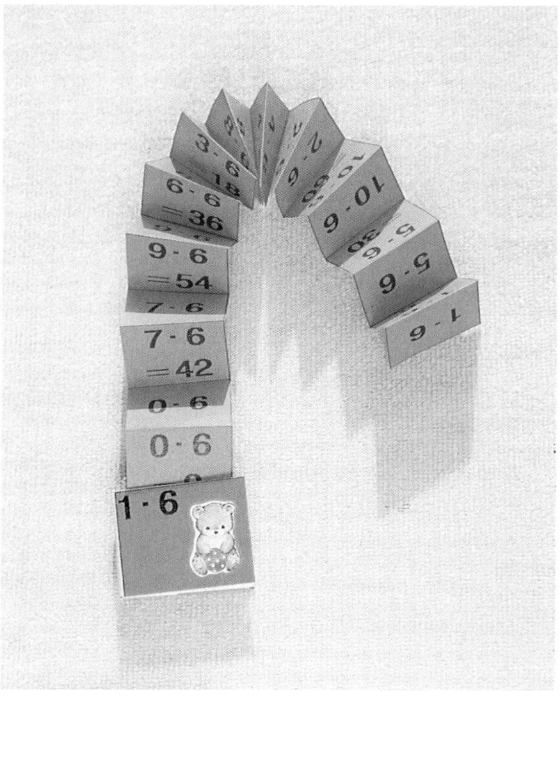

Die Reihenfolge der Aufgaben wird wieder so gewählt, dass operative Beziehungen (Verdoppeln, Nachbarschaften, Ableiten von Königsaufgaben) genutzt werden. Ein mögliches Beispiel dafür zeigt die folgende Abbildung.

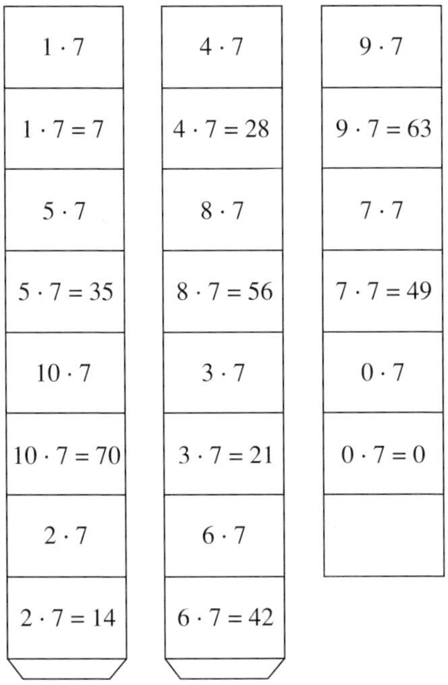

Selbstverständlich können solche Leporellos auch mit gemischten Einmaleinsaufgaben hergestellt werden, z. B. zu solchen Aufgaben, die den Kindern erfahrungsgemäß besonders schwerfallen (9 · 7, 6 · 8, 7 · 8, ...).

Ein paar Hinweise zur Herstellung:
Die **Kopiervorlage K 1** wird zunächst mit den ausgewählten Einmaleinsaufgaben beschrieben, dann werden die Streifen ausgeschnitten und an den Klebelaschen aneinandergefügt. Die „Buchdeckel“ werden aus zwei stabilen Pappen hergestellt, die etwas größer sind als die Felder des Leporellos. Das unten rechts auf der **Kopiervorlage K 1** vorgegebene Rechteck hat sich als gutes Maß dafür bewährt. Verbunden werden beide Deckel mit einem flexiblen Textil-Klebeband. Dann können Vorder- und Rückseite mit farbigem Papier beklebt, mit der entsprechenden Einmaleinsreihe beschriftet, ggf. noch ausgeschmückt und dann mit Folie bezogen werden. Das letzte, leere Feld des Streifens wird auf die hintere Deckelinnenseite geklebt, dann wird der Streifen gefaltet.

- Computerübungen
  Wer einen Computer im Klassenraum stehen hat, wird sicher auch das eine oder andere Programm zum Einüben des Einmaleins bzw. Einsdurcheins zur Verfügung haben. Gut geeignet sind solche Programme, die die o. g. operativen Beziehungen nutzen und/oder für das Lösen der Aufgaben nur eine begrenzte Zeit zur Verfügung stellen, weil in diesem Fall zählende Verfahren nicht zum Erfolg führen, also günstigere Strategien herausgefordert werden. Ein Beispiel für ein schon recht altes, auf dem C 64 laufenden Programm dieser Art ist das in den Niederlanden entwickelte „Reekenwonder“. Grundsätzlichere Überlegungen zum Computereinsatz im Mathematikunterricht der Grundschule und weitere praktische Hinweise finden Sie im Abschnitt 1.5, S. 28 ff.
- Kommerzielle Materialien
  Gerade für den Bereich des Einübens des kleinen Einmaleins und Einsdurcheins werden von den Lehrmittelherstellern besonders zahlreiche Materialien angeboten: Kopiervorlagen, Übungsgeräte wie Rechenhäuser und -scheiben, Kartenspiele u. v. a. m. Bei der Auswahl solcher Materialien ist darauf zu achten, dass sie nicht das zählende Rechnen über das Einüben der Einmaleinsreihe in der Reihenfolge 1 · x, 2 · x, 3 · x unterstützen, sondern die o. g. operativen Beziehungen festigen. Bei Beachtung dieses Kriteriums wird der zunächst unüberschaubar erscheinende Markt recht übersichtlich.

• Kopfrechenübungen in Partnerarbeit: Wendekarten
  Für Partnerübungen eignen sich besonders gut die schon im **Handbuch 1** im Kontext von Addition und Subtraktion beschriebenen Wendekarten, weil hier jeweils der Partner die Lösungen kontrollieren kann. Mithilfe der **Kopiervorlagen K 2** und **K 3** lassen sich solche Wendekarten herstellen. Die Aufgabenreihenfolge sollte wieder an dem Prinzip der Ausnutzung operativer Beziehungen orientiert sein.

1.3 Differenzierte Mathematikarbeiten

Die schulische Leistungsmessung und Leistungsbewertung ist in den letzten Jahrzehnten immer wieder diskutiert worden. An dieser Stelle kann die Vielfalt der verschiedenen Theoriebeiträge nicht zusammengefasst werden. Vorteile und Nachteile lassen sich sowohl in Ziffern- als auch in Gutachtenzeugnissen finden. (Detaillierte Angaben zur Leistungsmessung im Allgemeinen sind im **Handbuch 2**, S. 7 ff. beschrieben.) Die Erlasslage in den einzelnen Bundesländern ist ebenfalls recht unterschiedlich. Dieser Abschnitt befasst sich intensiv mit einem spezifischen Bereich der Leistungsmessung, der schriftlichen Mathematikarbeit. Mathematikarbeiten werden von Schleswig-Holstein bis Bayern geschrieben und nehmen immer noch einen weitaus höheren Stellenwert bei der Zensurengebung ein als mündliche Leistungen und individuelle Lernfortschritte. Wir beschreiben die Vorteile differenzierter Mathematikarbeiten, die dazu beitragen können, schwächere Schüler zu ermutigen, eine realistische Selbsteinschätzung fördern und die helfen können, Versagensängste abzubauen. Dennoch darf nicht vergessen werden, dass eine den individuellen Lernfortschritten gerecht werdende Leistungsmessung solange nicht möglich ist, wie versucht wird, Leistung in Noten auszudrücken.

1.3.1 Leistungsmessung und Leistungsbeobachtung

Um die Besonderheiten differenzierter Klassenarbeiten detailliert erläutern zu können, ist die Kenntnis verschiedener Leistungsbegriffe Voraussetzung. Leistungsbewertung in der Schule ist gleichzusetzen mit Leistungsvergleich, da die Leistung immer mit einer festgesetzten Norm verglichen wird.

Drei Bewertungsnormen sind möglich:

1. Personenbezogene Bewertungsnorm, bei der die individuellen Lernfortschritte des Kindes beurteilt werden.
2. Rangplatzorientierte Bewertungsnorm, bei der die Leistungen mit anderen Kindern verglichen werden, wodurch eine Rangordnung von Leistungen entsteht.
3. Ziel- und kriteriumsbezogene Bewertungsnorm, die die Leistung des Kindes am gesteckten Unterrichtsziel misst (vgl. **Handbuch 2**, S. 7).

Die erste Bewertungsnorm wird im herkömmlichen Mathematikunterricht häufig vernachlässigt (Ausnahme: in den ersten 6 Wochen im 1. Schuljahr), wohingegen die zweite überbetont wird. In den letzten Jahren wurde der traditionelle Leistungsbegriff durch die Dimension des pädagogischen Leistungsbegriffs erweitert. Bartnitzky und Christiani unterscheiden in Anlehnung an Klafki den nichtpädagogischen vom pädagogischen Leistungsbegriff (vgl. Bartnitzky/Christiani 1987).

Der nichtpädagogische Leistungsbegriff orientiert sich:
- am Produkt
  Als Bewertungsnorm wird das richtige bzw. falsche Ergebnis einer Aufgabe, unabhängig von seinem Zustandekommen, angesehen.
- am Konkurrenzdenken
  Am Notenspiegel einer Klassenarbeit orientieren sich Lehrer, Schüler und Eltern.
- an der Auslese
  Schulversagen und Selektion sind selbstverständliche Begleiterscheinungen von Schule.

Der pädagogische Leistungsbegriff orientiert sich:
- am individuellen Lernverhalten
  Lernfortschritte, Lernverhalten und Lernprozesse werden besonders in Bezug auf Problembewusstsein und Selbstständigkeit beim Lösen von Aufgaben und Finden von Fehlern bewertet.
- am sozialen Lernen
  Lernen in Gruppen, in Projekten, in freier Arbeit und anderen offenen Unterrichtsformen wird berücksichtigt.
- am Ziel des Ermutigens und Förderns
  Individuelle Ermutigungsstrategien und Fördermöglichkeiten werden angestrebt.

Solange es Zensuren gibt, kann der pädagogische Leistungsbegriff nicht in Reinform realisiert werden. Auch differenzierte Klassenarbeiten werden ihm nur teilweise gerecht, da sie immer produktorientiert bleiben müssen.

1.3.2 Herkömmliche und differenzierte Mathematikarbeiten

In den meisten Bundesländern beginnen die Kinder im 2. Schuljahr mit kurzen schriftlichen Lernkontrollen. Teilweise wird in der Bereitstellung der Lernhilfen (Rechenrahmen, Steckwürfel, Zahlenstrahl usw.) differenziert, die die Schüler während eines Tests benutzen dürfen. Lehrerinnen haben in den ersten Schuljahren davor wenig Scheu, da sie in Berichtszeugnissen ausformulieren können, dass z. B. Paul immer noch mit Hilfsmitteln im Zahlenraum bis 20 subtrahiert. Spätestens im 3. Schuljahr, wenn im Zeugnis Noten erscheinen, wird diese an sich schon spärliche Differenzierung nicht mehr genutzt. Alle Kinder werden angehalten, dieselben Aufgaben in einer vorgegebenenen Zeit ohne didaktische Hilfsmittel zu lösen. Eine Bewertung nach Punkten, die richtige Lösungen honoriert, wird vorgenommen und auf die Zensurenskala von 1 bis 6 umgerechnet. Wenn überhaupt eine Differenzierung angeboten wird, dann in der Stufung des Schwierigkeitsgrades der Aufgaben. Die meisten Tests beginnen mit leichten Aufgaben und enden mit der obligatorischen Textaufgabe. Diese wird nicht selten als Maßstab zur Trennung von guten und durchschnittlichen Rechnern herangezogen. Herkömmliche Klassenarbeiten sind stoffbezogen (ein kleiner mathematischer Themenkreis wird abgeprüft) und produktorientiert (Ergebnis einer Aufgabe ist Bewertungsmaßstab). Sie verschaffen dem Lehrer einen punktuellen Überblick über den Leistungsstand und die Lernausfälle eines Kindes. Individuelle Lösungswege, individuelle Denkweisen oder Zwischenrechnungen werden bei der Zensurengebung nicht beachtet. Gelöste und nicht gelöste Aufgaben in einer Mathematikarbeit stellen lediglich dar, was ein Kind rechnen kann und was nicht. Traditionelle Mathematikarbeiten sind oft eine Qual für schwächere Schüler. Selten werden ihre kleinen Lernfortschritte mit einer besseren Note belohnt. Die Folgen sind Entmutigung, Resignation und ein schwindendes Selbstwertgefühl in Bezug auf mathematisches Können. „Die Mathematik steht mit im Brennpunkt schulischer Leistungsmessung, Zensurengebung und Selektion. Wenn heutzutage Schüler an der Schule scheitern, dann ist in den meisten Fällen das Fach Mathematik gravierend beteiligt.“ (Bauer 1993, S. 38)

Klassenarbeiten lassen sich, solange es noch Zensuren in der Grundschule gibt, ebenso wenig aus dem Mathematikunterricht wegdenken wie Klassendiktate aus dem Rechtschreibunterricht. Im Zuge der Diskussion um individuelles Lernen und differenzierten Unterricht sind vielfältige Anregungen für die Praxis im Bereich der Rechtschreibung entwickelt worden (vgl. Bartnitzky u. a. 1987). Differenzierte Diktate sind in Grundschulen weiter verbreitet als differenzierte Mathematikarbeiten. Letztere sind aber eigentlich die natürliche Konsequenz differenzierten Unterrichts.

Differenzierte Klassenarbeiten unterscheiden sich von herkömmlichen besonders dadurch, dass nicht alle Kinder das Gleiche rechnen, sondern jeder nach persönlichem Lernstand für sich lösbare Aufgaben auswählt. Die Aufgaben lassen sich nach grundlegenden und weiterführenden Anforderungen differenzieren. Zusätzlich unterscheiden sie sich in Bezug auf

- Umfang,
- Schwierigkeitsgrad/Komplexität,
- Abstraktionsniveau,
- Wahl der Zahlenwerte,
- Art der Lernhilfen: z. B. Bereitstellung von Material für konkretes Operieren, Zeichnungen" (Lewe 1998, S. 15).

1.3.3 Praktische Beispiele für differenzierte Mathematikarbeiten – Zensierungsvorschläge

Vorschläge für differenzierte Mathematikarbeiten sind in der allgemeinen Literatur nur selten zu finden. Im Folgenden werden drei Typen differenzierter Arbeiten beschrieben, wobei wir den dritten Typ favorisieren. Alle drei Formen sind für differenzierte Mathematikarbeiten geeignet, erfordern aber von der Lehrkraft einen unterschiedlichen Aufwand an Vorbereitungen.

1. Fundamentum/Additum

Dieses Modell wurde von Eva-Maria Wuschansky vorgeschlagen (vgl. Bartnitsky 1989, S.73 ff.). Sie regt an, zwei Drittel einer Mathematikarbeit mit Aufgaben grundlegender Anforderungen (Fundamentum) zu gestalten und das letzte Drittel mit Aufgaben weiterführender Anforderungen (Additum) zu füllen. Als Bewertungsmaßstab schlägt sie vor, dass die korrekte Bearbeitung aller Grundanforderungen die Note „befriedigend" bedeutet. Als Einstieg in differenzierte Mathematikarbeiten ist dieses Modell für die Praxis durchaus geeignet, beinhaltet aber den Nachteil, dass einige Kinder nach zwei Dritteln des Tests mit dem Wissen aufhören, dass für sie die folgenden Aufgaben zu schwierig sind.

2. Differenzierender Ansatz

Dieser Vorschlag (vgl. Arbeitsgruppe im Regierungsbezirk Detmold 1993) gibt den Schülern die Möglichkeit, bei einigen Aufgaben zwischen zwei Alternativen bezüglich des eigenen Anspruchsniveaus zu wählen. Die Aufgaben werden bei der Zensierung unterschiedlich hoch bewertet. Bei diesem Ansatz können die Kinder nur zum Teil Aufgaben auswählen. Entmutigung und Frustration können auch so nicht gänzlich verhindert werden.

3. Aufgaben-Wahlangebot (Spaltenmodell)

Dieses Modell beinhaltet ein differenziertes Aufgaben-Wahlangebot (vgl. Wolk 1996 und Arbeitsgruppe im Regierungsbezirk Detmold 1993). Die Mathematikarbeit ist zweispaltig konzipiert, sodass die Kinder bei jeder Aufgabe auswählen können, ob sie die linke (Grundanforderung) oder die rechte Aufgabe (weiterführende Anforderung) lösen wollen. Je größer der Schwierigkeitsgrad einer Aufgabe, desto mehr Punkte sind bei ihr zu erreichen. Wir wollen uns eingehend mit diesem Vorschlag für die Konzeption einer differenzierten Mathematikarbeit auseinandersetzen. Sie weist im Vergleich zu den beiden vorhergehenden Typen den Vorteil auf, dass jedes Kind bei jeder Aufgabe zwischen zwei Angeboten nach seinem Leistungsniveau auswählen kann. Auch schwächere Schüler erhalten so die Chance, die schwierigere Aufgabe zu lösen. Die Quote der absoluten Versager bei diesem Typ Mathematikarbeiten sinkt deutlich. Leistungsschwachen Rechnern wird das Gefühl vermittelt, dass auch sie etwas rechnen können. Schon kleine Lernfortschritte und -erfolge werden berücksichtigt und kommen in der Zensurengebung zum Ausdruck. Da die Kinder ein doppeltes Aufgabenangebot erhalten, ist eine differenzierte Mathematikarbeit umfangreicher als eine herkömmliche Arbeit. Die Notation der Ergebnisse in einem speziellen Arbeitsheft hat den Vorteil, dass auf dem Aufgabenzettel nicht noch Platz für Ergebnisse vorgehalten werden muss.

Folgendes Beispiel zeigt eine differenzierte Mathematikarbeit aus einem 3. Schuljahr zum Thema „Erweiterung des Zahlenraums bis 1 000".

1. Wie heißen die Zahlen? 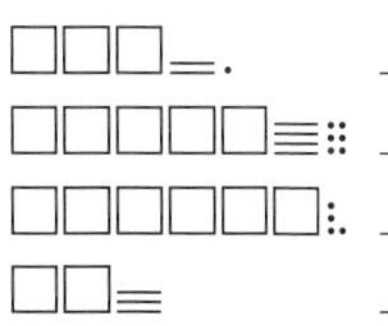 _____ _____ _____ _____	1. Wie heißen die Zahlen? 500 + 20 + 3 = _____ 700 + 10 + 8 = _____ 200 + 90 + 0 = _____ 600 + 40 = _____ 800 + 3 = _____	4 | 5
2. Setze das richtige Zeichen ein: >, <, = 200 O 300 212 O 212 1 000 O 100 300 O 30 150 O 450 4 O 404 334 O 335 278 O 287	2. Setze das richtige Zeichen ein: <, >, = 328 O 238 11 O 111 589 O 598 234 O 342 612 O 602 947 O 937 410 O 401 460 O 461 771 O 771 887 O 878	4 | 5
3. Schreibe Vorgänger und Nachfolger. _____ 450 _____ _____ 631 _____ _____ 989 _____ _____ 999 _____ _____ 699 _____	3. Schreibe die benachbarten Hunderter. __ 450 __ __ 631 __ __ 989 __ __ 210 __ __ 699 __ Schreibe die benachbarten Zehner. __432__ __225__ __702__	5 | 7

4. Trage die fehlenden Zahlen in diesen Teil des Tausenderbuches ein.

435	436	437			440
445		447	448	449	450
455	456		458	459	460
465	466	467		469	470
	476	477	478		

4. Trage die fehlenden Zahlen in die Ausschnitte des Tausenderbuches ein.

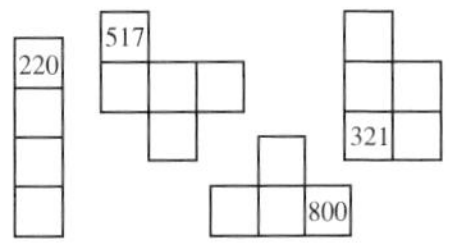

4 | 7

5. Nimm das Tausenderbuch zur Hilfe.
Wie heißen die Zahlen?

Seite	2.	3.
Reihe	1.	7.
Position	1.	5.
Zahl		

5. Wie heißen die Zahlen im Tausenderbuch?

Seite	3.	5.	10.	6.
Reihe	1.	7.	10.	2.
Position	3.	5.	9.	4.
Zahl				

3 | 6

6. Setze die Zahlenreihe fort.

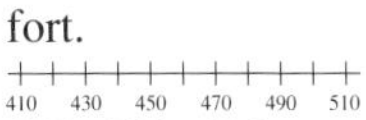

402, 404, 406, __, __, __
410, 420, 430, __, __, __
469, 468, 467, __, __, __
500, 490, 480, __, __, __

6. Setze die Zahlenreihe fort.
300, 305, 310, __, __, __
150, 200, 250, __, __, __
320, 420, 520, __, __, __
800, 790, 780, __, __, __
340, 338, 336, __, __, __

4 | 5

7. Bilde mit den Zahlenkarten Zahlen.
[5] [3] [7]
Findest du 4 Zahlen?
______
______
______
______

7. Bilde mit den Zahlenkarten Zahlen.
[3] [5] [0]
Wie viele dreistellige Zahlen findest du?
______
Wie viele zweistellige Zahlen findest du?
______

4 | 6

8. Ergänze bis 1 000 €.
Zeichne in jede Geldbörse die fehlenden 100-€-Scheine

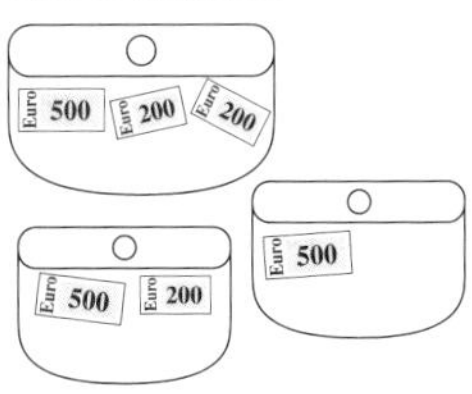

8. Ergänze bis 1 000.
1000 = 200 + _____
1000 = 400 + _____
1000 = 360 + _____
1000 = 470 + _____
1000 = 956 + _____

3 | 5

9. Rechne.
800 + 100 = _____
200 + 300 = _____
400 + 500 = _____
600 + 400 = _____
900 – 200 = _____
600 – 500 = _____
300 – 300 = _____
1 000 – 400 = _____

9. Schreibe immer drei Aufgaben. Rechne sie aus.

3 + 3 = 6 30 + 30 = __ 300 + 300 = __	4 + 4 = __ 40 + 40 = __ __ + __ = __
8 – 3 = __ 80 – 30 = __ 800 – 300 = __	10 – 5 = __ __ – __ = __ __ – __ = __

4 | 7

10. Zeichne in jede Spardose das Doppelte. Schreibe unter jede Dose den doppelten Betrag.

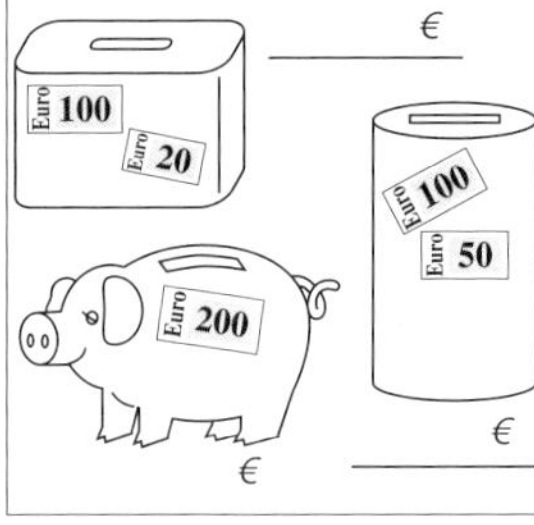

10. Verdoppele.

einfach	doppelt
300	
450	
230	
160	
234	

3 | 5

Die Planung einer Mathematikarbeit mit Aufgaben-Wahlangebot bedarf intensiver Vorbereitung. Zuerst müssen Lernziele und Themen, die überprüft werden sollen, eingegrenzt werden. Die Lernziele sind in Mindestanforderungen und weiterführende Anforderungen zu differenzieren. Die nachfolgenden Überlegungen schließen die Frage ein, nach welchen Kriterien die einzelnen Aufgaben differenziert werden sollen, beispielsweise

- in der Wahl der didaktischen Hilfsmittel (Aufgabe 5);
- im Zahlenmaterial (Aufgabe 2);
- durch den Schwierigkeitsgrad bzw. das Abstraktionsniveau (Aufgabe 3, 4, 7, 8, 9, 10);
- durch eine andere Präsentation, beispielsweise in Form einer Tabelle, Zeichnung, bildlichen Darstellung o. Ä. (Aufgabe 1 und 6);
- durch die Länge der Arbeit.

Dieser Test besteht zwar aus einem differenzierten Aufgabenangebot, bleibt aber wie eine herkömmliche Mathematikarbeit vorrangig produktorientiert. Der Zwang zur Zensierung erschwert die Berücksichtigung offener Aufgaben. Fordert man beispielsweise von den Schülern, in Aufgabe 6 eine eigene Zahlenfolge zu bilden, stellt sich die Frage, wie man die individuellen Lösungswege der Kinder bewertet. Wird eine abfallende Folge mit einer höheren Punktzahl honoriert als eine ansteigende? Ist eine Folge in Zehnerschritten weniger wert als eine in Fünfzehnerschritten? Ohne Bewertungsdruck könnten auch Aufgaben in einen Test aufgenommen werden, die das Auffinden und Begründen von Fehlstrategien erfordern. Beispiel:

1 000 = 956 + [45]

1 000 = 956 + [44]

1 000 = 956 + [54]

1 000 = 956 + [56]

Falsche Lösungen sollen als Fehlstrategien identifiziert und begründet werden. Wie kann die Bewertung aussehen, wenn ein Schüler den dritten Lösungsweg zwar als falschen erkennt, dies aber weder in Worten noch durch Skizzen begründen kann? Ist er dann ein schwacher Rechner oder hat er nur Probleme, sich sprachlich auszudrücken? Oder ist der hier geforderte Wechsel zur Meta-Ebene von Drittklässlern grundsätzlich noch nicht zu erwarten?

Die Punktzahlen für differenzierte Arbeiten liegen meistens recht hoch, damit auch Zwischenergebnisse bewertet werden können. Z. B.: In Aufgabe 5 gibt es sowohl für die korrekte Seite, die Reihe und die richtige Position jeweils einen halben Punkt. In dem Beispiel beträgt die Höchstpunktzahl 58, die man erhält, wenn man alle Aufgaben der rechten Spalte lösen kann. Sind alle Aufgaben der linken Spalte richtig gelöst, erhält man 38 Punkte und damit die Note „befriedigend“. Die Hälfte der Gesamtpunktzahl genügt für ein „Ausreichend“. Als Anregung ist nachfolgender Bewertungsspiegel gedacht.

Punkte	Zensur
58 – $54\frac{1}{2}$	sehr gut (1)
54 – 47	gut (2)
$46\frac{1}{2}$ – 38	befriedigend (3)
$37\frac{1}{2}$ – 29	ausreichend (4)
$28\frac{1}{2}$ – $14\frac{1}{2}$	mangelhaft (5)
14 – 0	ungenügend (6)

Die schlichte Note unter der Arbeit sollte durch einen ermutigenden Kommentar ergänzt werden. Auch eine persönliche Besprechung der Lernfortschritte und Lernlücken mit dem Schüler steigern die Aussagekraft der Zensur. Es muss noch einmal darauf hingewiesen werden, dass auch diese Form der Klassenarbeit norm- und rangplatzorientiert ist. Im gegebenen System von Schule bietet sie aber die Chance der stärkeren Berücksichtigung individueller Lernfortschritte. Es bleibt allerdings das Problem der letztlich doch mehr oder weniger willkürlichen Festlegung der Gesamtpunktzahl bestehen. Somit wird die eigene Leistung (produktorientiert) mit denen der anderen Kinder in der Klasse verglichen.

1.3.4 Einbettung differenzierter Mathematikarbeiten in einen differenzierten Unterricht

Differenzierte Lernkontrollen erwachsen aus einem differenzierten Unterricht. Der Arbeits- und Lernprozess eines solchen Unterrichts lässt sich in vier Schritte gliedern:

1. Festlegung der Ziele und Eingrenzung der mathematischen Themenfelder
2. Durchführung eines differenzierenden, fördernden und fordernden Unterrichts
3. Schreiben einer differenzierten Lernkontrolle
4. Ableiten von Konsequenzen aus den Lernergebnissen der Kinder für den individualisierten Unterricht (Fehleranalyse, Überprüfen von Methodenwahl, Lernmitteln und sonstigen Hilfsmitteln)

Mithilfe von differenzierten Materialien und Methoden im Unterricht entwickeln die Kinder individuelle Lernmuster. Dazu gehören neben differenzierter Gruppenarbeit auch differenzierte Hausaufgaben. So lernen die Kinder, eine positive Einstellung zur eigenen Leistung zu entwickeln, die meistens auch von den Mitschülern akzepiert wird. Verschiedene Leistungsstände sind für die Kinder Normalität. Es geht dabei nicht um Konkurrenzdenken, sondern um soziales Miteinander, damit die Angst vor Klassenarbeiten abgebaut werden kann.

Kinder haben mit dem Schreiben differenzierter Arbeiten kaum Schwierigkeiten, wenn sie einen differenzierten Mathematikunterricht gewöhnt sind. Lernprozesse, Lösungswege und Rechenstrategien sind immer wieder im Unterricht zu thematisieren. Es muss deutlich werden, dass die Ergebnisfindung mathematischer Problemstellungen nicht durch spontane Eingebung geschieht, sondern einen Denkprozess erfordert. Die Beschreibung verschiedener Lösungswege fördert die Fähigkeit der Kinder, ihre individuellen Lernwege und Lernhilfen selbstständig zu finden. So wird eine realistische Selbsteinschätzung trainiert, die es den Kindern ermöglicht, in einer schriftlichen Arbeit ihre individuellen Lernhilfen und Aufgabentypen auszuwählen. Dabei gilt die Verabredung, dass in der gleichen Aufgabe nicht zwischen der rechten und linken Spalte gewechselt werden kann, da dies die Zensierung erschweren werden würde. Der Wechsel von Aufgabe zu Aufgabe ist aber erlaubt.

1.3.5 Erlasslage und Vorgaben in Rahmenrichtlinien

Die Erlasslage zu schriftlichen Lernkontrollen ist in den einzelnen Bundesländern unterschiedlich. Es lohnt sich, die Rechtslage im eigenen Bundesland in Bezug auf differenzierten Unterricht und die Möglichkeiten für differenzierte Mathematikarbeiten zu untersuchen. Die schulrechtliche Situation bietet meistens genügend Freiräume für eine differenzierte Leistungsbewertung. Wichtige Rechts- und Verwaltungsvorschriften findet man in den bundeslandspezifischen allgemeinen Schulordnungen (besonders Schwerpunkt Grundschule) und den jeweiligen Rahmenrichtlinien. Folgende Stichworte helfen, die Suche zu erleichtern:

- Leistungsbewertung, Leistungserziehung, Leistungsfeststellung, Leistungskontrolle
- Zeugnisbestimmungen, Versetzungsregeln
- Lernkontrollen
- schriftliche Arbeiten, Klassenarbeiten
- Differenzierung

Am Beispiel von Niedersachsen und Nordrhein-Westfalen werden einige Textauszüge aus Rahmenrichtlinien und Rechtsvorschriften gegenübergestellt, die deutlich machen, wie unterschiedlich die durchaus vergleichbaren pädagogischen Freiräume für differenzierte Mathematikarbeiten sprachlich umschrieben sind. Beide Bundesländer heben die pädagogische Funktion schriftlicher Lernkontrollen hervor. Sie dienen als Bestätigung (Ermutigung), Lernhilfe und Lernkorrektur. Weiterhin unterrichten sie Lehrer, Schüler und Eltern über Lernfortschritte und -ausfälle (Niedersächsischer Kultusminister 1984, S.9 Kultusminister des Landes Nordrhein-Westfalen 1991, S.14). Im Vergleich zu Niedersachsen fordert das Land Nordrhein-Westfalen explizit differenzierte Klassenarbeiten, aber auch aus der niedersächsischen Vorschrift lässt sich die Möglichkeit differenzierter schriftlicher Lernkontrollen ableiten.

Nordrhein-Westfalen	Niedersachsen
Die Anforderungen bei Klassenarbeiten sind so differenziert zu stellen, daß jeder Schüler Erfolge erzielen kann. *(vgl. Verwaltungsvorschrift zur AOGS §§ 9 des Landes Nordrhein-Westfalen)*	„Der pädagogische Grundsatz, daß jeder Schüler einen Anspruch auf Anerkennung seiner Lernfortschritte hat, muss deshalb leitender Gesichtspunkt für die Leistungsbewertung sein.“ *(Rechts- und Verwaltungsvorschriften Ausgabe Niedersachsen L 2, S. 13)*
Der Lehrer fördert und fordert.	„Alle Differenzierungsmaßnahmen sind im Sinne von Fördern und Fordern zu verstehen.“ *(a. a. O. S. 12)*
Der Lehrer vermeidet Über- und Unterforderung.	„Da Überforderung, Lernunlust und Leistungsversagen sich wechselseitig bedingen, sollte der Schüler schon bei kleinen Lernfortschritten Erfolg und Bestätigung erfahren.“ *(a. a. O. S. 13)*
Der Lehrer berücksichtigt die Individualität und Lernentwicklung der einzelnen Kinder. „Schüler können nicht alle zum gleichen Zeitpunkt und im gleichen Zeitraum gleiche Leistungen erbringen.“ *(Ministerium für Schule und Weiterbildung des Landes Nordrhein-Westfalen 1996, S. 13 – 15)*	„Die Überprüfung der Lernfortschritte und der Lernergebnisse geschieht durch kontinuierliche Beobachtung der Lernprozesse und durch den Einsatz von Lernkontrollen mündlicher, schriftlicher und fachspezifischer Art. Dabei sind die unterschiedlichen Bedingungen zu beachten, von denen der Lernerfolg eines Schülers abhängt.“ *(a. a. O. S. 4)*

1.3.6 Vorbereitung differenzierter Mathematikarbeiten im Kollegium und mit Eltern

Jedes Fachkollegium sollte sich eingehend mit den Bedingungen differenzierter Mathematikarbeiten auseinander setzen, bevor diese im Unterricht erprobt werden. Grundlage ist ein pädagogischer Leistungsbegriff, der von jedem Lehrer eine positive Einstellung zur Leistungsfähigkeit eines jeden Kindes fordert. Dies setzt einen differenzierten und schülerorientierten Unterricht voraus. Erfahrungsaustausch und Kooperation helfen, die Schwerpunkte und Ziele eines solchen Unterrichts zusammenzutragen. Weiterhin muss die Erlasslage für das betreffende Bundesland geklärt sein. Vielleicht findet sich eine Kollegin, die die relevanten Stellen aus der allgemeinen Schulordnung und den Rahmenrichtlinien zusammenträgt. Die Erfahrung zeigt, dass die Zensierung differenzierter Mathematikarbeiten immer wieder Unsicherheiten und Diskussionen hervorruft, da man sich uneins über die Vergleichbarkeit solcher Zensuren ist. Allgemeine und genormte Zensierungsmaßstäbe kann es aber nicht geben. „Die Fachkonferenz für Mathematik legt Bewertungsgrundsätze und -maßstäbe für schriftliche Arbeiten fest.“ (Rechts- und Verwaltungsvorschriften Ausgabe Niedersachsen L 2, S. 5) Dieser Paragraph ist sicherlich nicht nur in der niedersächsischen Schulordnung verankert.

Auf einer Gesamt- bzw. Schulkonferenz oder einem Elternabend sollten differenzierte Mathematikarbeiten zum Thema gemacht werden. Die Eltern müssen intensiv informiert werden und die Möglichkeit haben, ihre Fragen und Unsicherheiten zu formulieren. Es hat sich als hilfreich erwiesen, Schwerpunkte eines differenzierten Unterrichts beispielsweise an verschiedenen didaktischen Materialien zu veranschaulichen und anschließend mit den Eltern eine differenzierte Mathematikarbeit durchzugehen. Dadurch lernen die Eltern Möglichkeiten der Differenzierung kennen und zu gewichten. Auf diese Art können Beurteilungskriterien für die unterschiedliche Bewertung einzelner Aufgaben durchschaubar gemacht werden. Bieten Sie den Eltern als Einstieg folgende Textaufgabe in differenzierter Form an:

Eine Tafel Schokolade besteht aus 12 Stücken. 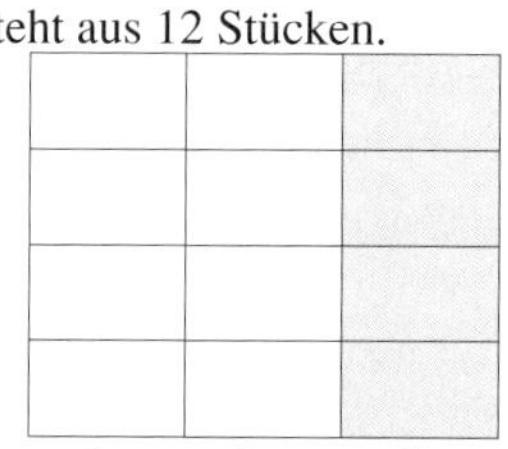 $\frac{1}{3}$ $\frac{1}{3}$ $\frac{1}{3}$ $\frac{1}{3}$ der Tafel soll gerecht an zwei Kinder verteilt werden. Wie viele Stücke bekommt jedes Kind?	Eine Tafel Schokolade besteht aus 24 Stücken. $\frac{2}{3}$ der Tafel sollen gerecht an 4 Kinder verteilt werden. Wie viele Stücke bekommt jedes Kind?

Jedes Elternteil entscheidet für sich, indem es sich in die Schülerrolle versetzt, welche Darstellung eher dem persönlichen Lernmuster entspricht und löst die entsprechende Aufgabe. Die individuellen Problemlösestrategien helfen den Eltern, den pädagogischen Leistungsbegriff zu verstehen. Sie müssen den Leistungsstand ihres Kindes akzeptieren, um differenzierte Mathematikarbeiten als Chance für eine individuelle Leistungsmessung zu verstehen.

Es gibt keine gerechte und perfekte Zensurengebung. „Solange es in der Grundschule aber weiterhin Zensuren gibt, sind differenzierte Klassenarbeiten ein unverzichtbarer Bestandteil einer ermutigenden Erziehung, weil sich jedes Kind nach seinen Fähigkeiten in die Leistungsprüfung einbringen kann und dadurch die Schulversagerquote deutlich verringert wird.“ (Wolk 1996, S. 73)

1.4 Tafelarbeit und Tafelbild im Mathematikunterricht

Seit einigen Jahren verliert die Tafel im Unterricht der Grundschule zunehmend ihre Bedeutung als zentrales und wichtiges Medium der Unterrichtsarbeit, vielfach abgelöst von der Kopierdidaktik. Immer häufiger werden den Kindern Problemstellungen, Unterrichtssequenzen, Arbeitsanweisungen, Aufgabenstellungen, Skizzen, Texte u. a. über Kopien angeboten, die von der Lehrerin selbst erstellt oder aber als Fertigprodukt aus den zahlreich vorhandenen Kopiervorlagen ausgewählt wurden. Das mag zwar bequemer (und teurer) sein, vielleicht auch besser aussehen und weniger Zeit kosten, kann aber in sehr vielen Situationen die didaktisch-methodischen Gestaltungsmöglichkeiten des Unterrichtsprozesses über die Tafelarbeit und das Tafelbild nicht ersetzen. Hinzu kommt, dass die (Ab-)Schreibleistungen und die Art der Seitengliederung mancher Kinder am Ende der Grundschulzeit dafür sprechen, hin und wieder auch Texte o. Ä. von der Tafel abschreiben zu lassen, um auf diese Weise mit einem gut gegliederten Tafelbild ein Modell für die Heftgestaltung zu geben.

Im Rahmen dieses Unterkapitels können nicht alle Möglichkeiten der Tafelarbeit beschrieben werden, verwiesen sei dazu auf die älteren Anregungen von Bönsch (1972), Röhling (1978) oder Maras (1979); bis zur Verbreitung der Kopierer in den 80er-Jahren gab es auch zahlreiche Beiträge zum Thema in den pädagogischen Zeitschriften. Im Folgenden sollen einige wichtige Aspekte der Tafelarbeit im Mathematikunterricht der Grundschule skizziert werden, die weitgehend auch für die Arbeit mit dem Overheadprojektor gelten, obwohl dieser andere, spezifisch sinnvolle Möglichkeiten besitzt (Klappfolien, bewegliche Darstellungen, Kopierfolien von Arbeitsblättern, geometrische Effekte, Konzentrationsübungen u. a. m.).

> „Das Tafelbild ist ein Lehrmittel, das den Lehrstoff und teilweise den Unterrichtsverlauf durch das gestaltete und geordnete Zueinander von Text und Bild oder Text und Text an der Wandtafel sichtbar macht, und der Veranschaulichung, der Abstraktion, der Strukturierung und in jedem Fall der Fixierung des Lehrstoffes dient, ferner der Artikulation des Unterrichts und die Aktivierung des Schülers in allen Lernphasen ermöglicht.“ (Maras 1979, S. 101)

Nach Bönsch (1972) lassen sich mehrere Möglichkeiten des Einsatzes einer Tafel als Medium in verschiedenen Unterrichtssituationen unterscheiden. Die Tafel kann dienen

- als *Veranschaulichungshilfe*; sie steht im Mathematikunterricht immer variabel für Darstellungen, Skizzen, Diagramme usw. zur Verfügung;
- als *Übungshilfe* beim Rechnen, Schreiben oder Konstruieren mit dem Geo-Dreieck usw.;
- als *Erarbeitungshilfe*, indem beispielsweise verschiedene Schritte oder Schülervorschläge zum Lösen eines mathematischen Problems „gespeichert“ werden;
- als *Klärungshilfe*, wenn verschiedene, an der Tafel notierte Lösungswege etwa bei einem halbschriftlichen Verfahren diskutiert werden;
- als *Hilfe bei der Fixierung* von Zwischenschritten oder von Ergebnissen einer Unterrichtsphase;
- als *Hilfe bei der Umsetzung/Übersetzung* von Realsituationen (Spiele, enaktives Arbeiten mit Materialien o. Ä.) in Darstellungen (Ikonisierung) und schließlich in die Symbolsprache;
  (Im Mathematikunterricht sind die überaus wichtigen Übersetzungen innerhalb einer Repräsentationsebene [Zahlenstrahl, Hundertertafel, Punktefeld ...] und die Rückübersetzungen von den Symbolen in Darstellungen bzw. Vorstellungen besonders gut mithilfe des Mediums Tafel möglich.)
- als *Hilfe für Mitteilungen* von Hausaufgaben oder Schülerdiensten, aber auch zum Wochenplan bzw. zu gemeinsamen Vorhaben.

Grob unterscheiden lässt sich die Tafelarbeit im Hinblick auf ein vorstrukturiertes bzw. ein dynamisches Tafelbild, das im Laufe der Unterrichtsstunde entsteht. Zwischen diesen beiden Einteilungen gibt es viele Überschneidungen (ein vorstrukturiertes Tafelbild kann im Unterricht dynamisch weiterentwickelt werden) und Zwischenformen. Immer ist das Tafelbild jedoch ein wichtiges Element der Unterrichtsplanung und sollte im Mathematikunterricht nur selten dem Zufall überlassen bleiben.

Das vorstrukturierte Tafelbild

Mit strukturierten Tafelbildern lassen sich im Mathematikunterricht

- Problemstellungen oder Impulse geben,
- Texte anbieten oder Aufgaben stellen,
- Skizzen, Schaubilder, Diagramme und Tabellen darstellen,
- die Phasen des Unterrichtsverlaufes vorstrukturieren,
- die Lernziele vorformulieren u. a.

Ein vorstrukturiertes Tafelbild ist kein Zufallsprodukt, sondern muss geplant werden, wobei die bekannten methodischen Prinzipien beachtet werden wie

- Anlage des Tafelbildes in Leserichtung (von links nach rechts),
- Nutzen von Klapptafeln,
- Teilüberschriften, klare Gliederung,
- Verwendung von Zeichen u. a.

Die spezifischen Zeichen eines Tafelbildes dürfen sich in ihrer Form nicht überschneiden mit den zahlreichen Zeichen bzw. didaktischen Symbolen in den Mathematiklehrgängen. Diese Zeichen eines Tafelbildes stellen keine Gegenstände dar. Sie sind nur im Kontext verständlich und bleiben alleinstehend sinnlos. Tafelbild-Zeichen dienen dem Strukturieren, dem Hervorheben wesentlicher Elemente oder dem Lenken der Aufmerksamkeit. Das Verwenden derartiger Zeichen ist im Mathematikunterricht nicht unproblematisch, weil die Schulbücher und Kopiervorlagen übervoll sind mit entsprechenden Zeichen, allerdings oft mit anderen, nämlich mathematischen oder auch mathematikdidaktischen Bedeutungen. Die Bedeutung dieser Zeichen in den Lehrgängen haben viele Kinder erst lernen und unterscheiden müssen. Mögliche unterschiedliche Bedeutungen derartiger Zeichen/ Symbole werden deutlich an einigen Beispielen für die Tafelarbeit (vgl. Maras 1979) und ihrer gleichzeitigen Verwendung im Mathematikunterricht:

Zeichen / Symbol	mögliche Bedeutungen im Tafelbild	mögliche Bedeutungen im Mathematikunterricht
⟹ ⟶	... bedeutet, ...hat zur Folge, ... setzt sich fort in ..., ... weist hin auf ...,	Relationspfeile, Operatorpfeile, Richtungshinweis ...
⇄	bedingt/beeinflußt sich gegenseitig	"
⟷	Gegensatz, Konflikt, ...	"
□	Resultat aus, Hervorhebung, ...	Quadrat, Platzhalter, Symbol für „viereckig"
——	Verbindung mit ..., abhängig von ..., stehen im Zusammenhang,	Gerade, Hilfsstrich bei schriftlichen Verfahren, Rechenstrich, ...
▭	Hervorhebung, ...	Rechteck, Platzhalter
/ | \	... verteilt sich auf ..., ... gliedert sich in ...	Zuordnungen, Verbindungen

Das dynamische Tafelbild

Ein dynamisches, sich im Laufe des Mathematikunterrichts entwickelndes Tafelbild ist nicht zu verwechseln mit einem zufälligen Tafelbild, weil seine Grobstrukturierung und das Überlegen möglicher Varianten bereits wichtige Aufgaben der Unterrichtsplanung sind. Das dynamische Tafelbild wird im Laufe der Unterrichtsstunde zusammen mit den Kindern erarbeitet bzw. entsteht vor den Augen der Lerngruppe. Es ist „Träger didaktisch-methodisch relevanter Inhalte“ (Maras 1979, S. 15) und somit Leitmedium einer Unterrichtsstunde/Unterrichtseinheit. Auch hier bedient sich die Tafelarbeit ausgewählter Elemente aus den drei Kategorien

- Texte (Überschriften, Sätze, Stichworte, Gleichungen, Terme, Fragen, ...),
- Bilder (Skizzen, didaktische Darstellungen, Schaubilder, geometrische Zeichnungen, ...) und
- Zeichen (Pfeile, Hervorhebungen, Verbindungen, Aufteilungen, ...).

Das Tafelbild entsteht insgesamt durch die Verwendung und Kombination dieser drei Möglichkeiten.

Ein dynamisches Tafelbild begleitet den Unterrichtsverlauf und kann wesentliche Teile der Phasen einer Unterrichtsstunde widerspiegeln, es kann jedoch nicht die unterrichtliche Diskussion, die Entdeckungen, die Phasen der Abstraktion oder auch die Schwierigkeiten einzelner Kinder „protokollieren“.

Beim nachfolgenden Beispiel aus einem 3. Schuljahr war das Thema der Unterrichtsstunde „Möglichkeiten der halbschriftlichen Subtraktion“. In der Anfangsphase wurden Aufgaben der Kopfgeometrie bearbeitet (Tafelbild links). Die Problemstellung ergab sich aus der Aufgabe 643 – 370. Die Kinder entwickelten und erprobten in der Mittelphase der Unterrichtsstunde einzeln oder in Partnerarbeit Lösungswege für die Aufgabe, wobei ihnen Arbeitsmittel zur Verfügung standen. Lösungen – aber auch Fehllösungen – wurden dann von den Kindern an die Tafel geschrieben (Tafelbild Mitte) und anschließend diskutiert, erklärt und miteinander verglichen, wobei die beiden fehlerhaften Lösungswege gemeinsam nachvollzogen bzw. analysiert wurden. Die neuen Lösungswege konnten über weitere Aufgaben (Tafelbild rechts) erprobt und geübt werden. In dieser Phase erarbeitete die Lehrerin mit einigen rechenschwächeren Kindern, die keinen sinnvollen Lösungsweg entdeckt hatten, die Methode der schrittweisen Subtraktion (erst Hunderter abziehen, dann Zehner, dann Einer).

Die Tafel als Organisationshilfe bei der Arbeit nach Plan

Auf eine sehr sinnvolle Nutzung der Tafel macht Klank (1997) in ihrem Beitrag „Zurück zur Tafel“ aufmerksam. Bei der Form der Arbeitsplanung über Tages- und Wochenpläne (vgl. **Handbuch 1**, Kap. 1.2 und 1.3) bietet es

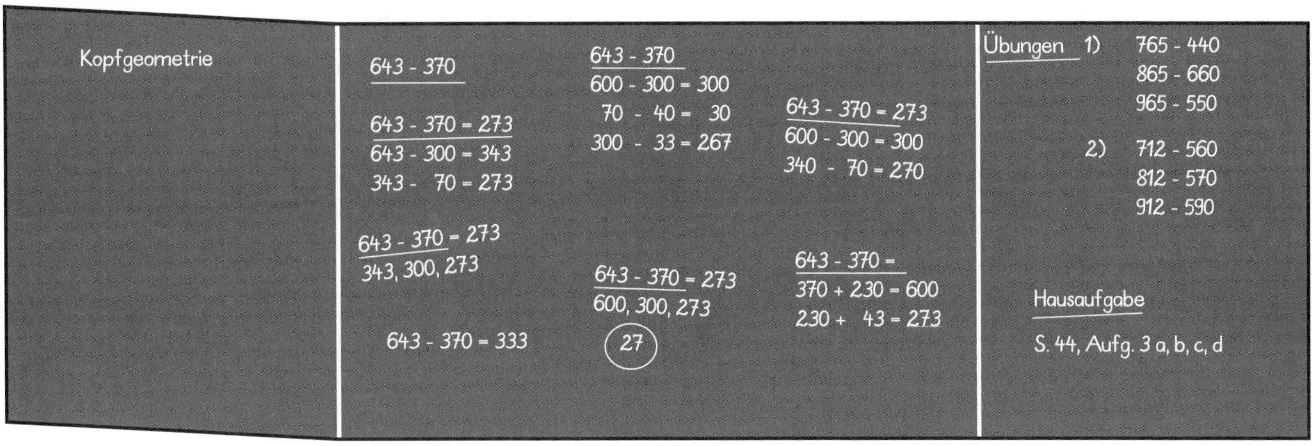

sich aus mehreren Gründen an, die Arbeitsvorhaben und die Arbeitsplanung an einer gut sichtbaren (Seiten-)Tafel anzubieten. Sie hat Vorteile gegenüber einem nicht mehr veränderbaren Abarbeitungsblatt, weil auf unvorhersehbare Einschübe, Terminänderungen, „Überraschungen“ oder Vertretungsstunden eingegangen werden kann.

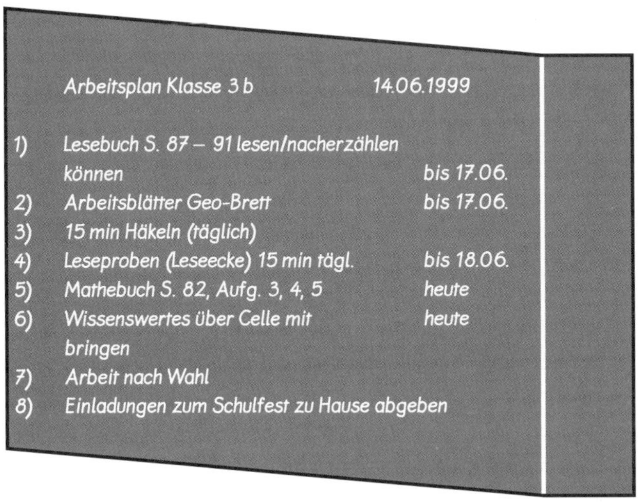

Ein Arbeitsplan an der Tafel ist flexibel, er kann täglich für aktuelle Aufgaben oder Einschübe verändert werden. Bei einer dauernden Präsenz des Arbeitsplanes während der Phase einer Wochenplanarbeit können sich Fachlehrerinnen (z. B. zum Mathematikunterricht) in den Gesamtplan einer Klasse mit ihren Arbeitsvorschlägen einbringen. Einschübe und Veränderungen machen es jedoch notwendig, dass zu Beginn eines jeden Schultages der Arbeitsplan mit den Kindern besprochen wird.

Mithilfe farbiger Kreide lässt sich der Tafel-Arbeitsplan übersichtlicher gestalten, indem etwa tägliche Pflichtaufgaben oder Aufgaben, für deren Bearbeitung ein längerer Zeitraum vorgesehen ist, unterschiedlich gekennzeichnet werden.

Anforderungen und Grenzen der Tafelarbeit

In den älteren Methodiken werden die Anforderungen an ein „gutes Tafelbild“ wie folgt beschrieben:

- Das Tafelbild muss klar sein bezüglich Inhalt und grafischer Gestaltung,
- es muss kindgemäß sein,
- es muss sachlich richtig sein (aber auch Schülerfehler zulassen, um ausgehend von ihnen Rechenwege zu thematisieren),
- es muss didaktisch-methodisch begründet sein,
- es muss die Schüler einbeziehen und aktivieren.

Diese Anforderungen machen nochmals deutlich, dass Tafelbilder möglichst geplant werden müssen. Tafelarbeit ist kein didaktisches Wundermittel, man sollte sich auch der möglichen Grenzen bewusst sein. Maras (1979, S. 98 f.) weist auf drei Probleme hin:

- Es kann Schwierigkeiten in der Organisation des Tafelbildes geben (zu kleine Tafelfläche, Spiegelungen durch Lichteinfall ...);
- die Tafelarbeit kann kein Ersatz für konkrete Erfahrungen oder Sachbegegnungen sein, das Tafelbild hat eher eine begleitende Funktion im Unterrichtsprozess;
- die Tafel kann zum dominierenden Frontalunterricht, zum lehrerzentrierten Unterricht verführen (die Tafel und meistens auch die Lehrerin sind „vorne“).

Die ausschließliche Verwendung der Tafel im Mathematikunterricht führt sicher zu einer Einengung und Verarmung des Unterrichtsgeschehens. Allerdings sind die Grenzen und die Kritikpunkte an der derzeit vorherschenden „Kopierdidaktik“ nicht minder gewichtig. Die erfahrene Lehrerin wird alle Medienmöglichkeiten sinnvoll nutzen und anwenden. Sicher spielt die Tafelarbeit nicht mehr die gewichtige Rolle wie vor Jahrzehnten, dennoch wird die Tafel immer ein wichtiges und hilfreiches Medium des Lehrens und Lernens bleiben. Man sollte die Möglichkeiten der neuen Medien (Overheadprojektor, Computer, Kopierer) nicht unterschätzen, deren Möglichkeiten aber auch nüchtern sehen. Die zahlreich publizierten internationalen Schul- und Leistungsvergleiche in den letzten Jahren machen eines ganz deutlich: In vielen Ländern, die sich neue Medienmöglichkeiten nicht leisten können oder wollen, sind die Mathematikleistungen der Schüler nicht schlechter, häufig sogar besser. Videoaufzeichnungen machen es deutlich: Die Tafel spielt im Mathematikunterricht dieser Länder immer noch eine zentrale Rolle als Unterrichtsmedium. Weder Tafel noch Computer sind entscheidend für die Qualität des Unterrichts, sondern einzig die didaktisch-pädagogische Kompetenz der Lehrkraft, eine für das Lernen fruchtbare Unterrichtskultur zu schaffen.

1.5 Computer in der Grundschule

Dieses Thema sollte in Ruhe, besonnen und unverkrampft diskutiert werden. Weder Bilderstürmerei noch Euphorie verhelfen zu einer klaren Einschätzung, leider häufig auch nicht die aufgeregten Bemühungen mancher Kultusministerien in den letzten Jahren. Wir benötigen, wie Krauthausen (1994, S. 99 ff.) es ausgedrückt hat, die AWARE-Strategie:

A **A**nforderungen definieren
W **W**arten können
A **A**rgumente fordern
R **R**essentiments vermeiden
E **E**uphorien verhindern

Im Sinne eines unverkrampften Zugangs zum Thema empfehlen wir Ihnen zunächst die Lektüre der folgenden, fast wahren Geschichte zu neuen Papiertechnologien und Schule.

Neue Papiertechnologien und Schule Eine fast wahre Geschichte

Wir schreiben das Jahr 1810. Die größte Niederlage Preußens bei Jena und Auerstedt liegt schon 4 Jahre zurück. Es ist die Zeit der staats- und bildungspolitischen Reformen. Humboldt gründet als Leiter des preußischen Kulturdepartments die Berliner Universität. Kultusbeamte aller Länder pilgern nach Ifferten, um sich von Pestalozzi inspirieren zu lassen. Das Volksschulsystem erstarkt; die ersten Lehrerseminare werden gegründet.

Auf ihren Schul-Inspektionsreisen beobachten die Herren Schulräte eine stark zunehmende Verbreitung von Papier. Nicht nur in den höheren und mittleren Schulen, nein, selbst in den Elementarschulen für die einfachen Arbeiter- und Bauernkinder finden die Herren Papier. Und was die Kinder damit alles machen! Sie schreiben darauf – als ob ihre Schreibprodukte es wert wären, für die Ewigkeit aufgehoben zu werden. Sie rechnen darauf – eindeutig ein Verstoß gegen den Primat des Kopfrechnens im Sinne Pestalozzis. Und das Allerschlimmste: Diese Lümmel missbrauchen doch das Papier für Spielereien! Wie dem Bericht des hochwohllöblichen Elementarschulinspektors Friedeblum zu entnehmen ist, ist er doch tatsächlich von einer Papierschwalbe an der Nase getroffen worden!

Was tun? Der Fall entwickelt sich zu einer bildungspolitisch höchst brisanten Angelegenheit. Die Kultusbürokratie im Königreich Hannover wird um ein neues Referat mit dem Namen „Neue Papiertechnologien" erweitert, das den Ursachen dieser Entwicklung auf den Grund gehen und bildungspolitische Konsequenzen klären soll.

Die Ursache der dramatischen Entwicklung ist schnell gefunden: In den Jahren 1798/99 hat ein Franzose, ein gewisser Monsieur Robert, das mechanisch bewegte Sieb erfunden, mit dessen Hilfe es nun möglich ist, den zuvor so kostbaren Stoff Papier preiswerter herzustellen.

Nur die bildungspolitischen Konsequenzen – darüber kann man sich nicht einigen. Die einen argumentieren, dass Schule nicht an diesen wirtschaftlichen Entwicklungen vorbeigehen dürfe, im Gegenteil solchen Entwicklungen Rechnung tragen müsse. Schließlich bereite Schule auf das Leben, auch auf das berufliche Leben im neuen Papierzeitalter vor. Hinzu komme, dass der Einsatz von Papier schon in der Elementarschule ungeheure Absatzmärkte für Preußens Papierindustrie eröffne. Andere halten dagegen, dass gerade mit Blick auf die Lebensvorbereitung die sittlich-religiöse Erziehung weitaus wichtiger sei. Ein Einsatz dieses Mediums schon bei kleinen Kindern führe „zum allmählichen Verschwinden der Wirklichkeit" (Originalton Hartmut von Kentig) und zum „Verschwinden der Kindheit", wie es Nils Postfrau sagt.

Wie immer klärt das Ministerium die Angelegenheit grundsätzlich und beschreibt drei Verwendungsarten des Papiers:

- *Papier als Medium*
- *Papier als Werkzeug und*
- *Papier als Unterrichtsgegenstand*

In einem Modellversuch „Neue Papiertechnologien und Schule" sollen diese drei Verwendungsformen untersucht werden. In altbewährter Eindeutigkeit der Anweisung wird dabei von der obersten Kultusbehörde den zu diesem Zwecke eingesetzten Kommissionen zur Auflage gemacht, alle drei Verwendungsformen als gleichberechtigte Möglichkeiten zu prüfen, damit dann deutlich werde, dass die dritte Form – Papier als Unterrichts- bzw. Reflexionsgegenstand – die zu favorisierende Form ist.

Verschiedene Kommissionen untersuchen die Bedeutung des Papiers für die einzelnen Unterrichtsfächer. Dafür erhalten die Lehrer 5 Anrechnungsstunden und die Auflage, innerhalb eines Jahres Unterrichtsmaterialien vorzulegen. Papier erhalten sie nicht. Die angespannte Haushaltslage erlaubt dies nicht. Dafür wird in einem riesigen PC – einem Papier-Centrum – und in 10 RPCs

– Regionalen Papier-Centren – Papier gesammelt, vor allem Spenden von den Papierherstellern, die hier die Chance wittern, ihre Papier-Produkte in die Schule zu bringen. Ziel der ganzen Maßnahmen ist es, innerhalb von 5 Jahren 20 000 Lehrer im Königreich so fortzubilden, dass sie das Thema „Neue Papiertechnologien" in allen Unterrichtsfächern behandeln können. Man nennt dies den integrativen Ansatz.

Auch in anderen Ländern sind gleiche Entwicklungen zu beobachten. Ein Länderwettstreit um die beste papiertechnologische Unterrichtskonzeption entbrennt. Das Königreich Hannover entscheidet sich für den Ansatz „Neue Papiertechnologien als Reflexionsgegenstand". Fortan wird in den Volksschulen des Königreichs über Papier geredet. Eingesetzt wird es nicht. Auch für Demonstrationszwecke kann kein Papier beschafft werden, weil König Gerhard der Einzige dafür kein Geld zur Verfügung stellen kann, erst recht nicht für seine Schulmeister, diese faulen Säcke. Im Königreich Württemberg wird der Modellversuch PLiV entwickelt: Papiergestütztes Lernen in der Volksschule. Nach langjährigen, mühsamen und mit erheblichen Kosten verbundenen Studien wird wissenschaftlich eindeutig geklärt: Was bisher auf der Schiefertafel gemacht wurde, ist auch auf Papier möglich. Den Kindern macht es angeblich sogar Spaß. Preußen dagegen hat einen bildungspolitisch weitaus anspruchsvolleren Ansatz. In dem Modellversuch PAPiV (Ausgleich von Lernrückständen durch Papier in der Volksschule) wird ein Über-Medium-Konzept entwickelt, das Lernen grundsätzlich verändern soll. Jahrelange Forschungen ergeben, dass das Konzept hervorragend ist. Dass es sich praktisch kaum realisieren lässt, fällt nicht weiter ins Gewicht. Dafür wird an einem neuen Konzept „Volksschulen ans Netz" gearbeitet, das es den paar ausgewählten Schulen ermöglichen soll, sich gegenseitig Briefe zu schicken. Über die Inhalte der Briefe ist bisher nichts verlautbart worden.

Unbeeindruckt von der weiterhin erbittert geführten Debatte über Aufstieg oder Niedergang des Abendlandes wegen der neuen Papiertechnologien haben sich derweil immer mehr Schulmeister klammheimlich Papier besorgt, zumeist gebrauchtes Papier von den örtlichen Wechselstuben oder benachbarten Gymnasien. Es liegt in ihren Klassenräumen und immer, wenn es den Schulmeistern besser in ihr pädagogisches Konzept passt als die alte Schiefertafel, dann arbeiten die Schüler mit Papier, auch wenn die Papierqualität noch immer vieles zu wünschen übrig lässt. Manchmal sind die Schulmeister ganz erstaunt und ein wenig neidisch, wenn sie beobachten, wie geschickt die Kinder mit dem Papier arbeiten - und hin und wieder auch noch spielen.

Nicht ganz zufällig gibt es Parallelen zwischen dieser Geschichte aus dem Jahre 1810 und der heutigen Diskussion über den Computereinsatz in der Grundschule.

- Erhebliche finanzielle Mittel sind im Rahmen von BLK-Modellversuchen (Bund-Länder-Kommission für Bildungsplanung und Forschungsförderung) investiert worden, um die Bedeutung des Computers für die Schule, auch für die Grundschule, zu untersuchen (vgl. Schipper 1995). Die Befunde stehen in keinem Verhältnis zum finanziellen und personellen Aufwand. So hat der Modellversuch CLIP (Computerunterstütztes Lernen in der Primarstufe) im Wesentlichen gezeigt, dass Grundschulkinder auch mit elektronischen Arbeitsblättern lernen können. Im Rahmen von COMPiG (Ausgleich von Lernrückständen durch Computer in der Grundschule) ist eine von der Konzeption her beachtliche Hypermedia-Arbeitsumgebung („Das grüne Klassenzimmer") exemplarisch entwickelt worden, deren technische Realisierung aber mit so erheblichen Schwierigkeiten verbunden war, dass die konkrete Programmerstellung nur mit großer zeitlicher Verzögerung erfolgte.
- Die öffentliche Diskussion wird häufig global geführt, ohne auf die spezifischen didaktischen Möglichkeiten und Grenzen des Mediums Computer einzugehen. Euphorischen Äußerungen über seine unbegrenzten Möglichkeiten stehen grundsätzliche Bedenken über das „allmähliche Verschwinden der Wirklichkeit" (Hartmut von Hentig) gegenüber.
- Kommerzielle Interessen erhalten unbegrenzten Zugang zu öffentlichen Medien, nicht nur die Interessen der Computerhersteller, sondern auch die der Entwickler von Software. So war vor längerer Zeit in der Nordseezeitung, Bremerhaven, Folgendes zu lesen: „Der Computer, sagt der Mann mit Lehrstuhl für Sozialpädagogik an der Universität Bamberg, ist ein hervorragendes Werkzeug für den Unterricht. Schönweiss: „Unsere ganzen Hoffnungen für besseres Lernen richten sich darauf." "
  Schlecht wäre es um unsere Schule bestellt, wenn „unsere ganzen Hoffnungen für besseres Lernen" sich nur auf einen Pinguin stützten, der über den Bildschirm tanzt.
- Die Praxis hat die Theorie inzwischen auch in der Grundschule überholt. Immer mehr Lehrerinnen und Lehrer haben einen Computer im Klassenraum stehen, der z. B. im Rahmen von Tages- und Wochenplanarbeit vor allem als Schreibwerkzeug und als Übungsgerät neben anderen genutzt wird. Die technischen Grenzen dieser häufig als Geschenk von Sparkassen oder weiterführenden Schulen erhaltenen Computerfossilien werden dabei häufig ebenso zähneknirschend in Kauf genommen wie die Unzulänglichkeiten vieler, vor allem älterer Programme. Überzogene Hoffnungen („neues Lernen") sind bei dieser

Art des Computereinsatzes ebenso wenig angebracht wie das Schreckensbild des Rückfalls in die Unterrichtskonzeption des Nürnberger Trichters, nur weil auch einmal ein Programm verwendet wird, das Behavioristen wie Skinner hätten entwickelt haben können.

AWARE, Bewusstsein und Informiertsein sind auch weiterhin notwendig, ohne Euphorie und ohne Furcht vor dem Niedergang des Abendlandes. In diesem Sinne sollen die folgenden Ausführungen zur Aufklärung beitragen über

- Verwendungsformen des Computers,
- seine Einbettung in ein pädagogisches Konzept,
- gegenwärtige Verbreitung und Nutzung,
- ausgewählte Programme und
- Zukunftsperspektiven.

Sie sollen nicht zum Einsatz des Computers verführen, aber Sie auch nicht abschrecken, wenn Sie die Möglichkeit haben, eine solche „Kiste" in Ihre Klasse zu stellen.

Verwendungsformen des Computers

Drei verschiedene Verwendungsformen des Computers in der (Grund-)Schule lassen sich unterscheiden:

- Computer als Medium
  Der Computer übernimmt Funktionen wie andere Medien (Schulbuch, Übungsheft, LÜK-Kasten, ...). Am bekanntesten und am weitesten verbreitet sind hier die zahlreichen Übungs- und Drillprogramme, die fast ausnahmslos von noch unzureichenderer didaktisch-pädagogischer Qualität sind, sich dafür aber vor allem durch grafische Verpackungen auszeichnen. Nicht selten ist die Animation so dominant, dass die curricularen Inhalte dagegen ganz in den Hintergrund rücken - auch im Interesse und Bewusstsein der Kinder, die mit diesen „Spielen" ins Weltall jagen oder Rechenaufgaben abschießen. Päckchenrechnen wird hier durch Baller-Rechner ersetzt.
  Die wenigen besseren Softwareentwicklungen (vgl. S. 32 ff.) setzen mit einer Ausnahme (SoWoSoft) leistungsstarke Rechner einer neueren oder der neuesten Generation voraus, sodass diese Programme auf den von Sparkassen, Firmen oder weiterführenden Schulen ausgemusterten 386ern bzw. 486ern meistens nicht laufen. Der aktuellen Computer-Entsorgungswelle in die Grundschulen sollten sich Lehrerinnen deshalb nur dann anschließen, wenn brauchbare Software mitgeliefert wird oder anderweitig zu beschaffen ist. Dabei muss man sich aber bewusst sein, dass dann - gemessen an der rasend schnellen Entwicklung in der Computertechnik - didaktisch-pädagogisch überalterte Programme auf Rechnern von vorgestern laufen. Neuere, hoffentlich auch didaktisch bessere Programme sind auf diesen Geräten in der Regel nicht mehr lauffähig. Ohne CD-Laufwerk gibt es kaum noch eine Chance, neuere Software zu installieren.
- Computer als Werkzeug
  Wie im außerschulischen Bereich kann diese Form des Computereinsatzes auch in der Schule die wichtigste werden. Der Rechner dient als Schreibwerkzeug, mit dem sich die kindlichen Schreibprodukte (Aufsätze, Gedichte, Projektberichte, Schülerzeitungen, ...) mit wenig Aufwand korrigieren und schön gestalten lassen. Insgesamt kann der Computer als Schreibwerkzeug eine durchaus positive Rolle beim Schriftspracherwerb spielen (vgl. Schröter/Kochan 1995 oder Brügelmann/Bohnenkamp 1990). Bezogen auf mathematische Inhalte können mit geeigneten Programmen Tabellen und Zeichnungen erstellt, Tabellenkalkulationen durchgeführt und geometrische Konstruktionen vorgenommen werden. Datenbanken auf CDs erlauben die Nutzung als Nachschlagewerke. Neue Möglichkeiten eröffnen sich mit der Anbindung an das weltweite Computernetz WWW (World-Wide-Web). Zum Zeitpunkt der Erstellung dieses Textes sind speziell für Grundschulkinder aufbereitete Seiten im Netz aber noch immer die absolute Rarität. Daran haben auch die sogenannten Bildungsserver (z. B. http://www.learn-line.nrw.de oder http://www.schulweb.de/grundschulen.htm) bisher nichts geändert.
- Computer als Unterrichtsgegenstand
  Im Sinne einer Mediennutzung geht es hierbei um das Reflektieren über den Computer, über Aufbau und Funktion, seinen Nutzen, über Grenzen und mögliche negative Folgen außerhalb der Schule. Trotz aller Bemühungen Niedersachsens (vgl. Niedersächsisches Kultusministerium 1994) in diesem Sinne konkrete Vorschläge für die Grundschule zu entwickeln, scheint uns diese Funktion bedeutsamer für die weiterführenden Schulen zu sein. Wir haben z.B. erhebliche Zweifel, dass es sinnvoll ist, Dualzahlen im Mathematikunterricht der Grundschule nur deshalb zu thematisieren, weil (angeblich) der Computer mit ihnen rechnet.

Einbettung in ein pädagogisches Konzept

Benutzen Sie im Unterricht die Wandtafel? Wann setzen Sie sie ein? Man könnte trefflich streiten über die verschiedenen Funktionen der Wandtafel (vgl. auch Abschnitt 1.4 in diesem Handbuch), ja sogar die Entfernung aller Wandtafeln aus allen Grundschulklassenräumen fordern, weil sie Ausdruck eines überholten Trichter-Modells von Lernen seien. Übersehen wird bei dieser Art von Argumentation, dass die Wandtafel selbst kein didaktisch-pädagogisches Konzept hat. Erst in dem, was mit ihr gemacht wird, zeigt sich die Konzeption des Lehrers, z. B. die des Mathematikprofessors, der mit Höchstgeschwindigkeit die 12 Tafeln des Hörsaals beschreibt, oder die der Grundschullehrerin, die die Kinder ihre eigenen Lösungen an die Tafel schreiben lässt, um auf dieser Grundlage ein Unterrichtsgespräch über verschiedene Lösungswege für die gleiche Rechenaufgabe in Gang zu setzen.

Auch der Computer hat kein didaktisches Konzept. Er ist zunächst wertfrei als Medium wie Papier und Tafel zu sehen. Insbesondere ist nicht schon allein die Tatsache, dass ein solches Gerät im Klassenraum steht, Beleg für einen fortschrittlichen pädagogischen Ansatz, auch nicht in der moderneren Variante „Schule ans Netz". Erst in der Art der unterrichtlichen Anwendung und in den Programmen, die eingesetzt werden, zeigt sich eine didaktische Konzeption, die der Softwareentwickler und die der Lehrerin.

Technik kann kein Ersatz für fehlende pädagogische und didaktische Überlegungen sein. Schlechter Unterricht wird durch Computereinsatz nicht besser. Vor jedem Computereinsatz ist zu überlegen, ob die gleiche Unterrichtsmaßnahme nicht schneller, einfacher, für die Kinder sinnvoller und auch billiger auf didaktisch „traditionellen" Wegen hätte durchgeführt werden können. Deshalb sollte für Softwareentwickler gelten, dass es nur Sinn macht, Programme mit solchen Inhalten zu schreiben, bei denen der Computer seine Vorzüge „ausspielen" kann, also zu solchen Inhalten, deren Behandlung auf „traditionellem" Wege Schwierigkeiten bereitet, die der Computer überwinden kann. Das schon im **Handbuch 2** (S. 32 f.) vorgestellte Programm „Schnelles Sehen" ist ein Beispiel dafür. Weitere finden Sie in diesem Handbuch auf den Seiten 32 ff. „Die entscheidende Frage ist nicht, was man alles mit den (vorhandenen) Computern machen kann. Ausgangspunkt der Überlegungen muss vielmehr sein: ‚Was sind die alten Probleme, die alten ‚Knackpunkte' unserer Grundschule? Wie kann ich sie lösen?' Und dann erst: ‚Kann vielleicht der Computer eine Hilfe sein?' " (Schipper 1986, S. 24).

Unter der Perspektive neuerer Vorstellungen vom (Mathematik-)Lernen sind Computerlabore, also gesonderte Klassenräume mit mehreren Computern, (nicht nur) für die Grundschule abzulehnen. Die nicht selten vorgetragenen „versicherungstechnischen Gründe" dürfen keine Priorität den pädagogischen Gründen gegenüber haben. Gute Erfahrungen sind dagegen gemacht worden mit einzelnen (1 bis 2) Rechnern in Grundschulklassen (vgl. z. B. Arnold 1997, Ballhorn/Brügelmann 1991). In einer solchen Konstellation können die Computer zur Öffnung von Unterricht beitragen. Sie sind ein Medium unter vielen anderen und damit zugleich ihrer Sonderrolle enthoben. Diese, für einige niedersächsische GrundschullehrerInnen (Die Igel-Gruppe sei gegrüßt!), die seit 1984 mit Computern arbeiten, nicht neue Erkennt- nis, setzt sich nun allmählich auch im Computer-Pionierland Amerika durch, wie einem Bericht der ZEIT vom 23./24.8.1997 zu entnehmen war. Dort heißt es unter Berufung auf Larry Cuban, Professor für Erziehungswissenschaften an der Stanford-Universität in Palo Alto: „Aber jeder, der die Anschaffung und die Nutzung von Computern damit begründet, dass Schüler dadurch mehr, besser oder schneller lernen, der lügt. ... Insbesondere in Vor- und Grundschulen sei dem Trend zum Neuen vollauf Genüge getan, wenn in einer Klasse ein oder zwei Computer für die gelegentliche Benutzung zur Verfügung stehen, meint Cuban."

Verbreitung und Nutzung von Computern

Im Klassenraum der Grundschule ist der Computer gegenwärtig (Anfang 1998) eher noch die Ausnahme. Selbst im Bundesland Brandenburg mit 6-jähriger Grundschule liegt der Anteil der Grundschulen, die einen Computer nicht nur im Schulbüro nutzen, mit gegenwärtig 17 % (Raudies/Zander 1996) nicht besonders hoch. In Ländern mit 4-jähriger Grundschule liegt der Anteil vermutlich noch niedriger. Hinzu kommt, dass die ganze Bandbreite verschiedener Plattformen zu finden ist, vom alten Commodore C64 über die erste Apple-Generation bis hin zu neuesten PCs mit Intel2-Prozessoren oder Power Macs, die allesamt schon wieder nur zweite Wahl sind, wenn Sie diese Zeilen lesen. Diese noch geringe Verbreitung bei unterschiedlichen Computertypen bewirkt, dass Grundschule für Softwareproduzenten noch immer keinen Markt darstellt, auf dem satte Gewinne erwartet werden können.

Die Mehrzahl der angebotenen Computerprogramme zielt auf den so genannten Nachmittagsmarkt, also auf den Einsatz des Programms auf Mutters oder Vaters Computer. Dort ist tatsächlich viel in Bewegung. In der oben genannten Brandenburger Studie geben 89 % der befragten 9- bis 12-jährigen Kinder an, Erfahrungen mit einem Computer zu haben, wobei das Spielen die weitaus häufigste Verwendungsform ist. Nur 11 % dieser Kinder haben zugleich die Möglichkeit der Computernutzung in der Schule. 58 % von ihnen geben an, dass sie zu Hause einen eigenen Computer haben. Hinsichtlich dieser häuslichen Nutzungsmöglichkeit unterscheiden sich übrigens die Schüler nicht von ihren Lehrern; nur 59% der befragten Lehrer besitzen einen Computer. „Nach ihrer persönlichen Meinung über das Arbeiten mit dem Computer befragt, sagen 74 % der Kinder, dass der Computer einfach Spaß macht, 77 % begrüßen, dass man mit ihm so toll spielen kann, 62 % nennen das Schreiben von Geschichten und Briefen als eine Arbeitsmöglichkeit mit dem Computer, 57 % geben das Rechnen und 58 % das Malen mit dem Computer als weitere Möglichkeit an." (Raudies/Zander 1996, S. 134)

Die Kinder wissen offensichtlich, was sie zu antworten haben, wenn sie von Pädagogen befragt werden. In einer im Raum Bielefeld mit insgesamt 1.111 Kindern im Alter von sieben bis fünfzehn Jahren durchgeführten Studie (Vollmer 1997) stellt sich die Situation ernüchternder dar. Bei der Auswertung der Frage nach den Lieblingscomputerspielen zeigte sich, dass so genannte Edutainment-Programme eine mit etwa 1 % bei den Mädchen und 0 % bei den Jungen völlig zu vernachlässigende Rolle spielen. Mädchen bevorzugen Jump-and-Run-Spiele, Jungen Simulationen und Action-Spiele. Tröstlich ist, dass nur 18 der 1.111 befragten Kinder (1,6 %) „Computerspiele" als ihr Hobby angegeben haben.

Insgesamt fällt die Nutzung des Computers in der (Grund-)Schule deutlich ab gegenüber der außerschulischen Nutzung. Das wirkt sich noch immer negativ auf die Konzeption von Programmen aus: schlichte Rechenaufgaben verpackt in viel Animation, Adventure und Ballerei. Dennoch: Der Computer wird auch die Grundschulklassen besetzen – unaufhaltsam.

Ausgewählte Programme

Unter der Überschrift „Klassenziel nicht erreicht: Die meisten Lernprogramme für Schüler gehören selbst auf die Schulbank zurück", stellt die Stiftung Warentest (test Jahrbuch 1997, S. 105) den meisten Lernprogrammen ein schlechtes Zeugnis aus. Auch wenn die dort herangezogenen Kriterien („interessante Rahmenhandlung", „Spaß am Lernen" u. Ä.) weitgehend frei von didaktischen Überlegungen und damit für Unterrichtsprogramme durchaus fragwürdig sind, ist das Softwareangebot von einigen wenigen Ausnahmen abgesehen noch immer nicht besonders gut (vgl. z. B. Möller 1998). Die insbesondere aus den Anfangsjahren her bekannten Probleme der Handhabung der Programme sind bei der Software neuerer Art zwar in aller Regel gelöst, nicht jedoch die didaktischen Probleme. Noch immer sind über 97 % aller angebotenen Softwareprodukte nichts anderes als elektronische Arbeitsblätter, die „graue Päckchen" und „bunte Hunde" in überquellende Animation verstecken und so das angeblich so leidige Geschäft des Übens interessanter gestalten wollen. Die Datenbank SODIS des LSW (Landesinstitut für Schule und Weiterbildung, Soest) erfasste 1997 insgesamt 1.451 bewertete Programme. 77 von ihnen wurden als empfehlenswert eingestuft, darunter nicht ein einziges für die Grundschule (vgl. Krauthausen 1997). Programme, die nicht nur Wissen abfragen, sondern Kinder durch geeignete Hilfen beim Lernen unterstützen, die Möglichkeiten des Entdeckens von mathematischen Gesetzmäßigkeiten eröffnen und auch das soziale Lernen unterstützen, sind die Ausnahme. Einige Beispiele für positive Ansätze sollen hier vorgestellt werden.

- SoWoSoft
  SoWoSoft (D. & J. Wohlrab, Große Oker 24, 38707 Altenau) ist eine kleine Soft-Ware-Firma, die aus einem Grundschullehrer und seinem Sohn besteht. Das Gesamtangebot umfasst Übungs- und Lernprogramme mit einem differenzierten System unterschiedlicher Hilfen, verschiedene Übungsspiele, ein Paket zur Herstellung von Arbeitsblättern für den Mathematikunterricht in der Grundschule und Programme mit Fehleranalysen für die Lehrerin. Alle Programme zeichnen sich durch eine einheitliche Menuesteuerung und durch den Verzicht auf Animation aus. Selbst auf Computerfossilien wie XT- und 286er-Rechnern bekommt man die Programme zum Laufen, man muss dann allerdings auf manchen Komfort verzichten. Die Autoren haben bewusst darauf verzichtet, ein Paket für den Mathematikunterricht in der Grundschule anzubieten, das alle Unterrichtsinhalte abzudecken versucht. Dafür findet man viele didaktisch gut aufbereitete Programme für wichtige Übungen zum Zahlverständnis, zur Rechenfähigkeit und -fertigkeit.
  Einige Beispiele:
  - Zerlegung der Zahl 10
    Die Zerlegung der Zahl 10 in zwei Summanden wird in einer einfachen grafischen Form präsentiert.

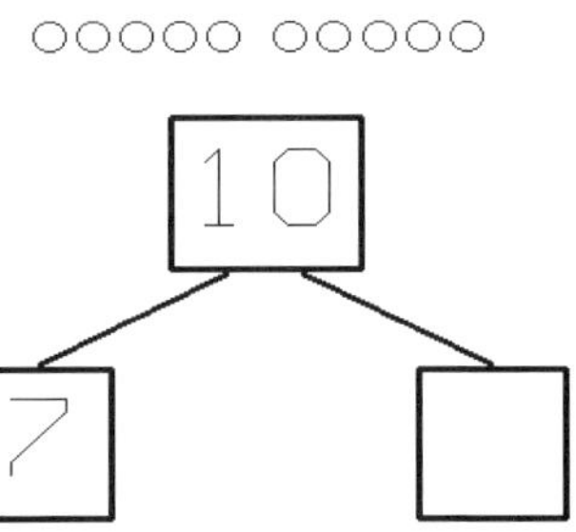

    Wenn das Kind falsche Zahlen eingibt, erscheinen nacheinander mehrere Hilfen, eine Reihe von 10 ungefärbten Kringeln (s. Abb.), eine Mengendarstellung des ersten Teilsummanden, eine gefärbte Kringelreihe usw.
  - Übungen an der Hundertertafel
    Zwei verschiedene Programme bieten Übungen zur Zahlauffassung und -darstellung an der Hundertertafel an.

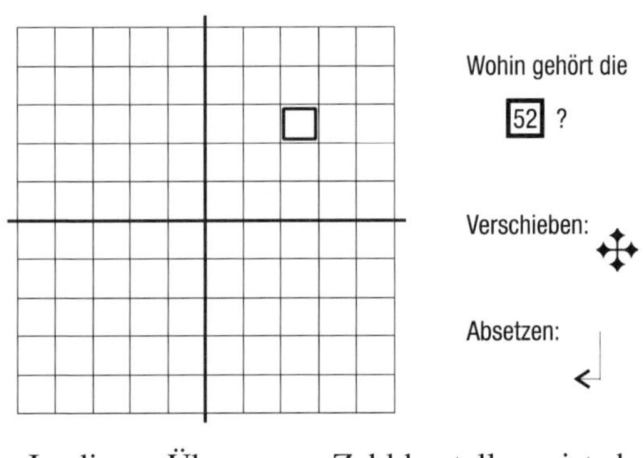

    In dieser Übung zur Zahldarstellung ist das hervorgehobene Quadrat mithilfe des Cursors auf das Feld Nr. 52 zu bewegen. Bei einem Fehler erscheint die Zahl des fälschlicherweise gewählten Feldes, die wiederum eine Hilfe für das Auffinden des richtigen Feldes sein kann. Bei der Übung zur

Zahlauffassung haben die Kinder die zu dem markierten Feld gehörende Zahl einzutippen.

- Zahlenketten
  Diese Übungsform ist im **Handbuch 1** („Wer trifft die 10?", S. 88) und im **Handbuch 2** (S. 71) bereits ausführlich beschrieben worden. Sie gestattet Bearbeitungen auf unterschiedlich anspruchsvollem Niveau, von der einfachen Abarbeitung von links nach rechts über verschiedene operative Übungen bis hin zu der schwierigsten Aufgabe, zu einer vorgegebenen Zielzahl passende Startzahlen zu suchen. Die folgende Abbildung zeigt eine der möglichen operativen Übungen aus dem SoWo-Soft-Programm: Zu den beiden Startzahlen 4 und 3 soll – möglichst ohne weitere Notation von Zwischenschritten – die Zielzahl bestimmt werden.

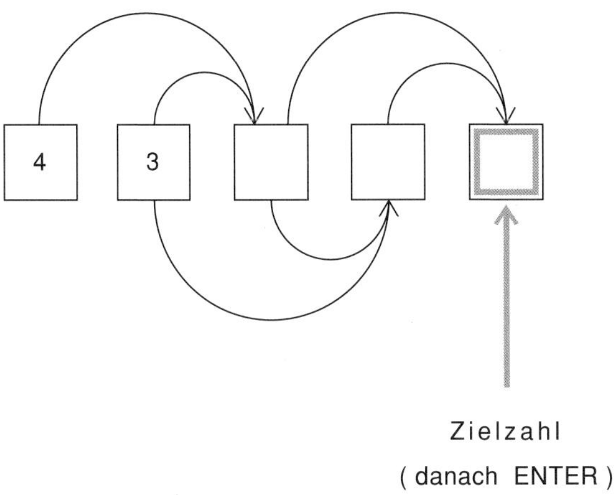

- Rechenpyramiden
  Auch dieses Aufgabenformat, das ebenfalls vielfältige operative Übungen ermöglicht, ist von uns schon ausführlich dargestellt worden (**Handbuch 1**, S. 87; **Handbuch 2**, S. 60 f.). Eine der möglichen Übungsvarianten aus dem Softwarepaket von SoWoSoft zeigt die folgende Abbildung.

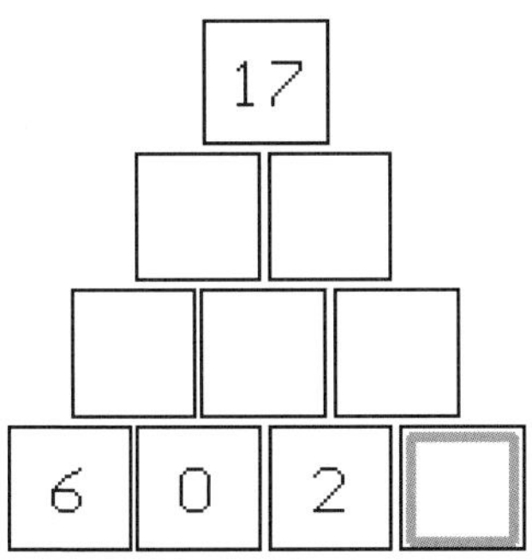

- Logik-, Lern- und Strategiespiele (Auer-Verlag)
  Aus diesem Programmpaket soll nur das Teilprogramm „Knusibo" vorgestellt werden. Es ist eine kindgemäße und grafisch dezent aufbereitete Form des Rechnens mit Operatoren (vgl. S. 90 ff. in diesem Handbuch). Aufgabe der Kinder ist es, selbst den vom Computer ausgewählten Operator zu finden.

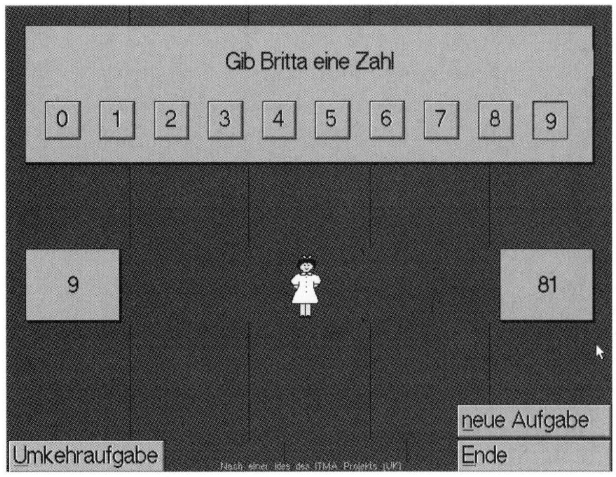

Nach jeder Eingabe einer Zahl fordert das Programm die Eingabe einer Antwort, d. h. der Ausgabe. Da beim ersten Versuch noch keine Vermutungen über das Programm (d. h. über den Operator) angestellt werden können, ist es sicher günstig, sich durch Drücken der Taste A die Antwort/die Ausgabe zeigen zu lassen. Aus den Eingaben und Ausgaben ist auf das Programm bzw. den Operator zu schließen, sodass nach einiger Zeit die Kinder selbst in der Lage sind, die Antwort einzugeben. Dieses Programm kann von der Lehrerin selbst flexibel gestaltet werden, so dass einfache Aufgaben (Grundrechenarten mit einem Rechenschritt) aber auch beliebig schwierige Terme ($x \cdot 3 + 7$ oder $(x + 5) \cdot 9$ oder ...) zugelassen werden können. Gegenüber einfachem Päckchenrechnen fordert dieses Programm das Aufstellen von Hypothesen, die selbst wiederum Ergebnis zahlreicher rechnerischer Prüfungen sind. Insofern fördert das Programm sicher rechnerische Flexibilität und Zahl- und Operationsverständnis.

- Zahlix im Knobelland (Schroedel Verlag)
  Trotz der sonst durch ein Grundschulwerk tobenden Leitfigur „Zahlix" ist dieses Programm weitgehend lehrbuchunabhängig. Es enthält sieben Unterprogramme mit Knobelaufgaben, die zumeist aus der einschlägigen Literatur bekannt sind, z. B.
  - eine Nim-Spiel-Variante (vgl. u. a. „Die verflixte 17" in Radatz/Schipper 1983, S. 172 f.),
  - das klassische Umschütt-Problem (Die in einem vollständig gefüllten Gefäß vorhandenen acht Liter Flüssigkeit sollen durch mehrfaches Umschütten halbiert werden; ein leeres 5-Liter- und 3-Liter-Gefäß stehen zur Verfügung.);
  - den „Turm von Hanoi" u. a.

Das Teilprogramm „Zauberquadrate" bietet – wie auch die anderen Programme – verschiedene Schwierigkeitsstufen. In Stufe 1 wird das Standard-3x3-Zauberquadrat (mit der „Zaubersumme" 15) in verschiedenen Lagen zur Vervollständigung angeboten. In den Stufen 2 und 3 erscheinen solche (unvollständigen) Zauberquadrate, die sich durch operative Veränderungen (z. B.: alle Zahlen verdoppeln; vgl. die folgende Abbildung) aus den Zauberquadraten der ersten Stufe erzeugen lassen. Mit der gleichzeitigen Abbildung des zugehörigen Zauberquadrats mit der „Zaubersumme“ 15 (in der Abbildung unten rechts) wird eine große Hilfe angeboten, auf die aber nicht ausdrücklich hingewiesen wird. Haben die Kinder erst einmal entdeckt, wie sie das neue Zauberquadrat durch gleiche Veränderung aller Zahlen des vorgegebenen Zauberquadrats erzeugen können, dann wird diese Übungsform sicher ihren Reiz verlieren – dann ist aber auch eine wichtige Erkenntnis über Eigenschaften, insbesondere über operative Veränderungsmöglichkeiten solcher Zauberquadrate erzielt worden.

- Blitzrechnen (Klett Verlag) und Welt der Zahl (Schroedel Verlag)
  Diese Übungsprogramme gehören zu einer neuen Software-Generation, die konzeptionell auf ein vorhandenes Lehrwerk (Zahlenbuch, Klett Verlag bzw. Welt der Zahl, Schroedel Verlag) abgestimmt sind, sicher aber auch lehrbuchunabhängig eingesetzt werden können. Blitzrechnen unterscheidet sich von den zahlreichen anderen Übungsprogrammen u. a. durch eine wohltuend dezente Grafik (vgl. auch die Rezension von Lorenz in der Grundschulzeitschrift, 11 (1997), H. 110, S. 57).

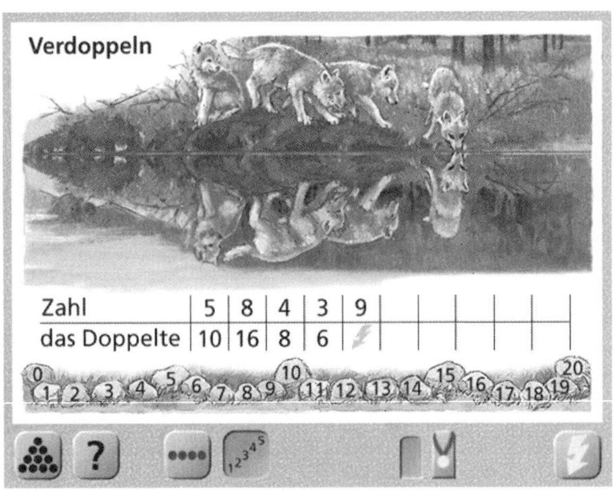

Welt der Zahl versucht insbesondere, das Konzept des Lernens durch Handeln zu realisieren, indem die Kinder aufgefordert werden, die zu den Aufgaben passenden Handlungen an Materialien am Bildschirm darzustellen (vgl. die folgende Abbildung), erkauft sich diese gute didaktische Idee jedoch durch manche enge Führung der Schüler auch dort, wo im Sinne der Entwicklung flexibler Rechenstrategien den Kindern im wahrsten Sinne des Wortes mehr Handlungsspielraum eingeräumt werden sollte.

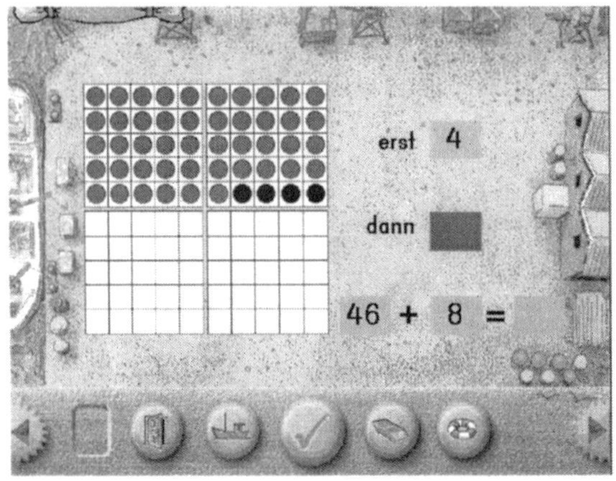

- Matheland (Cornelsen Software)
  Dieses Mathematik-Adventure (in einer kindgemäßen Umgebung ohne Raumfahrt und Schießerei) mit mehr als 2 000 verschiedenen Aufgaben in verschiedenen Stationen (z. B. „Der Laden“, „Die Pizzeria“, „Der Zirkus“ u. Ä.) ist in eine Rahmenhandlung eingebettet, die mit Blick auf die Entwicklung intrinsischer Motivation für Mathematik recht fragwürdig ist: Um die verschiedenen Stationen besuchen zu können, müssen die Kinder für das zu benutzende Taxi, ein Esel-Taxi, zunächst Geld verdienen. Dieser wohl etwas zweifelhafte Rahmen wird allerdings wettgemacht durch viele didaktisch recht interessante Stationen. Von Vorteil ist vor allem, dass auch geometrische Aufgaben angeboten werden, z. B. die Aufgabe, zu einem unvollständigen (3x3-)Würfel aus Einzelwürfeln die passende Ergänzung aus vier Angeboten auszuwählen. Diese angebotenen Figuren können frei im Raum bewegt werden. Damit ist dieser Teil des Programms sicher geeignet, die so wichtige Raumvorstellungsfähigkeit der Kinder zu fördern.

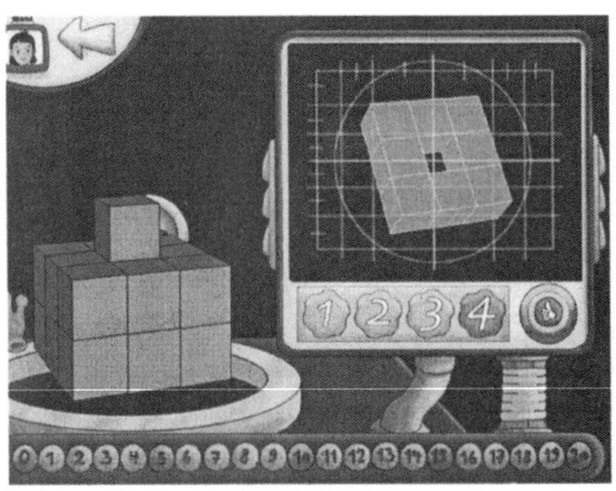

- Bauwas
  Dieses Konstruktionsprogramm zur Entwicklung von Raumvorstellung ist von Helmut Meschenmoser entwickelt worden. Es wird vertrieben von MACHMIT: Multimediale Bildung... e.V., c/o Marianne Handke, Britzer Damm 125, 12347 Berlin. Mit dem Programm können auch schon Grundschulkinder komplexe Würfelbauwerke eigener Wahl auf dem Bildschirm erstellen oder vorgegebene Würfelbauwerke nachbauen. Ein kleiner Kran wird an die Stelle positioniert, an der ein Würfel per Mausklick abgesetzt werden soll.

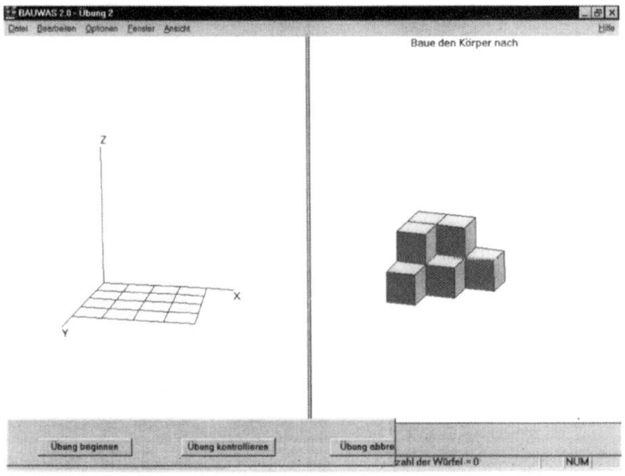

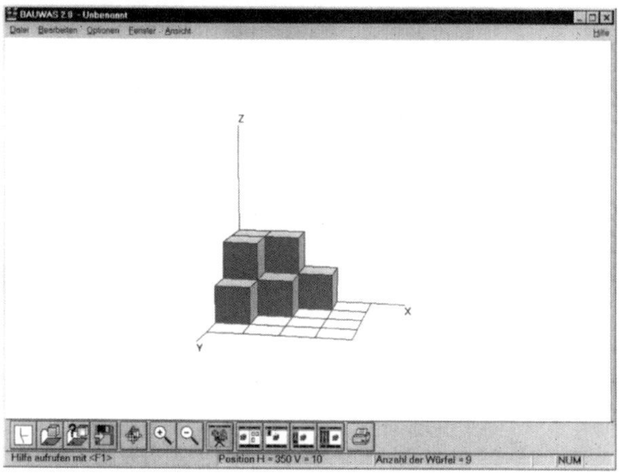

Dieses Bauwerk kann gedreht und so aus verschiedenen Persepektiven angesehen werden.

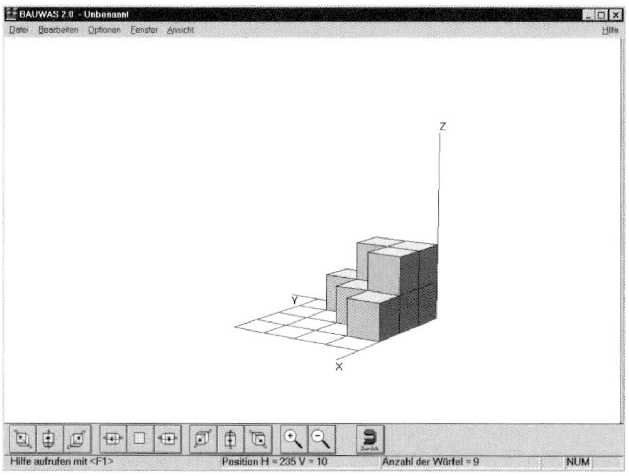

Die Würfeldarstellung mit gefärbten Flächen kann durch Gitterdarstellung ersetzt werden.

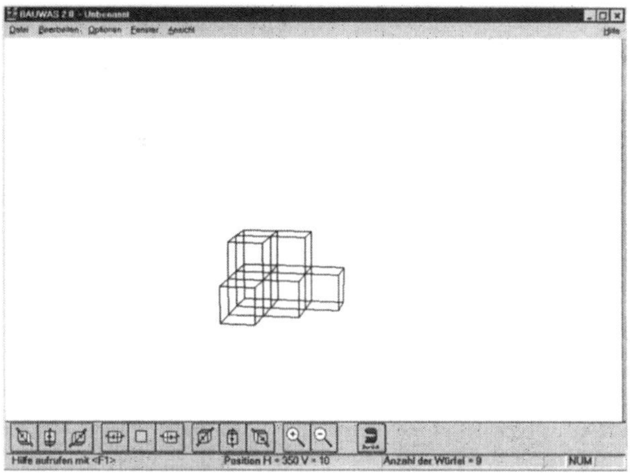

Zu dem Bauwerk kann man sich die Dreitafelprojektion zeigen lassen, und umgekehrt können zu vorgegebenen Dreitafelprojektionen die zugehörigen Bauwerke hergestellt werden.

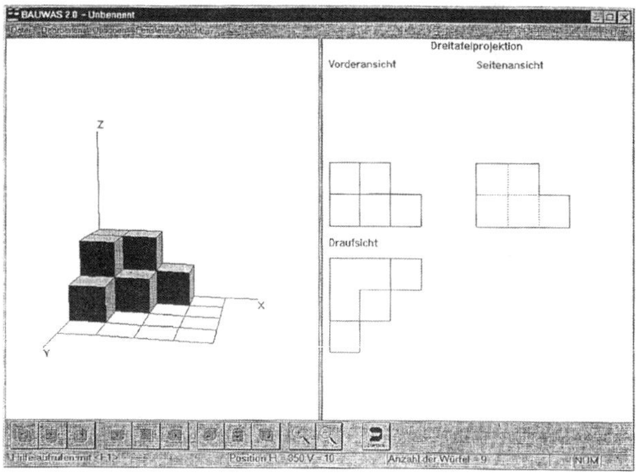

Die Möglichkeiten des Programms gehen über das Grundschulniveau deutlich hinaus. Einfache Übungen der hier beschriebenen Art können jedoch auch schon Grundschulkinder mit Gewinn durchführen.

Zukunftsperspektiven

Der weitere Einzug des Computers in die Grundschule ist nicht aufzuhalten, selbst wenn man es möchte. Vieles spricht dafür, dass er auf Dauer eine Bereicherung des (Mathematik-)Unterrichts werden wird.

- Die Hardware wird immer leistungsfähiger, sodass fehlende Gestaltungsmöglichkeiten wegen technischer Grenzen zunehmend entfallen. Die Einbindung von Videosequenzen eröffnet Möglichkeiten, die über die des Mediums Schulbuch deutlich hinausgehen, so dass nun auch Handlungsabläufe (z. B. Grundvorstellung der Multiplikation als wiederholte Addition) darstellbar sind, die im Schulbuch nur sehr eingeschränkt wiedergegeben werden können. Sprachausgabe und – demnächst – Spracheingabe bilden die technischen

Voraussetzungen für neue didaktisch- methodische Nutzungsmöglichkeiten.

- Mit der zunehmenden Verbreitung von Computern in der Grundschule wird es auch für Verlage attraktiver, diesen Markt zu bedienen und nicht nur den von der Programmkonzeption her ganz anderen Nachmittagsmarkt im Auge zu haben. Das wird dazu führen, dass Softwareentwicklung nicht mehr vorrangig eine Aufgabe von Informatikern sein wird. Künftig werden Didaktiker und Pädagogen sehr viel stärker an solchen Entwicklungen beteiligt sein, so dass zu hoffen ist, dass die Schwächen vieler aktueller Programme gerade in diesem Bereich überwunden werden.
- Mit zunehmender Öffnung von Unterricht und der Durchführung von Projekten wird der Werkzeugcharakter des Computers immer wichtiger. Textverarbeitungsprogramme für Grundschüler, Tabellenkalkulationen mit Möglichkeiten der einfachen grafischen Darstellung der Werte in z. B. Säulendiagrammen, einfache grafische Werkzeuge und Programme zur Geometrie werden auch für die Grundschule an Bedeutung gewinnen.
- Auch die Initiative „Grundschulen ans Netz“ wird sich wohl letztlich durchsetzen. Allerdings reicht die rein technische Realisierung nicht aus. Die Informationsflut im Netz ist schon für Erwachsene kaum mehr zu bewältigen. Für Grundschulen werden spezielle Server eingerichtet werden müssen, die neben notwendigen Nachschlagewerken (z. B. Kinderlexikon mit Ton und Film) und Werkzeugen wie Tabellenkalkulationen auch didaktisch-pädagogische Anregungen und pfiffige Aufgaben enthalten. Vielleicht finden sich ja in einigen Jahren die in dieser Handbuchreihe beschriebenen Aufgaben der Woche auf Grundschulservern im World-Wide-Web.

Auch für die Zukunft gilt die von Krauthausen (1994, S. 99 ff.) beschriebene AWARE-Strategie:

A **A**nforderungen definieren
W **W**arten können
A **A**rgumente fordern
R **R**essentiments vermeiden
E **E**uphorien verhindern

2. Arithmetik

Im Sinne eines traditionellen Verständnisses von Rechenunterricht sind die Behandlung der schriftlichen Addition und Subtraktion im 3. Schuljahr und die der schriftlichen Multiplikation und Division im 4. die Kernstücke des Arithmetikunterrichts. Das Erarbeiten dieser schriftlichen Rechenverfahren und, vor allem, das Einüben bis zur schnellen und sicheren Geläufigkeit stellen in einem so verstandenen Lehrgang die Krönung des Mathematikunterrichts dar. Wohl mindestens 50 % der gesamten Zeit im Mathematikunterricht der Klassen 3 und 4 ist im weitesten Sinne, d. h. einschließlich der weiteren Einübung im Kontext so genannter Anwendungsaufgaben, dem Ziel der sicheren und schnellen Durchführung schriftlicher Rechnungen gewidmet worden.

Diesen hohen Stellenwert haben die schriftlichen Rechenverfahren im heutigen Mathematikunterricht nicht mehr (vgl. dazu auch die Abschnitte 2.3 und 2.6 in diesem Handbuch). Gesellschaftliche Veränderungen in den letzten Jahrzehnten und ein neues Verständnis von der Art und Weise und den Zielen des Mathematiklernens heute haben die Vorrangstellung der schriftlichen Rechenverfahren aufgehoben. Anders als noch in den 50er Jahren werden in den heutigen Berufen keine menschlichen Rechner (genauer: menschliche Rechenautomaten) mehr benötigt. Diese Aufgabe ist inzwischen von Taschenrechnern, Computern und Scannerkassen übernommen worden. Die Anforderungen an menschliche Rechner haben sich drastisch verändert. „Weiche Rechenverfahren" (Heymann 1996) sind heute wichtiger:

- die Fähigkeit, Größenordnungen von Rechenergebnissen abschätzen zu können;
- Überschlagsrechnungen durchführen können, um die Rechnung am Taschenrechner auf Tippfehler hin zu überprüfen, oder nur überschlägig rechnen, weil kein genaues Ergebnis benötigt wird;
- Tabellen, Diagramme, Statistiken lesen, interpretieren und ggf. selbst herstellen können;
- mit flexiblen Verfahren auf die rechnerischen Anforderungen reagieren können;
- insgesamt auf einer Verständnisgrundlage mit Zahlen operieren können, statt einem starren Schematismus zu folgen.

In Beruf und Alltag werden eher kontrollierende Funktionen, flexible, den spezifischen rechnerischen Anforderungen der Situation angepaßte Verfahren und die Interpretation und Darstellung von Daten gefordert. Diesem Wandel in der Gesellschaft muss mit geänderten Schwerpunktsetzungen auf der inhaltlichen Ebene und – unserem Verständnis von Lernen als eigenem, aktiven, sozial vermittelten Konstruktionsprozess entsprechend – auch auf der so genannten methodischen Ebene Rechnung getragen werden.

Kopfrechnen und halbschriftliches Rechnen, Abschätzen und überschlägiges Rechnen sowie Darstellen und Interpretieren von Zahlen müssen im Unterricht ein höheres Gewicht bekommen. Der besonderen Schwierigkeiten, die Kinder gerade im 3. Schuljahr damit haben, sind wir uns wohl bewusst; die im Folgenden unterbreiteten Vorschläge versuchen, diese Probleme zu berücksichtigen und Wege zu ihrer Lösung aufzuzeigen. Dazu gehört auch, dass den einzelnen Kindern mehr zugemutet wird, im wahrsten Sinne des Wortes, zugleich aber akzeptiert wird, dass Kinder individuell unterschiedlich lernen.

In diesem Sinne ist das nachfolgende Kapitel zur Arithmetik aufgebaut:

In 2.1 wird der Vorschlag unterbreitet, analog zu den ersten sechs Wochen im 1. Schuljahr die ersten vier bis sechs Wochen im 3. Schuljahr der Überprüfung, Sicherung und Festigung der Lernausgangslage zu widmen. Dabei stehen zwei Fragestellungen im Mittelpunkt, die zu diesem Zeitpunkt besonders wichtig sind, nämlich erstens die Frage, wie man evtl. vorhandene Rechenstörungen erkennen und den betroffenen Kindern helfen kann, und zweitens die Frage nach den Möglichkeiten der Festigung des Zahlverständnisses im bisher erarbeiteten Zahlenraum bis 100.

Im Rahmen des Kapitels 2.2 „Zahlenraumerweiterung bis 1 000" regen wir, wie auch schon in den vorhergehenden Handbüchern, zunächst ganzheitliche Einstiege in den neuen Zahlenraum an. Auf eine systematische Behandlung der neuen Zahlen im Sinne der Erarbeitung eines strukturellen Verständnisses kann dennoch nicht verzichtet werden. Diesem Ziel dienen die Anregungen in den einzelnen Abschnitten „Bündelung und Stellenwert", „Arbeitsmittel" und „Darstellung, Schreibweise und Ordnung der Zahlen".

Überlegungen zur Förderung des Zahl- und Operationsverständnisses und zur Vertiefung struktureller Einsichten bestimmen auch die Ausführungen in 2.3 zum Kopfrechnen und halbschriftlichen Rechnen bezogen auf Addition und Subtraktion und in 2.4 bezogen auf Multiplikation und Division.

In 2.5 zum Thema „Beziehungen, Untersuchungen und Entdeckungen" werden Anregungen zur Vertiefung des Zahlverständnisses mit inhaltlichen Fragestellungen gegeben, die mit der Überwindung der so genannten Reform des Mathematikunterrichts Ende der 70er Jahre wieder weitgehend aus den Curricula verschwunden sind. Dabei geht es nicht um die Wiederaufnahme dieser Fragestellungen als (wieder) neue Inhalte des Unterrichts in einer eher formalen Art der Behandlung, wie sie damals – leider – nicht selten zu beobachten war. Ziel ist vielmehr, die Chancen zur Vertiefung des Zahlverständnisses, die eine erkennende, untersuchende und Beziehungen aufzeigende Behandlung dieser Themen bietet, auch im heutigen Mathematikunterricht zu nutzen.

Getragen vom Primat des Verständnisses vor der Ausbildung von Routinen sind auch die Vorschläge in Kapitel 2.6 zu den schriftlichen Rechenverfahren. Für die schriftliche Subtraktion wird das so genannte Abziehen mit Entbündeln (früher fälschlich: „Borgeverfahren") angeboten, um den Lehrerinnen und Lehrern in der Grundschule eine Alternative zu den seit 1958 festgeschriebenen Ergänzungsverfahren aufzuzeigen. Denn alle einschlägigen Untersuchungen zeigen, dass Ergänzungsverfahren (mit der Erweiterungs- oder der Auffülltechnik) dann zu bevorzugen sind, wenn schnelle und sichere Routinebildung das Ziel ist, dass aber das Abziehen mit Entbündeln vorzuziehen ist, wenn es im Unterricht vor allem auf das Verstehen, auf die Einsicht in den Algorithmus ankommt. Aus diesem Grunde bieten wir das letztgenannte, Einsicht fördernde Verfahren bevorzugt an; die Entscheidung muss jede Lehrerin/jeder Lehrer für ihre/seine Klasse individuell treffen.

2.1 Die ersten Wochen im 3. Schuljahr

Im 1. Schuljahr ist es inzwischen eine weit verbreitete und wohl begründete Praxis, in den ersten Schulwochen nicht sofort mit dem Mathematiklehrgang zu beginnen. Schulanfänger bringen individuelle, unterschiedliche Vorkenntnisse mit in die Schule. Diese Lernausgangslage zu überprüfen, um auf der Basis dieser Kenntnis den Einstieg in das schulische Mathematiklernen zu erleichtern, ist eine wesentliche Intention der Arbeit in den ersten sechs Wochen des 1. Schuljahres.

Verschiedene Gründe sprechen dafür, auch zu Beginn des 3. Schuljahres eine solche Reflexionsphase von etwa vier Wochen einzuschalten:

- Auffällige Kinder
  Zählende Rechner können das 1. Schuljahr überstehen, ohne als solche auffällig zu werden. Der manchmal verblüffende Ideenreichtum dieser Kinder, ein offensichtliches zählendes Rechnen zu vermeiden, statt dessen als Zählhilfen die Fensterscheiben des Klassenzimmers, die Buntstifte im Etui, die Blumen auf der Fensterbank o. Ä. zu nutzen, trägt zusammen mit der immer größeren Schnelligkeit und Perfektion dazu bei, dass diese Kinder sich auch im 2. Schuljahr noch irgendwie über die Runden retten. Sicher fällt jeder Lehrerin auf, dass Hänschen kein besonders guter Rechner ist. Er ist langsam, macht Fehler, aber ist es wirklich gerechtfertigt, bei ihm von einer Rechenschwäche bzw. Rechenstörung zu sprechen? Eine noch nicht am Lehrgangsfortschritt orientierte Phase zu Anfang des 3. Schuljahres kann den notwendigen Freiraum schaffen, sich intensiver um solche Kinder zu bemühen, die vor allem beim Addieren und Subtrahieren im Zahlenraum bis 100 auffällig geworden sind.
- Stofffülle im 2. Schuljahr
  Wer schon einige Jahre in verschiedenen Grundschulklassen unterrichtet hat, der weiß, dass gerade das 2. Schuljahr mit mathematischen Unterrichtsinhalten vollgepackt ist wie kaum ein anderes. Das Rechnen im Zahlenraum bis 100 mit der Entwicklung durchaus anspruchsvoller, Zahlverständnis voraussetzender Rechenstrategien, die die Grundlage für das weiterführende Rechnen mit größeren Zahlen bilden, und die Einführung in die Multiplikation und Division einschließlich der Erarbeitung des kleinen Einmaleins und Einsdurcheins sind zwei „große Brocken", die viel Unterrichtszeit benötigen. Hinzu kommt, dass manche Lehrbücher die schwierigen Fälle der Addition und Subtraktion (ZE±ZE mit Überschreitung) erst am Ende des Schuljahres zur Behandlung vorsehen, sodass nicht selten zu wenig Zeit für die Stabilisierung entsprechender Rechenverfahren bleibt. Ein ruhiger Einstieg in das 3. Schuljahr bietet die Chance, einiges vielleicht Versäumte, nicht intensiv genug Behandelte nachzuholen.
- Strategien des Kopfrechnens und halbschriftlichen Rechnens
  Die Art und Weise, Additions- bzw. Subtraktionsaufgaben nur im Kopf oder gestützt (halbschriftlich) zu lösen, ist im Zahlenraum bis 1 000 nicht grundsätzlich anders als im Zahlenraum bis 100. Ein überhasteter Einstieg in das Rechnen im neuen Zahlenraum ohne sichere Beherrschung verschiedener Rechenstrategien provoziert Lernschwierigkeiten. Eine wiederholende Behandlung des Rechnens im Zahlenraum bis 100 kommt damit letztlich, auch unter zeitlicher Perspektive, dem Rechnen im Zahlenraum bis 1 000 zugute (vgl. auch Kapitel 2.3, S. 73 ff.).
- Reduzierung des Zeitanteils für das Einüben der schriftlichen Rechenverfahren
  Wenn akzeptiert wird, dass den schriftlichen Rechenverfahren heute nicht mehr die überragende Bedeutung zukommt wie vor etwa 50 Jahren, dann kann das darauf bezogene Schnelligkeits- und Sicherheitstraining zeitlich reduziert werden. Das schafft Freiraum für die hier vorgeschlagene Reflexions- und Wiederholungsphase im 3. Schuljahr, sodass die Sorge, dieser ruhige Einstieg räche sich am Ende des Schuljahres, unbegründet ist. Hinzu kommt, dass die Stofffülle in Klasse 3 nicht so groß ist wie in Klasse 2. Viele so genannten neuen Inhalte (z. B. die größeren Zahlen selbst und das Rechnen mit ihnen, Kommazahlen im Zusammenhang mit Größen, „großes" Einmaleins) sind im Grunde Weiterführungen von Unterrichtsinhalten der Klasse 2. Ein sicherer Umgang mit den In-

halten des 2. Schuljahres erleichtert das Lernen im 3. Schuljahr erheblich.

- Lehrerwechsel
  Auf jeden Fall unverzichtbar ist die Überprüfung der Lernausgangslage der Kinder, wenn es mit Beginn des 3. Schuljahres einen Lehrerwechsel gegeben hat. Weder die Beschreibungen der Lernfortschritte in den Abschlusszeugnissen der Klasse 2 noch persönliche Gespräche mit der bisherigen Lehrerin sind ein adäquater Ersatz dafür. Machen Sie sich selbst ein Bild davon, welchen Kindern Sie in den nächsten zwei Jahren beim Lernen von Mathematik helfen werden und auf welcher Grundlage Sie aufbauen können!

Die hier vorgeschlagene Reflexions- und Wiederholungsphase unterscheidet sich in Form und Inhalt von der üblichen Wiederholungsphase zu Beginn des 3. Schuljahres. Die in den Mathematikbüchern für Klasse 3 vorgesehenen Abschnitte zur Wiederholung und Vertiefung sind in der Regel produktorientiert. Sie geben denjenigen Kindern, die den Stoff des 2. Schuljahres beherrschen, Gelegenheit, ihr Können zu demonstrieren, dabei sicher auch zu festigen. Sie bieten aber kaum die Möglichkeit, tief liegenden Lernschwierigkeiten von Kindern auf die Spur zu kommen; sie bieten auch nicht die Chance eines Neulernens für solche Kinder, die einen solchen Neuanfang benötigen. Leistungsstarke Kinder werden von diesen Wiederholungs- und Vertiefungsteilen dagegen häufig eher unterfordert.

Eine differenzierende Vorgehensweise ist in diesen ersten Wochen unumgänglich. Die leistungsstarken Kinder werden mit den Wiederholungsaufgaben des Schulbuches recht schnell fertig sein. Prüfen Sie aber auch bei diesen Kindern in jedem Einzelfall, mit welchen Verfahren sie die Aufgaben lösen. Wenn diese Kinder angemessene Verfahren des Kopfrechnens und des gestützten (halbschriftlichen) Rechnens (vgl. **Handbuch 2**, S. 42 ff.) sicher beherrschen, dann ist es sinnlos, von ihnen das Lösen weiterer Aufgaben des gleichen Typs zu fordern. Für diese Kinder bieten sich erstens die im **Handbuch 2** (S. 107 ff.) beschriebenen differenzierenden Aufgaben für Leistungsstarke an, zweitens Übungen zur Vertiefung des Zahlverständnisses, wie sie in diesem Handbuch im Abschnitt 2.1.2, S. 44 ff. beschrieben werden, drittens auch schon herausfordernde Aufgaben im Sinne eines ganzheitlichen Einstiegs in den neuen Zahlenraum (vgl. Abschnitt 2.2.1, S. 52 ff.). Bei dieser letztgenannten Möglichkeit ist aber darauf zu achten, dass nicht solche Aufgabenstellungen vorweggenommen werden, die noch für die ganze Klasse vorgesehen sind. Anregungen für eine wiederholende und zugleich das Rechnen im 3. Schuljahr vorbereitende Behandlung des (gestützten) Kopfrechnens für die eher leistungsdurchschnittlichen Kinder finden Sie in diesem Handbuch in den Kapiteln 2.3 (S. 73 ff.) und 2.4 (S. 89 ff.), weitere Anregungen für Fördermaßnahmen in Kapitel 1.1 (S. 7 ff.).

Bei der Arbeit mit den eher leistungsschwachen Kindern ist ganz besonders auf die Art und Weise zu achten, wie sie die Aufgaben lösen. Tests können bestenfalls als ein erster Zugang angesehen werden, wenn falsche Lösungen auf mögliche Fehlerstrategien hin untersucht werden (vgl. **Handbuch 2**, S. 80 f.). Das eigentliche Problem ist, dass richtige Lösungen keine Aussagen über die Qualität und Tragfähigkeit der Rechenstrategie für den weiteren Lernprozess erlauben. Auf diese Strategien und nicht auf möglicherweise richtige Ergebnisse kommt es aber (wieder einmal) an. Ihnen ist (unter schulischen Rahmenbedingungen) nur dadurch „auf die Schliche" zu kommen, dass das Kind beim Lösen der Aufgaben beobachtet (z. B. Art und Weise der Materialverwendung) und immer wieder zum „lauten Denken" und zum Begründen seines Vorgehens angeregt wird. Auch bewusst vorgegebene falsche Lösungen mit der Aufforderung herauszufinden, wie diese Fehler wohl entstanden sein mögen, können dazu beitragen, dass diese Kinder etwas über ihre Vorgehensweisen preisgeben.

Das bedeutet aber auch, dass das Arbeiten mit dem einzelnen Kind unverzichtbar ist. Dafür bieten sich so genannte Stillarbeitsphasen im Rahmen des Tages- oder Wochenplans oder die Förderstunden (vgl. Kapitel 1.1, S. 7 ff.) an. In besonderen Fällen halten wir auch eine Förderstunde für zwei oder gar für nur ein Kind für gerechtfertigt. Auf jeden Fall sollte der Förderunterricht in diesen ersten Wochen des 3. Schuljahres nicht starr organisiert, sondern flexibel den Bedürfnissen der Kinder angepasst sein.

2.1.1 Zum Problem der Diagnose und Hilfe bei Rechenstörungen

Kinder mit einer ausgeprägten Rechenstörung (vgl. die Beschreibung der WHO – World Health Organization – im folgenden Kasten) haben, wenn sie das 3. Schuljahr erreichen, in aller Regel ihre Probleme nicht erst mit den Unterrichtsinhalten der Klasse 2. Häufig beziehen sich die Schwächen auf Inhalte, die zum Unterrichtsgegenstand der 1. Klasse gehören. Deshalb werden am Ende dieses Kapitels einige ausgewählte Inhaltsbereiche mit Diagnose- und Fördermöglichkeiten vorgestellt, die nach unseren Erfahrungen in einer universitären Beratungsstelle für Kinder mit Rechenstörungen bei solchen Kindern besonders häufig mit Problemen besetzt sind, die schwerwiegende Hemmnisse für das weitere Lernen darstellen. Die hier aufgezeigten Fördermöglichkeiten haben sich in der Beratungsstelle häufig als erfolgreich erwiesen. Jedoch muss beachtet werden, dass es keine Erfolgsgarantie geben kann. Auch muss man nüchtern sehen, dass den Fördermöglichkeiten innerhalb des Systems Schule Grenzen gesetzt sind.

Rechenstörung
Diese Störung besteht in einer umschriebenen Beeinträchtigung von Rechenfertigkeiten, die nicht allein durch eine allgemeine Intelligenzminderung oder eine unangemessene Beschulung erklärbar ist.

> Das Defizit betrifft vor allem die Beherrschung grundlegender Rechenfertigkeiten wie Addition, Subtraktion, Multiplikation und Division, weniger die höheren mathematischen Fertigkeiten, die für Algebra, Trigonometrie, Geometrie oder Differential- und Integralrechnungen benötigt werden.

(Definition von Rechenstörung – englisch: dyscalculia – durch die WHO, World Health Organization)

Aus: DIMDI 1994, S. 387

Wie kann Kindern mit Rechenstörungen in Mathematik geholfen werden?

- Erste schulische Möglichkeiten
  Zunächst ist die Schule, genauer: jede einzelne Lehrerin, jeder einzelne Lehrer, verpflichtet, mit präventiven Maßnahmen dem Entstehen solcher Probleme nach Kräften vorzubeugen. Dazu gehört vor allem ein gut vorbereiteter, sachkundiger und sensibel die Lernprozesse von Kindern beobachtender Unterricht. Hoffen wir, dass dies eine selbstverständliche und damit eigentlich überflüssige Forderung ist! Phasen der Stillarbeit, Arbeit am Tages- und Wochenplan und Förderunterricht bieten die Chance, sich zeitlich befristet mit einzelnen Kindern zu beschäftigen. Das Korrigieren von Klassenarbeiten während dieser Unterrichtsphasen ist ein Vergehen am Kind und steht im Widerspruch zum pädagogischen Auftrag der Lehrerin. Am Ende dieses Kapitels finden Sie auf typische Symptome für Rechenstörungen bezogene inhaltliche Anregungen für genauere Untersuchungen und Fördermöglichkeiten.

- Außerschulische Möglichkeiten
  Nachhilfeunterricht, der sich auf stützende Maßnahmen bezogen auf das aktuelle Mathematikcurriculum konzentriert, ist nicht geeignet, Rechenstörungen auszugleichen. Da die Ursachen häufig tiefer liegen als in einem Nichtverstehen des aktuellen Unterrichtsinhalts, greift ein nur an diesen Symptomen kurierender Nachhilfeunterricht zu kurz. Dies gilt in gleicher Weise für Nachhilfeinstitute. Leider sind selbst manche der wie Pilze aus dem Boden schießenden „Therapie-Zentren", „Dyskalkulie-Einrichtungen" oder „Arithmasthenie-Institute" nicht viel besser als Nachhilfe-Organisationen. Der Autor dieser Zeilen hatte die Gelegenheit, „Dyskalkulie-Gutachten" solcher Einrichtungen einzusehen, für die die verzweifelten Eltern viel Geld bezahlen mussten, die aber das Papier nicht wert waren, auf dem sie standen, weil sie völlig nichtssagende Floskeln über den Leistungsstand der Kinder enthielten. Ein Kollege berichtete gar, er habe Gutachten eines Beratungszentrums über drei verschiedene Kinder gelesen. Die drei Gutachten seien, abgesehen von den Namen der Kinder, wortwörtlich identisch gewesen.

  Wir sehen gegenwärtig nur zwei Möglichkeiten, solchen Kindern mit gravierenden Rechenstörungen zu helfen. Es gibt in Deutschland einige wenige Psychologen (insbesondere aus Bayern) mit einer seriösen Zusatzausbildung speziell für Kinder mit Rechenstörungen. Von diesen ist zu erwarten, dass sie helfen können. In besonders begründeten Fällen besteht die Möglichkeit, diese Förderung als „Förderungsmaßnahme im Sinne der Eingliederungshilfe" nach § 35a, Abs. 1 Nr. 1 KJHG (Kinder- und Jugendhilfegesetz) in Verbindung mit Art. 11 SGB (Sozialgesetzbuch) zu finanzieren. Zuständig sind die Jugend- bzw. Sozialämter der Kommunen. Auch die Schulpsychologen in den Schulämtern bzw. Bezirksregierungen müssten diesen Weg kennen und helfen können. Er wird inzwischen erfolgreich gegangen, obgleich es immer noch Jugendämter und vereinzelt auch Schulpsychologen gibt, die meinen, diese Möglichkeit sei nur für Legasthenie vorgesehen.

- Weitergehende schulische Möglichkeiten
  Alternativ oder ergänzend zu dieser außerschulischen Möglichkeit kann innerschulisch und in Kooperation mit der zuständigen Schulaufsicht überlegt werden, dem betroffenen Kind im Rahmen der Feststellung eines sonderpädagogischen Förderbedarfs den Status eines Integrationskindes zuzuweisen, selbstverständlich unter Verbleib im Klassenverband. Das eröffnet die Möglichkeit, auch formell abgesichert mit diesem Kind zieldifferent zu arbeiten, auf Notengebung in Mathematik zu verzichten und gegebenenfalls dem Kind weitere Hilfe mit zusätzlichen Lehrerstunden zukommen zu lassen. Dass dieser Weg nicht leichtfertig gegangen wird, dass zunächst alle anderen Möglichkeiten einschließlich innerschulischer Supervision ausgeschöpft werden, ist wohl selbstverständlich.

Symptome für Lernschwierigkeiten: Ausgewählte Diagnose- und Fördermöglichkeiten

- Zerlegungen der Zahl 10
  Die Zerlegungen der Zahl 10 sollten am Ende des 1. Schuljahres memorisiert sein; jedes Kind sollte schnell (d. h. unmittelbar, innerhalb von höchstens einer Sekunde) und sicher zu allen einstelligen Zahlen die Ergänzung bis 10 sagen können, ohne rechnen zu müssen. Ein auffällig hoher Prozentsatz von Kindern mit Rechenstörungen kann dies nicht. Diese Kinder müssen die Zehnerergänzung jeweils neu berechnen, in aller Regel mit dem Verfahren des (schnellen) Weiterzählens. Perfekte zählende Rechner schaffen dies innerhalb von zwei bis drei Sekunden, einige noch schneller, so dass die diagnostische Abgrenzung vom Aufsagen memorisierter Fakten manchmal sehr

schwierig ist. In solchen Fällen kann es helfen, unmittelbar aufeinanderfolgend Aufgabe und Tauschaufgabe (z. B. 7 – ?, 3 – ? oder 8 – ?, 2 – ?) zu stellen. Viele Kinder mit Rechenstörungen erkennen die Kommutativität nicht, so dass sie die Zehnerergänzung zur 7 schnell sagen können, für die Zehnerergänzung zur 3 aber deutlich mehr Zeit benötigen.

Beim Ablösen von zählenden Verfahren der Zerlegung von Zahlen können Übungen helfen, die zunächst mit Zahlzerlegungen an den zehn Fingern der eigenen Hände beginnen, sich dann allmählich von dieser Stütze lösen. Das Kind legt beide Hände mit ausgestreckten Fingern, Daumen an Daumen, auf den Tisch. Als Leserichtung wird die übliche Orientierung von links nach rechts verabredet, d. h. der kleine Finger der linken Hand ist der erste Finger, der Daumen der rechten Hand der sechste Finger usw. Mit einem Stift werden nun alle möglichen Zerlegungen der Zahl 10 dargestellt. Das Kind antwortet möglichst schnell (um Zählen zu reduzieren) nur mit der Nennung der beiden Summanden in Leserichtung von links nach rechts.

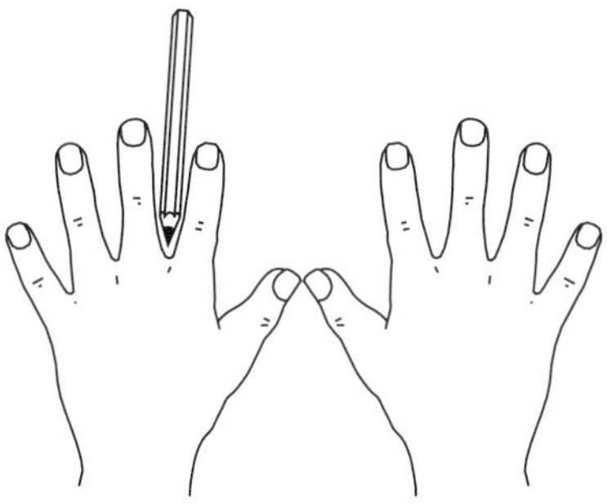

Bei der hier abgebildeten Aufgabe sollte das Kind also möglichst schnell mit „3, 7" antworten. Die Zerlegungen 0, 10 und 10, 0 dürfen nicht vergessen werden.

Wenn die Kinder mit dieser Art der Aufgabenstellung (z. B. auch mithilfe von Partnerübungen) vertraut sind, kann mit der allmählichen Ablösung von den Fingern begonnen werden:

- Im ersten Schritt lässt das Kind beide Hände auf dem Tisch liegen. Die Zahlzerlegung wird aber nicht mehr mit einem Stift angezeigt, sondern die Lehrerin sagt die erste Zahl, das Kind die Zehnerergänzung. Auch solche Übungen können und sollen nach Möglichkeit auch zu Hause fortgeführt werden, bieten sich auch an für Partnerübungen in der Klasse.
- Eine für Kinder mit diesen Problemen erhebliche Erschwerung ist es, wenn die Hände mit einem Tuch abgedeckt oder unter den verschränkten Armen versteckt werden. Gelingen die schnellen Zahlzerlegungen auch noch, wenn die visuelle Stütze der zehn Finger fehlt?
- Wenn mithilfe dieser Übungen die Zerlegungen der Zahl 10 memorisiert sind, dann ist die Grundlage geschaffen für vielfältige Variationen und Weiterführungen:
  - ✻ Comic–Figuren haben nur 4 Finger an jeder Hand, insgesamt also 8 Finger. Machen wir's wie die Comic-Figuren: 3, 5 – 4, 4 – 1, 7 – ...
  - ✻ 2 Kinder legen ihre 4 Hände nebeneinander: 13, 7 – 10, 10 – 4, 16 – ...
  - ✻ Stell dir vor, 10 Kinder sitzen nebeneinander, 100 Finger liegen auf dem Tisch: 30, 70 – 10, 90 – 99, 1... 75, 25 – 51, 49 – ...
  - ✻ 100 Kinder mit 1 000 Fingern: 300, 700 – 998, 2 – ...

- Schnelle Zahlauffassung und Zahldarstellung
  Diese Übungen sind als „Kurzzeitübungen am Rechenrahmen" bereits im **Handbuch 1** (S. 71) beschrieben worden. Eine Zahl wird am Rechenrahmen hinter einem Sichtschirm, also für das Kind verborgen, dargestellt. Dieser Sichtschirm wird für ca. eine Sekunde entfernt. Das Kind soll die dargestellte Zahl benennen. Wesentliche Intention ist es, die Kinder schon bei der Zahlauffassung (und nicht erst beim Rechnen) von zählenden Verfahren wegzuführen. Auch leistungsschwache Kinder sollten zu Beginn des 3. Schuljahres in der Lage sein, nach einigen leichteren Übungen, z. B. mit vollen Zehnerzahlen oder Zahlen bis 10 bzw. 20, alle Zahldarstellungen bis 100 an einem strukturierten Hunderter-Rechenrahmen bei einer Präsentationszeit von etwa einer Sekunde spätestens im zweiten Versuch zu erkennen. Ein auch auf älteren DOS-Rechnern lauffähiges Computer-Programm, das Ausschnitte aus dem Hunderter-Feld für kurze Zeit präsentiert, also die gerade am Rechenrahmen beschriebene Aufgabensammlung dem Medium Computer überträgt, ist unter dem Namen „Schnelles Sehen" bei D. & J. Wohlrab - SoWoSoft - Große Oker 24, 38707 Altenau, zu beziehen.
- Verständnis der Arbeitsmittel, insbesondere der Hunderter-Tafel
  Gerade rechenschwache Kinder sind auf das Arbeiten mit Material angewiesen. Es soll ihnen helfen, Aufgaben zu lösen, darüber hinaus aber, vor allem, aus den konkreten Lösungen von Aufgaben Rechenstrategien zu entwickeln. Nicht selten gelingt dies deshalb nicht, weil die Struktur des Arbeitsmittels nicht verstanden ist. So suchen gerade rechenschwache Kinder volle Zehnerzahlen am Rechenrahmen und am Hunderter-Feld häufig nicht am Ende einer Perlen- bzw. Punktereihe, sondern identifizieren die erste Perle einer Reihe mit der vollen Zehnerzahl, sodass es beim Rechnen mit diesem Material schon bei der Darstellung des ersten Summanden zu einem Fehler um –9 kommt, weil z. B. die Zahl 40 an der 31. Perle identi-

fiziert wird. Übungen zur Zahldarstellung („Zeige mir die Perle Nr. 60 ...“) am Rechenrahmen bzw. Hunderterfeld können auf diesen Fehlertyp aufmerksam machen.

Im **Handbuch 2** (S. 35 ff.) sind Übungen zum Vertrautwerden insbesondere auch mit der Hunderter-Tafel beschrieben worden. Zu Beginn des 3. Schuljahres sollte bei Kindern mit Lernschwierigkeiten überprüft werden, ob die Struktur der Hunderter-Tafel verstanden ist:

- Kann das Kind schnell die Felder 43, 56, ... zeigen, oder muss es diese erst längere Zeit suchen?
- Stelle dir vor, du stehst auf Feld 38. Wie heißt die Zahl rechts daneben, links daneben, darüber, darunter?
- Du beginnst deinen Weg auf Feld 47, gehst 2 Felder nach rechts und ein Feld nach oben. Wo stehst du jetzt?
- Hier ist eine leere Hunderter-Tafel. Wo musst du ungefähr die Zahl 40 (81, 90, ...) hinschreiben? (Vgl. auch **Handbuch 2**, S. 37)

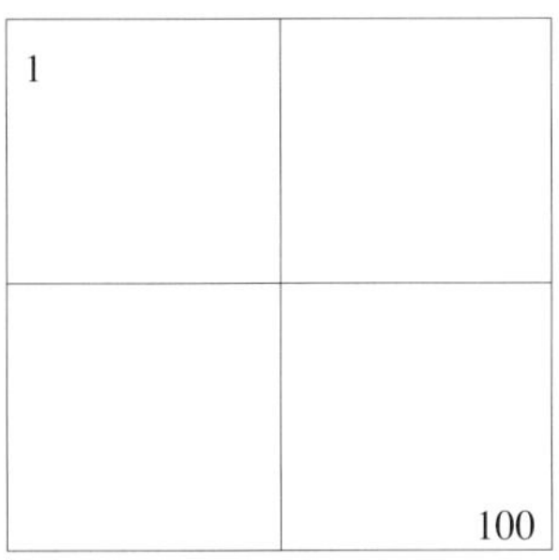

- Links-/Rechts-Unterscheidung
  Ein auffällig hoher Prozentsatz von Kindern mit Rechenstörungen ist nicht sicher bei der Unterscheidung von links und rechts, weder an sich selbst noch am Gegenüber. Zeige mir *deinen* rechten Arm, dein linkes Ohr, stelle dich auf dein linkes Bein. Zeige mir *meine* rechte Hand, meinen linken Fuß und, damit nicht alles so fürchterlich ernst zugeht, meine linke

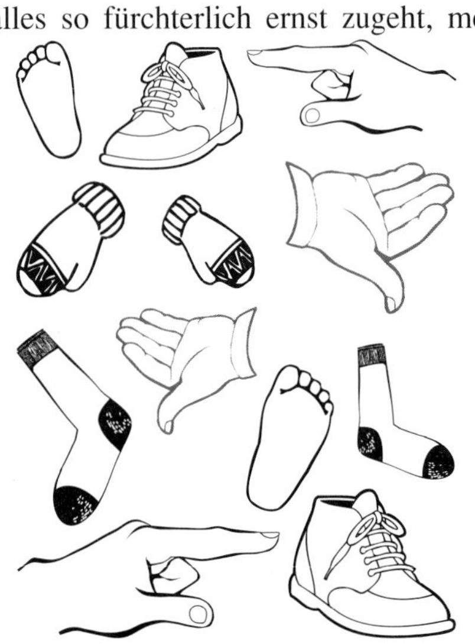

Nase. Gehören die in der Abbildung gezeigten Körperteile bzw. Kleidungsstücke nach links oder nach rechts?
Die Fähigkeit zur Links-Rechts-Unterscheidung wird im Mathematikunterricht vor allem beim Arbeiten mit Material benötigt. Das Addieren korrespondiert eben eindeutig mit einer Bewegung nach rechts und ggf. nach unten auf der Hunderter-Tafel, aber mit einem Schieben von Perlen von rechts nach links am Rechenrahmen.
Kinder, die nicht sicher links und rechts unterscheiden, sollten, so wie im 1. Schuljahr, wieder ein farbiges Band oder, weniger auffällig im 3. Schuljahr, eine Armbanduhr tragen. Auf diese Weise tragen sie eine ständige Orientierungshilfe bei sich.
Nicht selten ist die Unsicherheit bei der Links-Rechts-Unterscheidung mit falscher Ziffernschreibweise und mit Zahlendrehern beim Schreiben von zweistelligen Zahlen verbunden oder mit dem Schreiben der Zahlen von rechts nach links (vgl. **Handbuch 2**, S. 27 f.). Die scheinbare Hilfe, die Zahlen so schreiben zu lassen, „wie man sie spricht“, das Schreiben der Zahl 23 also von rechts nach links beginnend mit der Ziffer 3 zu erlauben, erweist sich spätestens im 3. Schuljahr als Sackgasse. Zahlendiktate am Taschenrechner sind in diesen Fällen hilfreiche Übungen.
Die folgende Abbildung zeigt ein Zahlendiktat von Fritz, einem Kind mit Rechenstörung und auffälliger Links-Rechts-Problematik.

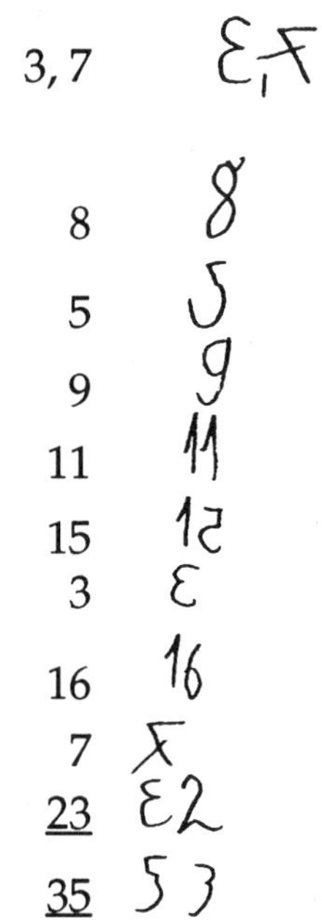

- Rechengeschichten
  Eine Voraussetzung für die Lösung von Sachaufgaben ist die Fähigkeit, die in einer Rechengeschichte beschriebene Situation in konkrete Handlungen mit Material und/oder in Bilder zu übersetzen (vgl. dazu **Handbuch 1**, S. 77 ff.). Besonders schwer für Schulanfänger ist eine Rechengeschichte, die einen Ver-

gleich fordert, bei dem die Veränderung unbekannt ist, weil hier die zugehörige Handlung nicht offensichtlich ist.
Beispiel:
Jan hat drei Puppen, Ines hat sieben Puppen. Wie viele Puppen hat Ines mehr?
Rita und Sven, Kinder mit Rechenstörungen, waren nicht in der Lage, diese Aufgabe mithilfe von Material zu lösen. Nach Aufforderung malten sie zu der Rechengeschichte diese Bilder.

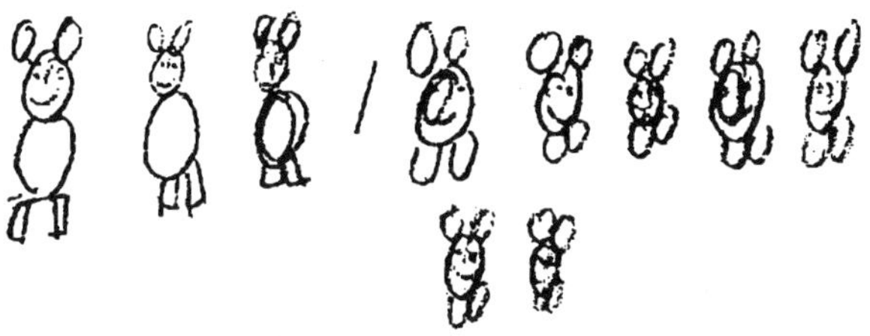

Jans drei Puppen sind in beiden Bildern deutlich zu erkennen, die von Rita gemalten sieben Puppen von Ines immerhin noch zu erahnen, in Svens Bild genau zu sehen. Beide zu vergleichenden Mengen werden also im Prinzip richtig, nicht nur symbolisch durch Ziffern dargestellt. Dennoch gelang weder Rita noch Sven die Lösung der Aufgabe. Der abstrakte Mengenvergleich (wie viel mehr?) enthielt für sie keinen Hinweis auf eine konkrete Handlung. Die Frage „Wie viele Puppen muss Jan noch bekommen, damit er genau so viele hat wie Ines?“ beantworteten beide dagegen sofort richtig. Diese Frage enthält einen konkreten Hinweis auf die Handlung des Dazugebens. Das Förderprogramm für diese beiden Kinder knüpft daran an (vgl. dazu auch die Anregungen im **Handbuch 1**, S. 80 ff.).

Annika, 2. Schuljahr, bekommt eine Aufgabe, die den Untersuchungen von Stern (1992) zufolge leichter ist: „Jan hat drei Puppen, Ines hat vier Puppen mehr. Wie viele Puppen hat Ines?“
Annikas erste spontane Antwort „Ines hat vier Puppen.“ deutet auf ein Unverständnis des relationalen Begriffs „mehr“ hin, belegt dieses Unverständnis jedoch noch nicht. Auf die Aufforderung hin, ein Bild zu dieser Rechengeschichte zu malen, zeichnet sie die folgende Abbildung.

Aus dem Bild wird deutlich, dass Annika auch in dieser Darstellung Ines insgesamt nur vier Puppen zuweist. Sie stellt diese aber nicht als Menge dar, sondern in Form der Ziffernschreibweise. Annika verbindet, wie weitere Untersuchungen gezeigt haben, mit Zahlen nur die Vorstellung von Ziffern, keine quantitativen Vorstellungen. Bei ihr mussten Zahlvorstellungen und -darstellungen neu erarbeitet werden, wie sie im **Handbuch 1** (S. 38 f., S. 62 ff.) beschrieben sind. Ohne gesicherte Vorstellung von Anzahlen war ihr der geforderte Anzahlenvergleich selbstverständlich nicht möglich.

- Vorstellungen von Zahlen und Rechenoperationen
Ganz wichtig für den Arithmetikunterricht in den beiden ersten Schuljahren ist, dass die Kinder Mathematik nicht nur als Regelspiel begreifen, bei dem auf geheimnisvolle Weise Zahlen miteinander verknüpft werden, sondern mit den Zahlen und den Rechenoperationen Bedeutungen, mentale Vorstellungsbilder verbinden (vgl. hierzu Lorenz/Radatz 1993, S. 50 ff.). Zur Überprüfung dieser Vorstellungen schlagen die o. g. Autoren das Verfahren der „Indianergeschichte“ vor: Anknüpfend an die Erfahrungen der Kinder, dass es durchaus vorkommt, dass während des Schuljahres ein Kind neu in die Klasse kommt, weil z. B. die Eltern umgezogen sind, wird ihnen erklärt, sie sollten sich vorstellen, ein Indianerkind (bzw. in dieser Variante ein Chinesenkind) käme neu in die Klasse. Dieses Kind spricht die deutsche Sprache nicht, kann sie nicht verstehen und kennt auch nicht unsere Schrift. Das (für die Überprüfung der Zahl- und Rechenoperationsvorstellung vorgesehene) Kind, erhält nun die Aufgabe, diesem neu in die Klasse aufgenommenen Kind zu helfen. Zunächst soll es erklären, was ein Haus ist oder ein Baum. Da Sprache nicht hilft, geht es vielleicht mithilfe von Bildern. Das Kind malt ein Haus, zeigt darauf und erklärt: „Dies ist ein Haus.“ Ja, so kann dem Kind geholfen werden, vielleicht auch in Mathematik. Male ein Bild zur Zahl 2, 5 oder 7, zur Zahl 0, für die Rechenaufgaben $3 + 2 = 5$, $7 - 3 = 4$, $2 \cdot 6 = 12$, $10 : 5 = 2$.

Sonja, 2. Schuljahr, gelingt ein wunderschönes Situationsbild (mit Kopffüßlern), das zeigt, wie sie dem Chinesenkind „ein Bild der Zahl 3“ überreicht. Typisch für Kinder mit Rechenstörungen ist die Zifferndarstellung. Mit der Zahl 3 verbinden diese Kinder häufig nur die Ziffer 3; sie haben gelernt, mit Ziffern zu jonglieren, ohne damit eine quantitative Vorstellung zu verbinden. Auch Nina, die die 2. Klasse besucht, nimmt die Aufforderung wörtlich, ein Bild zur Zahl 3 zu malen, indem sie die Ziffer 3 in einen Bilderrahmen stellt. Lisa und Jens aus dem 3. Schuljahr verstecken die 3 in figuralen Darstellungen. Die Ziffer 3 ist der Rumpf des Männchens bei Lisa, sie bildet den Hut der beiden Pilze in der Zeichnung von Jens.

Für Lore ist mit der Zahl 2 die Vorstellung vom Schwan verbunden; sie hat, wie sie dem verblüfften Förderer erklärte, das Schreiben der Ziffer 2 mit Hilfe einer Schwandarstellung gelernt, wie es schon im Rechenbuch „Der Weg zum Rechenmeister", dem Vorläufer der Erstausgabe der Kruckenberg´schen „Welt der Zahl", vorgeschlagen wurde. Dass Lore die Zahl 3 als Schmetterling darstellt, der die Ziffer 3 zusätzlich noch spiegelbildlich enthält, verwundert dann nicht mehr. Offensichtlich können solche kindertümelnden Einkleidungen beim Ziffernschreibkurs die Zahlvorstellungen von Kindern nachhaltiger prägen als alle Bemühungen um den Aufbau einer quantitativen Zahlvorstellung.

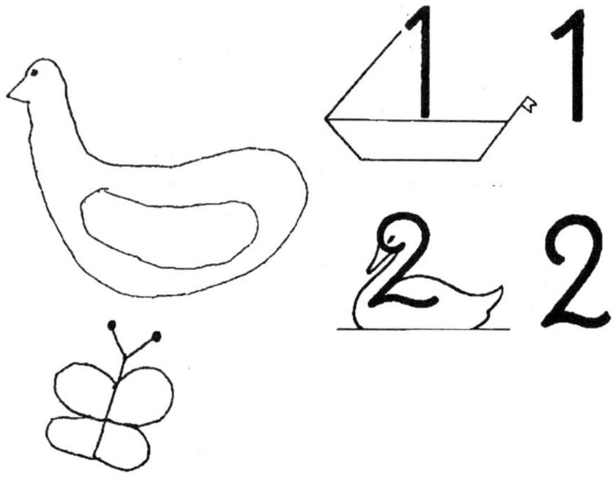

Katrin, 3. Schuljahr, setzt die Aufforderung, ein Bild zu $2 \cdot 6$ zu malen, in eine für Kinder mit Rechenstörungen typische Darstellung um. Die beiden an der Aufgabe beteiligten Zahlen werden als Mengen dargestellt, bei Katrin sind es Luftballons, und mit dem in der Schule gelernten Zeichen für die Rechenoperation, hier also mit dem Malpunkt, miteinander verbunden. Grundvorstellungen der wiederholten Addition spiegeln sich in dieser Darstellung nicht wider, ebenso nicht in dem Bild von Sven zu $3 \cdot 4$. Auch er stellt die beiden Faktoren quantitativ als Dreieck und Viereck dar. Die Verbindung der beiden Faktoren gelingt ihm durch die Gesamtzeichnung des Hauses.

Fördermaßnahmen für diese Kinder müssen auf der konkret handelnden Ebene, auf der Ebene der Interpretation von Bildaufgaben und der Lösung von Rechengeschichten ansetzen. Die Grundvorstellungen für Rechenoperationen müssen im Wechselspiel zwischen enaktiver, ikonischer und symbolischer Darstellung des gleichen Sachverhalts neu gefestigt werden. Für Addition und Subtraktion finden Sie dazu Hinweise im **Handbuch 1** (S. 77 ff.), für Multiplikation und Division im **Handbuch 2** (S. 81 ff.).

Eine Warnung vor Überinterpretationen sei abschließend noch erlaubt. Nicht jedes Husten oder Niesen, nicht jede tropfende Nase ist ein Zeichen für einen schweren grippalen Infekt. Erst das Zusammenkommen mehrerer Symptome und deren gehäuftes Auftreten über einen längeren Zeitraum rechtfertigt die Annahme einer Rechenstörung.
Die Namen der in diesem Kapitel zitierten Kinder haben wir selbstverständlich geändert.

2.1.2 Festigung des Zahlverständnisses im Zahlenraum bis 100

Im **Handbuch 2** (S. 17 ff.) haben wir fünf Aspekte von Zahlverständnis beschrieben:

- Zahldarstellung und ihre Interpretation,
- Verinnerlichung der operativen Struktur der Zahlen,
- Beziehungsvielfalt von Zahlen,
- Bewusstsein der Auswirkung von Rechenoperationen und
- Fähigkeit, „weiche" Lösungsverfahren anzuwenden.

Die im Folgenden vorgestellten Aufgaben sollen im Sinne dieser Aspekte zur Förderung des Verständnisses der im 2. Schuljahr erarbeiteten Zahlen beitragen.

Verschiedene Zahldarstellungen

Kerbhölzer

Nicht nur Schulden, auch Guthaben, z. B. der eigene Viehbestand, wurden vor Hunderten von Jahren auf Kerbhölzern notiert. Was man „auf dem Kerbholz“ hatte, war damals so sicher wie das, was man noch vor kurzem „schwarz auf weiß“, heute wohl eher in Form von bits und bytes besitzt.

Die einfachsten Kerbhölzer mit einem Strich für jedes Objekt wurden schnell zu groß und unübersichtlich, so dass schon früh verschiedene Systeme von Stellenwert und Bündelung entwickelt wurden. Eine einfache, an dem römischen Zahlsystem orientierte Notationsform wurde in der Schweiz verwendet (vgl. Menninger[3] 1979):

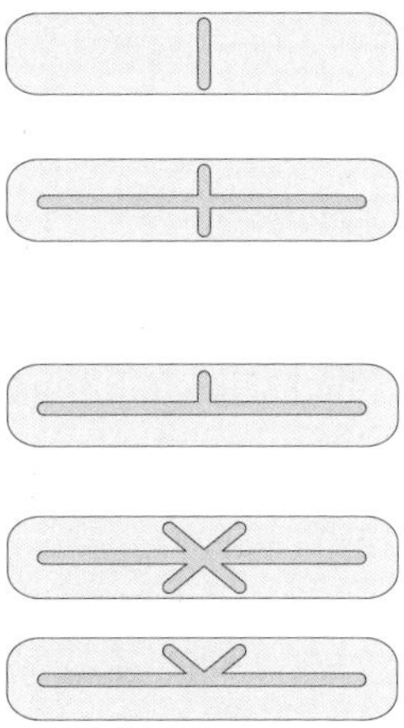

Ein senkrechter, isoliert stehender Strich bedeutet 1.

Ein senkrechter Strich auf einer waagerechten Linie hat den Wert 10.

Ein „halber“ senkrechter Strich auf einer waagerechten Linie hat den Wert 5.

Ein X auf einer Linie bedeutet 100.

Ein V (ein halbes X) auf einer Linie hat den Wert 50.

Hier einige Beispiele:

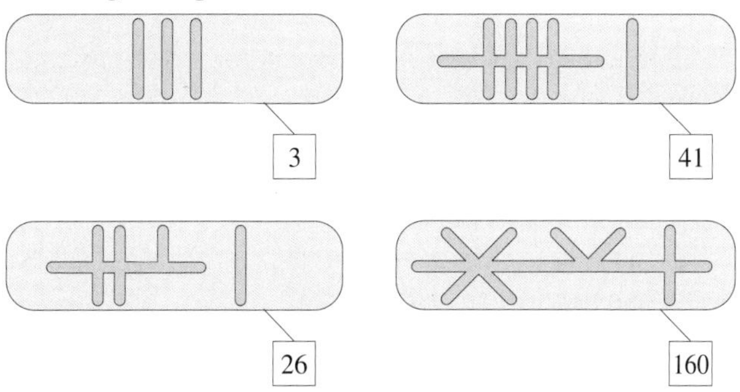

Wer kann diese Kerbhölzer lesen?

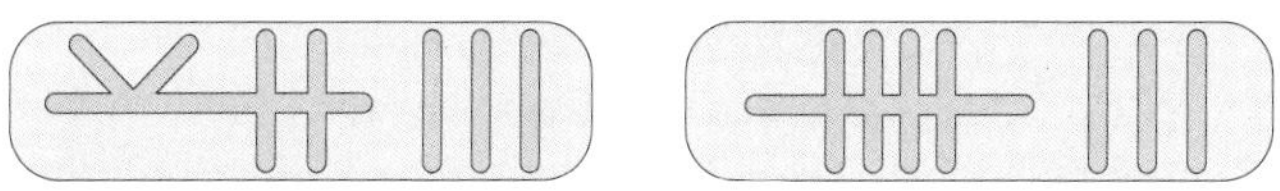

Wer kann diese Zahlen in die Kerbhölzer eintragen: 14, 25, 38, 101, 98 ...?

Jens hat eine Geschichte aufgeschrieben. Wer kann sie lesen?

Eine Kerbholzgeschichte

Mein Name ist Jens. Ich bin 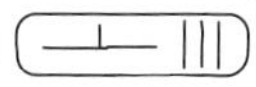 Jahre alt. Papa hatte gestern Geburtstag. Er wurde 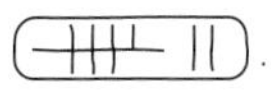. Jetzt sind Papa und Mama zusammen  Jahre alt. Mama verrät ihr Alter nicht. Ich weiß es aber trotzdem. Du auch?

Wer kann eine weitere Geschichte schreiben? Kann dein Nachbar sie lesen?

Auf einem Poster werden alle Kerbholzgeschichten gesammelt. Ob auch Kinder aus anderen Klassen sie lesen können?

Wer alles noch geheimnisvoller gestalten möchte, kann auch statt der Schweizer Kerbhölzer chinesische Han-Stäbchen herstellen. Die Zeichen sind die gleichen, die Zahlen werden jetzt jedoch untereinander geschrieben:

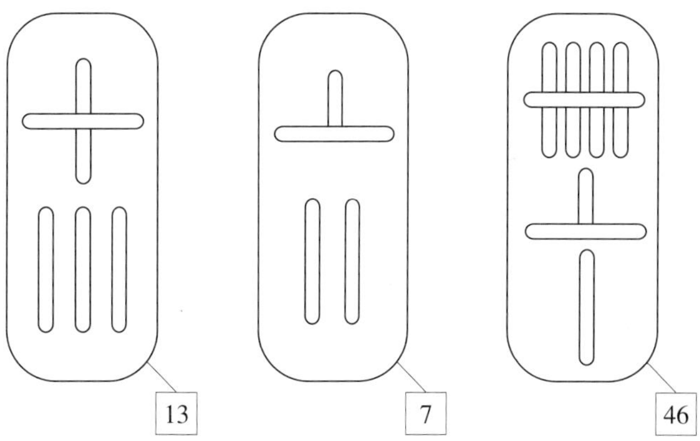

Ägyptische und andere Zahlzeichen

Eine besonders einfache Form der Schreibweise von Zahlen ist die ägyptische (gereihte) Bilderschrift (vgl. Menninger [3]1979). Dieser Strich | steht für 1, eine Fessel  für 10, ein Strick  für 100. Anders als bei der Keilschrift und der römischen Zahlschreibweise gibt es keine besonderen Zeichen für 5 bzw. 50. Wer kann ägyptische Zahlen lesen und schreiben, wer kann mit ihnen sogar Rechenaufgaben aufschreiben und sie anderen zum Lösen geben? Schon fast ein Projekt ist die Bearbeitung der „Geschichte vom Pharao, der die Kamele seines Landes zählen lassen wollte“ (vgl. die Kopiervorlagen in Schütte 1997).

Noch einfacher ist die griechische Reihenschrift: Wieder steht ein Strich | für 1, Δ (= Deka) für 10, H (= Hekaton) für Hundert. Sind diese Aufgaben richtig gerechnet?

ΔΔ|||||| + ΔΔΔ||||| = ΔΔΔΔΔΔ|

||||||| · |||||| = ΔΔΔ ||||||

H||| − Δ|| = ΔΔΔΔΔΔΔΔΔ|

ΔΔΔΔΔ |||||| : ||||||| = |||||||

Julia, 8 Jahre alt, hat ihre eigene Zahlschrift erfunden. Sie schreibt folgende Geschichte:

Ich bin ●●●●●●●●● Jahre alt. Mein Bruder ist ●●●●Jahre älter, er ist schon ○●● Jahre alt. Meine Mama ist ●●● mal so alt wie mein Bruder, mein Papa ●●●● mal so alt wie ich. Opa ist so alt wie Papa und Mama zusammen. Wie alt sind Mama, Papa und Opa? Schreibe die Zahlen in meiner Schrift!

Verschiedene Bündelungen

In der Zeit der sogenannten Mengenlehre war es üblich, Dinge nach verschiedenen Basen zu bündeln, Zahlen in verschiedenen Stellenwerten darzustellen, zu lesen, sogar in verschiedenen Stellenwerten zu zählen und zu rechnen. Sicher ist die Behandlung der nicht-dekadischen Stellenwertsysteme manchmal zu exzessiv, vielleicht auch zu formal gewesen. Die Grundidee, ein tieferes Verständnis unseres dezimalen Stellenwertsystems mit Hilfe der Behandlung nicht-dezimaler Systeme gewinnen zu wollen, hat sicher auch heute noch Gültigkeit (vgl. dazu auch S. 63). Befreit von einem übertriebenen Formalismus können solche Aufgaben zu einem vertieften Verständnis von Bündelung und Stellenwert beitragen.

- Marens Briefmarkenalbum
  Maren hat ein kleines Briefmarkenalbum. In eine Reihe passen 5 Briefmarken, auf eine Seite passen 5 Reihen. Maren hat ihre eigene Schrift erfunden, um aufzuschreiben, wie viele Briefmarken sie hat. Für eine Briefmarke schreibt sie „M", für eine Reihe „R", für eine Seite „S". „SSRMM" bedeutet also, dass zwei Seiten mit Briefmarken gefüllt sind, außerdem noch eine Reihen voll ist und zwei einzelne Briefmarken im Album stecken. Wie viele Briefmarken hat Maren?
  Wie viel sind das: SRRRM, SSRRMMM, SM?
  Wer kann diese Zahlen in Marens Schrift schreiben: 26, 52, 31, 68, 100?

- Weitere Anregungen
  Äpfel verpacken: Immer 4 in eine Schachtel, 4 Schachteln in einen Karton, 4 Kartons in ein Paket.
  Comic-Zahlen: Comic-Figuren haben an jeder Hand 4 Finger, zusammen also 8. Wenn sie größere Zahlen darstellen wollen, dann müssen mehrere Comic-Figuren zusammen arbeiten. Immer wenn einer 8 zusammen hat, muss sein linker Nachbar einen Finger hochstrecken. Wer kann diese Comic-Zahl lesen?

Wer kann unsere Zahlen in die Comic-Sprache übersetzen?

Tabellen und Diagramme lesen und herstellen

In der heutigen Zeit der Informationsflut werden das Verdichten von Informationen in Tabellen und Diagrammen und die Fähigkeit, auf solche Weise vorgegebene Informationen zu „lesen", also zu interpretieren, immer wichtiger. Diese Fähigkeiten können auch schon in der Grundschule entwickelt werden.

Tabellen: Schwimmunterricht im 3. Schuljahr
Die folgende Tabelle zeigt, wie viele Kinder in den dritten Klassen unserer Schule noch nicht schwimmen können, wie viele schon das „Seepferdchen" und wie viele sogar schon das bronzene Schwimmabzeichen erworben haben.

	Nichtschwimmer		Seepferdchen		bronzenes Schwimmabzeichen	
	M	J	M	J	M	J
Klasse 3 a	2	3	6	6	4	2
Klasse 3 b	3	–	7	8	5	1
Klasse 3 c	1	4	6	9	2	3

Eine solche Tabelle wird zunächst nur für die eigene Klasse erstellt, dann auch für die Parallelklassen. Sie ist Anlass für zahlreiche Fragen:

- Wie viele Jungen/Mädchen/Kinder können noch nicht schwimmen, wie viele haben ein Seepferdchen, wie viele ein bronzenes Schwimmabzeichen?
- Wie viele Nichtschwimmer, wie viele Schwimmer gibt es in der Klasse 3a? Gehören die Kinder mit Seepferdchen zu den Schwimmern?
- Wie viele Mädchen gibt es in den einzelnen Klassen?
- Gibt es im 3. Jahrgang mehr Jungen oder mehr Mädchen (hier muss man schon genau rechnen), mehr Nichtschwimmer oder Schwimmer? (Das sieht man doch sofort!)

Nun umgekehrt: Hier sind die Rechnungen von einigen Kindern. Was haben die Kinder ausgerechnet?

Maike: $4 + 5 + 2 = 11$
Johann: $3 + 7 + 8 + 5 + 1 = 24$
Beate: $6 + 6 + 7 + 8 + 6 + 9 = 42$

Wem die obige Tabelle zu komplex ist, der hat die Möglichkeit, eine etwas einfachere Variante herzustellen, z. B. ohne zusätzliche Unterscheidung von Jungen und Mädchen.

Folgende Inhaltsbereiche bieten sich für weitere Untersuchungen an:

- Was ich am liebsten in der Freizeit mache: Fernsehen, Lesen, Spielen ...
- Meine Stars: Sänger(gruppen), Sportler, sonstige (wie z. B. Lehrerinnen) ...
- Was ich am liebsten lese: Sachbuch, Comic, Abenteuer ...
- Wie die Kinder zur Schule kommen: zu Fuß, mit dem Fahrrad, mit dem Bus ...

Tabellen und Legenden: Bäume auf dem Schulgelände
Auf dem Schulgelände gibt es Laubbäume, Nadelbäume und Büsche. Die Klasse 4b hat alle gezählt und dann folgendes Bild ausgehängt:

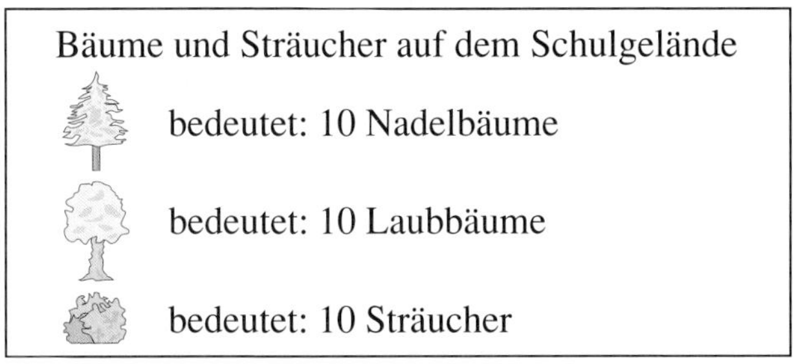

Nadelbäume	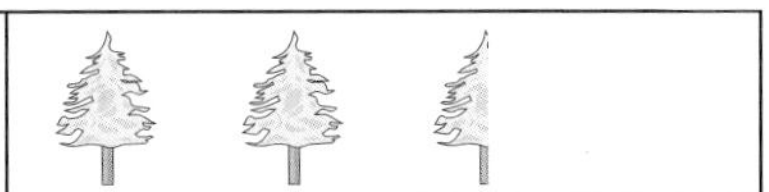
Laubbäume	
Sträucher	

- Was bedeutet wohl dieses Zeichen? 
- Wie viele Nadelbäume, Laubbäume und Sträucher gibt es an der Schule, wie viele Bäume, wie viele Bäume und Sträucher zusammen?

Selbstverständlich kann in der o. a. Darstellung der halbe Nadelbaum auch durch 5 Striche als Zeichen für 5 einzelne Bäume ersetzt werden. Diese Darstellung ist hier jedoch bewusst gewählt worden, weil sie einerseits einer in realen Diagrammen gängigen Konvention entspricht, weil sie andererseits eine Stütze für die Vorstellung von „die Hälfte von" sein kann.

Diagramme und Tabellen: Schulmilch
Das folgende Säulenbild (Balkendiagramm) zeigt, wie viele Tüten Milch an unserer Schule an den einzelnen Tagen der letzten Woche getrunken wurden.

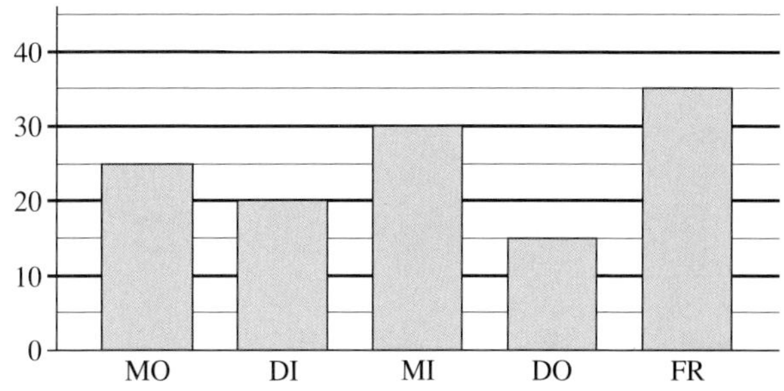

- Wie viele Kinder haben am Montag Milch getrunken, wie viele an den anderen Tagen? Wie viel Milch ist insgesamt getrunken worden?
- Übertrage die Zahlen in die folgende Tabelle:

MO	DI	MI	DO	FR	zusammen

- Frage den Hausmeister, wie viele Tüten Milch (Kakao, Saft) an den einzelnen Tagen der letzten Woche verkauft wurden. Erstelle eine Tabelle und ein Säulendiagramm.

Tabellen und Diagramme: Jungen und Mädchen im Sportverein
Die folgende Tabelle zeigt, wie viele Jungen und Mädchen aus den drei 3. Klassen im Sportverein sind.

Klasse	Jungen	Mädchen
3 a	5	3
3 b	4	6
3 c	8	10

Marlies hat angefangen, zu dieser Tabelle ein Säulenbild zu malen. Vervollständige es.

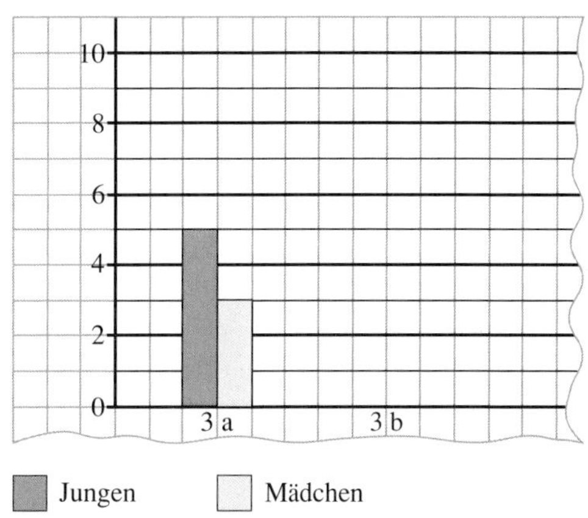

Schätzen und Überschlagen, Größen- und Operationsvorstellungen

Die Entwicklung einer Vorstellung von Größen (Gewichte, Längen, Zeitspannen usw.) und der Größe von Zahlen ist ein wichtiger Beitrag zur Förderung von Zahlverständnis. Zahlvorstellungen und Größenvorstellungen stützen sich wechselseitig, sodass aus gutem Grund Zahlenraumerweiterungen immer auch mit der Behandlung geeigneter Größen verknüpft werden (vgl. auch Kapitel 4, S . 182 ff.). Übungen zum Abschätzen von Größen und zum überschlagenden Rechnen sollten regelmäßig in die täglichen Kopfrechenübungen aufgenommen werden. Hier einige Anregungen:

- Finde Gegenstände im Klassenraum, die ungefähr 1 m (1 cm, 1 dm, 1 mm) lang, breit oder hoch sind. Sind die Gegenstände, die du gefunden hast, wohl genau 1 m lang oder eher etwas länger oder etwas kürzer als 1 m? Kannst du auch den Unterschied schätzen? Miss anschließend genau nach.
- Wer findet Gegenstände, die möglichst genau 100 g, 10 g, 1 g wiegen? Nimm zum Vergleich das entsprechende Gewichtsstück in die Hand. Ist dein Gegenstand schwerer oder leichter, wie viel wohl?
- Zeichne an der Tafel eine Linie, die möglichst genau 10 cm, 1 cm, 1 m, 1 mm lang ist. Prüfe nach.
- Wie lang sind deine Stifte im Etui? Schätze zuerst, prüfe dann nach.
- Eine Wäscheklammer wiegt etwas mehr als 9 g. Wie viele brauchst du wohl für 100 g?
- Drücke eine Personenwaage mit verbundenen Augen so, dass der Zeiger möglichst genau 1 kg, 5 kg, 10 kg anzeigt. Dein Partner kontrolliert das Ergebnis. Kannst du auch 30 kg oder gar 50 kg drücken?
- Auf dem Tisch liegen 5 Gegenstände. Nimm sie mit verbundenen Augen (Nein, es ist kein Igel dabei!) in die Hand und ordne sie dann nach ihrem Gewicht. Mit einer Waage kannst du dein Ergebnis überprüfen.
- Wie schnell tropft der Wasserhahn? Zähle eine Minute lang (Stoppuhr!) die Tropfen. Fällt mehr als 1 Tropfen in der Sekunde? Wie weit hättest du zählen müssen, wenn in jeder Sekunde zwei Tropfen fallen? Kannst du überhaupt so schnell zählen?
- Wie viele Bananen sind wohl an dieser Staude? Kannst du besser schätzen, wenn du weißt, dass diese Staude 60 kg wiegt?

- Wie lange brauchst du, um einmal um den Sportplatz zu laufen? Wie lange brauchst du dann wohl für 1 km?
- Der Bus hat 38 Sitzplätze und 24 Stehplätze. Die 3. Klassen möchten einen Ausflug machen, die 3a mit 24 Kindern, die 3b mit 23 Kindern und die 3c mit 28 Kindern. Reicht der Bus? Melanie hat nur die Aufgabe 28 + 10 gerechnet und dann festgestellt, dass der Bus nicht reicht. Kannst du Melanies Vorgehen erklären?
- Marja und Nick haben mit einem Ringwurfspiel gespielt. Gewinner ist, wer nach vier Runden die höchste Punktzahl hat. Hier ist das Ergebnis des letzten Spiels:

Marja	45	50	75	50
Nick	30	50	25	100

  Wer hat gewonnen, mit wie vielen Punkten Unterschied? Kannst du beide Fragen beantworten, ohne die Gesamtpunktzahlen von Marja und Nick auszurechnen?

- Barbara und Ilse messen den Flur in Schritten aus. Barbara macht 15 Schritte, Ilse 18. Wer von den beiden hat längere Beine?

- Mama hat für Bianca, Kim und Sonja eine Tüte Bonbons gekauft, die sie sich gerecht teilen sollen. Während des Verteilens kommt Jochen, der Nachbarjunge, hinzu. Auch er soll den gleichen Teil wie die ersten drei bekommen. Erhalten Bianca, Kim und Sonja nun mehr oder weniger?

Muster erkunden

Mathematik ist die Wissenschaft von den Strukturen. Solche Strukturen untersuchen, Gesetzmäßigkeiten erkennen, fortsetzen, das ist Mathematik. Sie kann und soll auch schon in der Grundschule betrieben werden. Im **Handbuch 1** (S. 66 ff.) und **Handbuch 2** (S. 25 f.) haben wir bereits zahl-reiche Vorschläge für die Untersuchung von Mustern unterbreitet, die hier um einige weitere ergänzt werden sollen.

Muster in Tabellen und Rechenpäckchen
Wie geht es weiter?

3	5	2	4	6	7
21	35	14	28		

25	30	45	20	50	35
5	6	9			

36	25	40	69	50	35
47	36	51	80		

27	45	51	63	90	95
18	36	42			

Solche „Wie-geht-es-weiter-Muster“ können schnell selbst hergestellt werden. Reizvoll ist auch, wenn Kinder für andere solche Tabellen erstellen dürfen. Im Rahmen der „Aufgabe der Woche“ können Kinder immer neue Muster erfinden und sie per Aushang an der Pinnwand den Mitschülern als Aufgaben stellen. Auch die Lösungen kommen an die Pinnwand.

Was fällt auf? Wie heißen die nächsten Aufgaben?

22 + 18	45 – 15	22 + 18	45 – 15
23 + 17	44 – 16	23 + 19	44 – 14
24 + 16	43 – 17	24 + 20	43 – 13
25 + 15	42 – 18	25 + 21	42 – 12
…	…	…	…

$10 \cdot 1$	$8 \cdot 1$
$9 \cdot 2$	$7 \cdot 2$
$8 \cdot 3$	$6 \cdot 3$
$7 \cdot 4$	$5 \cdot 4$
…	…

Rechenmauern (vgl. Palzkill u. a. 1994) und Zahlenfelder
Wie geht es weiter? Fülle die leeren Felder.

17	24	31	38	45	52
18	25	32			

25	30	35	40	45	50
28	33	38			

8	12	16	20	
11	15	19		

1	7	13	19		
2	14	26	38		

Mit Hilfe der Kopiervorlagen A 19 und A 17 aus dem **Handbuch 2** können Sie selbst solche Rechenmauern und Zahlenfelder herstellen bzw. von Ihren Kindern herstellen lassen.

Reihen und Felder
Hier ist der Anfang eines Musters:

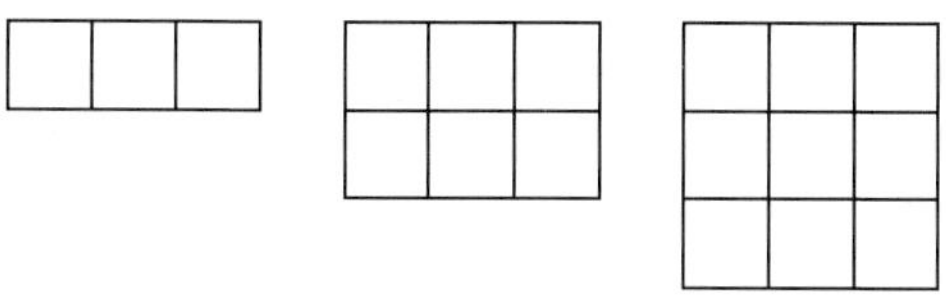

Wie geht das Muster wohl weiter? Kannst du das 4. Muster beschreiben, ohne es zu malen? Wie viele Felder hat das 8. Muster? Stelle dir vor, du beginnst ein neues Muster mit einem Fünfer-Streifen. Wie viele Felder hat das 8. Muster dann?

Ringe und Überschneidungen
Ihr braucht viele Gymnastikringe aus der Turnhalle. Die Ringe werden so in eine lange Reihe gelegt, dass immer zwei Ringe übereinander liegen.
Wie geht es weiter? Wie viele Überschneidungen gibt es bei 20, bei 50 Ringen? Warum ist das so?

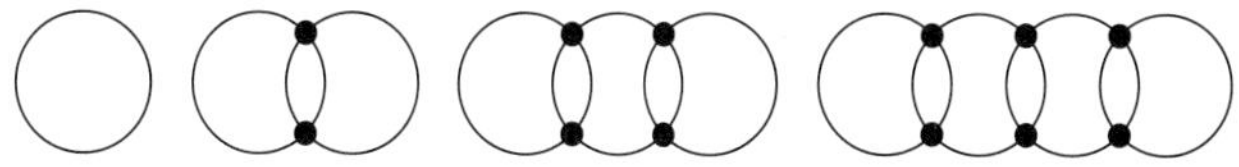

Ringe	1	2	3	4	5
Überschneidungen	0	2	4	6	

Tische und Stühle
Die ersten Bilder zeigen, wie viele Stühle man aufstellen kann, wenn Sechser-Tische an der langen Seite zusammengestellt werden.

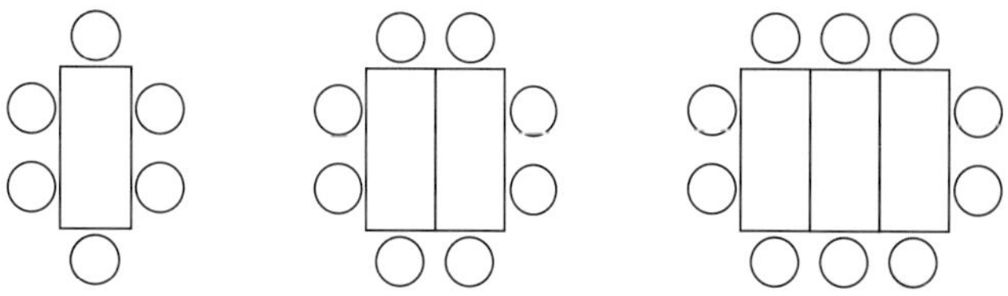

Übertrage die Ergebnisse in die Tabelle.

Tische	1	2	3	4	5	6
Stühle	6	8	10			

Male auch Bilder für 4, 5, 6 ... Tische und trage deine Ergebnisse in die Tabelle ein.

Tische	1	2	3	4	5	6
Stühle	6	8	10	12	14	16

Kannst du die Tabelle fortsetzen, ohne neue Bilder zu malen? Wie viele Stühle kann man aufstellen, wenn man 10 Tische aneinanderstellt? Wie viele Tische brauchen wir für 44 Stühle? Kannst du dein Ergebnis begründen?

Was geschieht, wenn man andere Tische nimmt, z. B. solche?

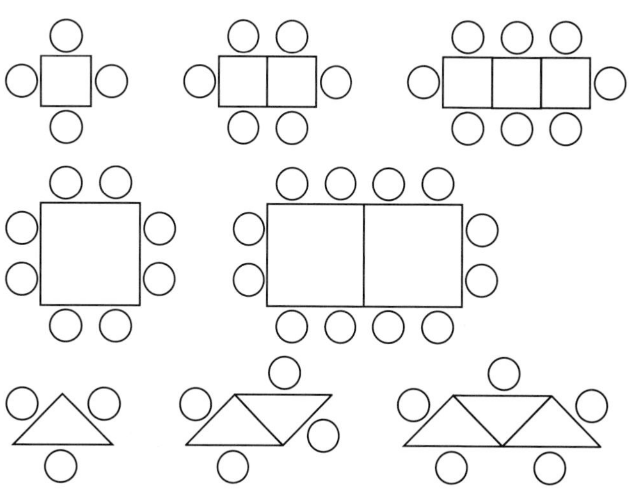

Wie viele Stühle braucht man hier, wenn man 10 Tische aneinanderstellt? Kannst du deinem Nachbarn deine Antwort begründen?

Gleiche Strukturen in verschiedenen Mustern
Hier ist ein Muster aus Buchstaben:

A	B	A	A	B	B	A	A	A	B	B	B

Welches der folgenden Zahlenmuster passt zu diesem Buchstabenmuster? Warum?

1	2	1	2	1	1	2	2	1	1	2	2

1	2	1	1	2	1	1	1	2	1	1	1

1	2	1	1	2	2	1	1	1	2	2	2

1	1	2	2	1	2	1	1	2	2	1	2

Vielecke
Untersuche die beiden folgenden Muster:
a) Dreiecke und ihre Ecken

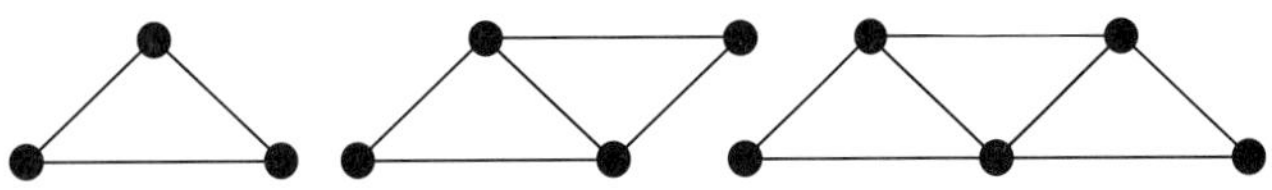

Dreiecke	1	2	3	4	5	6	7	
Ecken	3	4	5					

b) Quadrate und ihre Ecken

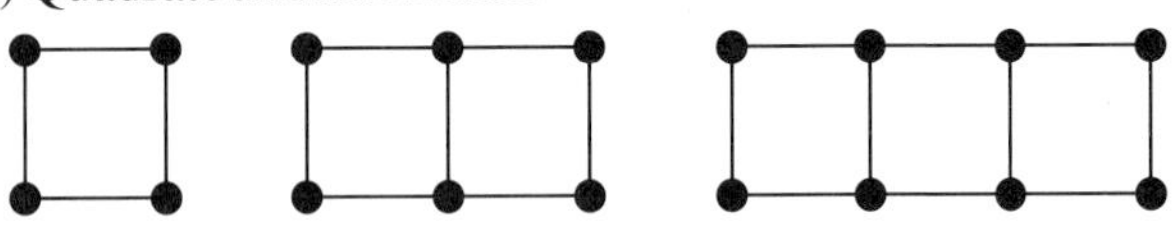

Quadrate	1	2	3	4	5	6	7	
Ecken	4	6	8					

Vergleiche diese beiden Aufgaben mit den o. g. Tisch-und-Stühle-Aufgaben. Was fällt auf? Kannst du erklären, was übereinstimmt?
Kannst du auch zu diesem Muster eine Tisch-und-Stühle-Aufgabe erfinden?

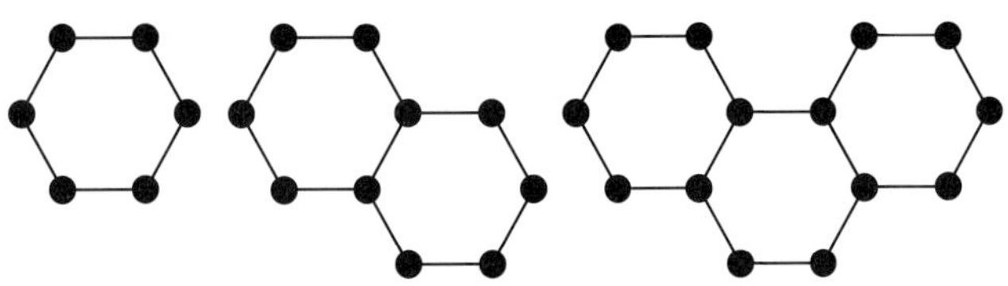

Sechsecke	1	2	3	4	5	6	7	
Ecken	6	10	14					

Welche Form müssen wohl die Tische haben?

Übungen zur Förderung der Flexibilität des Rechnens

Kinder (und Erwachsene) mit einem gut entwickelten Zahlverständnis zeichnen sich dadurch aus, dass sie beim Rechnen flexibel mit Zahlen umgehen können. Bestimmte Eigenschaften der Zahlen können so für Rechenvorteile genutzt werden, z. B.:

$72-69=3$, weil $69+3=72$ ist.
$38+42=80$, weil ich 38 um 2 auf 40 vergrößern kann, dafür 42 um 2 auf 40 verkleinern; das Doppelte von 40 weiß ich auswendig.
$72-38=34$, weil $70-36$ das gleiche Ergebnis hat, aber einfacher zu berechnen ist.
$24 \cdot 26=624$, weil $25 \cdot 25=625$ ist. (Können Sie das beweisen? Versuchen Sie es zunächst mit einfachen Aufgaben wie $3 \cdot 3$ und $2 \cdot 4$ und zeichnen Sie passende Rechteckdarstellungen.)

Solche Flexibilität im Umgang mit Zahlen kann durch geeignete Übungen gefördert werden (vgl. Schipper/Dependbrock 1997). Einerseits können und sollen die Rechenvorteile, die sich durch bestimmte Eigenschaften der Zahlen (z. B. Nähe zum vollen Zehner) bzw. beider an der Rechnung beteiligter Zahlen (gleich- oder gegensinniges Verändern, Nähe zu Quadratzahlen) ergeben, im Unterricht thematisiert werden. In der traditionellen Rechenmethodik liefen solche Übungen häufig unter dem Thema „Rechne geschickt". Auch wenn diese Aufforderung nicht ganz glücklich ist (für jedes Kind kann „geschickt" etwas anderes bedeuten), ist die damit verbundene Intention, mögliche Rechenvorteile zu nutzen, auch heute noch richtig und wichtig. Anregungen dazu finden Sie in Kapitel 2.3.

Andererseits kann die Flexibilität im Umgang mit Zahlen auch durch „offene Aufgaben" gefördert werden, bei denen ein bestimmter Zahlenvorrat auf verschiedene Art miteinander verrechnet wird, um ein bestimmtes Ziel zu erreichen. Zahlreiche Beispiele dafür sind in den beiden ersten Handbüchern bereits vorgestellt worden, etwa:

- Aufgaben legen (**Handbuch 1**, S. 86)
- Zielzahl (**Handbuch 1**, S. 87)
- Wer trifft die 10? (**Handbuch 1**, S. 87)
- Zahlen auf Felder verteilen (**Handbuch 1**, S. 107)
- Zahlen auf der Wäscheleine (**Handbuch 2**, S. 64ff.)
- „Offene Aufgaben" (**Handbuch** 2, S. 66)
- Viele Dreier (**Handbuch 2**, S. 67)
- Zauberdreiecke und andere Zauberfiguren (**Handbuch 2**, S. 70)
- Zahlenketten (**Handbuch 2**, S. 71)
- Spiegelzahlen (**Handbuch 2**, S. 71)

u. a. m.

Diese Anregungen sollen hier nur noch durch einen Hinweis auf ein kommerziell angebotenes Spiel zur Förderung der rechnerischen Flexibilität ergänzt werden und durch einen Tipp, wie verschiedene Rechenwege im Unterricht thematisiert werden können.

Spiel 24

Das Spiel 24 wird in Deutschland angeboten u. a. vom Spectra-Lehrmittel-Verlag (Postfach 110451, 46263 Dorsten). Es besteht aus fast 100 zweiseitig bedruckten Karten, die je vier Zahlen zeigen.

Die Grundidee ist immer die gleiche: Verrechne die 4 Zahlen so, dass du genau 24 erhältst. Alle 4 Rechenarten dürfen (beliebig häufig) benutzt werden, alle 4 Zahlen müssen je genau einmal gebraucht werden. Ein bis drei Punkte auf den Karten kennzeichnen die zunehmende Schwierigkeit.

Es wäre sicher angebrachter, das Spiel 24 Übung 24 zu nennen, weil der Spielcharakter (im Sinne von Interaktionen zwischen den Mitspielern) etwas zu kurz kommt. Der spielerische, flexible Umgang mit Zahlen wird durch dieses Material aber bestimmt gefördert. Selbst für Erwachsene sind Karten der Schwierigkeitsstufe 3 manchmal noch eine Herausforderung. Sie können ja für die drei abgebildeten Karten einmal versuchen, die je vier Zahlen so zu verrechnen, dass Sie die Zielzahl 24 erreichen.

Eine Aufgabe, viele Rechnungen

Eine weitere Möglichkeit, flexibles Rechnen zu fördern, besteht in der Herausforderung und unterrichtlichen Thematisierung (Strategiekonferenz) unterschiedlicher Rechenwege.

Eine (nicht zu einfache) Aufgabe wird gestellt, z. B. 72 – 35. Jedes Kind schreibt seine Rechnung besonders groß auf ein Blatt Papier, für jede neue Rechnung (der gleichen Aufgabe) ein neues Blatt. Außerdem sollen die Kinder nach Möglichkeit beschreiben, wie sie die Aufgabe gerechnet haben. Den Kindern wird dabei erklärt, dass es Ziel dieser

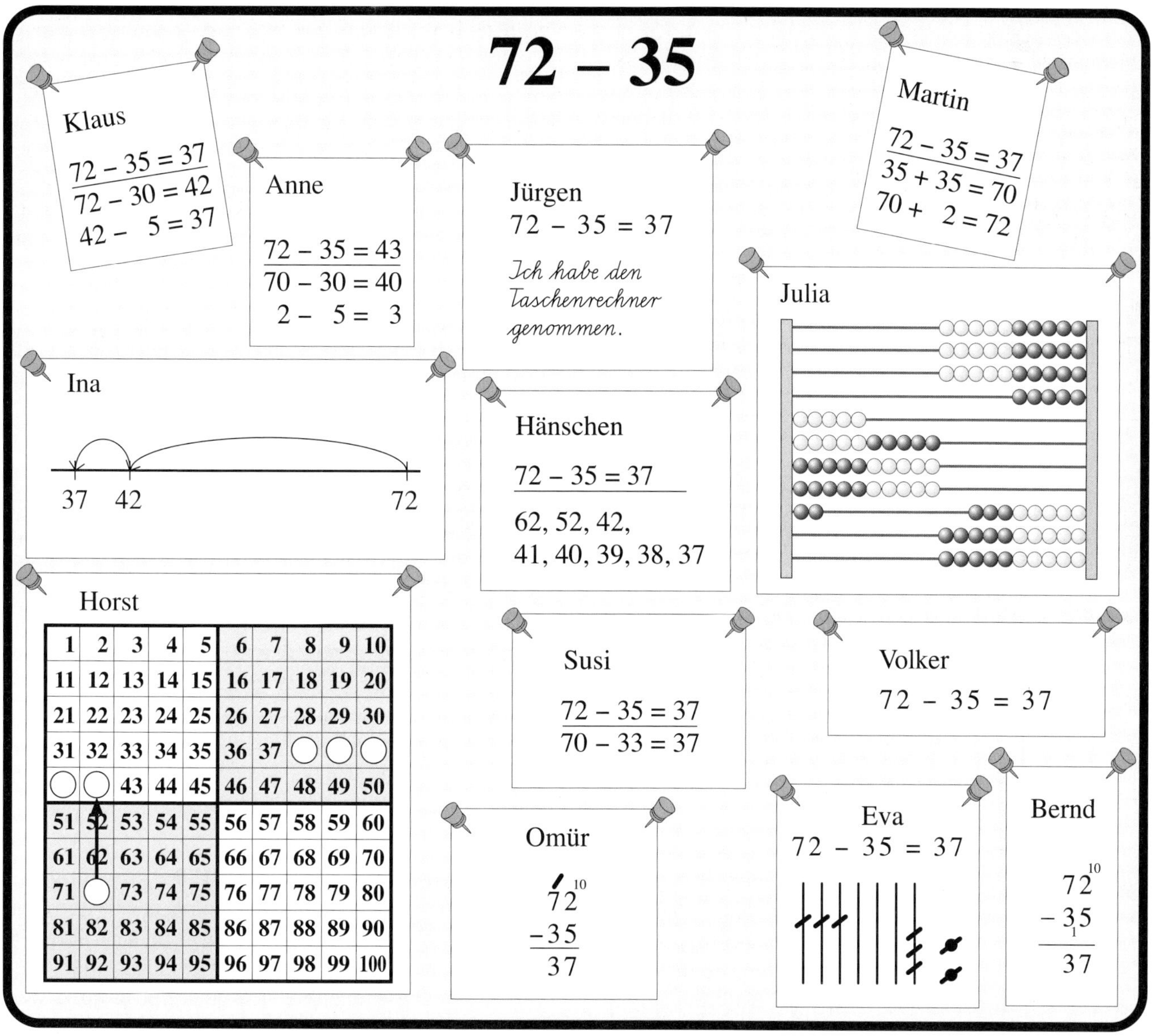

Übung ist, möglichst viele verschiedene Rechnungen zu erhalten. Alle Blätter der Kinder werden an der Pinnwand gesammelt. Die zahlreichen unterschiedlichen Lösungen der Kinder bieten Gelegenheit, in einem Gespräch, in dem die Kinder die Hauptakteure sind, weil es um ihre Rechnungen geht, die im 2. Schuljahr gelernten Verfahren noch einmal intensiv zu wiederholen.

2.2 Zahlenraumerweiterung bis 1 000

Wie schon im **Handbuch 2** werden die Erweiterung des Zahlenraums und das Rechnen im neuen Zahlenraum aus systematischen Gründen auch in diesem Handbuch in gesonderten Kapiteln dargestellt. In der Unterrichtspraxis sind beide Themen jedoch eng miteinander verzahnt, sie stützen sich wechselseitig. Je differenzierter das Verständnis für die neuen Zahlen ist, desto verständnisvoller und flexibler kann auch mit ihnen gerechnet werden – und umgekehrt.

2.2.1 Ganzheitliche Zugänge zu den Zahlen bis 1 000

Es gehört bereits zur Tradition dieser Handbuch-Reihe, dass Vorschläge für ganzheitliche Zugänge zu den neuen Zahlen unterbreitet werden (**Handbuch 1**, S. 51 ff.; **Handbuch 2**, S. 19 ff.). Dabei haben wir bisher bewusst darauf verzichtet, unser Verständnis dieses fassettenreichen und traditionsgeladenen Begriffs „ganzheitlich" näher zu erläutern. Zunächst sollten die vorgeschlagenen Beispiele unsere Vorstellungen konkretisieren.

Wir werden auch an dieser Stelle darauf verzichten, das von Flitner (1992) als „unendliche(s) Thema der Reform" von Unterricht bezeichnete ganzheitliche Lernen einschließlich des „ganzheitlichen Rechenunterrichts" im Sinne von Johannes Wittmann, Artur Kern oder Horst Karaschewski in seiner historischen Entwicklung und seinem Nuancenreichtum darzustellen. Statt dessen sollen zwei Aspekte von „Ganzheitlichkeit" herausgestellt werden, die für ein modernes Verständnis vom Mathematiklernen aus unserer Sicht besonders wichtig sind. Diese Aspekte betreffen einerseits die Anordnung von unterrichtlichen Inhalten, andererseits den Prozess des kindlichen Mathematiklernens insgesamt.

Stoffanordnung
Als Alternative zu einem von Anfang an gestuften, kleinschrittigen Vorgehen machen wir den Vorschlag, Kindern solche Aufgaben zu stellen, die von ihnen eine Auseinandersetzung mit der ganzen komplexen Welt der neuen Zahlen (und selbstverständlich auch der Sachen) fordert. Mit dieser Vorgehensweise soll an die informellen Strategien der Kinder angeknüpft werden. Aus ihnen können dann, in einer späteren systematischen Behandlung mithilfe der fortschreitenden Schematisierung (vgl. **Handbuch 1**, S. 22) die mehr formellen, schulmathematischen Verfahren entwickelt werden. Für dieses Vorgehen sprechen (zunächst) zwei Gründe. Einerseits wird bewusst an die Vorkenntnisse und an die schon entwickelten Bearbeitungsstrategien angeknüpft. Andererseits wird bei diesem Zugang, der das kleinschrittige Vorgehen vermeidet, von den Kindern nicht etwas gefordert, was der Unterricht selbst nicht leistet, nämlich das Zusammenfügen vieler Einzelteile zu einer komplexen Ganzheit.

Mathematiklernen
Für dieses Vorgehen sprechen darüber hinaus Überlegungen, die sich auf ein modernes Verständnis von Mathematiklernen insgesamt gründen. Wir gehen heute davon aus (vgl. z. B. Bruner 1996, Fölling-Albers 1997, Lankes 1997), dass jedes Lernen, auch das Mathematiklernen von Grundschulkindern, sich mit fünf charakteristischen Merkmalen beschreiben lässt, nämlich mit den Eigenschaften

- aktiv,
- selbstgesteuert,
- konstruktiv,
- sozial und
- situiert.

Diese fünf Eigenschaften menschlichen Lernens sprechen dafür, Kindern solche ganzheitlichen Zugänge zu ermöglichen, auch wenn nicht das gesamte Mathematiklernen nun ganzheitlich erfolgen kann. Phasen systematischer Erarbeitung (auf der Grundlage ganzheitlicher Erfahrungen) sind weiterhin unverzichtbar.

- Aktives Lernen
  Lernen ist kein Transport von Wissen vom Wissenden zum Lerner. Wenn Lernen nachhaltig sein soll, dann bedarf es der aktiven Auseinandersetzung des Lerners mit dem Lerngegenstand. Damit ist nicht eine mehr oberflächliche, aktionistische Beschäftigung gemeint, sondern die innere Beteiligung des Lerners ist entscheidend. Diese innere Auseinandersetzung mit dem Unterrichtsgegenstand wird dann wahrscheinlicher, wenn die Frage für das Kind bedeutsam ist, einen Sinn macht (vgl. Schütte 1994). Aus diesem Grunde schlagen wir ganzheitliche Zugänge vor, die an die Erfahrungswelt der Kinder anknüpfen. Ebenfalls aus diesem Grunde sind unsere Vorschläge so zahlreich, dass sie sicher nicht alle behandelt werden können. Denn welche inhaltlichen Kontexte für die Kinder Sinn machen, kann die Lehrerin für „ihre Kinder" besser entscheiden als wir.

- Selbstgesteuertes Lernen
  Jeder Lernprozess ist individuell. Die Art und Weise des Lernens kann durch Anregungen der Lehrerin unterstützt werden, letztlich bleibt Lernen aber ein selbstgesteuerter Prozess. Wichtig ist dabei, dass auch schon Grundschulkinder sich nicht nur bewusst wer-

den, was sie gelernt haben, sondern sich auch ihrer Wege des Lernens allmählich bewusster werden. „Ich rechne diese Aufgabe lieber mit Aufschreiben, weil ich mir die vielen Zahlen und Rechnungen nicht merken kann." Solche Aussagen zeigen, dass Kinder zunehmend befähigt sind, ein Verständnis für ihre eigenen Vorgehensweisen zu entwickeln, dass sie zunehmend selbst erkennen, wo ihre Stärken und Schwächen liegen. Gefördert werden solche „Metakognitionen" z. B. durch Strategiekonferenzen über verschiedene Verfahren der Lösung der gleichen Aufgabe (vgl. z. B. die Anregung „Eine Aufgabe, viele Lösungen", S. 51), aber auch dadurch, dass die Bearbeitung von ganzheitlichen Aufgaben mit einer kleinen Ausstellung schließt, bei der Kinder sich noch einmal Gedanken machen müssen, wie sie ihre Ergebnisse verständlich für andere darstellen können.

- Konstruktives Lernen
  Schon die Wahrnehmung ist ein konstruktiver Prozess. Wenn wir aus dem Fenster schauen, bilden wir kein inneres Abbild der Umgebung, sondern nehmen das wahr, was uns besonders wichtig ist und was wir gut in unser bisheriges Wissen integrieren können. Deshalb ist das Anknüpfen an die Vorkenntnisse so wichtig; ohne Vorerfahrungen gibt es keine Anknüpfungspunkte für Wissenserweiterungen. So wird verständlich, warum es schnelle und langsame Lerner gibt. Die schnellen Lerner verfügen über zahlreiche Vorerfahrungen und -kenntnisse, die ihnen Anknüpfungspunkte für mögliche Lösungen bieten. Die langsamen und häufig wenig flexiblen Lerner haben diesen Reichtum an Anknüpfungsmöglichkeiten nicht. Sie stehen daher tendentiell in der Gefahr, auf die wenigen ihnen zur Verfügung stehenden Vorerfahrungen zurückzugreifen, mit denen sie bisher gute Erfahrungen gemacht haben. Das kann dann auch erklären, warum einige Kinder so hartnäckig bei ihren zählenden Strategien bleiben bzw. warum Kinder, die sich schon von zählenden Verfahren gelöst haben, dann zum zählenden Rechnen zurückkehren, wenn die Anforderungen höher und/oder die Situation komplexer wird. Das zählende Rechnen hat die Funktion eines für alle rechnerischen Situationen brauchbaren Anknüpfungspunktes, während bei den noch nicht gesicherten weiterführenden Strategien insbesondere deren Anwendungsbereich noch unklar ist. Ganzheitliche Zugänge in der von uns vorgeschlagenen Art sollen es den Kindern ermöglichen, ohne Angst vor Fehlern neue Verfahren zu erproben. Dabei brauchen sie auch die Ermutigung durch ihre Lehrerin.

- Soziales Lernen
  Außerschulisches Lernen in der Gemeinschaft der Familie ist ein besonders überzeugender Beleg dafür, dass Lernen ein sozialer Prozess ist, dass Lernen auch dann stattfindet, wenn es nicht intendiert ist. Das Kind wächst in die Gemeinschaft der Familie hinein, übernimmt Gewohnheiten und Rituale von seinen Eltern und Geschwistern. Ausdrücke wie „ganz der Vater" beschreiben solche Lernprozesse bis hin zur Übernahme von Gesten oder Redewendungen. Auch schulisches Lernen ist um so effektiver, je intensiver es in sozialen Interaktionen stattfindet. Die Arbeit in Gruppen an gemeinsamen ganzheitlichen Aufgaben fördert den verbalen Austausch von Informationen unter den Kindern, gewährt Kindern Einblicke in die Gedankengänge der anderen und unterstützt so nicht nur die sozialen Kompetenzen, sondern auch den Aufbau der eigenen Kognition. Deshalb ist die Arbeit in Gruppen bei solchen ganzheitlichen Zugängen zum neuen Zahlenraum so wichtig.

- Situiertes Lernen
  Jedes Lernen soll „mit Kopf, Herz und Hand" erfolgen. Hinter dieser Pestalozzi zugesprochenen Forderung steht die Überzeugung, dass Lernen umso effektiver ist, je intensiver die ganze Person mit allen ihren Sinnen und Gefühlen in die Lernsituation eingebunden ist. Vielleicht haben Sie selbst schon solche Erfahrungen gemacht, die diese Beteiligung von Gefühlen und Sinnen beim Lernen und Wiedererinnern illustrieren: Ihnen fällt einfach nicht mehr der Name des Urlaubsortes ein, in dem Sie so schöne Tage verbracht haben. Dann plötzlich steigt Ihnen ein Duft in die Nase, der an die wunderschönen Rosenfelder dort erinnert, und alle Erinnerungen sind wieder da, an den Spaziergang, an die untergehende Sonne, an das Thema Ihres Gespräches … Je intensiver „Kopf, Herz und Hand", Auge, Nase und Ohr beim Lernen beteiligt sind, je mehr also mit allen Sinnen gelernt wird, desto größer ist die Chance der multisensoriellen Verankerung des Gelernten. Die Erinnerung an die konkrete Situation mit den beteiligten Gefühlen und Sinnen kann dann zur Rekonstruktion des erworbenen Wissens führen. Ganzheitliche Zugänge z. B. zu neuen Zahlenräumen binden Kinder mit ihrer ganzen Person in solche Lernsituationen ein und können deshalb zu nachhaltigeren Lernerfahrungen führen als noch so intensive Bemühungen um Unterweisung.

Beobachten, Erkunden und Untersuchen

Auch in diesem Handbuch folgen wir der in den Handbüchern 1 und 2 begonnenen Leitlinie, mit den Beobachtungs-, Erkundungs- und Untersuchungsaufgaben in der eigenen Klasse zu beginnen und die Perspektive allmählich auf Schule und Familie, Stadtteil, Dorf und Region zu erweitern. Bei den im Folgenden zunächst vorgestellten Aufgaben kommt es darauf an, dass die Kinder selbst Fragen stellen, Daten sammeln, solche Daten auf der Grundlage ausgewählter Fragen zusammenfassen und die Ergebnisse in Form von Tabellen und Diagrammen darstellen. Dabei wird zunehmend der bisher bearbeitete Zahlenraum bis 100 überschritten. Diese Form von Mathematisierung konkreter Sachverhalte erfordert die Zusammenarbeit in Gruppen. Dabei sollen die Kinder lernen, dass zur Bearbeitung solcher komplexer Probleme auch gehört

- das Ziel des Vorhabens genau zu beschreiben;
- die gesamte Aufgabe in bearbeitbare Teilaufgaben zu zerlegen;
- festzulegen, wer welche Teilaufgaben übernimmt;
- eine Zeitplanung zu erstellen;
- die geeigneten Mittel zur Bewältigung der rechnerischen Anforderungen selbst auszuwählen;
- abzustimmen, wie das „Endprodukt" (z. B. Ausstellung) aussehen soll.

In unserer Schule

- Kinder in unserer Schule
  Wie viele Kinder besuchen unsere Schule? Wie viele Jungen und Mädchen sind das? Alle Kinder kommen aus drei benachbarten Dörfern. Aus welchem Dorf kommen wie viele Kinder? Einige kommen zu Fuß, andere mit dem Fahrrad, viele werden mit dem Bus zur Schule gebracht.
  Selbstverständlich lassen sich solche Daten recht leicht im Schulsekretariat abfragen. Da es aber mehr auf den Prozess der Datengewinnung und auf Fragen des geschickten Zusammenfassens und Darstellens der Daten ankommt, werden sie von den Kindern selbst gesammelt. Zunächst wird geklärt, welche Daten erhoben werden sollen (Jungen, Mädchen; Schüler aus A-, B-, C-Dorf ...), dann festgelegt, welches Kind die Daten in welcher Klasse abfragt. (Wir empfehlen, eine solche Aktion, die ja auch eine Störung des anderen Unterrichts darstellt, zuvor den Kolleginnen und Kollegen anzukündigen.) Die Frage nach der übersichtlichen Darstellung der Daten führt nahezu zwangsläufig zu Diskussionen über Formate von Tabellen. Erste Tabellen können so aussehen:

Mädchen und Jungen in unserer Schule

	1 a	1 b	2 a	2 b	3 a
Mädchen	14	13	16		
Jungen	11	14	12		
zusammen	25	27	26		

Kinder aus Dramfeld, Obernjesa und Sieboldshausen

	1 a	1 b	2 a	2 b	3 a
Dramfeld	10	9	16		
Obernjesa	7	11	4		
Sieboldshausen	8	7	6		
zusammen	25	27	26		

An diesen Tabellen wird gearbeitet:

- Wie viele Jungen gibt es in der 2a?
- Wie viele Mädchen gibt es in allen dritten Klassen zusammen, wie viele Kinder im 1. Schuljahr?
- Wie viele Kinder aus der 1b kommen aus Obernjesa? Wie viele Kinder aus Sieboldshausen besuchen die Schule insgesamt?

Sehr schwierig wird es, wenn drei Merkmale in einer Tabelle untergebracht werden sollen. Wie können die Daten der beiden oberen Tabellen in einer Tabelle dargestellt werden?

Mädchen und Jungen in unserer Schule aus Dramfeld, Obernjesa und Sieboldshausen

	1 a			1 b			2 a	
	M	J	K	M	J	K	M	J
Dramfeld	6	4	10	4	5	9		
Obernjesa	4	3	7	5	6	11		
Sieboldshausen	4	4	8	4	3	7		
zusammen	14	11	25	13	14	27		

Kannst du auch diese Tabelle lesen? Wie viele Mädchen der 2a kommen aus Dramfeld, wie viele Mädchen gibt es in der 1b ...?

- Schulische Anlässe für weitere Erkundungen
  - Das Klassenfrühstück
    Ein Klassenfrühstück wird vorbereitet. Was soll es zum Frühstück geben? Was können wir von zu Hause mitbringen, was muss eingekauft werden? Wer kauft ein, wie teuer wird das wohl jeweils sein? Die Kosten sollen gerecht geteilt werden. Wer macht die Abrechnung?
  - Der Gang zum Wochenmarkt
    Im Rahmen des Sachunterrichts wird ein Gang zum Wochenmarkt vorbereitet. Einzelne Kindergruppen erhalten verschiedene Erkundungsaufgaben:
    Wie teuer sind die Tomaten an den verschiedenen Ständen? Für unsere Tomatensuppe brauchen wir 5 kg Tomaten. Wie viel müssen wir beim teuersten, beim billigsten Händler bezahlen? Wie viel Geld sparen wir, wenn wir beim billigsten Händler einkaufen?
    Wie viele Kartoffeln sind wohl in einem Sack? Ein Kartoffelsack wiegt 25 kg. Wir lassen 5 Pfund Kartoffeln auswiegen und zählen, wie viele es sind. Können wir jetzt ausrechnen, wie viele Kartoffeln ungefähr in einem Sack sind?
  - Wandertag
    Wohin soll es gehen? Fahren wir mit dem Bus, der Bahn oder gehen wir zu Fuß? Wie weit kann eine 3. Klasse in einer Stunde wandern? Wie weit ist es

vom Bahnhof bis zur Tropfsteinhöhle? Wie lange brauchen wir? Haben wir auch die Pause eingerechnet? Wie viel Geld muss für Fahrt und Eintritt von jedem Kind eingesammelt werden, wie viel ist das zusammen?

- Im Schulgebäude
  - Der lange Flur
    Kai, Jens und Ina messen den langen Flur in Schritten aus. Kai macht 35 Schritte, Jens 32 Schritte und Ina 39 Schritte. Wer hat die längsten, die kürzesten Beine? Kai hat nachgemessen, dass er mit 10 Schritten 6 m weit kommt. Wie lang ist der Flur?
  - In der Aula
    Die Aula ist mit Parkett ausgelegt. Wer kann das Muster abmalen? Wer kennt andere Parkettmuster? Die einzelnen Platten sind Quadrate, die 50 cm lang und 50 cm breit sind. Wie viele liegen in einer Reihe, wie viele Reihen sind es? Kannst du ausrechnen, wie viele Platten in der Aula liegen? Immer vier Platten bilden ein Quadrat, das 1 m lang und 1 m breit ist. Das ist ein Meterquadrat (m^2). Kannst du die Größe der Aula in Meterquadraten angeben?
    Was wäre, wenn auch unser Klassenraum mit solchem Parkett ausgelegt werden sollte? Wie viele Platten bräuchten wir? Wie viele Meterquadrate sind das? Wie viele Platten bräuchten wir wohl für das Lehrerzimmer, den Flur, ...?
  - In der Schülerbücherei
    Wer kann schätzen, wie viele Bücher in einem Regal stehen? Das Regal hat acht Fächer. Sabine hat gezählt, dass 86 Bücher in einem Fach stehen. Ist das in jedem Fach so? Was ist mit den ausgeliehenen Büchern? Sollten wir besser die Karteikarten zählen? Melanie hat festgestellt, dass ein Stapel von 40 Karteikarten 1 cm dick ist. Hilft uns das weiter?
    Heike entdeckt im Regal die Geschichten vom kleinen Vampir. Die liest sie besonders gern. Die Geschichte vom Kartenleser ist vier und eine halbe Seite lang. Wie lange braucht sie wohl, um diese Geschichte zu lesen? Eine ganz verrückte Idee: Wie viele Buchstaben hat diese Geschichte wohl? In einer vollen Zeile sind 50 Buchstaben, auf einer Seite 30 Zeilen, nämlich 20 volle Zeilen und 10 Zeilen, die nur ungefähr halbvoll sind. Wie viele Buchstaben sind das dann auf einer Seite, wie viel auf einer halben Seite? Vielleicht muss hier der Taschenrechner helfen. Kann man damit auch ausrechnen, wie viel Buchstaben im ganzen Buch sind? Es hat 124 Seiten. Der Taschenrechner zeigt 155000. Wer kann diese Zahl lesen? Was bedeutet sie? Gibt es wohl mehr Buchstaben in allen Büchern der Welt als Sandkörner am Meer?

- Mathematik und andere Unterrichtsfächer
  - Gegenstände und Bilder im Sachunterricht
    Kiefer- und Fichtenzapfen werden genau untersucht. Wie viele Schuppen hat ein Zapfen?
    An einer Baumscheibe werden die Jahresringe gezählt. Der Baum ist 100 Jahre alt geworden. Wie groß wäre die Baumscheibe wohl, wenn der Baum 500 oder gar 1 000 Jahre alt geworden wäre? Was bedeutet „groß“ bei Baumscheiben?
    Im Buch ist eine Mücke im Maßstab 10 : 1 abgebildet. 10 cm im Bild entsprechen 1 cm bei der Mücke. Wie lang sind die Fühler der Mücke, ihre Beine, ihre Flügel, wie groß ist die ganze Mücke?
    Katja hat ein Bild vom Brachiosaurus gefunden. Dort steht: Maßstab 1 : 100. 1 m beim Saurier sind nur noch 1 cm auf dem Bild. Wie lang ist der Hals vom Brachiosaurus, wie lang seine Beine, sein Schwanz, wie hoch ist er bis zu den Schultern, wie lang ist er insgesamt?
  - Mathematik und Sportunterricht
    Beim Weitwurf hat jedes Kind drei Versuche. Die Ergebnisse werden in einer Tabelle notiert.

Name	1. Versuch	2. Versuch	3. Versuch
Anna	18 m	16 m	19 m
Bernd	23 m	23 m	22 m
Carla	25 m	17 m	20 m

Jeweils das beste Ergebnis wird in ein Balkendiagramm übertragen.

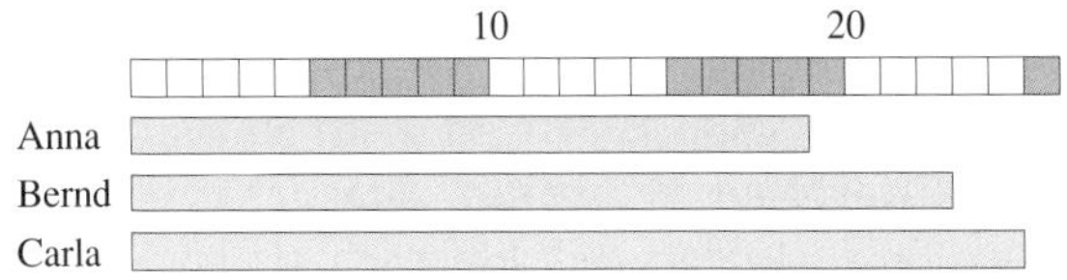

Auch die Parallelklasse hat einen solchen Weitwurfwettbewerb durchgeführt, die Ergebnisse in eine Tabelle eingetragen und jeweils die besten Ergebnisse der einzelnen Kinder in ein Balkendiagramm übertragen. Die Parallelklasse behauptet, sie sei beim Weitwurf besser. Stimmt das? Heißt „besser“, dass sie den Werfer mit der größten Weite hat, oder heißt „besser“, dass jedes Kind der Parallelklasse weiter geworfen hat? Was heißt „im Durchschnitt besser“? Wie kann man das ermitteln, wenn in beiden Klassen gleich viele Kinder sind? Nina vergleicht immer zwei Kinder aus beiden Klassen und schreibt den Unterschied auf.

Namen		Unterschied	
3 a	3 b	3 a	3 b
Anna	Achim		+ 3
Bernd	Barbara	+ 5	

Vera rechnet je die Ergebnisse für beide Klassen zusammen.

3a: 19 + 23 + 25 + ...

3b: 22 + 18 + ...

Kann man an den Ergebnissen schon ablesen, welche Klasse besser ist?

Die Ergebnisse beim Hochsprung und beim Weitsprung kann man ebenso berechnen. Wie ist es aber beim Laufen?

In unserem Dorf/Stadtteil

- Häuser und Menschen
  - Das Hochhaus im Stadtteil

    Wie hoch ist es wohl? Wie kann man das schätzen? Martins Vater ist Malermeister. Martin weiß von ihm, dass die Wände in einer Wohnung ungefähr 2,50 m hoch sind. Hilft uns das weiter? Das Hochhaus hat zwölf Etagen. Verena wohnt dort. Sie weiß, dass auf jeder Etage acht Wohnungen sind. Wie viele Wohnungen sind das zusammen? Wie viele Menschen wohnen dort wohl? Ja, wenn wir wüssten, wie groß die einzelnen Familien sind! Wie bei vielen Mathematisierungsprozessen muss auch hier von plausiblen Grundannahmen ausgegangen werden: Wenn in jeder Wohnung vier Personen leben, dann ...; wenn es aber nur drei Personen je Wohnung sind, dann ...

    Wie viel Wasser wird wohl jeden Tag in diesem Hochhaus verbraucht? Marja hat in der Zeitung gelesen, dass jeder Mensch täglich ungefähr 80 l Wasser verbraucht. Das sind in einer Wohnung mit vier Personen schon ..., in einer Etage ..., im ganzen Haus ...

    Wo es mit Papier und Bleistift nicht mehr weitergeht, hilft vielleicht der Taschenrechner. Wer kann die Zahl lesen? Wer kann sich so viel Wasser noch vorstellen? 1 000 l sind ein „Wasserwürfel", der 1 m lang, breit und hoch ist. Sechs von diesen Meterwürfeln passen nebeneinander an die kurze Seite des Klassenraums. 30 000 Liter sind dann fünf von diesen 6er-Würfelstangen. Nicht einmal der ganze Klassenraum wäre 1 m hoch bedeckt.

  - Geschäfte im Dorf/Stadtteil

    Bäcker, Lebensmittelhändler, Tankstelle, Metzger und andere Geschäfte im Dorf bzw. Stadtteil können das Ziel für vielfältige Erkundungen sein.

    Vom letzten Tanken hat Elvira Vaters Quittung mitgebracht. Was können wir daraus entnehmen?

Shell Station
KHW Tankstellen GmbH
Göttinger Straße 2
30966 Hemmingen
Obj.-Nr.: 0000000850 Tel. 05101/2231
Fax. 05101/4303
Beleg-Nr. 5322/003/00001 05.03.2002
00002 SHELL SUPER BLEIFR 14,34 € A
*Zp 06 13,04 l 1,10 €/l
069131 Apfelsaft 1 l 0,95 € A
027007 Zeitschrift 0,70 € B
Gesamtbetrag 15,99 €
MwSt. A 15,00 % 2,29 €
MwSt. B 7,00 % 0,05 €
Gute Fahrt wünscht Ihnen Ihre Shell Station ! !

Hier sind weitere Kaufbelege. Wo wurde eingekauft? Was wurde gekauft? Wie teuer waren die Sachen?

Getränke-Quelle
Ebersbach / An der Kuhle 2
Apfelsaft € 0,99
Mineralwasser € 0,60
Vitaminsaft € 1,20
Happy-Cola € 0,79
Malzbier € 0,55
SUMME € 4,13
GEGEBEN € 20,00
RÜCKGELD € 15,87
VIELEN DANK FÜR DEN EINKAUF

Landwehrstr. 8
Schneeren - Neustadt
Plus
1 2,29
TESAFILM 2 0,59
GIOTTO 2 0,59
GIOTTO 1 0,49
EISTEE ZITR. 1 3,99
SUN AKTIV 1 0,39
APFELS.NEKT. 1 0,10
TRAGETASCHE 2 0,19
FRUCHTJOGH. 2 0,38
OBST/SB 2 0,99
BOURD. VAN. 2 0,29
KIWI 2 0,29
KIWI
SUMME € 13,90
GEGEBEN € 15,00
RÜECKGELD € 01,10
19.03.02N13:12 / 15 / 012 / 1307
DANKE FÜR IHREN EINKAUF.

PUDERDOSE
Drogerie
Duschgel € 1,99
Schoko-Riegel € 0,60
Zahnpasta € 0,39
Seife € 0,69
SUMME € 3,67
GEGEBEN € 5,00
RÜCKGELD € 1,33
15.02.02

Familie Steinbring kauft jede Woche 20 Eier. Wie viele sind das in einem Monat, wie viele in einem Jahr? Essen die wohl jeden Tag Rührei?

Sandra hat ein 3-Pfund-Brot gekauft und es zu Hause auf die Waage gelegt. Die Waage zeigt 1.480 Gramm. Ist der Bäcker ein Betrüger? Alle Kinder wiegen nun ihre 3-Pfund-Brote aus. Die Ergebnisse werden in einer Tabelle festgehalten:

Anja	1 530 g
Beate	1 490 g
Christine	1 500 g

Stimmen wenigstens die Angaben auf den verschlossenen Packungen beim Lebensmittelhändler? Sonja hat vom letzten Einkauf alles genau nachgewogen:

eingekauft	Gewicht
1 kg Zucker	998 g
1 kg Mehl	1 014 g
1 Pfund Salz	538 g

Woran liegt das wohl? Sie hat (sehr zum Verdruss der Mutter) die Packungen nicht mitgewogen. Ist die Waage defekt?
- Die regionale Tageszeitung
  Welche Zahlen kannst du in der Zeitung finden? Was bedeuten diese Zahlen? Wer hat Beispiele gefunden für Preise, Gewichte, Temperaturangaben, Telefonnummern, Jahreszahlen, Hausnummern, Längenangaben, Uhrzeiten, Zeitspannen, Altersangaben, ...? Wer hat die größte Zahl gefunden, wer die kleinste? Gibt es Zahlen, die kleiner sind als 1, sogar Zahlen, die kleiner sind als 0? Wer kann selbst eine Zeitungsgeschichte mit vielen verschiedenen Zahlen erfinden?

Weitere Beispiele für Aufträge zum Beobachten, Erkunden und Untersuchen

- Wie viele Stunden hat eine Woche, ein Monat?
- Wie oft schlägt dein Puls in einer Minute, wie oft in einer Stunde?
- Wie schwer sind wohl alle Kinder der Klasse zusammen, so schwer wie ein Elefant, ein Nashorn oder wie der Tyrannosaurus rex?
- Wie viele Punkte hat ein Kartenspiel zusammen?
- Welche Bedeutung haben die Zahlen beim Autoquartett?
- Eine Einkaufsliste; Wie viel Geld muss Mutter wohl mitnehmen?
- Das Brot kostet 2,20 €. Mutter bezahlt passend mit Kleingeld. Finde verschiedene Möglichkeiten, wie sie bezahlen kann. Bei welcher Art des Bezahlens gibt sie die meisten Geldstücke, wie viele? Wie viele Geldstücke muss sie mindestens geben? Trage weitere Möglichkeiten in die Tabelle ein.

2,20 Euro							
2 Euro	1 Euro	50 Euro Cent	20 Euro Cent	10 Euro Cent	5 Euro Cent	2 Euro Cent	1 Euro Cent
	2			2			
1				1	2		
							220
						110	
	1	1	1	2	2	5	10

- Passen eigentlich 220 Centstücke in Mutters Portmonee?
- Was wäre dir lieber, ein Turm von 1-Cent-Stücken, der genau so hoch ist wie du, oder ein Beutel mit 1-Cent-Stücken, der genau so schwer ist wie du?
- Die Schätzaufgabe der Woche:
  Wie viele sind es?
  - ein Einmachglas voller Bohnen
  - ein kleiner Eimer voller Kastanien
  - ein Becher voller Murmeln
  - eine große Packung Streichhölzer
  - ...
- Die Zahl der Woche
  Natürlich ist 1 000 die Zahl der Woche. Sie steht groß an der Pinnwand. Wir sammeln alles, was wir zur 1 000 finden, in Zeitungen, selbst gefundene Rechenaufgaben, eigene Rechengeschichten, Bilder zur Zahl 1 000. Auf diese Weise wird nach und nach die abstrakte Zahl 1 000 mit vielfältigen Bedeutungen gefüllt.
- Vier Klassiker
  In zahlreichen Variationen tauchen die folgenden vier Aufgaben immer wieder auf, nicht selten unter der Rubrik „Unterhaltungsmathematik". Sie sind hier aufgenommen worden, weil an ihnen deutlich werden kann, dass Skizzen und Zeichnungen für die Bearbeitung solcher Aufgaben sehr hilfreich sein können.
  - Kühe und Enten, Ziegen und Gänse und andere Vier- und Zweibeiner
    Bauer Hansen hat Kühe und Enten. Er weiß nur noch, dass es insgesamt 12 Tiere sind. Außerdem erinnert er sich, dass alle Tiere zusammen 32 Beine haben. Wie viele Kühe, wie viele Enten hat Bauer Hansen?
    Lösungsidee:
    Wenn alle Tiere Enten wären, dann hätten die 12 Tiere 24 Beine:

11 Enten und 1 Kuh haben 26 Beine:

Die weitere Lösung kann gezeichnet oder mit Hilfe einer Tabelle erarbeitet werden.

Enten	12	11	10	9	8
Kühe	0	1	2	3	4
Beine	24	26	28	30	32

Können die Kinder jetzt schon für andere ähnliche Geschichten erfinden? Vom Bauern Johann, der 20 Tiere hat, nämlich Ziegen und Hühner, mit insgesamt 48 Beinen oder vom Händler, der Autos und Motorräder verkauft und in seinem Verkaufssalon insgesamt 33 Fahrzeuge mit zusammen 126 Rädern stehen hat?

Warum ist die folgende Geschichte von Horst auf jeden Fall falsch? Horst: „Bauer Hennes hat Gänse und Pferde, zusammen 14 Tiere mit insgesamt 23 Beinen."

– Die unermüdliche Schnecke
Die unermüdliche Schnecke kriecht eine 90 cm hohe Mauer hoch. Tagsüber kann sie 30 cm hochkriechen, in der Nacht rutscht sie wieder 20 cm herunter. Wie lange braucht sie, um auf die Mauer zu kommen?
Auch hier hilft eine Skizze etwa folgender Art :

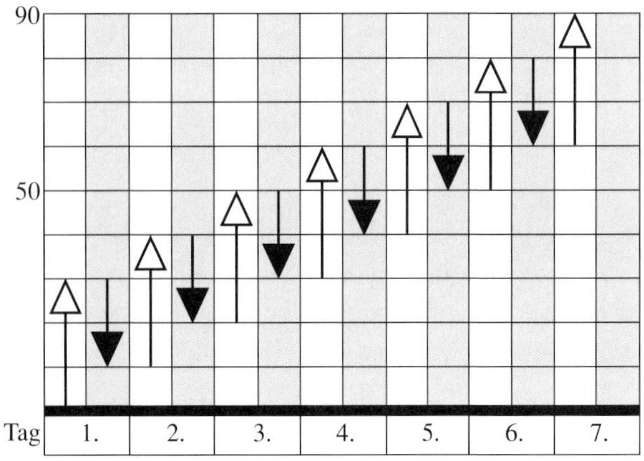

– Ein Flummi springt, wie jedes Kind weiß, besonders gut und lange. Nehmen wir einmal an, dass ein Flummi, der aus 2 m Höhe fallen gelassen wird, wieder 1 m hochspringt, dann zurückfällt, wieder 50 cm hoch springt usw. (Zur Vermeidung des Unendlichkeitsproblems kann vereinbart werden, dass wir die Flummi-Sprünge nicht weiter untersuchen, wenn der letzte Sprung nur noch eine Höhe von 5 cm oder weniger erreicht. Andererseits kann dieses Unendlichkeitsproblem auch eine Aufgabe für Tüftler sein.)

Hier das Bild der Flummi-Sprünge aus einer Höhe von 1,60 m:

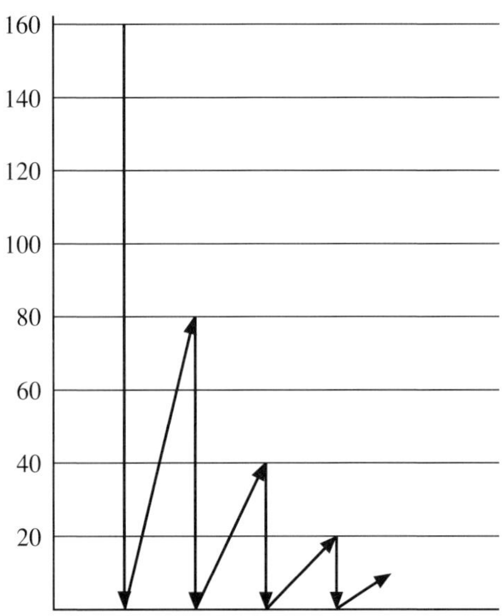

Wie hoch springt der Flummi beim fünften Sprung, wenn wir ihn aus 8 m Höhe fallen lassen? Selbstverständlich können auch hier Tabellen helfen.

Abwurf	8 m
1. Sprung	4 m
2. Sprung	2 m
3. Sprung	1 m

– Der Weg der Billardkugel
Dieses Bild zeigt den Weg einer Billardkugel auf einem Tisch, auf dem als Hilfe ein Karogitter gezeichnet wurde.

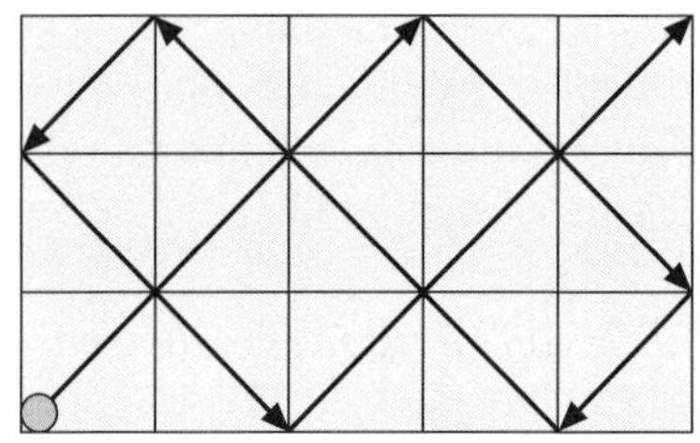

Der Weg der Kugel endet genau in der gegenüberliegenden Ecke. Was geschieht, wenn die Kugel so geschossen wird?

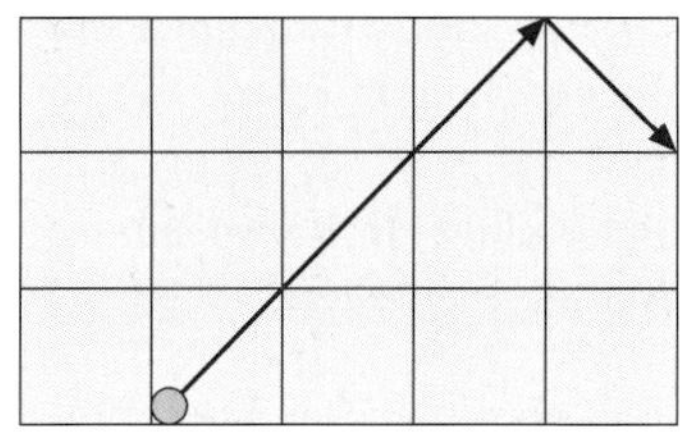

Wie läuft die Kugel von anderen Startpunkten aus?
Was geschieht, wenn sie steiler abgeschossen wird?

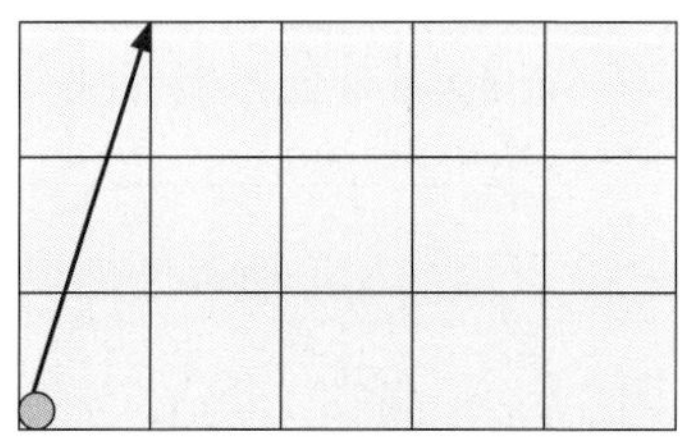

Wie läuft die Kugel auf anderen Tischen, einem 3x4-Tisch, einem 4x6-Tisch, einem 3x10-Tisch, einem 2x20-Tisch, wie läuft sie, wenn sie auf diesen Tischen unterschiedlich steil abgeschossen wird?

Muster, Strukturen und Zahlen

Schon zahlreiche Muster zum Entdecken mathematischer Gesetzmäßigkeiten sind im **Handuch 1** (S. 66 ff.) und **Handbuch 2** (S. 25 f.) angeboten worden, weitere in diesem Handbuch im Abschnitt 2.1.2, S. 48 ff. Auf Karteikarte übertragen stellen sie einen kaum ausschöpfbaren Vorrat an mathematikhaltigen Aufgaben, u. a. für die schnellen Rechner, dar. Neben einigen geometrischen Mustern mit vertrauten arithmetischen Eigenschaften sollen hier vor allem Zahlenmuster vorgestellt werden.

- Muster und Zahlen
  - Wachsende Dreiecke
    Lege immer größere Dreiecke mit Hölzern auf folgende Weise:

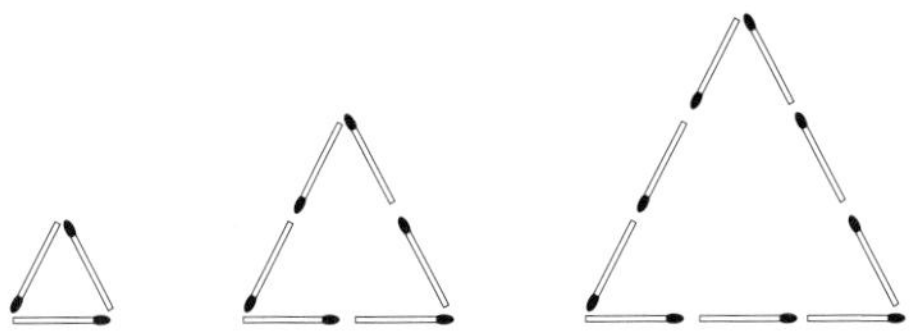

Erstelle dazu eine Tabelle:

Länge der Dreiecksseite	1	2	3	4
Hölzer im Dreieck	3	6	9	

Was fällt auf? Wie muss wohl ein Muster aussehen, das die Zahlen der Vierer-Reihe liefert? Weitere Ideen mit gleicher Struktur:
Autos und Räder
Tintenfische und Arme
Hände und Finger

  - Der Zehnerkreis
    Im **Handbuch 1** (S. 73) haben wir die Herstellung eines Zehnerkreises für die Untersuchung von Zahlzerlegungen vorgeschlagen. Mit diesem Gerät lassen sich auch 1x1-Reihen aufspannen, indem ein Bindfaden, der bei Null angebunden ist, fortlaufend um die Zahlen der 1x1-Reihe gespannt wird. Bei Zahlen über 10 wird der Faden um den Nagel gespannt, der der Einerstelle dieser Zahl entspricht.

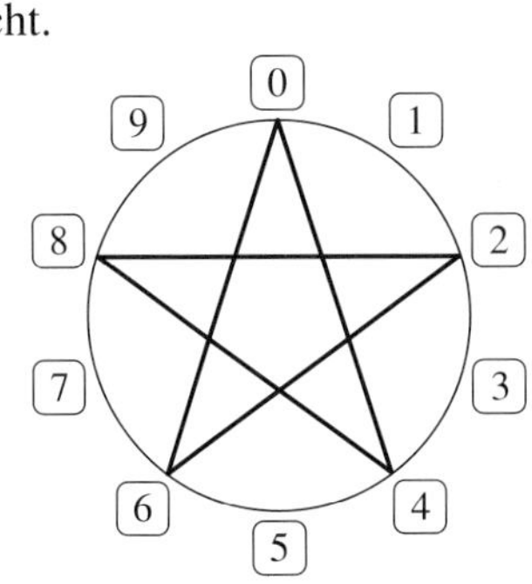

Bei der Vierer-Reihe entsteht also die folgende Zahlenfolge:
0, 4, 8, 2, 6, 0, 4, 8, 2, 6, 0, 4 …

Zu welchen 1x1-Reihen passen die folgenden Zahlenfolgen?

5, 0, 5, 0, 5, 0 ...
3, 6, 9, 2, 5, 8, 1, 4, 7, 0, 3, 6 ...
6, 2, 8, 4, 0, 6, 2 ...
9, 8, 7, 6, 5, 4, 3, 2, 1, 0, 9, 8 ...
2, 4, 6, 8, 0, 2, 4, 6, 8, 0, 2 ...
7, 4, 1, 8, 5, 2, 9, 6, 3, 0, 7 ...
0, 0, 0 ...

Wie heißt die 12. Zahl in der Zahlenfolge der Fünfer-Reihe, wie heißt die 13. Zahl? Kannst du auch sagen, wie die 500., die 327. heißt?

Wie heißt die 7. Zahl in der Zahlenfolge der Sechser-Reihe, wie die 12., die 17.?

Wie heißt die 1 000. Zahl in der Zahlenfolge der Zehner-Reihe?

Kennst du die 39. Zahl in der Zahlenfolge der Siebener-Reihe?

  - Buchstabenmuster
    Dies ist ein Muster nur aus den Buchstaben A und B:
    A B A B A B A B ...
    Welcher Buchstabe steht an der 43. Stelle, welcher auf Platz 1 000?
    Wie ist es mit diesen Buchstaben-Mustern? Kannst du auch hier sagen, welcher Buchstabe auf Platz 50, 63, 124 ... steht?
    A B C A B C A B C ...
    A A B A A B A A B ...
    A B B A B B A B B ...
    A B B A A B B A A B B A ...

- Zahlenfolgen
  Zahlenfolgen können auch Kinder für andere aufschreiben. Nach welcher Gesetzmäßigkeit sind sie aufgebaut, wie geht es weiter?
  Einige Beispiele:
  2, 4, 6, 8, 10, ...
  1, 3, 5, 7, 9 11, ...
  3, 6, 9, 12, ...
  90, 81, 72, 63, ...
  1, 6, 11, 16, ...
  1, 4, 9, 16, ...
  3, 6, 5, 10, 7, 14, ...

- Muster in Tabellen
  Wer kennt meine Regel und kann weitere Zeilen in die Tabelle schreiben?

3	5
7	9
2	4
37	39
54	

3	24
5	40
8	64
7	
11	

34	16
86	42
48	23
100	49
56	

4	7	11
8	11	15
20	23	27
31	34	38
56		

4	7	11
13	2	15
25	15	40
31	19	
35	28	

28	4	7
63	7	9
56	8	7
32	4	
35		5

2	5	4
	14	

3	7	2
	23	

6	10	1
	61	

7	4	2

3		1
	28	

6	8	
	52	

2.2.2 Systematische Erarbeitung der Zahlen bis 1 000

Im Rahmen von Erkundungs-, Beobachtungs- und Untersuchungsvorhaben (Abschnitt 2.2.1, S 52 ff.) haben die Kinder bereits Erfahrungen im Umgang mit Zahlen über 100 sammeln können. Sie haben die Zahlen in Gebrauch genommen, Rechenaufgaben mit ihren individuellen, meist informellen Strategien, notfalls auch mit dem Taschenrechner gelöst. Diese Vorgehensweise ist eine gute Grundlage für eine systematische Erarbeitung der Zahlen bis 1 000, kann sie jedoch keineswegs ersetzen, weil zu einem tieferen Verständnis der neuen Zahlen vor allem auch ein Reflektieren über deren Eigenschaften und Beziehungen und die Entwicklung geeigneter Größenvorstellungen gehören.

Die Erarbeitung der Zahlen, des Rechnens mit ihnen und die Entwicklung von Größenvorstellungen ist im Unterricht miteinander zu verzahnen. Übungen zum Bündeln und zur Schreibweise der Zahlen stellen also keinen „Vorkurs" für das „eigentliche Rechnen" dar; mit der fortschreitenden Erarbeitung der Feinstruktur der Zahlen (volle Hunderter, Hunderter-Zehner-Zahlen, Hunderter-Zehner-Einer-Zahlen) geht vielmehr immer auch schon ein Rechnen mit diesen Zahlen einher. Aus Gründen der Systematik der Darstellung werden diese Bereiche in diesem Handbuch aber in verschiedenen Kapiteln erörtert.

Die Grundideen der Zahlenraumerweiterung und Anregungen für die Unterrichtspraxis werden in diesem Kapitel in vier Abschnitten beschrieben, nämlich
- Grobstruktur der Zahlenraumerweiterung,
- Bündelung und Stellenwert,
- Arbeitsmittel im Zahlenraum bis 1 000,
- Darstellung, Schreibweise und Ordnung der Zahlen.

Anregungen zur Entwicklung von Größenvorstellungen können Sie dem Kapitel 4, S. 195 ff. in diesem Handbuch entnehmen. Für die Unterstützung des Verständnisses der Zahlen bis 1 000 sind vor allem begleitende Übungen zu den Größenbereichen Geldwerte, Längen und Gewichte wichtig.

Grobstruktur der Zahlenraumerweiterung

Stellen Sie sich vor, in Ihrer Stadt wird ein neuer Supermarkt eröffnet, den Sie sich einmal ansehen wollen. Wie gehen Sie vor? Zunächst werden Sie wohl gewisse Vorstellungen davon haben, was Sie in diesem Supermarkt finden werden. Auf der Grundlage Ihrer Kenntnis anderer Märkte können Sie Vermutungen anstellen über die mögliche Angebotspalette, über die Struktur des Marktes, vielleicht auch schon über einige Details. So können Sie sicher zu Recht vermuten, dass die Lebensmittelabteilung in diesem Supermarkt, ähnlich wie in anderen, möglichst weit vom Eingang und den Kassen entfernt sein wird. Wenn Sie nun zum ersten Mal in den Supermarkt gehen, werden Sie sich zunächst einen Überblick über die verschiedenen Abteilungen verschaffen, erst danach sich die Angebote detaillierter ansehen, Preise vergleichen, vielleicht das eine oder andere einkaufen.

Die Erarbeitung eines neuen Zahlenraums ist mit dieser Vorgehensweise durchaus vergleichbar. Anknüpfend an die Vorkenntnisse verschaffen die Kinder sich zunächst einen Überblick über den neuen Zahlenraum und füllen diesen dann in seinen Details aus. Radatz/Schipper (1983) haben dieses Vorgehen folgendermaßen beschrieben:

(1) Anknüpfen an Vorkenntnisse
Vor der Zahlenraumerweiterung werden zunächst die Vorkenntnisse reaktiviert. Dazu gehören Übungen zur Förderung des Zahlverständnisses, wie sie in Kapitel 2.1.2, S. 44 ff. beschrieben wurden, durchaus aber auch systematischere Übungen zur Zahlauffassung und -darstellung, zur Schreibweise und zum Stellenwert der Zahlen, nicht zuletzt natürlich auch zum Rechnen mit den vertrauten Zahlen, z. B.:
- Wie heißt die Zahl rechts von, links von, über, unter der 35 auf der Hunderter-Tafel?
- Von der 7 auf der Hunderter-Tafel nach unten, von der 96 nach oben: 7, 17, 27, ...; 96, 86, 76, ...
- Ziehe blind zwei Zahlenkarten von 1 bis 9. Bilde aus beiden die größere zweistellige Zahl, substrahiere die kleinere zweistellige Zahl, die du aus ihnen bilden kannst. Wie groß ist die Differenz? Hat die Differenz etwas mit den gezogenen Karten zu tun?
  Beispiele:

74 – 47 = 27

51 – 15 = 36

83 – 38 = 45

61 – 16 = 45

Kannst du bei den folgenden Kartenpaaren schon das Ergebnis der Minus-Rechnung sagen, ohne die Aufgabe selbst auszurechnen?

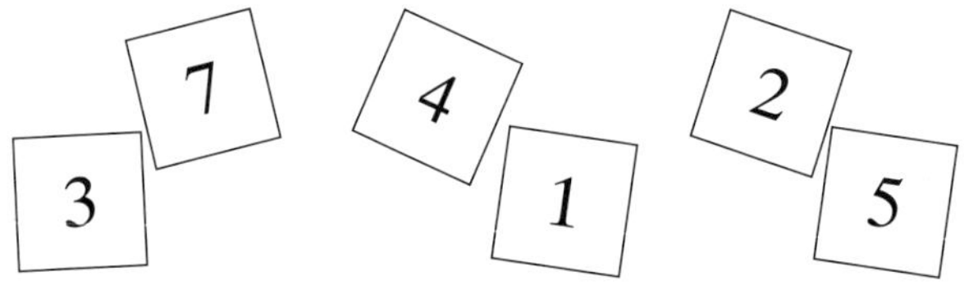

Sachinformativer Einschub

Bei diesem Rechnen mit Spiegelzahlen (vgl. auch **Handbuch 2**, S. 71) gibt es als Lösungen nur Vielfache von 9. Die Differenz zwischen den beiden gezogenen Zahlen entscheidet darüber, welches Vielfache von 9 den Wert der Differenz bildet.

Aus den beiden gezogenen Zahlen a und b (mit a > b; bei a = b beträgt die Differenz Null.) wird die zweistellige Zahl 10a + b gebildet, von ihr dann 10b + a subtrahiert.

$10a + b - (10b + a) = 9a - 9b = 9(a - b)$

An dem Term 9(a–b) ist abzulesen, daß die Differenz immer ein Vielfaches von 9 ist, nämlich das (a-b)fache von 9.

(2) Ankerpunkte schaffen
Wie neue Supermärkte, neue Aufgaben im Beruf oder andere neue Anforderungen werden auch neue Zahlenräume nicht in einem Schritt in allen ihren Details wahrgenommen. Bei der Zahlraumerweiterung bis 1 000 sind zunächst die vollen Hunderter solche Ankerpunkte. Zehn Hunderter-Felder, zehn Hunderter-Rechenrahmen, zehn leere bzw. nur mit den vollen Hunderterzahlen beschriftete Hunderter-Tafeln oder zehn hintereinandergelegte Tafellineale bieten einen ersten Überblick über die Größe des neuen Zahlenraums.

Mit den vollen Hundertern kann gerechnet werden, wie mit den Einern und Zehnern:

7 E + 2 E = 9 E	7 + 2 = 9
7 Z + 2 Z = 9 Z	70 + 20 = 90
7 H + 2 H= 9 H	700 + 200 = 900

Wichtig ist dabei, dass diese Übungen nicht nur als formale Analogien durchgeführt werden, sondern durch geeignete Handlungen mit Material die jeweils unterschiedliche Bedeutung herausgearbeitet wird:

- 3 einzelne Plättchen und noch 4 weitere: 3 E + 4 E = 7 E; 3 + 4 = 7
- 3 Zehnerstangen (auf dem Rechenrahmen oder aus den Zehnersystem-Blöcken, ggf. auch 3 Zehnerpackungen Eier) und noch 4 weitere: 3 Z + 4 Z = 7 Z; 30 + 40 = 70
- 3 Hunderterplatten (als Hunderter-Tafeln oder aus den Zehnersystem-Blöcken) und noch 4 weitere Hunderterplatten: 3 H + 4 H = 7 H; 300 + 400 = 700

Entsprechend werden auch schon Übungen zur Ordnung der neuen „Anker-Zahlen" durchgeführt: 300 < 700, 800 > 600.

Wesentlich ist dabei die Art der Begründung der Kleiner-Relation. Rein auf Analogie abhebende Begründungen sollten nicht zu schnell angestrebt werden. 300 ist daher (zunächst) nicht deshalb kleiner als 700, weil 3 kleiner als 7 ist, sondern weil 3 Hunderter-Tafeln weniger als 7 Hunderter-Tafeln sind. Entsprechend können auch schon erste Multiplikationsaufgaben gerechnet werden: $6 \cdot 100 = 600$, nicht, weil $6 \cdot 1 = 6$, sondern weil $6 \cdot 100$ sechs Hunderter-Felder mit je 100 Punkten sind.

Gerade zu diesem Zeitpunkt der unterrichtlichen Behandlung ist es also besonders wichtig, vorschnelle Analogien zu vermeiden, statt dessen unter Verweis auf die eingesetzten Materialien immer mit der Bedeutung der Zahlen zu argumentieren.

(3) Auffüllen des neuen Zahlenbereichs
Ausgehend von den Ankerpunkten können dann in der abschließenden, sich sicher über das ganze dritte Schuljahr hinziehenden Phase, die Details des neuen Zahlenraums erarbeitet werden. Ohne einer allzu strengen Systematik das Wort reden zu wollen, sollten doch zunächst, wenn auch nicht ausschließlich, die Lücken zwischen den Hundertern mit vollen Zehnern gefüllt werden:

- Schreibe die vollen Zehnerzahlen in das noch fast leere Tausenderbuch (vgl. S. 65 f).
- Zehn Hunderter-Rechenrahmen werden nebeneinander gestellt. Zeige 640, 650, 660, ...; 730, 720, 710, 700. Wie heißt die nächste Zehnerzahl?
- Zähle rückwärts in Hunderterschritten: 930, 830, ...
- Zeige die Zahlen 50, 150, 250, ... am Zahlenstrahl

u. v. a. m.

Das Auffüllen der Lücken zwischen den Zehnern und das vollständige Vertrautwerden mit diesem Zahlenraum bedarf weiterer Erfahrungen, die auch im Zusammenhang mit dem Rechnen im neuen Zahlenraum erweitert werden.

Bündelung und Stellenwert

Mit Einern und Zehnern haben die Kinder bisher Bündel nullter und erster Ordnung kennen gelernt. Die Zahl 100 ist ihnen vertraut, der Hunderter als neue Bündelungseinheit (zweiter Ordnung) ist bisher jedoch noch nicht thematisiert worden. Hier müssen Übungen anknüpfen, die die Bedeutung des Hunderters als Bündelungseinheit höherer Ordnung bewusst machen.

Streichhölzer, Büroklammern, Bohnen u. v. a. m.
Auf konkrete Bündelungserfahrungen kann nicht verzichtet werden, auch wenn diese Aktivitäten einige Zeit in Anspruch nehmen. Am besten erhält jede Gruppe (von etwa vier bis sechs Kindern) eine eigene Aufgabe. Das hat den Vorteil, dass mehrere Kinder gleichzeitig an einer Bündelungsaufgabe arbeiten können, dass darüber hinaus sich nahezu von selbst ein Anlass ergibt, das eigene Vorgehen auch noch einmal zu versprachlichen, weil auch die anderen Kinder erfahren wollen, was die Gruppen gemacht haben, wie sie vorgegangen sind und welche Ergebnisse erzielt wurden.

- Wie viele Streichhölzer sind in einem großen Paket mit zehn Schachteln?
Wenn den Kindern das vollständige Paket mit 10 Schachteln gegeben wird, werden sie schnell auf eine durchaus angemessene Lösung kommen: Sie werden die Zahl der Hölzer in einer Schachtel ermitteln (ca. 40) und das Ergebnis verzehnfachen. Wenn wirklich der Bündelungsvorgang herausgefordert werden soll, dann müssen alle Streichhölzer einer Packung zunächst in eine große Schachtel oder einen Beutel gegeben werden. Selbstverständlich wird zunächst geschätzt. Aus vergleichbaren Aufgaben sollten die Kinder wissen, dass das Bündeln zu je zehn Hölzern ein angemessenes Verfahren ist, solche großen Anzahlen exakt festzustellen. Ein „dezenter Lehrerhinweis" in diesem Sinne ist sicher auch keine unzulässige Beschneidung der kindlichen Freiheit. Als Bündelungshilfe sollten entweder Gummibänder oder, einfacher noch, Ablagepläne der folgenden Art zur Verfügung gestellt werden.

Aus einer großen Pappe (mindestens 40 x 40 cm) oder aus Sperrholz kann ein solches Bündelungsbrett selbst hergestellt werden. Die Einteilung in Fächer erfolgt durch Aufkleben von Holzleisten oder, einfacher noch, mithilfe von Dichtungsbändern, die normalerweise für das Abdichten von Fenstern und Türen verwendet werden. Die Anordnung dieses Bündelungsbrettes mit waagerechten Streifen ist in Anlehnung an das Hunderter-Feld bzw. die Hunderter-Tafel erfolgt.

- Wie viele Bohnen, Erbsen, Reiskörner ... sind in der Tüte?
Viele verschiedene Materialien bieten sich an: die genannten Bohnen, Erbsen, Reiskörner, weiterhin Nudeln in Muschelform, (verpackte) Würfelzuckerstückchen, Büroklammern, die zu Zehnerketten verbunden werden können, Großmutters Knopfsammlung u .v. a. m. Bei der Auswahl sollte darauf geachtet werden, dass die Anzahl mindestens 200 deutlich überschreitet. Als Bündelungshilfen können Filmdosen, Kleinteilemagazine, Streichholzschachteln o. Ä. verwendet werden. Für besonders geeignet halten wir das oben beschriebene Bündelungsbrett, weil hier bei dezimaler Bündelung genau 100 Objekte auf dem Brett liegen, dieses also selbst als neue Bündelungseinheit greifbar wird. Außerdem erinnert hier die Form des Streifens für das Zehnerbündel an den Zehner auf der Hunderter-Tafel bzw. an die Stange bei den Zehner-Systembündeln.

Besonders wichtig sind die Phasen der Versprachlichung des Vorgehens und des Ergebnisses und dessen Übersetzung auf die ikonische und symbolische Ebene:

- Immer zehn Hölzer haben wir in ein Fach gelegt. Auf diese Weise haben wir drei Bretter voll belegt, beim vierten Brett haben wir noch neun Fächer gefüllt, 6 Hölzer sind übrig geblieben. Wenn wir noch vier Hölzer gehabt hätten, dann wäre auch die vierte Platte ganz voll gewesen.
- Insgesamt haben wir 39 Reihen vollgelegt und sechs Hölzer übrig behalten.
- Memet kann davon ein Bild anfertigen; volle Zehner kennzeichnet er mit einem dicken Filzstiftstrich.

- Katja kann dies noch einfacher malen:

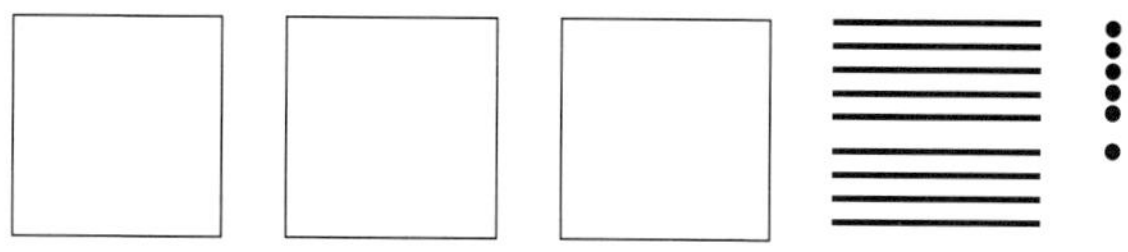

- Felix versteht jetzt, was seine große Schwester im letzten Jahr gemacht hat: Das sind 3 Hunderter, 9 Zehner und 6 Einer.
Er weiß auch, wie man das schreibt, nämlich so:
3 H 9 Z 6 E
oder so ...

H	Z	E
3	9	6

... oder ganz einfach so: 396.

Bei diesem dezimalen Bündeln muss man sich auf Verständnisprobleme der Kinder einrichten. Die Bündelungseinheit „ein Hunderter" wird nicht von allen Kindern als neue Bündelungseinheit erkannt. Diese Kinder sind damit zufrieden, ihr Ergebnis in der Form „39 Zehner und 6 Einer“ anzugeben. Mit der Zahl 39 können sie gut umgehen; es gibt für sie keine Veranlassung, 10 Zehner zu einem Bündel höherer Ordnung zusammenzufassen. Auch diese Kinder lernen schnell, „39 Zehner und 6 Einer“ in der Form 396 zu schreiben, ohne jedoch letztlich eingesehen zu haben, dass die 3 in dieser Zahl für eine eigenständige Bündelungseinheit steht. Letztlich haben diese Kinder noch nicht die Grundidee des Bündelns erkannt, nämlich die, dass der Bündelungsprozess immer weiter fortgesetzt werden kann, sodass immer neue Bündel höherer Ordnung entstehen.

Diese Grundidee lässt sich auch z. Z. im dezimalen System nur schwer erarbeiten. Um mithilfe konkreter Bündelungsvorgänge aufzuzeigen, dass zehn Hunderter wiederum zu einem Bündel höherer Ordnung zusammengefasst werden können, müsste schon mit (deutlich mehr als) 1 000 Gegenständen gearbeitet werden. Diesen Zeitaufwand scheuen viele Grundschullehrerinnen, vielleicht auch nicht zu Unrecht.

Lösbar ist dieses Problem letztlich nur dadurch, dass auch in solchen nicht-dezimalen Systemen gebündelt wird, die schneller zu Bündelungen höherer Ordnung führen, also eine kleinere Basis als 10 haben. Damit soll nicht die exzessive Behandlung nicht-dezimaler Systeme aus der so genannten Mengenlehrezeit wiederholt werden, etwa gar bis zum Rechnen in anderen Systemen. Die Thematisierung nicht-dezimaler Systeme sollte auf den konkreten Bündelungsvorgang mit der Herausarbeitung der Idee, immer neue Bündel höherer Ordnung zu schaffen, beschränkt bleiben und auf die Schreibweise dieser Zahlen. Als möglicher inhaltlicher Kontext bietet sich z. B. folgende Geschichte an:

Wir wissen heute noch immer nicht, ob es außer auf der Erde auch noch auf anderen Sternen intelligente Lebewesen gibt. Wir können aber sicher sein, dass die intelligenten Außerirdischen auch zählen und Zahlen aufschreiben könnten. Vielleicht machen sie das nicht genau so wie wir, aber ein System hätten sie bestimmt auch. Wie könnte das wohl aussehen? Die Bewohner von Dreistern hätten sicher eine Vorliebe für die 3. Drei Plättchen bündeln sie zu einem Dreier, drei Dreier zu einem Dreier-Dreier (DD), drei DD zu einem Dreier-Dreier-Dreier (DDD) usw. Kannst du diese Plättchen in der Art der Bewohner von Dreistern bündeln?

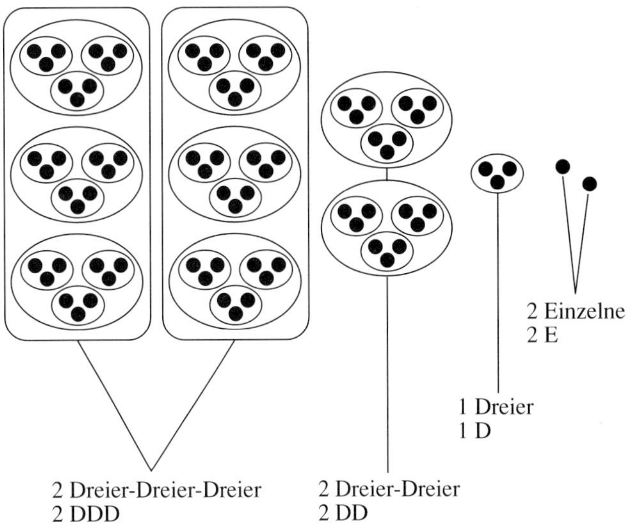

Diese Zahl kann man so schreiben:

2 DDD 2 DD 1 D 2 E

oder kurz 2212D

Sie wird gelesen als „Zwei, zwei, eins, zwei im Dreiersystem“.

Man kann sie auch in eine Dreier-Stellentafel legen bzw. in einer solchen Tafel notieren:

DDD	DD	D	E
• •	• •	•	• •

DDD	DD	D	E
2	2	1	2

Ob es wohl auch Achtstern-, Fünfstern-, Vierstern-Einwohner gibt? Wie werden diese wohl bündeln und ihre Zahlen aufschreiben?

Arbeitsmittel

Educational materials are not miracle drugs; their productive use requires planning and foresight.

(Szendrei 1996, S. 411)

„Klaus hat drei Puppen, Erika hat sieben Puppen. Wie viele Puppen hat Erika mehr?“ Wenn ein Schulanfänger zur Lösung dieser Aufgabe auf konkretes Material zurückgreift, zunächst drei Plättchen, dann vier weitere legt und dabei zählt „Vier, fünf, sechs, sieben“, dann können wir mit dieser Lösung zufrieden sein. Dem Kind ist es gelungen, die Rechengeschichte in konkrete Handlungen zu übersetzen; den Anspruch, in dieser Rechengeschichte die Gleichung 3 + x = 7 zu erkennen und die Lösung auswendig zu wissen, haben wir noch nicht.

Wenn ein Kind gegen Ende des 2. Schuljahres für die Lösung der Aufgabe 56 – 32 die Hunderter-Tafel nimmt, auf die 56 tippt, drei Schritte nach oben und zwei nach links macht, dann schütteln wir vielleicht schon bedenklich den Kopf. Immerhin hat es nicht in Einer-Schritten gezählt.

Aber braucht das Kind das Material wirklich noch, oder hat es mithilfe des konkreten Arbeitens auf der Hunder-ter-Tafel sich nur noch einmal seiner halbschriftlichen Rechenstrategie vergewissert? Wenn das Kind weitere Aufgaben der gleichen Art halbschriftlich ohne die Hilfe der Tafel löst, sind wir wieder beruhigt.

Wenn ein Kind im dritten Schuljahr für die Lösung der Aufgabe 356 + 232 den Tausenderstreifen (s. u.) zuhilfe nimmt, um an diesem Arbeitsmittel die Aufgabe zählend in Zehnerschritten zu lösen, dann gehen bei uns alle Alarmsirenen an. Nein, das gestützte Kopfrechnen im Zahlenraum bis 1 000 sollte (nach einiger Zeit) ohne die Hilfe so ganz konkreter Materialien wie dem Tausenderstreifen möglich sein.

Materialien im 3. Schuljahr, die den neuen Zahlenraum tatsächlich noch durch 1 000 einzelne Objekte in strukturierter Darstellung repräsentieren (10 Hunderter-Rechenrahmen, Tausenderstreifen und -buch, Zahlenstrahl), sind in erster Linie für die Vermittlung einer Größenvorstellung und, vor allem, für die strukturelle Durchdringung des neuen Zahlenraums gedacht. Mit einem zunehmenden Repertoire an auswendig gewussten Aufgaben, mit dem Beherrschen verschiedener Rechenstrategien und dem Ausnutzen von Analogien verlieren diese Materialien ihre Bedeutung als Hilfsmittel zur (weiteren) Entwicklung von Rechenstrategien. Für die Übertragung der im 2. Schuljahr gelernten Strategien auf die neuen Zahlen sind Kenntnisse notwendig (z. B. Zählen in Hunderterschritten, Addition voller Hunderter), die im Zusammenhang mit Übungen erarbeitet werden, die der strukturellen Einsicht in den neuen Zahlenraum dienen. Mit der Entwicklung der Rechenkompetenz vom 1. bis zum 3. Schuljahr geht ein Verlust an Konkretisierungen des Rechnens an Materialien einher. Arbeiten am Material wird zunehmend durch Anwenden von Rechenstrategien, durch Ausnutzen von Analogien und nicht zuletzt durch einen größeren Vorrat an auswendig gewussten Aufgaben ersetzt, nämlich durch memorisiertes Faktenwissen (Kleines 1 + 1) und durch automatisiertes Rechnen unter Ausnutzung von Analogien (326 + 500 = 826, weil 3+5=8).

Die Konsequenz kann dennoch nicht sein, auf den Einsatz von Materialien in Klasse 3 zu verzichten. Sie haben im 3. Schuljahr drei wichtige Funktionen:

- Sie stützen die Größenvorstellung vom neuen Zahlenraum.
- Sie helfen, Einsicht in die Struktur der neuen Zahlen zu gewinnen.
- Sie können ein „Referenzkontext“ bzw. ein „Artikulationsmedium“ (Sundermann/Selter 1995, S. 167) für die Erläuterung eigener Rechenstrategien sein.

Auf diese letztgenannte Funktion wird in Kapitel 2.3, S. 73 ff. weiter eingegangen; die beiden erstgenannten Funktionen stehen im Mittelpunkt dieses Abschnittes und der beiden folgenden.

Die folgende Beschreibung von Arbeitsmitteln für das 3. Schuljahr beschränkt sich auf die Diskussion der wesentlichen Vor- und Nachteile und der Hauptanwendungsgebiete dieser Materialien. Weitere Übungen mit ihnen finden Sie in den beiden folgenden Abschnitten zur Darstellung, Schreibweise und Ordnung der Zahlen und zur Förderung des Zahl- und Größenverständnisses.

- Der Tausenderstreifen
  Dieses Material hat eine lange Tradition. Es findet sich schon bei Kempinsky (1923) als Tausendererweiterung einer leeren Hunderter-Tafel (in etwas anderer Form als heute) und ist das Hauptarbeitsmittel zahlreicher Ausgaben von „Welt der Zahl“ für 3. Klassen.

Der Tausenderstreifen ist die Erweiterung des Hunderter-Feldes (vgl. **Handbuch 2**, S. 85 f.) auf den Tausenderraum; er besteht aus zehn aneinandergereihten Hunderter-Feldern.

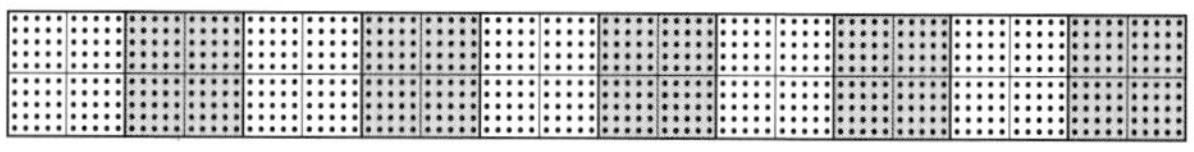

Ebenso wie der Rechenrahmen und das Hunderter-Feld betont der Tausenderstreifen vor allem die kardinalen (Anzahl-)Eigenschaften der Zahlen. Entsprechend wird dieses Material vorrangig eingesetzt für die Darstellung und Auffassung von Zahlen.

Für die folgenden Übungen benötigt jedes Kind seinen eigenen Tausenderstreifen, der mithilfe der **Kopiervorlage A 1** hergestellt werden kann. Wenn er zusammen mit den Eltern auf einem Elternabend auf Pappe gezogen und mit Folie kaschiert wird (bitte eine Faltmöglichkeit vorsehen, sonst passt er nicht gut in den Ranzen!), dann ergibt sich zugleich die Möglichkeit, diesen Eltern die geplanten Übungen vorzustellen. Für die Arbeit am Tageslichtprojektor muss die **Kopiervorlage A 1** so verkleinert werden, dass der ganze Streifen auf eine Folie passt. Zum Einstellen der Zahlen werden außerdem für jedes Kind zwei Karteikarten DIN A7 (möglichst blanko) benötigt.

Einige Übungen

– Welche Zahl ist hier dargestellt?

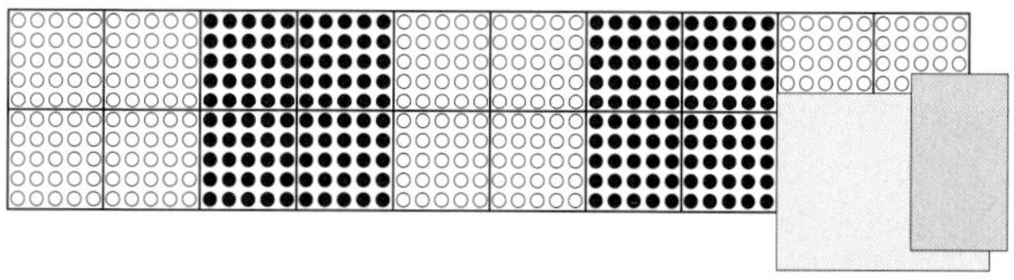

4 volle Hunderter-Felder, 3 ganze Zehnerstreifen und 7 Einzelne: 4 H 3 Z 7 E = 437; gesprochen: vierhundertsiebenunddreißig.

Nun umgekehrt: Stelle die folgenden Zahlen ein:
(1) 6 H 2 Z 3 E
(2) fünfhundertdreiundsechzig
(3)

H	Z	E
2	9	1

(4) 426

– Der Riesenrechenrahmen
Mehr konkrete Handlungen kommen ins Spiel, wenn die o. g. Übungen mit einem „Riesenrechenrahmen" vorbereitet werden. Ein solcher Riesenrechenrahmen ist eine Aneinanderreihung von zehn Hunderter-Rechenrahmen. Zunächst werden alle auf Null gestellt, d. h. bei jedem Rechenrahmen sind alle Perlen rechts. Zur Einstellung der Zahl 567 kommt zunächst der „Hunderter-Maschinist", stellt die ersten fünf Rechenrahmen je mit einem Schwung (und deutlich hörbarem Klappern) von Null auf 100 und trägt sein Ergebnis in die Stellentafel ein:

H	Z	E
5		

Ebenso (und mit dem gleichen Vergnügen) gehen dann der „Zehner-Maschinist" und der „Einer-Maschinist" vor.

– Welche Zahl entsteht, wenn ...?
Jedes Kind stellt die Zahl 456 am Tausenderstreifen ein. Wie heißt die Zahl, wenn du die Karte für die Einer-Einstellung um ein Feld nach links, nach rechts verschiebst? Welche Zahl entsteht, wenn du beide Karten um eine Reihe nach oben, nach unten verschiebst? Wie musst du die Karten verschieben, um eine um 100 größere, kleinere Zahl zu erhalten?

• Das Tausenderbuch
Das Tausenderbuch stellt die Erweiterung der Hunderter-Tafel auf den neuen Zahlenraum dar. Im Rahmen des Programms „mathe 2 000" wird ein solches Tausenderbuch mit fest eingetragenen, ausgewählten Zahlen als Leporello angeboten. Wir empfehlen die Herstellung eines Tausenderbuches wirklich als Buch bzw. Heft in einer Form, die es den einzelnen Kindern ermöglicht, sich in diesem Buch diejenigen und so viele „Ankerzahlen" (vgl. S. 61) einzutragen, wie sie tatsächlich benötigen. Die Buchform ermöglicht außerdem Übungen, die sonst nicht möglich sind. Wenn die Seiten des Tausenderbuches mit Folie bezogen werden, dann können die mit Filzstift vorgenommenen Einträge wieder gelöscht werden. Weniger Arbeit macht es, die einzelnen Seiten in DIN-A5-Klarsichthüllen zu geben. In diesem Fall empfehlen wir glasklare (leider auch teurere) Hüllen, von denen die Beschriftungen wieder leicht entfernt werden können. Mindestens ein solches (Lehrer-)Exemplar sollte in jedem Klassenraum stehen.

Da im 2. Schuljahr bereits der Zahlenraum bis 100 erarbeitet wurde und die Hunderter-Tafel den Kindern bekannt ist, enthält die Titelseite des Tausenderbuches diese vertraute Hunderter-Tafel (vgl. **Kopiervorlage A 2**). Jedes Buch wird im Laufe der weiteren Bearbeitung sehr individuell auf die Bedürfnisse der einzelnen Kinder abgestimmt werden. Deshalb ist am unteren Rand der Titelseite Platz gelassen worden für das Aufschreiben des eigenen Namens.

Die weiteren Seiten des Tausenderbuches können mithilfe der **Kopiervorlage A 3** hergestellt werden. Sie zeigt die leere Hunderter-Tafel. Von ihr sollten zunächst neun Kopien angefertigt werden. Auf jeder Kopie werden von der Lehrerin nur drei Zahlen eingetragen, nämlich 101, 110, 200; 201, 210, 300 usw. bis 901, 910, 1 000. Auf diese Weise erhält jedes Kind ein Tausenderbuch (gebunden mit einem Heftstreifen), das zunächst nur ganz wenige „Ankerzahlen" enthält. Durch gemeinsame Arbeit am Buch, aber auch durch individuelles Auffüllen wird das Zahlennetz zunehmend dichter geknüpft.

Einige Anregungen

– Wie heißt die größte Zahl auf der zweiten, fünften, ..., zehnten Seite? Auf welcher Seite stehen alle Zahlen bis 300 (und über 200)?
Wichtig ist, dass die Kinder erkennen, dass alle Zahlen über 300 bis 400 auf Seite 4 stehen.
– Wie heißen alle Zehnerzahlen der zweiten Seite? Trage sie ein. Wer kennt die Namen der vier Zahlen ganz in der Mitte auf der dritten Seite? Schreibe auf der fünften Seite alle Zahlen auf, die auf der Treppe abwärts (auf der Diagonalen) von 401 bis 500 liegen. Du kannst auch die andere Treppe von oben rechts (510) nach unten links ausfüllen. Wo muss die 607 eingetragen werden? Wie heißen die Zahlen darunter? Wie heißen die Zahlen über der 793?
– Individuelle Anpassungen
Karin färbt jeweils die Felder 101, 200; 201, 300 usw. ein, um so besser zu erkennen, in welchem Hunderter sie ist.
Martin füllt die linken Spalten aller Seiten; so findet er Zahlen wie 364 viel schneller. Ines füllt lieber alle rechten Spalten mit vollen Zehnerzahlen. Für ein anderes Kind sind vielleicht alle Zahlen mit 5 am Ende einfacher.

- Ausschnitte aus dem Tausenderbuch
  Welche Zahlen musst du in die leeren Felder schreiben?

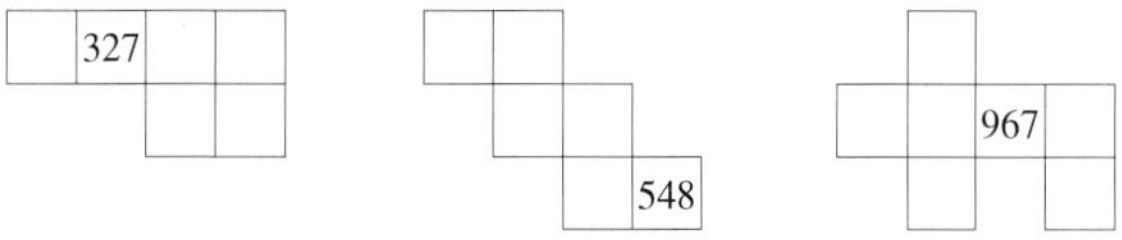

- Vorstellungsübungen
  Stelle dir vor, du stichst mit einer Stecknadel vom Feld 47 aus durch das ganze Buch. Welche Zahlen werden „durchbohrt"? Wo musst du die Nadel ansetzen, um die Zahl 326 zu treffen? Welche Zahlen triffst du dann außerdem?

  Stelle dir vor, du stehst auf Feld 365, „kriechst" zwei Seiten weiter durch das Buch, gehst dann drei Schritte nach unten und fünf nach rechts. Was wäre geschehen, wenn du statt fünf nun sechs Schritte nach rechts gemacht hättest?

  Das Zeichen ⊙ bedeutet, du gehst eine Seite weiter nach hinten, also z. B. 318 ⊙ 418. ◎ bedeutet eine Seite nach vorn; entsprechend bedeutet ↑ ein Schritt nach oben, ↓ ein Schritt nach unten, → ein Schritt nach rechts, ← ein Schritt nach links.
  Wo landest du?

  413 ⊙ ⊙ ↓ ↓ ↓ ← ☐

  Wo bist du gestartet?

  ☐ ⊙ ⊙ ← 527

- Zahlenstrahl
  Der Zahlenstrahl wird von uns aus zwei Gründen nicht als Kopiervorlage vorgegeben. Ein Modell, das so klein ist, dass Kinder es noch (ggf. mit einer Faltung) in ihr Buch legen können, wird so unübersichtlich, dass einzelne Zahlen kaum noch zu erkennen sind. Außerdem kann ein vollständig ausgefüllter Zahlenstrahl, der Kindern ständig zur Verfügung steht, einzelne Kinder zur Stabilisierung ihrer zählenden Verfahren verführen. Stattdessen empfehlen wir, im Klassenraum einen Zahlenstrahl aufzuhängen, der im Lehrmittelhandel (z. B. Betzold; Anschrift im **Handbuch 1**, S. 18) bezogen werden kann. Alternativ bzw. in Ergänzung dazu können auch zehn Tafellineale verwendet werden.

  Der Zahlenstrahl als ordinales Modell der Zahlen bis 1 000 ist insbesondere bei Übungen zur Zahlauffassung und -darstellung und bei Übungen zum Ordnen der Zahlen zu verwenden.

Einige Beispiele

- Zeige am Zahlenstrahl die Zahlen 340, 500, 256, ...
  Bei diesen Übungen ist darauf zu achten, dass die Kinder auf den Strich zeigen, der die jeweilige Zahl markiert, nicht auf Felder zwischen den Strichen.
- Wie heißen die hier gezeigten Zahlen?

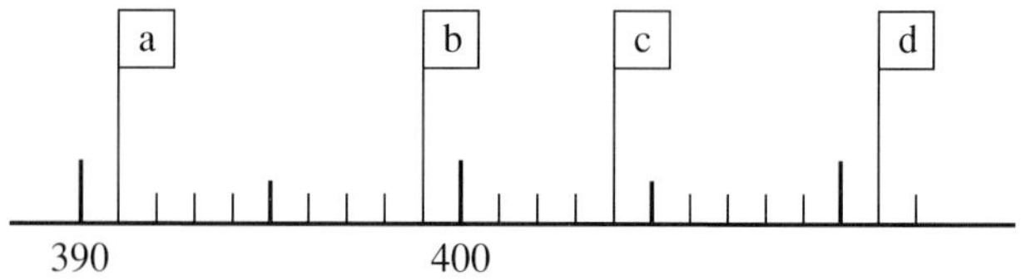

a = 391 b = c = d =

- Sprünge auf dem Zahlenstrahl:
  Von der 360 in Zehnersprüngen vorwärts, von der 914 in Hundertersprüngen rückwärts, ...
- Zehner und Hunderternachbarn:
  Zeige die 724. Wie heißt der volle Zehner (Hunderter) davor, dahinter?
- Ausschnitte des Zahlenstrahls
  In Schulbüchern wird häufig mit Ausschnitten des Zahlenstrahls gearbeitet, wobei nicht selten im Sinne von Verfeinerung der Zahldarstellung nach und nach Abschnitte des Zahlenstrahls gleichsam unter der Lupe betrachtet werden.

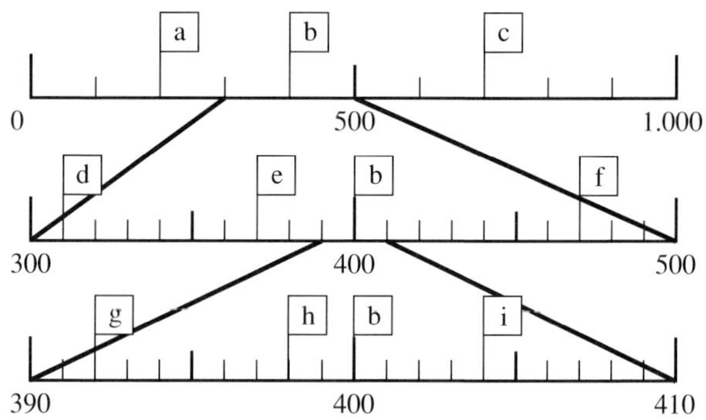

Solche Darstellungen müssen im Unterricht ausdrücklich thematisiert werden, weil nicht wenige Kinder mit diesem Maßstabwechsel Schwierigkeiten haben. Hilfreich ist es, die Kinder zunächst beschreiben zu lassen, welche Zahlen auf der ersten Zahlenstrahldarstellung markiert sind. Die Zahlen 0, 500 und 1 000 sind eingetragen. Für welche Zahl steht wohl der Strich nach der Null? Wie viele Striche gibt es nach der 0 bis 500, welche Bedeutung haben sie? Dabei soll deutlich werden, dass auf dem ersten Zahlenstrahl nur die vollen Hunderter eingetragen sind, die Zehner- und Einerzahlen zwar auch vorhanden sind, aber nicht markiert wurden, weil man sonst so viele kleine Striche hätte zeichnen müssen. Schon an der ersten Zahlenstrahldarstellung sollten sich dann Übungen anschließen etwa folgender Art:

* Wo liegen die Zahlen zwischen 700 und 800?
* Wo ungefähr liegt die 450, die 901? Kannst du sie überhaupt zeigen?

Danach kann thematisiert werden, dass von der zweiten Darstellung an Ausschnitte gleichsam unter der Lupe betrachtet werden. Wie viele Striche sind es von 300 bis 400? Welche Bedeutung haben sie? Wo „verstecken sich“ die Zahlen von 350 bis 360?

- Zehner-Systemblöcke
  Dieses Material betont die Kardinalzahleigenschaften der Zahlen und insbesondere die Idee der Bündelung. Einer werden durch kleine Einzelwürfel repräsentiert, Zehner durch Würfelstangen (aus zehn Einzelwürfeln), Hunderter durch Platten (aus zehn Stangen) und Tausender durch große Würfel (aus zehn Platten).
  Darstellung der Zahl 231 mit Zehner-Systemblöcken:

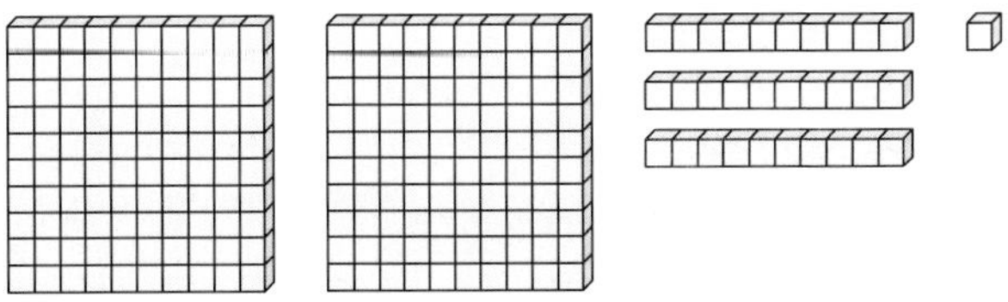

  Dieses Material war als Teil der so genannten Mehr-Systemblöcke in den 70er Jahren weit verbreitet, so dass es im hinteren Winkel mancher schuleigenen Lehrmittelsammlung auch heute noch zu finden ist. Seit einigen Jahren wird es vom Lehrmittelversand (u. a. Betzold und spectra) wieder angeboten. Die Ausführung in Kunststoff ist preiswerter, hat aber den entscheidenden Nachteil, dass der Tausenderwürfel als Hohlkörper aus Platten zusammengeklebt ist und die Klebestellen den Belastungen im Unterrichtsalltag nicht immer standhalten. Bei Neuanschaffung empfehlen wir deshalb die Ausführung in Holz.

Zehner-Systemblöcke können für Übungen zur Zahldarstellung und -auffassung, zum Bündeln und Entbündeln und zur Beschreibung von Rechenverfahren („Referenzkontext“) insbesondere beim schriftlichen Addieren und Subtrahieren eingesetzt werden. Bei manchen Übungen empfiehlt es sich, die Zehner-Systemblöcke in eine Stellentafel zu legen. Dafür eignet sich die **Kopiervorlage A4**, wenn akzeptiert wird, dass die Hunderterplatten ein wenig über den Rand hinausgehen; sonst müsste diese Kopiervorlage per Fotokopie vergrößert werden. Eingeschweißt in Folie und in Großformat (etwa DIN A2) werden solche Stellentafeln auch vom Lehrmittelhandel (u. a. spectra) angeboten.

Einige Anregungen

- Zahlauffassung: Welche Zahl ist hier dargestellt?

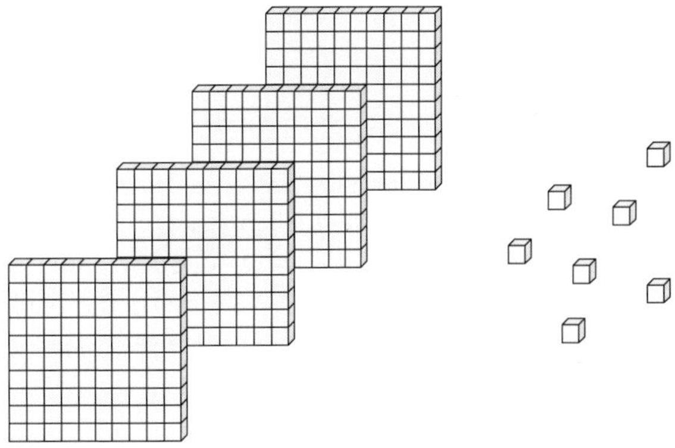

  Diese Zahldarstellung lässt sich auf verschiedene Weise in Sprache und Schrift übersetzen:
  (1) 4 Hunderter und 7 Einer
  (2) 4 H 0 Z 7 E
  (3)

H	Z	E
4	0	7

  (4) 407
  (5) vierhundertundsieben

- Zahldarstellung: Lege diese Zahlen mit Zehner-Systemblöcken
  (1) Zweihundertachtundzwanzig
  (2) 4 H 5 Z 2 E
  (3) 2 Z 7 H 4 E
  (4)

H	Z	E
3	5	0

- Bündeln
  Auf dem Tisch liegen 28 Zehnerstangen und 32 einzelne Würfel. Wie heißt die Zahl?

  Die Materialien werden zunächst stellengerecht in die Stellentafel gelegt.

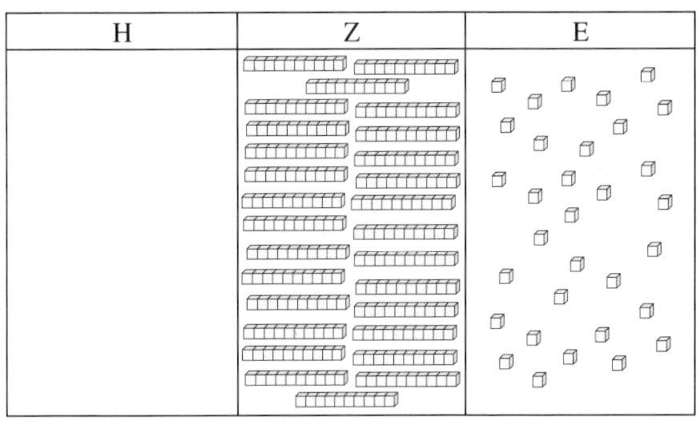

  Der Bündelungsvorgang beginnt an der Einerstelle. Aus 32 Einzelwürfeln werden drei Zehnerstangen und zwei einzelne Würfel.

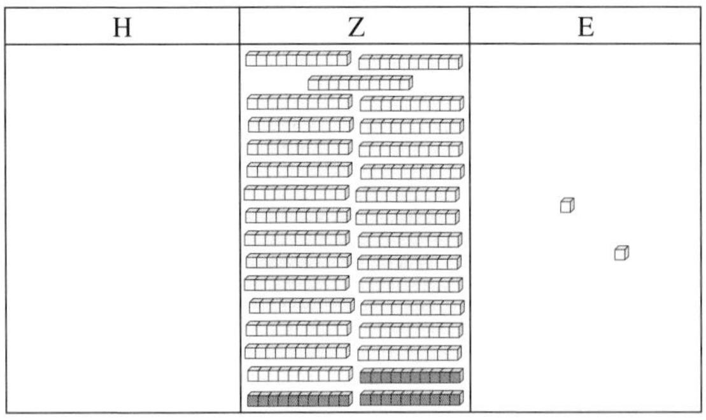

Aus je 10 Stangen wird eine Platte.

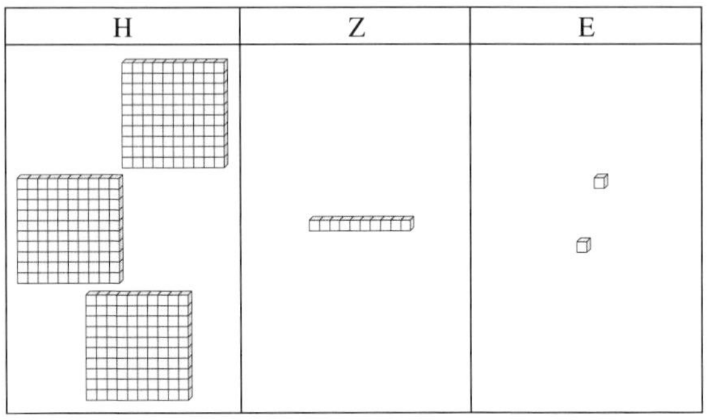

Nun haben wir die Standarddarstellung. 28 Zehnerstangen und 32 Einzelwürfel ist eine Nicht-Standard-Darstellung für die Zahl 312.

– Rechnen
  Wir erwarten, dass Kinder im Laufe des 3. Schuljahres Additions- und Subtraktionsaufgaben auch ohne Hilfe von Material lösen können. Um die Gültigkeit bestimmter Rechnungen (z. B. 326 + 400 = 726) zu begründen, kann es dennoch günstig sein, auf die Zehner-Systemblöcke zurückzugreifen. Außerdem kann es gerade für langsame Lerner eine Hilfe sein, Additions- und Subtraktionsaufgaben noch einmal konkret durchzuführen. Dabei müssen wir uns jedoch bewusst sein, dass insbesondere bei Aufgaben mit Stellenüberschreitungen das Arbeiten mit Material einem recht umständlichen Rechenweg entspricht.

  Beispielaufgabe: 326 + 47
  1. Schritt: Darstellung des ersten Summanden

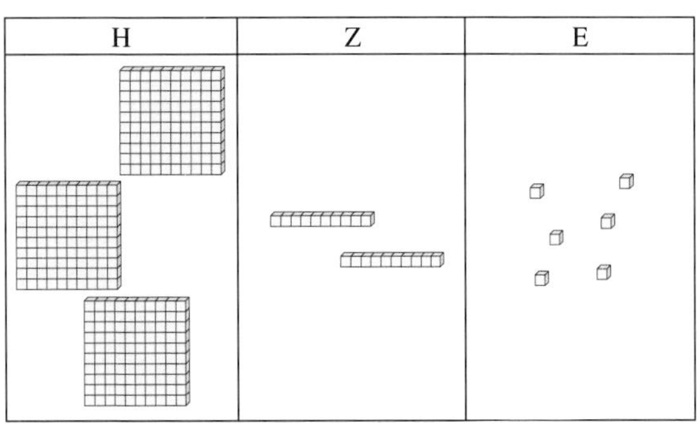

2. Schritt: 4 Zehner werden hinzugefügt.

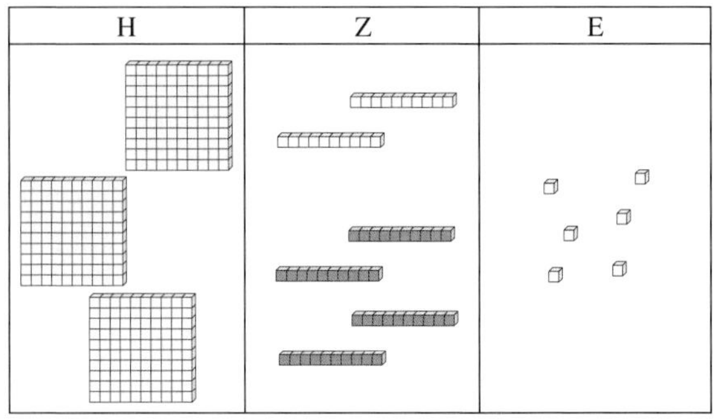

Dieser Handlung entspricht die Rechnung
326 + 40 = 366.

3. Schritt: 7 Einerwürfel werden dazugelegt.

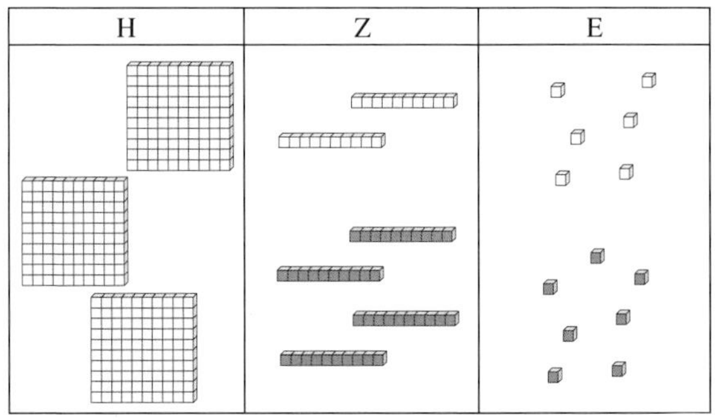

Dieser Handlung entspricht folgende Rechnung:
3 H 6 Z 6 E + 7 E = 3 H 6 Z 13 E

4. Schritt: Bündeln

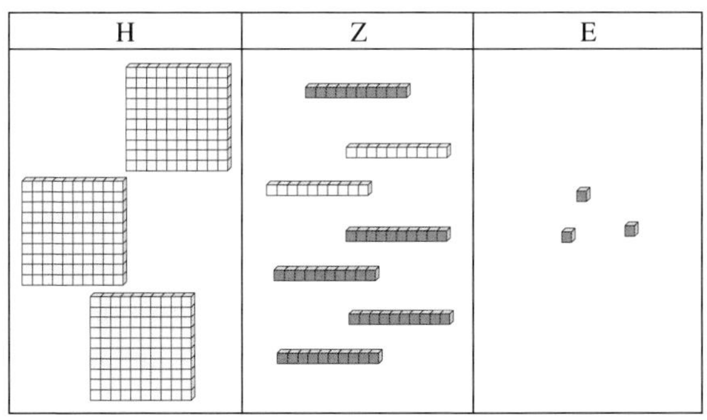

Aus der Nicht-Standard-Darstellung 3 H 6 Z 13 E wird die Standard-Darstellung 3 H 7 Z 3 E.

Die auf der Handlungsebene notwendigen Nicht-Standard-Darstellungen von Zahlen (bei Aufgaben mit Stellenüberschreitung) lassen es zweifelhaft erscheinen, ob es günstig ist, Addition und Subtraktion mit Überschreitung auf diese Weise zu erläutern. Die im 2. Schuljahr erarbeiteten Verfahren des halbschriftlichen Rechnens sollten (nach den Übungen zur Festigung des Zahlverständnisses) ausreichen, auch im Zahlenraum bis 1 000 halbschriftlich rechnen zu können. Für Kinder mit großen Verständnisschwierigkeiten kann dieses

Arbeiten mit den Zehner-Systemblöcken dennoch eine Hilfe sein. Für die Begründung der schriftlichen Addition und Subtraktion sind sie unverzichtbar (vgl. S. 119 ff.), ebenso für erstes Kopfrechnen mit vollen Hundertern und vollen Zehnern (ohne Überschreitung). Bei diesen Aufgaben können Analogien mithilfe der Zehner-Systemblöcke besonders gut herausgearbeitet werden, wie die folgenden Beispiele zeigen.

Beispiel 1: 248 + 400

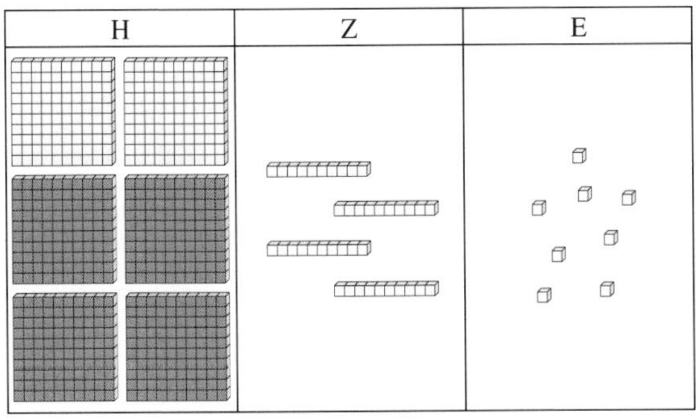

248 + 400 = 648, weil 2 (Hunderter) und 4 (Hunderter) zusammen 6 (Hunderter) sind. An der Zehner- und Einerstelle verändert sich nichts, weil dort nichts dazugelegt wurde.

Beispiel 2: 436 + 40

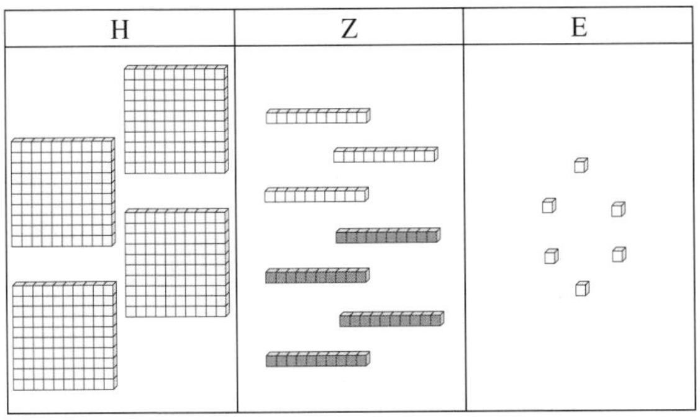

436 + 40 = 476, weil 3 (Zehner) und 4 (Zehner) zusammen 7 (Zehner) sind.

- Zahlenkarten
  Auch für das 3. Schuljahr gilt der Grundsatz, dass wenige Materialien bewusst auszuwählen sind. Zentrale Arbeitsmittel sind sicher
  - der Tausenderstreifen für die Auffassung und Darstellung der kardinalen Eigenschaft der Zahlen bis 1 000,
  - das Tausenderbuch für die Erarbeitung der Struktur dieser Zahlen,
  - der Zahlenstrahl vor allem für Fragen der Ordnung dieser Zahlen und
  - die Zehner-Systemblöcke vorrangig als Repräsentanten der Bündelungsidee.

Das Rechengeld ist im Unterricht der 3. Klasse eher von nachgeordneter Bedeutung. Die Idee der Bündelung wird bei diesem Material weitaus weniger deutlich als etwa bei den Zehner-Systemblöcken. Wir schlagen daher vor, den Einsatz des Rechengeldes auf den Bereich der Förderung des Zahl- und Größenverständnisses und auf den Bereich der schriftlichen Rechenverfahren zu beschränken. In entsprechenden Sachkontexten (z. B.: Wie teuer ist ein Fahrrad? Wie lange muss ich dafür sparen?) kann der Größenbereich Geldwerte die Vorstellung von großen Zahlen unterstützen. Für bestimmte Zwecke kann es günstig sein, die im Folgenden beschriebenen Zahlenkarten einzusetzen, nämlich dann, wenn die Kinder vorschnell nur noch mit den Ziffern an den einzelnen Stellen, nicht mehr mit den Zahlen und ihren Bedeutungen operieren. Diese Zahlenkarten (vgl. **Kopiervorlage A 5**) machen vor allem den Stellenwert der Ziffern an den einzelnen Stellen deutlich, indem die Zahl 326 aus 300, 20 und 6 zusammengesetzt wird.

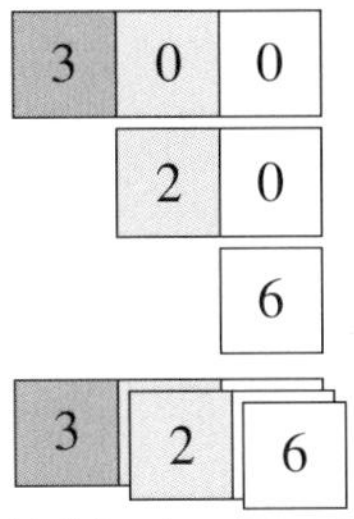

Mithilfe dieser Zahlenkarten lässt sich auch das schrittweise Vorgehen beim halbschriftlichen Rechnen darstellen.

Beispiel: 348 + 256

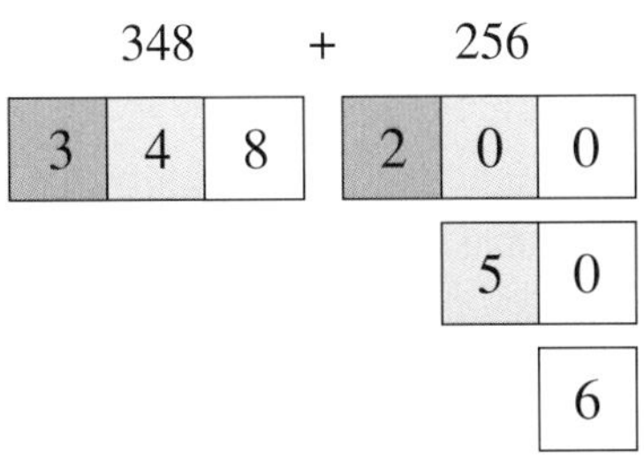

348 + 256 = 604

348 + 200 = 548

548 + 50 = 598

598 + 6 = 604

Darstellung, Schreibweise und Ordnung der Zahlen

Zentrales Ziel aller Aktivitäten der Darstellung und Schreibweise der Zahlen ist es, dass die Kinder mit einer geschriebenen Zahl wie z. B. 824 zwei Vorstellungen verbinden, nämlich erstens eine Vorstellung von der Größe dieser Zahl (näher bei 1 000 als bei 500; mehr als das Doppelte von 400; so viele Kinder, wie in drei Schulen zusammen sind u. v. a. m.) und zweitens eine Vorstellung von der Bedeutung der Ziffern an den einzelnen Stellen. Mit Aufgabenstellungen, die die Interpretation solcher Darstellungen und ihre flexible Übersetzung in andere Notationen herausfordern, sollen diese Vorstellungen entwickelt und ausgebaut werden.

- Zahlauffassung und -darstellung
  Am Tausenderstreifen wird die Zahl 367 dargestellt (vgl. dazu S. 64). Lege die gleiche Zahl mit Zehner-Systemblöcken und schreibe sie auf verschiedene Weisen, mit der H-Z-E-Schreibweise (3 H 6 Z 7 E), in der Stellentafel, nur als Zahl (367) und als Zahlwort (dreihundertsiebenundsechzig).

  Die gleichzeitige Darstellung von Zahlen an kardinalen (Tausenderstreifen, Zehner-Systemblöcke) und ordinalen (Zahlenstrahl, Tausenderbuch) Modellen ist nicht unproblematisch. Am Tausenderstreifen steht die Zahl 367 für die ersten 367 Punkte, während am Zahlenstrahl und im Tausenderbuch die Zahl 367 für eine bestimmte Stelle (Punkt auf dem Zahlenstrahl bzw. Feld im Tausenderbuch) steht. Wenn kardinale und ordinale Modelle gleichzeitig behandelt werden, muss die kardinale Interpretation ordinaler Modelle thematisiert werden, z. B.: Bis zur Zahl 367 auf dem Zahlenstrahl sind es 367 Schritte; bis zur Zahl 367 im Tausenderbuch sind es 3 volle Hunderter, 6 Zehner und 7 Einer.

  Ein wenig „Algebra" (Buchstaben für Zahlen) kommt bei folgender Übung zur Zahlauffassung und -darstellung am Zahlenstrahl ins Spiel.
  Stelle auch Fahnen für die folgenden Zahlen auf:
  e = 428, f = 453 ...

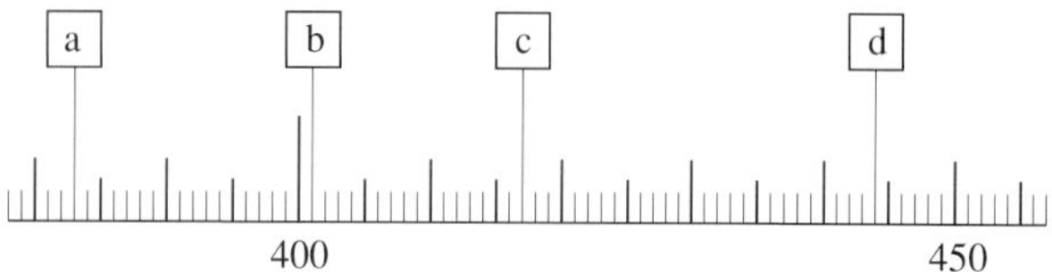

a = 383 b = 401 c = ...

- Die Zahl der Woche
  Diese Aufgabe eignet sich gut als „Aufgabe der Woche" für eine Bearbeitung im Rahmen des Wochenplans. An einer Pinnwand steht nur „Die Zahl der Woche: 664". Die Kinder heften an die Pinwand alles an, was sie über diese Zahl wissen, verschiedene Zahldarstellungen, Rechenaufgaben (z. B. das Doppelte von 332; 600 + 64 ...) oder selbst erfundene Rechengeschichten, in denen die 664 „mitspielt".

- Quadrat-, Strich-, Punktdarstellung
  Zahldarstellungen mit Zehner-Systemblöcken lassen sich leicht in die Quadrat-, Strich-, Punktdarstellung übertragen; für jede Hunderterplatte wird ein Quadrat gemalt, für jede Zehnerstange ein Strich (waagerecht wegen des Zusammenhangs mit der Hunderter-Tafel bzw. dem Tausenderbuch), für jeden Einzelwürfel ein Punkt.

  Wie heißen diese Zahlen?

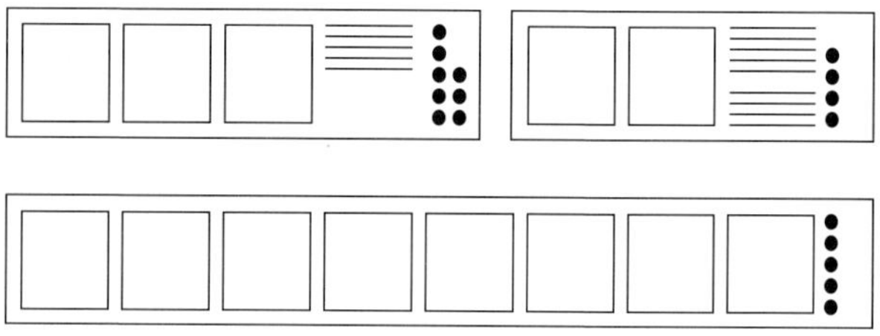

  Zeige diese Zahlen am Tausenderstreifen, notiere sie in der Stellentafel, lege sie mit Zahlenkarten. Zeichne ebenso Bilder für die Zahlen 743, 602, ...

  Für das Rechnen empfehlen wir diese Quadrat-, Strich-, Punktdarstellung nicht. Wenn Kinder tatsächlich noch die Hilfe des Materials benötigen, dann sollte konkret mit den Zehner-Systemblöcken gearbeitet werden, nicht mit ihrer abstrakten Symbolisierung in Form von Quadraten, Strichen und Punkten.

- Verschiedene Notationsformen
  Mehr auf der symbolischen, vom Material losgelösten Ebene bietet sich folgendes Übungsformat für verschiedene Notationsformen dreistelliger Zahlen an.

H	**Z**	**E**
3	4	2
300 + 40 + 2		
342		
dreihundertzweiundvierzig		

  Mit dieser Darstellung können Übungen zur Übersetzung von einer Darstellungsform in eine andere durchgeführt werden.

H	**Z**	**E**
7	*0*	*3*

H	**Z**	**E**
400 + 20 + 7		

H	**Z**	**E**
zweihundertundneunzig		

- Operative Übungen
  Weit verbreitet in Schulbüchern sind Übungen der folgenden Art:
  300 + 70 + 8 = 378 bzw. 426 = 400 + 20 + 6

Daraus lassen sich leicht Aufgaben entwickeln, die ein wenig mehr das Nachdenken über Stellenwerte herausfordern:

700 + ___ + 3 = 763
___ + 30 + __ = 538
843 = ___ + 40 + __

Die Aufmerksamkeit auf Stellenwerte lenken auch solche Übungen, bei denen die Stellenwerte der Zahlen nicht immer nur in der üblichen Reihenfolge Hunderter – Zehner – Einer vorgegeben werden:

3 Z 5 E 6 H = 635
5 E 7 H = ___

Übertrage diese Zahlen in die Stellentafel, schreibe sie dann ohne Stellentafel auf.

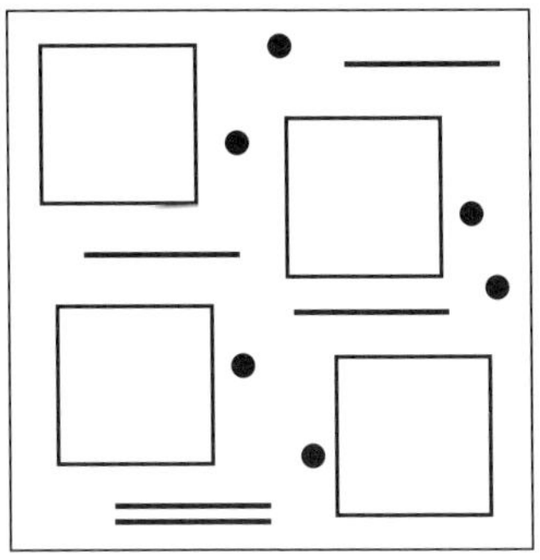

H	Z	E
4	5	6

4	5	6

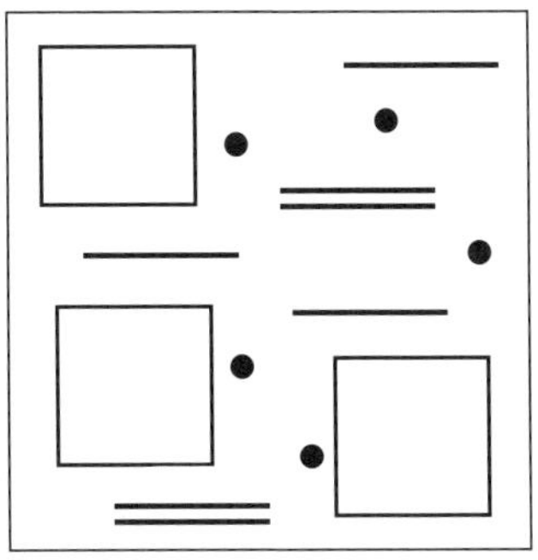

H	Z	E
3	7	5

3	7	5

- Hohe Hausnummern
Jedes Kind braucht eine Stellentafel (**Kopiervorlage A 4**) und mehrere Plättchen für die Zahldarstellung. Reihum wird jeweils eine Zahl mit einem Würfel geworfen.
Wird der sog. Schulwürfel verwendet, dann gelten folgende Sonderregeln:
Bei 10 wird erneut gewürfelt, beim Joker darf eine (einstellige) Zahl ausgewählt werden. Wer an der Reihe ist, würfelt, nimmt eine entsprechende Anzahl von Plättchen und legt sie alle entweder in die Hunderter-, Zehner- oder Einerspalte. Wer hat nach drei Runden die größte Zahl? Weitere Varianten dieses Spiels sind im **Handbuch 2**, S. 75, beschrieben.

- Plättchen in der Stellentafel
Du hast insgesamt vier Plättchen, die du beliebig auf die drei Felder der Stellentafel verteilen darfst,

z. B. so...

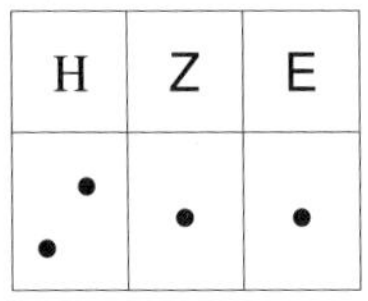

...oder so:

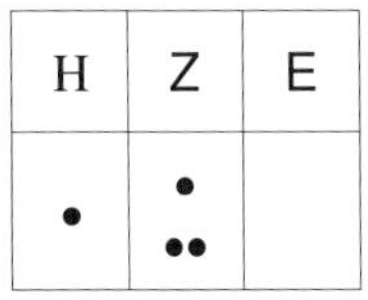

Wie heißt die größte Zahl, die du legen kannst, wie die kleinste? Wie viele Zahlen kannst du insgesamt mit den vier Plättchen legen? Ordne sie der Größe nach: 400, 310, 301, 220, ..., 4. Was geschieht, wenn du 5 Plättchen nimmst?

- Plättchen verschieben
Jennifer hat mit Plättchen die Zahl 346 gelegt.

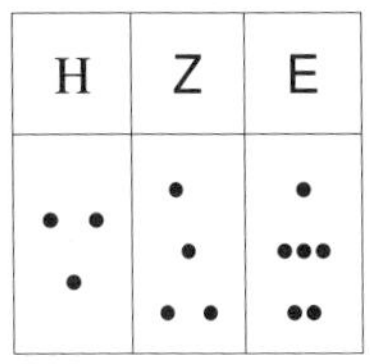

Wie verändert sich die Zahl, wenn ein Hunderterplättchen in die Zehnerspalte, ein Zehnerplättchen in die Einerspalte, ein Einerplättchen zum Zehner oder Hunderter geschoben wird?

Ist das immer so? Kannst du deine Behauptungen begründen?

- Drei Ziffern, sechs Zahlen
Benötigt werden Zahlenkarten von 0 bis 9 (aus der Kopiervorlage A 14 aus **Handbuch 1**). Das Kind zieht blind drei Karten und bildet aus ihnen dreistellige Zahlen. Schreibe alle Zahlen auf, ordne sie der Größe nach. Wer kann schon Zahlen lesen, die mit vier Zahlenkarten gelegt wurden? Wie viele verschiedene Zahlen gibt es jetzt? Kannst du sie auch der Größe nach ordnen?

- Zahlendiktate und Sprechweise von Zahlen
In der deutschen Sprache werden Zahlwörter nicht stellengerecht von links nach rechts gesprochen. Schwierigkeiten bereitet dies insbesondere denjenigen Kindern, deren Muttersprache diese deutsche Besonderheit nicht aufweist, also z. B. unseren türkischen Kindern. Für diese sind Übungen zur Zahldarstellung und -auffassung, wie sie in diesem Handbuch beschrieben wurden, besonders wichtig. Die vermeintliche Hilfe, Zahlen so zu schreiben, wie man sie spricht, also in der Reihenfolge Hunderter, Einer, Zehner, führt in die Sackgasse. Regelmäßige Zahlendiktate, z. B. im Rahmen des so genannten Fünf-Minuten-Rechnens, können darauf aufmerksam machen, welche Kinder mit der Schreibweise der Zahlen noch

Probleme haben und Zahldarstellungen und -auffassungen noch üben müssen. Hilfreich in diesem Zusammenhang sind auch die schon an anderer Stelle beschriebenen Zahlendiktate am Taschenrechner, der Schreibmaschine oder am Computer.
Auf eine besondere Problematik der Zahlsprechweise auch für einige deutsche Kinder hat Nolte (1996) aufmerksam gemacht. Schwierigkeiten bei der akustischen Diskrimination können dazu führen, dass Zahlen wie 15 und 50, 509 und 590, 84 und 480 oder 2 und 3 beim Hören nicht sicher unterschieden werden können. In Beobachtungssituationen, die vor allem von der Sprache getragen sind, kann das Kind dann den Eindruck erwecken, es verfüge noch über keine Stellenwertvorstellungen, während die eigentliche Ursache in der schlecht ausgeprägten auditiven Wahrnehmung liegt. Ob ein solches Problem vorliegt, lässt sich einerseits dadurch überprüfen, dass die Zahlwörter besonders deutlich und akzentuiert ausgesprochen werden, andererseits durch sprachfreie Übungen zur Zahlauffassung und -darstellung mit Modellen wie Zehner-Systemblöcken und Tausenderstreifen.

- Stellenwerte in Bewegung
  Sicherlich etwas chaotisch, dafür hoffentlich mit viel Spaß, geht es bei dieser Übung zu. Jedes Kind erhält eine Zahlenkarte von 0 bis 9 umgehängt. Während Musik läuft, gehen die Kinder im Raum (am besten wohl in der Turnhalle) umher. Wenn die Musik abgestellt wird, dann müssen sich die Kinder immer in Dreiergruppen zusammenfinden und mit dem Rücken an der Wand aufstellen. Tiefe Trommeltöne signalisieren, dass jeweils die kleinste dreistellige Zahl zu bilden ist, hohe Töne an der Triangel geben die Anweisung, möglichst große dreistellige Zahlen herzustellen.

- 500 gewinnt: Ein Bündelungsspiel
  Benötigt werden zwei Würfel, ausreichend viele Platten, Stangen und Einzelwürfel der Zehner-Systemblöcke und für jedes Kind eine große Stellentafel (**Kopiervorlage A 4**).
  Beide Würfel werden gleichzeitig geworfen. Das Kind entscheidet, welche Würfelzahl für Zehner, welche für Einer stehen soll. Der gewürfelten Zahl entsprechend nimmt es Stangen und Einzelwürfel und legt sie auf die Stellentafel. Ab der zweiten Runde muss ggf. gebündelt werden, also 10 Einer gegen einen Zehner getauscht werden usw. Gewonnen hat, wer als erster auf diese Weise die fünfte Hunderterplatte legen kann.

  Variante: Die 500 muss genau (oder im Bereich von 490 bis 510) getroffen werden. Der Würfelzahl entsprechend dürfen auch wieder Stangen und Einzelne entfernt werden.
  Ausdauernde Kinder dürfen natürlich auch bis 1 000 spielen.

- Aufgaben und Partneraufgaben
  Das Verständnis der Zahlen bis 1 000 und das Rechnen mit ihnen werden zunehmend gestützt von Einsichten in Analogien: 300 + 600 = 900, weil 3 (Hunderter) + 6 (Hunderter) gleich 9 (Hunderter) sind. Solche Einsichten sind mehr oder weniger bewusst auch schon beim Rechnen im Zahlenraum bis 100 genutzt worden. Mit der Erweiterung des Zahlenraums bis 1 000 sollten diese Analogien in einer Unterrichtssequenz zum Thema „Aufgaben und Partneraufgaben" bewusst thematisiert werden. Das Arbeiten im Zahlenraum bis 100 wird mit dem in einem ausgewählten Hunderter (z. B. bis 300) verglichen. Die Frage lautet immer: „Wer findet die Partneraufgaben?" Die folgende Übersicht gibt Anregungen für einige mögliche Fragestellungen.

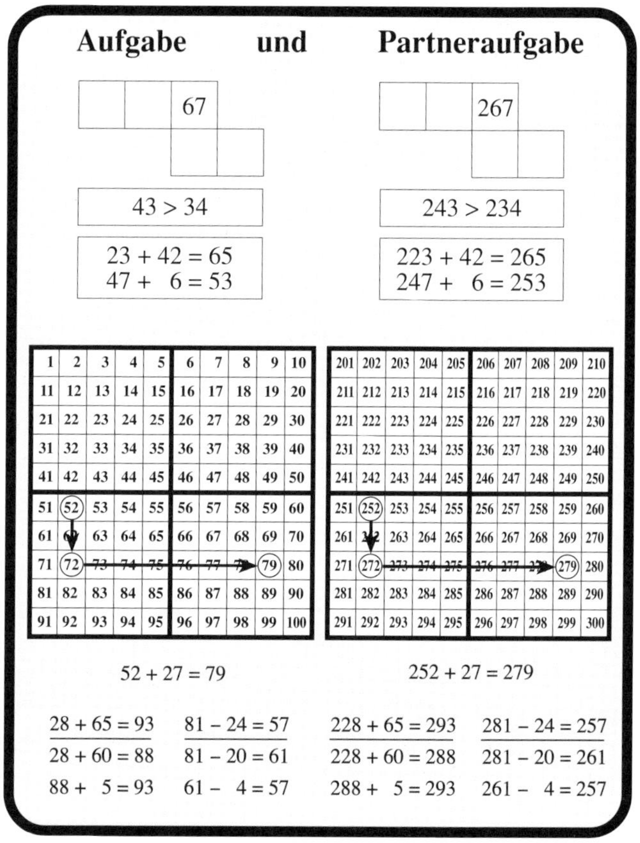

- Ordnung der Zahlen
  Die Zahl 324 ist kleiner als 342, weil
  (1) 324 beim Zählen vor 342 kommt;
  (2) 324 am Tausenderstreifen, bei den Zehner-Systemblöcken und in der Quadrat-, Strich-, Punkt-Darstellung zwar genau so viele Hunderter hat wie 342, aber weniger Zehner;
  (3) 324 im Tausenderbuch vor der 342 steht;
  (4) 324 am Zahlenstrahl links von der 342 zu finden ist;
  (5) beide geschriebenen Zahlen zwar an der Hunderterstelle übereinstimmen, 324 an der Zehnerstelle aber eine kleinere Zahl hat als 342.

Diese verschiedenen Möglichkeiten, zwei Zahlen hinsichtlich ihrer Größe miteinander zu vergleichen, zeigen nicht nur verschiedene Argumentationsformen auf, sondern verweisen auch auf unterschiedlich konkrete bzw. formale Wege der Prüfung der Ordnungsrelation mithilfe von Handlungen. Wichtig sind zunächst die unter (2) bis (4) beschriebenen Formen, wobei die Form (5) auf der Grundlage von auf (2) bis (4) bezogenen Übungen durchaus anzustreben ist. Entsprechende Übungen zur Zahlauffassung und -darstellung am Zahlenstrahl und zum Zählen in Schritten haben wir bereits an anderer Stelle (S. 66) beschrieben. Die Aufmerksamkeit der Kinder kann erneut fokussiert werden, wenn die Lehrerin ankündigt, selbst in Schritten zu zählen, dabei aber einen Fehler zu machen. Welche Zahl habe ich hier ausgelassen: 470, 480, 490, 500, 520, 530, 540?

- Nachbarn, Zehner- und Hunderternachbarn
  Übungen zu diesem Thema werden häufig in Tabellenform, manchmal auch in der Schreibweise mit Kleiner-Zeichen präsentiert.
  Beispiel:

Vorgänger	Zahl	Nachfolger	
326	327	328	326 < 327 < 328
499	500	501	499 < 500 < 501
999	1 000	1001	999 < 1 000 < 1001

Mit Blick auf das Thema „Runden von Zahlen" schlagen wir vor, die analogen Tabellen für Zehner- und Hunderternachbarn dahingehend zu ergänzen, dass die Tabellen Möglichkeiten vorsehen, denjenigen Zehner- bzw. Hunderternachbarn anzukreuzen, der am nächsten an der Zahl liegt. Sind beide Nachbarn gleich weit entfernt, erhalten beide ein Kreuz. Die Regel, dass ab 5 aufgerundet wird, ist eine Konvention, die später als solche auch herausgestellt werden muss.

Beispiele:
Zehnernachbarn, Hunderternachbarn

	Zehnervorgänger	Zahl	Zehnernachfolger	
○	360	367	370	⊗
⊗	740	742	750	○
⊗	620	625	630	⊗

	Hunderter-vorgänger	Zahl	Hunderter-nachfolger	
○	800	852	900	⊗
⊗	200	250	300	⊗
⊗	1000	1023	1100	○

2.3 Addition und Subtraktion

Das halbschriftliche Addieren und Subtrahieren im Zahlenraum bis 1 000 und insbesondere das Kopfrechnen in diesem Zahlenraum gehören aus verschiedenen Gründen zu den schwierigsten Kapiteln des Mathematikunterrichts in der Grundschule.

- Fehlende Sicherheit beim Rechnen bis 100
  Der Arithmetikunterricht in Klasse 2 wird beherrscht von den beiden großen Themen „Additives Rechnen bis 100" und „Multiplikation und Division". Manche Lehrerinnen und Lehrer, einige Schulbücher, vor allem aber wohl die Eltern konzentrieren ihre Übungsbemühungen auf das Auswendiglernen des kleinen Einmaleins. Die Entwicklung gesicherter Verfahren des (gestützten) Addierens und Subtrahierens im Zahlenraum bis 100 kommt dabei häufig zu kurz. Dies betrifft vor allem zwei Aufgabentypen, die für das weitere Rechnen im Zahlenraum bis 1 000 besonders wichtig sind, nämlich die Addition bzw. Subtraktion voller Zehner zu/von zweistelligen Zahlen (ZE ± Z) und das Rechnen mit einstelligen Zahlen mit Zehnerüberschreitung (ZE ± E).

- Hohe Leistungsheterogenität
  Gerade beim Kopfrechnen im Zahlenraum bis 1 000 zeigen sich oft sehr deutliche Leistungsunterschiede innerhalb einer Klasse. Nicht selten beteiligen sich an den täglichen Kopfrechenübungen nur noch wenige Kinder. Einige resignieren ganz, weil sie keine angemessenen Rechenverfahren entwickelt haben.

- Hohe Zahl von Merkprozessen
  Die Addition und Subtraktion dreistelliger Zahlen „im Kopf" ist unvermeidlich mit einer hohen Zahl von Merkprozessen verbunden. Wenn die Berechnung einer einzelnen Teilaufgabe (z. B. 236 + 400) von den Kindern eine große Konzentration erfordert, weil sie noch nicht automatisiert ist, vielleicht sogar noch mit Hilfe des zählenden Rechnens gelöst werden muss, dann kann die Lösung der komplexen Aufgabe nicht gelingen, weil z. B. die Aufgabe vergessen wird oder die notwendige Kontrolle der einzelnen Teilschritte (Was habe ich schon gerechnet? Was muss ich noch rechnen?) nicht gelingt.

- Individuelle Verfahren
  Sicher ist es zu begrüßen, dass Kinder Aufgaben zunächst mit ihren individuellen Verfahren lösen. Zur Entwicklung der Fähigkeit, Aufgaben ohne Notation von Zwischenergebnissen zu lösen, sind manche individuellen Verfahren jedoch nicht geeignet. So führt insbesondere das Verfahren „Stellenwerte extra" beim Kopfrechnen in die Sackgasse. Schon bei der Addition/Subtraktion zweistelliger Zahlen müssen die Aufgaben selbst und zwei Teilergebnisse memorisiert

werden, zugleich müssen die Kinder sich merken, welche Teilaufgaben schon berechnet wurden. Das überfordert die meisten Kinder, erst recht diejenigen, die wegen nicht sicherer und schneller Lösung von Aufgaben des Typs ZE ± Z zum Verfahren „Stellenwerte extra“ Zuflucht nehmen. Beim Kopfrechnen im Zahlenraum bis 1 000 nach diesen Verfahren sind sicher auch die meisten Erwachsenen ge- bzw. überfordert. Machen Sie die Probe, lassen Sie sich von einer Kollegin eine Aufgabe zur Addition bzw. Subtraktion zweier dreistelliger Zahlen sagen und lösen Sie diese nach dem Verfahren „Stellenwerte extra“. Nicht wenige Erwachsene haben nach der ersten Teilberechnung die Aufgabe vergessen.

- Ablösung durch schriftliche Verfahren
In der Einschätzung vieler Kinder, mancher Lehrerinnen und auch im Sinne mancher Schulbücher wird das bisherige (gestützte) Kopfrechnen im 3. Schuljahr durch das schriftliche Rechnen abgelöst. In dieser Einschätzung erscheint das schriftliche Rechnen als Krönung aller bisherigen Bemühungen. Kopfrechnen und halbschriftliches Rechnen werden so zu umständlichen und eher lästigen Hinführungsverfahren degradiert. Tatsächlich gewinnt in der heutigen Zeit das (gestützte) Kopfrechnen gerade auch den schriftlichen Verfahren gegenüber immer mehr an Bedeutung (vgl. dazu Kapitel 2.6, S. 119 ff.), sodass auch nach Einführung der schriftlichen Verfahren weiterhin eine Kopfrechenkultur gepflegt werden soll. Dies ist Kindern nicht einfach einsichtig zu machen, weil sie mit den schriftlichen Verfahren ein universelles Werkzeug erhalten haben, das ohne Rücksicht auf die zahlreichen Schwierigkeiten beim Kopfrechnen immer anwendbar ist. Hilfreich sind in diesem Zusammenhang Aufgaben vom Typ „Im Kopf so weit es geht“ (vgl. S. 80).

- Sachanalysen statt Prozessanalysen
In der einschlägigen didaktischen Literatur wird die Schwierigkeit von Additions- und Subtraktionsaufgaben im Zahlenraum bis 1 000 üblicherweise an Merkmalen der Aufgaben festgemacht. Die Zahl der notwendigen Teilrechnungen und die Anzahl der (Hunderter- bzw. Zehner-)Übergänge sind solche Merkmale, mit denen eine Aufgabe als schwerer als eine andere beschrieben wird. Vernachlässigt wird bei diesem sachanalytischen Vorgehen die Frage, mit welchem Verfahren die Aufgaben gelöst werden. Die gleiche Aufgabe kann, wie die o. g. Ausführungen zum stellenweisen bzw. schrittweisen Rechnen zeigen, je nach Verfahren erheblich unterschiedliche Anforderungen an die notwendigen Memorisierungsprozesse stellen. Umgekehrt kann eine Aufgabe, die auf den ersten Blick schwieriger als eine andere erscheint, bei Wahl eines geschickten Verfahrens gleich schwer oder gar leichter sein als diese.

Beispiel:
Aufgabe 1: 397 + 453
Aufgabe 2: 620 + 91

Aufgabe 1 scheint deutlich schwieriger zu sein, wird aber zu einer recht leichten Aufgabe, wenn sie im Sinne des gegensinnigen Veränderns in die Aufgabe 400 + 450 umgewandelt wird. Solches Nutzen von Rechenvorteilen insbesondere bei Zahlen in der Nähe voller Hunderter und Zehner ist im 3. Schuljahr zu thematisieren.

- Unklarheit über die Anforderungen
Selbst Rahmenrichtlinien, die an vielen Stellen unnötigerweise detaillierte Vorgaben machen, sind bei der Beschreibung der Anforderungen bezogen auf das halbschriftliche Rechnen und Kopfrechnen im Zahlenraum bis 1 000 häufig unpräzise. So heißt es in den Rahmenrichtlinien für Niedersachsen (1984) zum Beispiel: „Einfache zwei- und dreistellige Zahlen im Zahlenraum bis 1 000 mündlich und halbschriftlich addieren und subtrahieren.“ Die angegebenen Beispiele (354 + 80; 240 + 370; 629 – 60) sind sicher nicht erschöpfend; so fehlen zum Beispiel andere „einfache Aufgaben“ wie 629 + 3, 360 – 20 u. Ä., während nicht beschrieben wird, ob 354 + 124 oder gar die oben beschriebene Aufgabe 397 + 453 noch „leicht“ oder schon „schwer“ sind. Die Unklarheit über die Anforderungen, die mit einzelnen Aufgaben tatsächlich gestellt werden, paart sich mit einer Unsicherheit über die zu stellenden Anforderungen, gegebenenfalls differenziert nach verschiedenen Leistungsniveaus. Im folgenden Abschnitt 2.3.1 unternehmen wir den Versuch, einerseits die Schwierigkeiten von Aufgaben auch in Abhängigkeit von gewählten Verfahren zu beschreiben, andererseits Anforderungen an das Kopfrechnen auf verschiedenen Leistungsniveaus zu definieren.

2.3.1 Kopfrechnen

Unter „Kopfrechnen“ verstehen wir, wie auch schon im **Handbuch 2** (S. 42) beschrieben wurde, das Rechnen einer Aufgabe nur „im Kopf“, also ohne Notation von Zwischenergebnissen oder -rechnungen und ohne weitere Hilfsmittel wie zum Beispiel Tausenderbuch oder -streifen. Auch beim halbschriftlichen Rechnen bzw. gestützten Kopfrechnen werden Zwischenschritte „im Kopf“ gerechnet, bei diesem Verfahren jedoch Zwischenrechnungen bzw. deren Ergebnisse zusätzlich notiert, sodass dadurch die Anforderungen an die Gedächtnisleistungen reduziert werden. Die zusätzlich notwendigen Merkprozesse beim Kopfrechnen im engeren Sinne machen also den wesentlichen Unterschied zum halbschriftlichen Rechnen aus.

Die Schwierigkeit von Kopfrechenaufgaben wird von verschiedenen Faktoren beeinflusst.

- Die *Art der Aufgabendarbietung* in schriftlicher oder nur in mündlicher Form entscheidet darüber, ob die Kinder auch schon die Aufgabe selbst memorisieren müssen. So ist eine mündlich gestellte Aufgabe zur Addition zweier dreistelliger Zahlen (HZE + HZE) schon allein deshalb so schwierig, weil das Einprägen der Aufgabe mit sechs echt besetzten Stellen die Grenze des Kurzzeitgedächtnisses fast erreicht.
- Die *Komplexität der Zahlen* hat, zunächst einmal unabhängig vom Rechnen selbst, Einfluss darauf, wie leicht oder schwer sich die Kinder die zu verrechnenden Zahlen merken können. Je größer die Anzahl der nicht mit Null besetzten Stellen (H + H vs. HZE + HZE mit vielen Zwischenstufen) ist, desto höher sind die Anforderungen an die Merkfähigkeit.
- Das *gewählte Rechenverfahren* hat einen entscheidenen Einfluss auf die Anzahl *der Rechenschritte* und auf die *Anzahl der Zwischenergebnisse*. Außerdem entscheidet das gewählte Rechenverfahren darüber, ob die Zwischenergebnisse direkt weiter verarbeitet werden können oder ob sie zwischengespeichert und erst später wieder aufgerufen werden müssen.
- Die *Kontrolle des Rechenprozesses* ist bei allen Kopfrechenaufgaben notwendig, wird aber umso schwerer, je komplexer die Zahlen werden und je größer damit die Anzahl der Rechenschritte wird.

Damit wird deutlich, dass die Schwierigkeit von Kopfrechenaufgaben nicht nur mit den Merkmalen der Aufgabe selbst (Komplexität, Zahl der Überschreitungen) erklärt werden kann, sondern wesentlich auch vom gewählten Verfahren abhängt. Die Methode „Stellenwerte extra" ist für das Kopfrechnen ungeeignet, weil hier – anders als bei „Schrittweise" – die Zwischenergebnisse gesondert abgespeichert und später wieder aufgerufen werden müssen und weil zusätzlich mehr Zwischenrechnungen notwendig sind, als bei der Methode „Schrittweise". Mit dem Ziel der Entwicklung des Kopfrechnens haben wir deshalb schon im **Handbuch 2** auch als Methode für das halbschriftliche Rechnen das schrittweise Rechnen empfohlen. Diese Methode reduziert die Zahl der zu behaltenden Zwischenergebnisse auf ein Minimum, weil hier mit den Zwischenergebnissen sofort weitergerechnet wird.

Die erfolgreiche Anwendung der Methode „Schrittweise" beim Kopfrechnen setzt allerdings voraus, dass die Kinder Aufgaben vom Typ ZE ± Z im Zahlenraum bis 100 und HZE ± H bzw. HZE ± Z ohne Hunderterüberschreitung in einem Schritt rechnen können. Aufgaben vom Typ HZE±Z mit Hunderterüberschreitung (z. B. 364 + 80) sollen möglichst unter Zuhilfenahme von Analogien (6 + 8 = 14) oder per Zerlegung (364 + 40 + 40) ebenfalls schnell und weitgehend automatisiert gelöst werden können. Diesen Aufgabentypen muss daher im Unterricht besondere Aufmerksamkeit gewidmet werden, vor allem auch deshalb, weil sie in manchen Schulbüchern nur sehr kurz abgehandelt werden, sie tatsächlich aber beim Kopfrechnen in Form von Zwischenrechnungen immer wieder verlangt werden.

Übungen zur Sicherung der Vorkenntnisse und deren Erweiterung in den Zahlenraum bis 1 000

Bei der überwiegenden Mehrzahl von Kopfrechenaufgaben im Zahlenraum bis 1 000 sind als Teilaufgaben solche mit vollen Hundertern oder Zehnern zu berechnen. Folgende Übungsformen bieten sich für diese Aufgabentypen an.

- Übungen mit den Hunderter-Tafeln des Tausenderbuchs
  - Auf den Hunderter-Tafeln in Zehnerschritten nach unten bzw. oben, zunächst mit Anschauen der Tafel, dann ohne:
    7, 17, 27, . . .   307, 317, 327, . . .
    98, 88, 78, . . .   698, 688, 678, . . .
  - Sprünge auf Hunderter-Tafeln
    An die Wandtafel wird ein Zehner-Additions- bzw. Subtraktionsoperator geschrieben, z. B. (+40) oder (- 60).
    Auf der (ersten) Hunderter-Tafel (Folie auf dem Tageslichtprojektor; vgl. Kopiervorlage A 2 im **Handbuch 2**) wird nur noch das Startfeld gezeigt. Die Kinder sagen die ganze Rechenaufgabe:
    36 + 40 = 76   78 – 60 = 18

    52 + 40 = 92   94 – 60 = 34 usw.

    Die gleichen Übungen werden dann auf verschiedenen Seiten des Tausenderbuches durchgeführt, zunächst mit Anschauen der entsprechenden Tafel, dann ohne:
    An der Tafel steht (+30), gezeigt werden Zahlen auf einer Seite des Tausenderbuches.

    527 + 30 = 557
    549 + 30 = 579 usw.
- Vor- und rückwärts in Schritten
  - In Zehnerschritten vor- und rückwärts – auch über Hunderter hinweg:
    173, 183, 193, 203, 213, . . .
    524, 514, 504, 494, 484, . . .
  - Die gleichen Aufgaben mit anderen Schrittlängen, immer Zwanzigerschritte, Fünfzigerschritte, ...
    Wer kann die Zahlen aufsagen, ohne sie aufschreiben zu müssen?
  - Wie viele Zehnerschritte sind hier notwendig,
    von 387 bis 417,
    von 723 bis 663 usw.?
    Wer kann dazu Aufgaben mit einem Rechenschritt (387 + □ = 417) sagen?

- Kopfrechenübungen mithilfe der Quadrat-, Strich-, Punktdarstellung
  An die Tafel wird die Zahl 324 geschrieben und die zugehörige Quadrat-, Strich-, Punktdarstellung gezeichnet. Dies ist die Startzahl.

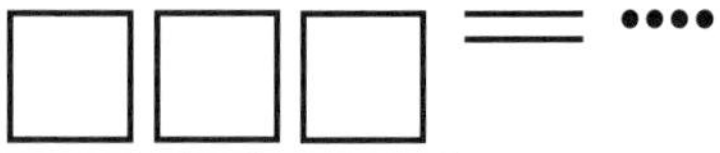

Die weiteren Aufgaben werden stumm gestellt, nämlich dadurch, dass Hunderter oder Zehner oder Einer auf den Tageslichtprojektor gelegt werden. Das Legen von sechs Hundertern z. B. bedeutet, dass zu der Startzahl 324 jetzt 600 addiert werden sollen. Die Kinder sagen jeweils die Aufgaben und die Lösungen.

Beispiele

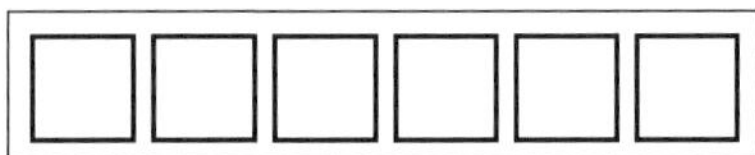	324 + 600 = 924
	324 + 200 = 524
	324 + 70 = 394
	324 + 8 = 332

Nun rückwärts: Am Tageslichtprojektor wird gezeigt, was (in der Vorstellung) weggenommen werden soll, d. h. es sollen Subtraktionsaufgaben gebildet werden.

	324 – 200 = 124
	324 – 20 = 304
	324 – 30 = 294
	324 – 7 = 317

- Reihen- und Analogieaufgaben
  Wer kann – im Kopf, also ohne zu schreiben – diese Aufgabenreihen fortsetzen?

124 + 100	798 – 100	613 + 10
224 + 100	798 – 200	613 + 20
324 + 100	798 – 300	613 + 30
…	…	…
467 – 10	512 + 20	862 – 30
467 – 20	512 + 40	862 – 60
467 – 30	512 + 60	862 – 90
…	…	…
214 + 2	909 – 3	
214 + 4	909 – 6	
214 + 6	909 – 9	
…	…	

Doppelpäckchen

24 + 2	240 + 20
24 + 4	240 + 40
24 + 6	240 + 60
…	…

Ähnliche Aufgaben
Wer findet zu einer vorgegebenen Aufgabe weitere „ähnliche Aufgaben“? Was ist daran „ähnlich“?

Beispielaufgabe	824 – 300 = 524
„Ähnliche“ Aufgaben:	824 – 600 = 224,
aber auch:	724 – 300 = 424 . . .

Beispielaufgabe:	636 + 40 = 676
„Ähnliche“ Aufgaben:	636 + 70 = 706
oder	428 + 40 = 468 . . .

Rechnen nur mit Einern, Zehnern, Hundertern
Hier sind Rechenpäckchen mit je drei Aufgaben:

3 + 7 = □	4 + □ = 10	□ + 5 = 10
30 + 70 = □	40 + □ = 100	□ + 50 = 100
300 +700 = □	400 + □ =1 000	□ + 500 = 1 000

Kannst du weitere solche Rechenpäckchen finden? Wie viele gibt es?

Aufgaben legen mit Rechengeld
In zwei an die Tafel gemalte rechteckige Felder wird (Demonstrations-)Rechengeld angeheftet. Die Kinder sagen die zugehörige Additionsaufgabe.
Beispiele:

	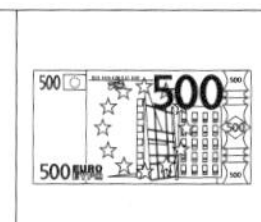	227 € + 500 € = 727 €
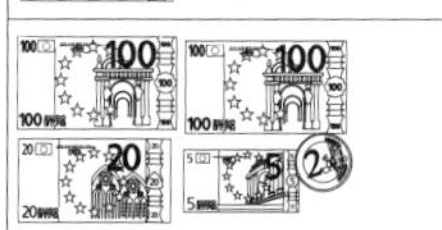	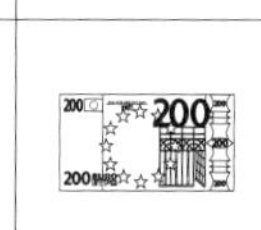	227 € + 200 € = 427 €
		227 € + 30 € = 257 €
	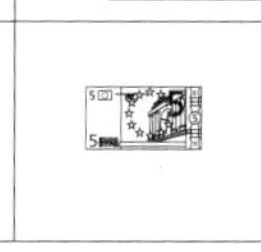	227 € + 5 € = 232 €

Zerlegung der 1 000
An die Tafel wird ein nur einstöckiges Haus der 1 000 gezeichnet.

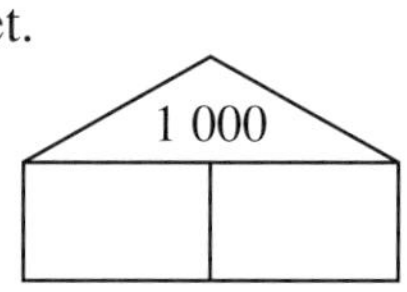

Diese Zeichnung soll nur an die aus den ersten beiden Schuljahren bekannte Form der Zahlzerlegungen erinnern; hineingeschrieben wird nicht. Die Lehrerin (oder später ein Kind) sagt die eine Zahl, wer an der Reihe ist, so schnell wie möglich die Tausenderergänzung.

500 — 500	350 — 650	995 — 5
400 — 600	420 — 580	7 — 993
...	...	...

Ein wichtiger Hinweis zum Schluss:
Bei der Arbeit mit Kindern, die uns wegen möglicher Rechenstörungen vorgestellt wurden, haben wir häufig die Erfahrung machen müssen, dass die Probleme dieser Kinder Folgen gutgemeinter, aber falscher Hilfen sind. Dies betrifft auch und vor allem das Rechnen mit vollen Hunderten und Zehnern.

Recht weit verbreitet ist die „Hilfe", bei Aufgaben wie 327 + 400 die Kinder die 27 und manchmal auch noch die beiden Nullen mit Fingern verdecken zu lassen, sodass die Kinder nur 3 + 4 zu rechnen haben „und dann noch die 27 dazu", wie viele Kinder es formulieren und dann nicht selten 34 als Lösung schreiben, weil sie die 27 zu 3 + 4 addieren. Selbst wenn die Kinder diesen Fehler nicht machen, sondern die 27 hinter die 7 (Hunderter) schreiben, führt diese „Hilfe" zu einem ziffernweisen Rechnen, das die Quelle zahlreicher Fehler ist und die Ausbildung einer tragfähigen Stellenwert- und Zahlvorstellung verhindert.

Auf der gleichen Ebene liegt eine ebenfalls gar nicht so seltene „Hilfe" der folgenden Art:

Z

32 + 54 =

E

Abgesehen davon, dass diese vermeintliche Hilfe für die Methode „Stellenweise extra" bei Aufgaben mit Stellenüberschreitungen Fehler provozieren kann (z. B: 38 + 24 = 512), führt auch diese „Hilfe" zu einem Rechnen „Ziffernweise extra", das zahlreiche Fehler nach sich zieht und die Ausbildung einer Stellenwertvorstellung erschwert oder gar verhindert. Wenn die Probleme des Kindes so groß sind, dass es aussichtslos erscheint, dass es je lernen wird, im Kopf oder halbschriftlich zu rechnen, dann sollten diesem Kind die Verfahren der schriftlichen Addition bzw. Subtraktion mit Untereinanderschreiben der Zahlen gezeigt werden (vgl. auch **Handbuch 2**, S. 76 ff.). Alle Versuche, die Schreibweise des halbschriftlichen Rechnens (nebeneinander) zu erhalten, dem Kind aber mit dem ziffernweisen Rechnen Verfahren des schriftlichen Rechnens zu vermitteln, scheitern in aller Regel, weil sie schwieriger sind als die eigentlichen schriftlichen Verfahren.

Differenzierung der Kopfrechenanforderungen

Heute besteht weitgehend Konsens darüber, dass die Bedeutung schriftlicher Rechenverfahren eher rückläufig ist, dafür dem Kopfrechnen, dem halbschriftlichen Rechnen und den überschlägigen Rechenverfahren größere Bedeutung zukommt. Es fehlen jedoch präzise Beschreibungen, welche Anforderungen an das Kopfrechnen von Drittklässlern gestellt werden können. Richtlinien helfen nicht weiter, wenn sie, wie z. B. in Niedersachsen, die Addition und Subtraktion „einfacher" zwei- und dreistelliger Zahlen im Zahlenraum bis 1 000 fordern, ohne zu klären, was „einfach" bzw. „schwer" ist. Hinzu kommt, dass die Schwierigkeit einer Aufgabe nicht nur an Aufgabenmerkmalen festgemacht werden kann, sondern sehr stark auch von dem gewählten Verfahren abhängt. Für Kinder, die „Stellenwerte extra" rechnen, ist die Aufgabe 240 + 370 sicher „schwer", weil sie zunächst 200 + 300 rechnen, das Ergebnis speichern müssen, dann 40 + 70 zu rechnen haben, das Hunderter-Ergebnis wieder aufrufen und zur Summe aus den Zehnerstellen addieren müssen. Zwei Zwischenergebnisse müssen gespeichert, später wieder aufgerufen, dann weiter verrechnet werden. Die gleiche Aufgabe nach dem Verfahren „Schrittweise" gehört dagegen sicher noch zu den „leichten" Aufgaben, weil hier mit dem Ergebnis der ersten Teilaufgabe direkt weitergerechnet werden kann. Da das Verfahren „Stellenwerte extra" beim Kopfrechnen wegen der erhörten Anforderungen an die Merkfähigkeit schnell in die Sackgasse führt, empfehlen wir, dieses Verfahren beim Kopfrechnen zu vermeiden. Bei der folgenden Beschreibung verschiedener Aufgabengruppen unterstellen wir, dass die jeweiligen Aufgaben nach der Methode „Schrittweise" gerechnet werden, abgesehen von solchen Aufgaben, bei denen das Nutzen operativer Beziehungen zu einfacheren Verfahren führt.

Unter Berücksichtigung der Anzahl der Rechenschritte und unter Beachtung der Tatsache, dass Aufgaben mit Stellenüberschreitung den Kindern in der Regel schwerer fallen als solche ohne Überschreitung, lassen sich für das additive Kopfrechnen bis zum 3. Schuljahr sechs verschiedene Aufgabengruppen beschreiben. (Hinweise zu den Teilthemen der Addition und Subtraktion im Zahlenraum bis 100 finden Sie im **Handbuch 2**, S. 45.)

	ohne Überschreitung	mit Überschreitung
Ein Rechenschritt	**Gruppe 1** Additions- und Subtraktionsaufgaben ohne Überschreitung eines Stellenwerts, die sich in einem Rechenschritt lösen lassen	**Gruppe 2** Additions- und Subtraktionsaufgaben mit Überschreitung genau eines Stellenwerts, die sich in einem Rechenschritt lösen lassen
Zwei Rechenschritte	**Gruppe 3** Additions- und Subtraktionsaufgaben ohne Überschreitung, die sich in zwei Rechenschritten lösen lassen	**Gruppe 4** Additions- und Subtraktionsaufgaben mit einer oder zwei Stellenüberschreitungen, die zwei Rechenschritte erfordern
Drei Rechenschritte	**Gruppe 5** Additions- und Subtraktionsaufgaben ohne Stellenüberschreitungen, die drei Rechenschritte notwendig machen	**Gruppe 6** Additions- und Subtraktionsaufgaben mit Stellenüberschreitungen, die drei Rechenschritte oder das Ausnutzen operativer Beziehungen erforderlich machen

Die folgende Tabelle konkretisiert diese Beschreibungen mit Beispielaufgaben, ohne jedoch den Anspruch zu erheben, alle möglichen Aufgabentypen vollständig zu erfassen.

Aufgabentyp	ohne Überschreitung		mit Überschreitung	
	Gruppe 1		**Gruppe 2**	
E ± E	3 + 4	7 − 2	7 + 6	
Z ± Z	20 + 70	60 − 40	80 + 30	
H ± H	500 + 300	900 − 400		
Z ± E	30 + 5			40 − 7
ZE ± Z	27 + 60	84 − 30		
ZE ± E	64 + 5	39 − 7	63 + 9	17 − 9
				82 − 9
ZE + H	27 + 300			
HE ± Z	107 + 60			304 − 30
HE ± H	204 + 500	709 − 300		
H ± Z	600 + 20			700 − 40
H ± E	500 + 7			400 − 6
H + ZE	300 + 86			
HZ ± E	640 + 4			750 − 3
HZ ± Z	430 + 50	680 − 40	270 + 60	430 − 70
HZ ± H	370 + 200	710 − 500		
HE ± E	402 + 5	608 − 4	407 + 5	403 − 5
HZE ± H	423 + 500	846 − 200		
HZE ± Z	316 + 40	463 − 50	286 + 40	517 − 60
HZE ± E	421 + 6	618 − 7	378 + 6	423 − 8

Aufgabentyp	ohne Überschreitung		mit Überschreitung	
	Gruppe 3		**Gruppe 4**	
H − ZE				500 − 86
ZE ± ZE	23 + 61	84 − 32	28 + 47	83 − 35
HZ ± ZE	340 + 26		340 + 81	460 − 43
				460 − 82
HE ± ZE	405 + 63		405 + 67	704 − 23
				704 − 27
HZ ± HE	370 + 405			530 − 204
HE ± HE	403 + 205	507 − 104	408 + 205	501 − 104
HZ ± HZ	340 + 230	570 − 240	340 + 570	620 − 350
HZE ± ZE	327 + 31	546 − 24	327 + 35	546 − 28
			327 + 91	546 − 54
			327 + 95	546 − 58
HZE ± HE	356 + 203	429 − 307	356 + 208	422 − 307
HZE ± HE	287 + 302	456 − 204	287 + 306	546 − 207
	Gruppe 5		**Gruppe 6**	
HZE ±HZE	326 + 243	956 − 341	326 + 237	956 − 338
			326 + 297	956 − 368

Einige Erläuterungen zu dieser Tabelle:

- Die Nummerierung der Gruppen von 1 bis 6 spiegelt nur in einer ersten Annäherung eine Schwierigkeitsstufung wider. So können insbesondere Aufgaben der Gruppe 4 für manche Kinder schwieriger sein als die der Gruppe 5.
- Die Eingruppierung einiger weniger Aufgaben hätte man auch anders vornehmen können. So kann die Aufgabe 40 – 7 durchaus auch in die Gruppe 1 eingeordnet werden, weil hier im strengen Sinne keine Zehnerüberschreitung erfolgt. Da aber die Subtraktion von einem vollen Zehner für viele Kinder schwieriger ist als die Addition zu einem vollen Zehner, haben wir diese Aufgabe in Gruppe 2 aufgenommen, weil hier der nächste Zehner „angebrochen" werden muss.
- Aufgaben der Gruppen 1 und 2 sollten im Kontext der Erweiterung des Zahlenraums bis 1 000 behandelt und immer wieder geübt werden. Diese Aufgaben können mündlich gestellt werden, weil der Rechenweg kurz ist. Möglichst alle Kinder sollten nach der Behandlung der Zahlenraumerweiterung bis 1 000 diese Aufgaben sicher im Kopf rechnen können.
- Die Aufgaben der Gruppen 3 und 4 sollten anfangs schriftlich präsentiert werden, um die Kinder von dem zusätzlichen Memorisieren der Aufgaben zu entlasten. In dieser Form der schriftlichen Aufgabenstellung sollten möglichst alle Kinder im Rahmen der Behandlung des Themas „Addieren und Subtrahieren bis 1 000" solche Aufgaben zunächst halbschriftlich, dann aber auch als reine Kopfrechenaufgaben lösen können. Diese „Normalanforderungen" sollten etwa in der Mitte des Schuljahres erreicht sein.

- In der zweiten Hälfte des Schuljahres, auch nach Einführung der schriftlichen Verfahren (!), sollten Aufgaben der Gruppen 3 und 4 zunehmend nur mündlich gestellt werden, darüber hinaus sollte angestrebt werden, dass die Kinder auch Aufgaben der Gruppen 5 und 6 zunächst weiterhin halbschriftlich, dann zunehmend im Kopf bei schriftlicher Präsentation der Aufgaben lösen können. Die Lösung dieser Aufgaben bei mündlicher Präsentation bleibt sicher nur einigen wenigen, besonders leistungstarken Kindern vorbehalten.
- Verkürzende Rechenverfahren („Rechenvorteile") unter Ausnutzung operativer Beziehungen werden beim halbschriftlichen Rechnen (Abschnitt 2.3.2, S. 82 ff.) thematisiert.

Übungen

Übungen zum Kopfrechnen im Zahlenraum bis 1 000 sollen

- unter Beteiligung möglichst aller Kinder erfolgen,
- unmittelbare Überprüfung der Ergebnisse zulassen,
- in verschiedenen Sozialformen durchgeführt werden,
- den unterschiedlichen Leistungsfähigkeiten der Kinder angepasst sein,
- abwechslungsreich gestaltet werden und nicht zuletzt
- schnelle Übungen sein, d. h. wenig zeitaufwendig für die Lehrerin und zugleich von hoher Übungseffizienz für die Kinder.

Diesen hohen Anforderungen steht in der Schulpraxis nicht selten ein doch sehr überschaubares Repertoir an Übungsformen gegenüber: Die Lehrerin stellt mündlich die Aufgaben, die Kinder lösen sie; zur Auflockerung gibt es hin und wieder „Eckenrechnen", bei dem eigentlich schon von Anfang an auch den Kinder der Klasse klar ist, wer letztlich gewinnt. Dies soll keine Praxisschelte sein, vielmehr auf das Dilemma hinweisen. Der großen Bedeutung des Kopfrechnens auch in diesem Zahlenraum steht tatsächlich nur ein eingeschränktes Repertoire an Übungsformen gegenüber, wenn die o. g. Kriterien alle erfüllt sein sollen. So ist die Beteiligung aller Kinder stark in Frage gestellt, wenn immer der ganzen Klasse eine Aufgabe gegeben wird; schriftliche Notationen verbieten sich andererseits, wenn es im Sinne der Ablösung vom zählenden Rechnen darum gehen soll, die Lösungen der Aufgaben so schnell wie möglich zu ermitteln; die schnellen Rechnerinnen müssen auf die langsamen warten, wenn ein gemeinsames Kopfrechendiktat geschrieben wird u. v. a. m .

Für diese Probleme gibt es keine Patentlösung. Wir müssen Kompromisse eingehen, uns aber der Nachteile einiger Übungsformen bewusst sein und sie durch Variation der Übungsformen zu kompensieren versuchen. In diesem Sinne ist das folgende Angebot an Übungsformen zu verstehen.

- Das Kopfrechendiktat
  Mindestens einmal in der Woche sollte ein kleines Kopfrechendiktat geschrieben werden im Umfang von etwa acht bis zehn Aufgaben, abhängig von ihrem Schwierigkeitsgrad. In der Praxis hat es sich bewährt, dafür ein kleines Oktavheft anzulegen. Die Aufgaben werden mit fortlaufender Nummerierung von der Lehrerin diktiert, die Lösungen verdeckt an die Tafel geschrieben. Nach dem Diktat können die Kinder an der aufgeklappten Tafel die richtigen Lösungen mit ihren vergleichen, die Anzahl der richtigen Lösungen ermitteln und in ihr Heft schreiben. Es ist zu empfehlen, in einem Kopfrechendiktat möglichst nur Aufgaben eines Typs zu stellen, weil dann leichter festgestellt werden kann, welche Kinder mit dieser Art von Aufgaben noch Probleme haben.
- Übungen am Tageslichtprojektor
  Diese Übungen haben den Vorteil, dass die einzelnen Aufgaben nicht mündlich, sondern „still", also durch Zeigen bzw. Markieren am Tageslichtprojektor, gestellt werden und so zur Stille und Konzentration beitragen können. Die Arbeit am Tageslichtprojektor hat – gegenüber der Arbeit an der Tafel – zudem den Vorteil, dass die Aufgabensätze nur einmal geschrieben und immer wieder verwendet, zudem zu Hause vorbereitet werden können. Bei jeder der im Folgenden beschriebenen Aufgabenformate empfehlen wir, grundsätzlich mit zwei übereinander liegenden Folien zu arbeiten, mit einer Grundfolie, die Sie direkt aus der Kopiervorlage erstellen können, und mehreren dazu passenden Deckfolien, die verschiedene Aufgabensätze zur gleichen Grundfolie enthalten. Diese Übungen können mit der ganzen Klasse, für gezielte Übungen aber auch mit kleineren Gruppen durchgeführt werden.
  - Im Kreis herum (vgl. **Kopiervorlage A 6**)
    In den Kreis kommt ein Operator, je nach Übungsintention zum Beispiel:
    (+30), (+200), (+7), (−53), (+202),
    oder auch (·3), (:10), (·30) .

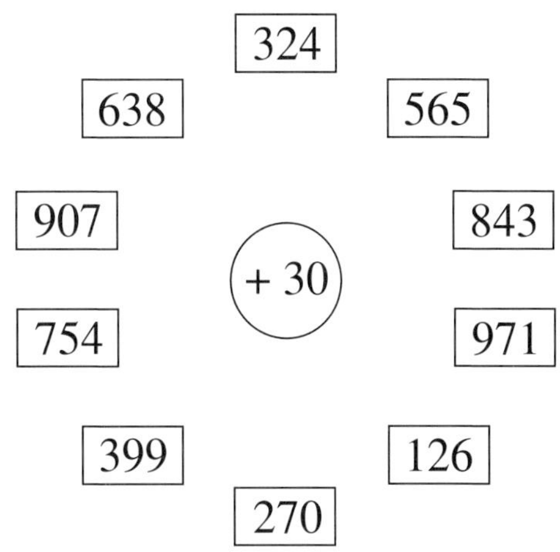

Die Startzahlen werden in die rechteckigen Felder geschrieben. Durch Zeigen auf die Startzahl wird die Aufgabe bestimmt.

Achten Sie bitte darauf, die (teure) Kopierfolie nicht zu beschreiben, sondern mithilfe von (preisgünstigeren) direkt beschreibbaren Folien verschiedene Aufgabensätze herzustellen. Im Laufe der Zeit erstellen Sie so einen großen Vorrat an Aufgabenmaterial, das Sie auch in späteren Schuljahren immer wieder verwenden können. Wenn Sie darüber hinaus getrennte Folien herstellen für die Startzahlen und für die Operatoren, dann haben Sie schon in kurzer Zeit durch die verschiedenen Kombinationsmöglichkeiten eine Riesenauswahl an Aufgaben.

Ein Tipp zwischendurch:
Oft geht viel Zeit verloren mit dem Aufrufen der einzelnen Kinder. Wir haben gute Erfahrungen gemacht mit einer fest verabredeten Reihenfolge (z. B. nach Sitzordnung), sodass die Aufgabenkette schnell durch die Klasse laufen kann. Wird zudem die Aufgabenreihenfolge „im Kreis herum“ fest eingehalten, dann haben insgesondere die langsameren Rechner die Möglichkeit, ihre Aufgabe schon vorab zu ermitteln und zu berechnen. Im Sinne eines abwechslungsreichen Übens sollte diese Form der Aufgabenkette nicht überstrapaziert, sicher nicht zu der einzig praktizierten Form werden.

– In zwei Schritten (**vgl. Kopiervorlage A 7**)

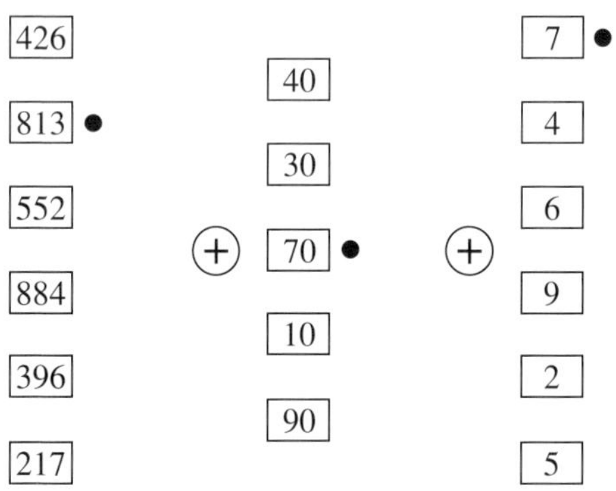

Mit diesem Aufgabenformat soll das Addieren und Subtrahieren in zwei Schritten geübt und gefestigt werden. Passend zu der Grundfolie (**Kopiervorlage A 7**) werden auf Abdeckfolien Aufgabensätze der oben stehenden Art geschrieben. Mit Blick auf die Festigung des Addierens und Subtrahierens in zwei Schritten ist zu empfehlen, jeweils zwei gleiche Operatoren zu wählen, für die Förderung der Flexibilität des Rechnens können diese jedoch auch variiert werden. Die Bestimmung einer Aufgabe erfolgt dadurch, dass neben die entsprechenden Zahlen Plättchen gelegt werden. Von den Kindern sollte das Aufsagen der ganzen Aufgabe mit Lösungen gefordert werden, z. B.:
813 + 70 = 883; 883 + 7 = 890 oder:
813 + 70 = 883; +7 = 890.
Achten Sie bei dieser letzten Sprechform auf eine Pause nach der ersten Gleichung. Insbesondere darf sie nicht dazu führen, dass Aufgaben dieser Art als falsche Gleichungsketten (813 + 70 = 883 + 7 = 890) aufgeschrieben werden.

– Das Haus der 1 000 (vgl. **Kopiervorlage A 8**)

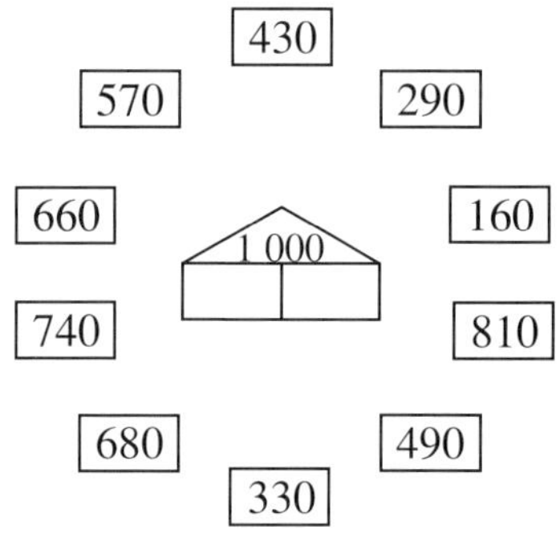

Zerlegungen der Zahl 1 000 in volle Hunderter und in Paare von Hunderter-Zehner-Zahlen (340 – 660) gehören zu den Grundübungen im 3. Schuljahr. Nach und nach sollten die Kinder auch in der Lage sein, die 1 000 in Paare beliebiger Zahlen zu zerlegen. Das Haus der 1 000 in der Mitte der Abbildung ruft die vertraute Übungsform in Erinnerung. Die konkrete Aufgabenstellung erfolgt durch Markieren einer Zahl. Die Kinder sagen anfangs die ganze Aufgabe (430 + 570 = 1 000; 290 + 710 = 1 000 ...), später nur noch die Zahlenpaare (430 — 570) oder auch nur noch die Tausenderergänzung der jeweils gezeigten Zahl.

– Im Kopf so weit es geht (vgl. **Kopiervorlage A 9**)

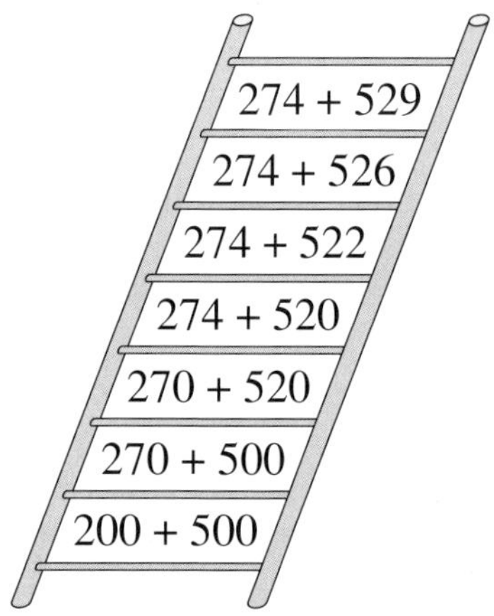

Auf der Rechenleiter (vgl. Schipper 1990) wird es von Stufe zu Stufe schwerer, die Aufgaben noch im Kopf zu rechnen. Erst dann, wenn es gar nicht mehr anders geht, dürfen Zwischenergebnisse im Sinne des gestützten Kopfrechnens notiert oder darf schriftlich gerechnet werden. Diese Übungsform eignet sich für die Arbeit am Tageslichtprojektor, kann aber – wie alle zuletzt beschriebenen Formen – auch für Einzel- und Partnerarbeit genommen werden. In diesem Fall werden die Aufgaben auf Karteikarten übertragen, die Rückseiten der Aufgabenkarten enthalten die Aufgaben zusammen mit den Lösungen (nicht nur die Lösungen), sodass der Partner sie kontrollieren kann.

- Partnerrechnen
  Mit Wendekarten im Stil der Kopiervorlagen A 21 und A 22 im **Handbuch 1** lassen sich differenzierte Aufgabensätze für das Partnerrechnen erstellen. Wenn die Lösungen schriftlich notiert werden, eignen sich diese Karten auch für die Einzelarbeit.
- Little Professor
  Dieser „Taschenrechner", der Aufgaben stellt, ist nun schon seit mehr als 20 Jahren auf dem Markt. Er ist sicher kein Allheilmittel, aber eine Übungsmöglichkeit unter vielen anderen. Einstellbar sind die vier Grundrechenarten und verschiedene Schwierigkeitsstufen. Wenn er in der Mathe-Ecke liegt, kann er jederzeit auch für kurze Übungsphasen eingesetzt werden.
- Laufdiktate
  Diese Übungsform ist vom Deutschunterricht her bekannt. Auf der Fensterbank, im Mathe-Regal o. Ä. liegt eine Aufgabenkarte mit Lösungen auf der Rückseite. Das Kind geht zur Fensterbank, liest die Aufgabe, ohne die Karte anzufassen, prägt sich die Aufgabe ein, geht zum Platz, schreibt sie auf und löst sie. So werden nach und nach alle Aufgaben des Rechen-Laufdiktats gelöst. Mithilfe der Kartenrückseite können die Kinder schließlich ihre Lösungen kontrollieren.
- Stationenrechnen
  Auch Kopfrechnen kann in Form des Stationenrechnens durchgeführt werden, mit Aufgabenkarten, in die die Lösungen eingetragen werden, mit Rechenleitern (s. o.), Wendekarten u. Ä.
- Verdecktes Rechnen mit Zehner-Systemblöcken
  Diese Übungsform ist eher für Kinder, die Schwierigkeiten beim Kopfrechnen haben, im Rahmen des Förderunterrichts einzusetzen. Die Kinder werden aufgefordert, zwei Zahlen (z. B. 370 und 450) je mit Zehner-Systemblöcken darzustellen. Beide Zahldarstellungen werden dann je mit einem Tuch abgedeckt. Wie viel sind unter den beiden Tüchern zusammen? Der Vorteil dieser Übungsform besteht darin, dass die Kinder ihre Rechnungen noch auf Vorstellungen von Handlungen mit konkretem Material gründen können.

- [T][A][S][C][H][E][N][R][E][C][H][N][E][R][E][C][K][E]
  - Vor- und rückwärts in Hunderter- und Zehnerschritten
    Tippe ein: [C], dann [8][7][+][1][0][0]. Schließe die Augen, tippe [=][=][=] . . . und rechne mit. Stoppe vor 1 000. Wie heißt die Zahl? Wer kann sogar über die 1 000 hinaus rechnen?

    Tippe ein: [C], dann [9][8][7][-][3][0]. Schließe die Augen, tippe [=][=][=] . . . und rechne mit. Kontrolliere zwischendurch. Wer kann erklären, warum es bei Null nicht aufhört?
  - Aufeinander folgende Zahlen
    Das erste Kind schreibt verdeckt die Addition von zwei aufeinander folgenden Zahlen auf (z. B. 156 + 157), berechnet die Summe mit dem Taschenrechner (313) und teilt diese Summe seinem Partner mit. Dieser versucht – zunächst durch Probieren, später mit systematischeren Überlegungen, zuletzt mithilfe der Subtraktion von 1 und der Halbierung dieser Differenz – diese 2 aufeinanderfolgenden Zahlen mit der Summe 313 zu finden. Dann geht es mit verteilten Rollen weiter.
    Die gleiche Übung kann auch mit drei (und ggf. auch mehr) aufeinander folgenden Zahlen durchgeführt werden. Entdecken die Kinder die Möglichkeit, die mittlere dieser drei aufeinander folgenden Zahlen schnell dadurch zu finden, dass sie die Summe durch 3 teilen? Können die Kinder dieses Verfahren auch begründen?
  - Rechenaufgaben finden
    Diese Tasten darfst du benutzen, die Zifferntasten bei jeder Rechnung aber nur einmal:
    [2][3][4][5][0][+][-][=]
    Finde viele Rechenaufgaben, schreibe sie in dein Heft, rechne sie möglichst im Kopf aus und kontrolliere sie anschließend mit dem Taschenrechner.
    [2][+][3][+][4][+][5][=]
    [2][3][+][4][+][5][=]
    [2][3][+][4][5][=]
    [5][0][4][+][3][2][=]
    [4][5][0][-][2][3][=]
  - Genau sechs Tasten
    Zunächst wird eine (zweistellige) Zielzahl festgelegt, z. B. die 94. Diese Zielzahl muss in der Anzeige erscheinen, nachdem genau sechs Tasten gedrückt wurden.
    Beispiele:
    [5][0][+][4][4][=]
    [1][0][0][-][6][=]
    [4][7][+][4][7][=]
    Varianten:
    Wer erreicht die Zielzahl mit fünf Tasten, wer mit acht?
    Für dreistellige Zielzahlen braucht man in der Regel acht Tasten. Wer schafft es mit weniger?
  - Der Programmierer
    Das erste Kind gibt in den Taschenrechner ein Programm ein, z. B. durch folgende Tastenfolge:
    [C][+][1][5][0]
    Um nicht sofort die Startzahl zu verraten, drückt dieses Kind noch einige Male die [=]-Taste und überreicht den Taschenrechner dann dem Partner, z. B. mit der Anzeige 750. Nur durch Drücken der [=]-Taste muss dieser herausfinden, welches Programm eingegeben wurde.

- Wörter finden
  Die Zahl 55.134 bildet das Wort hEISS, wenn man den Taschenrechner auf den Kopf stellt. Die Tastenfolge [.][3][7] lässt sich mit etwas Fantasie auf die gleiche Weise als LEO lesen, die Zahl 5.508 ist der BOSS. Wer findet weitere Wörter? Wer kann sogar Rechenaufgaben austüfteln, deren Lösungen Wörter darstellen?

2.3.2 Gestütztes Kopfrechnen

Im **Handbuch 2** (S. 42 ff.) haben wir vorgeschlagen, statt des traditionellen Begriffs „halbschriftliches Rechnen“ den Begriff „gestütztes Kopfrechnen“ zu verwenden, weil „halbschriftliches Rechnen“ in der Regel eingeengt im Sinne fester Verfahren und Notationsformen verstanden wird, „gestütztes Kopfrechnen“ dagegen auch die individuellen Vorgehensweisen von Kindern und ihre eigenen Formen der Notation umfasst. Solche Beispiele individuellen gestützten Kopfrechnens stehen am Anfang dieses Abschnitts. Sie zeigen, dass Kinder durchaus schon in der Lage sind, anspruchsvolle Aufgaben zu rechnen, die im Unterricht noch nicht behandelt wurden, sie zeigen aber auch, dass gerade die Individualität der Notationsformen es selbst für Erwachsene schwierig macht, aus den schriftlichen Aufzeichnungen den Lösungsweg zu rekonstruieren. Wenn gestütztes Kopfrechnen nicht eine individuelle Angelegenheit bleiben soll, dann sind – durchaus auf der Grundlage zunächst individueller Schreibweisen – Notationskonventionen zu entwickeln, die es allen Kindern erlauben, die Rechenwege der anderen nachzuvollziehen. Die darauf bezogenen Vorschläge können in diesem Handbuch recht kurz dargestellt werden, weil sie im **Handbuch 2** sehr ausführlich diskutiert worden sind und sich das gestützte Kopfrechnen im Zahlenraum bis 1 000 nicht grundsätzlich von dem im Zahlenraum bis 100 unterscheidet.

Individuelle Rechenwege und Notationsformen

Angeregt durch Arbeiten von Mitarbeitern des Freudenthal-Instituts in Utrecht, Niederlande, mehren sich in den letzten Jahren Publikationen mit „free productions“ (Gravemeijer et al. 1990) bzw. „Eigenproduktionen“ (Selter 1994, 1997) von Kindern. Diese (zumeist schriftlichen) Eigenproduktionen sind Dokumente kindlicher Rechenwege und Notationsformen zu Aufgaben, die bewusst offen formuliert und bei denen keine Vorgehensweisen vorgeschrieben wurden. Im Sinne der von den Autoren vertretenen „kompetenzorientierte(n) Blickweise auf das Vorgehen der Kinder“ (Selter/Spiegel 1997, S. 41) sollen diese Eigenproduktionen zeigen, zu welchen individuellen Leistungen Grundschulkinder schon fähig sind. Entsprechend werden häufig Aufgaben gestellt, die im Unterricht noch nicht behandelt worden sind.

Solche Eigenproduktionen sind für Lehrerinnen und Kinder von Vorteil, denn sie können nach Ansicht ihrer Befürworter

„1. Informationen über *jeden* einzelnen Schüler geben,
2. zur Reflexion des Unterrichts und zu dessen Planung verwandt werden,
3. Material für den weiteren Unterrichtsverlauf produzieren sowie
4. offene Formen der Leistungsbeurteilung unterstützen.“ (Selter 1995, S.139)

Bezogen auf Kinder sind sie von Vorteil, weil sie

„5. das Nachdenken über das eigene Vorgehen anregen,
6. zu sozialen Interaktionen und zu Kooperation Anlaß geben,
7. die Ausdrucksfähigkeit schulen sowie
8. zur produktiven Mitgestaltung des Unterrichts beitragen“ (a. a. O.).

Selter/Spiegel (1997, S. 36 ff.) berichten von solchen Eigenproduktionen zur Addition dreistelliger Zahlen zu Beginn des 3. Schuljahres. Anlass waren die gerade durchgeführten Bundesjugendspiele. Aufgabe der Kinder war es, ihre erreichten Punkte, jeweils vier dreistellige Zahlen, zu addieren. Von den insgesamt acht beschriebenen Beispielen soll hier das von Sebastian P. wörtlich wiedergegeben werden, weil nur so die Art der Interpretation der Autoren deutlich wird.

„Sebastian P. hatte 340, 371, 146 und 244 Punkte erzielt (...). Er addierte ebenfalls zunächst die Hunderter und dann jeweils zwei Zehnerzahlen. Dabei ist interessant, dass er eine „inkorrekte“ Schreibweise korrigierte. Er hatte zunächst 1011 (für 111) notiert. Hier ist er wohl ursprünglich davon ausgegangen, dass ähnlich wie beim Übergang von 9 zu 10 beim Übergang von 109 zu 110 eine weitere Stelle hinzuzufügen sei.
Da er hierbei eine Einerzahl (die 1 von 71) schon berücksichtigt hatte, musste er in einem weiteren Schritt nur noch zwei Einerzahlen summieren (6 + 4 =10). Schließlich war noch die Gesamtsumme zu ermitteln: 900 + 111 + 10 + 80. Hierbei machte ihm vermutlich der doppelte Übergang (bei 1 000 sowie bei 1100) Schwierigkeiten, was die Schreibweise 2001 erklären mag. Die Vermutung, dass der Nachfolger von 1099 die 2000 sei, liegt für Kinder, die sich in unserem Stellenwertsystem noch nicht vollständig auskennen, durchaus nahe.
Bemerkenswert ist u. E., dass Sebastian P. vollständige Gleichungen schrieb und senkrechte Trennstriche verwendete, um den Abschluss einer Rechnung deutlich zu machen. Dieses tat er auch im zweiten Teil. Hier addierte er zunächst die Hunderter (800), dann die gemischten Zehner – allerdings fehlerhaft – und zählte die so statt 151 erhaltenen 155 zu 800 hinzu.“ (Selter/Spiegel 1997, S. 39 f.)

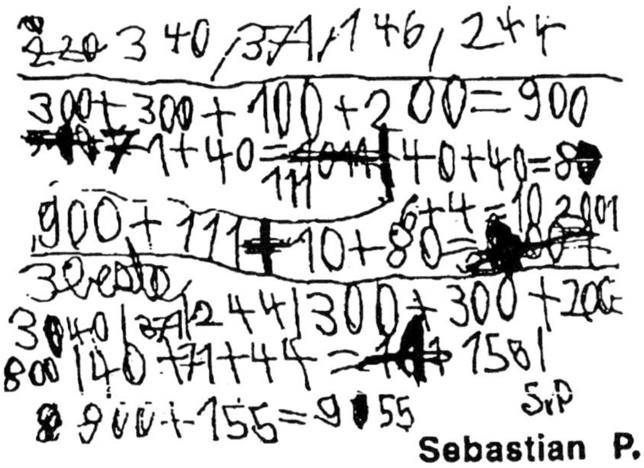

(Aus: Selter/Spiegel 1997, S. 40)

Eine solche Eigenproduktion eines Kindes kann aus mindestens zwei Perspektiven betrachtet werden, aus der des interessierten Didaktikers, dem es um eine „kompetenzorientierte Blickweise auf das Vorgehen der Kinder" (a. a. O. S. 41) geht, und aus der Sicht von Lehrerinnen und Lehrern in der alltäglichen Praxis, deren Anliegen die Herausforderung und Förderung der rechnerischen Kompetenzen der Kinder ist, die darüber hinaus aber auch Sorge zu tragen haben, dass Notationen so erfolgen, dass sie von allen Kindern der Klasse verstanden und so zu einem sozial geteilten Referenzkontext werden, die letztlich auch die Leistungen von Kindern beurteilen müssen, ob sie wollen oder nicht.

Aus der „kompetenzorientierten Blickweise" wird deutlich, dass Sebastian die Lösung der Aufgabe wenigstens versucht hat und dass er viele Teilaufgaben richtig rechnen konnte; dass bei diesen zahlreichen Teilberechnungen im nicht vertrauten Zahlenraum und bei nicht vertrauter Schreibweise dreistelliger Zahlen Fehler gemacht wurden, ist ihm sicher nicht vorzuwerfen.

Aus Sicht der Lehrerin im Schulalltag ist aber mindestens ebenso klar, dass hier im Unterricht noch vieles zu erarbeiten ist:

- Mit „Stellenwerte extra" verwendet Sebastian eine suboptimale Strategie, die hinsichtlich des Kopfrechnens in eine Sackgasse führt.
- Der von ihm selbst korrigierte Fehler (71 + 40 = 1 011) und der Fehler bei der Schreibweise der letzten Summe (900 + 111 + 10 + 80 = 2 001) weisen auf einen deutlichen Förderbedarf in dem „klassischen" Bereich „Verständnis und Schreibweise der Zahlen bis 1 000" hin. Solche Eigenproduktionen machen Übungen in diesen traditionellen Inhaltsbereichen nicht überflüssig.
- Sebastians Notationsform ist so „individuell", dass es selbst für Erwachsene schwierig ist, die einzelnen Rechnungen nachzuvollziehen, offensichtlich selbst für die Autoren dieses Berichts. Denn im Gegensatz zum Kommentar, der Sebastian bei der zweiten Rechnung (340 + 371 + 244) zur Ermittlung der Summe seiner drei besten Ergebnisse einen Fehler beim Rechnen mit den gemischten Zehnerzahlen (40 + 71 + 44) unterstellt, hat das Kind hier das richtige Ergebnis 155 erhalten, während das Ergebnis der Autoren (151) falsch ist. Sebastians scheinbarer Fehler belegt nur, wie schwierig es ist, solche individuellen Notationsformen richtig zu lesen, selbst für Profis, die sehr viel mehr Zeit dafür haben als Lehrerinnen und Lehrer im alltäglichen Unterrichtsgeschäft. Auch die Erarbeitung von Konventionen bei der Notationsform gehört weiterhin zu den Aufgaben des Mathematikunterrichts der Grundschule.
- Sebastians Notationen sind in der vorliegenden Form für seine Mitschüler wohl nicht verständlich, sie bedürfen der Erläuterung durch Sebastian selbst. Wenn dies im Unterricht tatsächlich erfolgt, dann kann die so individuelle Notationsform durchaus produktiv genutzt werden. Sebastians Erläuterungen werden dann zum Ausgangspunkt unterrichtlicher Gespräche über mögliche Vorgehensweisen bei solchen Aufgaben, über verschiedene Lösungsverfahren, über langsame und schnelle Rechenwege, über leichte und schwere - und nicht zuletzt auch über verschiedene Möglichkeiten, einen Rechenweg verständlich für andere aufzuschreiben. Das ist der eigentliche Sinn solcher Eigenproduktionen: Sie dürfen nicht als Endprodukte kindlicher Bemühungen angesehen werden, sondern sind als Ausgangsbasis für weitere unterrichtliche Aktivitäten zu nutzen mit dem Ziel, im Sinne fortschreitender Schematisierung (vgl. **Handbuch 1**, S. 22) günstige Verfahren und für alle nachvollziehbare Notationsformen zu entwickeln. Die Freude über die kindlichen Leistungen darf den Blick nicht trüben für den Weg, der noch vor den Kindern liegt. Wir benötigen eine kompetenzorientierte und zugleich zielorientierte Sichtweise auf das kindliche Lernen.

Dieses Beispiel macht auf Möglichkeiten, aber auch auf Grenzen der Herausforderung und Interpretation solcher Eigenproduktionen aufmerksam:

- Im Sinne herausfordernder Aufgaben sollen Kinder immer wieder dazu angeregt werden, auch die Lösung solcher Aufgaben zu versuchen, die im Unterricht noch nicht behandelt wurden. Die Lösungen der Kinder können der Lehrerin viele wertvolle Hinweise über deren Vorgehensweisen geben, sie sind zugleich ein Fundus für Unterrichtsgespräche („Strategiekonferenzen") über die individuellen Lösungswege und können so dazu beitragen, im Sinne der fortschreitenden Schematisierung die Vor- und Nachteile verschiedener Rechenwege zu besprechen und eine günstige, für alle verständliche Schreibweise herauszuarbeiten. Zahlreiche Anregungen für solche herausfordernden Aufgaben finden Sie im Abschnitt 2.2.1. Einfache Sach- und Rechenaufgaben sind darüberhinaus auch schnell selbst erstellt. Solche Aufgaben soll-

ten vor der „offiziellen Einführung" des jeweiligen Themas gestellt werden. Wichtig ist das anschließende Unterrichtsgespräch, bei dem nicht die Frage der richtigen oder falschen Lösung, sondern die der Vorgehens- und Notationsweise im Vordergrund steht.
So selbstverständlich es ist, Kindern Fehler oder gar das Scheitern bei solchen Aufgaben nicht anzulasten, so selbstverständlich sollten wir uns auch vor einer zu überschwenglichen Interpretation solcher Eigenproduktionen hüten. Eine einmalige Lösung einer Aufgabe ist noch kein sicheres Indiz für eine vorhandene allgemeine Kompetenz. Insbesondere dann, wenn die Aufgabe als Sachaufgabe formuliert wurde, sagt die kontextgebundene Lösung noch nichts aus über die Fähigkeit, analoge, kontextfreie Aufgaben zu lösen. Leider gilt auch hier das Sprichwort von der Schwalbe, die noch keinen Sommer macht; jedoch sollten wir uns über jede Schwalbe freuen, denn viele Schwalben können einen schönen Sommer verheißen!

- Die überwiegende Mehrheit aller Publikationen zu Eigenproduktionen belegt die stark ausgeprägte Individualität der Kinder nicht nur beim eingeschlagenen Rechenweg, sondern vor allem bei der Art der Notation der einzelnen Rechenschritte. Sebastians chaotisch erscheinende Schreibweise ist da keine Ausnahme. Für solche ersten Rechenversuche ist das sicher zu akzeptieren. Bei aller Freude über die kindlichen Lösungen solcher herausfordernden Aufgaben darf jedoch nicht übersehen werden, dass es auch zu den Aufgaben des Mathematikunterrichts der Grundschule gehört, Schreibformen zu entwickeln, die interindividuell verständlich sind. Kinder müssen die Lösungen der anderen nachvollziehen, Lehrerinnen müssen letztlich die Leistungen der Kinder beurteilen und dafür zunächst schlicht deren Schreibprodukte lesen können. Auf die in manchen neueren Publikationen so gescholtenen Bemühungen um einheitliche, für alle verständliche Schreibweisen kann auch in Zukunft nicht verzichtet werden. Mathematiklernen ist ein soziales Unternehmen, das einer Sprache und Schreibweise bedarf, die gemeinsame Kommunikation ermöglicht. Solche Konventionen dürfen sicher nicht zum Selbstzweck werden, sie erleichtern aber das Gespräch und strukturieren vielleicht auch das kindliche Denken. Das setzt allerdings voraus, dass sie zum Gesprächsgegenstand gemacht werden, sodass die Kinder die Möglichkeit haben, die Vorteile solcher Konventionen einzusehen. Die schlichte Verordnung starrer Schreibformen ist genau so schädlich wie der Verzicht auf die Entwicklung von Notationskonventionen, die von allen Kindern verstanden werden.

- Ebenso wie die Studien zu Vorkenntnissen von Schulanfängern vermitteln die Berichte über Eigenproduktionen den Eindruck hoher mathematischer Kompetenzen dieser Kinder. Verstärkt wird dieser Eindruck noch dadurch, dass immer nur positive Beispiele berichtet werden, nie mitgeteilt wird, wie viele Kinder ganz überfordert waren, selten ein Prozentsatz richtiger Lösungen im Klassenverband angegeben wird. Sicher ist ein solcher Ansatz, der zunächst von Fähigkeiten von Kindern ausgeht, die es zu entdecken und zu fördern gilt, sehr positiv zu sehen; viel zu häufig werden gute Lösungsansätze im Unterricht übersehen, weil die Lehrerin den individuellen Ansatz des Kindes nicht erkennt, andere Kinder größere Aufmerksamkeit einfordern oder aus vielen anderen Gründen. Dennoch darf bei diesen Studien nicht übersehen werden, was auch für die Untersuchungen zu Vorkenntnissen von Schulanfängern gilt: Auffälliger als die hohe Kompetenz ist die große Leistungsheterogenität der Kinder (vgl. auch Schipper 1998 b).
  Exemplarisch sei dazu die Untersuchung von Grassmann (1998) angeführt. Zu Beginn des 3. Schuljahres hat sie 715 Kindern Aufgaben vorgelegt, die nach den Richtlinien erst im Laufe des Schuljahres erarbeitet werden, u. a. die beiden folgenden Aufgaben zur Addition und Subtraktion dreistelliger Zahlen:
  (a) 243 + 329
  (b) 784 – 199
  Die Aufgabe (a) wurde von 38 %, die Aufgabe (b) von nur 9 % der Kinder richtig gelöst. Trotz einer beeindruckenden Vielfalt unterschiedlicher, auch „eleganter Lösungen" in der Gesamtstichprobe (z. B. wurde 784 – 199 über 784 – 200 + 1 gelöst), fällt es schon bei diesen Durchschnittsergebnissen schwer, eine insgesamt hohe Kompetenz zu konstatieren, erst recht dann, wenn man sich die Leistungen der einzelnen Klassen ansieht. Die Klassendurchschnitte streuen bei Aufgabe (a) zwischen 65 % und 25 % richtigen Lösungen, bei Aufgabe (b) zwischen 30 % und 0 %. Dies sind auffällig hohe Leistungsunterschiede zwischen ganzen Schulklassen, wenn man berücksichtigt, dass alle nach den gleichen Richtlinien unterrichtet wurden.

Zusammenfassung

Die Herausforderung von (schriftlichen) Eigenproduktionen mithilfe von Aufgaben, die im Unterricht noch nicht behandelt wurden, sind ein vorzügliches Mittel, die Kinder zur eigenständigen Auseinandersetzung mit Mathematik anzuregen. Diese Eigenproduktionen helfen Lehrerinnen und Lehrern, mehr über den aktuellen Fähigkeitsstand der Kinder zu erfahren. Außerdem sind sie sehr gut geeignet als Ausgangsbasis für Strategiekonferenzen.

In der Anerkennung der kindlichen Eigenproduktionen zeigt sich eine kompetenzorientierte Sichtweise von Mathematiklernen, die wir dringend benötigen. Ebenso wichtig ist aber auch eine zielorientierte Sichtweise auf das kindliche Lernen von Mathematik. Anknüpfend an vorliegende Eigenproduktionen sind günstige Rechenverfahren und für alle verständliche Notationsformen zu entwickeln und einzuüben. Bei einer insgesamt positiven Grundhaltung den kindlichen Lernmöglichkeiten gegenüber bedürfen jedoch auch weiterhin jene Kinder unsere Aufmerksamkeit, denen das Lernen von Mathematik schwer fällt. Auch diese Kinder sind, wie die zahlreichen individuellen Fehlerstrategien zeigen, zu Eigenproduktionen fähig, die jedoch das Herz der Lehrerin und des Didaktikers nicht immer hoch schlagen lassen.

Günstige Rechenwege und Notationsformen

Die Intensität der Behandlung des gestützten Kopfrechnens/halbschriftlichen Rechnens im 3. Schuljahr und auch das favorisierte Verfahren hängen letzlich davon ab, wie der Stellenwert dieses Rechenverfahrens eingeschätzt und begründet wird. Denkbar sind verschiedene Argumentationen.

1. *Lebenspraktische Bedeutung*
   Zur Bewältigung der rechnerischen Alltagsanforderungen ist es notwendig, auch dreistellige Zahlen (halbschriftlich) addieren und subtrahieren zu können.
2. *Förderung von Zahlverständnis*
   Gestütztes Kopfrechnen fördert Stellenwert-, Zahl- und Größenvorstellungen, weil dieses Rechnen im Gegensatz zu den schriftlichen Verfahren immer ein Rechnen mit den Zahlen und ihren Bedeutungen ist.
3. *Vorbereitung/Unterstützung des Kopfrechnens*
   Gestütztes Kopfrechnen ist eine Alternative zum reinen Kopfrechnen, wenn die Zahl der notwendigen Merkprozesse die kindlichen Fähigkeiten überschreitet. Umgekehrt ist das Einüben des halbschriftlichen Rechnens eine unmittelbare Vorbereitung des Kopfrechnens, weil hier die Rechenwege eingeübt und gefestigt werden.
4. *Vorbereitung/Unterstützung des schriftlichen Rechnens*
   Mithilfe geeigneter Verfahren des gestützten Kopfrechnens (hier: Stellenwerte extra) werden die schriftlichen Rechenverfahren unmittelbar vorbereitet.

Zu 1
Die Bedeutung des gestützten Kopfrechnens für die „Rechenfälle des täglichen Lebens" kann heute nicht mehr als zentrales Argument für diese Rechenart angeführt werden. Wenn es auf Genauigkeit ankommt, greifen wir heute im Alltag sicher auf einen Taschenrechner zurück. Häufig reichen jedoch Überschlagsrechnungen. Mit der auf die lebenspraktische Bedeutung bezogenen Argumentation lassen sich daher nicht alle möglichen Fälle des gestützten Addierens und Subtrahierens im Zahlenraum bis 1 000 begründen, wohl aber solche Rechnungen, die als Überschlagsrechnungen benötigt werden. Dazu zählen sicher alle Fälle des Rechnens mit vollen Hundertern (H ± H), bei etwas erhöhten Genauigkeitsanforderungen auch noch alle Rechnungen mit vollen Zehnern (HZ ± HZ).

Zu 2
Nicht ohne Grund wird der Ausbau des Zahlenraumes bis 1 000 mit dem Rechnen zunächst mit vollen Hundertern, dann mit Hunderter-Zehner-Zahlen usw. verbunden. Größenvorstellungen von Zahlen unterstützen das Rechnen mit ihnen und umgekehrt unterstützt das (gestützte) Kopfrechnen Größen-, Stellenwert- und Zahlvorstellungen. Förderung von Zahlverständnis ist also ein gewichtiges Argument für das gestützte Kopfrechnen.

Zu 3
„Reines" Kopfrechnen und gestütztes Kopfrechnen sind eng aufeinander bezogen. Wo die Zahl der notwendigen Merkprozesse zu groß wird, kann auf gestütztes Kopfrechnen zurückgegriffen werden. Umgekehrt kann dieses halbschriftliche Rechnen „reines" Kopfrechnen unterstützen, weil hier Rechenwege eingeübt werden, die beim Kopfrechnen als verinnerlichte Verfahren dann zur Verfügung stehen. In diesem Sinne liegt die Bedeutung des halbschriftlichen Rechnens sicher auch in der Unterstützung/Vorbereitung des „reinen" Kopfrechnens.

Zu 4
Die vierte Form der Argumentation, die Vorbereitung auf das schriftliche Rechnen, halten wir nicht für stichhaltig. Erstens würde hier das leichtere, schriftliche Rechnen mit dem schwierigeren, gestützten Kopfrechnen vorbereitet, zweitens müsste dann die „Strategie ‚Stellenwert extra' ... wegen ihrer Bedeutung für die schriftliche Addition intensiv geübt werden" (Wittmann/Müller 1992, S.23), damit also ein Verfahren favorisiert werden, das bzgl. des Kopfrechnens in die Sackgasse führt.

Zusammenfassend lässt sich feststellen, dass das gestützte Kopfrechnen vor allem wegen seiner Bedeutung für die Förderung des Zahlverständnisses und wegen seines engen Zusammenhangs mit dem „reinen" Kopfrechnen ein wichtiger Unterrichtsinhalt ist. Im alltäglichen Leben wird das gestützte Kopfrechnen vor allem beim überschlägigen Rechnen benötigt. Die Bedeutung für die Vorbereitung des schriftlichen Rechnens ist sicher höchst nachrangig.

Diese Bewertung des gestützten Kopfrechnens hat Konsequenzen für die Intensität der Behandlung und für die Auswahl von Rechenverfahren und Schreibweisen. Wegen der geringeren lebenspraktischen Bedeutung kann auf eine exzessive Behandlung im Sinne einer Einübung aller möglichen Fälle bis zur „sicheren Geläufigkeit" verzichtet werden. Sicherheit sollte allerdings erworben werden bei denjenigen Aufgabentypen, die beim überschlägigen Rechnen benötigt werden. Daraus ergibt sich, dass vor allem diejenigen Aufgaben, die (beim Verfahren „Schrittweise") in zwei Rechenschritten gerechnet werden können, intensiv einzuüben sind, weil diese auch zunehmend „rein" im Kopf gelöst werden sollen. Aufgaben, die drei Rechenschritte erfordern, sollen grundsätzlich auch berechnet werden können, ein intensives Einüben ist aber nicht notwendig.

Dabei ist jedoch zu berücksichtigen, dass es sich bei den hier beschriebenen Empfehlungen um „Normalanforderungen" handelt, die von rechenschwachen Kindern in aller Regel nicht erbracht werden können. Für diese Schüler ist zu überlegen, ob es nicht günstiger ist, ihnen im Sinne einer Differenzierung schon frühzeitig die Verfahren der schriftlichen Addition und Subtraktion zu zeigen (vgl. **Handbuch 2**, S. 76 ff.).

Hinsichtlich des Rechenweges empfehlen wir - wie auch schon im **Handbuch 2** (S. 46 ff.) - die Methode „Schrittweise", weil sie die beste Vorbereitung auf das Kopfrechnen darstellt. Manche Subtraktionsaufgaben werden besser über „Ergänzen", einzelne Aufgaben mit Zahlen in der Nähe voller Zehner bzw. Hunderter besser unter Ausnutzung operativer Beziehungen gerechnet.

Als Schreibweise soll zunächst an die vom 2. Schuljahr her vertraute Form angeknüpft werden:

<u>367 + 240 = 607</u>
367 + 200 = 567
567 + 40 = 607

Bei dieser Schreibweise wird das Endergebnis nach der Berechnung der zweiten Teilaufgabe in die Kopfzeile übertragen.

Später kann diese Schreibweise verkürzt werden, wobei die längere oder kürzere Schreibform nicht einheitlich verordnet werden soll, sondern von den Kindern individuell gewählt wird, abhängig davon, wie sicher sie sich bei der jeweiligen Aufgabe fühlen.

Verkürzte Schreibform:

<u>367 + 240 = 607</u>
567, 607

Auf den Einsatz von Veranschaulichungen kann beim gestützten Kopfrechnen verzichtet werden. Dies setzt allerdings voraus, dass die Kinder die entsprechenden Aufgaben im Zahlenraum bis 100 beherrschen, und dass die entsprechenden Übungen zur Zahlenraumerweiterung (vgl. Kapitel 2.2) mit anschaulichen Stützen durchgeführt werden. Wenn Kinder erhebliche Probleme beim gestützten Kopfrechnen im Zahlenraum bis 1 000 haben, dann empfehlen wir, mit ihnen entsprechende Aufgaben im Zahlenraum bis 100 zu rechnen und diese mit geeigneten Arbeitsmitteln (z. B. Rechenrahmen, Hunderter-Tafel) zu unterstützen (vgl. dazu **Handbuch 2**, S. 50 ff.).

Für das 3. Schuljahr ergeben sich damit vor allem die folgenden Formen gestützten Kopfrechnens:

- Normalverfahren in 2 bzw. 3 Schritten:

<u>628 + 260 = 888</u>	<u>731 – 450 = 281</u>
628 + 200 = 828	731 – 400 = 331
828 + 60 = 888	331 – 50 = 281
<u>467 + 358 = 825</u>	<u>837 – 465 = 372</u>
467 + 300 = 767	837 – 400 = 437
767 + 50 = 817	437 – 60 = 377
817 + 8 = 825	377 – 5 = 372

- Kurzform in 2 bzw. 3 Schritten:

<u>628 + 260 = 888</u>	<u>731 – 450 = 281</u>
828, 888	331, 281
<u>467 + 358 = 825</u>	<u>837 – 465 = 372</u>
767, 817, 825	437, 377, 372

Über diese Standard-Rechenwege hinaus gibt es in Abhängigkeit von den jeweiligen Zahlen günstigere Rechenwege („Rechenvorteile"), die im Unterricht thematisiert werden sollten.

- Ergänzen
Jede Subtraktionsaufgabe lässt sich grundsätzlich auch über das Ergänzen rechnen.

<u>943 – 528 = *415*</u>	<u>528 + *415* = 943</u>
943 – 500 = *443*	528 + *400* = 928
443 – 20 = *423*	928 + *10* = 938
423 – 8 = *415*	938 + *5* = 943

Für leistungsstarke Schüler können solche allgemeinen Ergänzungsaufgaben angeboten werden. Für alle Schüler wird das Ergänzen wichtig bei spezifischen Aufgaben, nämlich dann, wenn Minuend und Subtrahend nahe beeinander liegen. So läßt sich die Aufgabe 402 – 397 leicht ergänzend in einem Schritt (im Kopf) rechnen: 397 + 5 = 402. Der gleiche Rechenvorteil kann genutzt werden, wenn Minuend und Subtrahend im gleichen Hunderter liegen oder wenn der Subtrahend nur geringfügig kleiner ist als ein voller Hunderter.

Aufgabe:	Aufgabe:
467 – 423 =	847 – 397 =
Rechnung:	Rechnung:
<u>423 + 44 = 467</u>	<u>397 + 450 =.847</u>
423 + 40 = 463	397 + 3 = 400
463 + 4 = 467	400 + 447 = 847
Lösung:	Lösung:
467 – 423 = 44	847 – 397 = 450

Der Vorteil des Ergänzens sollte für alle Schüler herausgearbeitet werden bei solchen Subtraktionsaufgaben, die mithilfe des Ergänzens in einem Schritt gerechnet werden können, z. B. 351 – 347, 604 – 598, 868 – 828. Wenn auch das Ergänzen noch zwei Rechenschritte erfordert, dann ist es für die lernschwächeren Kinder sicher einfacher, auf das Normalverfahren zurückzugreifen.

- Hilfsaufgabe
  Liegt einer der beiden Summanden oder der Subtrahend in der Nähe eines vollen Zehners bzw. Hunderters, dann bietet es sich an, zunächst mit diesem Nachbarzehner bzw. -hunderter zu rechnen (Hilfsaufgabe), im nächsten Rechenschritt den „Fehler" auszugleichen.

  $392 + 547 = 939$ $\quad$ $624 + 58 = 682$
  $400 + 547 = 947$ $\quad$ $624 + 60 = 684$
  $947 - 8 = 939$ $\quad$ $684 - 2 = 682$

  $729 - 396 = 333$
  $729 - 400 = 329$
  $329 + 4 = 333$

  Manche Schüler sind bei diesen Hilfsaufgaben unsicher, ob sie den ersten „großzügigen" Rechenschritt durch eine Addition oder Subtraktion kompensieren müssen. Hier helfen Hinweise auf die Rechenrichtung und die Größe der Zahlen, ggf. verbunden mit einer Darstellung am Rechenstrich.

  Beispiele:
  Bei der o. g. zweiten Aufgabe sollte nur 58 addiert werden; du hast aber 60 addiert, also 2 zu viel. Deswegen musst du im zweiten Rechenschritt 2 subtrahieren. Bei der o.g. dritten Aufgabe sollte nur 396 subtrahiert werden. Du hast 4 zu viel abgezogen, deswegen mußt du im nächsten Schritt diese 4 wieder addieren.

- Gegen- bzw. gleichsinniges Verändern
  Noch kürzer als das Rechnen mit der Hilfsaufgabe, dafür aber sicher auch schwerer zu verstehen für Drittklässler, ist das Verfahren des gegen- bzw. gleichsinnigen Veränderns der Aufgabe. Den Hintergrund dieser Verfahren bilden die beiden folgenden Gesetzlichkeiten:
  - Der Wert einer *Summe* verändert sich nicht, wenn beide Summanden *gegensinnig* um den gleichen Wert verändert werden.
    $40 + 60 = 100$
    $41 + 59 = 100$ $\quad$ $[(40 + 1) + (60 - 1)]$
    $21 + 79 = 100$ $\quad$ $[(41 - 20) + (59 + 20)]$
  - Der Wert einer *Differenz* verändert sich nicht, wenn Minuend und Subtrahend *gleichsinnig* um den gleichen Wert verändert werden.
    $7 - 4 = 3$
    $10 - 7 = 3$ $\quad$ $[(7 + 3) - (4 + 3)]$
    $110 - 107 = 3$ $\quad$ $[(10 + 100) - (7 + 100)]$

Rechnungen unter Ausnutzung dieser Gesetzmäßigkeiten bieten sich – wie bei „Hilfsaufgaben" – insbesondere bei Zahlen in der Nähe voller Hunderter bzw. Zehner an.

$628 + 198 = 826$ $\quad$ $203 + 653 = 856$
$626 + 200 = 826$ $\quad$ $200 + 656 = 856$

$598 - 328 = 270$ $\quad$ $763 - 396 = 367$
$600 - 330 = 270$ $\quad$ $767 - 400 = 367$

Eine Anwendung dieser Verfahren darf sicher nicht von allen Kindern erwartet werden, kann aber im Rahmen von Differenzierungen mit den Leistungsstarken durchaus erarbeitet werden.

Der Rechenstrich

Der Rechenstrich ist im **Handbuch 2** (S. 49 ff. und S. 58 ff.) ausführlich dargestellt worden. Anders als die meisten anderen Arbeitsmittel hilft er nicht bei der Lösung einer Aufgabe mithilfe konkreter Handlungen. Während am Zahlenstrahl notfalls noch abgezählt werden kann, um die Aufgabe mit Materialhilfe zu lösen, muss die Lösung der Aufgabe beim Arbeiten mit dem Rechenstrich letztlich durch (Teil-)Berechnungen im Kopf erfolgen. Der Rechenstrich ist also nicht geeignet, die Lösung einer konkreten Aufgabe durch Handlungen am Material zu veranschaulichen, vielmehr werden Rechenstrategien visualisiert. Das genau ist die Stärke dieses Arbeitsmittels. Der wesentliche unterrichtliche Vorteil besteht darin, dass hier eine schnell zu entwerfende Ikonisierung von Rechenwegen zur Verfügung steht, die als Referenzkontext für Gespräche über Rechenwege von allen Kindern schnell verstanden werden kann. Eingesetzt wird der Rechenstrich nicht nur, um die Rechenwege beim Lösen von Additions- und Subtraktionsaufgaben darzustellen, er ist auch ein gutes Arbeitsmittel für Orientierungsübungen im neuen Zahlenraum.

Aufgaben zur Orientierung im Zahlenraum bis 1 000

- Zeichne einen Rechenstrich, markiere 0 und 1 000, zeige dann, wo ungefähr die folgenden Zahlen liegen: 500, 100, 750, 999, 10, ...

- Am Rechenstrich sind einige Zahlen markiert; welche Zahlen sind das wohl?

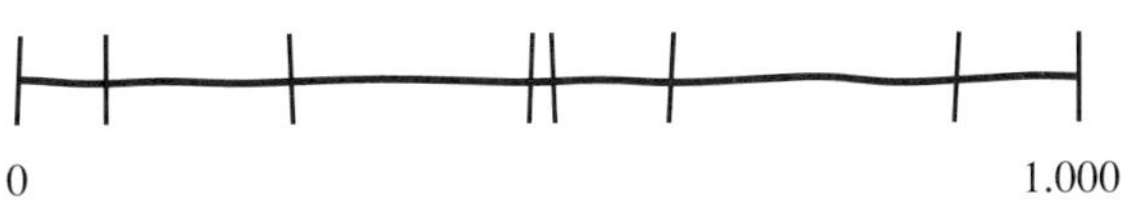

  Hier ist ein Ausschnitt aus dem Rechenstrich. Die Zahlen 680 und 740 sind eingetragen. Wo ungefähr liegen die folgenden Zahlen?
  700, 720, 730, 699 ...

- Welche Zahlen sind hier wohl markiert?

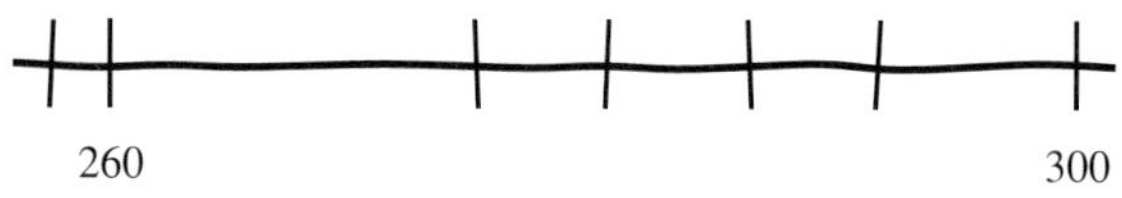

Rechnen mit dem Rechenstrich

Der Rechenstrich eignet sich vor allem für drei Übungen, nämlich erstens für die Darstellung verschiedener Rechenwege für die gleiche Aufgabe, zweitens für die Darstellung und Interpretation von Rechenwegen bei verschiedenen Aufgaben und drittens für das Finden verschiedener Rechenaufgaben zum gleichen Rechenweg. Alle drei Aufgabentypen eignen sich als Ausgangspunkt für intensive Unterrichtsgespräche über Rechenwege.

- Verschiedene Rechenwege für die gleiche Aufgabe
  Mehrere Kinder haben die Aufgabe 326 + 488 gerechnet. Hier sind ihre Rechenwege. Schreibe jeweils in halbschriftlicher Form auf, wie die Kinder gerechnet haben.

Natascha:

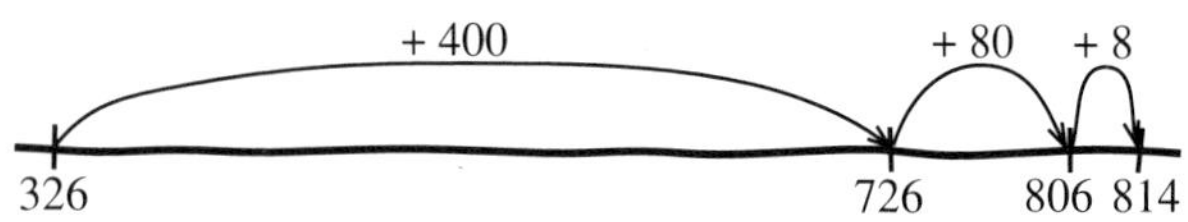

326 + 488 = 814
326 + 400 = 726
726 + 80 = 806
806 + 8 = 814

Saif:

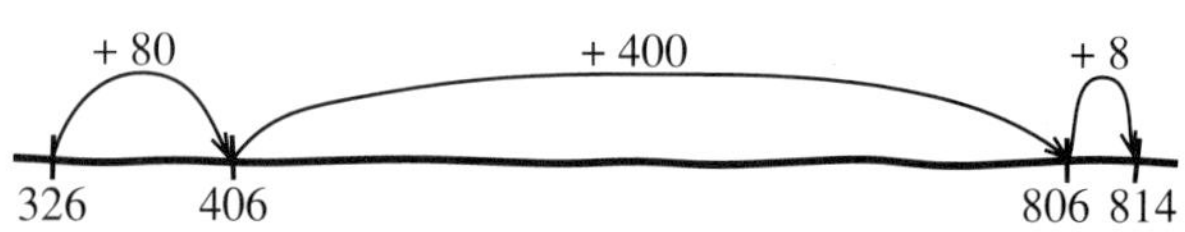

326 + 488 = 814
326 + 80 = 406
406 + 400 = 806
806 + 8 = 814

Kezban:

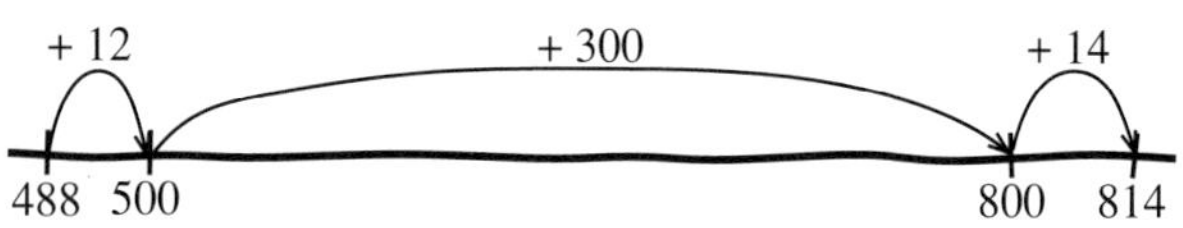

488 + 326 = 814
488 + 12 = 500
500 + 300 = 800
800 + 14 = 814

Sergej:

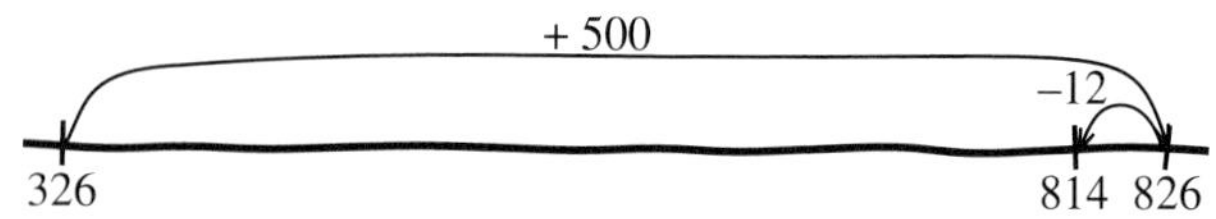

326 + 488 = 814
326 + 500 = 826
826 – 12 = 814

Sarah:

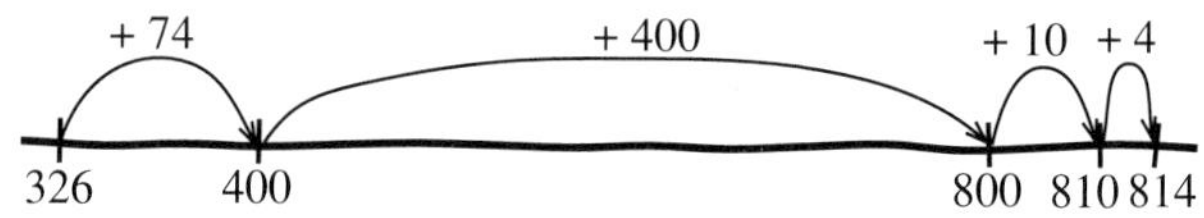

326 + 488 = 814
326 + 74 = 400
400 + 400 = 800
800 + 10 = 810
810 + 4 = 814

- Rechenwege bei verschiedenen Aufgaben
  Hier sind die Zeichnungen von Kindern, die verschiedene Aufgaben gelöst haben. Manchmal haben sie vergessen etwas aufzuschreiben. Bekommst du trotzdem heraus, welche Aufgaben sie auf welchem Wege gerechnet haben? Schreibe den Rechenweg halbschriftlich auf.

Paul:

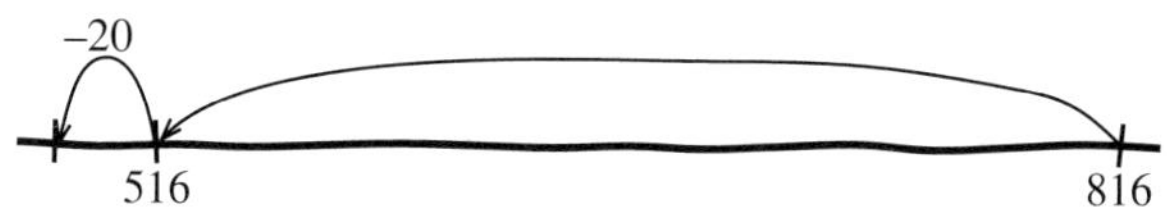

Linda:

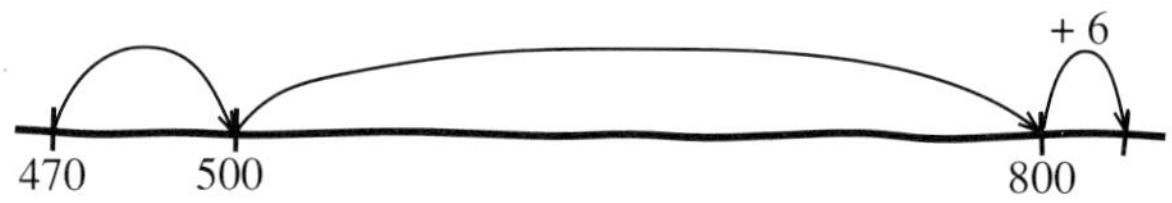

Hakan:

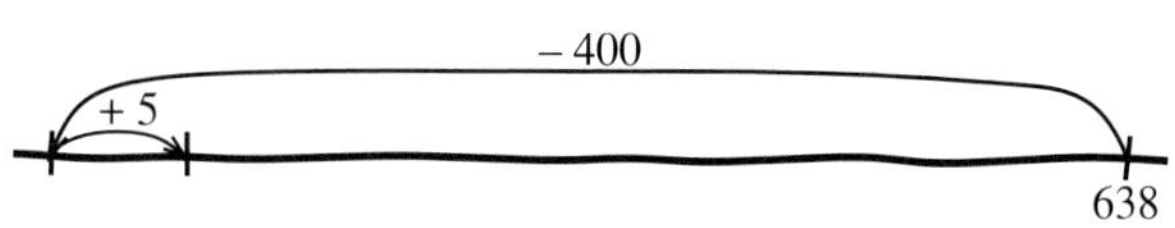

- Verschiedene Aufgaben zum gleichen Rechenweg
  Hier haben die Kinder nur noch die Pfeile an den Rechenstrich gemalt. Findet ihr dazu passende Aufgaben?

Tatjana:
340 + 250 = 590
340 + 200 = 540
540 + 50 = 590

Martin:
28 + 37 = 65
28 + 30 = 58
58 + 7 = 65

Jens:
980 – 324 = 656
980 – 300 = 680
680 – 20 = 660
660 – 4 = 656

Ines:
516 – 247 = 269
516 – 200 – 316
316 – 40 = 276
276 – 7 = 269

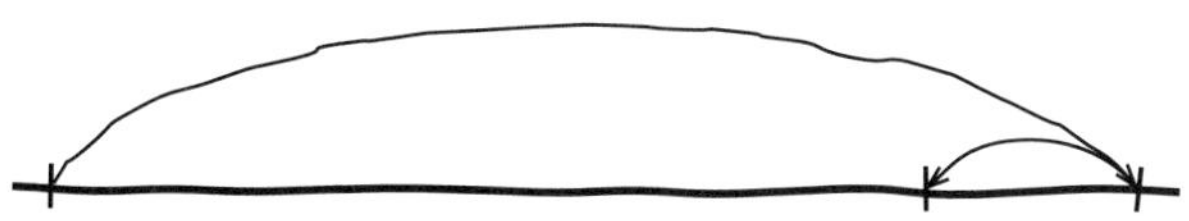

Christoph:
28 + 19 = 47
28 + 20 = 48
48 – 1 = 47

Melanie:
336 + 597 = 933
336 + 600 = 936
936 – 3 = 933

Ein Hinweis zum Schluss:
Vielleicht ist Ihnen aufgefallen, dass bei allem Variantenreichtum der Rechenwege bei den o. g. Beispielen nicht ein einziges Mal „Stellenwerte extra“ auftaucht. Das liegt nicht an unserer eher skeptischen Einstellung dieser Strategie gegenüber, vielmehr läßt sich diese Strategie nicht am Rechenstrich darstellen.

2.4 Multiplikation und Division

Die Rahmenrichtlinien der meisten Bundesländer erwarten im 2. Schuljahr das Erarbeiten der Grundvorstellungen der Multiplikation und Division und das Einprägen erster Einmaleinssätze im Zahlenraum bis 100. Ein wichtiges Ziel des Mathematikunterrichts im 3. Schuljahr ist es dann, dass die Kinder alle Einmaleinssätze sicher beherrschen und zur Verfügung haben, um die entsprechenden Divisionsaufgaben des kleinen Einsdurcheins schnell lösen zu können. Das bewusste Einprägen und die sichere Verfügbarkeit sind zudem eine notwendige Voraussetzung für das Multiplizieren und Dividieren im Zahlenraum bis 1 000 und dann im 4. Schuljahr für die entsprechenden schriftlichen Rechenverfahren.

2.4.1 Vertiefungen des kleinen Einmaleins/ des kleinen Einsdurcheins

An dieser Stelle sei ausdrücklich auf das Kapitel 2.3 im **Handbuch 2** mit seinen Anregungen, Vorschlägen und Kopiervorlagen in den folgenden Abschnitten hingewiesen:

- 2.3.1 Grundvorstellungen der Multiplikation
- 2.3.2 Unterrichtliche Erarbeitungsmöglichkeiten der Multiplikation
- 2.3.3 Wie lassen sich Multiplikationsaufgaben lösen?
- 2.3.4 Übungen zum Einmaleins
- 2.3.5 Didaktische Überlegungen zur Division
- 2.3.6 Unterrichtliche Erarbeitungsmöglichkeiten der Division
- 2.3.7 Übungsanregungen und Spiele
- 2.3.8 Schwierigkeiten und Schülerfehler

Die in diesen Abschnitten dargestellten Anregungen können in der entsprechenden Unterrichtseinheit des 3. Schuljahres wieder aufgegriffen werden, auf sie wird im Folgenden nicht ausdrücklich eingegangen. Hingewiesen sei auch auf die Kapitel 1.1 (Fördern und Fordern) und 1.2 (Kopfrechnen) in diesem Handbuch.

Im ersten Drittel des 3. Schuljahres werden die Kenntnisse hinsichtlich des kleinen Einmaleins/Einsdurcheins aufgefrischt und vertieft (operative Beziehungen, Division mit Rest ...) sowie die Einmaleinssätze weitgehend automatisiert und möglichst memorisiert, ergänzt durch Anwendungen beim Sachrechnen und Rechnen mit Größen (vgl. Kapitel 4).

Vertiefen operativer Beziehungen

In den meisten Übungen, die in dieser Handbuch-Reihe zur Multiplikation und zur Division angeboten werden, sind die Aspekte des operativen Durcharbeitens integriert. Nachfolgend nur einige Beispiele in der „Reinform“:

- Tauschaufgaben vertiefen die Einsicht in die Kommutativität der Multiplikation, eine wichtige Grundlage für das Anwenden rechnerischer Vorteile.

Punktefelder

$6 \cdot 3 =$ ___
$3 \cdot 6 =$ ___

Rechne zu jedem Punktfeld zwei Aufgaben!

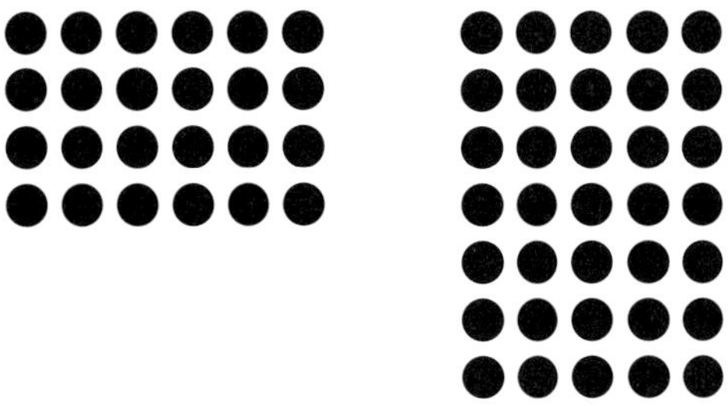

Alternativ zu Punktfeldern können Rechteckfelder auf Karopapier bearbeitet werden.

- Umkehr- oder Probeaufgaben machen den Kindern deutlich, dass Multiplikation und Division Umkehroperationen sind. Eine Divisionsaufgabe lässt sich immer auf eine Multiplikationsaufgabe zurückführen.

Pfeilbilder

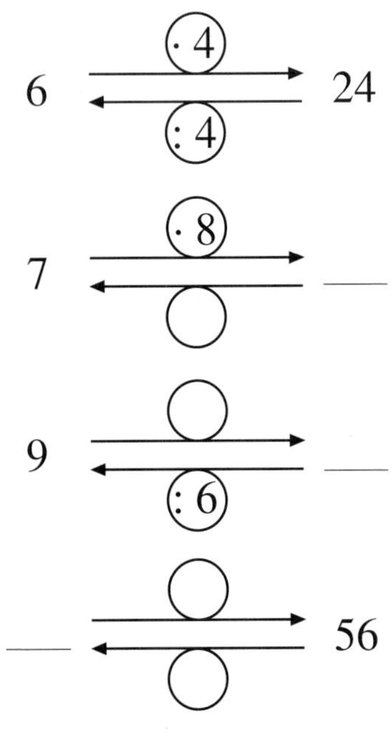

Punktfelder

Schreibe zu jedem Feld vier Aufgaben.

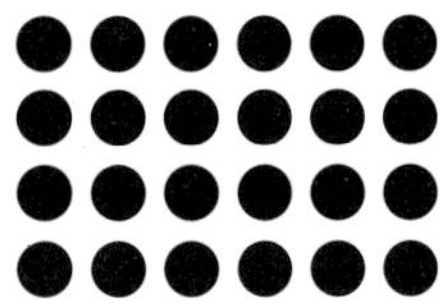

$4 \cdot 6 = 24$
$6 \cdot 4 = 24$
$24 : 6 = 4$
$24 : 4 = 6$

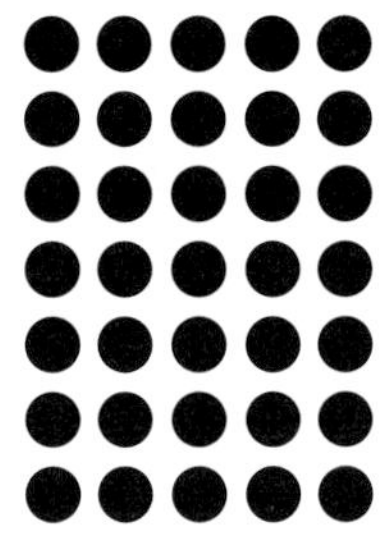

Systematischer geübt werden können diese operativen Beziehungen – zu drei passend ausgewählten Zahlen gehören vier Rechenaufgaben – mit dem Aufgabenformat Kleeblätter (vgl. **Handbuch 2**, S. 60 und die Kopiervorlage A 17 im **Handbuch 1**).

- Nachbaraufgaben helfen, die Lösungen für noch nicht auswendig gekonnte Zahlensätze zu finden. Die unterrichtliche Thematisierung dieses Rechenweges hilft den Kindern, sich des Beziehungsgeflechts der Aufgaben bewusst zu werden.

Nachbarmultiplikationen

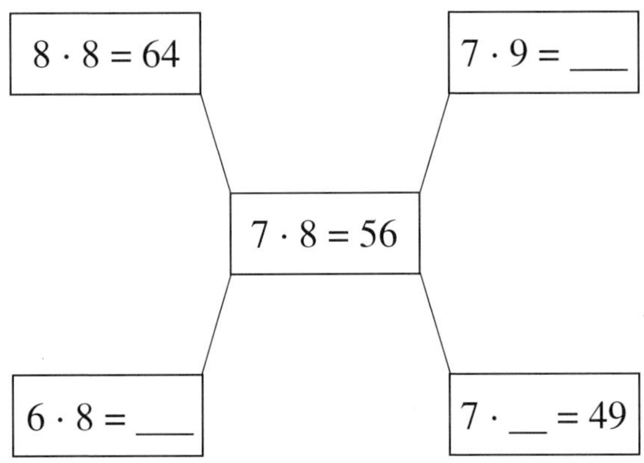

Nachbardivisionen

40 : 8	56 : __	24 : 6
48 : 8	63 : 7	__ : 6
56 : 8	70 : 7	__ : _

- Zerlegungsaufgaben bieten Übungen, um Aufgabenlösungen von bekannten Einmaleinssätzen abzuleiten.

Karogitter

$6 \cdot 4 = 5 \cdot 4 + 1 \cdot 4$

$= 3 \cdot 4 + 3 \cdot 4$

$= 4 \cdot 4 + 2 \cdot 4$

= ____

Division mit Rest

Im **Handbuch 2** (Abschnitt 2.4.6) wurden die verschiedenen Schreibweisen bei der Division mit Rest bereits diskutiert. Wir schlagen die alte Restschreibweise vor (24 : 5 = 4 Rest 4), plädieren aber für eine gewisse Offenheit, wenn Sie von der Zerlegungsschreibweise (24 : 5 = 4 + 4 : 5) überzeugt sind. Diese hat beim Rechnen mit Größen einige Vorteile, denn 24 € : 5 ≠ 4 € Rest 4 €, wohl aber 24 € : 5 = 4 € + 4 € : 5 oder 24 € : 5 = 4 € + 4/5 €. Insbesondere in der Schreibform „24 € : 5 = 4 € + 4 € : 5" wird deutlich, dass auch die restlichen 4 € noch verteilt werden müssen. Dies kann im Unterricht konkret mithilfe des Wechselns der 4 € in 40 10-Cent-Stücke durchgeführt werden; jeder erhält noch 80 Cent., denn 24 € : 5 = 4 € 80 Cent.

Mithilfe von Punktfeldern kann die Einsicht in die Division mit Rest und ihre Schreibweise vertieft werden.

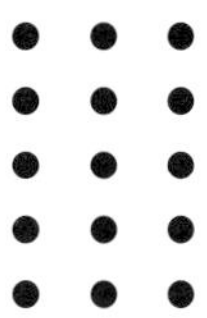

15 : 3 = 5
denn
5 · 3 = 15

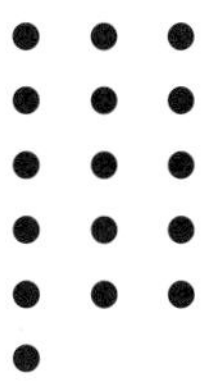

16 : 3 = 5 Rest 1
denn
5 · 3 + 1 = 16

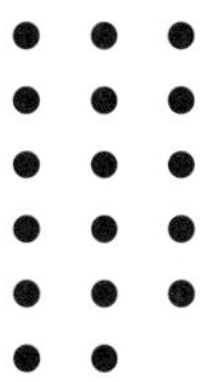

17 : 3 = 5 Rest 2
denn
5 · 3 + 2 = 17

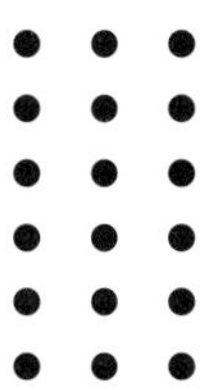

18 : 3 = 6
denn
6 · 3 = 18

Übungsanregungen und Spiele

Die nachfolgenden Übungen und Spiele stellen eine Auswahl dar, die über die entsprechenden Anregungen zum Einmaleins/Einsdurcheins im Handbuch 2 sowie die zahlreichen Angebote für lehrbuchunabhängige Materialien (z. B. LUMATRIX im Schroedel Verlag) ergänzt werden kann.

- Arbeiten mit Tabellen
  Hilfreich sind die Kopiervorlagen A 9 und A 10 aus dem **Handbuch 2**.

·	3		7	
2		8		12
	9			
4				
	15			

:	2	3	5	7
30				
21				
	7		2R4	
				6

	:2	+7	−1	:3	·4
12	6	13	12		
30					
6					
18					

- Hunderter-Tafel (siehe Kopiervorlage A 3 im **Handbuch 2**)
  Schreibe in die leere Hunderter-Tafel die Ergebnisse aller Einmaleinsaufgaben vom Einmaleins der 2 bis zum Einmaleins der 10.
  - Welche Zahlen in der Hunderter-Tafel sind besonders häufig Ergebnisse von Einmaleinsaufgaben?
  - Wie viele Zahlen in der Hunderter-Tafel sind Ergebnisse von Einmaleinsaufgaben?
  - Wie viele davon sind kleiner (größer) als 50?
  - Wie viele sind gerade (ungerade)?
- Rhythmische Einmaleinsreihen
  Die Einmaleinsreihen rhythmisch sprechen lassen: „1, 2, **3**, 4, 5, **6**, 7, 8, **9**, 10, ...". Schwierige Variante: Die Einmaleinsreihen rhythmisch rückwärts sprechen lassen, z. B.: „**30**, 29, 28, **27**, 26, 25, **24**, 23, ..."

- Malkreuz (vgl. Berger u. a. 1997, S. 4) oder Rechenpuzzle (Bauersfeld u. a. 1972)
  Im Hunderter-Feld (Kopiervorlage A 21 im **Handbuch 2**) können durch zwei senkrecht zueinander stehende Geraden vier Multiplikationsaufgaben gebildet werden; die Summe der vier Produkte beträgt jeweils 100.

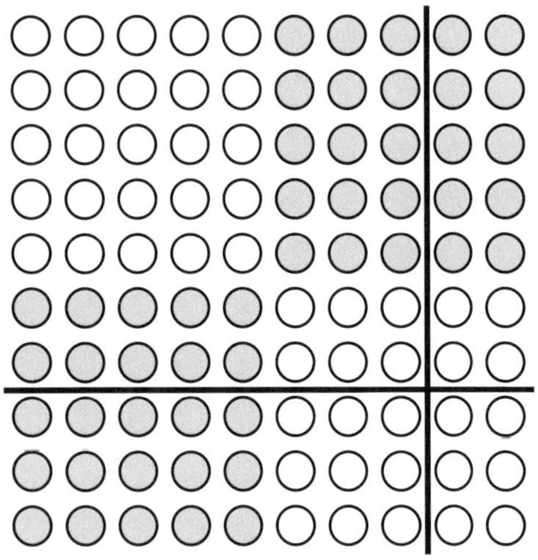

7 · 8   7 · 2   3 · 8   3 · 2
zusammen:
56 + 14 + 24 + 6 = 100
Im Malkreuz notiert:

⊙	8	2	
7	56	14	
3	24	6	
			100

Bestimme andere Malaufgaben im Hunderter-Feld. Rechne sie im Malkreuz.

Rechne mit einem Malkreuz.

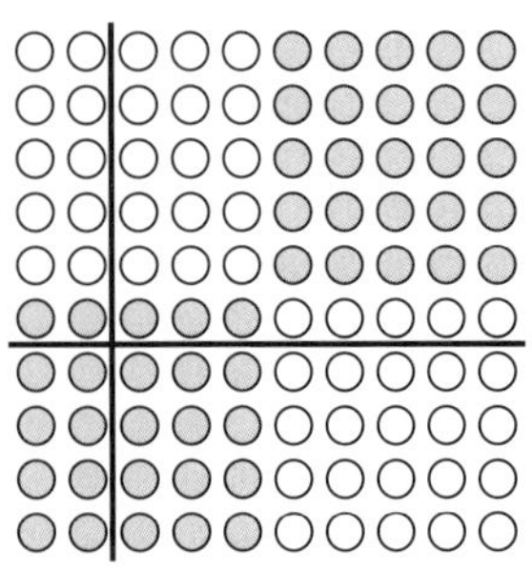

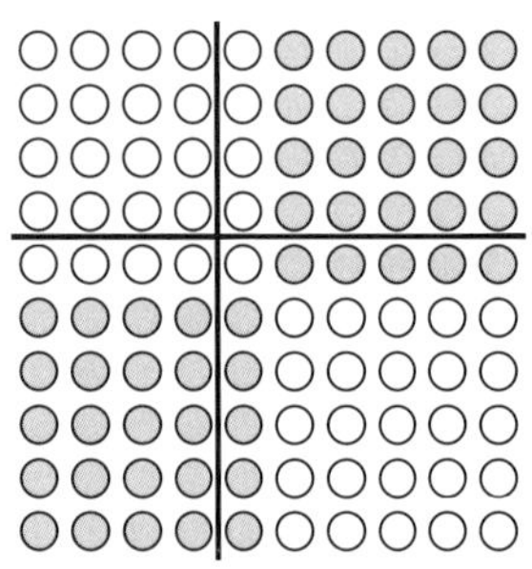

- Kreuzzahlrätsel lösen

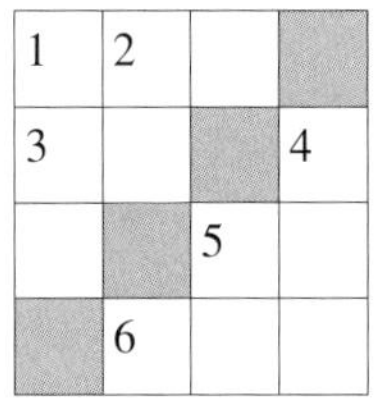

Waagerecht	*Senkrecht*
1) (9 · 9) + 40	1) 60 · 2
2) (3 · 3) + (4 · 4)	2) 5 · 5
5) 3 · 5	4) 300 : 2
6) (10 · 6) + 100	5) Das Doppelte vom Doppelten der Zahl 4

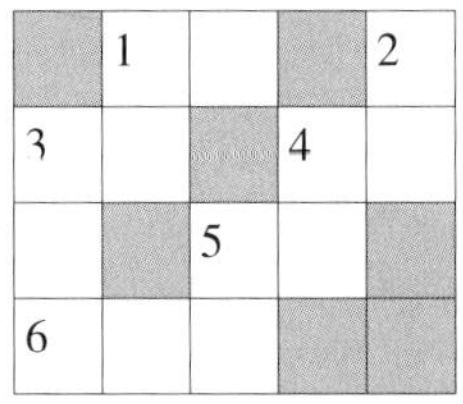

Waagerecht	*Senkrecht*
1) 65 – 24	1) 7 · 7
3) (10 · 3) – 11	2) 72 : 3
4) (7 · 9) + 1	3) (3 · 7) + (8 · 10)
5) 14 + 5 (5 · 17)	4) 88 – 19
6) (9 · 9) + 25	5) 12 · 8

- Pfeilnetze (**Kopiervorlage A 10**)
  Pfeilnetze erlauben besonders gut Möglichkeiten der Differenzierung. Leistungsstärkeren Rechnern kann man leere Pfeilnetze zum individuellen Ausfüllen anbieten, sie können auch eigene Pfeilnetze entwerfen. Die Übung der Pfeilnetze kann in der ersten Hälfte des 3. Schuljahres die Multiplikationsfähigkeiten einiger Kinder überfordern, weil man bei einigen Aufgabenstellungen schnell in das große Einmaleins kommt.
  – Beispiel 1:

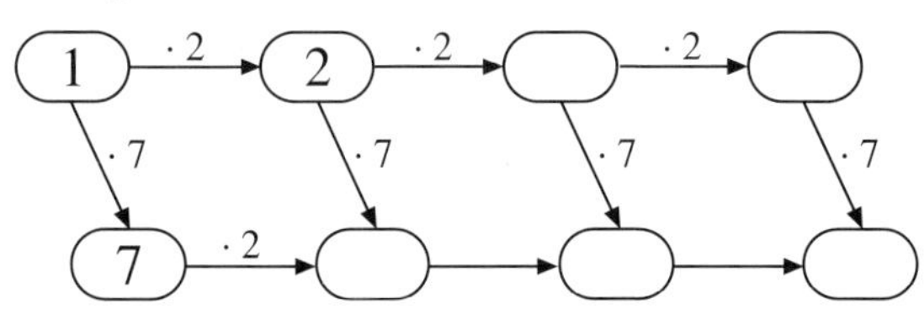

  – Beispiel 2:

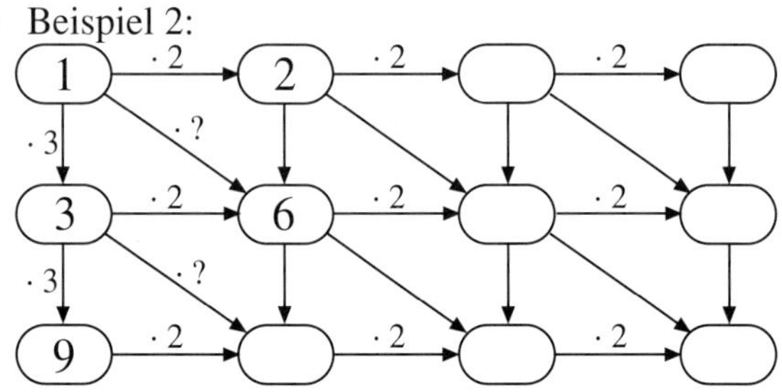

- Beispiel 3:

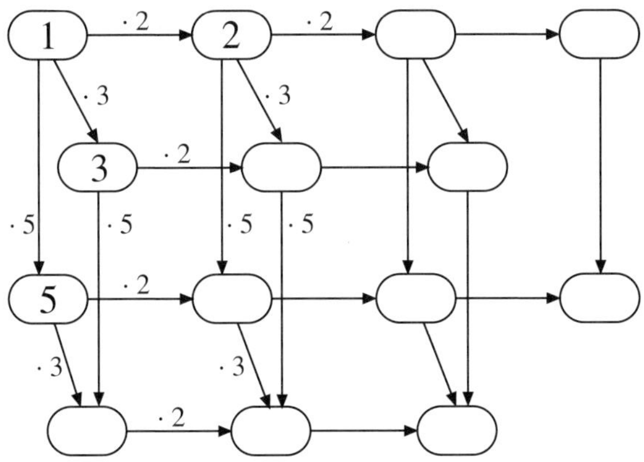

- Spiele

In LUMATRIX (Abele, Ch. u. a. 1996) sowie in Spieleanregungen für den Mathematikunterricht (vgl. die Zusammenstellungen in den **Handbüchern 1** und **2**) finden Sie zahlreiche Spiele zum Multiplizieren und Dividieren, die Sie leicht variieren können, sodass wir uns hier nur auf einige Beispiele beschränken.

- „Die böse 7"

Die Kinder sitzen im Sitzkreis. Reihum werden die Zahlen mit 1 beginnend bis 70 genannt, allerdings unter den folgenden Bedingungen (Spielregeln): Die Zahlen des Siebenereinmaleins dürfen nicht genannt werden, statt ihrer wird das Wort „Schwupp" vom betreffenden Schüler gerufen.
Erschwerende Variante: Auch alle Zahlen mit einer 7 als Einer oder als Zehner werden durch „Schwupp" ersetzt.
Entsprechend kann das Spiel zu den anderen Einmaleinsreihen gespielt werden (z. B. „Die böse 9" bis 90). Ein Wettkampfcharakter entsteht, wenn zwei oder drei Schülergruppen gleichzeitig spielen und dabei versuchen, am schnellsten die Zielzahl zu erreichen.

- Würfelspiel

Dieses Würfelspiel ist ein Spiel für ein Kind. Es benötigt 2 Würfel und ein Sechsunddreißiger-Feld. Gewürfelt wird mit zwei Würfeln. Aus den beiden

1	2	3	4	5	6
7	8	9	10	11	12
13	14	15	16	17	18
19	20	21	22	23	24
25	26	27	28	29	30
31	32	33	34	35	36

Zahlen wird eine Multiplikationsaufgabe gebildet und das Ergebnisfeld eingekreist bzw. mit einem Plättchen belegt. Jeder Schüler würfelt 20 mal.

Welche Zahlen wurden eingekreist?
Welche Zahlen kann man sicher nicht erwürfeln? Kreuze sie durch!
Wie viele Zahlen bleiben übrig?

1	2	3	(4)	5	6
~~7~~	8	9	10	11	(12)
13	14	15	16	17	18
19	20	21	22	23	24
25	26	27	28	29	30
31	32	33	34	35	(36)

- Einmaleins-Memory und andere Einmaleins- Spiele

Auf 15 (diese Anzahl kann nach oben oder unten variiert werden) Kartonkarten in der Größe von ca. 4 cm x 4 cm werden 15 Einmaleinsaufgaben, auf weitere 15 Karten die zugehörigen Lösungen geschrieben. Die Rückseiten der Karten bleiben frei.

Zunächst werden die aufgedeckten Paare zusammengestellt und kontrolliert. Alle Karten werden gemischt und mit den leeren Seiten nach oben auf einen Tisch gelegt. Zwei bis vier Spieler decken reihum 2 Karten auf. Hat ein Spieler ein Paar (Aufgabe/ Ergebnis) aufgedeckt, nimmt er die beiden Karten an sich. Er darf dann erneut aufdecken. Sieger ist, wer am Ende die meisten Karten hat.

Solche Einmaleins-Memorys werden auch von verschiedenen Spiele- bzw. Lehrmittelverlagen angeboten. Das *1x1-Memory* (Ravensburger) besteht aus je 60 Aufgaben- und Lösungskarten. Durch unterschiedliche Muster auf der Kartenrückseite können Aufgaben- von Lösungskarten unterschieden werden.

Mein lustiges Einmaleins-Spiel (Ravensburger) erlaubt in der Variante „Einmaleins-Reihenspiel" das Einüben gezielt ausgewählter Einmaleinsreihen. Die Spielform „Einmaleins-Spiel" ist eine Abwandlung der Spielidee „Vier in einer Reihe". 16 Karten mit Lösungen von 1x1-Aufgaben werden zu einem 4x4-Quadrat ausgelegt. Gewürfelt wird mit zwei Würfeln gleichzeitig, die beiden Würfelzahlen werden multipliziert. Fällt ein Joker, darf eine beliebige Zahl ausgewählt werden. Wer eine Zahlenkarte mit dem Produkt der Zahlen hat, darf sie mit einem Chip belegen. Gewonnen hat, wer zuerst vier Zahlen in einer waagerechten, senkrechten oder diagonalen Reihe belegt hat.

Das *Multispiel* (Spectra) ist ein Kartenspiel, das u. a. auch die Spielvariante Memory erlaubt; Aufgabe und Tauschaufgabe (3 · 4 und 4 · 3) bilden die

Paare. Jede 1x1-Aufgabe ist als Rechteck auf der leeren, strukturierten Hunderter-Tafel dargestellt.

– Einmaleins-Felder
Benötigt wird eine leere Hunderter-Tafel (Kopiervorlage 3 im **Handbuch 2**), viele Spielsteine (Muggelsteine, Rechenplättchen ...) in zwei Farben und zwei Würfel. Zwei Spieler spielen abwechselnd mit den beiden Würfeln, bilden eine Multiplikationsaufgabe und legen dazu mit den Spielsteinen ein „Punktefeld“ in die leere Hunderter-Tafel.

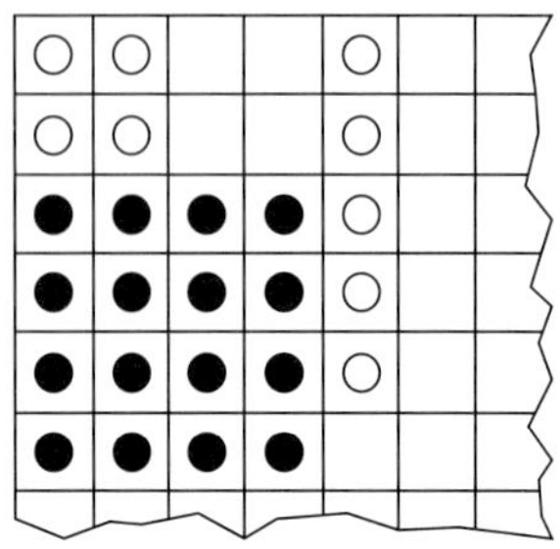

Das Spiel ist beendet, wenn beide Spieler kein Multiplikationsfeld mehr legen können. Wer hat die meisten Plättchen gelegt?

Schneller beim Spielen selbst, aber mühsamer in der Vorbereitung ist es, wenn zu allen Einmaleins-Aufgaben Rechteckfelder in der Größe der jeweiligen Ausschnitte der Hunderter-Tafel hergestellt werden. Dann muss jeweils nur noch das entsprechende Rechteckfeld ausgewählt und abgelegt werden.

Dieses Partnerspiel lässt sich auch einfach auf Karopapier mit Stiften spielen. Dabei müssen ein Rahmen und zwei Symbole für die Feldbelegung (Kreuze bzw. Kreise) festgelegt werden.

– Größte Zahl
Zwei bis vier Kinder benötigen jeweils ein Blatt Papier, einen Stift und einen Würfel. Jeder Spieler entwirft zunächst den folgenden Spielplan:

1 • __ = ___
2 • __ = ___
3 • __ = ___
4 • __ = ___
5 • __ = ___
____
___

Es wird reihum gewürfelt. Die gewürfelte Zahl wird in eine beliebige Zeile des Spielplans eingetragen und die Multiplikationsaufgabe ausgerechnet. Nach fünf Runden ist das Spiel beendet. Gewonnen hat, wer die größte Summe der fünf Multiplikationsergebnisse erreicht.

[T][A][S][C][H][E][N][R][E][C][H][N][E][R][E][C][K][E]

Für die folgende Übung benötigt man Taschenrechner mit automatischer Konstante bei Addition und Multiplikation (z. B. MathMate von Texas Instruments).

Drücke zunächst diese Taste: [C]
Gib ein: [2][x]
Lege einen Finger auf [=]. Schließe die Augen!

Drücke [=][=][=][=][=] und rechne mit. Öffne die Augen und kontrolliere den Taschenrechner bzw. deine Kopfrechnung.

Diese Aktivität kann vielfältig variiert werden, z. B.:

[3][+][=] Augen schließen! [=][=][=][=][=][=][=] ....

[9][0][-][3][=] Augen schließen! [=][=][=][=][=][=][=] ....

[1][2][8][:][2][=] Augen schließen! [=][=][=][=][=][=][=] ....

2.4.2 Multiplikation mit Zehnerzahlen/Division durch Zehnerzahlen

Das Multiplizieren und das Dividieren von Zehnerzahlen wird in einigen Schulbüchern ein wenig vernachlässigt, obwohl das Thema für den weiteren Arithmetikunterricht von großer Bedeutung ist. Es ist eine notwendige Voraussetzung für

- das große Einmaleins,
- das halbschriftliche Multiplizieren und Dividieren,
- die Einsicht in die schriftliche Multiplikation/ Division,
- das Überschlagsrechnen bei diesen Operationen.

Nicht zu schnell sollte man die Regel vom Anhängen der Null bei der Multiplikation mit 10 bzw. die vom Streichen der Null bei der Division durch 10 thematisieren. Zum Verständnis dieser Regeln werden zunächst die Lösungsstrategien über Größenvorstellungen, über das Rechnen mit Zehnern, über die Stellenwerttafel und über das Bewusstmachen von Analogien erarbeitet.

Methodische Phasen

Multiplikation mit Zehnerzahlen

(1) Rechnen mit Größen (Rechengeld)

10 Euro-Scheine und ihr Wert:

Anzahl der 10 Euro-Scheine	5	10	40	17
Gesamtbetrag in Euro	50	100		

(2) Rechnen mit Zehnern

4 · 50 = 4 · 5 Z = 20 Z = 200

(3) Rechnen in der Stellentafel

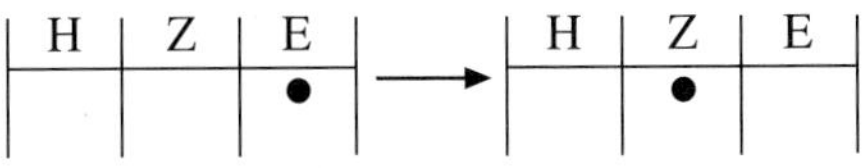

10 · 1 = 10

Aus Einern werden Zehner.

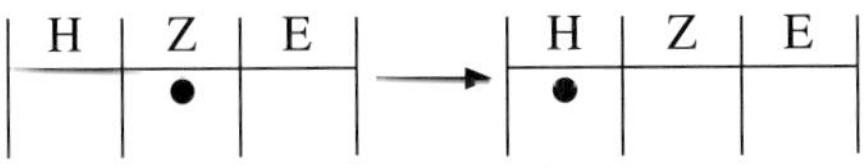

10 · 10 = 100

Aus Zehnern werden Hunderter.

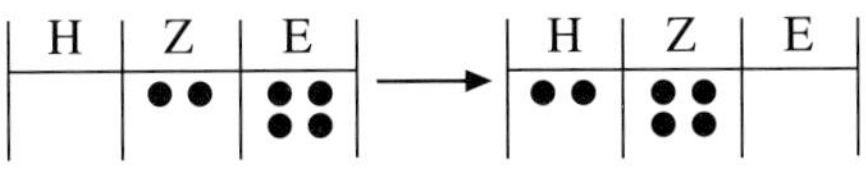

24 · 10 = 240

Regel: Beim Malnehmen mit 10 rücken alle Ziffern eine Stelle nach links (es wird eine Null angehängt).

(4) Analogien erkennen und nutzen

3 · 4 = 12

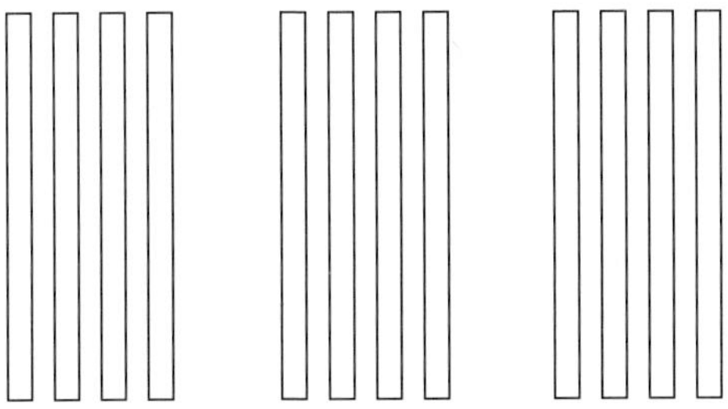

3 · 40 = 120

5 · 30 = 5 · 3 · 10

oder

5 · 30 = 150, denn 5 · 3 = 15

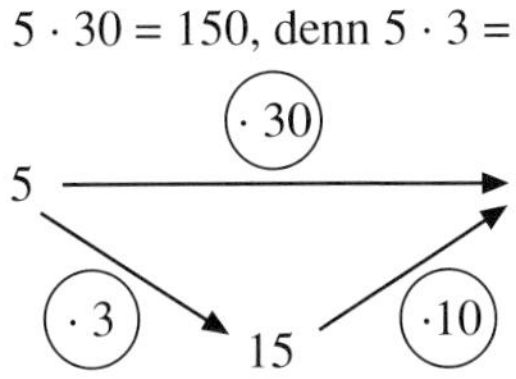

Analogieaufgaben:

5 · 3 = ____	7 · 4 = ____
5 · 30 = ____	7 · 40 = ____
50 · 3 = ____	70 · 4 = ____

Division durch Zehnerzahlen

(1) Rechnen mit Größen

Euro-Beträge in 10 Euro-Scheine wechseln:

Gesamtbetrag in Euro	50	100	400	170
Anzahl der 10 Euro-Scheine	5	10		

(2) Rechnen mit Zehnern

480 : 6 = 48 Z : 6 = 8 Z = 80

(3) Rechnen in der Stellentafel

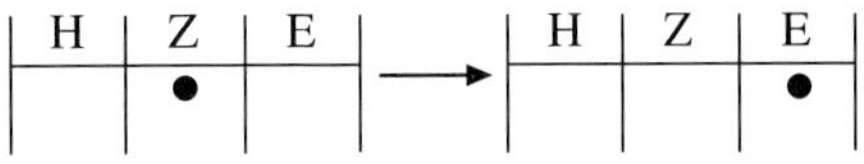

10 : 10 = 1

Aus Zehnern werden Einer.

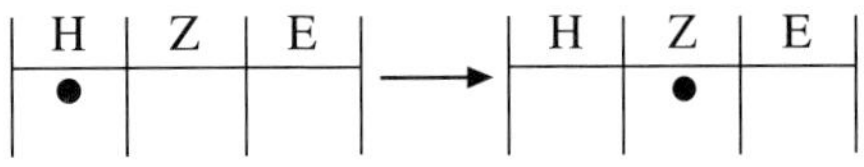

100 : 10 = 10

Aus Hundertern werden Zehner.

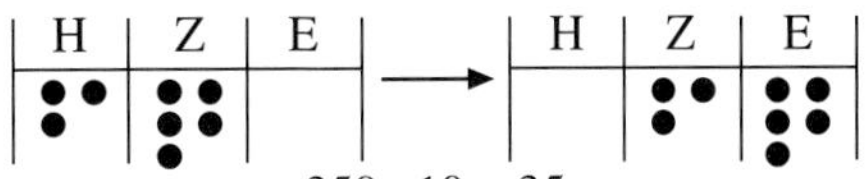

350 : 10 = 35

Regel: Beim Teilen durch 10 rücken alle Ziffern eine Stelle nach rechts (es wird die Einernull gestrichen).

(4) Analogien erkennen und nutzen

18 € : 3 = 6 €

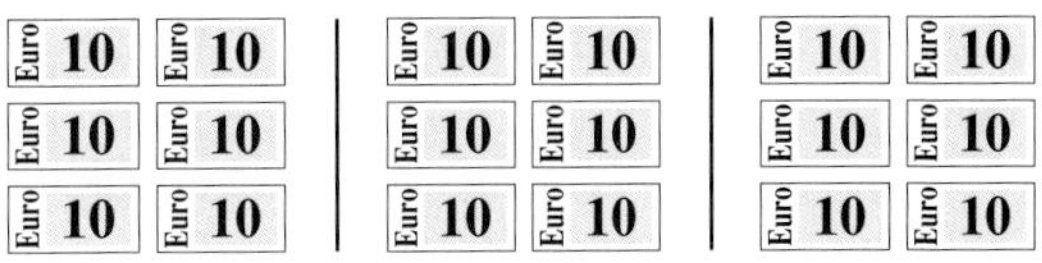

180 € : 3 = 60 €

240 : 40 = 240 : 10 : 4

oder

240 : 40 = 6, denn 24 : 4 = 6

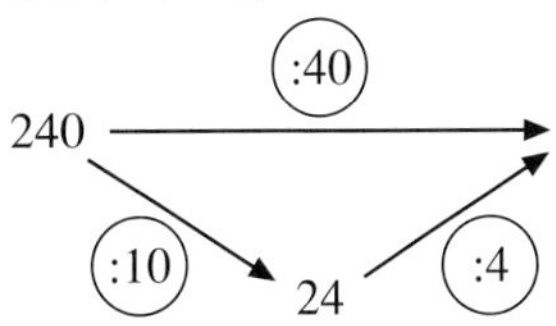

Analogieaufgaben:

28 : 4 = ____	64 : 8 = ____
280 : 4 = ____	640 : 8 = ____
280 : 40 = ____	640 : 80 = ____

(5) Gestütztes Kopfrechnen/halbschriftliches Rechnen

10 · 34

10 · 30 = 300

10 · 4 = 40

10 · 34 = 340

(6) Zehner-Einmaleins

Untersuchungen an der Tausender-Tafel

10	20	30	(40)	50	60	70	(80)	90	100
110	(120)	130	140	150	(160)	170	180	190	(200)
210	220	230	(240)	250	260	270	(280)	290	300
310	(320)	330	340	350	(360)	370	380	390	(400)
410	420	430	440	450	460	470	480	490	500
510	520	530	540	550	560	570	580	590	600
610	620	630	640	650	660	670	680	690	700
710	720	730	740	750	760	770	780	790	800
810	820	830	840	850	860	870	880	890	900
910	920	930	940	950	960	970	980	990	1000

Einmaleins der 40

Untersuchungen am Zahlenstrahl

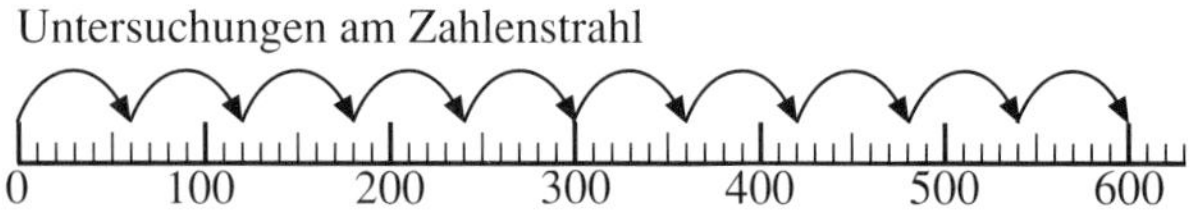

Einmaleins der 60

Einmaleinsreihen vergleichen und Analogien erkennen

3, 6, 9, 12, ..., 30

30, 60, 90, 120, ..., 300

(5) Zusammenhang von Division und Multiplikation

240 : 30 = 8, denn 8 · 30 = 240

120 : 6 = 20, denn 6 · 20 = 120

(6) Gestütztes Kopfrechnen/halbschriftliches Rechnen

430 : 10

400 : 10 = 40 (weil 10 · 40 = 400)

30 : 10 = 3 (weil 3 · 10 = 30)

430 : 10 = 43

450 : 50

400 : 50 = 8 (weil 8 · 50 = 400)

50 : 50 = 1 (weil 1 · 50 = 50)

450 : 50 = 9

oder

450 : 50

450 : 10 = 45

45 : 5 = 9 (weil ____ : 50 = __ : 10 : 5)

Schwierigkeiten und Schülerfehler

Ursachen für Schwierigkeiten der Schüler beim Multiplizieren von Zehnerzahlen bzw. beim Dividieren durch Zehnerzahlen sind

- Unsicherheiten beim kleinen Einmaleins,
- fehlerhaftes Anwenden der Regeln vom Anhängen bzw. Streichen der Null,
- unzureichende Vorstellungen im Zahlenraum bis 1 000, um die Lösung einer Aufgabe überschlägig zu kontrollieren,
- ein nicht ausreichendes Verständnis der Multiplikation mit Null/Division durch Null.

Einige Kinder prägen sich die beiden folgenden Regeln ein und wenden sie zu schnell an:
„Bei der Multiplikation mit 10 (einer Zehnerzahl) wird eine 0 angehängt." bzw. „Bei der Division durch 10 (einer Zehnerzahl) wird eine 0 gestrichen."

Ohne ausreichende Handlungserfahrungen bleiben diese Regeln oft unverstanden und werden in den nächsten Schuljahren auch auf Dezimalzahlen übertragen. Dann sind die typischen Fehllösungen beobachtbar wie 2,8 · 10 = 2,80 oder 5,1 · 20 = 10,20 oder 2,80 : 10 = 2,8 bzw. 2,80 : 20 = 1,4. Daher ist es wichtig, die drei Phasen

(1) Rechnen mit Größen,
(2) Rechnen mit Zehnern und
(3) Rechnen in der Stellentafel

ausführlich im Unterricht zu thematisieren, um bei allen Kindern ein Verständnis für die folgenden hilfreicheren Regeln anzubahnen:

- Beim Malnehmen mit 10 rücken alle Ziffern eine Stelle nach links (bekommen alle Ziffern den nächstgrößeren Stellenwert).
- Beim Teilen durch 10 rücken alle Ziffern nach rechts (bekommen alle Ziffern den nächstkleineren Stellenwert).

Bei der Auswahl der Übungsaufgaben zum Einmaleins werden bewusst die Aufgaben mit der Null immer wieder eingebaut: 0 · __ = 0, __ · 0 = 0, 0 · 0 = 0 und 0 : __ = 0 (vgl. auch Kap. 2.3.8 im **Handbuch 2**). Selter und Spiegel (1997, S. 76) berichten von einer Untersuchung, bei der gegen Ende des 4. Schuljahres zur Aufgabe 15 · 3 · 0 eine Fehlerquote von 87,4% beobachtet wurde. Geben Sie den Kindern Ihrer Klasse einmal nacheinander die folgenden Aufgaben 7 · 0, 0 · 7, 15 · 3 · 0, 0 : 5, 5 : 0 und lassen Sie die Kinder ihre Lösungen beschreiben und diskutieren. Sie werden überrascht sein über die individuellen Lösungen und Lösungsbegründungen. Zahlreiche Anregungen zum Erkunden, „wie Kinder rechnen", finden Sie in Selter/Spiegel (1997).

- Fehlermuster zur Multiplikation/Division mit Zehnerzahlen
  Die folgenden Fehlermuster lassen sich zum Unterrichtsthema machen:
  $8 \cdot 60 = 488$
  Multiplikation der Null als $8 \cdot 0 = 8$

  $40 \cdot 20 = 80$
  Vernachlässigen einer Null

  $6 \cdot 60 = 660$
  Nachwirken von Zahlen (Perseverationsfehler)

  $800 : 20 = 400$ oder $800 : 20 = 4$
  Fehlerhaftes Nullenstreichen

  $400 : 80 = 20$
  Vertauschen der ersten Ziffern bei Dividend und Divisor

  $400 : 80 = 51$
  Fehlerhafte Division durch 0 (gerechnet: $40 : 8 = 5$ und $0 : 0 = 1$)

  Machen einige Kinder diese oder ähnlich Fehler, dann kann man über Beobachtungen während der Aufgabenlösungen oder mit einem kleinen „diagnostischen Gespräch" Auskunft über die möglichen Ursachen erhalten, um mit dieser Kenntnis gezielt die Schwierigkeit aufzuarbeiten.

  Von besonderer Bedeutung für ein sicheres Multiplizieren/Dividieren mit Zehnerzahlen ist neben dem Beherrschen des (kleinen) Einmaleins die Einsicht in den Stellenwertbegriff, ein sicherer Überblick über den Zahlenraum und ein Verständnis des Malnehmens und Teilens mit der Null.

Entdeckungen und Übungsanregungen

- Einmaleinsreihen der Zehnerzahlen
  - Einmaleinsreihen bilden:
    30er-Reihe: 30, 60, 90, ..., 300
    70er-Reihe: 70, 140, 210, ..., 700
  - Einmaleinsreihen vorwärts (und auch rückwärts) aufsagen
  - Einmaleinsreihen untersuchen:

30er-Reihe	30	60	...	300
40er-Reihe	40	80	...	400
Summe	70		...	700

80er-Reihe	80	160	...	800
50er-Reihe	50	100	...	500
Unterschied	30		...	300

  Was fällt bei den Summen (bei den Unterschieden) auf?

- Tausendertafel (**Kopiervorlage A 11**)
  Die Zehner-Einmaleinsreihen in der Tausendertafel kennzeichnen. Was fällt auf? Welche Muster entstehen?

10	20	30	40	50	60	70	80	90	100
110	120	130	140	150	160	170	180	190	200
210	220	230	240	250	260	270	280	290	300
310	320	330	340	350	360	370	380	390	400
410	420	430	440	450	460	470	480	490	500
510	520	530	540	550	560	570	580	590	600
610	620	630	640	650	660	670	680	690	700
710	720	730	740	750	760	770	780	790	800
810	820	830	840	850	860	870	880	890	900
910	920	930	940	950	960	970	980	990	1000

  - Vergleiche mit den Mustern auf der Hunder-ter-Tafel zum kleinen Einmaleins (**Handbuch 2**, Kap. 2.3.4).
  - Welche Zahl wird am häufigsten getroffen?
  - Welche Zahlen werden genau einmal getroffen?
  - Finde alle Malaufgaben mit dem Ergebnis 180 (360, 240, ...).

- Übungen am Zahlenstrahl
  Der im Klassenraum aushängende Zahlenstrahl kann zum Verdeutlichen der Einmaleinsreihen der Zehnerzahlen eingesetzt werden, er ist jedoch kein hilfreiches Arbeitsmittel zum Lösen von Einmaleinsaufgaben mit Zehnerzahlen oder zum Erkennen von operativen Beziehungen.

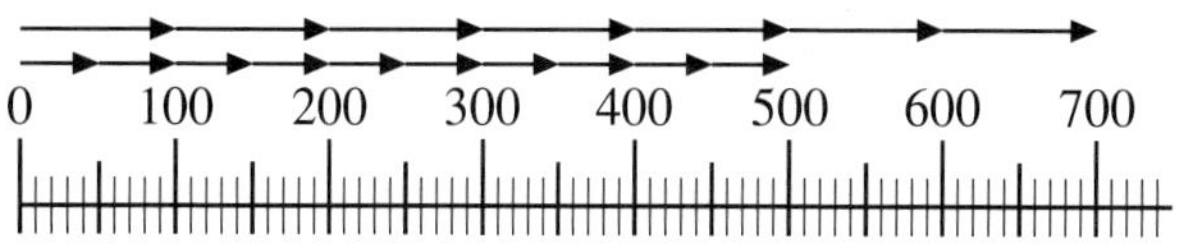

Einmaleinsreihe der 100 und Einmaleinsreihe der 50
- Wie viele 50er-Schritte von 0 bis 200 (bis 300, bis 450 ...)?
- Vier Fünfzigerschritte ab 150. Wo kommst du hin?
- Wie viele Fünfzigerschritte von 450 bis 200?
- Wie viele Hunderterschritte von 700 bis 100?
- Welche Zahlen werden von beiden Einmaleinsreihen gemeinsam getroffen?

Im Unterricht können die Vielfachen von Zehnerzahlen mit verschiedenfarbigen Klammern markiert werden.

- Analogien erkennen!
  Beispielaufgaben:
  3 · 7 =
  3 · 70 =
  30 · 7 =

  24 : 4 =
  240 : 4 =
  240 : 40 =

- Operative Übungen
  Beispielaufgaben:
  160 = __ · 40
  200 = __ · 40
  240 = __ · 40

  200 = __ · 50
  400 = __ · 50

  500 = __ · 50
  250 = __ · 50

  180 = __ · 60
  180 = __ · 30
  180 = __ · 20
  180 = __ · 10

  – Löse über die Tauschaufgabe.
    30 · 8
    60 · 4
    50 · 3

  – Nachbaraufgaben
    __ · 60 = 240
    5 · 60 = 300
    __ · 60 = 360

    4 · 70 = ___
    5 · 70 = ___
    6 · 70 = ___

  – Halbieren und Verdoppeln
    10 · 80 = ___
    5 · 80 = ___

    3 · 70 = ___
    6 · 70 = ___

    40 : 20 = 2
    80 : 20 = __
    160 : 20 = __
    ...
    40 : 10 = 4
    80 : 10 = __
    160 : 10 = __

    240 : 80 = 3
    240 : 40 = __
    240 : 20 = __
    ...

  – Finde Malaufgaben zu: 240, 320, 480, 270, ...

  – Finde alle verwandten Aufgaben zu 4 · 50 = 200
    3 · 50 = __
    5 · 50 = __
    zu
    2 · 50 = __ , 8 · 50 = __
    zu
    200 : 4 = __ , 200 : 50 = __
    zu
    200 : 40 = __ , 200 : 5 = __

  – Division im Hunderter-Feld (siehe Kopiervorlage A 21 im **Handbuch 2**)

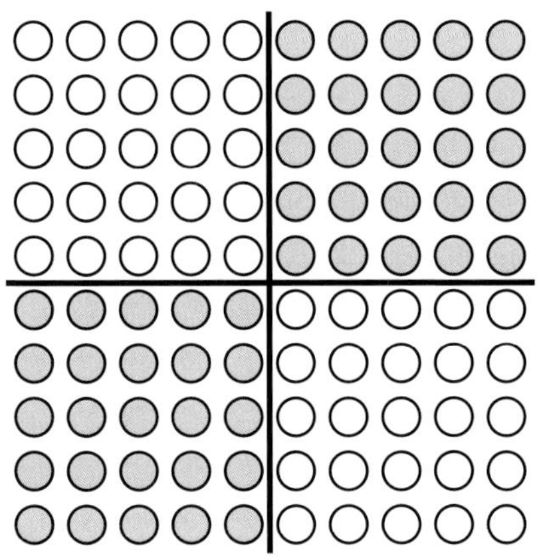

100 : 4 = __
100 : 25 = __

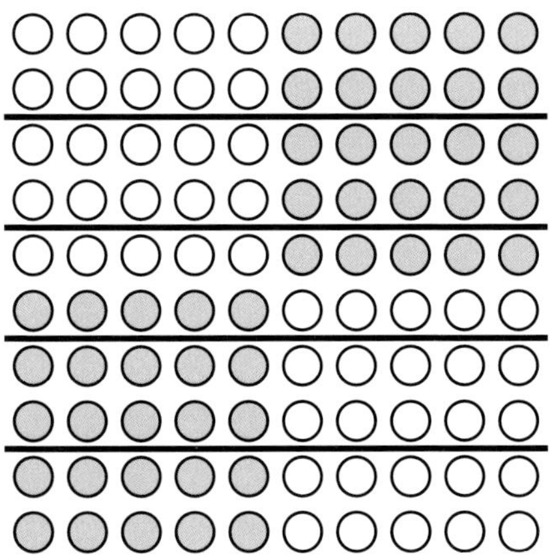

100 : 5 = __
100 : 20 = __

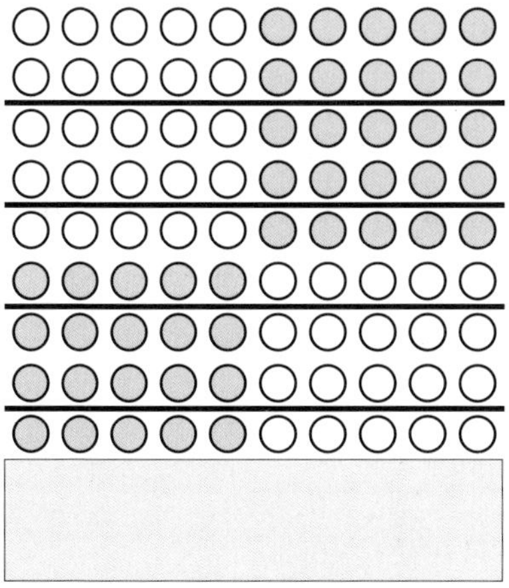

90 : 20 = 4 Rest 10, aber

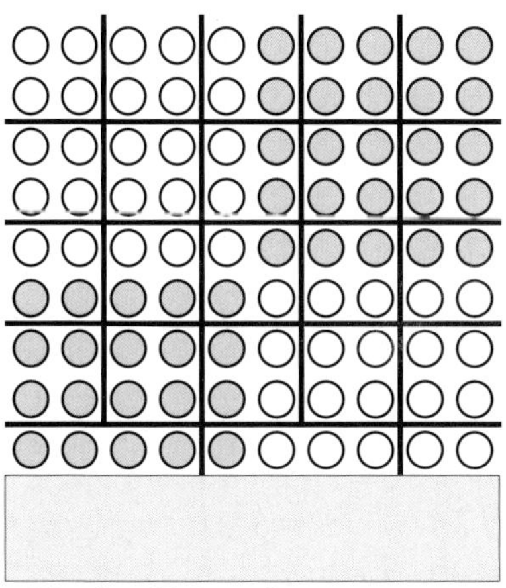

90 : 4 = 22 Rest 2

- Rechnen mit Operatoren
  Für ein geschicktes Rechnen mit Zehnerzahlen ist die Einsicht in das Verbindungsgesetz besonders wichtig. So wird eine Aufgabe wie 8 · 40 am einfachsten gelöst über die Anwendung des Verbindungsgesetzes 8 · 4 · 10, bei der Division entsprechend (z. B. 280 : 40 = 280 : 10 : 4). Zum Erarbeiten dieser Gesetzmäßigkeiten kann man zunächst die Rechenmaschinen aus dem **Handbuch 2** wieder verwenden (Kopiervorlagen A 26 und A 27).

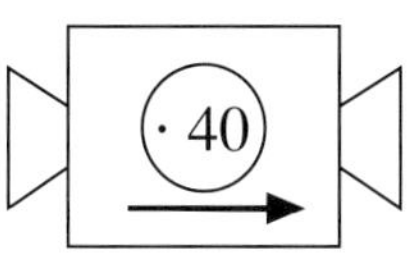

Diese Maschine leistet dasselbe wie die beiden folgenden Maschinen.

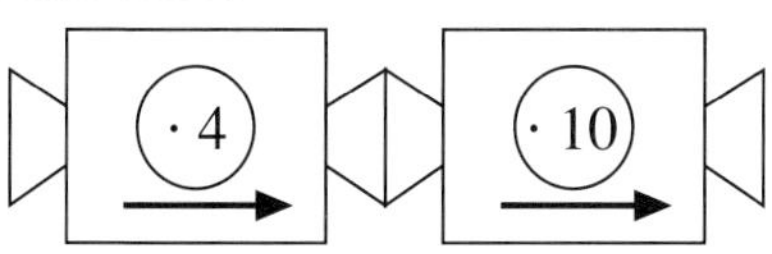

Die Möglichkeit des Zerlegens von Multiplikatoren wird an mehreren Zehnerfaktoren verdeutlicht. Entsprechendes gilt für die Division durch Zehnerzahlen. Hier leistet z. B. die „Durch-Vierzig-Maschine" dasselbe wie die beiden folgenden Maschinen.

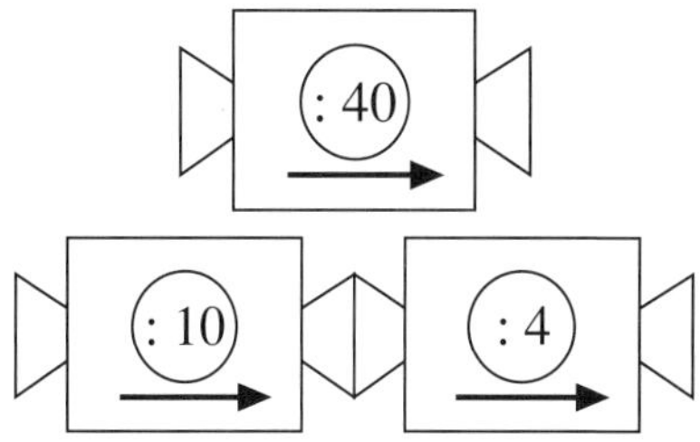

Übungsaufgaben dazu können wie folgt gestaltet werden (**Kopiervorlage A 12**):

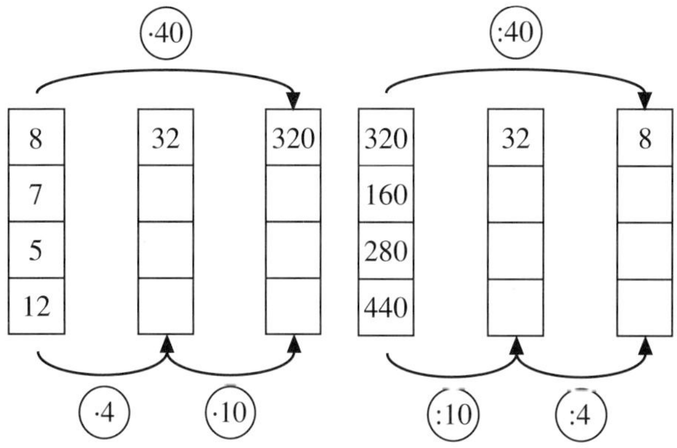

- Variationen und Einkleidungen
  – Rechenräder (Kopiervorlage A 6 im **Handbuch 2**)

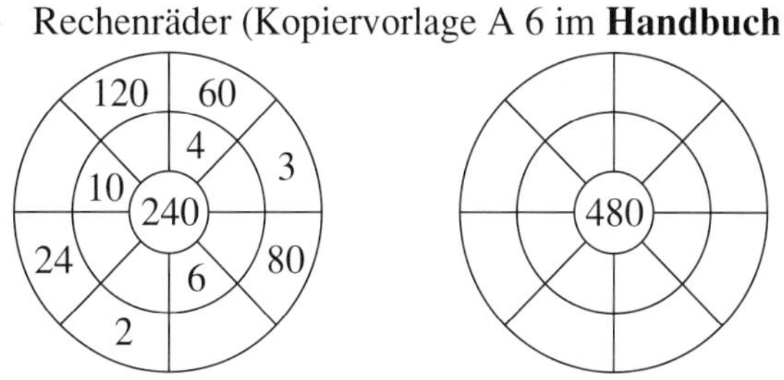

  – Rechenhäuser (Kopiervorlage A 8 **im Handbuch 2**)

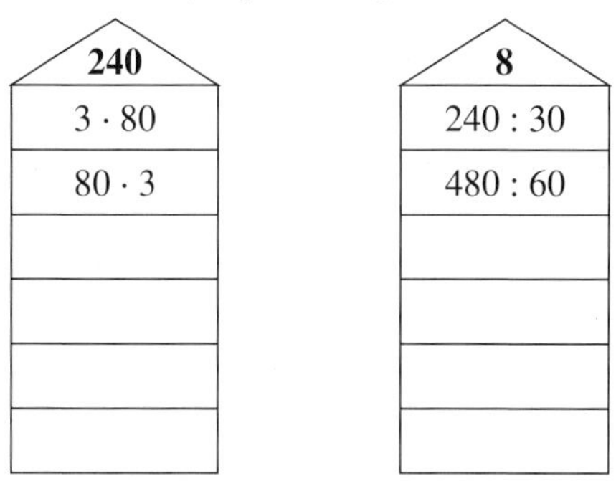

  – Hunderter-Rechenkreis (**Kopiervorlage A 12**)
  Wie im 2. Schuljahr zum Einmaleins (vgl. **Handbuch 2**, S. 92) können jetzt mit den Zehnereinmaleins-Reihen Muster erzeugt werden. Von der Null ausgehend wird ein Wollfaden fortlaufend über die Zahlen der Zehnereinmaleins-Reihe gespannt. Bei Zahlen über 100 wird nur noch der Zehner berücksichtigt.

Die 30er-Reihe (oder die 70er-Reihe):

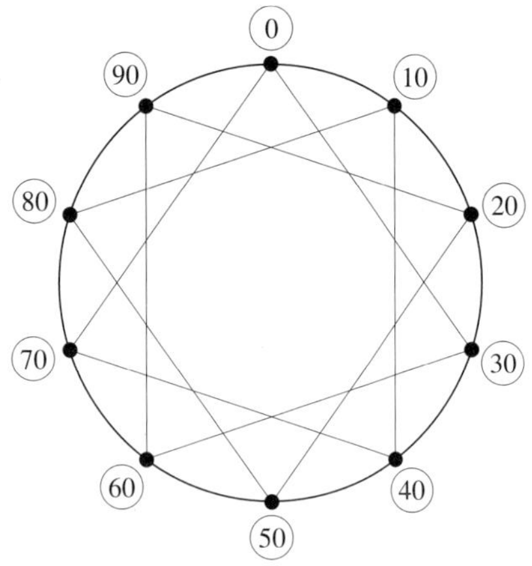

Die 40er-Reihe (oder die 80er-Reihe):

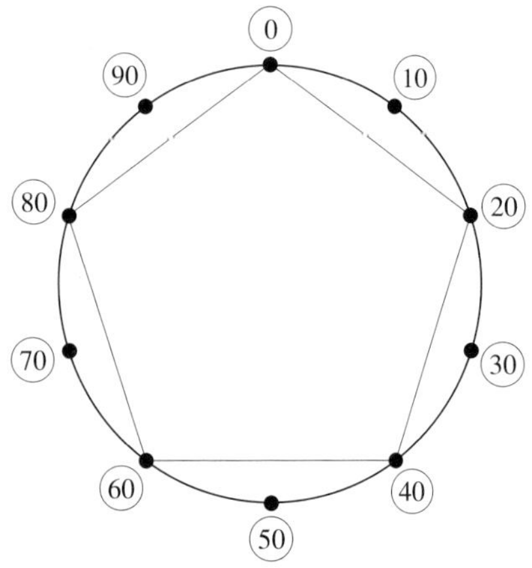

- Alternativ zur Herstellung des Hunderter-Rechenkreises kann auch der im 1. Schuljahr gebaute Zehner-Rechenkreis mit Zehnerzahlen überklebt werden. Zugleich eine Übung im genauen Zeichnen ist es, wenn die Spur des Wollfadens nur noch auf die **Kopiervorlage A 12** mit Lineal gezeichnet wird. Diese Muster können dann auch in der Klasse ausgehängt werden.
- Durchschnittsgeschwindigkeit
  Wie viel Kilometer können in der angegebenen Zeit zurückgelegt werden?

Durchschnittsgeschwindigkeit eines	2 h	4 h	5 h	8 h	10 h	$\frac{1}{2}$ h
Fußgängers: 5 km/h	10 km	20 km				
Radfahrers: 20 km/h	40 km					
Mopeds: 30 km/h						
Autos: 100 km/h						

- Stunden und Minuten

Stunden	60	180	300	600	360				30	
Minuten	1					8	11	12		$\frac{1}{4}$

[T][A][S][C][H][E][N][R][E][C][H][N][E][R][E][C][K][E]

Für die folgende Übung benötigt man Taschenrechner mit automatischer Konstante bei Addition und Multiplikation.

a) Drücke zunächst diese Taste: [C]

Gib ein: [1][0][+]

Drücke [=][=]... .Welche Zahlen entstehen?

Oder:

[3][0][+][=][=][=]

Was geschieht hier?

[1][0][x][=][=][=]

(b) Drücke zunächst diese Taste: [C]

Gib ein: [1][0][0][0] (oder 500, 2 300, 10 000, ...)

Drücke [-][1][0] und dann [=][=][=] .... Was wird angezeigt?

Oder:

[6][0][0][-][6][0][=][=] ...

[9][0][0][-][9][0][=][=] ...

Was geschieht hier?

[3][0][0][-][3][=][=] ...

[1][0][0][0][0][:][1][0][=][=][=] ...

Was bedeutet die Anzeige 0.1?

2.4.3 Das große Einmaleins

Ganz im Gegensatz zum kleinen Einmaleins sollen die Kinder die Aufgaben des großen Einmaleins vom $1 \cdot 11$ bis zum $20 \cdot 20$ nicht auswendig lernen. Das Ziel der Unterrichtseinheit ist, dass die Kinder Lösungsstrategien für die Aufgaben des großen Einmaleins entdecken bzw. erfahren und diese sicher anwenden können. Kernstück dieses multiplikativen Rechnens ist die Einsicht in das *Verteilungsgesetz* (Distributivgesetz), auf dem die entscheidende Strategie für das Lösen größerer Multiplikationen beruht:

$6 \cdot 18 = 6 \cdot 10 + 6 \cdot 8$

Der Bearbeitungsprozess besteht aus drei Schritten:
1. Zerlegen einer Zahl in Zehner und Einer ($18 = 10 + 8$)
2. Multiplizieren jeder Zahl ($6 \cdot 10$ und $6 \cdot 8$)
3. Addieren der Teilergebnisse ($60 + 48$)

Das Lösen der großen Einmaleinsaufgaben ist nicht immer über diesen einen Weg notwendig, andere Lösungsmöglichkeiten über das Verteilungsgesetz zum Aufgabenbeispiel wären:
$6 \cdot 18 = 6 \cdot 15 + 6 \cdot 3$ oder
$6 \cdot 18 = 6 \cdot 9 + 6 \cdot 9$ oder

$6 \cdot 18 = 5 \cdot 18 + 1 \cdot 18$ oder
$6 \cdot 18 = 6 \cdot 20 - 6 \cdot 2$ u. a.

Neben dem Verteilungsgesetz zur Verbindung von Multiplikation und Addition/Subtraktion sind für das Rechnen großer Einmaleinsaufgaben weitere Gesetze wichtig:

- das *Vertauschungsgesetz* (Kommutativgesetz):
  $18 \cdot 6 = 6 \cdot 18$
- das *Verbindungsgesetz* (Assoziativgesetz):
  $6 \cdot 6 \cdot 3 = 6 \cdot 18$ oder $6 \cdot 6 \cdot 3 = 36 \cdot 3$
- das *Ausgleichsgesetz* :
  $6 \cdot 18 = 12 \cdot 9$ bzw. $6 \cdot 18 = 3 \cdot 36$ (eine Zahl verdoppelt, dafür die andere Zahl halbiert) oder auch
  $6 \cdot 18 = 2 \cdot 54 = 1 \cdot 108$ (zunächst eine Zahl gedrittelt, die andere verdreifacht, dann halbiert bzw. verdoppelt).

Die skizzierten Lösungswege und die dafür notwendigen Einsichten in Gesetzmäßigkeiten des multiplikativen Rechnens machen eine sorgfältige Erarbeitung und ein ausführliches operatives Durcharbeiten des Unterrichtsthemas notwendig. Zugleich wird aber auch deutlich, dass hier die Grenzen der rechenschwachen Kinder erreicht bzw. sogar überschritten werden. In den meisten 3. Klassen gibt es selbst noch am Ende des Schuljahres einige wenige Kinder, die weder sicher sind beim Addieren/ Subtrahieren im Zahlenraum bis 100 noch alle Aufgaben des kleinen Einmaleins sicher beherrschen, ganz abgesehen von den notwendigen Einsichten in die arithmetischen Gesetzmäßigkeiten. Als Lehrerin sollten Sie über eine ausführliche Materialphase und sorgfältig gestufte Übungen versuchen, dass sich auch rechenschwache Kinder in das große Einmaleins oder in die halbschriftliche Multiplikation noch größerer Zahlen einarbeiten. Wenn jedoch trotz aller Förderanstrengungen kein Lernerfolg absehbar ist, dann bleibt eigentlich nur ein Ausweg der inneren Differenzierung: den betroffenen Kindern erlauben, die schwierigen Aufgaben des großen Einmaleins sowie der entsprechenden Divisionen mithilfe eines Taschenrechners zu lösen. Wir sollten uns von der Illusion befreien, dass im Mathematikunterricht der Grundschule immer alle Kinder einer Klasse alles lernen können. Zieldifferentes Lernen, das in Integrationsklassen selbstverständlich ist, muß auch in besonderen Fällen für Grundschulklassen möglich sein.

Erarbeitung und Notation der Lösungswege

Das Erarbeiten verschiedener Lösungswege und die gleichzeitige Notation in Form des gestützten Kopfrechnens/halbschriftlichen Rechnens sind im Unterricht zeitlich nicht zu trennen. Als Einstieg empfehlen wir eine herausfordernde Aufgabe etwa folgender Art:

- Wie viele Stunden hat eine Woche?
- Ein Trikot kostet 48 €. Für die Tischtennismannschaft werden sechs Trikots gekauft.

Oder auch ganz schlicht:

- Wer kann schon die schwere Aufgabe $7 \cdot 24$ rechnen?

Die Aufgabe wird in Gruppen bearbeitet, die Gruppen stellen ihre Rechenwege und Schreibformen vor. Hinsichtlich der Rechenwege ist mit verschiedenen Formen der Addition (24 + 24 + ..., neben- und untereinander) und der verkürzten Addition (z. B. 48 + 48 + 48 + 24) bis hin zur Multiplikation ($7 \cdot 24 = 168$) zu rechnen. Auch die Schreibweisen werden individuell unterschiedlich sein. Wichtig ist, dass im anschließenden Unterrichtsgespräch die Kinder einander ihre Notationsformen erläutern, wichtig ist aber auch, dass für die weitere gemeinsame Arbeit in der Klasse eine für alle verständliche Schreibweise erarbeitet wird.

Empfehlungen zur Form der Notation beim gestützten Kopfrechnen/halbschriftlichen Rechnen im großen Einmaleins
In den Schulbüchern sowie in der didaktischen Literatur lassen sich verschiedene Notationsformen mit jeweils kleinen Abwandlungen unterscheiden. Sie werden nachfolgend an der Beispielaufgabe $4 \cdot 13$ erläutert, gelten entsprechend auch für die großen Multiplikationsaufgaben wie $4 \cdot 53$ oder $4 \cdot 213$ (Abschnitt 2.4.4, S. 106 ff.).

Form A

$4 \cdot 13 =$
$4 \cdot 10 = 40$
$4 \cdot 3 = 12$
$4 \cdot 13 = 52$

Form B als Kurzform

$4 \cdot 13 = 52$
$4 \cdot 10 = 40$
$4 \cdot 3 = 12$

Hier wird zunächst wie in Form A gerechnet und notiert. Nach der Lösung des zweiten Teilproduktes ($4 \cdot 3 = 12$) wird die Aufgabe jedoch nicht neu geschrieben, sondern die Summe beider Teilprodukte in der Kopfzeile notiert.

Form C (vgl. Wittmann/Müller 1992)

$4 \cdot 13 = 40 + 12 = 52$
$4 \cdot 10$
$4 \cdot 3$

Form D (Notation der Zwischenergebnisse in Kurzform)

$4 \cdot 13 = 52$
(40, 12)

Form A ist sehr zeitaufwendig; es fällt einigen Kindern auch schwer, in jeder neuen Zeile die jeweilige Beziehung zur Ausgangsaufgabe herzustellen. Ein zweites Notieren der Aufgabe mit Ergebnis wird oft nur als eine lästige Pflicht angesehen. In Form C werden unter der Aufgabe nur die Zwischenschritte notiert, Zwischenergebnisse und Lösung stehen hinter der Aufgabenstellung. Lehrerinnen könnte bei dieser Form das mehrfache Benutzen des Gleichheitszeichens in „gleicher Höhe“ stören, einige Kinder könnten Schwierigkeiten beim häufigen Schreibwechsel zwischen den Zeilen haben.

Wir empfehlen die Schreibweise B für das gestützte, schrittweise Kopfrechnen bei großen Einmaleinsaufgaben als Normalverfahren, insbesondere für die schwächeren Rechner. Form D kann zur Differenzierung den guten Rechnern angeboten werden, falls sie beim großen Einmaleins überhaupt noch Zwischenergebnisse notieren müssen.

Nach der Erarbeitung einer gemeinsamen Schreibform sollte im weiteren Verlauf der Unterrichtseinheit deutlich werden, dass es für die Lösung solcher Aufgaben viele verschiedene Rechenwege gibt.

Unterrichtspraktische Empfehlung

Beginnen Sie die Unterrichtseinheit mit einem konkreten Problem, z. B.: „In Silkes Bad ist die Wand hinter dem Spiegel verfliest. Silke möchte die Anzahl der Fliesen bestimmen. Wie kann sie das berechnen?“ Tafelbild:

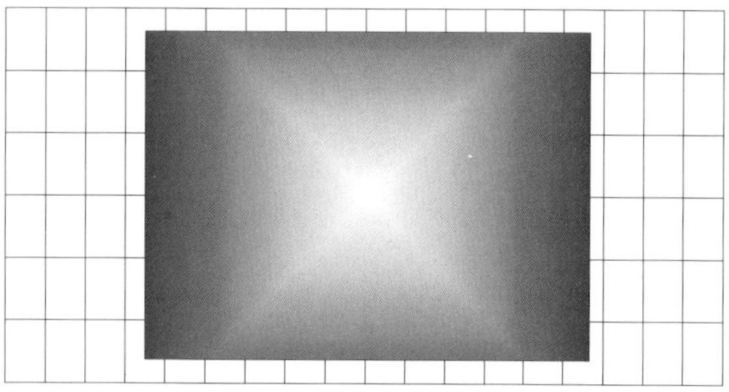

Dabei soll der Spiegel das reine Auszählen der Fliesen verhindern.
Im Unterrichtsgespräch können die folgenden Lösungen entwickelt werden:

$\underline{6 \cdot 18 = 108}$	$\underline{6 \cdot 18 = 108}$
$6 \cdot 10 = 60$	$6 \cdot 9 = 54$
$6 \cdot 8 = 48$	$6 \cdot 9 = 54$

$\underline{6 \cdot 18 = 108}$	$\underline{6 \cdot 18 = 108}$
$6 \cdot 20 = 120$	$5 \cdot 18 = 90$
$6 \cdot 2 = 12$	$1 \cdot 18 = 18$

Alternatives Beispiel: „Auf einem Punktefeld ist ein großer Fleck. Wie viele Punkte waren insgesamt vor dem Fleck zu sehen?“

(Lösungswege wie oben)

Erarbeiten verschiedener Lösungsstrategien mit Hilfe von Arbeitsmaterialien

- Zehner-Systemblöcke
  Mithilfe der Zehner-Systemblöcke (Einerwürfel, Zehnerstangen, Hunderterplatten, ...) können Aufgaben des großen Einmaleins erarbeitet und dargestellt werden.
  Beispiel: $4 \cdot 13$

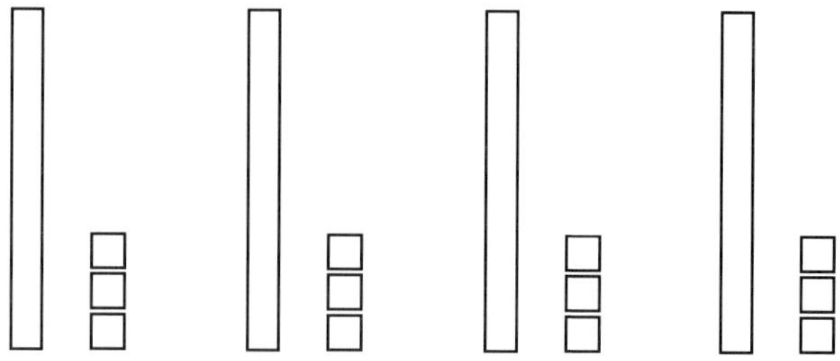

Notation: $\underline{4 \cdot 13 = 52}$
$4 \cdot 10 = 40$
$4 \cdot 3 = 12$

Das Multiplizieren von Zehner-Systemblöcken hat zwei Nachteile:
(1) Die Kinder bestimmen das Produkt durch Auszählen der Zehnerstangen und der Einerwürfel.
(2) Operative Beziehungen und somit verschiedene Lösungswege werden mit diesem Material nicht erkennbar.
Daher eignen sich die Zehner-Systemblöcke nur, um das Standardverfahren (Multiplikation des Zehners, Multiplikation des Einers) zu erkennen. Wesentlich besser geeignet und flexibler sind die beiden nächsten Arbeitsmittel.

- Tausenderstreifen (**Kopiervorlage A1**)
  Die Kinder benötigen einen Tausenderstreifen und zwei Abdeckblätter, um die Aufgaben zu bearbeiten.
  Beispiel: $4 \cdot 13 =$ ___

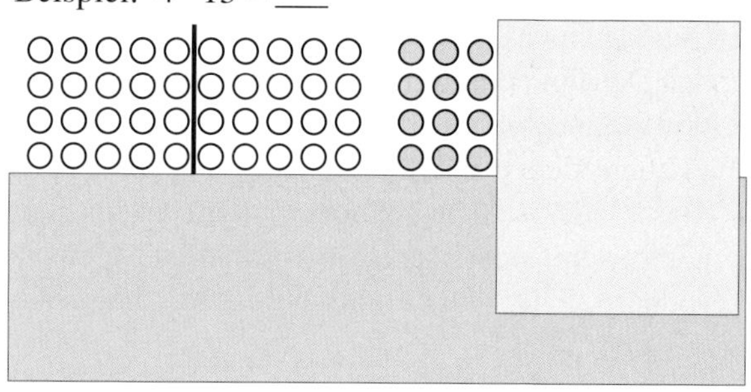

Mögliche Lösungswege und Notationen:
$\underline{4 \cdot 13 = 52}$
$4 \cdot 10 = 40$
$4 \cdot 3 = 12$

Andere Lösungswege:

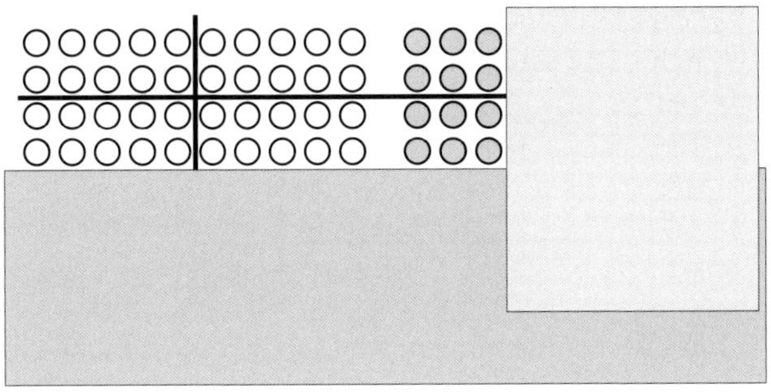

4 · 13 = 52
2 · 13 = 26
2 · 13 = 26

oder kürzer:

4 · 13 = 52
2 · 13 = 26

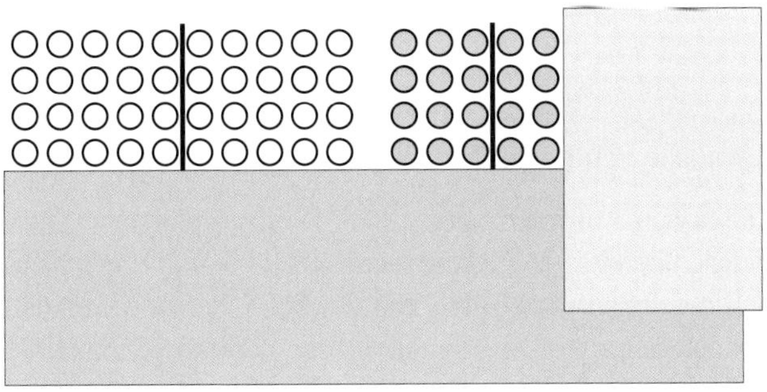

4 · 13 = 52
4 · 15 = 60
4 · 2 = 8

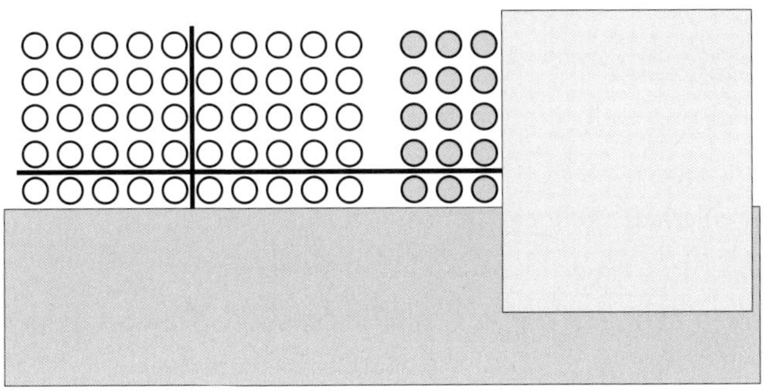

4 · 13 = 52
5 · 13 = 65
1 · 13 = 13

Sinnvoll ist, die Kinder zu ermutigen, alles aufzuschreiben, was sie für ihre Denk- bzw. Lösungsprozesse benötigen. Die Notationsformen sollten nicht zu starr den Kindern vorgeschrieben werden. Wichtig ist eine Vereinbarung darüber, wie und wo das Endergebnis einer Aufgabe notiert wird.

- Vierhunderterfeld (**Kopiervorlage A 13**)
  Das von Wittmann/Müller (1992) bzw. Berger u. a. (1997) angebotene Vierhunderter-Feld ist noch flexibler. Es erlaubt, alle Aufgaben des großen Einmaleins darzustellen und in einem sog. Malkreuz zu notieren.

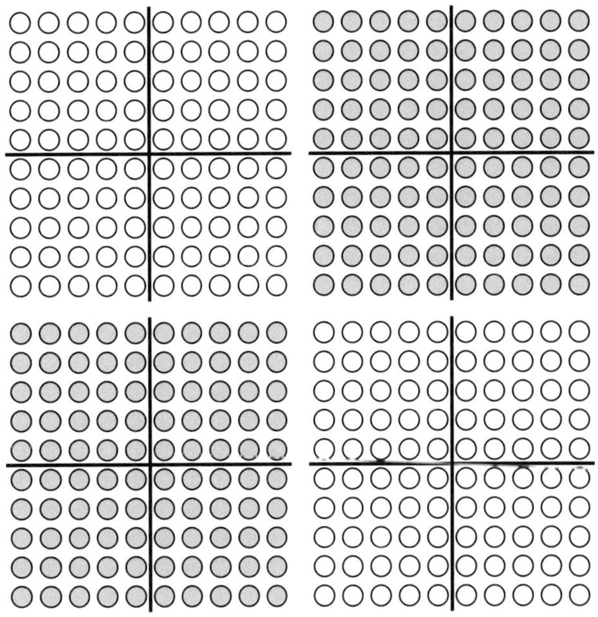

Beispiel: 12 · 14 = ___

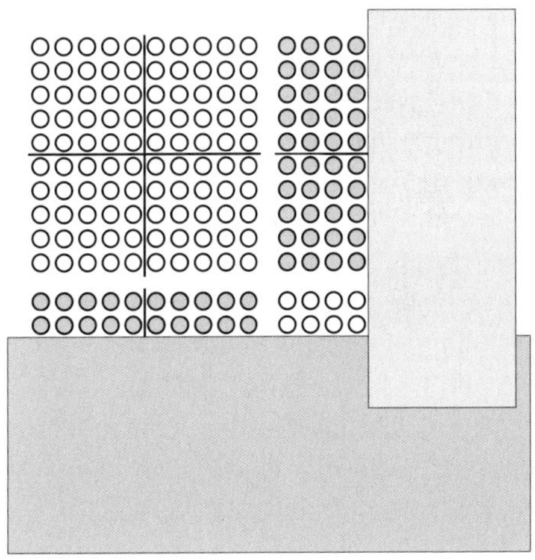

12 · 14 = 168
10 · 14 = 140
2 · 14 = 28

oder ausführlicher

12 · 14 = 168
10 · 10 = 100
10 · 4 = 40
2 · 10 = 20
2 · 4 = 8

oder in einem „Malkreuz“:
12 · 14 = ___

·	10	4	
10	100	40	
2	20	8	
			168

Unterrichtspraktische Empfehlung:

Entwerfen Sie ein Arbeitsblatt mit Aufgaben, die zu unterschiedlichen Lösungsstrategien anregen, z. B.:

9 · 15 6 · 16 12 · 13

9 · 19 7 · 12 16 · 20

Gemeinsam mit den Kindern werden verschiedene Lösungsstrategien diskutiert.

- Rechenpuzzle (**Kopiervorlage A 13**)
Ähnlich wie das *Malkreuz* erlauben auch die *Rechenpuzzle* (vgl. Bauersfeld u. a. 1972) die Bestimmung größerer Produkte durch geeignetes Zerlegen unter Anwendung des Distributivgesetzes. Soll zum Beispiel die Aufgabe 17 · 16 berechnet werden, so zerlegt man die beiden Faktoren in Zehner und Einer und bestimmt die vier Produkte. Wie die nachfolgende, schon fertig ausgefüllte Tabelle zeigt, addiert man die erste und die zweite Zeile nach rechts und erhält durch Addition in der letzten Spalte nach unten das gesuchte Produkt. Die Addition der ersten beiden Spalten nach unten mit anschließender Addition der letzten Zeile nach rechts liefert dasselbe Ergebnis und dient daher als Rechenkontrolle. Auf die Reihenfolge der Einer und Zehner in der Kopfzeile bzw. in der Eingangsspalte kommt es nicht an, diese Anordnung kann den Schülern freigestellt werden.

•	10	6	16
10	100	60	160
7	70	42	112
17	170	102	272

In anderer Reihenfolge:

•	6	10	16
10	60		
7			
17			

Neben dieser Grundform der Aufgabenstellung sind Variationen mit dem Rechenpuzzle möglich.

Beispiel:
Berechne die fehlenden Zahlen!

·		8	
10	100		
		16	36

Für die späteren großen Multiplikationsaufgaben (vgl. Kapitel 2.4.4) kann das Rechenpuzzle abgewandelt werden, sodass mit seiner Hilfe auch Aufgaben wie 329 · 3 berechnet werden können.

·	3
300	900
20	60
9	27
329	987

Typische Schülerfehler

Die hohen Anforderungen an die Kinder bei diesem Thema wurden bereits am Anfang des Kapitels beschrieben. Neben den bereits beschriebenen Fehlern beim kleinen Einmaleins können beim großen Einmaleins vor allem folgende Fehlermuster beobachtet werden:

7 · 16 = 114 (o. Ä.)
Kinder, die diese Multiplikationsaufgaben über die fortgesetzte Addition (16 + 16 + ...) lösen, verrechnen sich leicht bei den Zwischenlösungen.

7 · 16 = 49
Falsche Teiloperationen; gerechnet wurde 7 · 6 + 7 · 1.

7 · 16 = 52
Fehlerhafte Teiloperationen; gerechnet wurde 7 · 6 + 10.

15 · 17 = 135
Sehr häufig ist dieser Fehler über falsche Teiloperationen zu beobachten; gerechnet wurde 10 · 10 + 5 · 7.

15 · 17 = 102
Falsche Zerlegung in die folgenden Teiloperationen:
5 · 17 + 1 · 17.

Die Beispiele machen deutlich, dass das Verteilungsgesetz der Multiplikation sehr ausführlich erarbeitet werden muss. Die Schwierigkeiten werden oft verstärkt durch ein nicht ausreichendes Verständnis des Stellenwertbegriffs (z. B. wird mit den Zehnerziffern gerechnet wie mit Einern).

Gerade beim großen Einmaleins und den halbschriftlichen Multiplikationen noch größerer Zahlen (sowie den entsprechenden Divisionsaufgaben) kommt der Überschlagsrechnung eine besondere Bedeutung zu. Darauf wird ausführlich im Kapitel 2.4.6 eingegangen.

Übungsanregungen

Viele der in den Kapiteln 2.4.1 und 2.4.2 angebotenen Übungen und Spiele können durch Abwandlung in Aufgaben des großen Einmaleins hier erneut angeboten werden. Weitere Anregungen:

- Rechne zuerst die kleine Einmaleinsaufgabe.
  4 · 3 = 6 · 7 =
  4 · 13 = 6 · 17 =
  14 · 13 = 16 · 17 =
- Verändere in eine einfachere Aufgabe.
  2 · 15 = 6 · 5
  3 · 12 = ____
  3 · 18 = ____
  5 · 12 = ____
  6 · 18 = ____
- Zerlege in kleinere Malaufgaben.
  6 · 12 = 2 · 3 · 2 · 2 · 3
  8 · 16 = __________
  6 · 15 = __________
  12 · 12 = __________
  12 · 16 = __________
  15 · 18 = __________
- Große Einmaleinsreihen
  12, 24, 36, ..., 120
  15, 30, 45, ..., 150
  19, 38, 57, ..., 190
- Große Einmaleinsreihen vorwärts und auch rückwärts aufsagen
- Einmaleinsreihen untersuchen

13er-Reihe	13	26	...	130
3er-Reihe	3	6	...	30
Unterschied	10		...	100

12er-Reihe	12	24	...	120
6er-Reihe	6	12	...	60
Unterschied	6		...	60

- Rechnen mit Dutzend
  Ein Dutzend sind 12 Stück. Wie viel Stück sind 4 (6, 5, 8 ...) Dutzend?
  Wie viele Dutzend sind 36 (60, 48, 120, ...) Stück?
- Über den nächsten Zehner rechnen
  6 · 18 = 108
  6 · 20 = 120
  6 · 2 = 12
  Rechne ebenso: 4 · 19, 8 · 18, 8 · 19, 7 · 18 ...
- Eine Tabelle des großen Einmaleins bis 10 · 20 anlegen (**Kopiervorlage A 14**)

·	11	12	13	14	15	16	17	18	19	20
1										
2										
3										
4										
5					75	80	85			
6					90	96	102			
7					105	112	119			
8										
9										
10										

Untersuchungen in der Tabelle:
Die Königsaufgaben des großen Einmaleins sind in der Tabelle schraffiert. Diese Aufgaben kannst du leicht lösen.
Wie verändern sich die Zahlen in den Zeilen von links nach rechts?
Wie verändern sich die Zahlen in den Spalten von oben nach unten?
Untersuche Zeilenausschnitte,
z. B. 6 · 11, 6 · 12, 6 · 13, 6 · 14.
Untersuche Spaltenausschnitte,
z. B. 4 · 16, 5 · 16, 6 · 16, 7 · 16.
Untersuche Winkelausschnitte,
z. B. 6 · 14, 6 · 15, 6 · 16, 5 · 16, 4 · 16.
Verwandte Aufgaben sind zum Beispiel 8 · 19 und 9 · 18 (6 · 15 und 5 · 16). Warum sind diese Aufgaben verwandt? Suche weitere verwandte Paare.
Suche alle Nachbaraufgaben zu 6 · 17 ...
Wo liegen die Ergebnisse der Multiplikation von zwei Zahlen mit fester Summe (z. B. 5 · 15, 4 · 16, 3 · 17, ..., 1 · 19)? Was fällt bei ihren Ergebnissen auf?
- Ein Rechentrick und seine Erklärung
  Multiplikationsaufgaben zwischen 10 · 10 und 20 · 20, bei denen die beiden Einerstellen sich zu 10 ergänzen, können besonders einfach gerechnet werden. Das Produkt der beiden Einer muss einfach nur zu 200 addiert werden.
  Beispiele:
  12 · 18 = 216 (200 + 2 · 8)
  14 · 16 = 224 (200 + 6 · 4)
  17 · 13 = 221 (200 + 7 · 3)
  Am Malkreuz bzw. Rechenpuzzle wird deutlich, warum dieser Trick klappt.

•	10	8	18
10	100	80	180
2	20	16	36
12	120	96	216

•	10	3	13
10	100	30	130
7	70	21	91
17	170	51	221

Wenn beide Einerstellen sich zu 10 ergänzen, dann ist die Summe der Produkte der beiden Einer mit 10 genau 100. Zusammen mit 10 · 10 haben wir also 200, zu der nur noch das Produkt der Einerstellen zu addieren ist.

Wenn dieser Rechentrick im Unterricht thematisiert wird, dann muss auch deutlich werden, dass nach diesem Verfahren nicht gerechnet werden darf, wenn die beiden Einer sich *nicht* zu 10 ergänzen. Ein Beispiel der folgenden Art kann das deutlich machen.

·	10	3	13
10	100	30	130
4	40	12	52
14	140	42	182

$14 \cdot 13 \neq 200 + 4 \cdot 3$

TASCHENRECHNERECKE

- Überschlagsspiel (nach Floer 1990)
  Denke dir zwei Zahlen mit der Summe 20 (zum Beispiel: 6 und 14). Multipliziere sie (= 84) und gib deinem Nachbarn das Ergebnis auf einem Zettel. Er soll mithilfe eines Taschenrechners herausfinden, welche Zahlen du dir gedacht hast.
  Variante 1: Denke dir zwei Zahlen mit der Summe 40.
  Variante 2: Denke dir zwei Zahlen bis 20, die sich um 4 unterscheiden (z. B. 16 und 12). Multipliziere ...
- Besondere Ergebnisse
  Multipliziere im Kopf
  $1 \cdot 1 = 1$
  $11 \cdot 11 = 121$

  Und jetzt mit dem Taschenrechner
  $111 \cdot 111$
  $1111 \cdot 1111$

  Kann dein Taschenrechner auch noch die nächste Aufgabe (11111 · 11111) errechnen? Falls er das nicht mehr rechnen kann: Du kannst die Lösung bestimmen! Rechne weiter:
  $111111 \cdot 111111$
  $1111111 \cdot 1111111$
  $11111111 \cdot 11111111$
  usw.
- Zwei Wäscheleinen
  Auf der einen Wäscheleine hängen einstellige Zahlen, auf der anderen zweistellige Zahlen von 10 bis 20, z. B. diese Zahlen:

Nimm von jeder Wäscheleine eine Zahl und multipliziere sie miteinander. Das Ergebnis soll zwischen 85 und 115 liegen. Rechne erst im Kopf, prüfe dann mit dem Taschenrechner.

zwischen 85 und 115	
6 · 15	✔
7 · 14	✔
9 · 15	f
6 · 17	✔
5 · 18	

Varianten:
Das Ergebnis soll
- kleiner sein als 90,
- größer sein als 120,
- eine gerade (ungerade) Zahl sein,
- durch 3 teilbar sein,
- ...

2.4.4 Multiplikation von großen Zahlen und von Kommazahlen

Es kann sicher hinterfragt werden, ob das halbschriftliche Multiplizieren von Zahlen zwischen 20 und 100 mit einer einstelligen Zahl (oder gar einer Zehnerzahl) für alle Kinder in einem 3. Schuljahr thematisiert werden soll bzw. ausreichende Leistungen von ihnen erwartet werden können. Die Anforderungen in den Rahmenrichtlinien der einzelnen Bundesländer sind zu diesem Thema nicht einheitlich, und viele Schulbücher bieten dazu nur wenige Seiten und Übungen an, die nicht immer ausreichen.

Wir halten das Thema dennoch für wichtig, weil möglichst alle Kinder lernen und erproben sollen, große Multiplikationsaufgaben halbschriftlich (über gestütztes Kopfrechnen) zu lösen. Außerdem bildet das schwierige Verfahren der schriftlichen Multiplikation für die meisten Kinder im 3. Schuljahr keine Entlastung. Die Voraussetzungen für große Multiplikationen entsprechen denen zum großen Einmaleins (vgl. Kap. 2.4.3). In diesem Handbuch wird nicht eingegangen auf das halbschriftliche Multiplizieren von zwei Zehnerzahlen, die größer als 20 sind (z. B. 36 · 42), dieses sollte man von Drittklässlern noch nicht erwarten.

Ein Selbstversuch

Für die halbschriftliche Multiplikation im Tausenderraum wird in den meisten Schulbüchern die folgende Notationsform angeboten:

5 · 49 =
5 · 40 = 200
5 · 9 = 45
5 · 49 = 245

Nehmen Sie bitte einen Bleistift und erproben Sie die folgende Aufgabe in diesem Buch – sofern es Ihnen gehört –:

6	·	7	9	=			

Was fällt Ihnen bei diesem Verfahren schwer? Wo könnten Kinder Fehler machen? Ginge das gestützte Kopfrechnen dieser Aufgabe auch schneller, effektiver, ...?

Versuchen Sie jetzt bitte an einem Arbeits- bzw. Veranschaulichungsmittel die Aufgabe zeichnerisch zu lösen. Man könnte einen Zahlenstrahl oder den Tausenderstreifen nehmen. Versuchen Sie selbst einmal, mithilfe des Tausenderstreifens (**Kopiervorlage A 1**) die Aufgabe 6 · 79 zu lösen. Hilft Ihnen der Tausenderstreifen bei der Lösung oder lösen Sie die Aufgabe zunächst im Kopf und übertragen dann dieses Wissen auf den Tausenderstreifen? Wie hilfreich ist diese „Veranschaulichung“? Lässt sich die Lösungsstrategie des gestützten Kopfrechnens an dem Material erarbeiten? Kennen Sie ein geeigneteres Arbeitsmittel für diese Aufgaben?

Erarbeitung und Notation großer Multiplikationsaufgaben

Arbeits- und Veranschaulichungsmittel wie der Tausenderstreifen oder der Tausenderzahlenstrahl haben bei Aufgaben wie 79 · 4 oder 9 · 58 deutliche Grenzen. Viele Kinder werden eher zum Abzählen der Punkte bzw. Striche angehalten als zum Erkennen von Strategien. Zudem sind größere Zahlen kaum noch simultan bzw. quasi-simultan erfassbar, trotz 25er-Gliederung bzw. Einfärbung der einzelnen Hunderter beim Tausenderstreifen. – Das Vervielfachen ist zwar an den Zehner-Systemblöcken möglich, jedoch machen die zahlreichen Bündelungen und die geringe Flexibilität bei den verschieden möglichen Lösungsstrategien auch dieses Arbeitsmittel fraglich.

Beispiel: 7 · 46

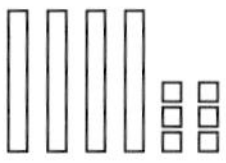

46

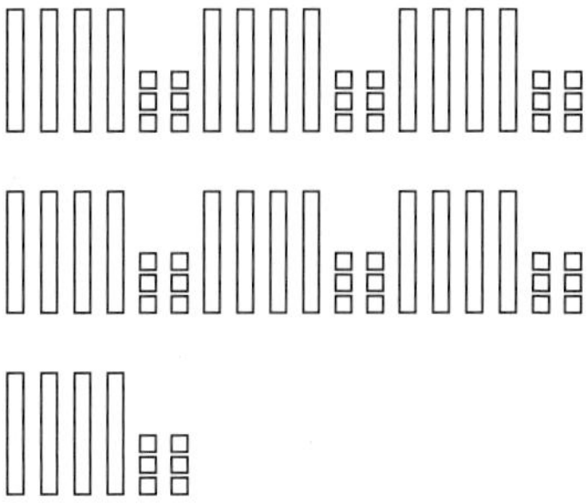

7 · 46

Bündeln der Einer

Bündeln der Zehner

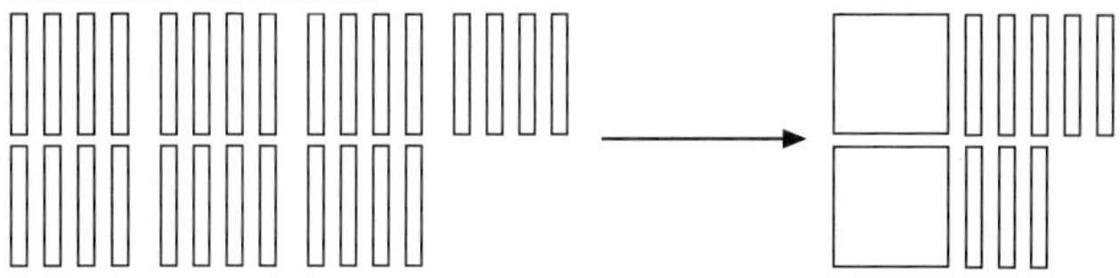

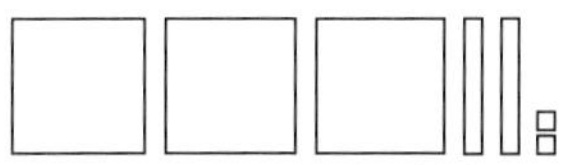

Ergebnis: 322

Auch hier wird deutlich, dass eher vorhandenes rechnerisches Wissen die Handlungen mit dem Material beeinflusst, als dass aus diesen Handlungen ein Verständnis für das rechnerische Vorgehen entwickelt werden könnte. Daher scheint es sinnvoll, das Lösen großer Multiplikationsaufgaben ohne so genannte Veranschaulichung über die halbschriftlichen Verfahren zu erarbeiten.

Beispiel 5 · 49 bzw. 49 · 5

Standardform:

5 · 49 = 245	bzw.	49 · 5 = 245
5 · 40 = 200		40 · 5 = 200
5 · 9 = 45		9 · 5 = 45

Kurzform:

5 · 49 = 245	bzw.	49 · 5 = 245
(200, 45)		(200, 45)

Die folgende Alternative wird nur selten angeboten, obwohl sie sicher sinnvoll sein kann im Hinblick auf die schriftliche Multiplikation im 4. Schuljahr, bei der ja mit der Einerstelle das Rechnen begonnen wird. Mit Blick auf dieses Verfahren kann es daher Sinn machen, im Rahmen der Thematisierung verschiedener Rechenwege die halbschriftliche Multiplikation auch mit der Einerstelle zu beginnen.

$5 \cdot 49 = 245$	bzw.	$49 \cdot 5 = 245$
$5 \cdot 9 = 45$		$9 \cdot 5 = 45$
$5 \cdot 40 = 200$		$40 \cdot 5 = 200$

Entscheiden Sie bitte selbst, welchen Rechenweg Sie bzw. ihre Schüler letztlich bevorzugen.

Lösungsstrategien über operative Beziehungen:

$5 \cdot 49 = 245$
$10 \cdot 49 = 490$
$490 : 2 = 245$

$5 \cdot 49 = 245$
$5 \cdot 50 = 250$
$5 \cdot 1 = 5$

Entsprechend wird die Multiplikation von Hunderterzahlen schrittweise gelöst.

Beispiel: $4 \cdot 218$

Standardform:

$4 \cdot 218 = 872$	oder	$4 \cdot 218 = 872$
$4 \cdot 200 = 800$		$4 \cdot 8 = 32$
$4 \cdot 10 = 40$		$4 \cdot 10 = 40$
$4 \cdot 8 = 32$		$4 \cdot 200 = 800$

Kurzform:

$4 \cdot 218 = 872$	oder	$4 \cdot 218 = 872$
(800, 40, 32)		(32, 40, 800)

Auch hier gibt es Lösungsmöglichkeiten über operative Beziehungen, zum Beispiel:

$4 \cdot 218 = 872$	oder	$4 \cdot 218 = 872$
$4 \cdot 220 = 880$		$2 \cdot 436$
$4 \cdot 2 = 8$		$1 \cdot 872$

Zu möglichen Übungen sei auf die Anregungen in den vorhergehenden Kapiteln hingewiesen, sie lassen sich leicht variieren und an die Multiplikationen mit großen Zahlen anpassen.

Das Multiplizieren von Kommazahlen

Erfahrungen mit Kommazahlen werden im Zusammenhang mit Größen (vgl. Kapitel 4) gesammelt, sie werden in Sachaufgaben berechnet, indem sie zunächst umgewandelt werden. Das Multiplizieren von Kommazahlen ist kein eigenständiges Thema des 3. Schuljahres, es kann jedoch ohne spezifische Schwierigkeiten den großen Multiplikationsaufgaben zugeordnet werden. Bei Aufgaben wie

0,45 € · 6
2,40 € · 4
0,15 € · 30

oder

0,55 m · 3
1,95 m · 4
0,25 m · 40

werden zunächst die Euro-Beträge in Cent bzw. die Meterangaben in Zentimeter umgewandelt und dann halbschriftlich bearbeitet. Anschließend erfolgt die Rückumwandlung in € bzw. Meter.

Beispiel: 2,45 € · 4
2,45 € = 245 Cent

245 Cent · 4 = 980 Cent	oder	245 Cent · 4 = 980 Cent
5 Cent · 4 = 20 Cent		250 Cent · 4 = 1 000 Cent
40 Cent · 4 = 160 Cent		5 Cent · 4 = 20 Cent
200 Cent · 4 = 800 Cent		

980 Cent = 9,80 €

2.4.5 Division von Hunderterzahlen

Für die Division von Hunderterzahlen durch Einerzahlen über das gestützte Kopfrechnen (halbschriftliches Rechnen) gelten aus mathematischer Sicht die gleichen Voraussetzungen wie für das große Einmaleins (Abschnitt 2.4.3) mit den Einsichten in die operativen Beziehungen, insbesondere das Verteilungsgesetz ($72 : 3 = 60 : 3 + 12 : 3$). Vorausgesetzt wird beim Schüler ein sicheres Beherrschen des kleinen Einmaleins, eine gewisse Geläufigkeit beim großen Einmaleins, ein schnelles Anwendenkönnen der Überschlagsrechnung (vgl. Abschnitt 2.4.6) und ein Beherrschen der (schriftlichen) Subtraktion, wenn er eine der nachfolgend beschriebenen Lösungsstrategien anwenden will.

Ein Selbstversuch

Als erfahrene Lehrerin kennen Sie das in den meisten Schulbüchern angebotene Verfahren der halbschriftlichen Division.

Beispiel:

$256 : 8 =$
$240 : 8 = 30$
$16 : 8 = 2$
$256 : 8 = 32$

Erproben Sie bitte dieses Verfahren selber an zwei Beispielen. Nehmen Sie bitte einen Bleistift und rechnen Sie die folgenden Aufgaben halbschriftlich (nicht schriftlich!). Zunächst eine Aufgabe aus dem 3. Schuljahr:

6	0	2	:	7	=		

Was ist schwierig? Wo könnten Schüler Fehler machen? Finden Sie eine Möglichkeit, die Aufgabe schneller und sicherer zu lösen?

Bitte lösen Sie auch diese schwierigere Aufgabe halbschriftlich:

2	0	9	3	:	2	7	=			

Gibt es Möglichkeiten der Veranschaulichung halbschriftlicher Divisionen durch Einerzahlen im Tausenderraum? Man könnte an den Zahlenstrahl oder den Tausenderstreifen denken. Versuchen Sie bitte die Aufgabe 368 : 8 am Tausenderstreifen (vgl. **Kopiervorlage A 1**) mit Abdecken oder zeichnerisch zu lösen. Gelingt Ihnen eine solche zeichnerische Lösung? Ginge es mit dem Zahlenstrahl besser? Erwarten Sie, dass Drittklässler auf der Grundlage von Handlungen mit oder Zeichnungen auf diesen Materialien das halbschriftliche Verfahren der Division lernen können? Was war für Sie schwerer, die rein rechnerische Lösung oder die Lösung „mithilfe" des Tausenderstreifens?

Eine handelnde Lösung der Aufgabe über die Zehner-Systemblöcke soll Ihnen erspart bleiben. Sie können sich vorstellen, wie einige Kinder bei der Aufgabe 368 : 8 vorgehen werden: Sie werden mit der Aufgabe „8 Einer durch 8" beginnen. Die zahlreichen Entbündelungsprozesse werden kaum die Einsicht in das halbschriftliche Verfahren anbahnen können.

Für die Division von Hunderterzahlen gilt die gleiche Feststellung wie für die Multiplikation von großen Zahlen: Rechnerisches Wissen kann an Materialien demonstriert werden, die Entwicklung eines Lösungsverfahrens aus Handlungen an Materialien heraus scheint jedoch kaum möglich zu sein. Gestütztes Kopfrechnen ist einfacher als der Versuch einer handelnden oder zeichnerischen Erarbeitung eines Lösungsverfahrens.

Mögliche Lösungsstrategien und Notationsformen

In Anlehnung an Vorschläge während der sog. Reform des Mathematikunterrichts vor einigen Jahrzehnten (vgl. Bauersfeld u. a. 1972) schlagen Wittmann/Müller (1992; vgl. auch Berger u. a. 1997) zwei Lösungsstrategien vor, die hilfreicher erscheinen und differenzierend auf die Leistungsfähigkeit der einzelnen Kinder eingehen.

> Unterrichtspraktische Empfehlung:
>
> Beginnen Sie das Unterrichtsthema mit einer sachrechnerischen Problemstellung. Anregungen dazu finden Sie in den meisten Schulbüchern, z. B.
>
> „150 kg Kartoffeln werden von einem Bauern in Netze mit je 5 kg Kartoffeln verpackt."
>
> „250 Tulpen werden von einem holländischen Blumenhändler in Sträuße mit je 7 Tulpen gebunden."
>
> „Ein Lottogewinn über 360 € wird an 8 Lottospieler verteilt."
>
> „Ein Jahr hat 365 Tage. Wie viele Wochen sind das?"
>
> o. Ä.

„Schrittweise"
Dieses Verfahren orientiert sich an der Handlung des Aufteilens bzw. Verteilens und bereitet das schriftliche Dividieren im 4. Schuljahr direkt vor.

Beispielaufgabe: 432 : 7 = ___

432 : 7 = 61 Rest 5
432
350 : 7 = 50
Rest 82
70 : 7 = 10
Rest 12
7 : 7 = 1
Rest 5

Einige Kinder werden vielleicht vorsichtiger rechnen, etwa so:

432 : 7 = 61 Rest 5
432
210 : 7 = 30
Rest 222
140 : 7 = 20
Rest 82
70 : 7 = 10
Rest 12
7 : 7 = 1
Rest 5

Rechenstarke Kinder können bei diesem Verfahren abkürzen:

432 : 7 = 61 Rest 5
432
420 : 7 = 60
Rest 12
7 : 7 = 1
Rest 5

Dieses Verfahren ist bei beliebig großen Dividenden und Divisoren anwendbar, die Anzahl der Zwischenschritte wird durch die individuellen Fähigkeiten der Kinder bestimmt.
Erproben Sie selber das Verfahren der schrittweisen halbschriftlichen Division an der Aufgabe 298 039 : 240 = ___. Deutlich wird bei diesem Versuch sicher auch, dass es – wie bei der schriftlichen Division – auch hier auf das exakte Schreiben der Zahlen in den einzelnen Spalten ankommt.

Leistungsschwächere Kinder haben bei diesen Aufgaben nicht selten das Problem, dass sie zwar das kleine Einmalein (7, 14, 21, 28, ...) auswendig beherrschen, beim entsprechenden Zehner-Einmaleins (70, 140, 210, 280, ...) jedoch unsicher sind. Für diese Kinder ist es eine Hilfe, wenn sie Zehner-Einmaleins-Tabellen benutzen dürfen, die sie selbst hergestellt haben.

	· 7	· 8
10	70	80
20	140	160
30	210	240

Operative Beziehungen/Hilfsaufgaben nutzen
Bei einigen Divisionsaufgaben ist es möglich, die Lösung schnell über das Nutzen operativer Beziehungen bzw. von Hilfsaufgaben zu finden. Beispiele:

480 : 8 = 60
48 : 8 = 6

594 : 6 = 99
600 : 6 = 100

880 : 4 = 220
880 : 8 = 110

oder

880 : 4 = 220
88 : 4 = 22

598 : 3 = 199 R. 1
600 : 3 = 200

(Hier geben Kinder häufig den Rest 2 an; was denken sie sich dabei?)

Es sei Ihnen überlassen, die Division durch gemischte Zehnerzahlen (z. B. 216 : 12) in Ihrer Klasse zu thematisieren. Das Thema wird in den derzeitigen Rahmenrichtlinien nicht erwartet, es bietet jedoch Differenzierungsmöglichkeiten für gute Rechner. Bearbeitet werden diese Aufgaben nach dem oben beschriebenen Verfahren „Schrittweise."

Übungsanregungen

- Gestufte und operative Übungen
  - Aufgabenfolgen
    60 : 2 = ___
    60 : 4 = ___
    60 : 3 = ___
    60 : 6 = ___

    70 : 7 = ___
    84 : 7 = ___
    98 : 7 = ___

    240 : 4 = ___
    120 : 4 = ___
    360 : 4 = ___

  - Aufgabenpaare
    48 : 8 = ___
    480 : 8 = ___

    36 : 4 = ___
    360 : 4 = ___

    360 : 6 = ___
    360 : 60 = ___

    560 : 8 = ___
    560 : 80 = ___

    840 : 3 = ___
    420 : 3 = ___

    210 : 5 = ___
    420 : 5 = ___

  - Nachbaraufgaben
    395 : 5 = ___
    400 : 5 = 80
    405 : 5 = ___
    410 : 5 = ___

    Wie heißen die Nachbaraufgaben ohne Rest?
    ___ : 8 = ___
    244 : 8 = 30 R 4
    ___ : 8 = ___

  - Probeaufgaben rechnen
    124 : 4 = ___
    4 · ___ = 124
    101 : 6 = ___
    Wie heißt die Probeaufgabe?

– Der Dividend liegt zwischen 10 · x und 20 · x
  Kurzform:
  56 : 4 = 14
  40 : 4 = 10
  16 : 4 = 4

  84 : 7 = ___
  98 : 7 = ___

  390 : 30 = ___
  540 : 30 = ___

  132 : 12 = ___
  180 : 12 = ___

- Zunächst den Überschlag berechnen
  142 : 4 = ___
  Ü. 120 : 4 = 30

  132 : 3 = ___
  Ü. 120 : 3 = 40

  771 : 8 = ___
  Ü. 800 : 8 = 100

- Zunächst die Eingrenzung berechnen
  204 : 6 = ___
  Eingrenzung
  180 : 6 = 30
  240 : 6 = 40

  504 : 9 = ___
  Eingrenzung
  450 : 9 = 50
  540 : 9 = 60

- Beliebige Divisionen ohne Rest
  427 : 7 = 61
  427
  210 : 7 = 30
  Rest 217
  140 : 7 = 20
  Rest 77
  77 : 7 = 11

- Beliebige Divisionen mit Rest
  433 : 7 = 61 Rest 6
  433
  210 : 7 = 30
  Rest 223
  140 : 7 = 20
  Rest 83
  70 : 7 = 10
  Rest 13
  7 : 7 = 1
  Rest 6

- Division der Zahlen 1 000 und 500
  – 1 000 : 2 (:5 / :10 / :20 / :3 ...)
  – 500 : 2 (:5 / :10 / :20 / :3 ...)

Häufige Schülerfehler

Die im Abschnitt 2.4.2 beschriebenen Divisionsfehler sind abgewandelt auch bei der Division großer Zahlen beobachtbar. Beim gestützen Kopfrechnen kommen neben Fehlern bei der Subtraktion in den Teilschritten bereits einige spezifische Fehler hinzu, die für das Verfahren der schriftlichen Division typisch sind (vgl. **Handbuch 4**). Nachfolgend nur drei besondere Fehlermuster:

155 : 5 = 301
Gerechnet wurde 150 : 5 = 30 (notiert) und dann 5 : 5 = 1 (angehängt).

96 : 16 = 10
„halbschriftlich" gerechnet
96 : 16 =
90 : 10 = 9
6 : 6 = 1
96 : 16 = 10

44 : 4 = 14
Nachwirken einer Ziffer (Perseverationsfehler)

Die Division von Kommazahlen

Die im Kapitel 2.4.4 beschriebenen Grundsätze für die Multiplikation von Kommazahlen behalten auch hier ihre Gültigkeit. Kommazahlen, die im 3. Schuljahr nur in Verbindung mit Größen bearbeitet werden, müssen zunächst umgewandelt werden, um dann wie die natürlichen Zahlen über Zerlegungen bzw. das Verfahren „Schrittweise" berechnet zu werden.

Beispiel:
4,34 € : 7 = ___
4,34 € = 434 Cent

434 Cent : 7 = 62 Cent
434 Cent
420 Cent : 7 = 60 Cent
Rest 14 Cent
14 Cent : 7 = 2 Cent

TASCHENRECHNERECKE

- Untersuchung 1
  Drücke zunächst diese Taste: [C]
  Gib eine dreistellige Zahl ein, z. B. [2][9][5] und notiere sie auf einem Blatt Papier. Mache aus der dreistelligen eine sechsstellige Zahl, indem du die gleiche Ziffernfolge noch einmal eintippst: [2][9][5][2][9][5]
  Dividiere durch 13: [:][1][3][=]
  Dividiere durch 11: [:][1][1][=]
  Dividiere durch 7: [:][7][=]

Welche Zahl entsteht? Vergleiche das Ergebnis mit der Zahl, die du notiert hast.
Ein zweiter Versuch: Zunächst eine dreistellige Zahl: [3][4][7], daraus die sechsstellige: [3][4][7][3][4][7], dann durch 13 teilen, das Ergebnis durch 11, dieses durch 7. Geht das immer so? Woran liegt das?

Versuche es auch anders herum: Nimm eine dreistellige Zahl, z. B. [7][0][5], multipliziere sie mit 13, das Ergebnis mit 11, dieses mit 7. Vergleiche die Ausgangszahl mit dem letzten Ergebnis. Kannst du jetzt wohl erklären, wie das kommt? Was geschieht, wenn du bei dieser Multiplikationsfolge mit einer zweistelligen Zahl oder mit einer einstelligen beginnst?

- Untersuchung 2
Notiere dir eine Multiplikationsaufgabe aus Zehnerzahlen, z. B. 68 · 43. Vertausche Einer und Zehner in den beiden Zahlen und notiere die neue Aufgabe: 86 · 34. Berechne beide Aufgaben mit dem Taschenrechner. Was fällt dir auf?
Untersuche die folgenden Aufgabenpaare:
(a) 84 · 12, 48 · 21
(b) 64 · 23, 46 · 32
(c) 56 · 21, 65 · 12
(d) 82 · 14, 28 · 41
(e) 49 · 63, 94 · 36
Hast du eine Vermutung, wann die Multiplikation bei Aufgabenpaaren zu gleichen Ergebnissen führt? Können Sie diese Vermutung beweisen?

- Überschlagsspiel „große Zahlen“ (nach Floer 1990)
An der Tafel wird ein 6x6-Feld mit Einerzahlen und großen Zehnerzahlen im Wechsel vorgegeben, z. B.

65	6	77	8	36	7
8	61	3	56	9	49
84	4	41	5	75	6
5	49	9	39	6	65
72	7	56	8	83	5
6	79	9	58	4	78

Zwei Kinder spielen zusammen und übertragen das Feld so groß auf einen Spielplan, dass auf die einzelnen Zahlenfelder Spielmarken passen. Benötigt werden Spielmarken in zwei Farben und Taschenrechner. Jedes Kind sucht sich aus dem Feld zwei Nachbarzahlen (waagerecht oder senkrecht) und multipliziert sie mit dem Taschenrechner. Das Ergebnis soll möglichst groß sein. Wer von beiden das größte Ergebnis hat, darf die verwendeten Nachbarzahlen mit seinen Marken belegen. Wenn die beiden Kinder die gleichen Zahlen gewählt haben, darf jeweils nur eine Zahl belegt werden. Belegte Zahlen dürfen bei den nächsten Spielrunden nicht wieder ausgewählt werden. Wer hat am Ende des Spiels die meisten Felder belegt?

Das Spiel lässt sich leicht variieren zu Multiplikationen von reinen Zehnerzahlen oder zur Division von Hunderterzahlen durch Einerzahlen. Insbesondere geübt wird bei diesen Spielen das wichtige Überschlagsrechnen.

- Division ohne Rest
Benötigt werden zwei Sätze Zahlenkarten von 0 bis 9 (Kopiervorlage A 14 aus **Handbuch 1**). Außerdem braucht jedes Kind (2 bis 4 Mitspieler) einen eigenen Taschenrechner. vier Zahlenkarten werden verdeckt gezogen und offen auf den Tisch gelegt, z. B.

[2] [4] [8] [4]

Ziel ist es, die vier Ziffern so zu Zahlen zusammenzusetzen, dass aus ihnen eine Divisionsaufgabe ohne Rest gerechnet werden kann, z. B.:

844 : 2
824 : 4
84 : 42

Zunächst schreibt jedes Kind seine Aufgabe auf. Gewonnen hat, wer den größten Divisor benutzt hat, in diesem Fall also das Kind mit der Aufgabe 84 : 42. Mit dem Taschenrechner wird kontrolliert, ob auch wirklich kein Rest entsteht.

2.4.6 Überschlagsrechnung als Lösungskontrolle

Gerade beim Multiplizieren und Dividieren von großen Zahlen ist die Überschlagsrechnung sehr wichtig. Sie erlaubt den Kindern eine Selbstkontrolle der Lösungen und liefert Hinweise auf mögliche Fehler. Häufig unterscheiden sich Fehllösungen beim halbschriftlichen Rechnen (und auch beim schriftlichen Rechnen) nicht nur um wenige Werte innerhalb einer Stelle, sondern um ganze Stellen.

Das Verfahren der Eingrenzung fordert zwar einen Rechenschritt mehr, liefert aber zugleich eine doppelte Kontrollrechnung und kann Anlass für Überlegungen sein, ob das Endergebnis näher an der kleineren oder der größeren vollen Zehnerzahl liegt.

Beispiel:
335 : 5

Eingrenzung:
300 : 5 = 60
350 : 5 = 70

Liegt das Ergebnis von 335 : 5 näher bei 60 oder bei 70? Warum?

Überschlagsrechnungen nach vorherigem Runden sind zwar keine genauen, aber sehr hilfreiche und effektive Kontrollen, zu denen die Schüler bereits frühzeitig im

Laufe der Grundschulzeit angehalten werden sollen, zumal sie andere Kontrollverfahren wie Probeaufgabe, Tauschaufgabe u. a. als zu umständlich und zu zeitaufwendig ansehen und sich freiwillig kaum darauf einlassen.

Als ein sicher nicht leicht erreichbares Ziel kann formuliert werden: Kinder müssen die Zweckmäßigkeit des Überschlagsrechnens beim Operieren mit größeren Zahlen einsehen; sie müssen den Überschlag bzw. die Eingrenzung *vor* der eigentlichen Rechnung schnell, sicher und wie selbstverständlich durchführen.

Die Voraussetzungen der Überschlagsrechnung sind:
- das Beherrschen der Grundaufgaben der einzelnen Operationen,
- ein Überblick über den Zahlenraum,
- die Fähigkeit des sinnvollen Auf- bzw. Abrundens von Zahlen.

Die Rundungsregeln sind vorgeschrieben:

> Steht in der rechten Nachbarzahl 1, 2, 3 oder 4, dann wird abgerundet.
> Steht in der rechten Nachbarzahl 5, 6, 7, 8 oder 9, dann wird aufgerundet.

Beim Runden entscheidet ausschließlich die rechte Nachbarstelle. Mehrmaliges Runden einer Zahl ist nicht zulässig, es kann zum falschen Ergebnis führen, wie das folgende Beispiel zeigt: $547 \approx 550 \approx 600 \approx 1\,000$.

In den späteren Schuljahren ist es wichtig herauszustellen, dass kräftig gerundet werden sollte, um schnell zu einem Überschlag zu kommen.

Beispiel:	1 758 : 83
auf Zehner gerundet:	1 760 : 80
auf Hunderter gerundet:	1 800 : 100

Allerdings sollten die Schüler beim Rechnen mit Größen erfahren, dass hier die Art des Rundens von der messenden Größe abhängig ist. Es ist zum Beispiel beim Vergleichen und Berechnen von Längenangaben zwischen 1 m und 2 m wenig sinnvoll, auf volle Meter zu runden.

Übungen im 3. Schuljahr:
- Runde auf ganze Zehner
  41, 47, 65, 104, 105, 228, 794 ...
- Runde auf ganze Hunderter
  270, 279, 250, 249, 839, 909, 51 ...

Was heißt nun sinnvolles Auf- bzw. Abrunden? Darüber muss in der Lerngruppe an Hand von Aufgabenstellungen gesprochen werden. Wie können wir bei den folgenden Aufgaben geschickt runden? Auf Zehner oder auf Hunderter? Wie lautet dann die Überschlagsrechnung?

$92 \cdot 4 \rightarrow$ Überschlag: $90 \cdot 4$

$132 \cdot 8 \rightarrow$ Überschlag: $130 \cdot 10$

$78 \cdot 4 \rightarrow$ Überschlag: $80 \cdot 4$

$288 \cdot 3 \rightarrow$ Überschlag: $300 \cdot 3$

Mark hat zu der Aufgabe $8 \cdot 56$ den Überschlag $10 \cdot 60 = 600$ gerechnet. War das geschickt? Welcher Überschlag liegt näher am Ergebnis?

Hier sind vier verschiedene Überschlagsrechnungen zur Aufgabe 651 : 7. Welche liegt am nächsten am Ergebnis?

600 : 6
630 : 7
640 : 8
700 : 7

Im Mathematikunterricht haben Sie ein sehr großes und für die folgenden Schuljahre wichtiges Unterrichtsziel erreicht, wenn Sie die Kinder von der Zweckmäßigkeit der Überschlagsrechnung überzeugen und zu einer selbstverständlichen Anwendung bei halbschriftlichen oder schriftlichen Aufgabenstellungen mit großen Zahlen anhalten können.

> Ein wichtiger Hinweis zum Schluss:
>
> Verwenden Sie im Unterricht den allgemeinen Begriff „Runden", so lange die Richtung nicht festgelegt ist. Die Begriffe „Aufrunden" und „Abrunden" beschreiben zugleich die Richtung des Rundens „nach oben" (z. B. zum nächsten vollen Zehner) bzw. „nach unten" (z. B. zum nächsten vollen Hunderter). Die Verwendung des Begriffes „Aufrunden" im allgemeinen Sinne von Runden erzeugt bei den Kindern Verwirrung, weil sie unter „Aufrunden" ein Runden „nach oben" verstehen.

2.5 Beziehungen, Untersuchungen und Entdeckungen

Die nachfolgenden Aufgabenstellungen bzw. Anregungen stellen keine eigenständigen Unterrichtseinheiten dar, sie können in die anderen Themen des Mathematikunterrichts integriert werden. So sind sie auch an verschiedenen Stellen des Handbuchs bereits angesprochen worden. Die hier vorgestellten mathematischen Inhalte werden von den gegenwärtigen Rahmenrichtlinien in Deutschland leider nur selten angesprochen. Für die Deutung von Rahmenrichtlinien gilt: Alle Themen dürfen im Unterricht behandelt werden, wenn sie nicht erwähnt oder ausdrücklich verboten sind und sofern sie die allgemeinen Ziele des Mathematikunterrichts in der Grundschule zu erreichen helfen.

Die Themen und Aufgaben in den folgenden Teilkapiteln sind nicht nur für die guten Mathematikschüler gedacht.

Alle Kinder Ihrer Klasse werden wichtige Entdeckungen machen und Mathematik betreiben!

2.5.1 Teiler und Vielfache einer Zahl

Diese beiden Begriffe sind den Kindern bereits seit dem 2. Schuljahr bewusst. Für sie sind die *Vielfachen* einer Zahl die Zahlen der Einmaleinsreihe, wobei diese Reihe für sie bei $10 \cdot x$ aufhört. Es kann herausgearbeitet werden, dass die Folge der Vielfachen einer Zahl unbegrenzt ist. Vielfache von 8 sind demnach auch 448, 808 oder 137 624. Unter (echten) *Teilern* einer Zahl verstehen wir diejenigen Zahlen, durch die sich eine Zahl ohne Rest teilen lässt. So erhält man für die einzelnen Zahlen endlich große Mengen mit Teilern als Elemente.

Zahl 8; Menge der Teiler: 1, 2, 4, 8
Zahl 5; Menge der Teiler: 1, 5
Zahl 24; Menge der Teiler: 1, 2, 3, 4, 6, 8, 12, 24
Zahl 299; Menge der Teiler: 1, 13, 23, 299
Zahl 757; Menge der Teiler: 1, 757
Dabei fallen die so genannten Primzahlen auf: Eine natürliche Zahl heißt Primzahl, wenn sie nur sich selbst und die 1 als Teiler hat. Die 1 ist keine Primzahl.

Im Mathematikunterricht des 3. Schuljahres kann es nicht darum gehen, zum Thema tief greifende mathematische Analysen oder gar Teilbarkeitslehre zu treiben. Es werden vielmehr anregende Untersuchungen durchgeführt mit den Zielen

- gemeinsame Teiler sowie den größten gemeinsamen Teiler von Zahlen zu finden,
- Vielfache zu bilden und das kleinste gemeinsame Vielfache von Zahlen zu finden,
- die Beziehung zwischen Teilern und Vielfachen zu erkennen (wenn eine Zahl x Teiler einer Zahl y ist, dann ist y Vielfaches von x),
- Zahlen bezüglich der Anzahl ihrer Teiler zu untersuchen und dabei festzustellen, dass einige Zahlen nur die 1 und sich selbst als Teiler haben.

Untersuchungen und Aufgabenstellungen

- Zahlen und Rechtecke
  Zeichne in dein Heft Rechtecke aus genau 15 Quadraten:

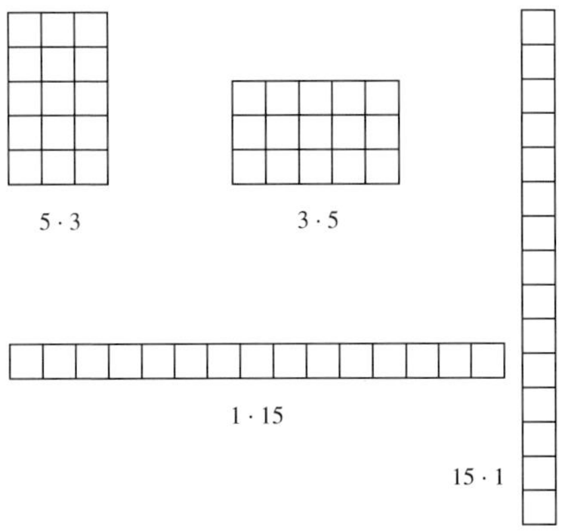

Folgende Lösungen gibt es: 3x5-Rechteck, 5x3-Rechteck, 1x15-Rechteck und 15x1-Rechteck.
Welche Rechtecke mit 12 (36, 24, 10, 11, 13) Quadraten findest du?
Zu welchen Zahlen findest du (bis auf Drehung) nur ein Rechteck (2, 3, 5, 7, ...)? Diese Zahlen heißen Primzahlen.

- Teiler(mengen) von Zahlen aufstellen
  Finde alle Teiler von
  12: 1, 2, 3, 4, 6, 12
  47: 1, 47
  64: 1, 2, 4, ...
  120:
  241:
  250:
  480:

- Suchen von Vielfachen (Hier müssen Begrenzungen angegeben werden.)
  Schreibe die Vielfachen bis 100 auf von
  13: 13, 26, 39, 52, 65, 78, 91
  15:
  Die Vielfachen bis 200 von den Zahlen
  26:
  39:

- Untersuchungen in der Hunderter-Tafel (Kopiervorlage A 1 und A 2 im **Handbuch 2**)
  – Markiere in der Hunderter-Tafel die Vielfachen von 6 und 8. Welche Zahlen sind gemeinsame Vielfache? Welche Zahl ist das kleinste gemeinsame Vielfache von 6 und 8?
  – Markiere in der Hunderter-Tafel die Teiler von 64 und 72. Welche Teiler haben die beiden Zahlen gemeinsam? Nenne den kleinsten gemeinsamen Teiler.

- Tabellen anlegen
  T bedeutet: ist Teiler von. Fülle die Tabelle aus! Was fällt dir auf? Schwierigkeiten bereitet bei dieser und den folgenden Tabellen möglicherweise die Leserichtung von links nach rechts. Sie ist daher im Unterricht zu thematisieren. Hilfreich kann auch ein Pfeil sein, wie er in diesen Tabellen angedeutet ist.

↱	2	3	4	6	12
2	T		T	T	T
3		T		T	T
4					
6					
12					

– V bedeutet: ist Vielfaches von. Fülle die Tabelle aus! Was fällt dir auf? Vergleiche beide Tabellen miteinander.

	2	3	4	6	12
2	V				
3		V			
4	V		V		
6	V	V		V	
12					

– Schreibe jeweils das kleinste gemeinsame Vielfache in die Tabelle. Was fällt dir auf?

	1	2	3	4	5	6	7	8	9	10
1	1	2	3	4						
2	2	2	6							
3										
4										
5					5	30				
6										
7										
8										
9										
10									90	

– Schreibe jeweils den größten gemeinsamen Teiler in die Tabelle. Was fällt dir auf?

	1	2	3	4	5	6	7	8	9	10
1	1	1								
2	1									
3							1			
4										
5										
6						6				
7										
8										
9										
10				2						

2.5.2 Verbindungen zwischen den Operationen (Rechnen mit Klammern)

Unbewusst haben die Schüler beim großen Einmaleins sowie beim Multiplizieren/Dividieren großer Zahlen im Tausenderraum schon mit Klammern gerechnet, etwa bei Aufgaben wie $78 \cdot 5 = (70 + 8) \cdot 5 = 70 \cdot 5 + 8 \cdot 5$. Aus didaktischen Gründen kann auf diese Schreibweise des Verteilungsgesetzes mit Klammern verzichtet werden. Vertraut ist den Kindern dagegen die halbschriftliche Notationsform, die aber auch dieses Verteilungsgesetz nutzt. Wegen des Verzichts auf die o. g. Schreibweise wird das Klammernrechnen nicht mehr so intensiv am Anfang des 3. Schuljahres behandelt, wie noch vor einigen Jahrzehnten. Dennoch bietet das Thema eine Reihe interessanter Möglichkeiten wichtige mathematische Entdeckungen zu machen. Zudem bildet das Klammernrechnen eine wichtige Grundlage für mehrere mathematische Themen der Sekundarstufe I, sodass ein frühzeitig angebahntes Verständnis durchaus hilfreich und sinnvoll ist.

Das Verständnis für das Rechnen mit Klammern innerhalb einer Operation bereitet bei der Addition und der Multiplikation keine Schwierigkeiten. Den Kindern muss verdeutlicht werden, dass die erste Vereinbarung bzw. Regel lautet:

> Was in einer Klammer steht, das muss zuerst berechnet werden!
> $50 + (20 + 30) + 70 = 50 + 50 + 70 = 170$
> $7 \cdot (2 \cdot 3) = 7 \cdot 6 = 42$

Da es sich bei dieser Regel um eine (sinnvolle) Konvention handelt, muss sie den Kindern auch als solche vermittelt werden; Chancen für eigene Entdeckungen dieser Regel gibt es nicht.

Die folgenden Aufgabenstellungen können rein rechnerisch, aber auch über Handlungen an Arbeitsmaterialien (z. B. Zehner-Systemblöcke) untersucht und gelöst werden:

$(50 + 60) + 70 =$ ___ $\quad 50 + (60 + 70) =$ ___
$(50 + 60) + 70 = 50 + (60 + 70)$

Dabei wird deutlich, dass Klammern bei reinen Additionen keine Rolle spielen. (Die Addition ist assoziativ.) Entsprechendes gilt für reine Multiplikationsaufgaben:

$(5 \cdot 2) \cdot 4 =$ ___ $\quad 5 \cdot (2 \cdot 4) =$ ___
$(5 \cdot 2) \cdot 4 = 5 \cdot (2 \cdot 4)$.

Schon interessanter sind die Untersuchungen innerhalb der beiden Operationsfamilien. Ist $(50 + 60) - 20 = 50 + (60 - 20)$? Und ist $(3 \cdot 10) : 5 = 3 \cdot (10 : 5)$? Das scheint nicht so selbstverständlich zu sein.

In manchen Schulbüchern werden Aufgaben wie $5 \cdot 3 + 2 =$ ___ oder $40 : 5 + 2 =$ ___ angeboten, ohne dass vorher mit den Kindern geklärt wird, ob in der Reihenfolge der

Operationen gerechnet werden soll oder ob gilt, dass Punktrechnung vor Strichrechnung kommt. Warum sollte ein Kind bei $5 \cdot 3 + 2$ nicht $5 \cdot 5$ rechnen? Warum kann es nicht die additive Tauschaufgabe bilden und dann rechnen $5 \cdot 2 + 3$?

Die zweite Vereinbarung bzw. Regel wird ausführlich erarbeitet und geübt:

Punktrechnung (· und :) geht vor Strichrechnung (+ und -)!

$5 + 3 \cdot 7 = 5 + 21 = 26$ $14 - 6 : 2 = 14 - 3 = 11$

Daraus wird dann die dritte Vereinbarung bzw. Regel klar:

Wenn zuerst + oder - gerechnet werden soll, dann müssen Klammern gesetzt werden.
$7 \cdot (3 + 6) = 7 \cdot 9 = 63$ $(14 - 6) : 2 = 8 : 2 = 4$

Unterrichtlicher Problemeinstieg (nach Bauersfeld u. a. 1972)
„Frank, Susanne und Oliver haben alle dieselbe Aufgabe gerechnet. Aber jeder hat ein anderes Ergebnis bekommen!"

An der Tafel steht:

Frank	$3 + 6 \cdot 5 + 2 = 63$
Oliver	$3 + 6 \cdot 5 + 2 = 47$
Susanne	$3 + 6 \cdot 5 + 2 = 35$

Wie haben die Kinder gerechnet? Die Operationsreihenfolgen können durch Klammersetzen hervorgehoben werden:

Frank	$(3 + 6) \cdot (5 + 2) = 63$
Oliver	$(3 + 6) \cdot 5 + 2 = 47$
Susanne	$3 + (6 \cdot 5) + 2 = 35$

Vielleicht entdecken die Kinder, dass noch ein vierter Fall möglich ist, dann nämlich, wenn im ersten Schritt $5 + 2 = 7$, im zweiten Schritt $6 \cdot 7 = 42$ und als dritter Schritt $3 + 42 = 45$ gerechnet wird. Für die Notation der Gleichung, die zu dieser Rechnung gehört, werden Klammern in Klammern bzw. runde und eckige Klammern benötigt:
$3 + [6 \cdot (5 + 2)] = 45$

Die Kinder werden aufgefordert, weitere Aufgaben mit anderen Zahlen zu rechnen, ohne dabei Klammern zu setzen. Zum Beispiel:

$6 + 5 \cdot 2 + 8 = 56$
$6 + 5 \cdot 2 + 8 = 24$
$6 + 5 \cdot 2 + 8 = 30$
$6 + 5 \cdot 2 + 8 = 110$

Die vier Aufgaben werden dann an die Nachbarin gegeben, damit diese die Klammern passend einträgt.

An dieser Stelle können die drei Vereinbarungen zum Klammerrechnen thematisiert werden. Welche der Lösungen ohne Klammer wäre dann richtig?

Weitere Übungen und Untersuchungen

- Berechne:
  $3 + (8 \cdot 4) =$ ___
  $(3 + 8) \cdot 4 =$ ___

  $18 - (2 \cdot 5) =$ ___
  $(18 - 2) \cdot 5 =$ ___

  $(20 : 4) + 1 =$ ___
  $20 : (4 + 1) =$ ___
- Setze Klammern so, dass das Ergebnis möglichst groß (möglichst klein) wird!
  a) $5 + 3 \cdot 4 + 2 =$ ___
  b) $8 + 5 \cdot 2 + 7 =$ ___
  c) $9 + 6 \cdot 5 + 9 =$ ___
- Nach dem Kennenlernen der Regel „Punktrechnung geht vor Strichrechnung!" können die nach dieser Regel überflüssigen Klammern gestrichen werden bei Aufgaben wie z. B.:
  $(6 \cdot 7) + (3 \cdot 4) =$
  $(3 \cdot 9) - 25 =$
  $4 + (4 \cdot 9) =$
- Richtig oder falsch?
  $3 \cdot 2 + 4 = 18$
  $6 \cdot 3 + 2 = 20$
  $13 - 4 \cdot 3 = 1$
  $12 - 2 \cdot 6 = 60$
  $40 = 7 \cdot 6 - 2$
  $34 = 9 \cdot 3 + 7$
- Was geschieht, wenn
  a) Klammern versetzt werden?
  $(4 + 8) \cdot 7 + 2 = 86$
  $4 + (8 \cdot 7) + 2 = 62$
  $4 + 8 \cdot (7 + 2) = 76$
  b) Klammern entfernt werden?
  $3 + 4 \cdot (6 - 3) = 15$
  $3 + 4 \cdot 6 - 3 = 24$
  $3 + (4 \cdot 6) - 3 = 24$
  $3 + 4 \cdot 6 - 3 = 24$
  $(3 + 4) \cdot 6 - 3 = 39$
  $3 + 4 \cdot 6 - 3 = 24$
  c) Klammern hinzugefügt werden?
  $5 + 3 \cdot 8 + 4 = 33$
  $(5 + 3) \cdot 8 + 4 = 68$
  $(5 + 3) \cdot (8 + 4) = 96$

Beim Klammernrechnen kommt es nicht auf große Zahlen und schwierige Rechenoperationen an. Die Zahlen sollten bei den Aufgaben vielmehr klein und leicht berechenbar sein, damit das Untersuchen und Anwenden der Klammern bzw. Rechenvereinbarungen im Vordergrund stehen kann. Deutlich werden soll, wie das Setzen, Entfernen, Verändern von Klammern die Rechnung verändert.

Die letzte Anregung (nach Bauersfeld u .a. 1971, S. 086) in diesem Kapitel hat nur ein wenig mit Klammern zu tun, den Schülern bereiten derartige Wortzusammensetzungen Freude:

Wörter lassen sich verschieden zusammensetzen. Zum Beispiel lassen sich aus den drei Wörten Holz, Bilder und Rahmen verschiedene zusammengesetzte Wörter bilden: Holz-Bilderrahmen oder Holzbilder-Rahmen.

Setze verschieden zusammen:
Bahn – Wärter – Haus
Panzer – General – Vertreter
Stroh – Kopf – Bedeckung
Männer – Wirtschaft – Krise
Frauen – Power – Fest

Wo bleibt die Bedeutung erhalten? Wo nicht? Suche andere Wortzusammensetzungen!

2.5.3 Kombinatorik und Wahrscheinlichkeit

Kombinatorische Fragestellungen bieten auch in der Grundschule eine ganze Reihe von Möglichkeiten für Kinder, um über spielerische Handlungen Lösungsstrategien zu erproben und propädeutisch grundlegende mathematische Begriffe und Beziehungen anzubahnen, die oft in enger Verbindung stehen zu arithmetischen oder geometrischen Themen. In Radatz/Rickmeyer (1996, S. 68) werden folgende Argumente für das Angebot kombinatorischer Aufgabenstellungen als Differenzierungsangebot im Mathematikunterricht der Grundschule angeführt:

„Kombinatorische Fragestellungen
- treffen das Interesse vieler Kinder unmittelbar von der Sache her, aber auch von der abstrakten Problemstellung,
- dienen der Entwicklung von strategischem Denken,
- sind oft verbunden mit der Aufforderung, eine problemangemessene, spielerische, zeichnerische oder auch rein symbolische Lösung/Darstellung zu finden,
- ermöglichen eine innere Differenzierung im Sinne offener Aufgabenstellungen (Lösungen sehr unterschiedlichen Anspruchsniveaus) bzw. des „Schleifenschlagens",
- gestatten es, allgemeine Ordnungsprinzipien (z. B. den „Baum") zu entwickeln und zu erproben,
- bilden wichtige Grundlagen für ein Verständnis von Wahrscheinlichkeiten."

Variationen

Ein wesentliches Merkmal kombinatorischer Fragestellungen liegt darin, dass zum Beispiel zwei Mengen gegeben sind (Teile eines Steckwürfelturmes und Anzahl der Farben) und nach der Kombination der Elemente dieser beiden Mengen gefragt wird. Im Beispiel: Wie oft farblich verschieden kann ich einen Steckwürfelturm bauen? Dürfen sich die Farben der Steckwürfel wiederholen, dann spricht man mathematisch von Variationen mit Wiederholung. Bei Variationen ohne Wiederholung müssen stets verschiedenfarbige Steckwürfel als Elemente der Türme benutzt werden.

Das ist ein Steckwürfelturm aus zwei Steckwürfeln:

Der Turm soll aus Steckwürfeln in drei verschiedenen Farben gebaut werden. Die Steckwürfeltürme müssen auf einem Tisch stehen, damit ein „oben" und ein „unten" unterscheidbar ist. Wie viele verschiedene Einfärbemöglichkeiten gibt es, wenn sich die Steckwürfelfarben wiederholen dürfen?

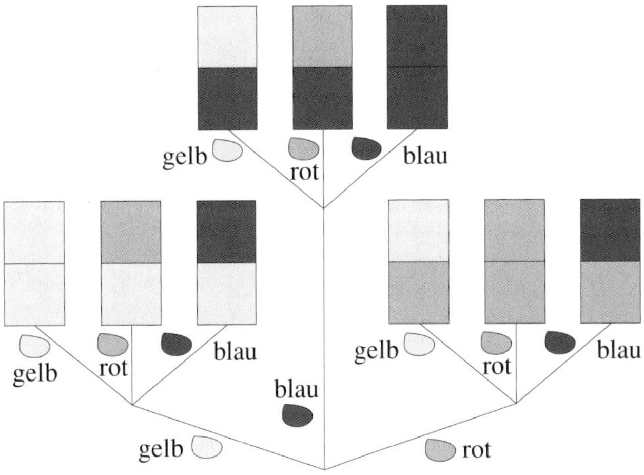

Wie viele Möglichkeiten gibt es, wenn sich die drei Steckwürfelfarben nicht wiederholen dürfen?

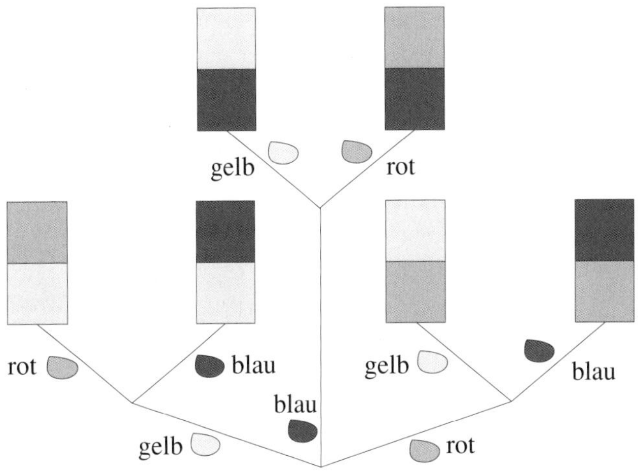

Hilfreiche Übersichten über die Möglichkeiten bieten solche Baumdiagramme.

Viele Anregungen für die Unterrichtspraxis verdanken wir T. Vargas Publikationen und Vorschläge aus den 60er-Jahren, z. B. Varga 1967.

- Steckwürfeltürme bauen
  - Baue Steckwürfeltürme aus zwei Steckwürfeln und zwei Farben. Wie viele verschiedene Türme entstehen?
    (a) Die Farben dürfen sich wiederholen.
    (b) Die Farben dürfen sich nicht wiederholen.
  - Baue Steckwürfeltürme aus zwei Steckwürfeln und drei Farben.
    (a) Die Farben dürfen sich wiederholen.
    (b) Die Farben dürfen sich nicht wiederholen.
  - Baue Steckwürfeltürme aus drei Steckwürfeln und drei Farben. Die Farben dürfen sich nicht wiederholen. Wie viele Möglichkeiten gibt es?
  - Baue Steckwürfeltürme aus drei Würfeln und zwei Farben. Die Farben dürfen sich wiederholen. Wie viele verschiedene Türme gibt es?
- Röcke und Blusen
  Katja hat vier verschiedenfarbige Röcke und drei verschiedenfarbige, aber zu allen Röcken gut passende Blusen. Wie oft kann sie sich verschieden anziehen?
- Zahlenkombinationen
  Aus den Ziffern 1, 2 und 3 lassen sich Hunderterzahlen schreiben, z. B. 213.
  - Wie viele Hunderterzahlen kannst du mit diesen Ziffern schreiben, wenn keine Ziffer doppelt vorkommen darf?
  - Wie viele Hunderterzahlen kannst du mit diesen Ziffern schreiben, wenn die Ziffern mehrmals in einer Zahl vorkommen dürfen?
  - Wie viele Tausenderzahlen gibt es mit den Ziffern 1, 2, 3 und 4? Keine Ziffer darf doppelt vorkommen (Ziffern dürfen doppelt vorkommen; Ziffern dürfen bis zu viermal in einer Tausenderzahl vorkommen)?
  - Welche verschiedenen Hunderterzahlen lassen sich aus den Ziffern 1, 2, 3 und 4 bilden?
  - Welche verschiedenen Hunderterzahlen lassen sich aus den Ziffern 7 und 9 bilden (Beispiel: 997)?
- Wortschöpfungen
  Bilde aus den Wörtern Koch, Topf und Deckel alle möglichen Zusammensetzungen, in denen jedes der drei Wörter genau einmal vorkommen darf (z. B. Kochtopfdeckel).
- Tischtennis
  - Die Spieler zweier Mannschaften mit je 4 Spielern spielen gegeneinander. Jeder Spieler aus Mannschaft A gegen jeden Spieler aus Mannschaft B. Wie viele Spiele gibt es?
  - Fünf Kinder (Eike, Ute, Sepp, Tom und Uschi) spielen ein Tischtennisturnier. Welche Spielpaarungen sind möglich? Stelle in einer Tabelle die Spiele zusammen!
- Buchstaben kombinieren
  Wie viele „Wörter" lassen sich aus den Buchstaben M und A bilden, wenn jeder dieser beiden Buchstaben genau zweimal vorkommen soll (Beispiel: AMMA)?

Wahrscheinlichkeiten

Die Inhalte der Wahrscheinlichkeitsrechnung sind eng verbunden mit der Kombinatorik. Auch sie bieten viele Möglichkeiten des handelnden Entdeckens von mathematischen Beziehungen.

Mathematisch unterscheidet man die folgenden Begriffe: Beim Werfen eines Spielwürfels kann man eine 1, 2, 3, 4, 5 oder 6 würfeln. Würfelt man einmal, dann führt man ein *Zufallsexperiment* durch. Das Ergebnis eines Zufallsexperimentes wird *Ausfall* genannt (z. B. eine 5). Beim Würfeln sind sechs verschiedene Ausfälle möglich. Die Menge dieser Ausfälle heißt *Ereignisraum*. Die *Wahrscheinlichkeit* für das Eintreten des Ausfalles „5" im Ereignisraum 1 bis 6 ist also $\frac{1}{6}$. Soll man mit einem Würfel eine 5 oder eine 6 würfeln, dann ist die Wahrscheinlichkeit $\frac{2}{6}$. Führt man die Zufallsexperimente sehr oft durch, dann kann man mit der Wahrscheinlichkeit der Ausfälle rechnen. Ein *sicheres Ereignis* hat die Wahrscheinlichkeit 1 (zum Beispiel beim Werfen eines Würfels eine Zahl von 1 bis 6 zu bekommen), ein *unmögliches Ereignis* hat die Wahrscheinlichkeit 0 (z. B. beim Werfen einer Münze Zahl und Bild zu bekommen).

- Würfeln
  Lege jeweils eine Tabelle an und notiere die gewürfelten Zahlen über Strichlisten, zum Beispiel:

1	///
2	/////
3	/
4	
5	///
6	//

  - Würfele 50-mal mit einem Würfel. Wie oft kommt eine 6? Wie oft kommt eine 5 oder eine 6, wie oft eine gerade Zahl, eine ungerade Zahl?
  - Würfele 50-mal mit zwei Würfeln gleichzeitig. Wie oft kommt eine 6, wie oft eine 7? Wie oft kommt eine 12, wie oft eine 1?
- Münzen werfen
  - Wirf 30-mal eine Münze. Halte jeden Wurf über einen Strich in einer Tabelle fest. Wird wohl häu-

figer Bild oder Zahl kommen oder beide gleich häufig?

Bild	////
Zahl	//

- Wirf jeweils 30-mal zwei Münzen.
  (a) Genau ein Bild soll oben liegen,
  (b) beide Bilder sollen oben liegen,
  (c) genau eine Zahl soll oben liegen,
  (d) beide Zahlen sollen oben liegen.
  Lege für die Untersuchungen (a) bis (d) jeweils eine Tabelle mit „gewonnen“ und „nicht gewonnen“ an. Kreuze entsprechend an. Vergleiche die Tabellen. Was fällt dir auf?
- Wirf eine Münze zweimal hintereinander. Was ist wahrscheinlicher?
  Wappen und Zahl treten einmal auf.
  Wappen tritt zweimal auf.
- Wirf eine Münze dreimal hintereinander. Was ist wahrscheinlicher?
  Zahl tritt dreimal auf.
  Wappen tritt dreimal auf.
- Wirf drei Münzen zugleich. Was ist wahrscheinlicher?
  Zahl tritt zweimal und Wappen einmal auf.
  Wappen tritt zweimal auf und Zahl einmal.
  Wappen tritt dreimal auf.

Experimente zur Wahrscheinlichkeit dienen nicht einem mathematischen Selbstzweck, sie dienen vielmehr dem Ziel des Umweltverständnisses auch schon von Grundschulkindern, des realistischeren Einschätzenkönnens von Vorgängen oder Ereignissen als nur über Glück oder Zufall.

2.6 Schriftliche Addition und Subtraktion

2.6.1 Zur Diskussion gestellt: schriftliches Rechnen

Das Thema „Schriftliche Rechenverfahren im Mathematikunterricht“ wird seit einigen Jahrzehnten immer wieder diskutiert. Vieles spricht dafür, dass diese Diskussion auch in den nächsten Jahren noch fortgesetzt wird. In einem Buch für Grundschullehrerinnen wurde 1974 festgestellt: „Die Grundrechenarten und die zugehörigen schriftlichen Verfahren waren immer wichtige Bestandteile des Mathematikunterrichts in der Grundschule und werden es auch bleiben.“ Dieser Standpunkt wird in den meisten aktuellen Büchern und Handreichungen zum Mathematikunterricht in der Grundschule infrage gestellt, zumindest für die schriftlichen Rechenverfahren. Dabei lassen sich einige Diskussionspunkte unterscheiden:

- Ist das Erlernen der schriftlichen Rechenverfahren in einer Zeit der leistungsstarken und preiswerten Taschenrechner überhaupt noch wichtig? Im Alltags- und im Berufsleben spielt das schriftliche Rechnen so gut wie keine Rolle mehr.
- Sollte man das schriftliche Rechnen angesichts der Stofffülle in den Mathematikcurricula zur Disposition stellen, um mehr Zeit zu haben für relevantere Inhalte und wichtige Prinzipien des Lehrens und Lernens?
- Wie ist das Verhältnis von gestütztem Kopfrechnen (halbschriftlichem Rechnen) und schriftlichem Rechnen zu sehen? Kann man auf das schriftliche Rechnen verzichten?
- Sollen alle Kinder einer leistungsheterogenen Klasse zur gleichen Zeit die schriftliche Addition/Subtraktion erlernen und anwenden? Oder kann man in begründeten Ausnahmefällen die schriftliche Addition/ Subtraktion in das 2. Schuljahr vorziehen, um besonders rechenschwachen Kindern bei Aufgaben wie 48 + 39 oder 82 – 56 bzw. 248 + 59 oder 256 – 87 eine einfachere Lösungsmethode zu bieten?
- Müssen die Rahmenrichtlinien und Stoffpläne bundesweit ein Normalverfahren (speziell zur schriftlichen Subtraktion) vorschreiben, oder können sie curricular dahingehend geöffnet werden, dass sich Schulbuchautoren oder eine Fachkonferenz für ein – ihrer Meinung nach bestes – Verfahren entscheiden können?
- Kann man im Mathematikunterricht auf die schwierigen, komplizierten Rechenfälle (z. B. im 4./5. Schuljahr 23 072 : 67) und das intensive Üben der schriftlichen Verfahren verzichten zugunsten der Einsicht in die Verfahren bei einfachen Aufgabenstellungen?

Diese Diskussion hat sich auf die Rahmenrichtlinien und Stoffpläne noch nicht nachhaltig ausgewirkt. Zwar gibt es einige Ansätze einer größeren methodischen Öffnung, kaum aber zur inhaltlichen Öffnung des Arithmetikunterrichts. Nach wie vor sind die Inhalte und die zeitlichen Zuschreibungen im entsprechenden Teil der Rahmenrichtlinien seit über 100 Jahren nahezu gleich, sieht man ab von dem Reformausflug zwischen 1968 und 1976.

Nachfolgend werden die Diskussionspunkte zu den schriftlichen Rechenverfahren in einer Contra-Pro-Tabelle zusammengestellt (vgl. dazu Abele u. a. 1994, Lorenz/Radatz 1993, Padberg 1992 bzw. Radatz/Schipper 1983).

Schriftliche Rechenverfahren

Contra	Pro
Taschenrechner sind preiswert, klein und über Solarzellen allzeit betriebsbereit, sodass man auf das schriftliche Rechnen verzichten kann.	Man sollte nicht gänzlich abhängig vom Taschenrechner werden und auch schriftlich rechnen können. Dieses gibt auch ein Gefühl eigener Kompetenz und Sicherheit.
Andere Inhalte (z. B. Geometrie, Anwendungen, Wahrscheinlichkeit, ...) sind wichtiger als das schriftliche Rechnen.	Schriftliches Rechnen ist ein altes Kulturgut, das aus dem Unterricht nicht verbannt werden sollte. Zudem erlaubt es erste Einsichten in algorithmische Verfahren.
Taschenrechner arbeiten schnell und fehlerfrei, sie machen das schriftliche Rechnen innerhalb und außerhalb der Schule überflüssig.	Menschliche Irrtümer und Flüchtigkeitsfehler kommen beim Taschenrechner häufig vor. Schriftliche Verfahren leisten wichtige Beiträge zum Verständnis unseres Zahlensystems.
Über das halbschriftliche Rechnen (gestütztes Kopfrechnen) lassen sich alle Aufgabenstellungen bearbeiten, die in der Grundschule zur schriftlichen Bearbeitung angeboten werden.	Es gibt immer wieder rechenschwache Kinder, deren Kopfrechenleistungen und operative Einsichten nicht ausreichen, um Aufgaben mit größeren Zahlen halbschriftlich zu lösen.
Angesichts der Stofffülle muss in den Curricula Platz und Zeit geschaffen werden, um Prinzipien wie ganzheitliches Lernen, fächerübergreifendes Lernen oder exemplarisches Lernen realisieren zu können. Platz und Zeit gewinnt man durch den Verzicht auf das schriftliche Rechnen.	Auch über die schriftlichen Rechenverfahren lassen sich die genannten Prinzipien im Unterricht realisieren. Es gibt auch andere Inhalte des Rechenunterrichts, die man zur Disposition stellen könnte.

Die Zusammenstellung der Argumente macht deutlich, dass es gewichtige Gründe gibt, zumindest nicht auf das schriftliche Addieren und Subtrahieren im Rahmen des Mathematikunterrichts zu verzichten. Was meinen Sie?

Allerdings sind bei der unterrichtlichen Behandlung Akzentverschiebungen bzw. Änderungen sowohl bei den Zielsetzungen als auch bei den Verfahren selbst angebracht.

- Mit dem Rückgang der praktischen Bedeutung des schriftlichen Rechnens muss im Unterricht auch ein Rückgang aller derjenigen Maßnahmen einhergehen, die zur möglichst schnellen, sicheren und automatisierten Beherrschung aller möglichen Rechenfälle führen. Das bedeutet, dass die Einsicht in ein Verfahren (z. B. in die schriftliche Subtraktion) wesentlich wichtiger ist als ausführliche Übungen und Drill. Schematisches Anwenden von unverstandenen Verfahrensvorschriften und Manipulieren nur mit Ziffern reicht nicht. Das bedeutet gleichzeitig, dass auf komplizierte und schwierige Rechenfälle (z. B. Division durch zwei- und dreistellige Zahlen) verzichtet werden sollte.
- In einer pluralistischen Gesellschaft sollten Rahmenrichtlinien und Lehrpläne weder den Zeitpunkt noch das Verfahren im Detail vorschreiben, stattdessen eine inhaltliche Öffnung ermöglichen. In Ausnahmefällen ist es durchaus sinnvoll, die schriftliche Addition und Subtraktion in das 2. Schuljahr vorzuziehen (vgl. **Handbuch 2**). Und das Argument der Kultusministerkonferenz von 1958, dass für den Wechsel der Klasse, des Wohnortes oder des Bundeslandes einheitliche, verbindlich bis ins Detail vorgeschriebene schriftliche Rechenverfahren notwendig sind, ist längst durch die schulische Realität überholt. Die meisten Klassen sind heutzutage multikulturell zusammengesetzt. Die deutschen Normalverfahren (etwa zur Subtraktion) haben Kinder nicht kennen gelernt, wenn sie im Ausland bereits die Schule besucht haben. Und warum sollen Schüler einer Klasse eigentlich nicht auf verschiedenen Wegen schriftlich rechnen? Die Kinder, die ihr stabiles Verfahren haben, geraten dadurch nicht in Verwirrung.
- Der Kontroll- und der Überschlagsrechnung kommen eine besondere Bedeutung zu, um so auch Fehler beim Benutzen eines Taschenrechners aufdecken zu können.

2.6.2 Unterrichtliche Leitlinien und Prinzipien

Es gibt eine Reihe von methodischen Grundsätzen, die für alle vier schriftlichen Rechenverfahren gültig sind (vgl. Radatz/Schipper 1983, S. 103 ff.). Nachfolgend eine kurze Beschreibung, auf sie wird in den speziellen Handbuchabschnitten ausführlicher eingegangen.

Die notwendigen Vorkenntnisse sichern
Für die schriftliche Addition und Subtraktion müssen die Kinder das kleine Einspluseins und Einsminuseins weitgehend automatisiert beherrschen bzw. sogar memorisiert haben. Hinzu kommt ein Vertrautsein mit dem Bündelungsprinzip und mit der Stellenwertschreibweise der Zahlen sowie eine Sicherheit beim jeweiligen halbschriftlichen Rechnen.

An die Vorkenntnisse anknüpfen
Schriftliche Rechenverfahren können bewusst an die halbschriftlichen Verfahren anknüpfen. Die Bearbeitungsstrategie „Stellenwerte extra" entspricht dem schriftlichen Rechnen, allerdings müssen die Kinder bewusst darauf hingewiesen werden, dass man beim schriftlichen Addieren bzw. Subtrahieren mit den Einern beginnt.

Die Notwendigkeit des Verfahrens einsichtig machen
Die einführenden Aufgabenstellungen sind so zu wählen, dass sie sich nicht im Kopf oder durch gestütztes Kopfrechnen leicht lösen lassen (z. B. nicht 225 + 320 oder 685 – 679, sondern 347 + 486 oder 723 – 387). Außerdem muss der einführende Sachkontext so gewählt sein, dass ein exaktes Ergebnis gefordert ist.

Von passenden Sachsituationen ausgehen
Über Sachsituationen werden die ersten Zugänge zu den schriftlichen Verfahren gewonnen, sie sollten problemhaltig und motivierend sein. Wichtig ist zudem, dass ihr inhaltlicher Kontext dem angepeilten schriftlichen Verfahren entspricht. Dies wird besonders wichtig bei der Entscheidung für das Abziehen oder für das Ergänzen bei der schriftlichen Subtraktion.

Die Verfahren handelnd erarbeiten
Die historische Entwicklung (Ablösung des Rechnens mit Steinen auf Rechenbrettern oder des Rechnens mit einem Abakus durch das schriftliche Rechnen) und psychologische Erkenntnisse (aktiv-entdeckendes Lernen) sprechen für eine handelnde Grundlegung der schriftlichen Verfahren. Man kann ausgehen vom Handeln mit konkreten Materialien (Rechengeld, Zehner-Systemblöcke, ...) und abstrahierend über das Arbeiten mit gleichartigen Plättchen in einer Stellenwerttafel zum schriftlichen Rechnen mit Zahlen/Ziffern kommen.

Mögliche Schwierigkeiten frühzeitig berücksichtigen
Jedes schriftliche Rechenverfahren hat schwierige Stellen, Sonderfälle und Klippen, die einigen Schülern Schwierigkeiten bereiten, zum Beispiel die Null an einer beliebigen Stelle, die Überträge oder Addition/Subtraktion von Zahlen mit unterschiedlichen Stellenanzahlen. Sie sollten beim Erarbeiten der Verfahren frühzeitig beachtet und mitbehandelt werden.

Frühzeitig auf Schülerfehler achten
Das schriftliche Rechen ist eine große Quelle für zahlreiche Fehlertechniken der Schüler, weil ihre Verfahren aus vielen Teilschritten zusammengesetzt sind, die nach einer festgelegten sinnvollen Regel miteinander verknüpft werden müssen. Dabei können die Kinder Fehlerstrategien entwickeln, die sich im Laufe der Zeit verfestigen, wenn sie nicht frühzeitig entdeckt werden. Das Erkennen von Fehlern und deren Ursachen sowie die individuelle Hilfestellung dazu sind zentrale didaktische Aufgaben im Rahmen der Unterrichtseinheit. Sie finden in den folgenden Kapiteln Hinweise auf häufig zu beobachtende Schülerfehler und mögliche Hilfsmaßnahmen.

Das Verfahren immer wieder erläutern lassen
Ein neu gelerntes Rechenverfahren muss immer wieder aufgefrischt, erläutert und ggf. neu erarbeitet werden. Ein einmaliges Erarbeiten (oder gar Vormachen) und schnell gestellte Übungsaufgaben reichen nicht aus, um ein Verfahren einzusehen bzw. zu verinnerlichen.

Zum Verfahren sprechen lassen
Die Sprache ist nicht nur Kommunikationsmittel im Unterricht, sie hat im Mathematikunterricht auch eine wichtige stützende Funktion beim Lernprozess selbst. Handlungen und Rechnungen sollten möglichst oft mit Sprache begleitet werden, zunächst laut und dann durch „inneres Sprechen“. Das bietet sich gerade bei den einzelnen Lösungsschritten der schriftlichen Addition/Subtraktion an.

Weitere unterrichtliche Prinzipien zu den schriftlichen Rechenverfahren, die in den nachfolgenden Kapiteln berücksichtigt werden, sind

- das Überschlagsrechnen nicht vernachlässigen,
- operative Übungen sind wichtiger als gleichartiger Drill,
- schriftliches Rechnen immer wieder über Sachaufgaben anwenden und
- problemhaltige Übungen und Aufgabenstellungen anbieten.

2.6.3 Die schriftliche Addition

Die schriftliche Addition ist das unkomplizierteste schriftliche Rechenverfahren, es ist der erste eigentliche Algorithmus im Mathematikunterricht, den die Kinder kennen lernen und anwenden. Zur schriftlichen Addition hat die Kultusministerkonferenz weder am 25. März 1958 noch am 3. Dezember 1976 eine Festlegungen für die Form und die Sprechweise vorgegeben. Das Verfahren ist international recht einheitlich, wenn man von der Schreibweise der Zeichen, leichten Variationen bei der Notation des Übertrags und von der Rechenrichtung (am häufigsten von oben nach unten) absieht. Zum Beispiel werden in Italien die Aufgaben so geschrieben:

```
  357 +
  876 =
 -------
 1 233
```

… und so gerechnet: „7 plus 6 gleich 13 ...“

Das notwendige Vorwissen

Neben der sicheren Beherrschung des kleinen Einspluseins (Kopfrechnen!) kommt es auf ein fundiertes Verständnis des Bündelungsprinzips und der Stellenschreibweise größerer Zahlen an. Zwar sind beide Aspekte beim vorangegangenen halbschriftlichen Rechnen geübt worden, dennoch kann es sehr hilfreich sein, vor der Erarbeitung des Verfahrens das Bündeln und Zerlegen in Stellen zu wiederholen.

- Darstellung von Zahlen (am Beispiel 346)
  - mit den Zehner-Systemblöcken

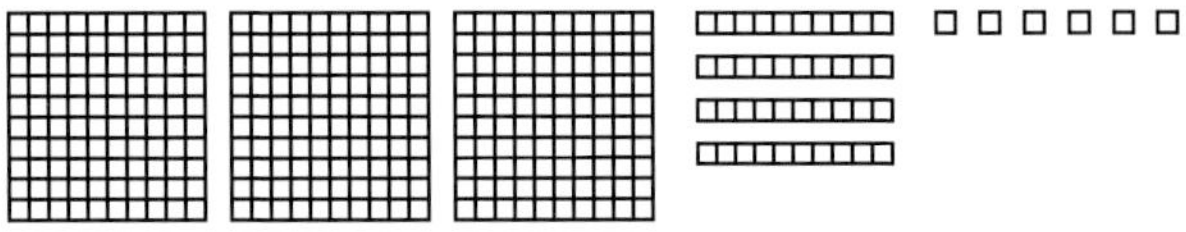

  - entsprechend zeichnerisch in der Quadrat-, Strich-, Punkt-Darstellung

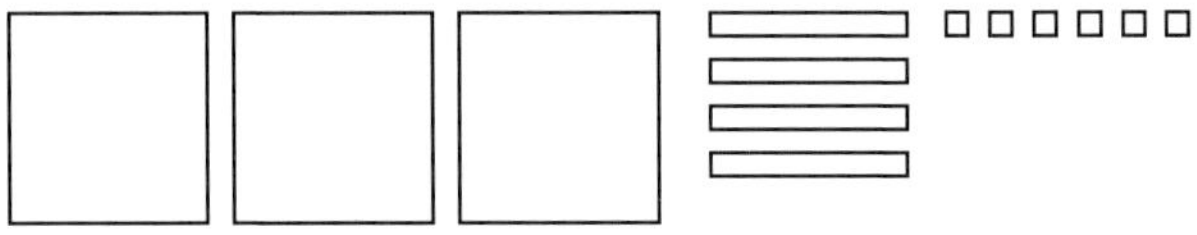

  - mit Rechenplättchen in der Stellenwerttafel

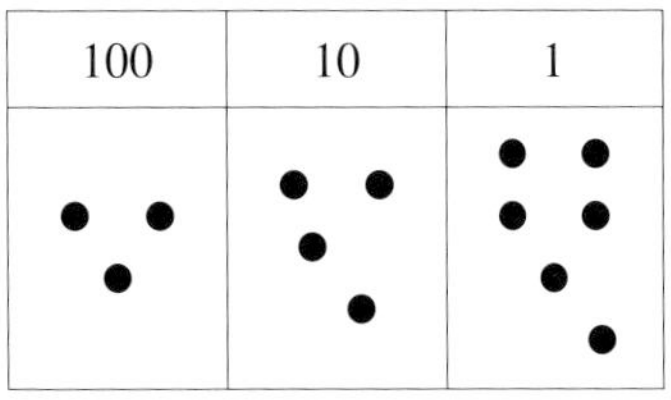

  - symbolisch in der Stellenwerttafel

H	Z	E
3	4	6

Übersetzungen von einer Darstellung in eine andere können leicht als Partner- oder Gruppenarbeiten durchgeführt werden.

Weitere Übungen mit Rechenplättchen in der Stellentafel:

- Lege die Zahl 346. Nimm dann einen Stein weg. Welchen Wert hat dieser Stein? Welche Zahl ist jetzt dargestellt? (345, 336 oder 246)
- Nimm zwei Steine weg. Welchen Wert haben diese Steine? (200, 110, 101, 20, 11, 2) Welche Zahl ist jeweils noch in der Stellentafel dargestellt, wenn du zwei Steine entfernt hast?
- Du hast sechs Steine. Welche Zahlen kannst du damit darstellen? Wer findet die meisten?
- Wie ändert sich die Zahl, wenn man einen Stein verschiebt, von der Einer- in die Zehnerstelle bzw. von der Zehner- in die Hunderterstelle und umgekehrt (vgl. dazu auch S. 71)?

- Isoliertes Umwechseln in einer Stellentafel
  Der wichtigste Schritt bei der schriftlichen Addition ist bei Stellenüberschreitungen der Wechsel in die nächsthöhere Einheit, das Berücksichtigen des Übertrages. Dieses Umwechseln (Bündeln, Übertragen) kann gesondert mit Rechengeld durchgeführt, dann das Ergebnis in eine Tabelle übertragen werden.

5	14	8
6	4	8

7	13	16

6	14	10

	16	19

Beim gestützten Kopfrechnen nach dem Prinzip „Stellenwerte extra" werden in den meisten Lehrgängen zunächst die Hunderter und dann die Zehner und Einer addiert.

Die Erarbeitung des Verfahrens

Es muss bzgl. der Leistungsfähigkeit der jeweiligen Lerngruppe von Ihnen entschieden werden, ob Sie das Verfahren über Materialien (Zehner-Systemblöcke) erarbeiten wollen, oder ob Sie mit den Kindern gleich zur Stellentafel mit Plättchen bzw. Ziffern gehen.

> Unterrichtspraktische Empfehlung:
>
> Stellen Sie eine Problemaufgabe mit Größen. Zum Beispiel:
>
> „Frau Sorger kauft ein Paar Skier für 587,- € und Bindungen dazu für 346,- €." oder „Frau Wienecke fährt auf der Autobahn von Hamburg über Nürnberg nach Garmisch-Partenkirchen. Von Hamburg bis Nürnberg sind es 625 km und von Nürnberg bis Garmisch noch 287 km." Entsprechende Anregungen finden Sie in den meisten Schulbüchern.
>
> Schreiben Sie die beiden Zahlen an der Tafel gleich untereinander, um die Kinder zu einem anderen Lösungsweg als dem halbschriftlichen Addieren anzuregen.

Fordern Sie die Kinder auf, die Aufgabe zu berechnen. Lassen Sie Lösungswege vorschlagen und diskutieren. Stellen Sie gleich eine Aufgabe mit Stellenwertüberschreitung wie in den o. g. Beispielen. Aufgaben ohne Übertrag sind einfach und „witzlos“, zudem verführen sie zum Rechnen von links nach rechts.

- Erarbeiten mit Hilfe der Systemblöcke
  Hierbei hilfreich ist das SPECTRA-Stellenwertregal, in das sich die Systemblöcke gut einordnen lassen. Große Stellenwerttafeln auf Tapetenresten gezeichnet reichen aber auch aus.
  Vorgeschlagen wird bei der Erarbeitung des Verfahrens die Addition in den einzelnen Stellen „von oben nach unten“, weil so im Vergleich zur Addition von unten nach oben ein größeres Zeilenspringen bei der Notation und dem Berücksichtigen des Übertrags sowie beim Festhalten des Ergebnisses vermieden wird.

<table>
<tr><th colspan="3">Aufgabe: 376 + 453</th></tr>
<tr><th>Handlungen</th><th>Sprechweise</th><th>Notation</th></tr>
<tr><td>1. Schritt: Darstellen beider Summanden
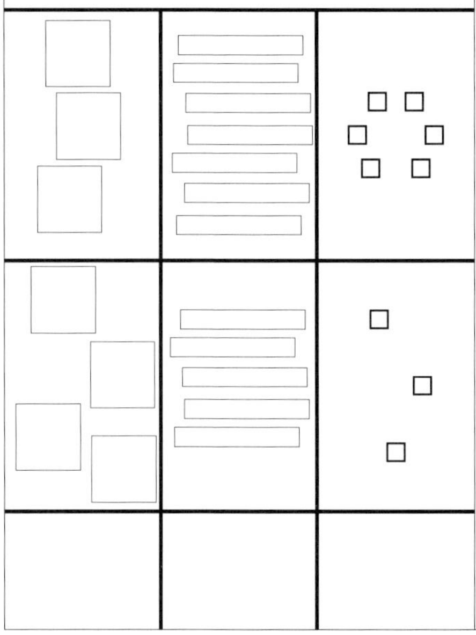</td><td></td><td>Die ganze Aufgabe wird notiert:
<table><tr><th></th><th>H</th><th>Z</th><th>E</th></tr><tr><td></td><td>3</td><td>7</td><td>6</td></tr><tr><td>+</td><td>4</td><td>5</td><td>3</td></tr><tr><td></td><td></td><td></td><td></td></tr></table></td></tr>
</table>

<table>
<tr><th colspan="3">Aufgabe: 376 + 453</th></tr>
<tr><th>Handlungen</th><th>Sprechweise</th><th>Notation</th></tr>
<tr><td>2. Schritt: Addition der Einer
(9 Einer nach unten schieben)
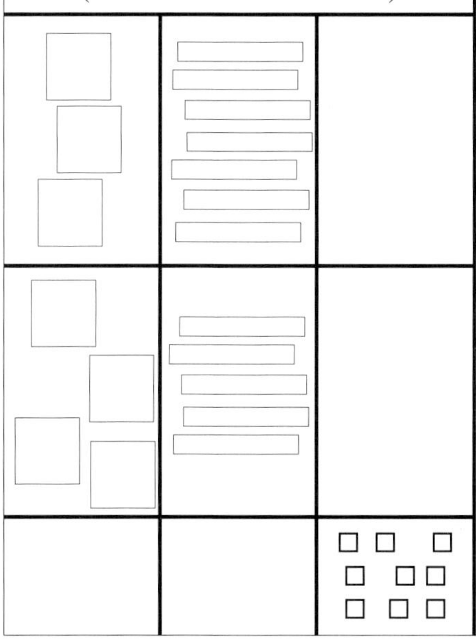</td><td>„6 Einer plus 3 Einer gleich 9 Einer“</td><td><table><tr><th></th><th>H</th><th>Z</th><th>E</th></tr><tr><td></td><td>3</td><td>7</td><td>6</td></tr><tr><td>+</td><td>4</td><td>5</td><td>3</td></tr><tr><td></td><td></td><td></td><td>9</td></tr></table></td></tr>
</table>

<table>
<tr><th colspan="3">Aufgabe: 376 + 453</th></tr>
<tr><th>Handlungen</th><th>Sprechweise</th><th>Notation</th></tr>
<tr><td>3. Schritt: Addition der Zehner mit Übertrag (12 Zehner nach unten schieben; 10 Zehner in einen Hunderter wechseln)
</td><td>„7 Zehner plus 5 Zehner gleich 12 Zehner; 1 Hunderter und 2 Zehner.“</td><td>Die ganze Aufgabe wird notiert:
<table><tr><th></th><th>H</th><th>Z</th><th>E</th></tr><tr><td></td><td>3</td><td>7</td><td>6</td></tr><tr><td>+</td><td>4_1</td><td>5</td><td>3</td></tr><tr><td></td><td></td><td>2</td><td>9</td></tr></table></td></tr>
</table>

<table>
<tr><th colspan="3">Aufgabe: 376 + 453</th></tr>
<tr><th>Handlungen</th><th>Sprechweise</th><th>Notation</th></tr>
<tr><td>4. Schritt: Addition der Hunderter (8 Hunderter nach unten schieben)
</td><td>„3 Hunderter plus 4 Hunderter plus 1 Hunderter gleich 8 Hunderter“</td><td><table><tr><th></th><th>H</th><th>Z</th><th>E</th></tr><tr><td></td><td>3</td><td>7</td><td>6</td></tr><tr><td>+</td><td>4_1</td><td>5</td><td>3</td></tr><tr><td></td><td>8</td><td>2</td><td>9</td></tr></table></td></tr>
</table>

- Erarbeiten mit Hilfe von Rechenplättchen in der Stellenwerttafel (**Kopiervorlage A 15**)
  Die Erarbeitung des Additionsverfahrens über die Stellentafel mit Rechenplättchen o. Ä. entspricht in den vier Schritten mit Sprechweise und Notation dem oben ausführlich beschriebenen Vorgehen mit den Zehner-Systemblöcken. Im 3. Schritt würde dann die folgende Rechensituation entstehen:

376 + 453 =

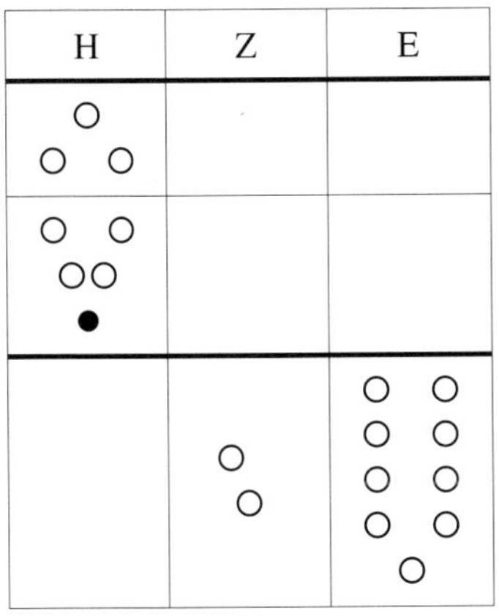

Für Kinder ist es dabei hilfreich, die Übertragsplättchen in einer anderen Farbe zu kennzeichnen, entsprechend eine Zeit lang die Übertragsziffer beim Rechnen in einer anderen Farbe zu schreiben. Alle anderen Plättchen (1. Summand, 2. Summand und Summe) sollten gleichfarbig sein, sie unterscheiden sich – wie später auch die Ziffern – nur durch den Wert der jeweiligen Stelle, an der sie liegen. Insofern ist die Anforderung an die Abstraktionsfähigkeit beim Erarbeiten mit gleichartigen Plättchen in der Stellenwerttafel ein wenig größer als bei den Zehner-Systemblöcken.

Die weiteren methodischen Schritte bis zur Endform der schriftlichen Addition sind:

- Erarbeiten ohne Material in der Stellenwerttafel

H	Z	E
3	7	6
4_1	5	3
8	2	9

Sprechweise:
6 Einer plus 3 Einer gleich **9** Einer
7 Zehner plus 5 Zehner gleich **12** Zehner; **1** Hunderter, **2** Zehner
3 Hunderter plus 5 Hunderter gleich **8** Hunderter

- Verkürzung der Schreib- und Sprechweisen

  3 7 6
+ $4_1$5 3
  8 2 9

6 plus 3 gleich **9**
7 plus 5 gleich **12**, **1** – **2**
3 plus 5 gleich **8**

  3 7 6
+ $4_1$5 3
  8 2 9
6 – **9**
7 – **12**
3 – **8**

- Flexibilisierung des Verfahrens
  Auf der Grundlage eines gesicherten Verständnisses für das Verfahren und zunehmender Sicherheit bei dessen Ausführung können mögliche Flexibilisierungen im Unterricht thematisiert werden. Es muss nicht immer „von oben nach unten" (oder „von unten nach oben", wenn Sie dies weiterhin bevorzugen) gerechnet werden. Bei der schriftlichen Addition darf die Rechenrichtung geändert werden, denn auch die Aufgabe 8 + 72 rechnen die Kinder (im Kopf) lieber in der Form 72 + 8. Entsprechend ändert sich das Ergebnis bei der schriftlichen Addition auch nicht, wenn die Rechenrichtung geändert wird. Wer kann diese Aufgabe auch „von unten nach oben" rechnen?

  3 7 6
+ $4_1$5 3
  8 2 9

3 plus 6 gleich **9**
5 plus 7 gleich **12**, **1** - **2**
5 plus 3 gleich **8**

Selbstverständlich kann die Rechenrichtung auch innerhalb einer Aufgabe geändert werden. Dieser Wechsel der Rechenrichtung bietet sich dann an, wenn ein Übertrag zu berücksichtigen ist. Auf diese Weise wird die Aufmerksamkeit der Kinder zusätzlich auf den Übertrag gelenkt.

  3 7 6
+ $4_1$5 3
  8 2 9

6 plus 3 gleich **9**
7 plus 5 gleich **12**, **1** - **2**
5 plus 3 gleich **8**

Schwierigkeiten und Schülerfehler

Die schriftliche Addition ist das einfachste schriftliche Verfahren. Abgesehen von den nicht selten erst jetzt sich zeigenden Problemen beim kleinen Einspluseins haben Kinder nur selten Schwierigkeiten mit dem Verfahren selbst. Zwei Hauptschwierigkeitsmerkmale lassen sich beschreiben, nämlich:

- Fehler beim Übertrag und
- Fehler bei einer Null in Summanden.

Gerster (1982) hat auf der Grundlage von Schwierigkeitsmerkmalen einen diagnostischen Test zusammengestellt (Gerster 1982, S. 25, Abele u. a. 1994, S. 54).

Tabelle der Schwierigkeitsmerkmale beim diagnostischen Test A 1

A 1	– Zahlenraum bis 1 000 – zwei Summanden				
	Ohne Null		Null in Summanden oder Ergebnis		
	ohne Stellenunterschied	mit Stellenunterschied	ohne Stellenunterschied	mit Stellenunterschied	
kein Übertrag	1 32 + 46	2 423 + 73	3 276 + 202	4 905 + 64	5 70 + 528
ein Übertrag	6 54 + 27	7 825 + 48	8 663 + 245	9 450 + 90	10 26 + 409
	11 24 + 94	12 364 + 95	13 407 + 203	14 704 + 8	15 53 + 107
zwei Überträge	16 488 + 277	17 138 + 93	18 485 + 315	19 693 + 9	20 24 + 876
	21 496 + 496	22 756 + 97	23 98 + 45	24 98 + 7	25 918 + 91

	Zusätzliche Schwierigkeitsmerkmale	**In Aufgabe Nr.**
(1)	Übertrag in leere Stelle	9, 12, 14, 17, 19, 22, 24, 25
(2)	Übertrag in zusätzliche leere Stelle (Summanden stellengleich)	11, 23
(3)	Übertrag in zusätzliche leere Stelle (Summanden stellenverschieden)	24, 25
(4)	Übertrag zur Null	10, 13, 15
(5)	Übertrag zur 9	17, 21, 22
(6)	Zweiter Übertrag resultiert aus erstem Übertrag	18, 19, 20, 24, 25
(7)	Gleiche Ziffern übereinander	2, 3, 9, 11, 13, 21
(8)	Gleiche Ziffern übereinander (nach Berücksichtigung des Übertrags)	16, 17, 18
(9)	„Summenziffer“ 9	2, 4, 5, 12, 20, 21
(10)	„Summenziffer“ 10	8. 13, 15, 18, 19, 20, 24, 25

Einen derartigen diagnostischen Test können Sie nach der Erarbeitung und einer gewissen Sicherheit durch Übungen in Ihrer Klasse bearbeiten lassen, um zu einem „Bild“ über mögliche Schwierigkeiten bei einzelnen Kindern oder Kindergruppen zu kommen.

- Fehler bei der schriftlichen Addition (vgl. Lorenz/Radatz 1993, S. 156)

Beispiel	Beschreibung	mögliche Hilfen
2 508 + 437 6 878	falsche Stellenzuordnung beim Abschreiben der Aufgabe 2 508 + 437	Wiederholen der Schreibweise in der Stellenwerttafel; Überschlagsrechnung
2 508 + 437 2071	Verwechseln der Operation	sprachliche Begleitung der Rechnung; bei gemischten Übungsaufgaben auf Einstellungseffekte achten
2 508 + 437 2 935	Der Übertrag wird nicht berücksichtigt.	*zu Übertragsfehlern:* - Bündelung und zugehörige Schreibweise verdeutlichen - Rechnen mit Material - konsequente Notation der Übertragsziffer, zunächst in einer anderen Farbe - Freilassen einer halben Zeile zwischen dem unteren Summanden und dem Summenstrich zur Notation des Übertrags unten rechts an der entsprechenden Ziffer
2 508 + 437 3 935	Der Übertrag wird an einer falschen Stelle berücksichtigt.	
2 508 + 437 29 315	Der Übertrag wird in der Summe notiert.	
2 508 + 437 2 931	In der Summe wird nur der Übertrag notiert.	
2 508 + 437 945	Die Addition wird nicht abgeschlossen.	Übung mit kleinen Summanden im überschaubaren Zahlenraum (z. B. 24 + 4, 82 + 7); Überschlagsrechnung
2 508 + 437 29 315	Addition von links nach rechts	Hilfspfeil für die Rechenrichtung; evtl. mit Material erarbeiten

Die Hilfs- und Fördermöglichkeiten lassen sich folgendermaßen zusammenfassen:

- Mit Kindern, die noch nicht sicher sind beim Einspluseins, sollte dieses immer wieder geübt und gefestigt werden.
- Ausführliches Erarbeiten des Verfahrens mit einigen Kindern über Material bzw. in der Stellenwerttafel, damit das Verständnis des Übertrags verinnerlicht wird.
- Schreiben der Additionsaufgaben mit einer zusätzlichen halben Zeile für die Notation der Überträge:

		6	7	4	
	+	2	5	8	
		1	1		
		9	3	2	

- Überschlagsrechnung
  Bei der Addition im Tausenderraum werden die Hunderterzahlen auf volle Hunderter gerundet, damit der Überschlag schnell bestimmt werden kann:

674 + 258; Überschlag 700 + 300 = 1 000
Um genauere Überschläge zu erzielen, sollte das Verfahren des gegensinnigen Veränderns thematisiert werden. In diesem Fall führt der Überschlag mit gegensinnigem Verändern beider Summanden zu einer genaueren Abschätzung:
674 + 258; Überschlag 700 + 200 = 900

- Rechenkontrolle durch spaltenweises Addieren in Gegenrichtung, also „von unten nach oben", wenn zunächst „von oben nach unten" gerechnet wurde.

Übungsanregungen und Problemstellungen

Wie bereits angesprochen, kommt es bei den schriftlichen Rechenverfahren nicht mehr auf das ausführliche Üben bis hin zu einer perfekten Automatisierung an, eine gewisse Sicherheit reicht aus. Wichtiger ist das Anwenden der Verfahren in Sachrechensituationen und bei interessanten mathematischen Untersuchungen.

- Die 1 000 erreichen

```
  8 4 6
+ □ □ □
1 0 0 0

  3 5 2
+ □ □ □
1 0 0 0

  2 7 8
+ □ □ □
1 0 0 0
```

Diese Übungsidee kann auch etwas spielerischer gestaltet werden. Benötigt wird ein Leerschema für die Addition zweier dreistelliger Zahlen in der folgenden Form.

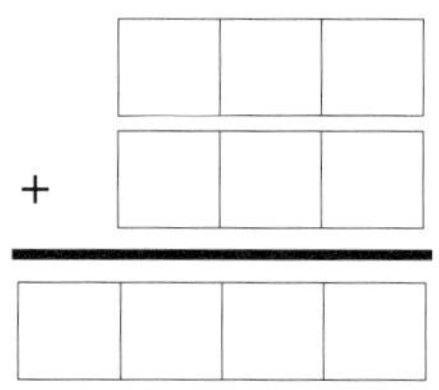

Die Kinder erwürfeln nacheinander die sechs Ziffern für die beiden dreistelligen Summanden und schreiben sie nach jedem Wurf in ein Feld ihrer Wahl. Ziel ist es, als Summe genau 1 000 zu erreichen bzw. möglichst nahe an die 1 000 heranzukommen. Als Partnerspiel kann dies über z. B. fünf Runden gespielt werden; die Differenzen zu 1 000 werden aufgeschrieben. Wer hat nach fünf Runden die kleinste Summe aus den Differenzen?

- Tintenklecksaufgaben
In einer vollständig gelösten Aufgabe haben Tintenkleckse Ziffern unlesbar gemacht. Wer findet heraus, welche Ziffern dort standen?

```
  2 4 4     2 4 ●     5 ● 8     ● 5 9     4 ● 6
+ ● ● 6   + 1 ● 7   + 2 7 ●   + 6 ● 7   + ● 9 ●
  8 3 1     3 7 0     8 1 5     9 0 6     8 0 3
```

- Kilometerentfernungen
Aus einer Kilometerentfernungstabelle werden die Entfernungen zwischen zwei (drei) Städten bestimmt (nach Floer 1980). Mithilfe von Autoatlanten können die Kinder die Entfernungen in der Tabelle selber finden.

	Aachen	Bremen	Dortmund	Düsseldorf	Frankfurt	Hannover	Kassel	Köln
Aachen		378	150	80	259	353	330	70
Bremen	378		233	317	466	125	278	312
Dortmund	150	233		70	264	208	174	83
Düsseldorf	80	317	70		232	292	276	47
Frankfurt	259	466	264	232		352	193	189
Hannover	353	125	208	292	352		164	287
Kassel	330	278	174	276	193	164		250
Köln	70	312	83	47	189	287	250	

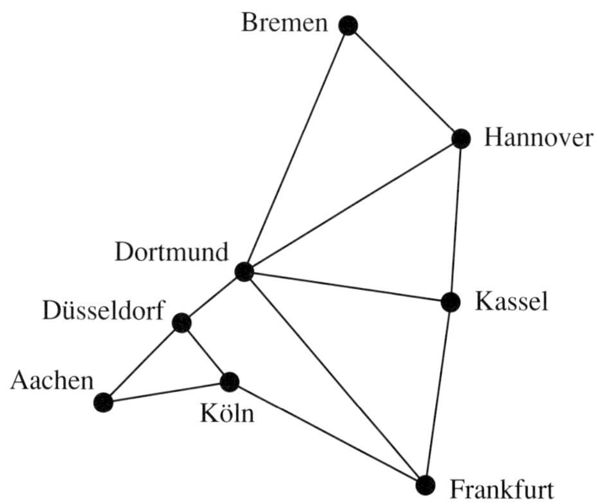

Beispielaufgabe:
Herr Lorenz ist Fahrer eines Lastwagens. Am Dienstag fährt er von Kassel über Hannover nach Bremen. Am Mittwoch von Bremen über Dortmund nach Köln. Am Donnerstag von Köln über Dortmund nach Kassel. Wie viele Kilometer war er an den einzelnen Tagen unterwegs? Wie viele Kilometer ist er insgesamt gefahren?

- Riesenadditionen
  Für das Verfahren der schriftlichen Addition ist es unerheblich, ob zwei dreistellige oder zwei (oder mehr) fünfzehnstellige Zahlen oder noch größere zu addieren sind. Für Drittklässler kann dies ein erheblicher Unterschied sein. Einerseits kann die Addition so großer Zahlen zur Geläufigkeit des Verfahrens beitragen, andererseits werden die Kinder durch solche Aufgaben in besonderer Weise herausgefordert und motiviert. Manche Kinder sind sogar sehr schnell in der Lage, solche Zahlen zu lesen, wenn man Dreiergruppen von Zahlen mit Punkten markiert und ihnen die Bedeutung der größeren Dreiergruppen (Tausender, Millionen, Milliarden, Billionen. ...) erläutert. Wer kann diese Aufgabe rechnen, wer kann sogar die Zahlen lesen?

  789. 358. 670. 390. 647
  + 253. 841. 397. 605. 848

  Hilfsweise können solche Zahlen auch ziffernweise von links nach rechts vorgelesen werden.

- Seltsame Aufgaben (aus Gerlach 1920)

  123456789
  + 987654321
  1111111110

  123456789
  + 098765432
  222222221

  123456789
  + 209876543
  333333332
  ...

  123456789
  +9876543210
  9999999999

  Die Ziffernfolge führt zu sehr interessanten Aufgaben, bei denen die Schüler tiefere Einsichten in die Gesetzmäßigkeit und den Aufbau der Zahlenwelt gewinnen können.

- Zahl-Drehwürmer
  Drehwürmer oder Palindrome sind Wörter oder Sätze, die vorwärts wie rückwärts gelesen (den gleichen) Sinn ergeben: OTTO, RENTNER, EIN NEGER MIT GAZELLE ZAGT IM REGEN NIE ... Zahl-Drehwürmer sind entsprechende Zahlen, wie z. B. 12521 oder 2112. Solche Drehwürmer erhält man mit einigen Additionen. Der zweite Summand muss dabei jeweils durch Vertauschen der Reihenfolge der Ziffern des ersten Summanden entstehen.

  154
  + 451
  605

  Wenn das Ergebnis noch kein Drehwurm ist, dann nimm diese Zahl, vertausche die Reihenfolge der Ziffern und addiere erneut!

  605
  + 506
  1 111 (ein Drehwurm!)

  Die Addition braucht sich auch hier nicht auf den Zahlenraum bis 1 000 zu beschränken. Die Zahlen können ziffernweise von links nach rechts vorgelesen werden. Entsprechend erfolgt auch das Vergleichen um festzustellen, ob ein Drehwurm vorliegt. Interessant ist die Aufgabenstellung mit großen Zahlen, zum Beispiel kann jedes Kind mit seiner Telefonnummer beginnen:

  527553
  + 355725
  883278

  weiter mit

  883278
  + 872388

  – Wer hat eine Telefonnummer, die selbst schon ein Drehwurm ist?
  – Wer durfte am längsten rechnen, bis ein Drehwurm entstand?
  – Rechnet mit Postleitzahlen (Körpergröße in cm).

2.6.4 Die schriftliche Subtraktion

Auf das Thema „schriftliche Subtraktion“ wurde bereits im **Handbuch 2** (Kapitel 2.2.7) kurz eingegangen, die Diskussion dazu soll nachfolgend vertieft werden.

Ein Selbstversuch

Was bedeuten die „kleinen Einsen“ in der folgenden Aufgabe? Haben Sie eine Erklärung?

$$\begin{array}{r} 7\,0\,5 \\ -\,2_1 9_1 6 \\ \hline 4\,0\,9 \end{array}$$

Lassen Sie sich die „kleinen Einsen“ von Ihren Verwandten und Bekannten erklären. Fragen Sie im Lehrerkollegium.

Häufig bekommt man auf die Frage als Antwort: „Das ist der Übertrag!“ Fragen Sie nach: „Wo kommt dieser Übertrag her? Ist es wirklich ein Übertrag? Wie kommt es, dass etwas, das *über*tragen wird, anschließend abzuziehen ist?“

Am 25. März 1958 hatte die Kultusministerkonferenz (KMK 1958) das Verfahren der schriftlichen Subtraktion festgelegt:

„Eine Einheitlichkeit in den Formen des schriftlichen Rechnens hat für Schüler und Lehrer so große Vorteile, daß um ihretwillen persönliche Neigungen oder einzelstaatliche Gewohnheiten außer acht bleiben müssen. ... Bei der Subtraktion wird die Ergänzungsmethode angewandt:

Beispiele:

	a:		b:
	3 9 5		5 2 1
	− 2 5 4		− 3 7 8
	1 4 1		1 4 3

Es wird gesprochen:

zu a:	4 und 1 ist 5	zu b:	8 und 3 ist 11
	5 und 4 ist 9		8 und 4 ist 12
	2 und 1 ist 3		4 und 1 ist 5

(Die unterstrichene Zahl ist zu betonen.)“

Dieser Beschluss und seine Bestätigung durch den KMK-Beschluss vom 3.12.1976 (KMK 1976 mit Änderung der Und-Sprechweise in die Plus-Sprechweise) gaben Normen für bundeseinheitliche schriftliche Rechenverfahren vor, die von den einzelnen Ländern in ihren Richtlinien per Erlass festgeschrieben wurden, sofern sie nicht ohnehin schon das Ergänzen festgeschrieben hatten.

Der KMK-Beschluss ist aus seiner Zeit heraus zu verstehen, denn er kann betrachtet werden als Ausdruck folgender Grundhaltungen und Intentionen (vgl. Schipper 1998a):

Vereinheitlichung als Aufgabe der KMK
Die selbstgewählte Aufgabe der KMK ist der Erhalt eines Grundbestandes von Einheitlichkeit in dem als plural beschlossenen Bildungssystem. Wenigstens die Kernbereiche schulischer Bildung sind hinsichtlich der Stoffauswahl, -anordnung und -darbietung zu vereinheitlichen.

Anpassung an den gymnasialen Mathematikunterricht
Schon 1913 hatte der Deutsche Ausschuß für den Mathematischen und Naturwissenschaftlichen Unterricht (DAMNU) für den gymnasialen Mathematikunterricht die sog. österreichische Methode empfohlen, also das Ergänzungsverfahren, das die KMK 1958 vorschlägt (vgl. Lietzmann 1916). Die Anpassung des Rechnens in der Volksschule an die gymnasiale Praxis ist ein wichtiges Motiv der KMK (vgl. Drenckhahn 1952, Windolph 1997).

Schriftliche Rechenverfahren als Krönung der Grundschulmathematik
Die schriftlichen Rechenverfahren gehören in den fünfziger Jahren zum Kernbestand des Mathematikunterrichts der Grundschule. Es gab zu jener Zeit keine Gründe, die tradierte zentrale Bedeutung für die „Rechenfälle des täglichen Lebens“ in Frage zu stellen, weil es keine anderen Möglichkeiten gab, schwierigere Rechnungen auf leichte Weise durchzuführen. Dazu passt auch, dass in vielen Berufen der schnelle und sichere „menschliche Rechner“ benötigt wurde.

Sicherheit und Schnelligkeit als zentrale Kriterien
„Ordnung, Sorgfalt und Genauigkeit in der mathematischen Arbeitsweise sind besonders zu beachten. Auf klare Begriffsbildung und straffe Gedankenführung sowie Eindeutigkeit und Vollständigkeit im sprachlichen Ausdruck muss größter Wert gelegt werden.“ Dieses Zitat aus dem Abschnitt „1. Aufgabe und Ziel des Mathematikunterrichts“ des KMK-Beschlusses von 1958 ist beredter Ausdruck der damaligen allgemeinen Unterrichskonzeption und der spezifischen Vorstellungen von Sinn, Zweck und Art der Durchführung von Mathematikunterricht. Individuelle kindliche Lernprozesse sind nicht Gegenstand der Betrachtung. Im Mittelpunkt stehen Überlegungen zu Lehrprozessen, die eine schnelle und sichere Aneignung von Rechenverfahren ermöglichen, bis hin zur Festlegung der Sprechweisen. Konsequenterweise ist aus den möglichen Verfahren der schriftlichen Subtraktion dasjenige auszuwählen, das Sicherheit und Schnelligkeit in der Durchführung verspricht.

Hintergrund der Entscheidung von 1958 zum Verfahren der schriftlichen Subtraktion bildeten eine – aus heutiger Sicht – überaus zweifelhafte empirische Untersuchung (Johnson 1938) sowie Argumente zur Schnelligkeit und Sicherheit bei der Rechentechnik (Minuend mit mehreren Nullen, Rechnung mit mehreren Subtrahenden). So quälen sich die Kinder (und ihre Lehrerinnen) nun schon gut vier Jahrzehnte lang herum mit didaktischen Tricks wie Ergänzen mit Erweitern, Ergänzen mit Auffüllen oder Ergänzen mit Entbündeln. Paare von Kindern vergleichen ihre Körpergrößen direkt, steigen mit großem Vergnügen auf den Stuhl und auf das Pult und stellen - welche Selbstverständlichkeit! - fest, dass der Unterschied der gleiche bleibt. Oder Kinder drehen mit Vergnügen an Kilometerzählermodellen. Was dies jedoch mit schriftlicher Subtraktion zu tun hat, wird wohl kaum einem Kind deutlich. Insgesamt werden mit allen diesen didaktischen Tricks im Rahmen des Zwangskorsetts „Ergänzungsmethode“ nur mäßige Erfolge erzielt. Lehrerinnen und Kinder sind letztendlich froh, wenn der Algorithmus mit sicherer Routine beherrscht wird. Verstanden haben die Kinder (und manchmal auch die Lehrerinnen; vgl. den o. g. Selbstversuch) das Verfahren eigentlich nicht. So ist es wohl auch kein Zufall, dass gerade in Deutschland die schriftliche Subtraktion einen Höhepunkt bei den Schülerfehlern bildet und ein dankbares Thema für Untersuchungen und Publikationen über Lernschwierigkeiten ist (vgl. z. B. Gerster 1982).

Die Festlegung auf das Ergänzen als Normverfahren für die schriftliche Subtraktion erzeugt aus heutiger Sicht vor allem drei zentrale Probleme:

- Internationale Isolation
  Weltweit ist das Abziehen mit Entbündeln das am häufigsten verwendete Verfahren. Es wird u. a. ausschließlich oder mehrheitlich eingesetzt in den USA, Kanada, Niederlande, Großbritannien, Italien, Spanien, Portugal, Türkei, Japan, China, Finnland, Schweden, Indonesien, Israel und (dem ehemaligen) Jugoslawien (vgl. Mosel-Göbel 1988, Padberg 1992). Die in Deutschland landesweit einheitliche Entscheidung für das Ergänzen stellt im internationalen Vergleich einen Alleingang dar.

- Unverstandener Algorithmus
  Praktiker kennen die Situation: Zur Vorbereitung auf das Verfahren des Ergänzens mit der Erweiterungstechnik wird im Unterricht zuvor das Gesetz von der Konstanz der Differenz bei gleichsinniger Veränderung von Minuend und Subtrahend thematisiert. Zwei Kinder stellen sich Rücken an Rücken vor der Klasse auf: Anja ist größer als Berti. Die Kinder steigen auf Stühle und - mit besonderem Vergnügen - auf das Pult. Noch immer ist Anja größer als Berti, der Größenunterschied ist gleich geblieben. Dass dies etwas mit dem Hinzufügen von 10 Einern beim Minuenden und einem Zehner beim Subtrahenden zu tun hat, fällt kaum einem Kind auf, ist nur wenigen verständlich zu machen. Nicht selten enden alle unterrichtlichen Bemühungen um Einsichtsvermittlung in einem resignierenden Zufriedengeben damit, dass die Kinder wenigstens die Technik beherrschen. Spätere Nachfragen, warum das Kind die „kleine Eins" (und evtl. noch weiterhin eine „kleine Zehn") geschrieben hat, werden nahezu stereotyp etwa folgendermaßen beantwortet: „Weil wir das so gelernt haben." oder „Weil Frau Scherer uns das so erklärt hat." Übergeneralisierungen der Art, dass Überträge auch dann geschrieben werden, wenn sie nicht erforderlich sind, sind typische Auswirkungen unverstandener Verfahrensanwendung.
  Solche Praxiserfahrungen werden auch von wissenschaftlichen Studien bestätigt. Hinsichtlich der kindlichen Möglichkeit, Einsicht in den Algorithmus zu gewinnen, nicht nur das Verfahren zu beherrschen, sondern es auch begründen zu können, ist das Abziehen mit Entbündeln den Ergänzungsverfahren eindeutig überlegen. In einer aufwendigen empirischen Untersuchung (Brownell/Moser 1949), die von Roth (1956) als exemplarisch für pädagogisch-psychologische Forschung beschrieben wird, setzen sich die Autoren sehr kritisch mit der Arbeit von Johnson (1938) auseinander, genau jener Arbeit, die für den KMK-Beschluss von 1958 zentrale empirische Basis war. Brownell und Moser konnten zeigen, dass
  - das österreichische (Ergänzungs-)Verfahren schneller zur Rechenfertigkeit führt, aber deutlich schwieriger zu erklären und - vor allem - von den Kindern zu verstehen ist;
  - eine drillmäßige Behandlung des Ergänzens das beste Verfahren ist, wenn rein mechanische Rechenfertigkeit angestrebt wird;
  - auf Einsicht zielende Unterrichtsmaßnahmen grundsätzlich, also unabhängig vom Verfahren, zu besseren Leistungen (gemessen an der Fehlerhäufigkeit) führen als Drillmethoden;
  - das Abziehen mit Entbündeln das beste Verfahren ist, wenn Einsicht angestrebt ist.

  Dieser Befund wird von Mosel-Göbel (1988) bestätigt. Annähernd 80% der Kinder, die das Abziehen mit Entbündeln gelernt haben, können ihre Rechnungen verständnisvoll begründen, während von denjenigen Kindern, die verschiedene Ergänzungsverfahren gelernt haben, dazu nur etwa 10% in der Lage sind.

- Stellenwert der schriftlichen Rechenverfahren
  Die unterrichtliche Behandlung der schriftlichen Rechenverfahren lässt sich heute nicht mehr mit Alltagserfordernissen begründen. Die weite Verbreitung von Taschenrechnern in Privathaushalten und von Computern im öffentlichen Leben reduziert die Nutzung des schriftlichen Rechnens im Alltag und den Bedarf an menschlichen Rechnern im Beruf ganz erheblich. Hinzu kommt, dass viele rechnerischen Anforderungen des Alltagslebens (z. B. Ermittlung des durchschnittlichen Benzinverbrauchs des eigenen Autos) kein exaktes Ergebnis erfordern, so dass Überschlagsrechnungen mit Ungefährlösungen völlig ausreichen. Schätzen, überschlägiges Rechnen und halbschriftliche Verfahren haben in einem modernen Mathematikunterricht einen höheren Stellenwert als die schriftlichen (vgl. auch Krauthausen 1993), u. a. auch deshalb, weil die drei genannten Verfahren Rechnungen mit den Zahlen und ihren Bedeutungen sind, nicht nur Rechnungen mit Ziffern an bestimmten Stellen. Damit stützen diese Verfahren einsichtiges Lernen auf der Basis von Zahlvorstellungen, während die schriftlichen Verfahren tendentiell ohnehin der Gefahr ausgesetzt sind, zu einem unverstandenen Mechanismus zu werden.
  Die abnehmende praktische Bedeutung des schriftlichen Rechnens hat aber nicht automatisch ein Streichen dieses Unterrichtsstoffes zur Folge. Es gibt im Gegenteil auch weiterhin gute Gründe, diese bzw. ausgewählte Verfahren auch zukünftig im Mathematikunterricht der Grundschule zu thematisieren (vgl. Radatz/Schipper 1983). Der wohl wichtigste Grund ist der, dass die schriftlichen Rechenverfahren als besonders gute Beispiele dafür behandelt werden können, wie mit algorithmischen Verfahren anspruchsvollere rechnerische Probleme auf recht einfache

Weise gelöst werden können. Wenn die schriftlichen Verfahren aber vorrangig als Beispiele für die wichtige mathematische Idee des Algorithmisierens behandelt werden sollen, dann muss sich dieses Ziel auch in der Wahl geeigneter Algorithmen und in der Art ihrer unterrichtlichen Behandlung niederschlagen. Unter einer solchen Zielsetzung kann es nicht ausreichend sein, dass die Kinder die Verfahren nur schnell und sicher beherrschen. Unumgänglich ist vielmehr, dass sie die Gültigkeit des Algorithmus begründen können, also Einsicht in das Verfahren erlangen. Daher sind solche Algorithmen vorzuziehen, die Kinder auch verstehen, die evtl. gar in Vorformen oder Annäherungen an die Standardform von den Kindern selbst entdeckt werden können. Der Studie von Mosel-Göbel (1988) ist zu entnehmen, dass Kinder kaum (Annäherungen an) Ergänzungsverfahren entdecken, wohl aber (Annäherungen an) das Abziehen mit Entbündeln. Insgesamt bedeutet dies, dass als Verfahren der schriftlichen Subtraktion das Abziehen mit Entbündeln eindeutig den Ergänzungsverfahren vorzuziehen ist, wenn im Sinne heutiger Konzeptionen von Mathematikunterricht Einsicht und nicht nur Routine angestrebt wird.

Darstellung und Diskussion der einzelnen Verfahren

Die verschiedenen Verfahren kann man nach zwei Gesichtspunkten gliedern (vgl. Abele u. a. 1994, Lorenz/Radatz 1993, Padberg 1992 oder Radatz/Schipper 1983), nach der Art

- wie die Differenz (der Unterschied) bestimmt wird: durch *Abziehen* oder durch *Ergänzen*;
- wie der Stellenübergang behandelt wird: durch *Entbündeln*, durch *gleichsinniges Verändern* von Minuend und Subtrahend (Erweiterungstechnik) oder durch *Auffüllen* des Subtrahenden zum Minuenden.

Behandlung des Stellenübergangs	Berechnung der Differenz/Rechenrichtung			
	Abziehen (Minus-Sprechweise)		Ergänzen (Plus-Sprechweise)	
Entbündeln	$8'6'^{10}2^{10}$ $-\underline{3\ 8\ 7}$ 4 7 5	2 – 7 geht nicht. Ich wechsle 1 Zehner in 10 Einer um. 12 - 7 = **5.** Es sind noch 5 Zehner ...“	$8'6'^{10}2^{10}$ $-\underline{3\ 8\ 7}$ 4 7 5	„7 + __ = 2 geht nicht. Ich wechsle 1 Zehner in 10 Einer um. 7 + **5** = 12. Es sind noch 5 Zehner ...“

Behandlung des Stellenübergangs	Berechnung der Differenz/Rechenrichtung			
	Abziehen (Minus-Sprechweise)		Ergänzen (Plus-Sprechweise)	
Erweitern	$8\ 6^{10}2^{10}$ $-\underline{3_1 8_1\ 7}$ 4 7 5	„2 – 7 geht nicht. Ich erweitere oben mit 10 Einern und unten mit einem Zehner. 12 - 7 = **5** ...“	$8\ 6^{10}2^{10}$ $-\underline{3_1 8_1\ 7}$ 4 7 5	“7 + __ = 2 geht nicht. Ich erweitere oben mit 10 Einern und unten mit 1 Zehner. 7 + **5** = 12 ...“
Auffüllen			8 6 2 $-\underline{3_1\ 8_1\ 7}$ 4 7 5	“7 + **5** = 12. Das sind die geforderten 2 (Einer) und 1 Zehner für die nächste Spalte ...“

Mit den verschiedenen Verfahren der Berechnung der Differenz (Rechenrichtung) und den unterschiedlichen Techniken der Behandlung des Übertrags (Entbündeln, Erweitern, Auffüllen) sind verschiedene Vor- und Nachteile verbunden, die an anderer Stelle (z. B. Padberg 1992) ausführlicher diskutiert werden. Die wesentlichen Probleme und Schwierigkeiten bzw. Vorteile sind hier deshalb nur kurz dargestellt.

- *Probleme des Erweiterns* für Stellenüberschreitungen
  - Die gegebenen Zahlen und somit die Aufgabe werden verändert;
  - die Sachgebundenheit von Zahlen muss ignoriert werden;
  - der Hilfszehner wird von den Schülern als eine Art „Trick“ verstanden;
  - die Notation in der Anfangsphase ist überaus umständlich;
  - aus der Endform der Notation ist das Erweitern nicht mehr ersichtlich;
  - die Einsicht in das Gesetz von der Konstanz der Differenz ist erforderlich.

  Zusammenfassend: Die Grundidee des Erweiterns ist so kompliziert, dass nur wenige Kinder sie wirklich verstehen.

- *Probleme des Ergänzens* als Rechenoperation bei der schriftlichen Subtraktion:
  - Die natürliche Sinngebung der Subtraktion (das Abziehen) wird durch das Ergänzen verlassen;
  - Verwechselungen mit und fehlerhafte Übertragungen aus der schriftlichen Addition sind nicht selten zu beobachten;
  - Schreib- und Sprechweise sind beim Ergänzungsverfahren nicht isomorph, da die Differenz in der

Schreibweise unten und beim Sprechen in der Mitte steht;
  - nur wenige lebensnahe Sachsituationen beziehen sich auf das Ergänzen.

- *Deutliche Vorteile des Abziehens* über Umwechseln/Entbündeln lassen sich formulieren. Auf den alten Begriff „Borgen" sollte man verzichten, denn es wird nichts geborgt, was wieder zurückgegeben werden müsste.
  - Abziehen entspricht den meisten Vorerfahrungen der Kinder zum Kopfrechnen und zum halbschriftlichen Rechnen bei der Subtraktion;
  - das Verfahren ist über Handlungen mit konkreten Materialien leicht einsehbar und begründbar, da das Entbündeln einer Einheit in zehn nächstkleinere Einheiten verständlich ist;
  - das Entbündeln bei der schriftlichen Subtraktion ist die Umkehrung des Bündelns bei der schriftlichen Addition;
  - Umformungen werden ausschließlich beim Minuenden vorgenommen, so dass keine Interferenzen mit dem Übertrag bei der schriftlichen Addition entstehen können.

- Zwei *Nachteile des Abziehverfahrens* werden in der Literatur genannt:
  - Das Lösen von Aufgaben mit einer oder mehreren Nullen im Minuenden ist nicht einfach, z. B. bei

    7 000
    – 4 295

    Auf diese Sonderfälle der Aufgabenstellungen muss bei der Erarbeitung und dem Üben gezielt eingegangen werden.
  - Subtraktionen mit mehreren Subtrahenden sind beim Entbündeln schwierig, weil ggf. mehr als nur eine Einheit entbündelt werden muss. Derartige Aufgaben können die Kinder über zwei Teilaufgaben lösen.

    Beispielaufgabe: 943 – 132 – 240 – 439 =

    Teilaufgabe 1: 132 + 240 + 439 = 811
    Teilaufgabe 2: 943 – 811 = 132

Wenn es beim heutigen Mathematikunterricht sehr viel stärker darauf ankommt, Einsicht in die schriftlichen Rechenverfahren zu gewinnen und wegen der Verbreitung von Taschenrechnern weniger auf automatisiertes Rechnen oder Bearbeitenkönnen von Spezialfällen (z. B. schriftliche Subtraktion mehrerer Subtrahenden), dann muss das Abziehen über Entbündeln favorisiert werden. Dieses Verfahren schließt direkt an die üblichen Strategien der Kinder beim Kopfrechnen und beim halbschriftlichen Rechnen an, sieht man ab vom sinnvollen Anwenden operativer Beziehungen etwa bei Aufgaben wie 82 – 79 oder 712 – 691, bei denen das Ergänzen effektiver ist.

Man kann hoffen, dass in den nächsten Jahren möglichst alle Kultusminister dem Beispiel des Schulministeriums in Düsseldorf folgen, auf ein Vorschreiben des Ergänzungsverfahrens verzichten und ihre Rahmenrichtlinien und Stoffpläne öffnen im Sinne einer Reduzierung der methodischen Detailvorschriften zugunsten einer flexiblen und eigenverantwortlichen Gestaltung des Mathematikunterrichts. Für das Land Nordrhein-Westfalen ist mit Erlass des Ministeriums für Schule und Weiterbildung vom 10. September 1996 (Az. II A 3.36 - 27/1 Nr. 665/95) den Lehrerinnen und Lehrern freigestellt, sich selbst für das aus ihrer Sicht beste Verfahren zu entscheiden.

Für die „Öffnung" des Verfahrens der schriftlichen Subtraktion gibt es gute Gründe (vgl. Radatz/Schipper 1997 a/b):

- Die Behandlung der schriftlichen Subtraktion kann nicht mehr wie 1958 oder 1976 vorrangig mit der lebenspraktischen Bedeutung begründet werden (Verbreitung von Taschenrechnern, Scanner-Kassen, Computern mit Programmen zur Lohnbuchhaltung, Warenbestandskontrollen u. v. a. m.). Wichtiger als Routine ist heute die Einsicht in das Verfahren.
- Subtrahieren wird beim Kopfrechnen und beim halbschriftlichen Rechnen vorrangig als Abziehen verstanden. Zur Vermeidung von Interferenzfehlern sollte auch schriftlich abgezogen werden.
- In Klassen mit einem hohen Anteil ausländischer Kinder ist das „deutsche" Ergänzungsverfahren immer ein Problem, weil nahezu weltweit das Abziehen üblich ist.
- Eine Öffnung gibt der Lehrerin die Freiheit, sich für das aus ihrer Sicht sinnvollere Verfahren zu entscheiden, oder aber auch mit einigen Kindern über die Bearbeitung weiterer Verfahren („So rechnen Kinder in anderen Ländern.") ein tieferes Verständnis für die Algorithmen insgesamt zu gewinnen (Differenzierung für leistungsstarke Rechner).

In diesem Handbuch wird nur auf die Erarbeitung des Verfahrens der schriftlichen Subtraktion über das Abziehen mit Entbündeln/Wechseln eingegangen. Wenn Sie vom Ergänzungsverfahren überzeugt sind, dann informieren Sie sich bitte in den Büchern von Abele u. a. (1994), Padberg (1992) oder Radatz/Schipper (1983).

Die notwendigen Vorkenntnisse

Neben der Sicherheit im kleinen „Einsminuseins" (Kopfrechnen!) kommt es insbesondere auf die Einsicht in das Entbündeln an. Das kann mit den Zehner-Systemblöcken handelnd wiederholt oder an der Stellenwerttafel durchgeführt werden.

Entbündele schrittweise von links nach rechts.

H	Z	E
2	4	3
1	14	3
0	24	3
0	23	13

H	Z	E
0	8	0
	7	10
	6	20

H	Z	E
4	0	0
3	10	0
3	9	10

Erarbeitung des Begriffs „Wechseln" (Entbündeln) in Sachzusammenhängen

Hier sei auf die vorbereitenden Übungen im **Handbuch 2** (Abschnitt 2.2.7) verwiesen, sie werden nachfolgend für den Zahlenraum bis 1 000 nochmals beschrieben.

Das Wechseln (Entbündeln) wird im Rahmen konkreter (Spiel-)Handlungen deutlich. Ein Kind verwaltet die Wechselkasse mit dem Rechengeld, ein anderes Kind hat 425 €. Die Lehrerin fordert dieses Kind auf: „Gib mir bitte von deinem Geld 238 €!"

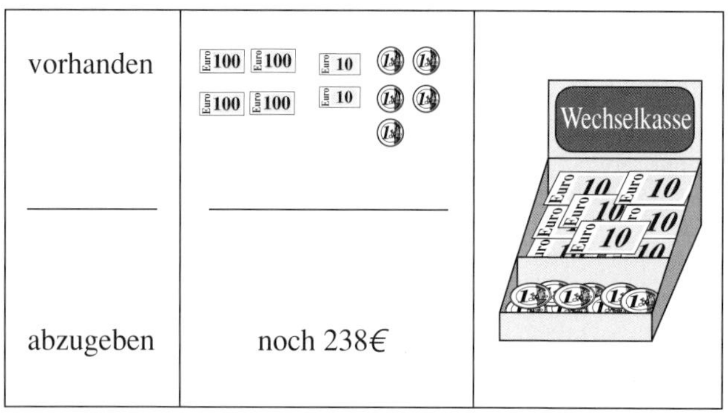

In der Diskussion wird deutlich, dass zwar die geforderten 2 Hunderter-€-Scheine abgegeben werden können, nicht jedoch die geforderten 3 Zehn-€-Scheine, auch nicht die 8 €-Stücke. Die Diskussion führt zu der Lösung, dass Geld gewechselt werden muss. So wie bei der schriftlichen Addition beginnen wir auch hier mit der Einerstelle. Um die geforderten 8 € abgeben zu können, muss ein 10-€-Schein gewechselt werden. Dann können 8 € abgegeben werden; diese Aufgabe ist durch Abziehen lösbar.

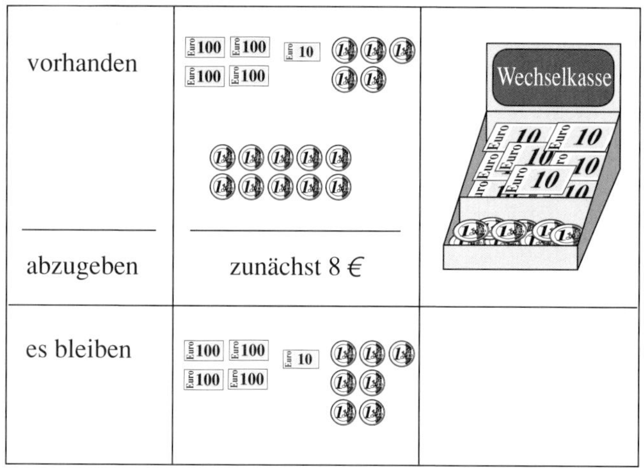

Von dem verbliebenen Geld müssen noch 230 € abgegeben werden. Auch hier muss wieder gewechselt werden, ein Hundert-€-Schein in 10 Zehn-€-Scheine. Dann können die restlichen 230 € abgegeben werden.

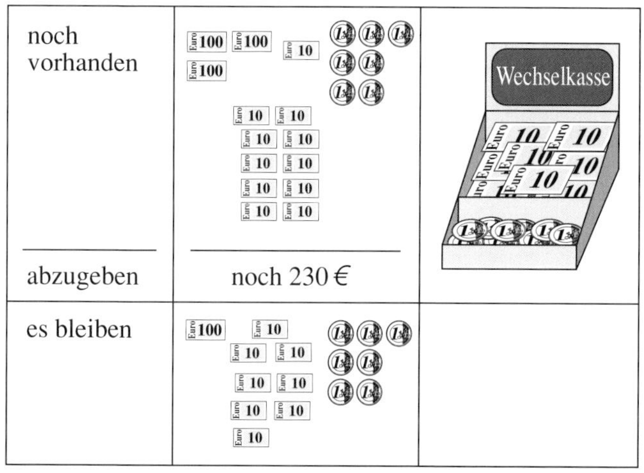

Entsprechend können „Wechselaufgaben" mit anderen Beträgen spielerisch bearbeitet werden, zum Beispiel zu 728 € – 474 €, aber auch zu der Sonderform 600 € – 276 €, bei der sofort zu erkennen ist, dass zweimal gewechselt werden muss.

Die Erarbeitung des Verfahrens mit Zehner-Systemblöcken

Wie bei der schriftlichen Addition sollte auch hier von Ihnen im Hinblick auf die Leistungsfähigkeit Ihrer Lerngruppe entschieden werden, ob Sie das Verfahren über Materialien (Rechengeld, Zehner-Systemblöcke) erarbeiten wollen, oder ob Sie mit den Kindern gleich zur Stellentafel mit Ziffern gehen.

Aufgabe: 752 – 438

Handlungen	Sprechweise	Notation

1. Schritt: Darstellen des Minuenden

H	Z	E

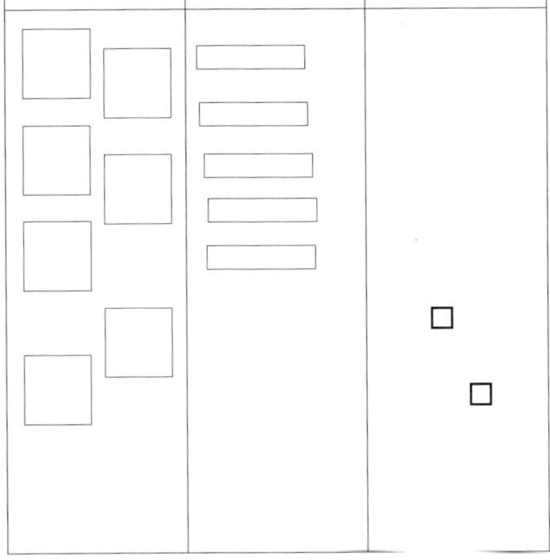

Notation:

	H	Z	E
	7	5	2
–	4	3	8

2. Schritt: Wechseln und Subtraktion der Einer

H	Z	E

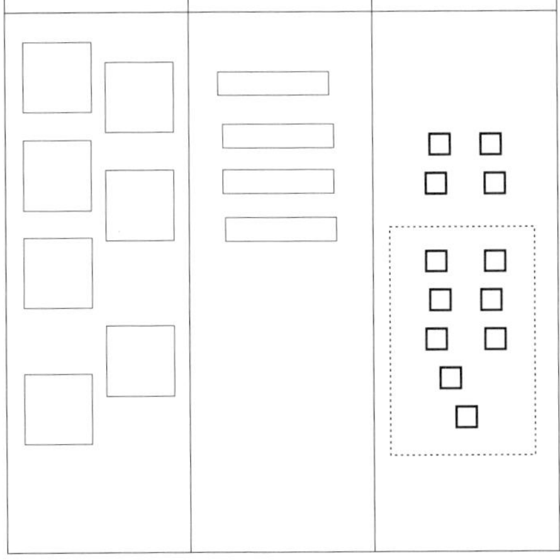

„2 Einer minus 8 Einer geht nicht.
Ich wechsle 1 Zehner in 10 Einer um.
12 - 8 = 4“

	H	Z	E
	7	5’	2^{10}
–	4	3	8
			4

Aufgabe: 752 – 438

Handlungen	Sprechweise	Notation

3. Schritt: Subtraktion der Zehner

H	Z	E

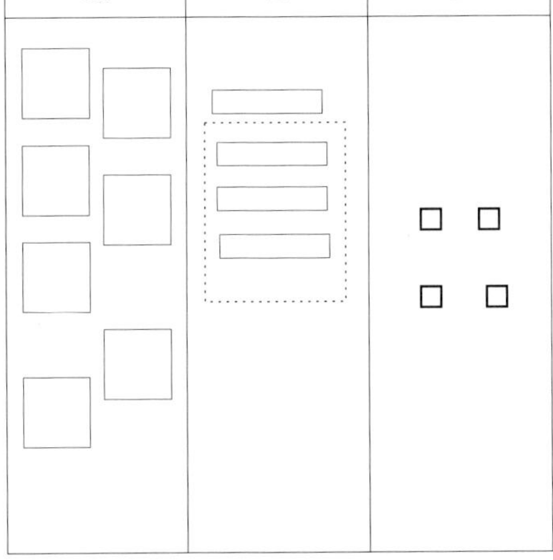

„4 Zehner minus 3 Zehner gleich
1 Zehner“

	H	Z	E
	7	5’	2^{10}
–	4	3	8
		1	4

4. Schritt: Subtraktion der Hunderter		
H Z E 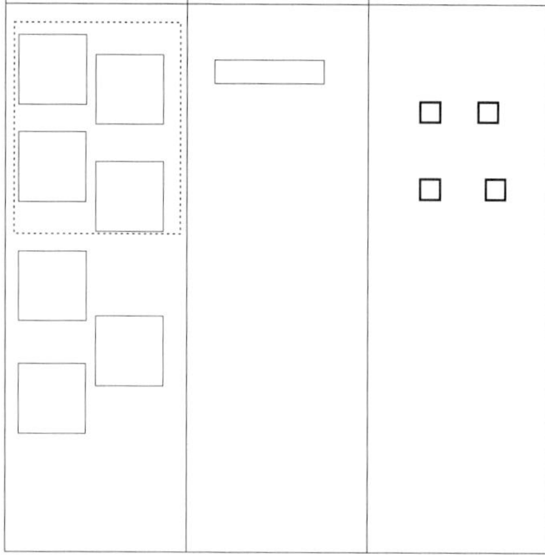	„7 Hunderter minus 4 Hunderter gleich 3 Hunderter“	H Z E 7 5’ 2^{10} – 4 3 8 3 1 4

Erarbeitung der Endform

	Notation	Sprechweise
Schritt 1: Minuend und Subtrahend werden in eine Stellentafel geschrieben.	**H Z E** 7 5 2 – 4 3 8 _ _ _	„2 Einer minus 8 Einer geht nicht. Ich muss wechseln/ umwandeln.“
Schritt 2: Ein Zehner wird in 10 Einer umgewandelt.	**H Z E** 7 5’ 2^{10} – 4 3 8 _ _ _	„Ich wechsele einen Zehner in 10 Einer.“
Schritt 3: Subtraktion der Einer und Notieren des Ergebnisses	**H Z E** 7 5’ 2^{10} – 4 3 8 _ _ 4	„12 Einer minus 8 Einer gleich 4 Einer.“
Schritt 4: Subtrahieren der Zehner und Notieren des Ergebnisses	**H Z E** 7 5’ 2^{10} – 4 3 8 _ 1 4	„4 Zehner minus 3 Zehner gleich 1 Zehner.“
Schritt 6: Subtrahieren der Hunderter und Notieren des Ergebnisses	**H Z E** 7 5’ 2^{10} – 4 3 8 3 1 4	„7 Hunderter minus 4 Hunderter gleich 3 Hunderter.“

Anzustreben ist eine Kurzform wie

$\begin{array}{r} 7\ 5'\ 2 \\ -\ 4\ \ 3\ \ 8 \\ \hline 3\ \ 1\ \ 4 \end{array}$	„12 minus 8 gleich **4**. 4 minus 3 gleich **1**. 7 minus 4 gleich **3**.“

(Die fettgedruckten Zahlen sind zu betonen.)

Als Alternative zur Kennzeichnung des Entbündelungsvorgangs kann auch der Zehner (und ggf. der Hunderter) durchgestrichen und der nächstkleinere Zehner (bzw. Hunderter) hingeschrieben werden. Für manche Kinder macht diese Schreibform das Verfahren des Wechselns noch deutlicher, weil hier der verbliebene Zehner aufgeschrieben wird, so dass sie bei der nächsten Teilberechnung nicht erneut überlegen müssen, wie viele Zehner noch da sind. Diese Schreibweise sieht in der Zwischen- und Endform folgendermaßen aus:

Zwischenform	Endform
$\begin{array}{r} 7\ \ \not{5}^{4}\ 2^{10} \\ -\ 4\ \ 3\ \ 8 \\ \hline 3\ \ 1\ \ 4 \end{array}$	$\begin{array}{r} 7\ \ \not{5}\ \ 2 \\ -\ 4\ \ 3\ \ 8 \\ \hline 3\ \ 1\ \ 4 \end{array}$

Erkennbar wird bei diesem Verfahren der schriftlichen Subtraktion, dass die durch den Übertrag üblichen Schwierigkeiten und Fehler vermieden werden. Das Wechseln ist aktiv handelnd möglich und für Kinder unmittelbar verständlich bzw. nachvollziehbar.

Schwierigkeiten, Schülerfehler und mögliche Hilfen

Die schriftliche Subtraktion ist wesentlich schwieriger für die Kinder als die schriftliche Addition. Die wesentlichen Schwierigkeitsmerkmale sind die Folgenden:

- Fehler beim Wechseln/Entbündeln
- Fehler bei einer Null im Minuenden
- Fehler bei einer Null im Subtrahenden
- Fehler durch unterschiedliche Stellenzahl

Auch zur schriftlichen Subtraktion bietet Gerster 1982 (auch in Abele u. a. 1994, S. 62) einen diagnostischen Test als Kopiervorlage an, der sehr hilfreich sein kann, um einen Überblick über die möglichen Probleme in einer Klasse zu bekommen.

Tabelle der Schwierigkeitsmerkmale beim diagnostischen Test S 1

S 1	– Zahlenraum bis 1 000 – Aufgaben ohne bzw. mit Stellenunterschied wechseln zeilenweise			
	Keine Null	Null in der oberen Zahl	Null in der unteren Zahl	Keine Null in den gegebenen Zahlen
kein Übertrag	1: 45 − 32	2: 608 − 203 (7)	3: 958 − 104	4: 496 − 136 (7)
kein Übertrag	5: 479 − 27	6: 309 − 4	7: 867 − 40	8: 687 − 82 (7)
ein Übertrag	9: 72 − 49	10: 704 − 262	11: 773 − 407 (3)	12: 365 − 258 (8) (10)
ein Übertrag	13: 849 − 62 (1)	14: 690 − 23	15: 657 − 8	16: 295 − 87 (10)

zwei Überträge	17 821 – 788 (8)(10)	18 900 – 439	19 506 – 207 (9)(4)	20 853 – 459 (9)
	21 613 – 25 (1)	22 604 – 8 (1)(2)	23 703 – 97 (1)(6)	24 994 – 98 (1)(5)(9)
Sonderfälle	25 593 – 739 (12)	26 1 000 – 694 (8)(6)	27 43 – 102 (12)	28 951 – 67 (1)(11)

Zusätzliche Schwierigkeitsmerkmale		In Aufgabe Nr.
(1)	Übertrag in leere Stelle	13, 15, 21, 22, 23, 24, 28
(2)	Übertrag in leere Stelle und Ergänzen bis 10	22
(3)	Übertrag zur Null	11
(4)	Übertrag zur Null und Ergänzen bis 10	19
(5)	Übertrag zur 9	24
(6)	Übertrag zur 9 und Ergänzen bis 10	23, 26
(7)	Gleiche Ziffern übereinander	2, 4, 8
(8)	... beim höchsten Stellenwert	12, 17, 26
(9)	... dazu Übertrag	19, 20, 24
(10)	... nach Berücksichtigung des Übertrags	12, 16, 17
(11)	untere Ziffer minus Übertrag (gleich obere Ziffer)	28
(12)	obere Zahl kleiner als untere Zahl	25, 27

Nachfolgend eine Zusammenstellung möglicher Schülerfehler, wobei zwischen den beiden Verfahren „Abziehen" bzw. „Ergänzen" unterschieden wird (vgl. Lorenz/Radatz 1993):

Häufig zu beobachtende Fehler beim Verfahren „Abziehen"

Beispiel	Beschreibung	mögliche Hilfen
564 – 326 248	Es wird der eine entbündelte Zehner nicht berücksichtigt.	*zu den Entbündelungsfehlern:* – Arbeiten mit Material, am Registerbrett/ an der Stellenwerttafel – Kontrastbeispiele im überschaubaren Zahlenraum bis 100 – Teilfertigkeiten üben (Entbündeln)
500 – 326 284	Bei Nullen im Minuenden wird zwar 10 - __ gerechnet, aber es wird nicht entbündelt.	
500 – 326 124	Bei Nullen im Minuenden werden Entbündelungen nicht berücksichtigt.	*zu den Fehlern mit Null:* – Klärung des Begriffs der Null – Subtrahieren im Kopf zu Aufgaben wie 200 – 47 – Entbündeln bei 0 im Minuenden erneut erarbeiten
564 – 306 208	Bei Nullen im Subtrahenden wird 0 im Ergebnis notiert.	
564 – 326 237	Fehler beim kleinen Einsminuseins	– Kopfrechenübungen zum kleinen Einsminuseins
564 – 326 242	Von Stelle zu Stelle wird die kleinere Ziffer abgezogen.	– Abziehverfahren erneut erarbeiten

Die Anzahl der bekannten Fehlermuster beim Ergänzungsverfahren ist wesentlich größer als beim Abziehverfahren. Besonders auffällig sind die Interferenzen mit dem Verfahren der schriftlichen Addition, die sich nicht nur beim Verwechseln der Operationen zeigen. Hinzu kommen grundsätzliche Verständnis- und Unterscheidungsschwierigkeiten, weil in den meisten Lehrgängen zum Addieren auch das Rechnen „von unten nach oben" empfohlen wird. Besonders stark fallen beim Ergänzungsverfahren die Übertragsfehler ins Gewicht. Nach einer Untersuchung von Padberg (1992, S. 198) machen diese einen Anteil von ca. 50% aller Schülerfehler beim schriftlichen Subtrahieren nach dem bisher vorgeschriebenen Verfahren des Ergänzens aus. Das ist ein weiteres Zeichen dafür, dass die Ergänzungsmethode - ob über Erweitern oder über Auffüllen - von vielen Kindern grundsätzlich nicht verstanden wird.

Häufig zu beobachtende Fehler beim Verfahren „Ergänzen"

Beispiel	Beschreibung	mögliche Hilfen
564 − 326 242	Die Differenz/der Unterschied wird zwischen den Ziffern einer Stelle bestimmt.	– Erneutes Erarbeiten des Ergänzens über Material
564 − 326 248	Der Ubertrag wird nicht berücksichtigt.	*Zu den Übertragsfehlern:* – Arbeiten am Registerbrett/der Stellenwerttafel – Kontrastbeispiele im überschaubaren Zahlenraum bis 100 – Teilfertigkeiten üben (z. B. nur die Überträge eintragen lassen)
564 − 326 148	Der Übertrag wird falsch zugeordnet.	
564 − 326 138	Durchgängig wird über den Stellenwert hinaus ergänzt.	
564 − 82 582	Der Übertrag wird nicht in die leere Stelle übernommen.	
564 − 326 237	Verrechnen um 1 beim Ergänzen	– Übungen zum kleinen Einspluseins
564 − 324 230	Bei gleicher Ziffer in einer Spalte wird um 10 ergänzt.	– Erneutes Erarbeiten mit Materialien
504 − 326 238	Zur 0 im Minuenden wird nicht ergänzt.	*Zu den Fehlern mit Null:* – Klärung des Begriffs der Null – Addieren und Ergänzen mit 0 im kleinen Zahlenraum – Überträge zur 0 erneut erarbeiten
500 − 326 284	Bei mehreren Nullen im Minuenden werden keine Überträge bestimmt.	

Neben den beiden Fehlergruppen je nach dem „gelernten" Verfahren gibt es auch einige Fehler, die unabhängig vom Ergänzen oder vom Abziehen beobachtet werden können. Dazu gehören insbesondere Fehler aufgrund eines unzureichenden Verständnisses der Null sowie psychologisch bedingte Fehler (Perseverationsfehler) oder Fehler bei Subtraktionen von Zahlen mit unterschiedlicher Stellenanzahl.

Allgemein mögliche Fehler

Beispiel	Beschreibung	mögliche Hilfen
564 – 326 890	Addition statt Subtraktion (häufiger zu beobachten beim Ergänzen!)	– Überschlagsrechnung/ Probe mache – Kontrastaufgaben im kleinen Zahlenraum
564 – 86 78	Die Subtraktion wird nicht abgeschlossen.	– Arbeit mit Materialien – Kontrastaufgaben im kleinen Zahlenraum
564 – 326 336	Ziffern wirken nach (Perseverationsfehler).	– „Laut denken" lassen – Auf den Fehler hinweisen
564 – 306 208	Steht eine 0 im Subtrahenden, dann wird im Ergebnis eine 0 notiert.	– Bedeutung der Null klären – Kontrastaufgaben (z. B. 87 - 20) anbieten

Abschließend sollen drei grundlegende Aspekte der Förderung oder Hilfe bei Subtraktionsschwierigkeiten genannt werden:

- Die regelmäßige *Überschlagsrechnung* hilft den Kindern, krasse Fehllösungen zu erkennen und zu korrigieren. Im Tausenderraum werden dabei die Zahlen auf volle Hunderter gerundet. Das gleichsinnige Verändern von Minuend und Subtrahend (z. B. 978 - 537; Überschlag: 1 000 - 600 = 400 oder 900 - 500 = 400) führt bei solchen Überschlagsrechnungen in der Regel zu besseren Abschätzungen als das Runden streng nach Rundungsregeln (978 - 537; Überschlag nach Rundungsregel: 1 000 - 500 - 500).
- Ebenfalls hilfreich ist die *Rechenkontrolle* (oder Gegenrechnung) über die schriftliche Addition, obwohl viele Kinder diese zusätzliche Rechnung nur ungern durchführen.
- Das *begleitende Sprechen* beim Bearbeiten einer Subtraktionsaufgabe sollte möglichst lange Zeit von den rechenschwächeren Kindern erwartet werden bis es zum „inneren Sprechen" verinnerlicht ist.

Übungsanregungen und Problemstellungen

Zur schriftlichen Subtraktion gibt es zahllose Übungshefte und Kopiervorlagen mit den üblichen Übungsaufgaben, so dass hier auf derartige Aufgabenstellungen verzichtet werden kann. Nachfolgend einige interessante Übungen, die Differenzierungsmöglichkeiten innerhalb einer Lerngruppe erlauben.

- Zielzahl 300
  Benötigt wird ein Leerschema für die Subtraktion zweier dreistelliger Zahlen in der folgenden Art.

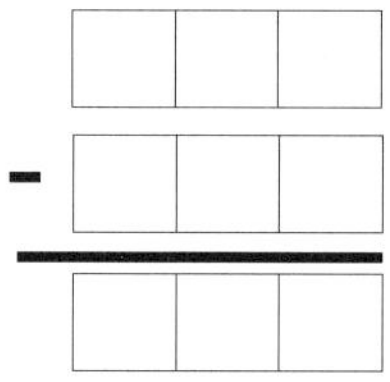

  Die Ziffern für Minuend und Subtrahend werden erwürfelt. Nach jedem Wurf wird die Würfelzahl in eines der 6 Felder geschrieben. Ziel ist es, die Würfelzahlen so zu setzten, dass bei der abschließenden Subtraktion 300 als Differenz erreicht wird bzw. eine Zahl möglichst nahe an 300. Wird diese Übung als Partner-Wettspiel durchgeführt, dann wird über z. B. 5 Runden lang jeweils der Unterschied zu 300 aufgeschrieben. Wer hat nach 5 Runden die kleinste Summe aus diesen Unterschieden?

- Tintenklecksaufgaben

●5●	●3●	9●●	●●7	4●6
- 5 ● 4	- 7●0	- ●0 6	- 3 5●	- ●9●
3 5 6	1 2 4	1 2 4	17 7	2●3

  Sind die Aufgaben immer eindeutig lösbar?

- Riesensubtraktionen
  Ähnlich wie für die schriftliche Addition (vgl. S. 129 f.) gilt auch für die schriftliche Subtraktion, dass es unerheblich ist, ob zwei dreistellige oder zwei dreißigstellige Zahlen zu verrechnen sind. Kindern bereitet das Rechnen mit so großen Zahlen in der Regel Vergnügen, insbesondere dann, wenn sie dabei erfahren, dass sie „besser" sind als (Grundschul-)Taschenrechner, die in der Regel bei mehr als 8 Stellen versagen. Zahlen und Ergebnisse können ziffernweise von links nach rechts vorgelesen werden; andererseits ist es für viele Drittklässler eine Herausforderung, schon solche großen Zahlen lesen zu können. Die Schreibweise in Dreiergruppen mit Punkten hilft, den Über-

blick über Tausender, Millionen, Milliarden, Billionen, Billiarden, Trillionen … zu behalten.

738.590.234.561.394
– 351.005.456.871.239

- Umkehrzahlen (nach Gerlach 1920; vgl. auch die Zahlendrehwürmer in Kap. 2.6.3, die Spiegelzahlen bei Floer/Schipper 1989 und die ANNA-Zahlen bei Wittmann/Müller 1992)
Subtrahiert man von der Zahl 361 die Umkehrzahl und addiert dann zur Differenz deren Umkehrzahl, so erhält man als Ergebnis 1 089.

361
– 163
198
+ 891
1 089

Das ist nicht weiter spannend. Alle Kinder, die richtig gerechnet haben, haben 1.089 erhalten. Spannender wird es, wenn jedes Kind seine eigene Startzahl auswählen darf. Welche(s) Ergebnis(se) werden nun erzielt? Probieren Sie es aus z. B. mit den Zahlen 592 (867, 991, ...). Was fällt bei den Endergebnissen auf? Können Sie Ihre Beobachtung beweisen?

Entsprechend können vierstellige Zahlen untersucht werden.
Beispiel:

4 361
– 1 634
2 727
+ 7 272
9 999

Kommt bei diesen Rechnungen immer 9999 heraus, oder gibt es auch andere Endergebnisse?

- Ziffern tauschen (nach Gerlach 1920)
Wir rechnen wie bei den Umkehrzahlen, vertauschen aber nur die erste mit der letzten Ziffer. Beispiel:

9 352
– 2 359
6 993
+ 3 996
10 989

Untersuche mit anderen vierstelligen Zahlen!

- „Glückliche Zahlen"
Aus drei Ziffern kann man eine größte und eine kleinste Hunderterzahl bestimmen. Aus 2, 3 und 9 die beiden Zahlen 932 und 239. Die Differenz liefert drei weitere Ziffern, mit denen man entsprechend subtrahiert.

932	963	954
– 239	– 369	– 459
693	594	495

Diese Zahl ist „glücklich", weil sie nicht mehr rechnen muss.
  - Beginne mit Zahlen aus den Ziffern 6, 7, 8 oder erwürfele dir 3 Startzahlen mit einem sog. Schulwürfel; bei Joker darfst du eine Zahl auswählen, bei 10 musst du noch einmal würfeln.
  - Wer findet Zahlen, die besonders schnell glücklich sind? Bei welchen Zahlen musst du lange rechnen?
  - Wie ist das mit Zahlen, bei denen zwei Ziffern gleich sind, z. B. 922?
  - Darf bei den ersten Zahlen auch eine Null dabei sein?
  - Was geschieht, wenn alle drei Zahlen gleich sind?

- Subtraktion mehrerer Zahlen
Bei der Subtraktion mehrerer Zahlen wird zunächst eine Addition durchgeführt und dann die errechnete Summe vom Minuenden subtrahiert.
Beispiel:
893 – 237 – 309 – 189 = ___

237	893
+ 309	– 735
+ 189	158
735	

2.6.5 Addieren und Subtrahieren von Kommazahlen

Das Addieren und Subtrahieren von Kommazahlen wird nicht in allen Rahmenrichtlinien erwartet, es ist im 3. Schuljahr allenfalls sinnvoll im Zusammenhang mit dem Berechnen von Geldbeträgen. Diese Aufgaben bereiten keine Schwierigkeiten, wenn die Kommazahlen umgewandelt werden.

4,62 € + 3,49 € wird umgewandelt in

462 Cent
+ 349 Cent

Auch das Rechnen mit den Kommazahlen selbst wird von den Kindern schnell gelernt. Als wichtige neue Regel kommt hinzu, dass die Kommata genau untereinander geschrieben werden müssen. Dazu bieten sich Vorübungen in einer Stellentafel an:

1 €	10 Cent	1 Cent
4	6	2
3_1	4_1	9
8	1	1

bzw. entsprechend zur Subtraktion:

1 €	10 Cent	1 Cent
4 3	6' 4	2 9
1	1	3

Als Endform schreiben die Kinder:

$$\begin{array}{r} 4{,}62\text{ €} \\ +\ 3{,}49\text{ €} \\ \hline 8{,}11\text{ €} \end{array} \qquad \begin{array}{r} 4{,}62\text{ €} \\ -\ 3{,}49\text{ €} \\ \hline 1{,}13\text{ €} \end{array}$$

Anspruchsvoller werden die Aufgaben allenfalls durch zusätzlich geforderte Umwandlungen der Größen, z. B. bei einer Aufgabe wie:

Wandle die Geldbeträge passend um und schreibe sie richtig untereinander; berechne dann die Differenz.

a) 6 € 24 Cent – 298 Cent
b) 8 € – 0,66 €
c) 128 Cent + 5 € – 2,89 €

3. Geometrie

3.1 Ebene Figuren und Formen

In den ersten beiden Schuljahren lernen Kinder ebene Figuren wie Quadrate, Rechtecke, Kreise und Dreiecke zu erkennen, voneinander zu unterscheiden, herzustellen und zu benennen. Diese Grundformen treten auch in Faltaufgaben immer wieder auf. Mit quadratischen, rechteckigen und dreieckigen Plättchen können komplexe Figuren und Muster gebildet und Umrissfiguren ausgelegt werden. Im 3. Schuljahr kommen die Formen *Drachen, Trapez, Parallelogramm* und *Raute* hinzu. Die mathematischen Begriffe sowie Eigenschaften und Merkmale der Figuren werden im Unterricht erarbeitet. Trapeze, Rauten, Drachen und Parallelogramme gehören zur Gruppe der Vierecke. Die mathematische Klassifizierung von Vierecken ist kompliziert, weil die Menge aller Vierecke aus sich überschneidenden, also nicht disjunkten Teilmengen besteht. Ein und dieselbe Figur kann durchaus verschiedene Namen haben. Ein Quadrat ist gleichzeitig auch ein Parallelogramm, ein Rechteck ein Trapez, eine Raute, ein Parallelogramm und zugleich ein Drachen. Alle diese Figuren heißen *Vierecke*.

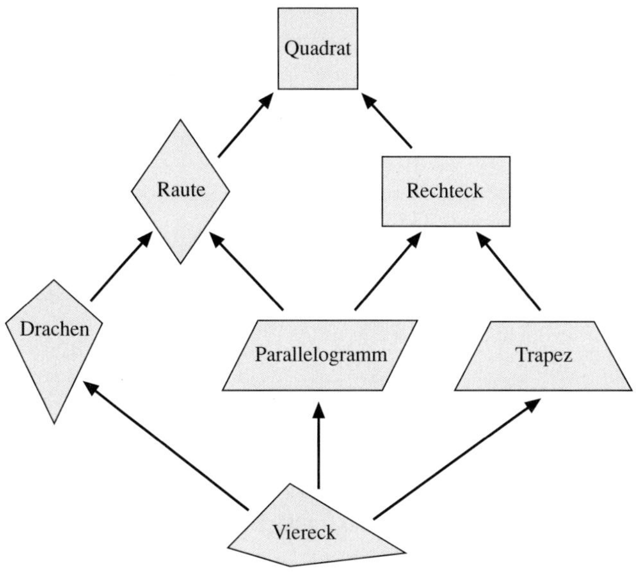

Wenn wir in den sich anschließenden Übungen von Rechteck, Parallelogramm, Trapez, Raute und Drachen sprechen, meinen wir folgende Figuren:

- Rechtecke, die nicht zugleich Quadrate sind
- Parallelogramme, die weder Rauten noch Rechtecke oder Quadrate sind
- Trapeze, die nicht rechteckig sind
- Rauten, die keine rechten Winkel haben
- Drachen, deren Seiten nicht alle gleich lang sind

3.1.1 Eigenschaften geometrischer Formen

Sonderformen des Vierecks

Unterschiedlich große Trapeze, Drachen, Parallelogramme und Rauten aus Karton oder festem Papier liegen im Kreis aus.

Figuren von „gleicher Sorte" werden einander zugeordnet. Intuitiv finden die Kinder die vier mathematischen Klassen Trapez, Parallelogramm, Drachen und Raute. Die Kinder sollen ihre jeweilige Zuordnung begründen und erklären. Dabei wird besonders auf die Anzahl der Seiten und Ecken, rechte Winkel, Seitenlängen und Parallelität geachtet. Es wird versucht, geeignete Namen für die Figuren zu finden. Ein Parallelogramm könnte man beispielsweise als „verschobenes Rechteck" bezeichnen, ein Trapez als „Boot" oder „Hütte" und eine Raute als „Salino" oder „Salmiakpastille". Ein Drachen wird fast immer als solcher bezeichnet. Lässt man nun die mathematischen Begriffe den Figuren zuordnen, stellt der Drachen kein Problem dar. Das Wort Trapez ist wahrscheinlich nur einigen Kindern aus dem Zirkus bekannt. Raute wird wohl kaum jemand kennen, aber die Eigenschaft der Parallelität, die in dem Wort Parallelogramm steckt, kennen die Kinder. Da Raute, Trapez und Parallelogramm parallele Seiten haben, werden die Kinder fragen, warum die Figuren nicht auch alle Parallelogramm heißen, sondern teilweise Trapez oder Raute? Mit dieser Frage wird ein wichtiger mathematischer Zusammenhang entdeckt. Eine Raute ist eine Sonderform des Parallelogramms, die im Vergleich zum Parallelogramm vier gleich lange Seiten hat. Im Trapez gibt es nur ein Paar paralleler Seiten. Eine Zeit lang sollte man die kindlichen Begriffe für die Figuren akzeptieren, aber als Lehrerin selbst immer die korrekte Bezeichnung verwenden.

Grundformen untersuchen

Nachdem die Kinder verschiedene Typen von Vierecken kennen gelernt haben, werden diese auf ihre Besonderheiten hin untersucht. Hinzu kommen die Dreiecksformen gleichschenklig, gleichseitig und rechtwinklig. Rechte Winkel bezeichnen Kinder umgangssprachlich als gerade Ecken oder Wandecken. Sie assoziieren damit Stabilität. Rechte Winkel lassen sich mit Faltwinkeln oder einem Geodreieck schnell überprüfen. (Weitere Anregungen zur Einführung des rechten Winkels finden Sie in Kapitel 3.5, S. 187 ff.) Die Kinder tragen ihre Beobachtungen in eine Tabelle ein.

	Anzahl der Ecken	Anzahl der Seiten	Anzahl der rechten Winkel	Parallelität	Länge und Lage der Seiten	Anzahl gleich langer Seiten
Quadrat 	4	4	4	gegenüberliegende Seiten sind parallel	alle Seiten sind gleich lang	4
Raute 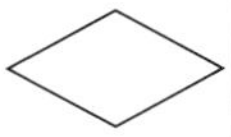	4	4	0	gegenüberliegende Seiten sind parallel	alle Seiten sind gleich lang	4
Rechteck 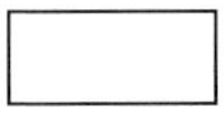	4	4	4	gegenüberliegende Seiten sind parallel	gegenüberliegende Seiten sind gleich lang	je 2
Trapez 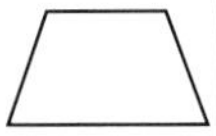	4	4	0	zwei gegenüberliegende Seiten sind parallel		0
Parallelogramm 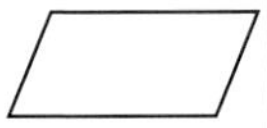	4	4	0	gegenüberliegende Seiten sind parallel	gegenüberliegende Seiten sind gleich lang	je 2
Drachen 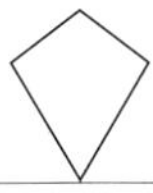	4	4	0		je zwei angrenzende Seiten sind gleich lang	je 2
Viereck 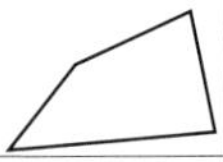	4	4	0			0
unregelmäßiges Dreieck 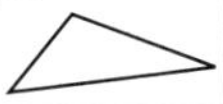	3	3	0			0
gleichseitiges Dreieck 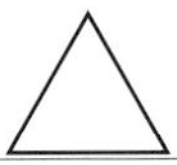	3	3	0		alle drei Seiten sind gleich lang	3
gleichschenkliges Dreieck 	3	3	0		zwei angrenzende Seiten sind gleich lang	2
rechtwinkliges Dreieck 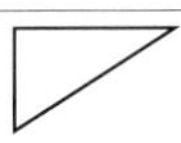	3	3	1			0

Aus den Ergebnissen der Tabelle lassen sich interessante Übereinstimmungen und Unterschiede ablesen:

- Ein Parallelogramm und ein Rechteck unterscheiden sich nur durch die fehlenden rechten Winkel beim Parallelogramm.
- Nur Quadrate, Rechtecke und rechtwinklige Dreiecke sind rechtwinklig (Sonderform des Drachens ebenfalls).
- Eine Raute und ein Quadrat unterscheiden sich nur durch die rechten Winkel im Quadrat.

Grundformen mit Plättchen und aus Papier

Mit geometrischen Plättchen, die in Lehrmittelverlagen angeboten werden, lassen sich geometrische Grundformen legen.

Aus Papier können Grundformen geklebt werden. Dazu falten die Kinder Quadrate aus Papier auf den Mittellinien und den Diagonalen, sodass sich kleine Quadrate und mehrere gleich große Dreiecke ergeben. Anschließend werden die Teilfiguren auf den Faltlinien auseinander geschnitten.

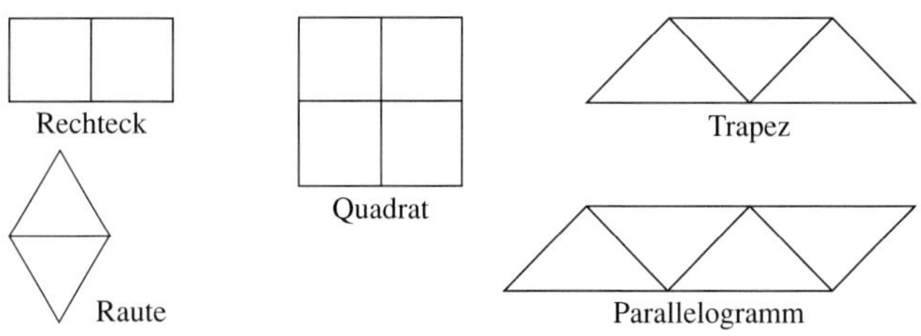

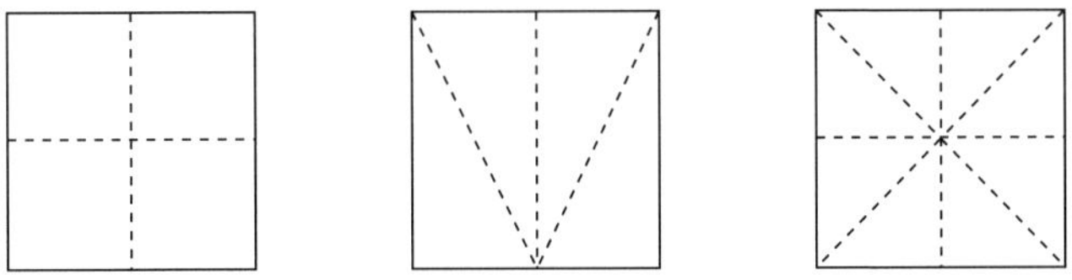

Aus den Papierformen lassen sich neben Rechtecken, Quadraten und Dreiecken auch Trapeze, Parallelogramme und Drachen kleben.

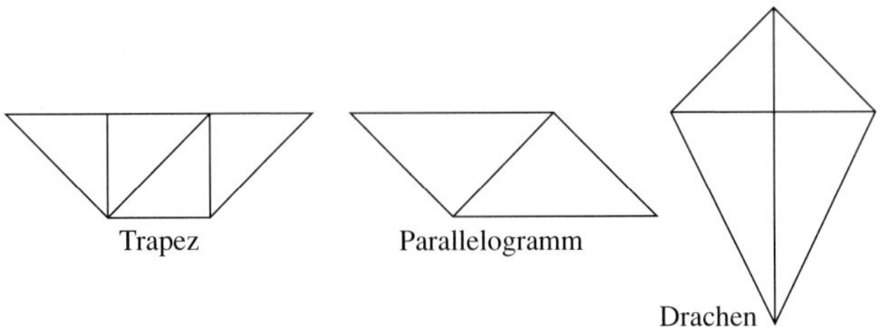

Grundformen falten und schneiden

Auf einem Tisch liegen folgende Figuren aus Pappe.

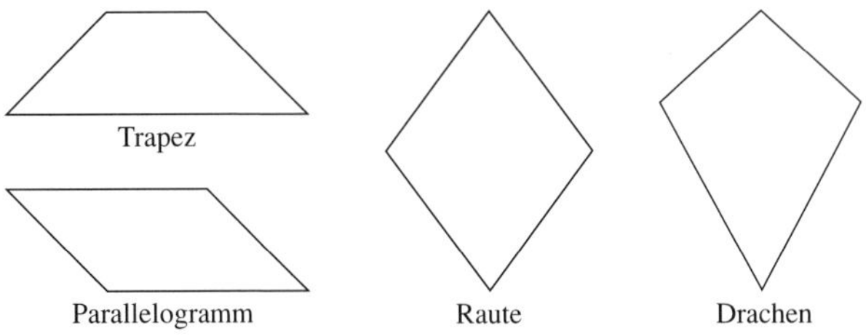

Jedes Kind benötigt Papierrechtecke und -quadrate und eine Schere. Da die Kinder in den ersten beiden Schuljahren mit Quadraten und Rechtecken die meisten Erfahrungen sammeln konnten, wird folgende Aufgabe gestellt:

1. Wähle ein Papierquadrat oder ein Papierrechteck aus. Falte (schneide) daraus ein Viereck vom Ausstellungstisch.
2. Schreibe und zeichne auf, wie du gefaltet hast.
3. Gib deiner Figur einen Namen.

Die Differenzierungsmöglichkeiten liegen in der Offenheit der Aufgabe. Jedes Kind kann selbst entscheiden, welche Figur es falten möchte. Weiterhin ist ihm freigestellt, welche Ausgangsfigur es wählt. Es kann allein, aber auch in kleinen Gruppen gearbeitet werden. Da der Vorgang des Faltens nicht vorgeschrieben ist, sondern selbst gefunden werden muss, gibt es verschiedene Lösungen. So lässt sich aus einem Rechteck ein Drache und eine Raute falten.

Faltschritte für einen Drachen

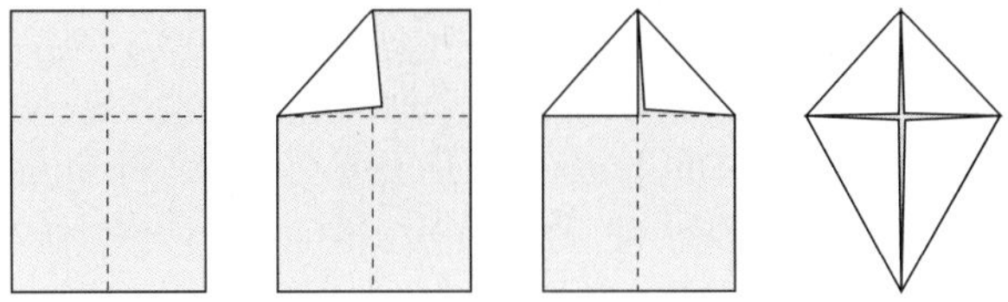

Faltschritte für eine Raute

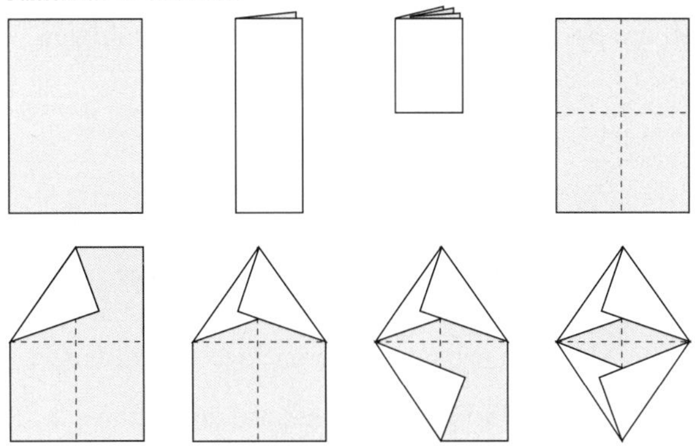

Faltet man die Raute noch zweimal, indem man gegenüber liegende Seiten genau aufeinander legt, ergeben sich vier gleich große, kleine Rauten.

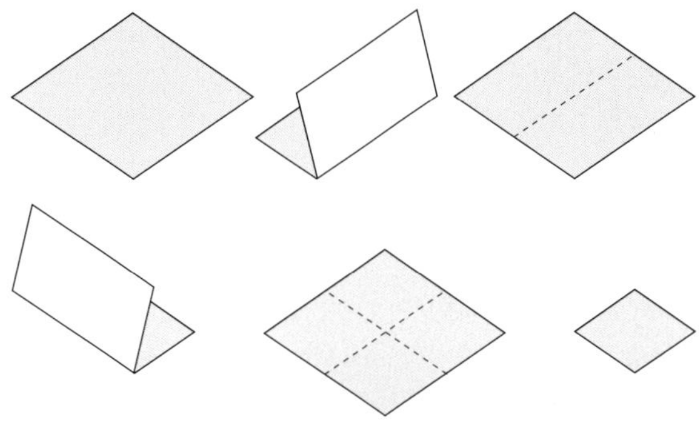

Zum Herstellen eines Parallelogramms (das weder Rechteck noch Raute ist) oder Trapezes (das kein Rechteck ist) müssen die Kinder erkennen, dass an beiden Seiten des Quadrats bzw. Rechtecks ein gleichgroßes Dreieck abgeschnitten werden muss. Diese Erkennnis erfordert ein gut ausgebildetes räumliches Vorstellungsvermögen.

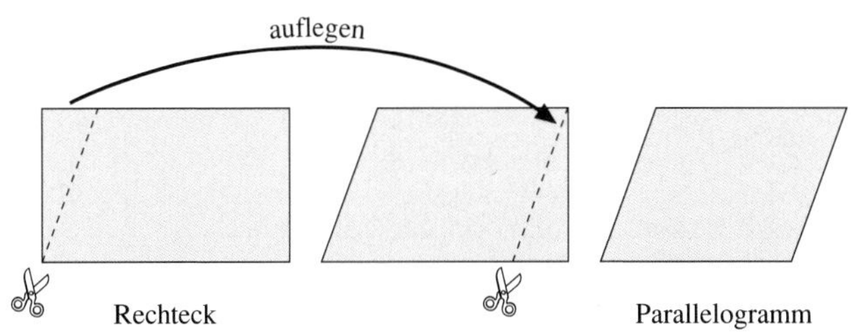

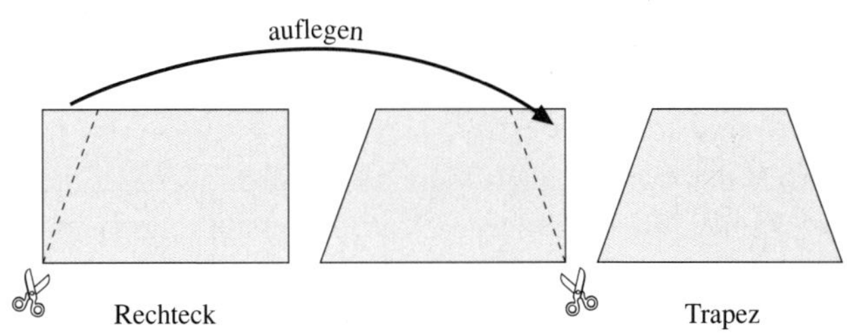

Im zweiten Teil der Aufgabe wird ein einfacher mathematischer Text gefordert. Die Art der Formulierung, Gestaltung der Skizzen und Struktur des eigenen Textes sind freigestellt. So kann jedes Kind nach seinem Lernmuster die Aufgabe bearbeiten. Wer große Schwierigkeiten beim Falten hat, bekommt ein Viereck aus Papier mit vorgefertigten Faltlinien, sodass die Figur nachgefaltet werden kann. Zur Fixierung der Ergebnisse ist es sinnvoll, den Kindern ein vorstrukturiertes Arbeitsblatt anzubieten.

Aufgaben:

1. Wähle ein Papierquadrat oder ein Papierrechteck aus.
   Falte (schneide) daraus ein Viereck vom Ausstellungstisch.
   Versuche auch die anderen Vierecke zu falten.
2. Schreibe und zeichne auf, wie du gefaltest hast.
3. Gib deiner Figur einen Namen.

a) Ich habe ein _______________ ausgewählt.

b) Ich versuche diese Figur zu falten (Zeichnung)

c) So habe ich gefaltet

d) Meine Figur heißt: _______________

Zum Vergleich der Schülerergebnisse seien an dieser Stelle verschiedene Alternativen aufgezeigt:

- Faltvorgang einzelnen Mitschülern zeigen
- Faltvorgang im Stuhlkreis zeigen und mündlich erklären
- Folien einiger Falttexte und -skizzen der Kinder auf dem Overhead-Projektor zeigen und besprechen
- Namen für die Figuren sammeln und mathematischen Begriff nennen

Grundformen auf Karopapier zeichnen

Der Freihandzeichnung ist ein hoher Stellenwert beizumessen. Sie unterstützt die feinmotorischen Fähigkeiten und schult das räumliche Vorstellungsvermögen. Die Struktur eines Karorasters erleichtert das Zeichnen geometrischer Grundformen. Als Vorübung sollten die Eckpunkte der entstehenden Figur vorgegeben werden, damit die Kinder die Vorteile des Karopapiers erkennen. Nach und nach werden immer weniger Eckpunkte markiert. Aufgabenstellungen dieser Art bieten sich an:

- Verbinde Eckpunkte zu einem Parallelogramm.
- Vervollständige die Trapeze. Zeichne anschließend weitere Trapeze.

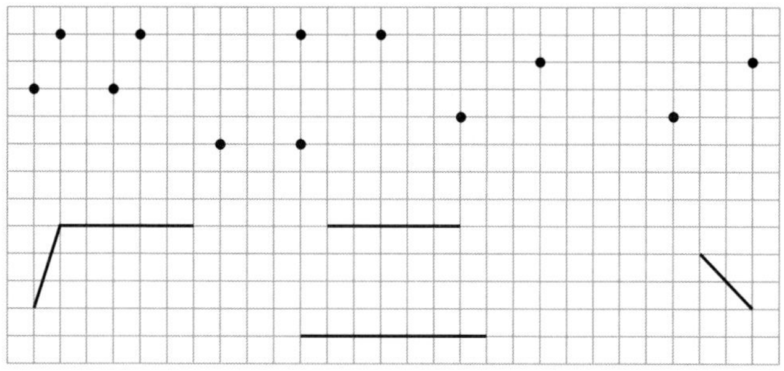

Quadrate und Rechtecke können Drittklässler ohne nennenswerte Schwierigkeiten auf Karopapier zeichnen, da die Linien des Karopapiers als Leitlinien beim Zeichnen helfen. Durch Vergrößerungen, Verkleinerungen oder das Ineinanderverschachteln lässt sich der Schwierigkeitsgrad der Aufgabe, aber auch die Ästhetik der Muster steigern.

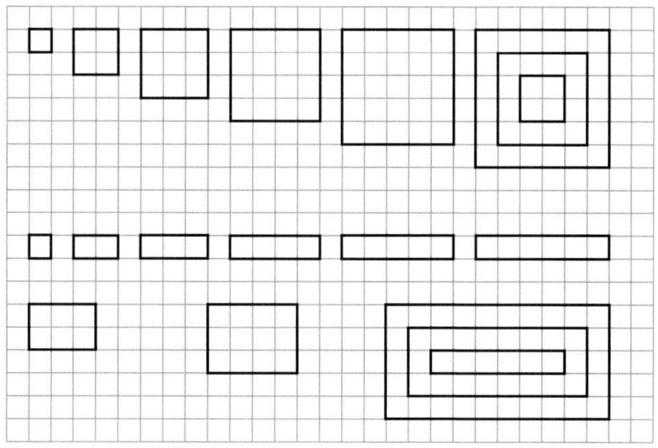

Bezieht man die Diagonale der Kästchen mit ein, wird das Zeichnen eines Rechtecks oder Quadrats anspruchsvoller.

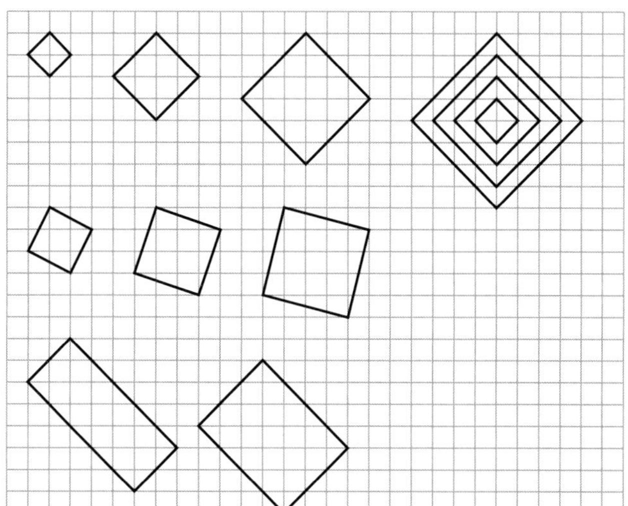

Rechte Winkel und das Verhältnis der Seiten und Längen in Vierecken und Dreiecken müssen bekannt sein, um verschiedene Dreiecksformen, Parallelogramme, Drachen,

Rauten und Trapeze frei zeichnen zu können. Besonders, wenn die Seitenlängen der Figuren mehr als sechs Kästchen betragen, sollte ein Linieal zum Zeichnen verwendet werden.

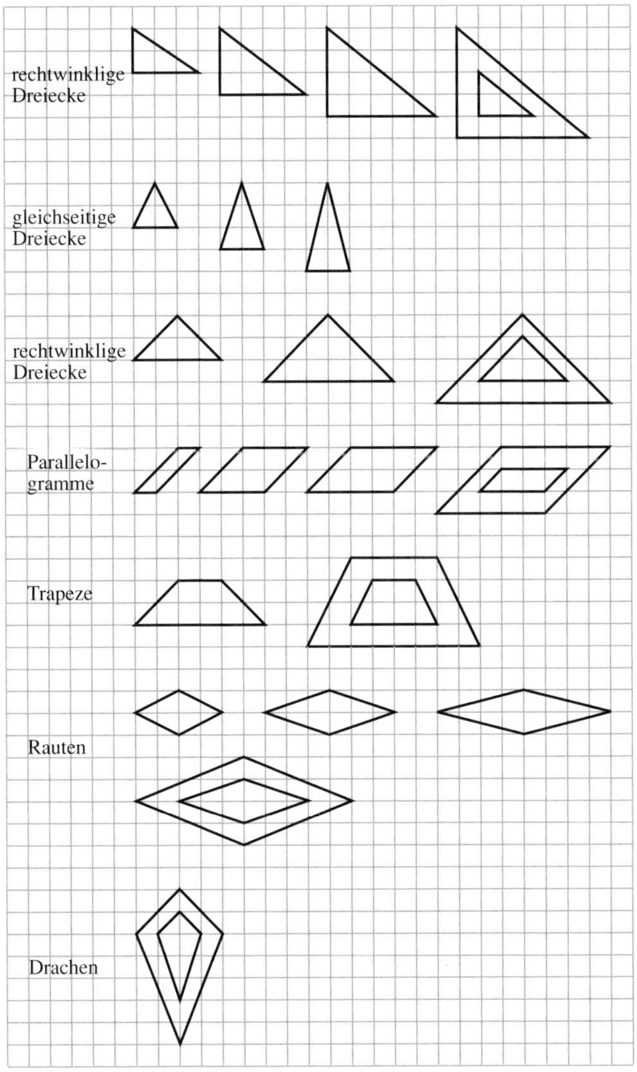

Grundformen im Daumenkino

Die meisten Kinder kennen Daumenkinos. Diese kleinen Papierblöcke zeigen schnell durchgeblättert Bilder oder Figuren, die einzelne Details von Seite zu Seite langsam verändern. Die Bilderfolge erscheint dem Betrachter wie der Ablauf eines Films (Bauersfeld 1992). Kinder sind begeistert, wenn sie Daumenkinos selbst herstellen können (vgl. **Handbuch 1**, S.157 f.). In Zusammenhang mit ebenen Figuren verwenden wir Daumenkinos als Filme, die zeigen, wie ein Quadrat oder eine Raute Stück für Stück gezeichnet wird. Geeignet sind kleine DIN-A7-Blöcke mit Karopapier, in denen mindestens 15 Blätter enthalten sein sollten. Von Seite zu Seite wird ein Teil der Figur weitergezeichnet, bis die Figur vollständig ist. Sie kann auf den letzten Seiten schrittweise ausgemalt werden. Wenn in der Klasse zu jeder Grundform ein Daumenkino hergestellt wird, sollten diese von außen nicht zu unterscheiden sein. Ein Kind kann dann zwei andere auf schnelles Erkennen von Figuren testen. Wer sieht beim Durchblättern zuerst, welche Figur entsteht?

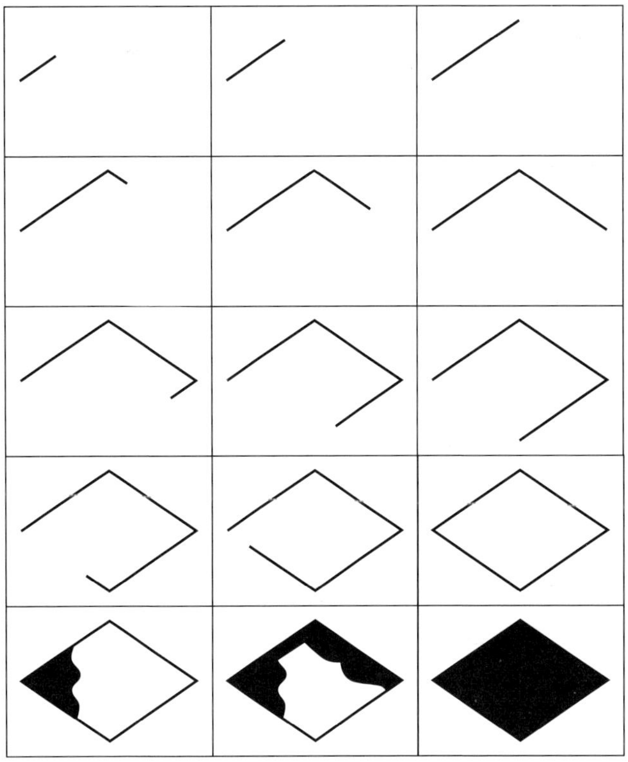

3.1.2 Figuren auf dem Geobrett

Schon in in den beiden ersten Handbüchern (vgl. **Handbuch 1**, S. 136 f. und **Handbuch 2** S. 135 ff.) werden die Vorzüge des Geobretts für geometrische Aufgabenstellungen beschrieben. Das Geobrett, welches wir in der Handbuchreihe verwenden, ist eine quadratische Holzplatte, auf der 16 Nägel jeweils in vier Reihen zu vier Nägeln im Abstand von 5 cm angeordnet sind. (Im 1. Schuljahr beschränken wir uns auf ein 9-Nagel-Brett.) Auf dem Geobrett lassen sich Figuren mit Gummiringen spannen.

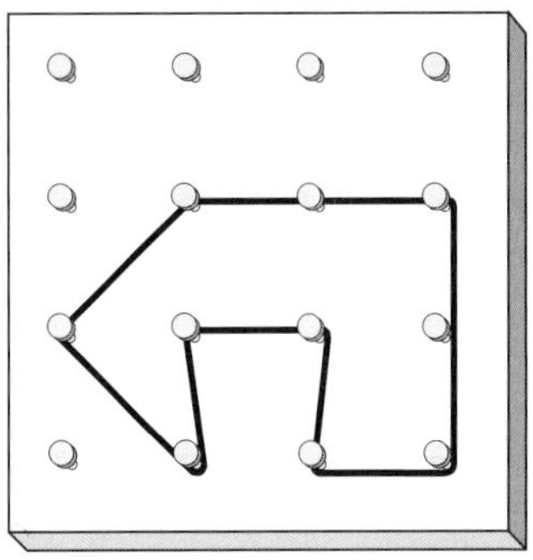

Geobretter können Sie über einige wenige Lehrmittelverlage (z. B. Schubi) in verschiedenen Größen beziehen. Wenn ein Geobrett nicht schon im 1. und 2. Schuljahr verwendet wurde, empfehlen wir, es mit den Kindern selber zu bauen. Das hat zum einen den Vorteil, dass die Kinder schon während des Herstellungsprozesses geometrische Besonderheiten des Geobretts entdecken, und zum anderen, dass sie sehr motiviert sind, wenn sie ihr Geobrett selbst anfertigen können.

Herstellen eines Geobretts

Die genaue Platzierung der Nägel auf dem Geobrett ist die Hauptschwierigkeit bei der Herstellung. Im 1. und 2. Schuljahr bieten wir den Kindern als Hilfe eine Folienschablone an (vgl. **Handbuch 2**, Kopiervorlage G 4). Sie wird auf das Brett gelegt und besitzt an den für die Nägel bestimmten Stellen Löcher. Mit einem Stift können nun die Punkte für die Nägel auf dem Brett markiert werden. Anspruchsvoller und mathematisch relevanter wird die Aufgabe, wenn die Kinder die Markierung der Nägel auf dem Brett selbst finden müssen. Folgendes Arbeitsmaterial sollten Sie pro Kind bereitstellen:

- eine 8 mm starke Holzplatte mit den Maßen 20 x 20 cm
- 16 Nägel (Blauköpfe oder Tapezierstifte)
- Hammer, Lineal und Bleistift
- ein kariertes oder weißes Papierquadrat in den gleichen Maßen wie die Holzplatte

Ein fertiges Geobrett mit einem Quadratraster unterlegt dient als Vorlage für alle Kinder.

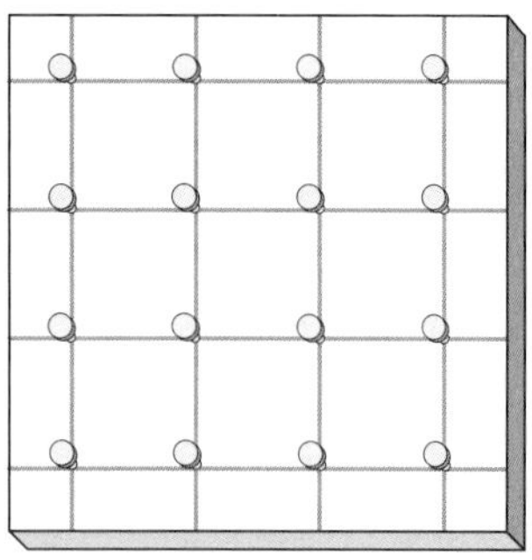

Zu Beginn wird im Klassenverband überlegt, welche Maße für das Geobrett notwendig sind. Die Kinder messen die Abstände zwischen den Nägeln am Anschauungsobjekt aus. Der Abstand beträgt immer 5 cm, vom Brettrand 2,5 cm. Anhand der Papierquadrate versuchen die Kinder eine Strategie zu entwickeln, die ihnen die Markierung der Nägel auf dem Geobrett ermöglicht. Faltet man das weiße Quadrat jeweils dreimal auf beiden Mittellinien, wird nach dem Aufklappen des Papiers ein Raster aus 64 kleinen Quadraten sichtbar. Durch Kombinieren oder Ausmessen können die 16 Faltschnittpunkte, die die Markierungspunkte für die Nägel ergeben, gefunden werden.

Im karierten Papierquadrat hilft die Erkenntnis, dass ein Kästchen 5 mm x 5 mm groß ist, um die Nagelpunkte zu markieren, d. h. die äußeren Nägel müssen jeweils 5 Kästchen oder 2,5 cm vom Rand entfernt liegen.

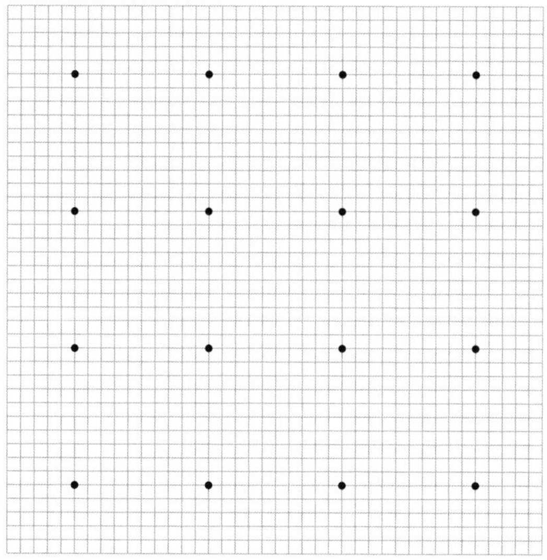

Es liegt im Ermessen der Kinder, das Papierquadrat auszuwählen, das ihnen bei der Lösungsfindung am ehesten zusagt. Das Papierquadrat mit den Markierungspunkten für die Nägel wird mit vier Klebepunkten an den Ecken genau auf das Holzbrett gelegt. So können die Nägel an den richtigen Stellen eingeschlagen werden. Zum Schluss wird das Papierquadrat vorsichtig vom Holzbrett entfernt. Individuelle Bauanleitungen und Skizzen dokumentieren den Herstellungsprozess.

Nummerierung der Nägel auf dem Geobrett

Ohne geeignete mathematische Bezeichnungen ist es schwierig, Figuren auf dem Geobrett sprachlich zu beschreiben. Es ist sinnvoll, die Nägel mit Großbuchstaben durchzunummerieren, um über Figuren auf dem Geobrett auch im Klassenverband sprechen zu können. Der erste Nagel oben links erhält den Buchstaben A. Nach rechts wird die Buchstabenreihe fortgesetzt. Sie endet mit dem 16. Nagel unten rechts, der den Buchstaben P erhält. (Betzold hat ein 25-Nagelbrett mit Buchstaben im Angebot.) Diese Bezeichnung bereitet die Benennung von Eckpunkten ebener Figuren über Buchstaben in den weiterführenden Schuljahren vor.

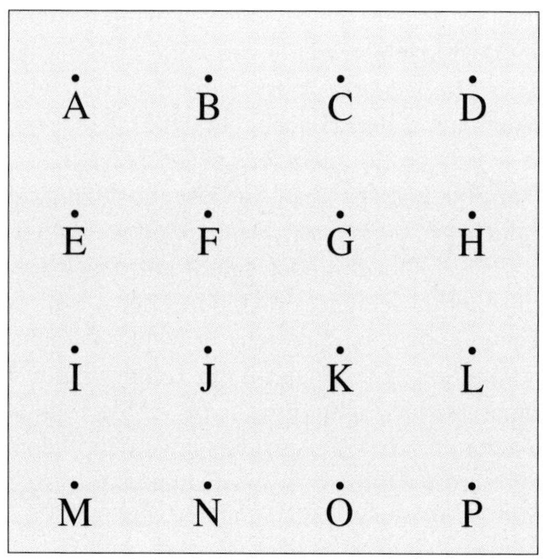

Buchstaben für Ecken geometrischer Figuren bieten der Lehrerin eine große Erleichterung und Flexibilität in der Aufgabenrepräsentation, da sonst viele Anweisungen gezeichnet werden müssten. Durch die Bezeichnung der Nägel wird neben der enaktiven und ikonischen Repräsentationsebene auch die symbolische mit einbezogen. In allen sich anschließenden Übungen betreiben die Kinder intensive Kopfgeometrie.

Wörter und Sätze auf dem Geobrett

Mit Hilfe der Buchstaben lassen sich Wörter und Sätze auf dem Geobrett spannen. Da dabei meistens offene Figuren mit Kreuzungen entstehen, verwenden die Kinder einen Wollfaden, der am Startnagel festgebunden wird. Wer kann seinen Namen auf dem Geobrett spannen?

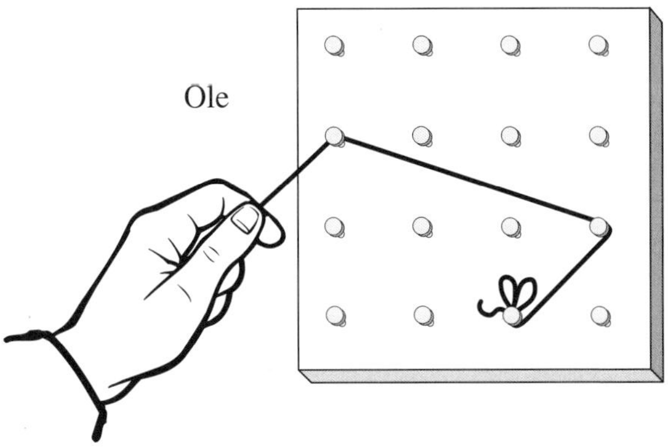

Welchen Tiernamen stellt folgende Figur dar?

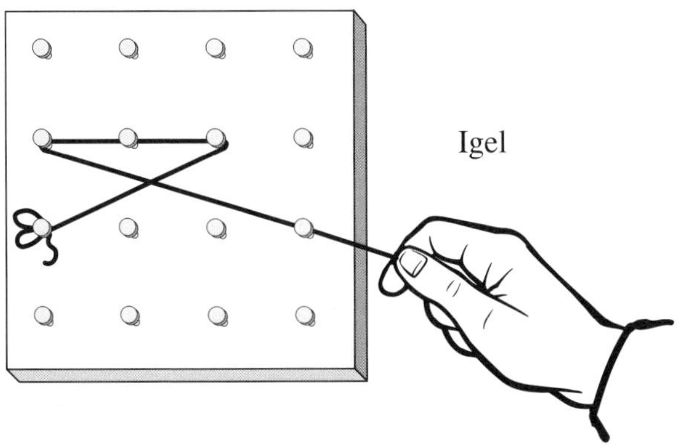

Wer kann einen Satz spannen?

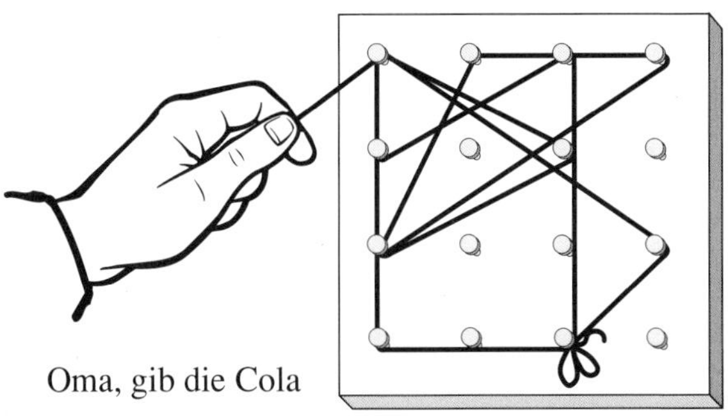

Findest du Wörter, die zu bekannten Figuren führen? Verwende für die Aufgabe keinen Wollfaden, sondern einen geschlossenen Gummiring. Ein Dreieck ergibt sich, wenn der Gummiring um die Nägel LOK gespannt wird. KALB bildet ein Parallelogramm, FINK ein Quadrat, IGEL ein Trapez.

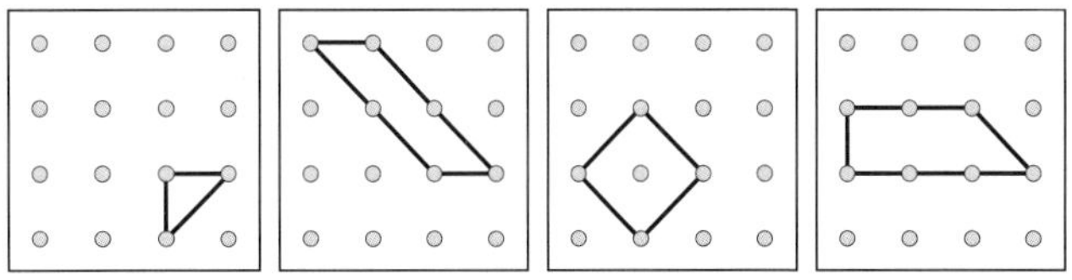

Lok Kalb Fink Igel

Figuren auf dem Geobrett

Spanndiktate

Mithilfe der Buchstaben lassen sich variantenreiche Spanndiktate durchführen. Im Klassenverband oder in Partnerarbeit ergeben sich somit vielfältige Übungen zur Kopfgeometrie. Die Buchstaben der Nägel sollten in der Reihenfolge des Spannablaufs diktiert werden. Bei den folgenden Figurbeispielen handelt es sich immer um geschlossene Streckenzüge, d. h. der erste und der letzte Buchstabe sind identisch. Um den Spannablauf zu verdeutlichen, wird zuerst wieder ein Wollfaden und erst später ein geschlossener Gummiring verwendet.

Dazu einige Beispiele:

– Spanne einen Schuh über EFJKPONMIE

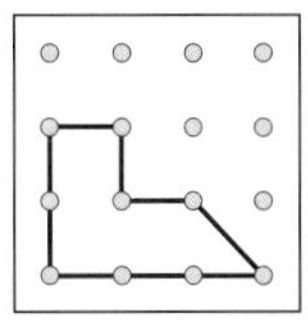

– Spanne einen Dampfer über MIEJFGKHLPONM

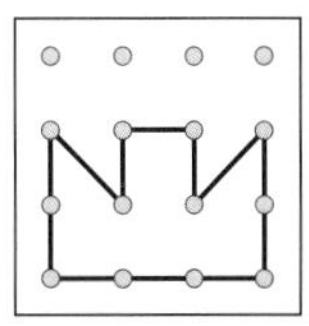

– Spanne über folgende Nägel: ABGDHKPOJMIFA. Was für eine Figur entsteht?

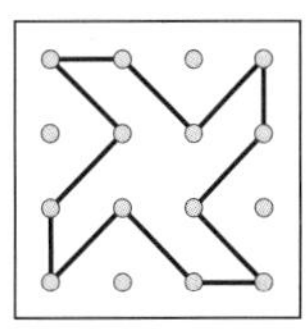

– Spanne über folgende Nägel: AFKPONJIEA. Spiegele die Figur an AFKP.
Spanne sie und notiere die Nägel.

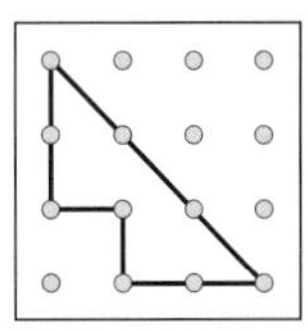

Vergleichen geometrischer Grundformen
Im 1. und 2. Schuljahr werden ebene Figuren wie Quadrate, Rechtecke und Dreiecke meistens durch Falten und Schneiden erzeugt. Ein Geobrett bietet die Möglichkeit solche Figuren relativ schnell und ohne große Materialvorbereitung zu spannen. Anschließend werden die Figuren in die **Kopiervorlage G 1** mit leeren Geobrettern eingezeichnet. Das Geobrett verbindet in besonderem Maße die handelnde (enaktive Repräsentationsebene) und die bildliche Darstellungsebene (ikonische Repräsentationsebene).

Durch Nachspannen oder in der Vorstellung lassen sich mittels der Buchstabenkombinationen geometrische Grundformen unterscheiden. Es werden immer nur die Eckpunkte der Figuren benannt. Dazu einige Anregungen:

- Überprüfe, welche der folgenden Figuren Rechtecke sind, und welche nicht:
  ACED, ADEH, EHMP, BLOE, MAFJ, MJLP, BCPM, IHPN
- Überprüfe, welche Figuren Parallelogramme und welche Drachen sind:
  BHOI, ABMN, BGNE, ALPO, BCEF, FHJL, EGOM, ADMP, CHNI, ABKL, EDKM, CDHJ
- Ergibt ACEG ein Rechteck oder ein Quadrat? Warum kann EFG kein Dreieck sein, obwohl drei Nägel als Eckpunkte bezeichnet werden?

Eigenschaften geometrischer Grundformen
Die Unterscheidung geometrischer Figuren über ihre Eigenschaften ist ein zentrales Lernziel im 3. Schuljahr. Auch zu diesem Thema einige Anregungen am Geobrett:

- Spanne ein Quadrat, bei dem nur die Seite FG festgelegt ist. Wie viele Möglichkeiten findest du? In dieser Übung vergegenwärtigen sich die Kinder immer wieder, dass alle Seiten im Quadrat gleich lang sein müssen.

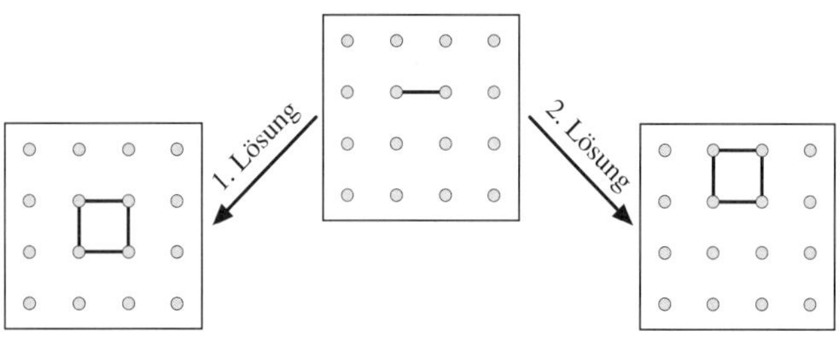

Es lässt sich nur ein nicht quadratisches Rechteck mit der Seite FG spannen. Das Rechteck hat die Eckpunkte FGNO. Mit den Eckpunkten GJ lässt sich kein nicht-quadratisches Rechteck spannen, denn die beiden Figuren GJLO und EBGJ stellen Quadrate dar.

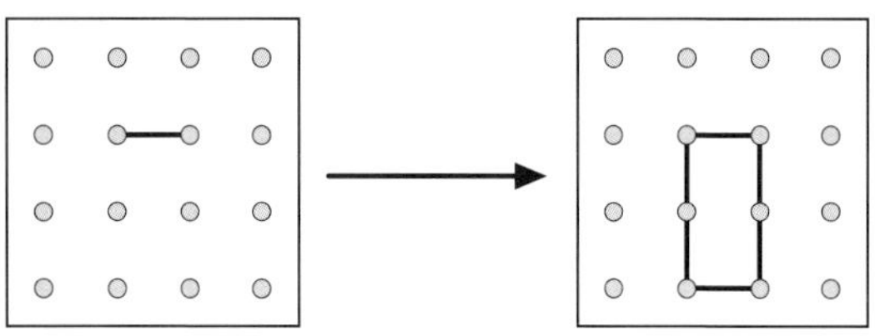

- Spanne Dreiecke mit zwei gleichlangen Seiten.

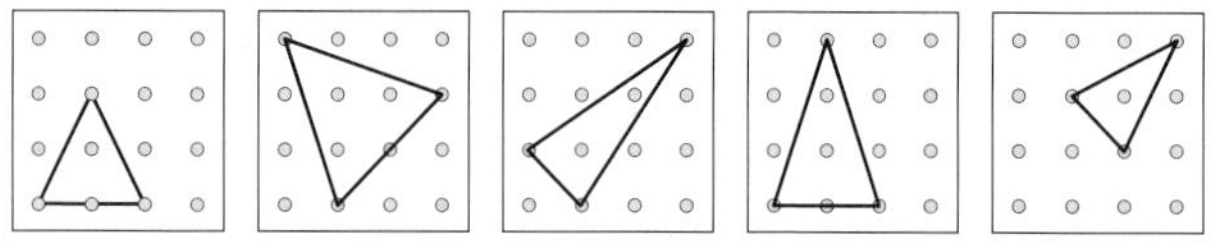

- Spanne Dreiecke mit einem rechten Winkel. Als Hilfe und zur Kontrolle kann ein rechter Winkel aus Pappe angeboten werden.

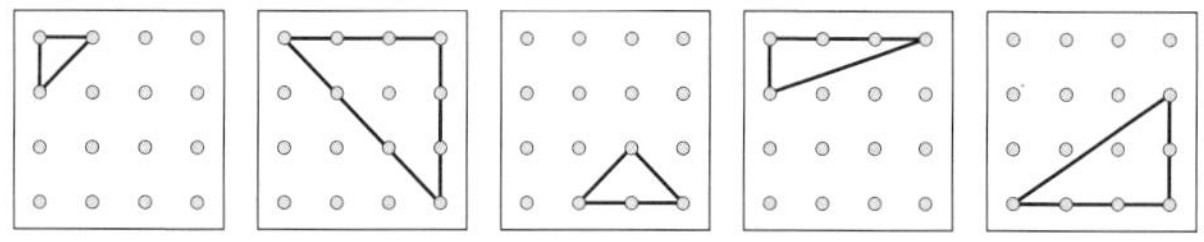

- Spanne ein Quadrat über die Nägel ACIK. Was geschieht, wenn du das Gummiband um einen bzw. zwei Nägel versetzt? Wer kann so einen Drachen, ein Dreieck oder eine andere Figur herstellen?

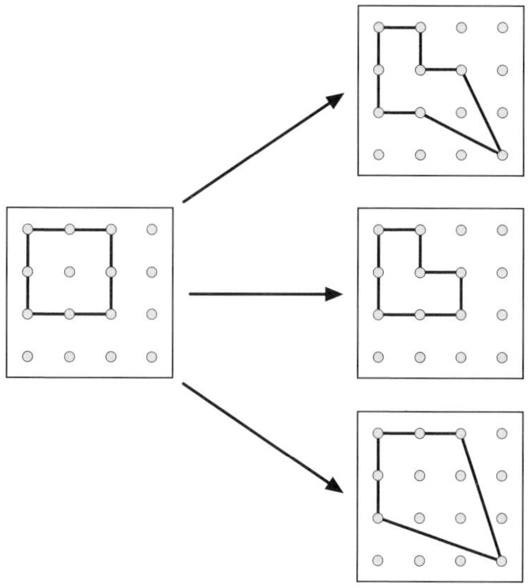

Figuren in verschiedenen Lagen
Spanne unterschiedlich große Quadrate auf deinem Geobrett. Wie viele findest du mit einer Kantenlänge von 3, 2 oder einem Nagelabstand (NA)? Gib für alle Lagemöglichkeiten die Buchstabenkombinationen an.

1 Na 2 Na 3 Na

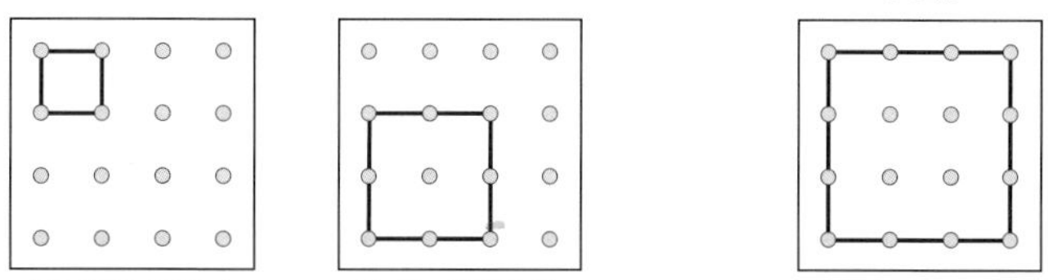

A	B	E	F
B	C	F	G
C	D	G	H
E	F	I	J
F	G	J	K
G	H	K	L
I	J	M	N
J	K	N	O
K	L	O	P

E	G	M	O
A	C	I	K
B	D	J	L
F	H	N	P

A	D	M	P

Findest du noch andere Quadrate? Wie lauten deren Buchstabenkombinationen?

Man sollte mit den Kindern vereinbaren, die Buchstabenkombinationen in alphabetischer Reihenfolge anzugeben. Im Laufe der Untersuchungen ändern die Kinder ihre Vorgehensweise, ihr Lernverhalten löst sich von der konkreten Anschauung und steigert sich bis auf ein abstraktes Niveau. Zu Beginn versuchen die meisten, die Aufgabe durch konkretes Spannen auf dem Geobrett zu lösen, um daran anschließend die Buchstabenkombination zu notieren. Später wird das Spannen durch Zeichnen auf der Kopiervorlage mit leeren Geobrettern (**G 1**) ersetzt. Einige Kinder sind schnell in der Lage, rein visuell zu operieren. Sie werden sich die Handlung des Spannens im Kopf vorstellen und daraus die Buchstabenkombination ablesen. Diese Untersuchungsreihe lässt sich auch auf Dreiecke, Parallelogramme und andere Figuren übertragen. Bei bestimmten Figuren ergibt das Übereinanderzeichnen der Figur in verschiedenen Lagen schöne drehsymmetrische Formen. Die Kinder erhalten die Aufgabe, jede einzelne Figur der unteren Abbildung in allen Lagen übereinander zu spannen, um sie anschließend mit Lineal in leere Punktfelder (Originalgröße des Geobretts) zu übertragen. Welche Zeichnungen ergeben Sterne, welche Windräder? Bunt eingefärbt und ausgeschnitten sind die Figuren eine hübsche Fensterdekoration für den Klassenraum.

3.1.3 Parkettierungen

Parkettierungen im Mathematikunterricht ermöglichen es, geometrische Fähigkeiten mit künstlerischer Kreativität zu verbinden. „Parkettierung meint das Abdecken, „Verkacheln“ der Ebene durch die wiederholte Verwendung eines Polygons oder einer Figur mit kurvigem Rand, ohne daß Löcher oder Überlappungen entstehen.“ (vgl. Lorenz 1991, S.16). In der Umwelt lassen sich viele Beispiele für Parkettierungen finden (Straßenpflaster, Fliesen, Bienenwabenmuster, Mauern, Schachbrett u. a.). Die Konstruktion von Parkettierungen macht Kindern Spaß, einerseits, weil Parkettmuster durch ihre regelmäßigen Strukturen ästhetisch ansprechend sind, andererseits, weil sie dem kreativen Forscherdrang von Kindern, etwas zu erfinden, zu bauen oder zu zeichnen entgegenkommen. Neben dem wichtigen allgemein-mathematischen Lernziel des vorausschauenden und flexiblen Denkens fördert der Umgang mit Parkettierungen die Einsicht in geometrische Begriffe und Beziehungen wie

- Besonderheiten regelmäßiger Figuren (Quadrat, Rechteck, gleichseitiges Dreieck u. a.) und unregelmäßiger Figuren,
- Umgang mit den Begriffen „Seite“, „Ecke“,
- Flächeninhalt bzw. Flächengleichheit,
- Verschiebung, Drehung, Symmetrie,
- Kongruenz,
- Winkel und Winkelsummen.

Im **Handbuch 2** (S. 128 f., 153 ff.) haben die Kinder Parkettmuster mit geometrischen Formen, mit Stempeln und auf Karopapier erstellt. Im 3. Schuljahr werden die Kinder dazu angehalten, ihre Ideen, Erkenntnisse und Strategien zu verbalisieren und zu begründen.

Schablonen-Technik

Als Untersuchungsobjekte werden den Kindern Quadrate, Rechtecke, regelmäßige und unregelmäßige Dreiecke, Vierecke, Rauten, Parallelogramme, Drachen sowie regelmäßige Fünf-, Sechs- und Achtecke in verschiedenen Größen angeboten. Die Lehrerin hat sie aus stabilem Karton vorbereitet. Die Kinder wählen eine Figur aus und zeichnen sie durch Umfahren mit dem Bleistift auf ein Papier. Die Figur wird immer wieder angelegt und gezeichnet, um zu prüfen, ob sie sich zum Parkettieren eignet. Mit Ausnahme des Fünf- und des Achtecks kann mit allen übrigen Figuren die Ebene lückenlos parkettiert werden.

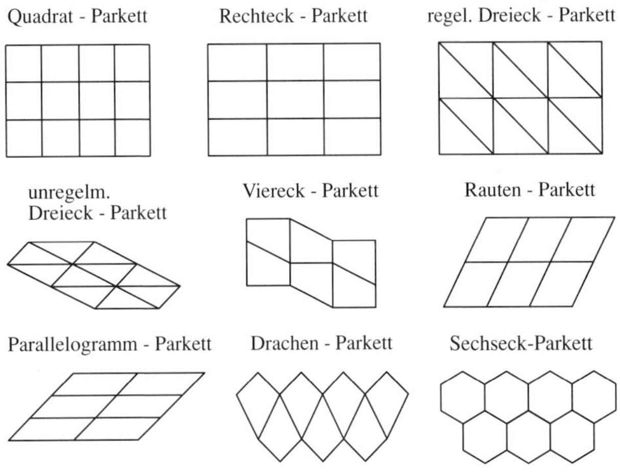

Für ihre Erklärungsversuche, warum sich bestimmte Figuren parkettieren lassen, andere aber nicht, müssen sich die Kinder die Eigenschaften der Figuren genau ansehen. Sie achten dabei besonders auf Winkelgrößen, ohne diese Erkenntnis explizit zu formulieren. Die mathematische Begründung hängt mit den Innenwinkeln der Figuren zusammen. Um die Ebene parkettieren zu können, muss die Größe der Innenwinkel ein Teiler von 360° sein. Im regelmäßigen Sechseck beträgt jeder Innenwinkel 120°. Im Parkett stoßen drei Sechseckwinkel aneinander. Ihre Summe ergibt 360°. Somit ist ein Sechseck parkettierbar. In einem regelmäßigen Fünfeck sind die Innenwinkel 108° groß, was kein Teiler von 360° ist. Legt man vier Achtecke aneinander, bleibt in der Mitte eine quadratische Lücke. Ein reines Parkett aus Achtecken gibt es nicht.

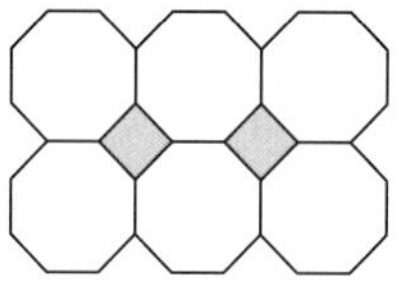

Wenn die Kinder die oben vorgeschlagenen Figuren auf ihre Parkettierbarkeit hin untersucht haben, konstruieren sie eigene, die sie aus Pappe zuschneiden. Bei ihren Versuchen werden sie feststellen, dass sich jedes Viereck und jedes Dreieck parkettieren lässt. Auch nicht-parkettierbare Figuren sollten von den Kindern gesucht werden. Für den Unterricht ist es wichtig, immer wieder gemeinsam Begründungen für die Parkettierbarkeit bzw. Nichtparkettierbarkeit von Figuren zu suchen. Teilweise erfinden Kinder nicht-reine Parkette. Sechs regelmäßige Fünfecke umschließen ein Parallelogramm. Ein Parkett, das ausschließlich aus Fünfecken besteht, lässt sich nicht erzeugen. (*Frage an die Leserin:* Wie groß sind die Winkel im umschlossenen Parallelogramm?)

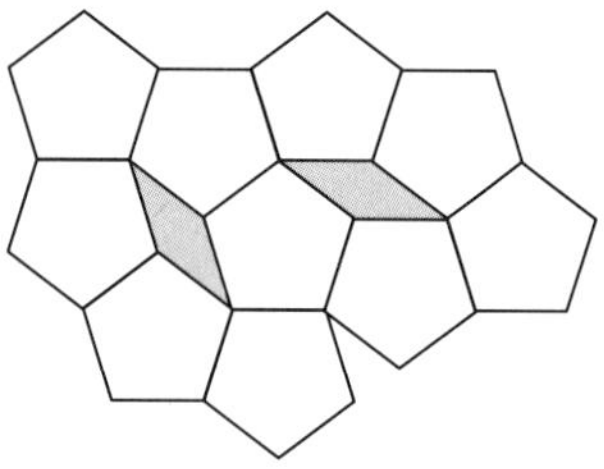

Farbige Parkette können zu Schmuckkarten und zu Einwickelpapier gestaltet werden. Vielleicht kann in einem Projekt ein Teilstreifen des Schulflurs mit farbiger Binderfarbe parkettiert werden.

„Knabber"-Technik

Mit dem treffenden Namen „Knabber"-Technik beschreibt Lorenz (1991), wie man schon Drittklässlern die Parkettierung der Ebene mit gebogenen Figuren (Begrenzung der Figur besteht auch aus Kurven) anschaulich vermitteln kann. Die „Knabber"-Technik erlaubt die Veränderung eines regelmäßigen Polygons nach zwei Methoden.

Verschiebung
Die Methode des Verschiebens eignet sich für Figuren, deren gegenüberliegende Seiten gleichlang und parallel sind. Ein Rechteck, Quadrat oder Parallelogramm wird aus Pappe geschnitten. Mit der Schere werden die Figuren von einer Ecke zu einer benachbarten eingeschnitten. Das „abgeknabberte" Stück wird an der gegenüberliegenden Seite mit einem Klebestreifen wieder angeklebt. Die Kinder müssen sehr genau kleben, damit der Flächeninhalt der neuen Figuren genausogroß wird wie der der Ausgangsfigur.

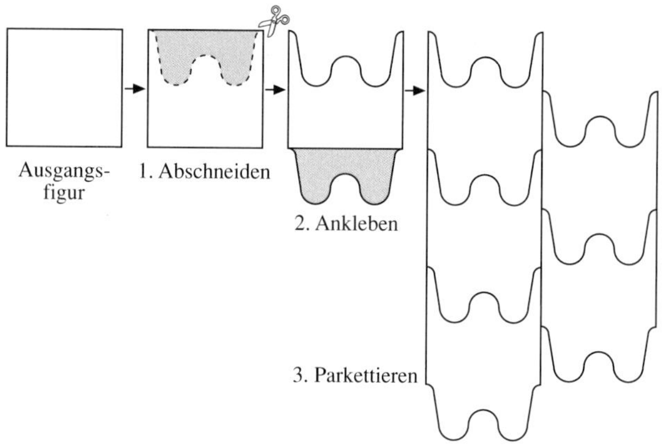

Ein Quadrat kann zweimal, ein Sechseck sogar dreimal „abgeknabbert" werden.

Drehung
Die Methode des Drehens eignet sich für Figuren, die gleich lange benachbarte Seiten aufweisen (Quadrat, gleichseitiges und gleichschenkliges Dreieck, Raute, Drachen, Sechseck). Auf die gleiche Art wie bei der ersten Methode wird ein Flächenstück abgeschnitten. Es wird nicht verschoben, sondern um einen Eckpunkt gedreht und wieder angeklebt.

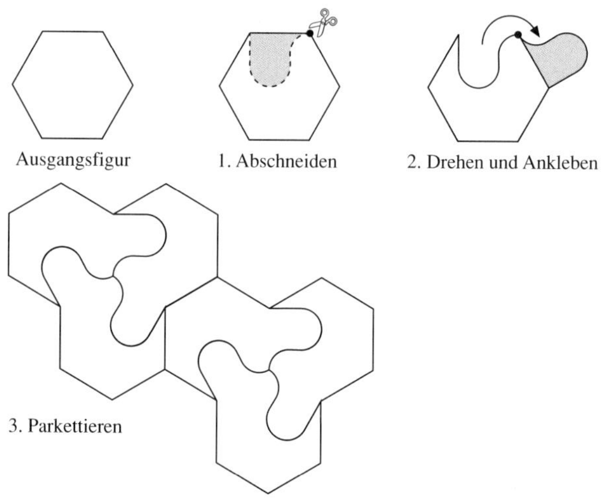

Mit der „Knabbertechnik" entstehen eindrucksvolle und kompliziert wirkende Parkettierungen im Stile Eschers.

3.1.4 Flächeninhalt

Vom Mathematikunterricht der weiterführenden Schulen ist bekannt, dass Kinder Schwierigkeiten mit der Flächenberechnung haben, da das Vorwissen zum Flächeninhalt in der Grundschule nicht genug gesichert wurde. In den höheren Klassen werden häufig Flächen komplexerer Figuren behandelt, bei deren Berechnung es notwendig ist, dass diese Flächen in Teilfiguren zerlegt werden bzw. eine Vergleichsgröße gewählt wird, deren Flächeninhalte leicht zu berechnen sind. So lässt sich der Flächeninhalt des Fünfecks in der folgenden Abbildung berechnen, wenn man es zu einem Quadrat ergänzt und feststellt, dass das ergänzte Flächenstück den achten Teil des Flächeninhalts des Quadrats besitzt. Viele Flächeninhaltsformeln, wie beispielsweise die allgemeine Dreiecksformel, lassen sich über die Vergleichsgröße eines Rechtecks herleiten.

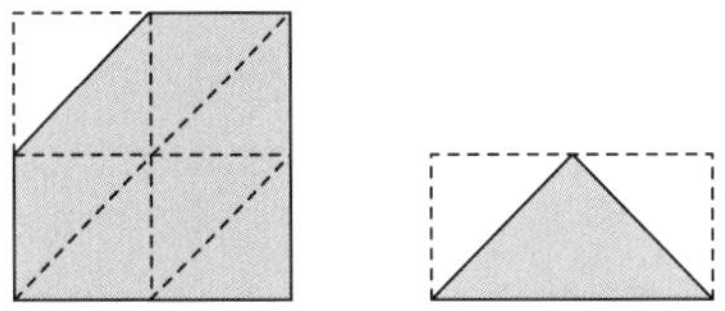

$F = (1 - \frac{1}{8})\,a^2 = \frac{7}{8}\,a^2$ $F = \frac{1}{2}\,a \cdot ha$

Im **Handbuch 2** (S. 141 ff.) wurden Experimente, Beobachtungen und Spielhandlungen beschrieben, um Kindern Vorstellungen von den abstrakten Begriffen der Fläche und des Flächeninhalts zu vermitteln. Für das 3. Schuljahr sollen erste Wege zur mathematischen Berechnung aufgezeigt werden. Dazu sind einige Vorkenntnisse Voraussetzung:

- Vorstellungen von den Begriffen Fläche und Flächeninhalt
- Einsicht in das Prinzip der Flächeninvarianz
- Erfahrungen mit dem qualitativen Flächenvergleich durch Zerschneiden und Umlegen von Teilfiguren und das Auslegen von Flächen mit geeigneten Plättchen
- Vorstellung einer Einheitsfläche als Maß

Erste Wege zur mathematischen Berechnung über Einheitsmaße

Beim quantitativen Flächenvergleich werden Flächen mit Einheitsflächen (Einheitsmaß) wie Quadraten und Dreiecken ausgelegt. Die zu vergleichenden Flächen müssen mit dem selben Einheitsmaß ausgelegt werden. Die Anzahl der verwendeten Einheitsmaße repräsentiert die Flächengröße.

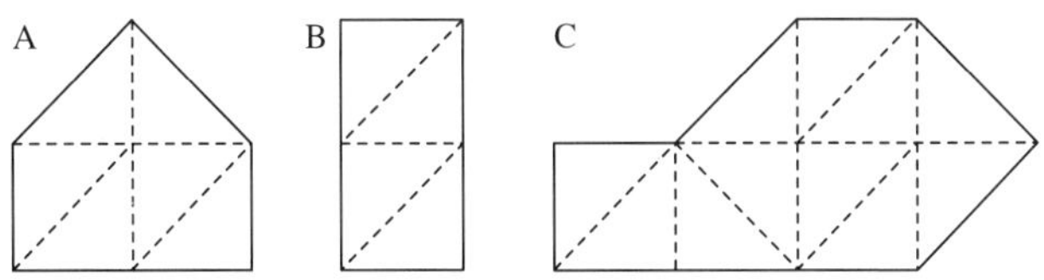

In herkömmlichen Schulbüchern gehören derartige Aufgabenstellungen zum Standardrepertoire. Uns erscheint es sinnvoll, die Kinder ihre reale Umwelt untersuchen zu lassen, bevor sie in einem zweiten Schritt gezeichnete Flächenstücke miteinander vergleichen.

Meterquadrate

Ist der Klassenraum der 3a größer als der der 3b oder umgekehrt? Im Raum der 3a versuchen die Kinder, die Raumgrößen zu schätzen. Einige messen die Längen und Breiten der Räume mit Schritten aus, um ihre Schätzwerte abzusichern. Kaum eine Auskunft wird besonders genau sein. Meterquadrate (1 m x 1 m) aus Papier sind geeignet, genauere Messungen vorzunehmen. Packpapier, Geschenkpapier von der Rolle oder alte Wachstücher haben so große Ausmaße, dass sich aus ihnen Meterquadrate zuschneiden lassen. Sie können als Lehrerin nicht so viele Meterquadrate bereitstellen, dass sich der Klassenraum vollständig auslegen lässt. Lassen Sie die Kinder in Kleingruppen arbeiten. Jede Gruppe erhält ein Meterquadrat, einen Zollstock und einen Grundriss des Klassenraums. Die Kinder werden zuerst immer wieder Meterquadrat an Meterquadrat legen. Schon nach kurzer Zeit sind sie gezwungen ihre Strategie zu ändern. Entweder stehen Möbel, Tische und Gestühl im Weg oder die Gruppe wird unzufrieden, weil sie feststellt, dass sich die Quadrate nicht immer wieder genau aneinanderlegen lassen. Mithilfe des Zollstocks kann die Breite des Klassenraums ausgemessen werden, um daraus die Anzahl der Meterquadrate zu berechnen, die die Breite ausfüllen. Wenn die Kinder die Quadrate in den Grundriss einzeichnen, erkennen sie, dass mithilfe der Länge des Klassenraums auch die übrigen Meterquadrate berechnet werden können. Die Fläche, die sich nicht bedecken lässt, wird schraffiert gekennzeichnet. Daraus kann ungefähr berechnet werden, wie viele ganze Meterquadrate sich aus den Teilstücken bilden lassen. In unserem Beispiel passen 55 Meterquadrate und $2\frac{1}{2}$ Meterquadrate in den Klassenraum der 3a.

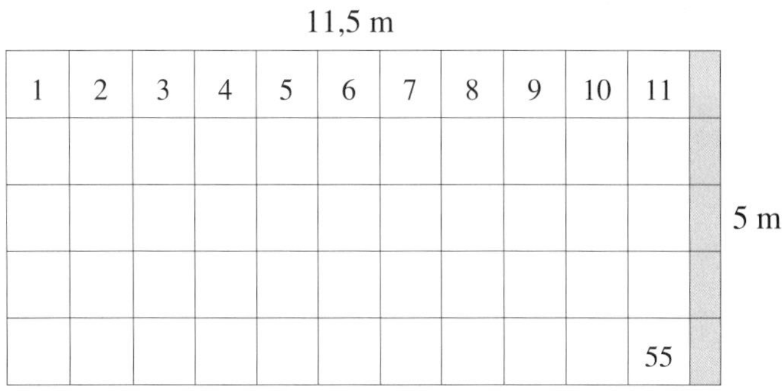

55 Meterquadrate
+ $2\frac{1}{2}$ Meterquadrate

$57\frac{1}{2}$ Meterquadrate

Vom Klassenraum der 3b erhalten die Kinder lediglich einen Grundriss, den sie auf Karopapier übertragen sollen. Dabei gilt der Maßstab 1 : 100 (1 Zentimeter auf dem Papier entspricht 1 Meter in der Wirklichkeit.). Die Kinder zeichnen anschließend Kästchen von 1 cm^2 (2x2 Kästchen) in den Grundriss. In unserem Beispiel wären das 48 Zentimeterkästchen und 8 halbe Kästchen. In der Realität ergibt das eine Flächengröße von 52 Quadratmetern. Der Klassenraum der 3b ist somit kleiner als der der 3a.

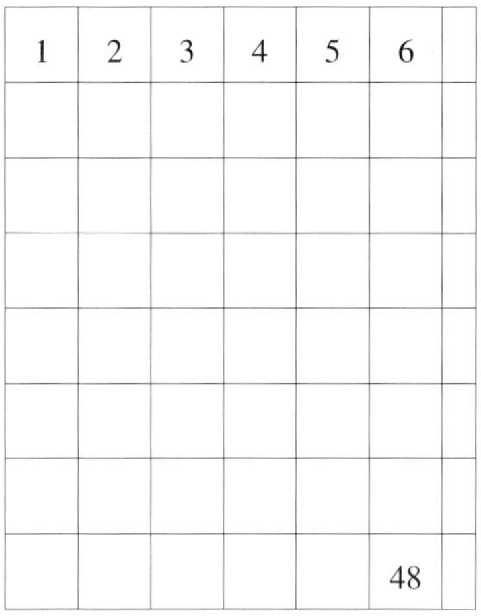

48 Meterquadrate
+ 4 Meterquadrate

52 Meterquadrate

Die Lösungsstrategien der Kinder orientieren sich an der Flächenberechnungsformel „Länge mal Breite", ohne dass die Formel thematisiert werden muss oder die Einheit Quadratmeter beachtet wird. Der konkrete Vorgang des Messens fördert das Verständnis für konventionelle Flächeneinheiten, die in der weiterführenden Schule thematisiert werden.

Flächenvergleich im Karoraster

Kinder interessieren sich für genaue Maße ihrer Wohnungen und dazu gezeichneten Grundrissen. Auch hier sollte 1 Zentimeter einem Meter entsprechen. Dabei ist zu beachten, dass häusliche Bereiche sensibel zu behandeln sind. Schnell entsteht ein Wettstreit um das größte Zimmer. Das Problem lässt sich umgehen, indem ein fiktiver Hausgrundriss zugrunde gelegt wird.

Hausgrundrisse regen zu interessanten Mess-, Rechen- und Kombinationsvorgängen an:

- Welches Kinderzimmer ist am größten?
- Vergleiche Bad und Küche miteinander.
- Wie groß ist das Wohnzimmer?
- Kannst du die Ausmaße des kleinen Badezimmers und des Arbeitszimmers bestimmen?

Der Gesamtgrundriss liegt in einmaliger Ausfertigung für alle Kinder sichtbar aus. Sämtliche Zimmer sind zusätzlich im Einzelgrundriss vorhanden. Diese werden ausgemessen und in Kästchenpapier übertragen. Die Messergebnisse werden in eine Tabelle eingetragen.

Erdgeschoss

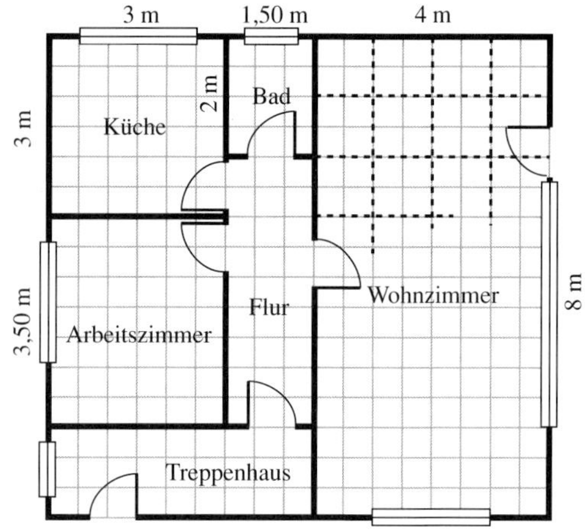

Dachgeschoss

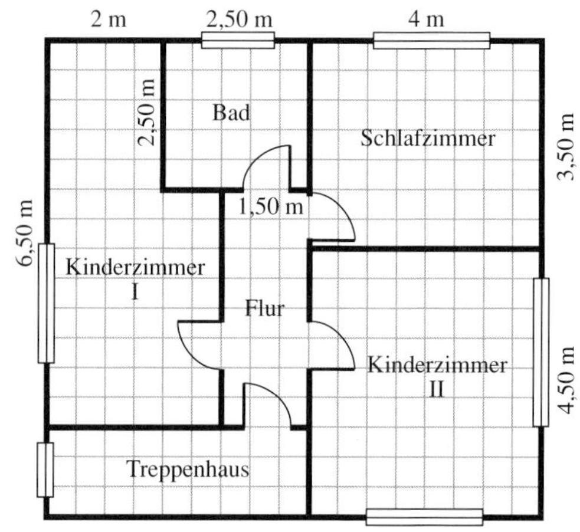

	Länge	Breite	Fläche
Wohnzimmer			
Arbeitszimmer			
Küche			
Kleines Bad			
Kinderzimmer 1			
Kinderzimmer 2			
Schlafzimmer			
Großes Bad			
Flur im Dachgeschoss			
Flur im Erdgeschoss			
Treppenhaus			

Flächenvergleich am Geobrett

Beim Ausmalen von Figuren, beim Auslegen von Umrissfiguren mit Formenplättchen und beim Zerschneiden von Papier wird mit konkret greifbaren Flächen gearbeitet.

Das Erkennen von Flächen auf dem Geobrett erfordert abstrahierendes Denken. Nicht die ausgemalte Figur, das Stück Papier oder das Formenplättchen repräsentieren die Fläche, sondern gespannte Gummiringe, die den Umriss einer Fläche bilden. Um die Aufmerksamkeit der Kinder auf die Fläche zu lenken, sind das Abzeichnen einer gespannten Figur in ein leeres Geobrett (**Kopiervorlage G1**) und das Ausmalen der Fläche mögliche Schritte zur Verdeutlichung des Flächenbegriffs am Geobrett.

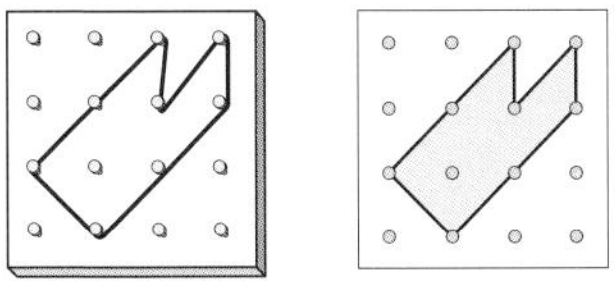

Flächenvergleich über Einheitsmaße

Auf dem Geobrett werden geradlinig begrenzte Flächen als einfache geschlossene Figuren bezeichnet. Figuren dieser Art können hinsichtlich der Größe ihrer Flächen verglichen werden. Dem Vergleich liegt die Erkenntnis zu Grunde, dass zwei Figuren flächeninhaltsgleich sind, wenn sich beide Figuren in die gleichen Teilfiguren zerlegen lassen. Dieser Erkenntnisprozess sollte mit den Kindern gemeinsam durchlaufen werden. Legen Sie Ihrer Klasse folgende Figuren mit der Fragestellung vor, ob eine Figur größer ist oder ob beide gleich groß sind.

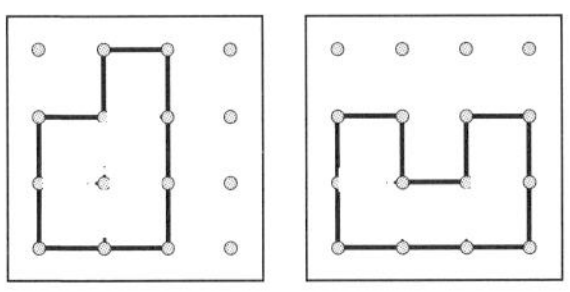

Einige Kinder werden vielleicht versuchen, die Figuren durch Übereinanderlegen zu vergleichen, indem sie Nagel auf Nagel legen. Auf diese Art und Weise lässt sich die oben gestellte Frage aber nicht beantworten. Um eine Lösungsfindung zu erleichtern, können Sie beide Figuren aus Papier bereithalten. Wenn die Klasse sich an den Flächenvergleich mit Formenplättchen erinnert, wird sie versuchen, die eine Figur so zu zerschneiden, dass sie sich in die andere überführen lässt. Konfrontiert mit der Fragestellung, ob sich denn beide Papierfiguren in die gleichen fünf Teilfiguren zerschneiden lassen, wird die Lösung gefunden, dass es sich um fünf Quadrate handelt. Wie lassen sich diese Teilfiguren auf dem Geobrett darstellen? Werden die fünf Teilfiguren in die Umrissfigur auf dem Geobrett eingepasst, erkennen die Kinder, dass sich diese Teilabschnitte auch mit Gummibändern spannen lassen. Beide Geobrettfiguren lassen sich mit fünf kleinen Quadraten ausspannen. Den Flächeninhalt der Figuren nennen wir 5 Qu. Wer findet weitere Figuren mit dem Flächeninhalt 5 Qu?

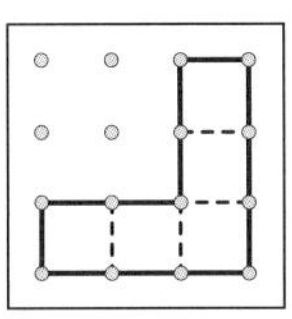

Zeichnet man auf dem Geobrett die Quadrate ein, lässt sich die Größe einer Fläche leichter ablesen.

Auch für das Abzeichnen hat es sich als hilfreich erwiesen, die gezeichneten Geobretter (**Kopiervorlage G 2**) mit einem Karoraster zu unterlegen. Die Kinder spannen nacheinander verschiedene Quadrate auf dem Geobrett. Die Flächeninhalte der Quadrate können anhand des Karorasters auf dem Geobrett bestimmt und in eine Tabelle eingetragen werden.

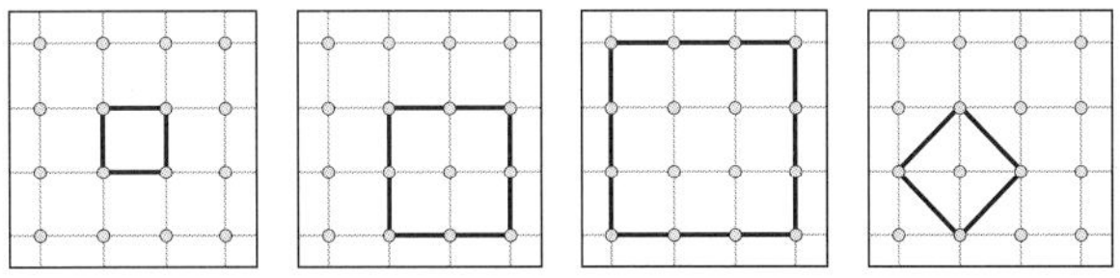

Figur	Flächeninhalt
A	1 Quadrat
B	4 Quadrate
C	9 Quadrate
D	2 Quadrate

Die Aufgabenstellung lässt sich auch auf Rechtecke und Dreiecke übertragen.

Das Geobrett veranschaulicht sehr einleuchtend das Verhältnis zwischen Kantenlänge und Flächeninhalt einer Figur. Werden die Kantenlängen einer Figur verdoppelt, vervierfacht sich der Flächeninhalt. Die Fläche des Dreiecks IMN beträgt ein Dreieck. Das Dreieck EMO, dessen Seiten doppelt so lang sind, hat den Flächeninhalt 4 Dreiecke.

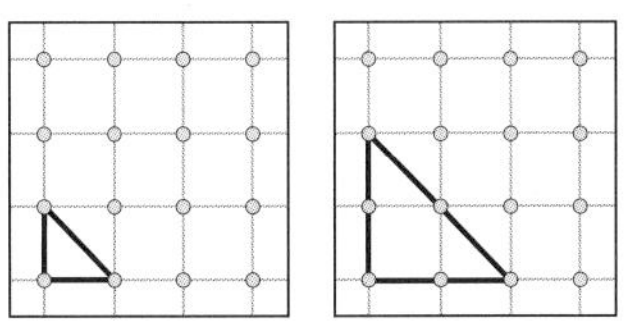

Zum Messen und Vergleichen von Flächeninhalten sind drei wichtige Arbeitsschritte voneinander zu unterscheiden (Rickmeyer 1997):

1. Anhand der Struktur des Geobretts eine geeignete Maßeinheit festlegen
2. Umrissfigur mit der gewählten Maßeinheit ausspannen
3. Anzahl der verwendeten Maßeinheiten bestimmen

Neben dem Quadrat als Einheitsmaß, legt die Struktur des Geobretts das rechtwinklige Dreieck als weiteres Einheitsmaß zum Flächenvergleich nahe („ein halbes Quadrat").

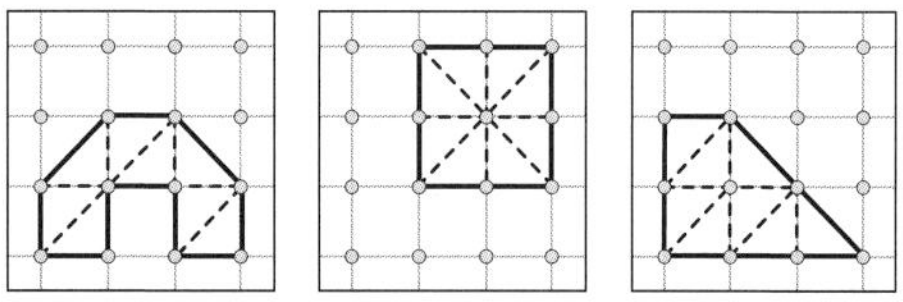

Mit dem Quadrat und dem rechtwinkligen Dreieck als Einheitsmaße sind zahlreiche Flächenvergleiche möglich:

- Umspanne genau 6 Einheitsquadrate mit der Figur.

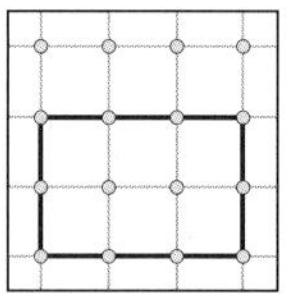

- Umspanne Figuren, die auch Dreiecke enthalten. Wie viele passen hinein? Trage die Anzahl in eine Tabelle ein.

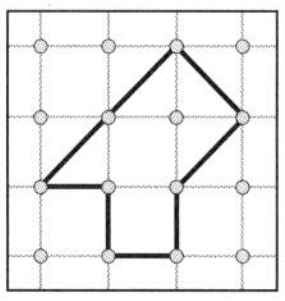

- Spanne eine Figur, in die genau 3 Quadrate passen. Wie viele Dreiecke sind das?

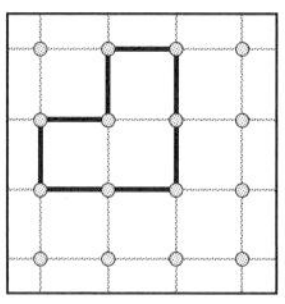

– Spanne eine Figur, in die genau 8 Dreiecke passen.

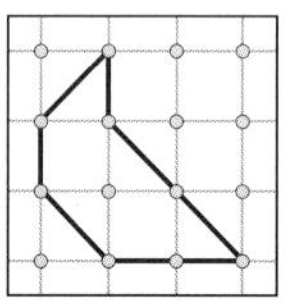

- Wie groß sind folgende Figuren? Verwende als Maß das Dreieck oder das Quadrat. Trage die Ergebnisse in die Tabelle ein. Sortiere die Figuren nach der Größe.

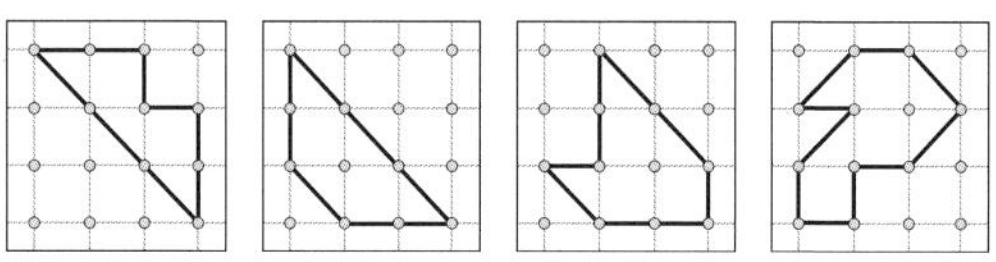

A B C D

Figur	Flächeninhalt	
A	7 Dreiecke	$3\frac{1}{2}$ Quadrate
B	8 Dreiecke	4 Quadrate
C	9 Dreiecke	$4\frac{1}{2}$ Quadrate
D	10 Dreiecke	5 Quadrate

– Spanne und zeichne Figuren, die die gleiche Fläche haben, wie dieses Rechteck.

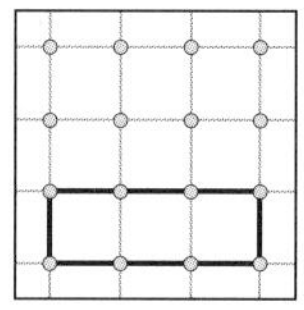

– Spanne und zeichne Figuren, die einen Flächeninhalt von $2\frac{1}{2}$ Qu, 4 Qu und 5 Qu haben.

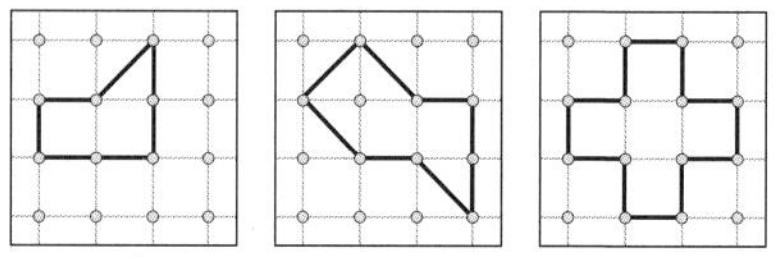

$2\frac{1}{2}$ Qu 4 Qu 5 Qu

Diese Übungen fördern die Erkenntnis, dass Flächengröße und Anzahl der Teilfiguren in Beziehung stehen. Je größer die Fläche ist, desto mehr Quadrate bzw. Dreiecke passen hinein.

Flächenvergleich mithilfe von unterschiedlichen Teilfiguren

Zur Differenzierung für leistungsstarke Lerner wird der Flächenvergleich über unterschiedliche Zerlegungsformen angeboten. Das Dreieck in der folgenden Abbildung lässt sich ohne Zwischenzerlegungen nicht in die oben beschriebenen Einheitsmaße zerlegen.

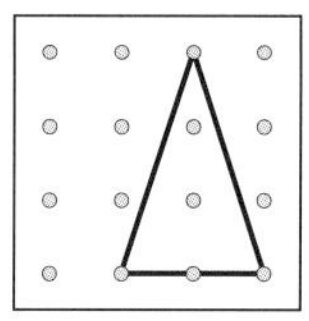

Die Kinder müssen flexible Bearbeitungsstrategien entwickeln, um den Flächeninhalt des Dreiecks bestimmen zu können. Der Flächeninhalt der Figur beträgt 3 Quadrate (3 Qu) oder 6 Dreiecke (3 Qu). Zerlegt man das Dreieck auf der Mittellinie, lassen sich die beiden Teildreiecke zu einem Rechteck zusammensetzen. Dieses Rechteck ist in die Einheitsmaße 3 Qu zerlegbar.

Als noch anspruchsvoller gestaltet sich folgende Aufgabe:

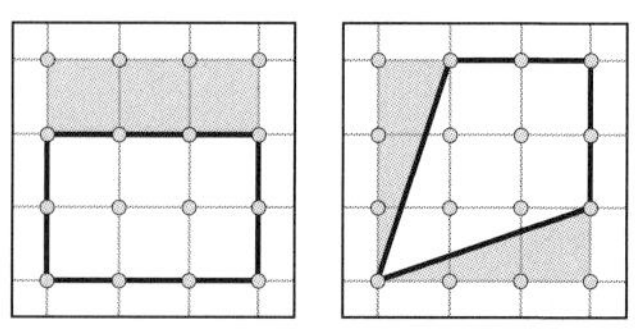

Beide Figuren haben den gleichen Flächeninhalt. Eine mögliche Strategie ist die Entdeckung, dass in der linken Figur die freie Fläche ein Rechteck darstellt. In der rechten Figur bildet die unbespannte Fläche ebenfalls ein Rechteck. Weitere Anregungen findet die Leserin in Rickmeyer (1997).

Spiel zum Flächenvergleich
30 Spielkarten mit unterschiedlichen Figuren, die sich auf dem Geobrett spannen lassen, sind das Material für ein Spiel zum Flächenvergleich **(Kopiervorlage G 3).** Es können 2 bis 4 Kinder mitspielen. Als Vorübung versuchen die Spieler, Figuren mit gleichgroßen Flächeninhalten herauszusuchen. Danach werden alle Karten gemischt und jedes Kind zieht eine Karte. Wer die Figur mit dem größten Flächeninhalt besitzt, erhält alle Karten aus der Runde. Weisen zwei oder mehr Figuren denselben Flächeninhalt auf, behalten die jeweiligen Spieler ihre Karten. Wenn alle Kärtchen ausgespielt sind, ist derjenige Sieger, der die meisten Kärtchen gewonnen hat. Bei Unklarheiten unter den Mitspielern müssen die Figuren auf Geobrettern nachgespannt und mit Teilfiguren ausgespannt werden. Man kann als Lehrerin auch eine Kontrollkarte entwickeln, auf der alle Figuren mit der Angabe ihrer Flächengröße abgebildet sind.

3.1.5 Umfang

Der Begriff „Umfang" begegnet Kindern im alltäglichen Sprachgebrauch selten. In Bestellkatalogen für Kleidung ist er als Körpermaß zu finden (Brust-, Taillen- und Hüftumfang). Die einzelnen Maße bestimmen die Bestellgröße. Bei Neugeborenen wird der Kopfumfang gemessen. In der Grundschule werden Umfänge von ebenen Figuren bestimmt. Dabei ist zwischen Fläche (Inneres) und Umfang (Randlinie) einer Figur zu unterscheiden. Als Umfang bezeichnet man die Länge der geschlossenen Randlinie einer Fläche. Bei gleichen Flächengrößen, aber variierenden Formen ändert sich der Umfang. Klassische Aufgaben aus Mathematikbüchern zur Umfangsberechnung im 4. Schuljahr sind das Einzäunen von Weiden und Gärten oder das Einfassen eines Stoffstücks mit einer Bordüre.

Im 3. Schuljahr beschränken wir uns auf das Unterscheiden und Vergleichen von Umfängen mit geeigneten Maßeinheiten.

Streichhölzer als Maßeinheit

Der Umgang mit Streichhölzern für die Bestimmung und den Vergleich von Umfängen ist eine sinnvolle Vorbereitung für die Umfangsberechnung in späteren Schuljahren. Die Länge eines Streichholzes repräsentiert die Einheit, in der der Umfang gemessen wird. Dazu legen die Kinder verschiedene geschlossene Figuren aus Streichhölzern.

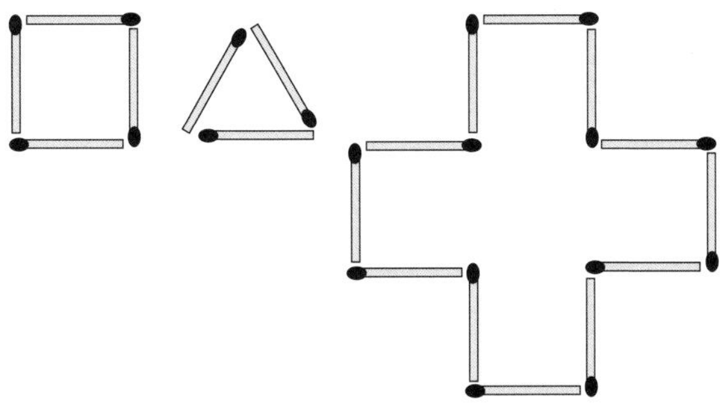

Nun wird verglichen, welche Figur die längste bzw. die kürzeste Streichholzumrandung hat. Die Aufgabenstellung ist für Kinder sprachlich schwer verständlich. Sie werden sagen, dass die Figur am größten ist, für die die meisten Streichhölzer verwendet wurden. Der Begriff „groß" trifft aber nicht den mathematischen Sachverhalt. Um den Zusammenhang zwischen Streichholzanzahl und Umfang zu verdeutlichen, werden die Streichhölzer einer Figur in eine Reihe gelegt. Es ist sofort sichtbar, dass die Figur mit den meisten Streichhölzern den größten Umfang, aber nicht unbedingt die größte Fläche hat, da das Streichholzband am längsten ist. So lässt sich anschaulich darstellen, dass der Umfang einer Figur immer eine Länge ist. In einer anderen Übung erfinden die Kinder verschiedene Figuren aus beispielsweise 20 Streichhölzern. Alle Figuren haben den Umfang 20 Streichholzlängen, obwohl ihre Formen und Flächengrößen verschieden sind.

Karolängen als Maßeinheit

Neben Streichhölzlängen sind Kästchen im Rechenheft ein geeignetes Maß zur Umfangsbestimmung. Den Kindern werden verschiedene Figuren auf Karopapier vorgelegt. Im Gegensatz zu Streichholzfiguren verwenden wir auf Karopapier aber nur rechtwinklige Figuren. Durch Auszählen der Kästchenlängen (KL) können die Umfänge der Figuren bestimmt und miteinander verglichen werden. Die Ergebnisse zeigt eine Tabelle.

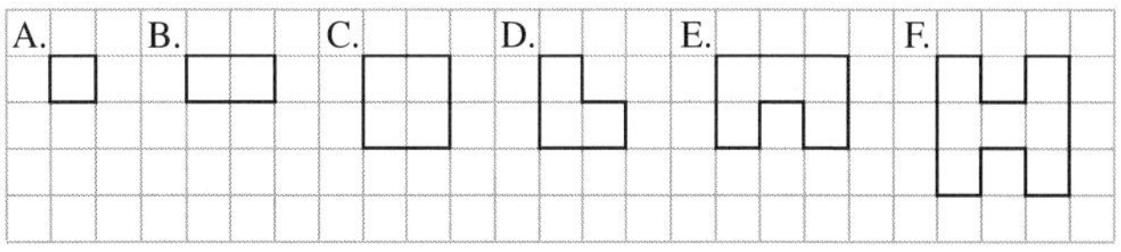

Figur	Umfang: Anzahl der Kästchenlängen (KL)
A	4 KL
B	
C	
D	
E	
F	

Werden die Kinder aufgefordert, eigene Figuren zu zeichnen und deren Umfänge zu bestimmen, werden sie feststellen, dass sich verschiedene Figuren mit gleichen Umfängen zeichnen lassen.

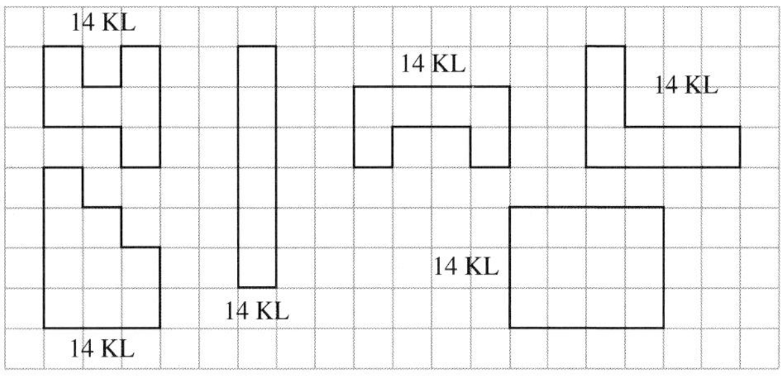

Der Auftrag, eine Figur mit dem Umfang 9 oder 15 Karolängen zu suchen, führt zu der Erkenntnis, dass rechtwinklige Figuren im Karopapier nur Umfänge mit geraden Maßzahlen haben, wobei der kleinstmöglichste Umfang 4 Karolängen beträgt.

Umfangsbestimmungen auf dem Geobrett

Das Geobrett bietet auch die Möglichkeit, erste einfache Umfangsbestimmungen vorzunehmen. Als Maßeinheit wählen wir den Abstand zweier Nägel zueinander (NA), wobei die Diagonale ausgeschlossen bleibt. Auf drei verschiedenen Geobrettern werden folgende Figuren gespannt.

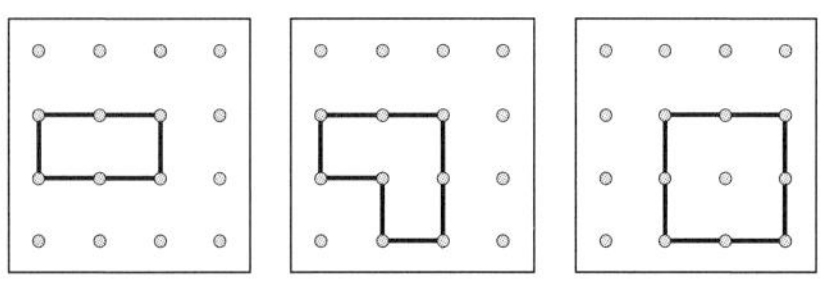

Figur A Figur B Figur C

Figur A hat den Umfang 6 NA. 8 NA beträgt der Umfang der Figuren B und C. Nachdem die Kinder an mehreren Beispielen die Umfänge über Nagelabstände ermittelt haben, werden sie in Zentimeter umgerechnet, wobei ein Nagelabstand fünf Zentimetern entspricht. Auf wie viele Zentimeter muss das Gummiband von jeder Figur gespannt werden? Mehrere Lösungswege unterschiedlichen Niveaus können die Kinder beschreiten:

- Mit unelastsichen Bändern werden die Figuren nachgespannt.
- Anschließend breitet man die Bänder auf dem Tisch aus und misst ihre Längen.
- Schrittweise werden immer 5 cm addiert.
- Die Anzahl der Nagelabstände wird bestimmt und mit 5 cm multipliziert.

Nachspannen mit unelastischen Bändern (Figur A)

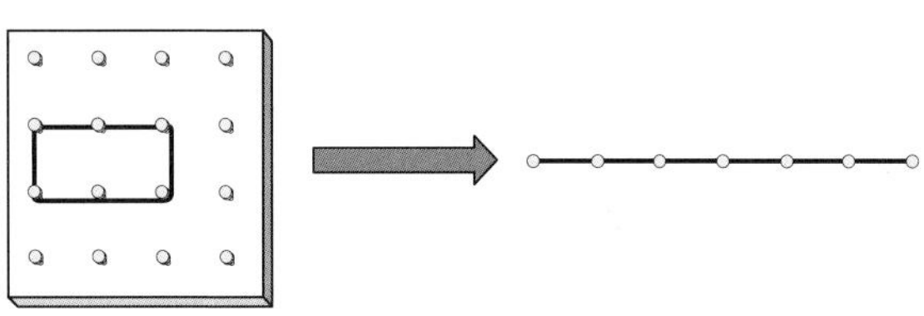

Addition (Figur B)

5 cm + 5 cm +5 cm + 5 cm +5 cm + 5 cm +5 cm + 5 cm = 40 cm

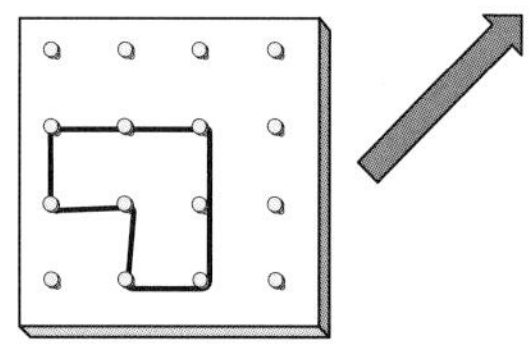

Multiplikation (Figur C)

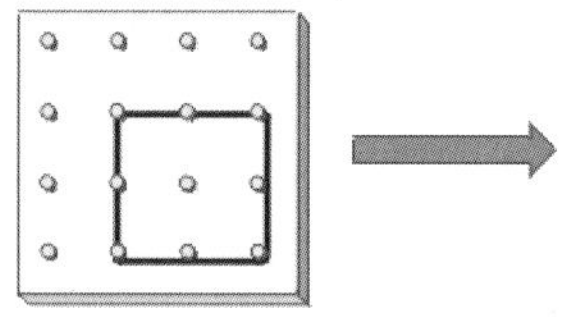

8 · 5 cm = 40 cm

Für eine Untersuchungsreihe erhalten die Kinder eine Tabelle, aus der sie der ersten Spalte entnehmen, mit wie vielen Nagelabständen eine Figur gespannt werden soll. In die zweite Spalte wird die Figur eingezeichnet. Anschließend muss der Umfang in Zentimetern durch Multiplikation mit 5 cm bestimmt werden. In der letzten Spalte notieren die Kinder den Umfang bzw. die Dehnung des Gummirings. Es ist wichtig, dass die Figuren auch tatsächlich aufgespannt werden um zu verhindern, dass die Kinder die Aufgabe rein rechnerisch lösen und beispielsweise einen Umfang von 5 x 5 cm = 25 cm bestimmen, obwohl sich eine Figur mit 5 Nagelabständen gar nicht aufspannen lässt. Durch diese Versuchsreihe entdecken die Kinder, welches die Figur mit dem kleinsten bzw. größten Umfang ist, dass sich nur Figuren mit einer geraden Anzahl von Nagelabständen spannen lassen und dass der Umfang in Zentimetern ausgedrückt immer ein Vielfaches von Zehn beträgt.

NA	Figur	Lösungsweg	Umfang
4		4 · 5 cm	20 cm
5			
6		6 · 5 cm	30 cm
7			
8			
10			
12			
14			
16			
17			

Wie viele Figuren findest du mit den Umfängen 20 cm, 30 cm, 40 cm ...??

3.2 Geometrische Körper und räumliche Beziehungen

Geometrische Körper begegnen den Kindern in der Freizeit (Bälle, Kreisel, Spielwürfel), im häuslichen Bereich (Verpackungen, Haushaltsrollen), in Bauwerken (Häuser, Dächer, architektonische Besonderheiten) und in der Kunst (Objektkunst). Die Ausbildung der Raumvorstellung befähigt den Menschen, sich in der Umwelt, die aus Formen, Figuren und Körpern besteht, zurechtzufinden. Die Raumvorstellung umfasst drei besondere Fähigkeiten (Radatz/Rickmeyer 1991, S.17):

1. Räumliche Orientierung (wirkliche oder gedankliche Orientierung im Raum)
2. Räumliches Vorstellen (Objekte in der Vorstellung reproduzieren)
3. Räumliches Denken (in Gedanken mit Vorstellungsinhalten operieren)

In den ersten beiden Schuljahren haben die Kinder einfache geometrische Körper in der Umwelt, in Spielhandlungen und im freien und thematisierten Bauen kennengelernt. Im 3. Schuljahr liegt der Schwerpunkt auf Eigenschaften und Besonderheiten geometrischer Körper. Drei Zielvorstellungen werden in den nachfolgenden Übungen immer wieder berücksichtigt:

- Erkennen und Benennen von geometrischen Körpern (Würfel, Quader, Kugel, Pyramide, Kegel, Zylinder, Prisma)
- Untersuchen von Eigenschaften
- Unterschiedliche Modelle von Körpern herstellen

Kinder verinnerlichen geometrische Begriffe und Merkmale über konkrete Handlungserfahrungen. Durch Begreifen können Beobachtungen über den visuellen und den taktilen Wahrnehmungskanal aufgenommen werden. Das Herstellen geometrischer Körper konfrontiert die Kinder immer wieder mit genauen Beobachtungen und Vorstellungen über die Anzahl der Ecken, Flächen und Kanten, über die Flächenformen, die Kantenlängen und Maße ihres Objektes. Daher legen wir im folgenden den Schwerpunkt auf die Herstellung geometrischer Körper. Mit dem *effekt-Baukastensystem* (Bezugsadresse: Dr. P. H. Maier, Pädagogische Hochschule Freiburg, Institut für Mathematik und Informatik und ihre Didaktiken, Kunzenweg 21, D 79117 Freiburg) können sowohl Flächen- als auch Kantenmodelle von Polyedern hergestellt werden. Dazu werden Flächen bzw. Streifen aus PVC-Folie mit Gummiringen verbunden. Weitere Anregungen zum Konstruieren von Polyedern findet die Leserin in den folgenden Abschnitten.

3.2.1 Vollmodelle

Vollmodelle aus Holz (Quader, Würfel, Pyramiden, Prismen, Zylinder, Kegel, Kugel) sind für Fühlübungen geeignet. Alle Modelle werden in einen Beutel gelegt. Wer kann einen Körper ertasten und beschreiben? Wie viele Ecken, Kanten und Flächen hat der Körper? Wer kennt seinen Namen? Welcher Körper hat nur eine Kante und eine Spitze, welcher hat zwei kreisförmige Flächen? Durch genaues Untersuchen lernen die Kinder die geometrischen Körper voneinander zu unterscheiden und zu benennen. Die Merkmale werden in eine Tabelle eingetragen.

	Name der Körper	Anzahl der Ecken	Anzahl der Kanten	Anzahl der Flächen	Besonderheiten der Körper
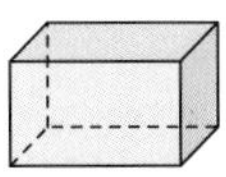	Quader	8	12	6	Ich habe zwölf Kanten und acht Ecken. Meine gegenüberliegenden Flächen sind gleich große Rechtecke.
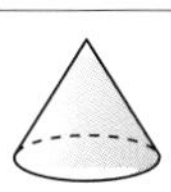	Kegel	1	1	2	Ich habe eine Kreisfläche und den Ausschnitt einer Kreisfläche.
	Kugel	0	0	1	Ich habe weder Ecken noch Kanten.
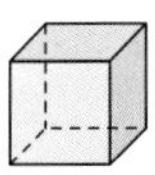	Würfel	8	12	6	Ich habe sechs gleich große quadratische Flächen, zwölf Kanten und acht Ecken.
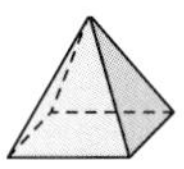	Pyramide	5	8	5	Ich habe eine viereckige Grundfläche, meine vier Seitenflächen sind dreieckig.
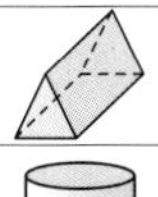	Prisma	6	9	5	Ich sehe aus wie ein langes Dach.
	Zylinder	0	2	3	Ich habe drei Flächen: zwei gleich große Kreisflächen und ein Rechteck.
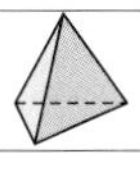	Tetraeder	4	6	4	Ich habe vier dreieckige Flächen.

Vollmodelle können die Kinder aus unterschiedlichen Modelliermassen (Knete, Plastilin, Keramik-Plast) selbst formen. Dabei ist zu bedenken, dass es kaum möglich ist, mit Modelliermasse geometrisch genaue Körper herzustellen.

3.2.2 Kantenmodelle

Kantenmodelle geometrischer Körper heben die Anzahl der Kanten und Ecken und die Länge der Kanten deutlich hervor. Plastik- oder Holzmodelle von Quadern, Würfeln, Pyramiden, Prismen, Zylindern, Kegeln und Kugeln werden in einen Fühlbeutel gelegt. Die Kinder versuchen einzelne Formen zu ertasten und deren Merkmale zu beschreiben. Dabei kommt den Kanten und Ecken besondere Bedeutung zu. Sie werden von den Kindern eher ertastet als die Flächen. Eine Reihe von Fragen regen zum gezielten Ertasten und Beschreiben an:

- Wie viele Kanten und Ecken hat der Körper?
- Wie lang sind die Kanten?
- Wie sind sie zueinander angeordnet?
- Kannst du einen Körper ohne Kanten ertasten?
- Fühlen sich die Kanten gerade oder gebogen an?

Später werden die Kanten an den verschiedenen Körpern durch farbige Klebestreifen optisch hervorgehoben.

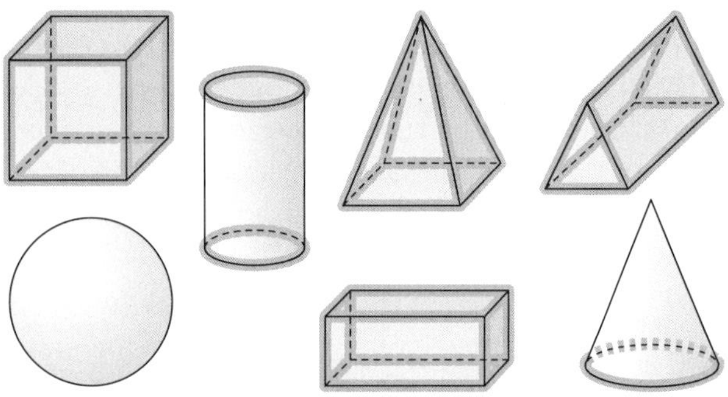

Im sich anschließenden Unterrichtsverlauf versuchen die Kinder einen geometrischen Körper zu bauen, der seine Stabilität lediglich durch Ecken und Kanten erhält. Die Modelle gleichen Kletter- oder Stahlgerüsten. Einige Lehrmittelverlage bieten dazu geeignetes Material an. Betzold hat beispielsweise drei verschiedene Baukästen im Angebot, mit denen sich Kantenmodelle erstellen lassen. Der *ORBIT-Geometriebaukasten* enthält Verbindungsstecker und starre und biegsame Halme aus Kunststoff. Fast alle im Geometrieunterricht vorkommenden Körper lassen sich daraus als Kantenmodelle bauen. Stäbchen als Kanten und Kugeln als Ecken sind Elemente des *Schul-Steckbaukastens*.

Falls der Schuletat die Ausgaben für kommerzielles Material nicht zulässt, kann auf geeignete Hilfsmittel aus dem Haushalt zurückgegriffen werden:

- Knetgummi oder Plastilin, Strohhalme, Schaschlikspieße, Stopfnadeln, Papierquadrate, Zwirn, Papierstreifen, Klebstoff.

Schaschlikspieße lassen sich durch kleine Kugeln aus Knetmasse miteinander verbinden. Strohhalme werden an den Enden mit einer Stopfnadel durchbohrt und mit Zwirn verbunden.
Papiermodelle bestehen aus Faltecken und Papierstreifen, die nach folgender Anleitung hergestellt werden können.

Faltanleitung für Eckverbindung

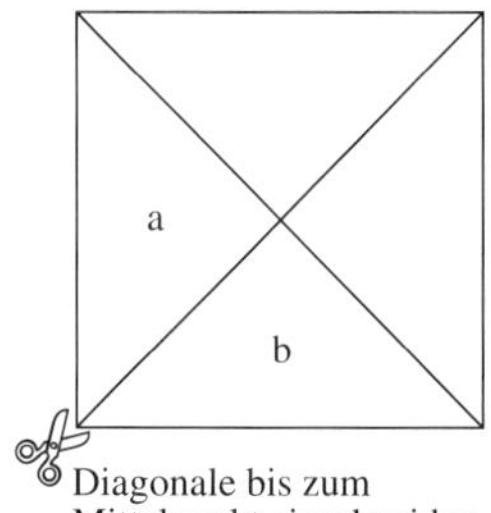

Diagonale bis zum Mittelpunkt einschneiden

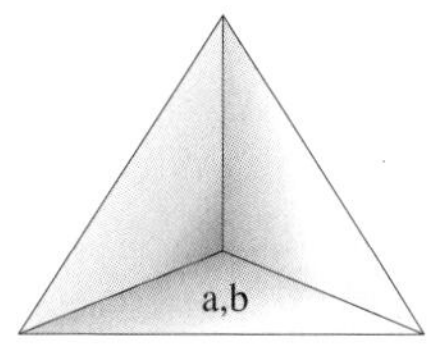

Dreieck a und b aufeinander kleben

Faltanleitung für Papierstreifen

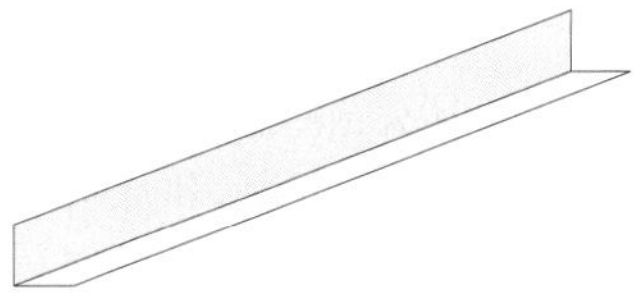

Eckverbindung mit 3 Kanten

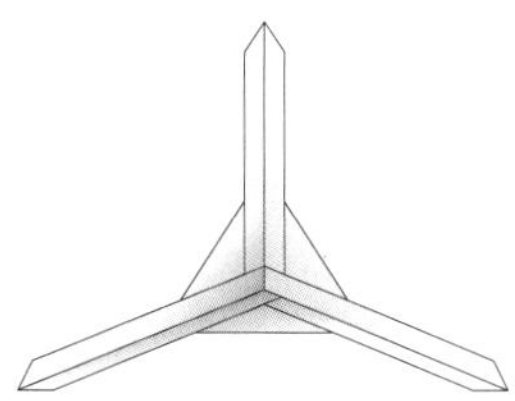

Jede Technik sollte den Kindern einmal vorgeführt werden. Anschließend wählen die Kinder zu zweit einen Körper aus, den sie herstellen wollen. Die Wahl des Materials bleibt ihnen überlassen. Erweitert wird die Aufgabe durch die Aufforderung, ein eigenes, besonderes Kantenmodell herzustellen. Wem gelingt ein besonders kompliziertes Klettergerüst, ein Turm oder eine Brücke? Nicht schuleigenes Material hat den Vorteil, dass die Kinder ihre Modelle mit nach Hause nehmen können.

3.2.3 Flächenmodelle

Geometrische Hohlkörper bezeichnet man als Flächenmodelle. Die Körper sind von einer Oberfläche (Mantel) aus Papier, Pappe, Holz, Kunststoff oder anderen Materialien umgeben.

Aus: Schubi Katalog 96/97

Konstruieren und Herstellen von Flächenmodellen

Polydron (Betzold) ist ein Baukastensystem, das aus quadratischen, dreieckigen, rechteckigen, fünf- und sechseckigen Kunststoffplatten besteht. Die Kanten der Kunststoffflächen sind so geformt, dass sich die einzelnen Elemente wie Puzzleteile zusammenstecken lassen. Flächenmodelle vieler geometrischer Körper können auf diese Weise gebaut und sogar zu Körpernetzen auseinander geklappt werden.

Aus. Arnulf Betzold GmbH, Grundschulkatalog 1997

Aus: Schubi Katalog 96/97

Aus Karton und Gummibändern lassen sich stabile geometrische Körper herstellen. Die Bereitstellung der Materialien erfordert von der Lehrerin allerdings handwerkliches Geschick und eine längere Vorbereitungszeit. Aus stabilem Karton müssen Dreiecke, Quadrate, Rechtecke und Fünfecke geschnitten werden, an deren Ecken jeweils kleine Löcher ausgestanzt sind.

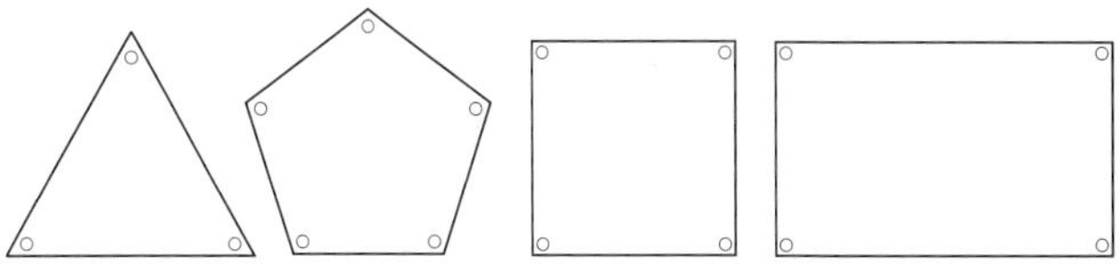

Die Kinder organisieren sich in Kleingruppen bis zu drei Teilnehmern. Der Auftrag für jede Gruppe besteht darin, die einzelnen Flächen so mit Gummibändern oder Hutgummis zu verbinden, dass ein stabiler geschlossener Körper entsteht. Neben den Gummibändern benötigt jede Gruppe folgende Materialien:

1. Gruppe: Sechs Quadrate aus Karton (Es entsteht ein Würfel.)
2. Gruppe: Vier gleichgroße Rechtecke aus Karton und zwei identische Quadrate (Es entsteht ein Doppelwürfel oder Quader.)
3. Gruppe: Vier gleichseitige Dreiecke (Es entsteht ein Tetraeder.)
4. Gruppe: Ein Quadrat und vier gleichseitige Dreiecke, wobei Kantenlänge von Quadrat und Dreieck übereinstimmen müssen (Es entsteht eine Pyramide.)
5. Gruppe: Acht gleichseitige Dreiecke (Es entsteht ein Oktaeder.)
6. Gruppe: 12 regelmäßige Fünfecke (Es entsteht ein Dodekaeder mit 12 Flächen.)

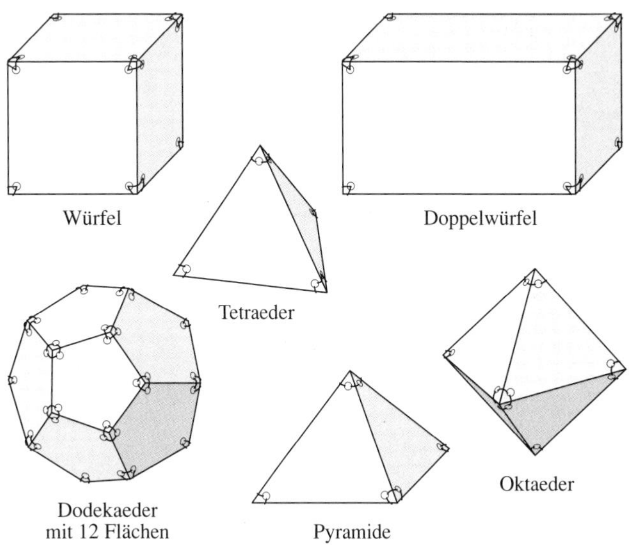

Durch gezieltes Ausprobieren und Überlegen erkennen die Kinder, dass immer drei Teile an den Ecken miteinander verbunden werden müssen, damit der Körper vollständig geschlossen und damit stabil ist. Das Oktaeder bildet eine Ausnahme. Bei ihm müssen immer vier Teile miteinander verbunden werden. Jede Gruppe erhält einen mehr oder weniger bekannten geometrischen Körper. Die Aufgaben für die letzten zwei Gruppen sind sehr anspruchsvoll. Wenn das Leistungsverhalten der jeweiligen Lerngruppe es zulässt, sind sie zur Differenzierung sehr gut geeignet. Nach dem Herstellungsprozess stellt jede Gruppe ihren Körper vor. Für unbekannte Körper entwickeln die Kinder eigene Namen, die von Seiten der Lehrerin durch die mathematischen Fachberiffe ergänzt werden können.

Schattschneider und Walker (1987) haben die Oberflächen dreidimensionaler Körper mit Mustern (Parkettierungen) von M. C. Escher gestaltet und in einem Buch mit Material zum Nachbauen zusammengefasst. Sie können mit ihren Kindern zusammen diese faszinierend kolorierten geometrischen Körper herstellen.

Der Würfel

Würfelnetze

Wird ein geometrischer Körper (Flächenmodell) aus Karton auseinander geschnitten und zu einer ebenen Fläche aufgeklappt, entsteht ein Netz dieses Körpers. Das Netz besteht nur aus einem einzigen zusammenhängenden Stück. Am bekanntesten sind Würfel- und Quadernetze, aber auch Netze für andere Körper sind möglich. Für Körper mit gebogener Oberfläche (Zylinder, Kegel, Kugel) lassen sich zwar Netze konstruieren, aber sie sind schwierig zusammenzubauen, da die Flächenstücke nur an einem Punkt zusammenhängen.

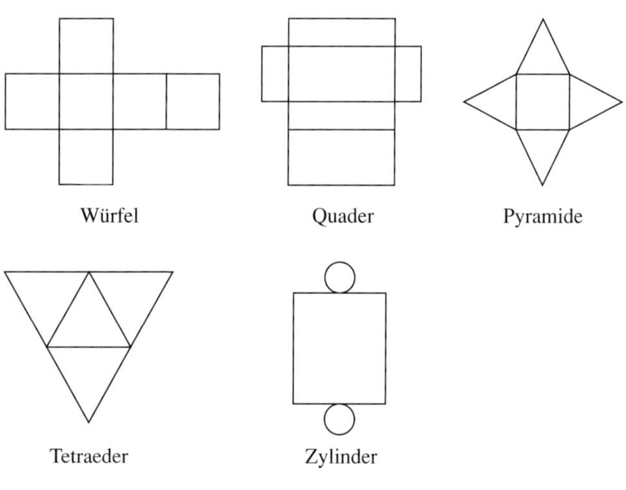

Es gibt insgesamt elf verschiedene Würfelnetze, die sich nicht durch Spiegelung und/oder Drehung aufeinander abbilden lassen.

Manche Kinder haben keine Schwierigkeiten, sich ein dreidimensionales Modell eines Würfels als Abwicklung oder Netz vorzustellen. Anderen muss erst bewusst werden, dass die Flächen des Würfels Quadrate bilden und dass ein Würfel aus sechs Quadraten besteht. Weiterhin dürfen die Quadrate nicht alle in einer Reihe angeordnet sein, denn dann lässt sich kein Würfel daraus falten. Das räumliche Vorstellungsvermögen der Kinder ist unterschiedlich weit entwickelt. Manche brauchen die konkrete Tätigkeit um die Abwicklung eines Würfels zu erkennen. Drei Lernzugänge erscheinen uns angebracht:

1. Die Kinder finden selbst verschiedene Würfelnetze. Dazu können sie ihre Ideen auf Karopapier zeichnen und zur Kontrolle ausschneiden und zusammenfalten. Für einige Kinder erübrigt sich das Zusammenfalten. Sie ordnen sechs quadratische Bierdeckel oder Memorykarten zu einem Würfelnetz und fertigen Freihandskizzen an.
2. Den Kindern werden 15 verschiedene Quadrat-Sechslinge vorgelegt, aus denen sie die herausfinden sollen, die sich zu einem Würfel zusammenbauen lassen.
   Einige Kinder überprüfen die Richtigkeit der Netze wieder durch Ausschneiden und Zusammenfalten. Andere klappen in der Vorstellung die Netze zusammen.
   Solche Kinder verfügen schon über ein gut ausgebildetes räumliches Vorstellungsvermögen.
3. Durch Abwicklung eines Würfels können vier von elf Würfelnetzen gefunden werden.

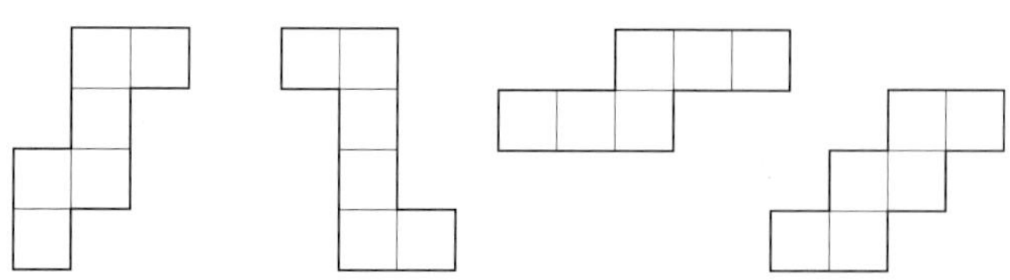

Würfelnetze im Karopapier

Das Zeichnen von rechten Winkeln mit dem Geodreieck ist eine Voraussetzung, um Würfelnetze auf Blancoapier zeichnen zu können. Diese Aufgabe ist sehr anspruchsvoll. Es empfiehlt sich daher, Würfelnetze mit Lineal oder aus freier Hand auf Karopapier zeichnen zu lassen. Durch Messen bzw. Auszählen der Kästchen ist das Zeichnen von Quadraten für verschiedene Würfelnetze dann nicht mehr schwierig. Sollen die Kinder die Netze ausschneiden und zusammenkleben, dann müssen die erforderlichen Klebelaschen berücksichtigt werden. Immer dort, wo zwei Würfelkanten zusammenstoßen, ist eine Klebefläche notwendig. „Zeichne ein Würfelnetz für einen Würfel mit 5 cm Kantenlänge. Vergiss die Klebelaschen nicht. Schneide ihn aus und klebe ihn zusammen.“ Die Kästchenstruktur der zusammengeklebten Würfel motiviert zu interessanten Entdeckungen:

- Wie viele Kästchen sind auf jeder Würfelfläche zu sehen?
- Wie viele Kästchen bedecken den gesamten Würfel?
- Welcher Zusammenhang besteht zwischen der Kantenlänge des Würfels und der Anzahl der Kästchen an einer Würfelkante?
- Stelle einen Würfel mit doppelt so großen Kantenlängen her. Wie viele Kästchen siehst du jetzt auf den Würfelseiten? Wie viele auf dem gesamten Würfel?
- Wenn du den Papierwürfel lückenlos mit kleinen Würfeln (Kantenlänge entspricht einer Kästchenlänge) füllen würdest, wie viele kleine Würfel würdest du brauchen?
- Fülle die Tabelle aus. Was fällt dir auf?

Kantenlänge des Würfels	Anzahl der Kästchen auf einer Würfelfläche	Anzahl der Kästchen auf dem gesamten Würfel
5 cm	10 · 10 = 100 100 Kästchen	100 · 6 = 600 600 Kästchen
10 cm		
4 cm		
8 cm		
6 cm		
12 cm		

Kopfgeometrische Übungen am Würfel

Es bedarf eines gewissen Trainings – auch für Lehrerinnen und Lehrer! – Markierungen an einem Würfel in seinem Würfelnetz wiederzufinden. Je öfter Sie als Lehrerin solche Aufgaben mit Ihren Kindern durchführen, desto vertrauter wird Ihnen die Aufgabenstellung. Die Lösungswege der Kinder werden von Mal zu Mal geschickter und die Zeit zur Lösungsfindung kürzer. Viele Aufgaben lassen Mehrfachlösungen zu. Ausgangspunkt für die folgenden Übungen ist ein Würfel mit seinen verschiedenen Netzen:

- Eine oder mehrere Flächen werden auf einem Würfel eingefärbt. Färbe die Würfelnetze an der richtigen Stelle. Sie können anstatt mit Farben auch mit Symbolen, den Würfelzahlen, Wörtern oder Namen von Popstars oder von Sportidolen arbeiten.

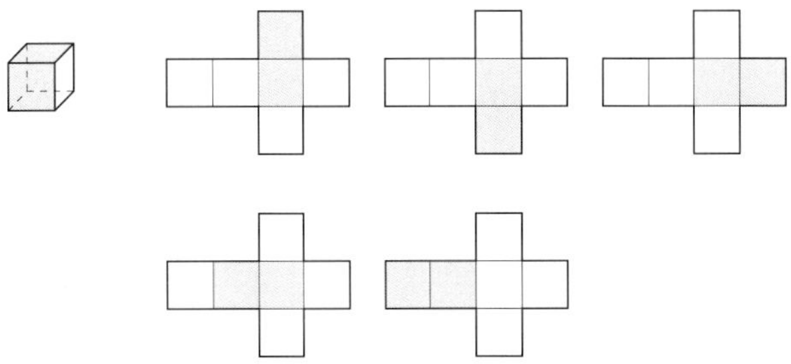

- Einige Würfelflächen sind mit grafischen Mustern bemalt. Wer kann sie in Würfelnetze übertragen?

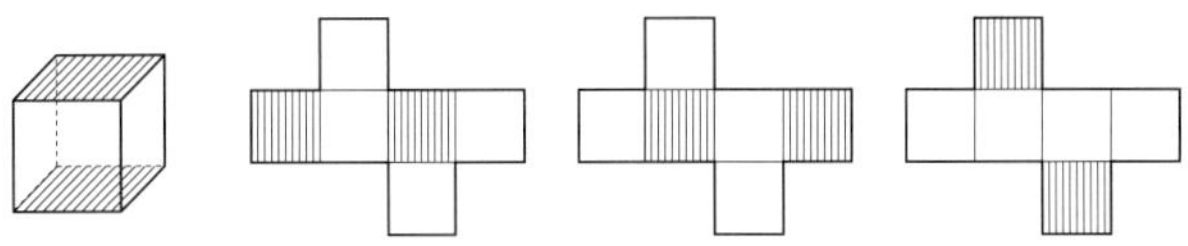

- Eine oder mehrere Kanten im Würfel werden eingefärbt. Wo liegen die entsprechenden Kanten im Würfelnetz?

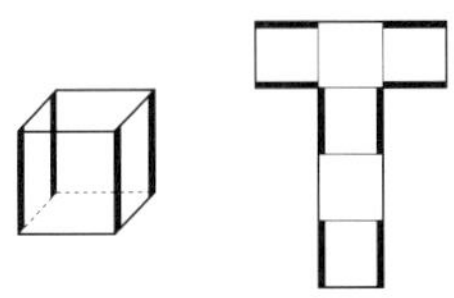

- Einige Kanten eines Würfelnetzes sind eingefärbt. Die Kinder erhalten die Aufgabe, ein zweidimensionales Schrägbild eines Würfels an den Kanten entsprechend zu färben. Die Kanten müssen so angeordnet sein, dass sie in der Aufsicht auch sichtbar sind.

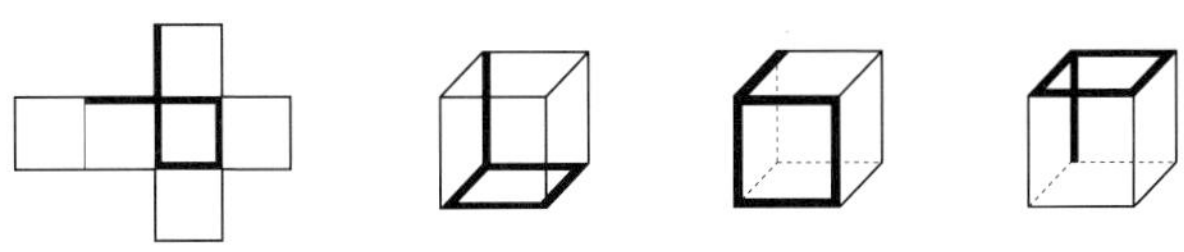

Kanten und Flächen werden in einem Würfelnetz gekennzeichnet. Wer kann sie im Schrägbild markieren?

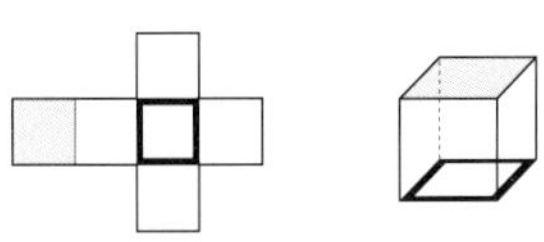

- Auch Ecken können an einem Würfel eingefärbt oder mit Nummern versehen sein.
Es bedarf eines guten räumlichen Vorstellungsvermögens, diese Ecken im Netz wiederzufinden. Erschwerend kommt hinzu, dass fast allen Ecken des Würfels zwei Ecken im Netz entsprechen.

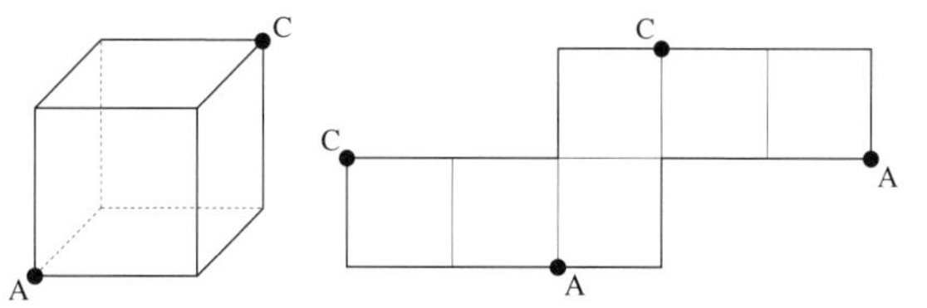

- In einem Würfelnetz wird eine Fläche mit „u“ für unten bezeichnet. Zeichnet, welche Fläche dann oben (o), vorne (v), hinten (h), links (l) bzw. rechts (r) ist. Die Fehlerquelle liegt für die Kinder bei „links-rechts“ und „vorne-hinten“. Diese Ansichten werden häufig vertauscht. Um die Schwierigkeit zu verringern, versuchen die Kinder, die untere Fläche des Würfels mit dem Zeigefinger auf den Tisch zu drücken und beim gedanklichen Auffalten des Netzes von vorne zu peilen.

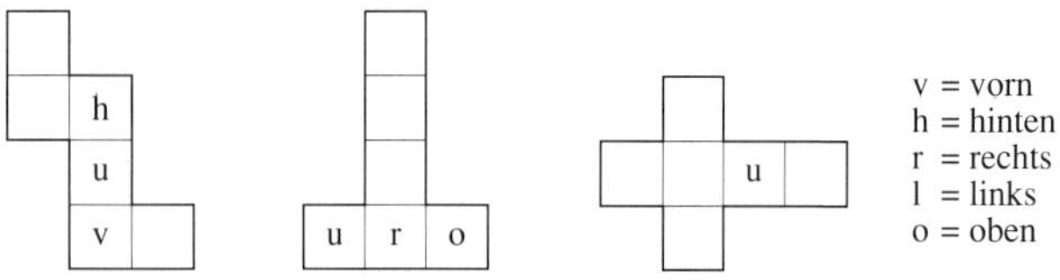

- Zeichne die Klebelaschen. Gibt es verschiedene Möglichkeiten? Färbe Klebelaschen und Kanten in der gleichen Farbe. Wie viele Klebelaschen brauchst du bei den verschiedenen Netzen?
  Lehrerfrage: Warum kommt man bei jedem Netz mit sieben Klebelaschen aus?
  (Hilfsfrage: Wie viele Würfelkanten werden aufgeschnitten, wenn man das Kantenmodell eines Papierwürfels herstellt? Wie viele hängen zusammen?)

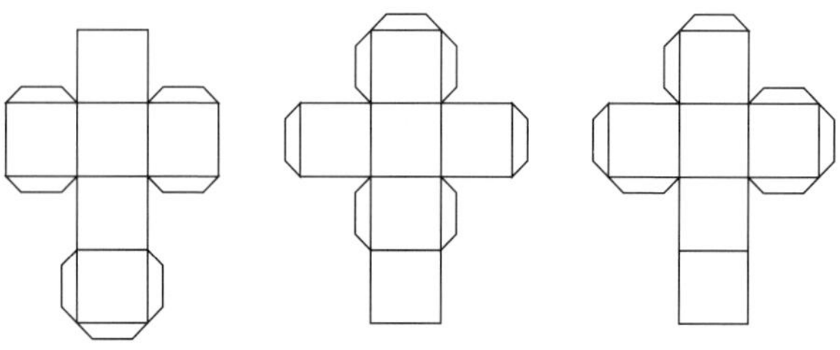

- Färbe diejenigen Kanten im Würfelnetz in der gleichen Farbe, die beim Auffalten aneinanderstoßen.

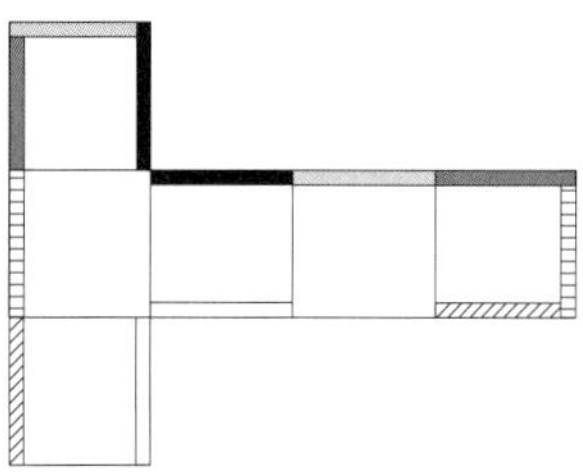

- Baue aus acht Spielwürfeln (Punktzahl 1-6) einen großen Würfel. Ordne die Würfel so an, dass die Summe der sichtbaren Würfelpunkte möglichst groß bzw. möglichst klein wird. (Die höchste Punktzahl, die erreicht werden kann, lautet 120, die kleinste 48.)

Berechnung A:

Würfelfläche (vorne)	$4 \cdot 6 = 24$
Würfelfläche (hinten)	$4 \cdot 6 = 24$
Würfelfläche (rechts)	$4 \cdot 5 = 20$
Würfelfläche (links)	$4 \cdot 5 = 20$
Würfelfläche (oben)	$4 \cdot 4 = 16$
Würfelfläche (unten)	$\underline{4 \cdot 4 = 16}$
Summe	120

Berechnung B:

An jeder Ecke:
$4 + 5 + 6 = 15$

8 Ecken:
$8 \cdot 15 = 120$

Lässt sich ein Würfel konstruieren, dessen Flächen aus Seiten mit derselben Punktzahl bestehen?

Würfel falten

Die Technik des Faltens geometrischer Körper beruht auf der Tätigkeit des Ineinandersteckens von mehreren gleichartig gefalteten Teilelementen aus Papier. Diese Teilelemente, auch Module genannt, sind Grundelemente für das Verbindungs-Origami oder Modular-Origami (Dirk 1995). Das Herkunftsland dieser besonderen Papierfalttechnik ist wie beim klassischen Origami Japan. Origami ist eine anspruchsvolle Falttechnik, die manuelle Geschicklichkeit, räumliches Vorstellungsvermögen und viel Übung erfordert. Der im entstandenen Produkt sichtbar werdende Erfolg und die Schulung geometrischen Denkens rechtfertigen diesen Aufwand. Im dritten Schuljahr beschränken wir uns speziell auf die Herstellung von einfachen Faltwürfeln und Schachteln. Der bekannteste Faltwürfel ist nach seinem Erfinder, dem Japaner Sonobe, benannt. Diese Würfel sind wunderschön, aber schwer herzustellen. Wir greifen auf Wollrings (1997) Vorschlag einer einfacheren Variante des Sonobe-Würfels zurück. Dieser Würfel ist eine gute Vorbereitung, um später den Sonobe-Würfel falten zu können.

Geschlossener Faltwürfel

Die Teilelemente des Würfels bestehen aus Papier-Rechtecken, deren kurze Seiten so nach unten gefaltet werden, dass eindeutig quadratische Flächen für den Würfel erkennbar sind.

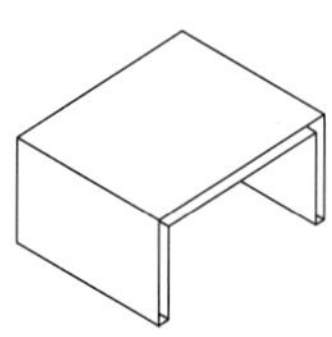

Ein Würfel wird auseinandergenommen. Die Kinder erkennen, dass er aus sechs Teilstücken besteht, die alle gleich geformt sind.

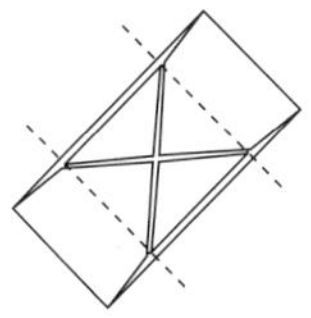

Es wird nun die Aufgabe gestellt, zu zweit ein Teilstück mit dem Ziel zu entfalten, die Technik zu rekonstruieren, mit der dieses Modul gefaltet wurde. Alle entdecken dabei, dass das Ursprungspapier ein quadratisches Format hatte. Manche Kinder achten auf die Faltrichtungen und falten das Teilelement so oft auseinander und wieder zusammen, bis sie es auswendig ihren Mitschülern vormachen können. Die Falttechnik lässt sich besser behalten, wenn die einzelnen Faltschritte versprachlicht werden. Häufig geben die Kinder Einzelschritten im Faltvorgang Namen wie „Kreuz" (1. Faltschritt), „Briefumschlag" (2. Faltschritt), „Segelschiff" (3. Faltschritt). Jedes Teilelement wird gemeinsam auf Taschen und Laschen untersucht. Nun faltet jeder sechs Module, die ineinandergesteckt und zu einem vollständigen Würfel aufgefaltet werden. Das erfordert manuelle Geschicklichkeit und muss daher immer wieder geübt werden (Wollring 1997).

Faltanleitung für einen Würfel

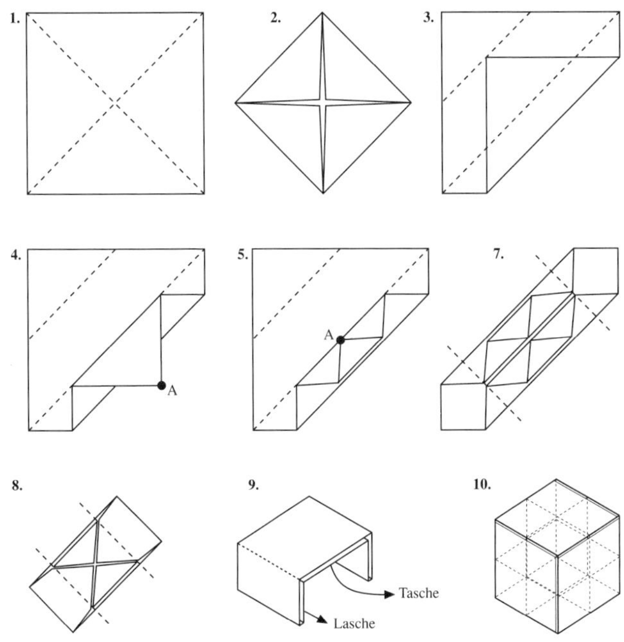

1. Quadrat auf beiden Diagonalen falten und wieder öffnen
2. Die vier Ecken des Quadrats zum Mittelpunkt falten und wieder öffnen
3. Rechte untere Ecke des Quadrats wie in der Abbildung nach links und oben falten
4. Spitze wie in der Abbildung nach unten rechts falten
5. Spitze zum Mittelpunkt falten
6. Mit der anderen Hälfte des Quadrats Faltschritt 3 bis 5 wiederholen
7. Auf den gestrichelten Linien falten
8. Seitenteile des Rechtecks auf den gestrichelten Linien nach oben falten
9. Ein Modul des Würfels ist fertig
10. Für einen Würfel müssen sechs Module zusammengesteckt werden, wobei die Laschen des einen Moduls in die Taschen des nächsten geschoben werden.

Die Verwendung verschiedenfarbiger Papierquadrate bedarf gezielter Vorüberlegungen. Wie viele farbige Quadrate müssen mindestens vorhanden sein, damit im zusammengesteckten Würfel keine gleichen Farbflächen aneinanderstoßen? Wie sind gleiche Farbflächen zueinander angeordnet?

Schachteln

Die Schachteln werden aus quadratischem Papier mit den Mindestmaßen 15 cm x 15 cm hergestellt. Sie bestehen aus Boden und Deckel, die jeweils aus vier gleichgefalteten Modulen zusammengesteckt werden. Wir stellen die Faltanleitungen für einen Boden und einen Deckel vor. Weitere Vorschläge finden Sie in einem Faltbuch von Dirk (1995). Das Ausgangspapier für Boden und Deckel ist gleichgroß. Die verschiedenen Falttechniken bewirken, dass der Boden der Schachtel etwas kleiner als der Deckel ausfällt. Als Faltpapiere eignen sich alle farbigen oder gemusterten Papiere wie Geschenkpapier, Origamipapier oder auch Altpapier.

Faltanleitung für den Schachtelboden

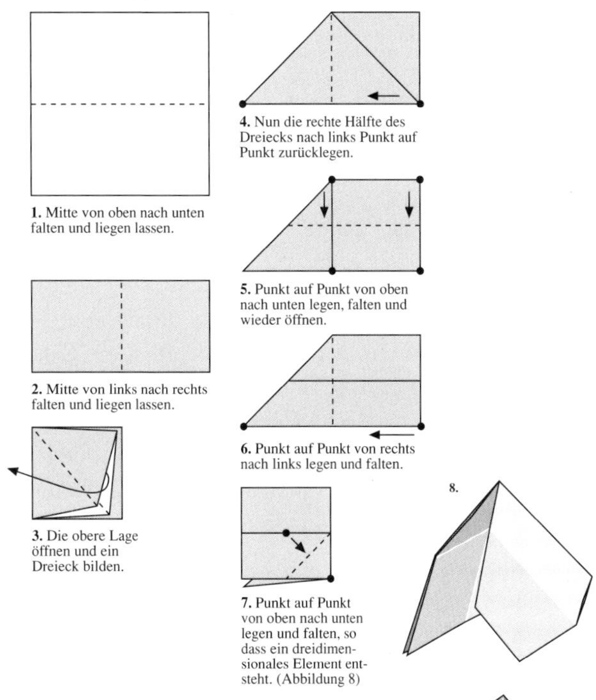

1. Mitte von oben nach unten falten und liegen lassen.

2. Mitte von links nach rechts falten und liegen lassen.

3. Die obere Lage öffnen und ein Dreieck bilden.

4. Nun die rechte Hälfte des Dreiecks nach links Punkt auf Punkt zurücklegen.

5. Punkt auf Punkt von oben nach unten legen, falten und wieder öffnen.

6. Punkt auf Punkt von rechts nach links legen und falten.

7. Punkt auf Punkt von oben nach unten legen und falten, so dass ein dreidimensionales Element entsteht. (Abbildung 8)

Zusammenstecken der vier Module

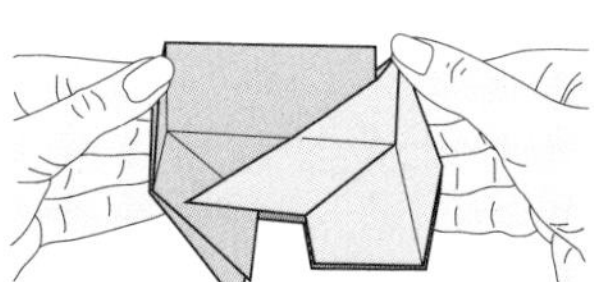

1. Es wird immer von rechts nach links geschoben. Die jeweils obere Spitze muß im Deckelboden sichtbar bleiben.

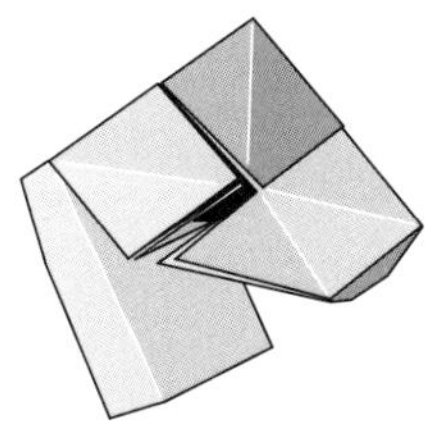

2. Die Spitze unter dem Deckelboden wird von rechts nach links in das linke Einzelteil geschoben. Das Zusammenstecken dreimal wiederholen, bis alle Teile ineinanderstecken.

Faltanleitung für den Schachteldeckel

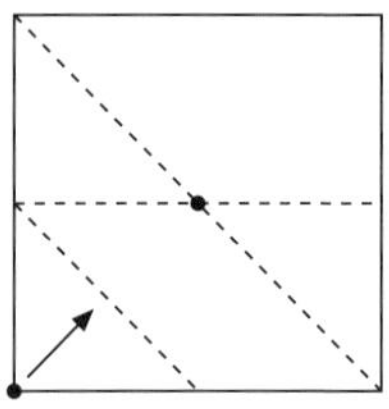

1. Mitte waagerecht falten und wieder öffnen, dann Punkt auf Punkt legen, falten und liegen lassen.

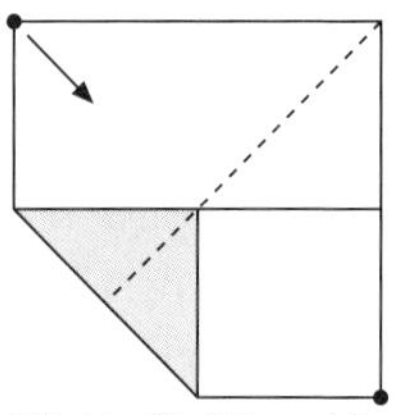

2. Punkt auf Punkt legen, falten und liegen lassen.

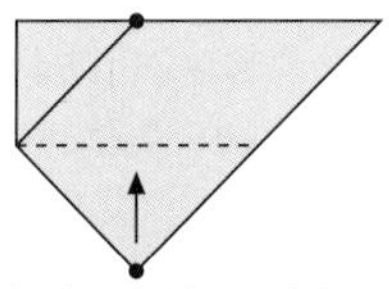

3. Diesen Schritt nur mit der obenliegenden Papierhälfte vollziehen. Punkt auf Punkt von unten nach oben legen, falten und wieder öffnen.

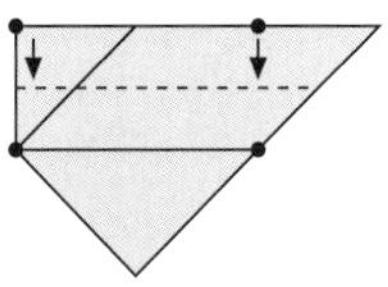

4. Punkt auf Punkt legen, falten und wieder öffnen.

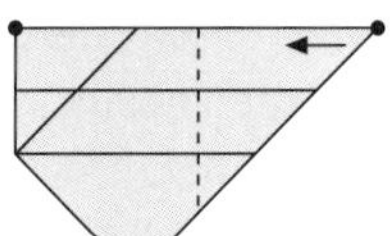

5. Punkt auf Punkt von rechts nach links legen, falten und wieder öffnen.

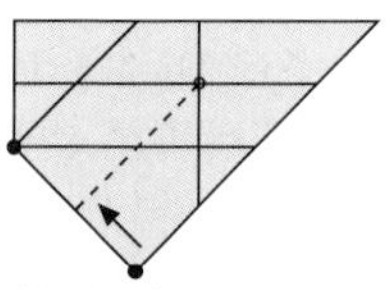

6. Punkt auf Punkt von unten nach oben legen, bis zum Kreis falten und liegen lassen.

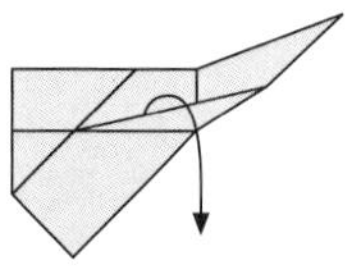

7. In Pfeilrichtung nach unten drücken.

Zusammenstecken der vier Module

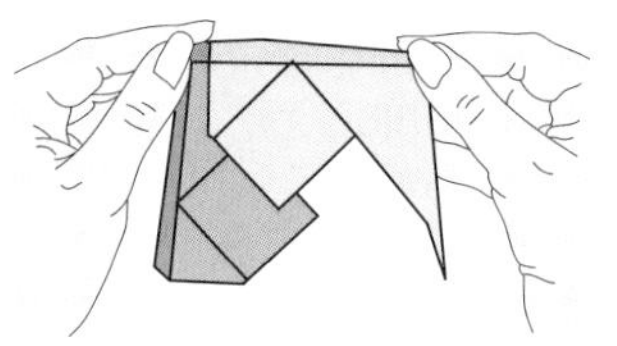

Deckelrand nach oben halten und das rechte über das linke Teil schieben. Dreimal wiederholen, bis alle vier verbunden sind.

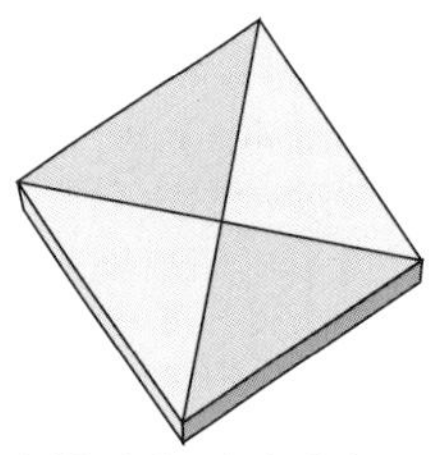

Auf der Außenseite des fertigen Deckels sind vier gleiche Dreiecke zu sehen.

Quadernetze und Doppelwürfel

Viele Aufgaben zu Würfelnetzen lassen sich auf Quadernetze übertragen. Die Entdeckung von allen Quadernetzen ist für Kinder jedoch eine schier unmögliche Aufgabe. Es gibt insgesamt 54 verschiedene Quadernetze. Bevor Sie Quadernetze im Unterricht behandeln, sollten Sie mit dem Doppelwürfel arbeiten. Der Doppelwürfel ist ein Quader, der aus zwei gleichgroßen Würfeln zusammengesetzt ist. Der Doppelwürfel hat sechs Flächen. Die beiden kleinen Flächen sind identische Quadrate. Die vier großen Flächen sind Rechtecke, die einen doppelt so großen Flächeninhalt haben, wie die Quadrate.

Die Abbildung zeigt einige Netze des Doppelwürfels. Wer findet noch mehr?

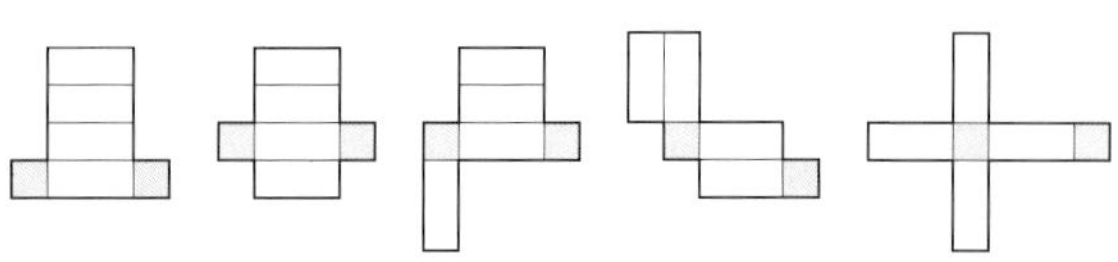

Um es den Kindern zu ermöglichen, auch andere Quadernetze als die des Doppelwürfels zu finden, sollten Sie über längere Zeit quaderförmige, möglichst identische Verpackungen (Seifenschachteln, kleine Schächtelchen für „Smarties" oder Zahnpastahüllen u. a.) sammeln. Präparieren Sie diese so, dass die Schachteln keine Laschen mehr zum Zusammenstecken haben, sondern im aufgefalteten Zustand ein Quadernetz ergeben. Jedes Kind wählt sich mehrere Schachteln aus und trennt sie mit der Schere auseinander. Dabei darf keine Schachtel in mehrere Einzelteile zerfallen. Besprechen Sie vorher mit den Kindern, dass es unwichtig ist, an welcher Kante sie zu schneiden beginnen. Die Hauptsache ist, dass sie jede Schachtel auf eine andere Art und Weise zerschneiden. Durch Überlegung oder Versuch und Irrtum erkennen die Kinder, wo sie eine Schachtel auf keinen Fall weiter zerschneiden dürfen, damit diese nicht in mehrere Einzelteile zerfällt. Durch dieses Vorgehen werden zahlreiche verschiedene Quadernetze entstehen.

Im Anschluss daran vergleichen die Kinder ihre Netze. Jedes Netz besteht aus sechs Flächen, wobei jeweils zwei Flächen gleichgroß sind. Gleiche Flächen liegen sich im Quader gegenüber. Die Flächen eines Quaders bestehen meistens aus Rechtecken. Gleiche Quadernetze (auch drehsymmetrische) werden herausgesucht. Wie viele verschiedene haben die Kinder gefunden?

3.2.4 Eigenschaften geometrischer Körper

Lernen in Stationen ist in Grundschulen keine unbekannte Unterrichtsform mehr. Aktiv-entdeckendes, spielerisches, automatisierendes und soziales Lernen lassen sich so miteinander verbinden. Im Klassenraum wird eine bestimmte Anzahl von Stationen aufgebaut. Jede Station trägt einen Namen oder eine Nummer. An den Stationen liegen notwendige Materialien und schriftliche Aufgabenkarten bereit. Die Kinder durchlaufen die Stationen selbständig und in freier Reihenfolge. Es liegt in der Entscheidungsfreiheit der Kinder, Stationen auszulassen. Jede beendete Aufgabe wird von den Kindern in eigener Verantwortung auf einem Stationenplan abgezeichnet. Weitere grundlegende Überlegungen zum Stationenlernen finden Sie im **Handbuch 1** (S. 11 ff.).

Für einen Stationenplan zum Thema „geometrische Körper" schlagen wir acht Stationen vor, wobei die letzte von den Kindern selbst entwickelt wird.

Stationen zu geometrischen Körpern				
Nr.	Name	Arbeitsform	Material	Kon trolle
1.	Ansichtssache	Einzelarbeit	Arbeitsblatt 7 Farbstifte	
2.	Beobachtung	Einzelarbeit	Arbeitsblatt Bleistift	
3.	Architekt	Einzelarbeit	Arbeitsblatt Bleistift	
4.	Tastspiel	Partnerarbeit	Kreisel Tastkiste (mit Körperformen)	

Stationen zu geometrischen Körpern				
Nr.	Name	Arbeitsform	Material	Kon trolle
5.	Fußspuren	Partnerarbeit	Geom. Körper, Papier, Bleistift, Maske	
6.	Glücksscheibe	Gruppenarbeit	Glücksscheiben Karten	
7.	Quartett	Gruppenarbeit	Karten	
8.				
Name: ______________________				

An jeder Station liegen zusätzlich leere Karteikarten. Dort werden von den Kindern mögliche Tipps oder alternative Aufgabenformen bzw. Spielregeln formuliert. Sie haben außerdem die Möglichkeit sich zusätzliche Materialien zu holen, wenn ihnen diese bei der Bearbeitung der Aufgaben behilflich sind. Für die Lehrerin bedeutet Stationenlernen immer einen großen organisatorischen Aufwand. Die Vorbereitung lohnt sich, da die Stationsarbeit sich meistens über mehrere Mathematikstunden erstreckt.

Außerdem arbeiten die Kinder sehr motiviert und selbstständig, sodass man als Lehrerin die Chance hat, einzelne Kinder intensiv zu beobachten oder zu unterstützen. Bevor an den Stationen gearbeitet wird, wird jede Station einmal kurz besprochen.

Acht Stationen

Ansichtssache

Auf einem Arbeitsblatt sind sieben geometrische Körper und ihre Ansichten von oben und von vorne abgebildet. Die Aufgabe besteht darin, jeweils den Körper und die beiden entsprechenden Ansichten in der gleichen Farbe einzufärben.

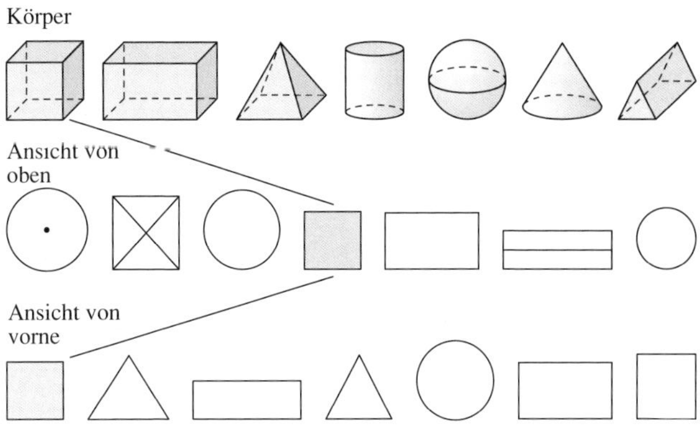

Beobachtungen	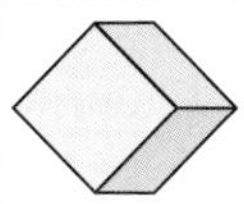	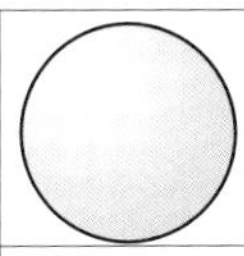		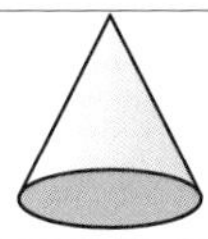	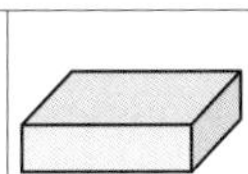	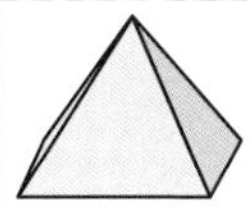	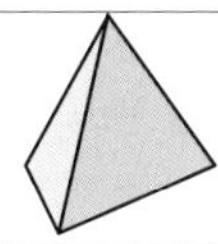
Der Körper hat höchstens 4 Flächen.		X	X	X			X
Der Körper hat 6 Flächen.	X				X		
Der Körper hat mindestens 8 Kanten.	X				X	X	
Der Körper hat mindestens 6 Ecken.	X				X		
Der Körper hat keine Ecke.		X					
Mind. zwei Flächen sind dreieckig.							
Mind. eine Fläche ist quadratisch.							
Alle Flächen sind quadratisch.							
Der Körper hat eine Spitze.							
Der Körper hat 8 Ecken.							
Der Körper ist rund.							
Alle Flächen sind rechteckig.							
Alle Flächen sind dreieckig.							
Alle Kanten sind gleich lang.							
Der Körper hat 12 Kanten.							

In dieser Übung liegt der Schwerpunkt im Unterscheiden und Vergleichen einzelner Eigenschaften geometrischer Körper. In der Tabelle müssen die richtigen Kreuze gesetzt werden.

Architekt
Diese Aufgabe ist sehr anspruchsvoll und erfordert räumliches Vorstellungsvermögen und Erfahrungen im geometrischen Zeichnen. In einem Punkteraster sind ein Quader, ein Würfel, eine Pyramide und ein Prisma abgebildet. Daneben werden unvollendete Zeichnungen präsentiert. Wer kann sie vervollständigen?

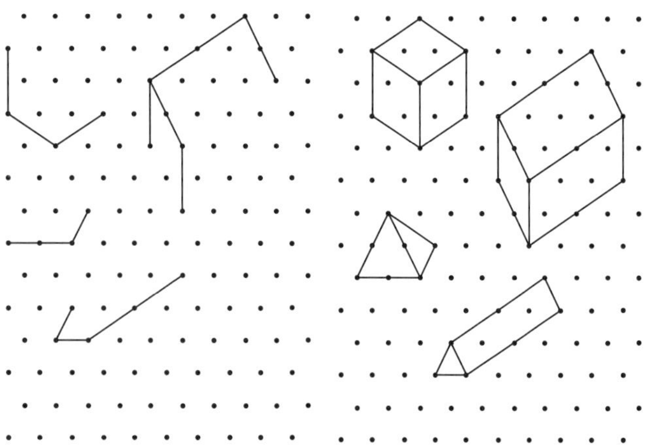

Tastspiel
Ein Rechenkreisel mit 10 Feldern wird mit Abbildungen geometrischer Körper beklebt. Jedes Feld zeigt einen anderen Körper, einen Joker oder eine Niete. Rechenkreise kann man selbst herstellen oder von Lehrmittelversandhäusern beziehen.

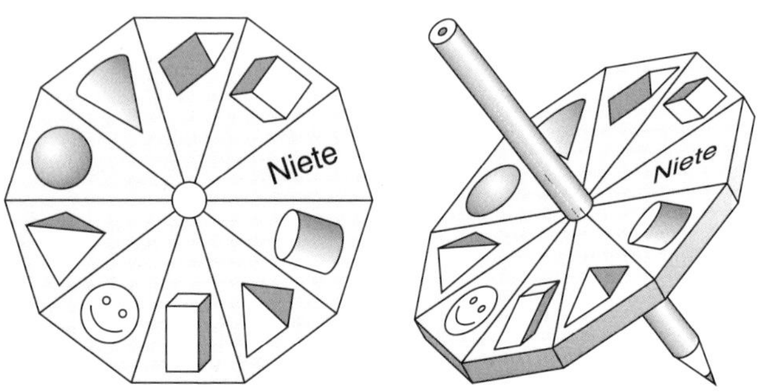

Eine große Kiste ist gefüllt mit Gegenständen, die geometrische Körper repräsentieren (Bälle, Murmeln, Kugeln, Würfel, Bauklötze, Schachteln, Kreisel, reine geometrische Körper u. a.). Jede Körperform sollte öfter vorhanden sein. In die Tastkiste muss eine große Öffnung zum Hineingreifen geschnitten werden, die mit einem Stück Filz verhängt wird. Ein Mitspieler dreht den Kreisel. Der Nachbar muss in der Tastkiste die erwünschte Form erfühlen. Zur Kontrolle wird das Fühlobjekt gezeigt. Wer nach einer gewissen Zeit die meisten Körperformen gesammelt hat, gewinnt das Spiel. Wenn die Tastkiste nur noch wenige Objekte enthält, kann der Kreisel weggelassen werden. Der Kinder, der an der Reihe ist, nennt den Namen der Form, die er erfühlt hat.

Fußspuren
Einem Kind werden die Augen verbunden. Der Partner wählt zwei geometrische Körper aus und zeichnet nebeneinander die Skizze des Abdrucks (Grundriss) beider Körper auf ein Blatt Papier. Anschließend werden beide Körper zu den übrigen zurückgestellt. Nun darf der Partner die Augenbinde abnehmen. Welche zwei Körper stellen die Grundrisse dar? Um Mehrfachlösungen zu vermeiden, können die geometrischen Formen auf Papier gestellt und mit dem Bleistift umrandet werden. Die Lösungen sind dann eindeutig, da die Körper zur Kontrolle auf die Grundrisse gestellt werden können. Es gibt auch die Möglichkeit, vom gleichen Körper zwei Grundrisse anzufertigen. Für eine Pyramide ließe sich beispielsweise ein Dreieck und ein Quadrat zeichnen.

Glücksscheibe
Auf acht Pappscheiben (**Kopiervorlage G 4**) ist jeweils ein geometrischer Körper abgebildet. Die Scheiben liegen verdeckt übereinander auf dem Tisch. Daneben werden die Eigenschaftskärtchen (**Kopiervorlage G 5**) auf einen Stapel geordnet. Beide Kopiervorlagen müssen vergrößert, auf Pappe geklebt und ausgeschnitten werden. Folienüberzüge machen das Material haltbarer. Nach folgender Regel wird gespielt: Ein Spieler deckt die erste Scheibe auf. Jeder weitere Mitspieler dreht ein Eigenschaftskärtchen um. Passt eines zu dem abgebildeten Körper auf der Scheibe, darf das Kärtchen behalten werden.

Karten, die nicht verwendet werden konnten, werden unter den Stapel geschoben. Mit der nächsten Scheibe wird weitergespielt. Das Spiel ist beendet, wenn nichts Passendes mehr gelegt werden kann. Welcher Mitspieler hat die meisten Eigenschaftskärtchen gesammelt?

Quartett
Zu einem Quartett gehören jeweils vier Karten:
1. Karte: Abbildung eines geometrischen Körpers
2. Karte: Netz eines geometrischen Körpers
3. Karte: Name eines Objektes aus der Umwelt, das diese Form hat
4. Karte: Eigenschaften des geometrischen Körpers

Alle Quartettkarten finden Sie auf **Kopiervorlage G 6**. Auch diese Karten sollten, vergrößert, auf Karton geklebt und zum Schutz mit Folie überzogen werden. Gespielt wird nach der klassischen Quartettregel. Die Station kann als Alternative etwas anders organisiert werden. Es liegen dann nur acht Karten mit der Abbildung geometrischer Körper aus. Die Kinder sollen eine auswählen und dazu die fehlenden drei Karten selbst gestalten.

3.2.5 Bauen mit Soma-Würfeln

Soma-Würfel haben, ähnlich wie das chinesische Legespiel *Tangram,* in Spielwarenabteilungen und Spieleversandhäusern Einzug gehalten. Sie bestehen aus 6 verschiedenen Würfelvierlingen und einem Würfeldrilling.

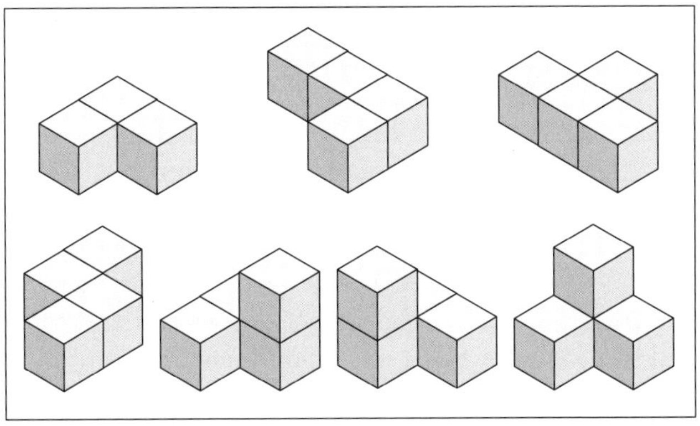

Sie motivieren Kinder besonders zum freien Bauen und Ausprobieren, wobei die Kinder gerne Namen für ihre Objekte erfinden oder Mitschüler raten lassen, was ihr Bauwerk darstellen könnte. Zwei Spiele ermöglichen das Vor- und Nachbauen in Partnerarbeit. Wenn der Nachbar die Einzelobjekte bewegen darf, ist der Vorgang des Nachbauens relativ einfach. Komplizierter wird die Aufgabe, wenn selbst herausgefunden werden muss, aus welchen Teilen das Objekt gebildet wurde. Als hilfreich hat sich eine Übersichtstabelle mit folgender Struktur herausgestellt:

Name des Bauwerks	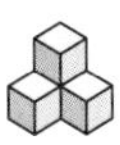	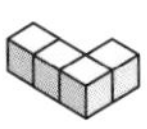	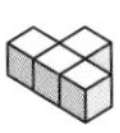	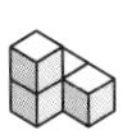	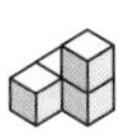	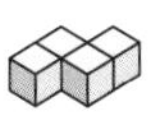	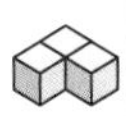
Bank	X	X	X				

Der Baumeister notiert in der ersten Spalte den Namen seines Objektes. Anschließend kreuzt er in den entsprechenden Spalten an, welche Steine er verwendet hat. Auf Grund dieser Informationen lässt sich ein Bauwerk einfacher rekonstruieren. Die Tabelle kann von anderen Mitschülern weiterverwendet werden. Wem gelingt es ohne Vorlage, die Treppe zu bauen, die Sonja am Montag für Daniel gebaut hat? Versucht man nach längerer Zeit ein Objekt nach bestimmten Eintragungen in der Tabelle zu bauen, ist dies schwierig, weil es keine Abbildung von dem Objekt gibt. Zwei Alternativen als Anregung:

1. Das Objekt wird fotografiert und auf eine Karteikarte geklebt, worauf die verwendeten Steine angekreuzt werden.

2. Die Kinder zeichnen einen Bauplan ihres Gebäudes.

Name des Bauwerks	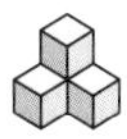	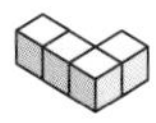	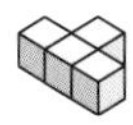	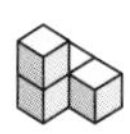	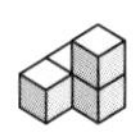	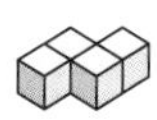	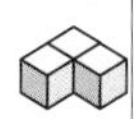
Bank 	X	X	X				

Da in einer Klasse nicht für jedes Kind ein Soma-Würfel-Spiel vorhanden sein kann, bietet sich die Arbeit mit Karteikarten an (Rickmeyer 1996). Rickmeyer schlägt vor, die Einzelelemente der Soma-Würfel in sieben verschiedenen Farben einzufärben.

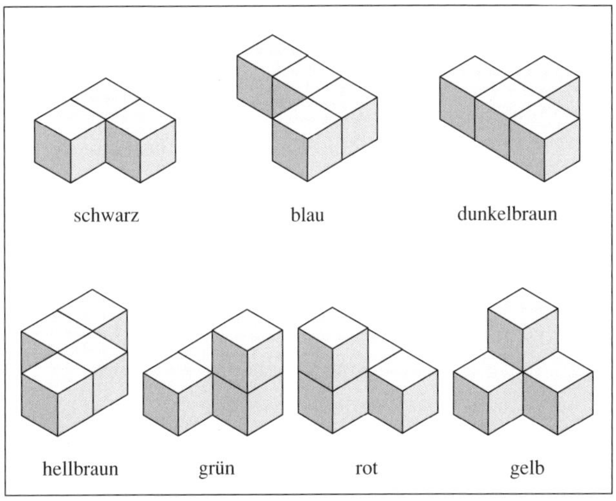

Die Steine lassen sich so einfacher identifizieren und ermöglichen die Freiarbeit mit Karteikarten. Die Karteikarten zeigen auf der Vorderseite die Aufgabenstellung mit einer Abbildung und auf der Rückseite eine Lösungshilfe.

Dazu zwei Beispiele.

Der Kachelofen  Baue den Kachelofen mit 4 Steinen des Soma-Würfels nach. Gibt es mehrere Lösungen?	Verwende folgende Steine: den blauen Stein, den gelben Stein, den roten Stein, den dunkelbraunen Stein.

Der Brunnen

Baue den Brunnen mit 6 Steinen des Somawürfels nach.

Gibt es mehrere Lösungen?

Verwende alle Steine ohne den schwarzen Stein.

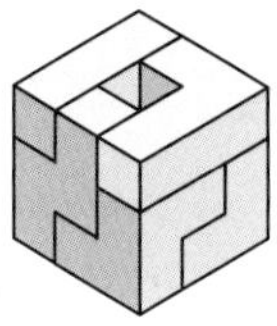

Weitere Anregungen für Karteikarten finden Sie in Heft 2/1996 der Zeitschrift Praxis Grundschule. Wenn Sie die Karteikarten herstellen wollen oder durch eigene ergänzen, empfiehlt es sich, die Abbildung auf der Karteikarte in den entsprechenden Farben einzufärben. Dies ist neben der Lösungshilfe auf der Rückseite der Karte eine optische Hilfe zum Nachbauen der Objekte.

3.3 Abbildungen und Bewegungen

Das menschliche Orientierungsvermögen beruht unter anderem auf der Fähigkeit, den erlebten Raum nicht nur wahrzunehmen, sondern aktiv strukturieren zu können. Eine wichtige Hilfe ist dabei die Erkenntnis symmetrischer Beziehungen. Symmetrische Figuren kann das Gehirn schneller speichern als asymmetrische, da ihre Struktur mit weniger Einzelinformationen beschrieben werden kann. In der Natur sind viele Dinge zu finden, die in erster Näherung symmetrisch erscheinen (Blätter, Schneeflocken, Blüten, Bienenwaben). Auch in Kunst (Ornamente), Musik (Melodien), Architektur (Gebäudeformen) und Technik (Werkzeuge, Räder) sind Symmetrien besonders häufig.

Eine Figur wird in der Mathematik dann als symmetrisch bezeichnet, wenn sie durch mindestens eine Deckbewegung, die nicht der identischen entspricht, auf sich abgebildet werden kann. Man unterscheidet zwischen

- Achsensymmetrie (Spiegelsymmetrie bzw. Klappung),
- Drehsymmetrie (Drehung) und
- Translationssymmetrie (Verschiebung).

Aufgrund des bedeutsamen Umweltbezugs und der Wichtigkeit für die menschliche Auffassungsgabe und das geometrische Denken ist es unverständlich, dass in der Grundschule nur die Achsensymmetrie behandelt wird. Kinder haben ähnlich viele Erfahrungen mit dreh- und schubsymmetrischen wie mit achsensymmetrischen Figuren. Es gibt wohl kaum ein Kind, dass noch kein Rad gedreht oder Bauklötze verschoben hat.
Alle drei Symmetrieformen hängen unmittelbar miteinander zusammen:

- Die Verkettung zweier Spiegelungen an nicht parallelen Geraden ist eine Drehung, wobei sich die Spiegelachsen im Drehpunkt schneiden.
- Die Verkettung zweier Spiegelungen an parallelen Geraden ist eine Verschiebung.

Wir schlagen daher für das 3. Schuljahr vor, neben der Achsensymmetrie auch Drehungen und Verschiebungen zu thematisieren. Die Übungsanregungen und Aktivitäten sind vornehmlich auf der Handlungsebene angesiedelt.

3.3.1 Achsensymmetrie

Im 1. und 2. Schuljahr haben wir uns bewusst auf die Achsensymmetrie beschränkt. Die Kinder haben Entdeckungen und Versuche mit Spiegeln gemacht, achsensymmetrische Figuren durch verschiedene Techniken (Klecksbilder, Faltschnitte, Pausbilder u. a.) hergestellt und achsensymmetrische Figuren gelegt, gezeichnet und ausgemalt (vgl. **Handbuch 1** S.122 und **Handbuch 2** S.155 ff.). Für das 3. Schuljahr erweitern wir das Symmetrieverständnis durch fächerübergreifende Übungen zur Symmetrie mit Wörtern, mit Zahlen, mit Mustern und zur Symmetrie in der Musik.

Sachinformativer Einschub

Im alltäglichen Leben werden die Begriffe *senkrecht, lotrecht* und *vertikal* einerseits und *waagerecht* und *horizontal* andererseits manchmal synonym verwendet bzw. nur selten bewußt differenziert. Alle diese Begriffe beschreiben, ebenso wie der Begriff *parallel,* eine Beziehung zwischen (mindestens) zwei Objekten. Sie sind Relationsbegriffe, d. h. sie beschreiben nicht die Eigenschaft eines einzelnen Objektes, sondern die Beziehung zwischen (mindestens) zwei Objekten.

Im Mathematikunterricht sollten wir uns, auch schon in der Grundschule, zunehmend um eine präzisere Fachsprache bemühen. Insbesondere die Frage nach den Lagebeziehung von Spiegelachsen in achsensymmetrischen Figuren fordert eine genauere Verwendung der Begriffspaare *parallel - senkrecht, waagerecht - lotrecht* und *horizontal - vertikal,* Begriffspaare, die ursprünglich wohl unterschiedlichen Bezugswissenschaften entstammen. Die Begriffe horizontal und vertikal haben ihren Ursprung in der Geographie und Astrologie und beschreiben die Lage von Geraden, Strecken oder Ebenen in einem Raum, während die Begriffe waagerecht und lotrecht eher in der Physik und Technik verwendet werden. Die Termini *senkrecht* und *parallel* sind dagegen ausgesprochene mathematische Fachbegriffe. Sie beschreiben die Beziehung zwischen (mindestens) zwei Geraden, Strecken oder Ebenen unabhängig von deren jeweiliger konkreter Lage im Raum. Ohne eine Bezugsstrecke anzugeben, kann man eine Strecke nie als *senkrecht* oder *parallel* bezeichnen.

Entsprechend sprechen wir immer von (mindestens) zwei Geraden, Strecken oder Ebenen, die senkrecht oder parallel *zueinander* sind: Die Gerade a ist *parallel zur* Geraden b; die Strecke c steht *senkrecht auf* d. Die Relationalität des Begriffes wird auch in der Sprache deutlich.

Bei den Begriffspaaren horizontal und vertikal einerseits und waagerecht und lotrecht andererseits wird die Relationalität dieser Begriffe in der Sprache nicht mehr so deutlich, weil die Bezugstrecke bzw. -ebene in der Regel nicht mehr mitgenannt wird. Darauf kann auch verzichtet werden, weil der Bezug aus dem Kontext heraus klar ist bzw. eine Standardebene als Bezugsebene existiert. So sprechen wir z. B. davon, dass eine Mauer lotrecht, ein Fußboden waagerecht sei, und drücken damit die Beziehung dieser Gegenstände zu einem nicht mehr ausdrücklich genannten Bezugspunkt, nämlich dem Erdanziehungspunkt aus.

Will man die Lage der Spiegelachse im großen Druckbuchstaben „A“ beschreiben, dann kann man sie (unabhängig davon, in welcher Lage der Buchstabe A auf das Blatt geschrieben wurde) charakterisieren als „senkrechte Spiegelachse“ und meint damit die „Senkrechte zum Querstrich des Buchstabens A“. Man kann sie aber auch als „vertikale Spiegelachse“ bezeichnen, bezogen auf die übliche Anordnung des Buchstabens auf einer Heftseite und bezogen auf das Blatt Papier als Bezugsraum mit konventionell festgelegten Richtungen (oben, unten, links, rechts). In diesem Sinne verwenden wir die Begriffe *„horizontale Spiegelachse“* und *„vertikale Spiegelachse“*, um die Lage dieser Geraden im Heft bzw. auf dem Arbeitsblatt des Kindes zu beschreiben. Zugleich vermeiden wir Ausdrücke wie „senkrechte Spiegelachse“, um zu verhindern, dass der Begriff senkrecht von den Kindern als Eigenschaft einer Geraden bzw. Strecke aufgefasst wird.

Symmetrie mit Buchstaben und Wörtern

Über Buchstaben und Wörter lassen sich verschiedene Zugänge zur Symmetrie gewinnen. Die großen Druckbuchstaben werden auf Achsensymmetrie hin untersucht. Wo liegen die Spiegelachsen? Welche der abgebildeten Buchstaben haben vertikale Spiegelachsen (s. o.), welche horizontale? Gibt es Buchstaben mit mehreren Spiegelachsen?

vertikale Spiegelachse

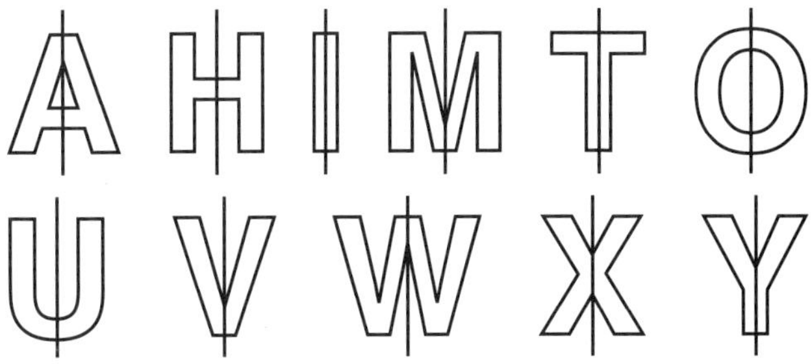

horizontale Spiegelachse

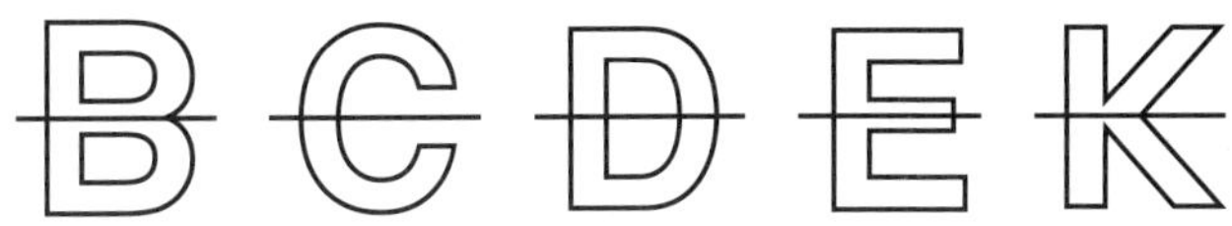

zwei Spiegelachsen

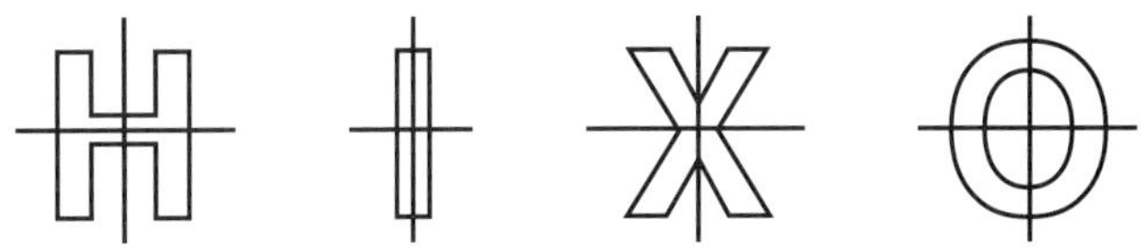

Spiegelschrift lässt sich nicht nur erzeugen, wenn man einen Spiegel rechts oder links neben einen Buchstaben bzw. ein Wort stellt, sondern auch, wenn nach oben und nach unten gespiegelt wird.

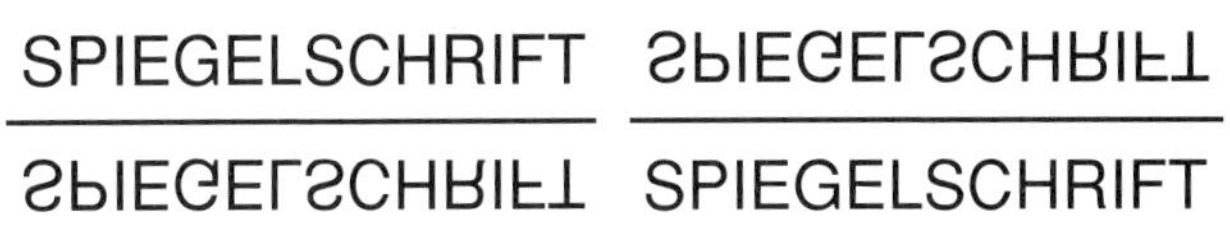

Wörter, die man sowohl vorwärts als auch rückwärts lesen kann, haben eine vertikale Spiegelachse. Bei einigen Wörtern ist die Spiegelung sogar geometrisch korrekt, wenn die verwendeten Buchstaben eine vertikale Spiegelachse aufweisen (ATA, OTTO, OHO, AHA, UHU). In anderen Wörtern liegt die Symmetrie im Vorwärts- und Rückwärtslesen des Wortes (EHE, ANNA, REITTIER), wobei es sich um keine Spiegelung im mathematischen Sinne handelt. Diese sähe dann so aus:

Zahlenkolonnen lassen sich analog zu Wörtern vorwärts und rückwärts lesen. Solche Zahlen werden *Drehwurm* oder *Palindrom* genannt. Ihre Symmetrie liegt in der umgekehrten Reihenfolge der Ziffern begründet. Anregungen für Untersuchungen solcher Zahlendrehwürmer finden Sie auf Seite 129 in diesem Handbuch.

Achsensymmetrie auf Karopapier

Die Struktur des Karopapiers ist eine geeignete Hilfe, um achsensymmetrische Figuren zu zeichnen. Im dritten Schuljahr ziehen wir abstrakte Muster gegenständlichen Figuren vor.

Zeichnen spiegelbildlicher Muster

Als grundlegende Übung und zum Überprüfen des Vorwissens vervollständigen die Kinder Muster im Karopapier, die sie anschließend symmetrisch einfärben. Die Muster sollten so gestaltet sein, dass ihre Spiegelachsen horizontal und vertikal (also parallel zu den Gitterlinien), aber auch diagonal im Gitternetz liegen. Handspiegel dienen der Kontrolle. Die folgende Abbildung zeigt einige schon anspruchsvollere Aufgaben.

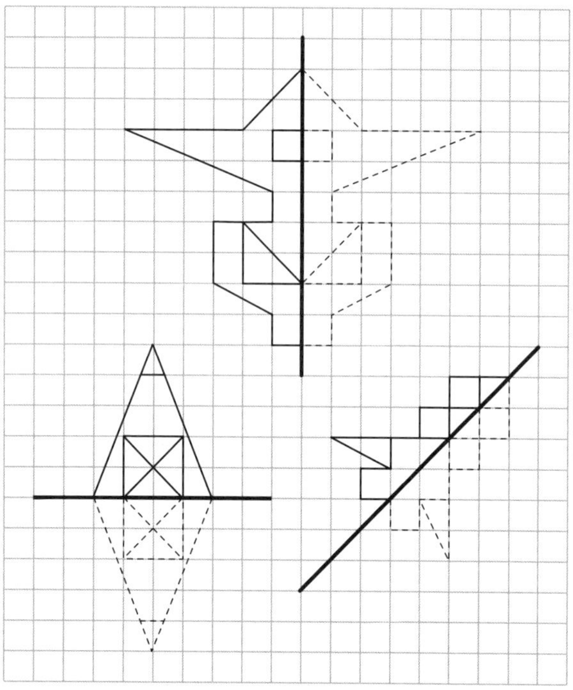

Daran schließen sich vielfältige Übungen in Partnerarbeit an:

- Sonja entwirft die Hälfte eines Musters. Ihre Freundin zeichnet das Spiegelbild.
- Die Partner haben Karopapier vor sich liegen, auf das eine Spiegelachse parallel zu den Linien des Gitters (horizontal und vertikal) eingezeichnet wird. Es wird entschieden, wer auf welcher Seite der Spiegelachse zeichnen darf. Einer von beiden beginnt und zeichnet eine beliebig lange Linie in sein Feld. Der Nachbar zeichnet auf seiner Bildhälfte den Spiegelstrich. Welche symmetrische Figur bzw. welches symme- trische Muster entsteht? Wer findet achsensym- metrische Buchstaben?
- Zu Beginn wird vereinbart, dass nur auf den Linien im Gitter oder auf den Diagonalen durch die Eckpunkte der Quadrate gezeichnet werden darf. Eine Ecke irgendeines Karos ist der Startpunkt. Sein Spiegelpunkt wird ebenfalls eingezeichnet. Nun stellen die Partner eine Sichtbarriere auf die Spiegelachse. Es wird entschieden, wer dem anderen ein Muster beginnend am Startpunkt diktieren darf. Die Schwierigkeit besteht darin, dass der Nachbar nicht das Original, sondern das Spiegelbild zeichnen muss. Die Angabe „Zeichne vier Kästchen nach rechts“ wird im Spiegelbild zu „Zeichne vier Kästchen nach links“.

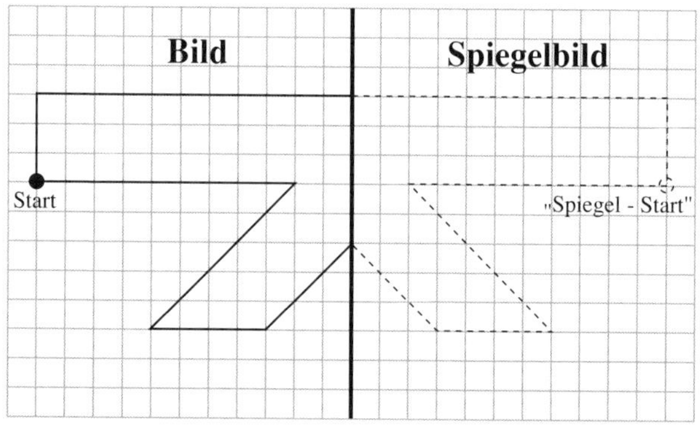

– 9 Kästchen nach ***rechts***	– 9 Kästchen nach ***links***
– durch 5 Kästchen die Diagonale nach ***unten links***	– durch 5 Kästchen die Diagonale nach ***unten rechts***
– 4 Kästchen nach ***rechts***	– 4 Kästchen nach ***links***
– durch 3 Kästchen die Diagonale nach ***oben rechts***	– durch 3 Kästchen die Diagonale nach ***oben links***
– 5 Kästchen nach oben	– 5 Kästchen nach oben
– 11 Kästchen nach ***links***	– 11 Kästchen nach ***rechts***
– 3 Kästchen nach unten	– 3 Kästchen nach unten

Symmetrie-Puzzle

Ein achsensymmetrisches Muster auf Karopapier wird mit dem Kopierer auf maximale Größe vergrößert.

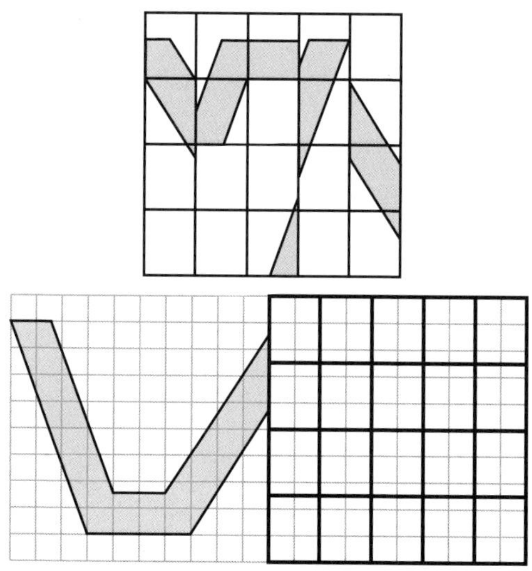

Anschließend wird eine Bildhälfte in gleichgroße Puzzleteile zerschnitten. Wer kann das Muster wieder zusammenlegen?

Die Aufgabe wird sehr anspruchsvoll, wenn das Karoraster auf den Puzzleteilen fehlt.

Symmetrie in der Musik

Auch in der Musik gibt es das Phänomen der Symmetrie. Dabei handelt es sich um eine besondere Kompositionstechnik. Symmetrie im musikalischen Bereich tritt in verschiedenen Formen auf, von denen an dieser Stelle nur die kurz beschrieben werden, die für die Verknüpfung von mathematischer und musikalischer Symmetrie von Bedeutung sind. Eine Variante der Symmetrie bezeichnet die rückläufige Wiederkehr von Formteilen, wie z. B. ABCBA. Eine andere beschreibt die in mehrstimmigen Sätzen auftretenden Umkehrungen, die sich nur im Notenbild (horizontale Spiegelachse) und nicht klanglich erfassen lassen (vgl. Riemann Musiklexikon 1967, S. 923 f.).

Beide Symmetrieformen sind Grundschülern schwer zu vermitteln. Wir beschränken uns daher ausschließlich auf die zeitliche Dimension der Symmetrie. Sie ist in Rhythmen und Melodien zu finden. Die beiden Notenbilder der Abbildung stellen optisch Bild und Spiegelbild (vertikale Spiegelachse) analog zur Mathematik dar. Im musikalischen Sinne sind sie als „Frage" und „Antwort" akustisch wahrzunehmen.

Mathematisches und musikalisches Symmetrieverständnis können im Unterricht miteinander verknüpft werden. Kinder mit visuellen Wahrnehmungsschwächen haben so eine Chance, ein Symmetrieverständnis auf akustischem Wege zu entwickeln, für alle anderen Kinder ist die Symmetrie in der Musik eine Bereicherung des Symmetriebegriffs. Da nicht vorausgesetzt werden kann, dass Drittklässler Noten lesen können, wird mit einer Höraufgabe begonnen. Mit Klangstäben, dem Tamborin, einem Klangholz oder mittels Händeklatschen wird den Kindern ein kurzer Rhythmus vorgespielt. Es stellt sich das Problem, ob sich zu dem Rhythmus ein Spiegelbild ähnlich wie in der Mathematik finden lässt. Die Kinder schlagen vor, den Rhythmus rückwärts zu spielen. Als visuelle Veranschaulichung können kleine Striche für kurze Tondauern und große für lange Tondauern gewählt werden. Auch Punkte (kurze Töne) und waagerechte Striche (lange Töne) sind geeignet.

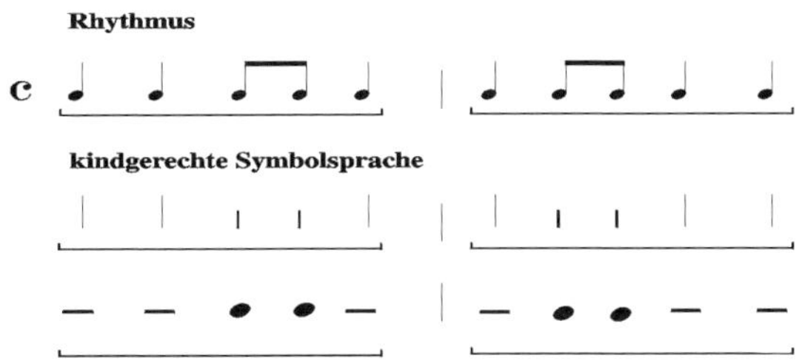

Variieren lässt sich die Aufgabe durch eine Tonfolge oder eine kurze Melodie als Hörbeispiel, welche auf dem Glockenspiel vorgetragen wird. Stellt man einen Handspiegel auf das Glockenspiel, wird die Technik des Rückwärtsspielens einsichtig demonstriert, da im Spiegel die Rückwärtsfolge erkennbar ist. Buchstaben oder Noten symbolisieren die „Töne" und „Spiegeltöne". Töne und Spiegeltöne hören sich wie ansteigende und abfallende Tonfolgen an, analog der Sprachmelodie bei Frage (aufsteigend) und Antwort (absteigend). Die „akustische Spiegelachse" liegt dort, wo sich die Tonfolge umkehrt. Für den Unterricht ist es hilfreich, die Melodien mit Sätzen (z. B. Frage und Antwort) oder Silben zu unterlegen. Auf diese Art können sie von den Kindern leichter behalten werden.

Kinder erbringen erstaunliche Leistungen, wenn sie in Partnerarbeit auf geeigneten Instrumenten Rhythmen und Melodien mit den entsprechenden symmetrischen Ergänzungen entwickeln sollen. Part und Widerpart werden auf Kassette aufgenommen und den Mitspielern zur Kontrolle vorgespielt.

Übungen mit dem Handspiegel

Spiegel üben von jeher eine gewisse Faszination auf den Betrachter aus. Sie spiegeln nicht nur die Wirklichkeit wider (z. B. Spiegelbild im Wasser), sondern verzerren und verändern reale Eindrücke (z. B. Spiegelkabinett, Spiegel senkrecht auf ein Messer stellen, sodass es zwei Schneiden hat). In den **Handbüchern 1** und **2** (S. 122 und S. 157 f.) wurden grundlegende Übungen mit dem Handspiegel vorgestellt. Bei Floer (1993) und Spiegel (1996) finden sich interessante Vorschläge zur Vertiefung des Gelernten. Floers Anregungen sind schwarz-weiß in Karteikartenformat (DIN-A5) gedruckt, Spiegel bietet seine Übungen farbig in Buchform (DIN-A4) an. Beide Materialien sind für offenen Unterricht geeignet und sollten frei zugänglich im Klassenraum ausliegen. Der eigenständige Umgang mit dem Spiegel ermöglicht den Kindern individuelle Zugänge zur Symmetrie. Sie können Entdeckungen machen, Strukturen, Regelmäßigkeiten und Gesetze erkennen, um auf diese Art ihr Symmetrieverständnis selbsttätig zu erweitern.

Für Floers Karteikarten benötigt man einen „Zauberspiegel“. Er ist farbig und halbtransparent, sodass das Spiegelbild nicht nur im Spiegel, sondern gleichzeitig auf dem Papier erscheint. Eine Anleitung zur Herstellung des Zauberspiegels ist in Heft 62/1993 der Grundschulzeitschrift abgedruckt. Floer regt an, den Zauberspiegel für spielerische Aktivitäten und zum Zeichnen einzusetzen. Die Spiele verfolgen alle das Konzept, die richtige Stellung des Spiegels zu finden, sodass das Spiegelbild eines Objekts an einem bestimmten Ort erzeugt wird (z. B. Ball ins Tor, Löwe in den Käfig). Durch Verschieben des Spiegels ist es sogar möglich, einen Skifahrer Slalom fahren zu lassen oder eine Minigolfkugel zu bewegen. Für die zeichnerischen Aufgaben können die Karteikarten mit Folie überzogen und mit Folienstift beschrieben werden. Mit Hilfe des Zauberspiegels zeichnen die Kinder Spiegelachsen ein, vervollständigen Figuren und Muster und erzeugen Bandornamente durch Mehrfachspiegelungen.

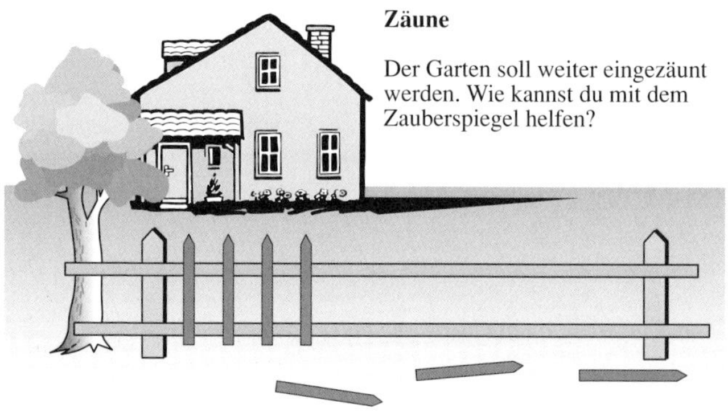

Im Buch von Spiegel (1996) sind gegenständliche Figuren (Mäuse, Teddybären, Häuser u. a.), Muster und Symbole (Buchstaben, Ziffern) abgedruckt. Auf einer Doppelseite erscheint eine Startfigur und 12 Zielfiguren. Ein Spiegel muss senkrecht auf oder neben die Startfigur gestellt werden, sodass sie einer Zielfigur gleicht, wobei nicht alle Zielfiguren sich aus der Startfigur erzeugen lassen.

Die Kinder können allein oder in Gruppen mit dem Buch arbeiten. Immer wieder wird darüber diskutiert, warum bestimmte Figuren „gehen“ bzw. „nicht gehen“. Eine Zielfigur lässt sich nur dann aus der Startfigur erzeugen, wenn sie achsensymmetrisch ist. Dieses Kriterium ist zwar eine notwendige, aber keine hinreichende Bedingung. Das Buch enthält auch achsensymmetrische Zielfiguren, die sich nicht aus der Startfigur erzeugen lassen.

Mit dem Spiegel in der Hand - Sieh´mal, was du machen kannst:

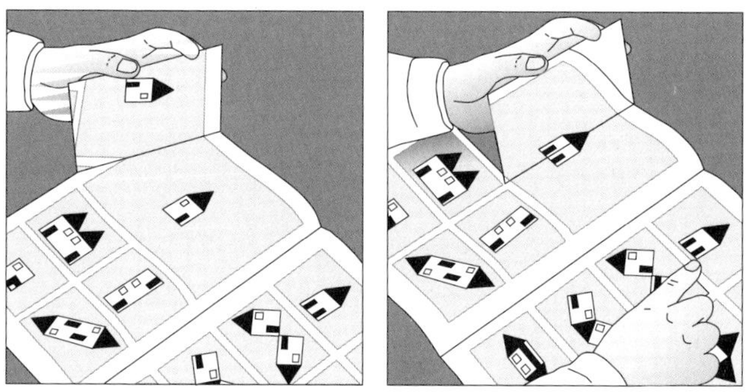

Stelle den Spiegel auf eine Startfigur. Du siehst ein neues Bild! Ist es im Buch abgebildet?

Je öfter die Kinder mit dem Buch üben, desto strategischer gehen sie vor: Zielfiguren werden auf Achsensymmetrie überprüft, die Positionen der Spiegelachsen schneller erkannt und Teilfiguren eliminiert. Für gewiefte Spiegler ist der Folgeband (Müller/Wittmann 1997) eine gelungene Herausforderung.

3.3.2 Drehsymmetrie

Um eine Figur im mathematischen Sinne drehen zu können, müssen ein Drehpunkt und ein Drehwinkel gegeben sein. Das Dreieck in der folgenden Abbildung wurde am Eckpunkt B um 90° gedreht. Drehungen im mathematischen Sinne werden immer gegen den Uhrzeigersinn vorgenommen.

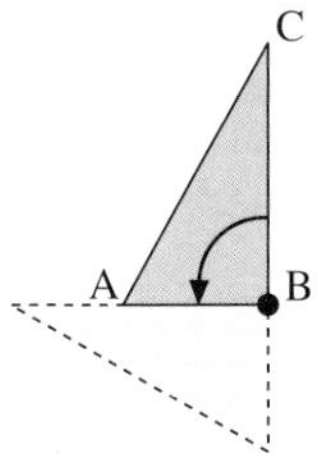

Da Kinder dieser Altersstufe meistens noch keine Vorstellungen von Winkelgrößen entwickeln konnten, ist es problematisch, ihnen einen Drehwinkel zu veranschaulichen. Es empfiehlt sich, eine Uhr zu Hilfe zu nehmen. An einem sich drehenden Uhrzeiger kann eine Vierteldrehung, eine halbe Drehung, eine Dreivierteldrehung und eine Volldrehung gezeigt werden. Die Assoziationen zu einer viertel, einer halben, einer dreiviertel und einer ganzen Stunde sind hilfreich für das Verständnis. Dass eine mathematische Drehung entgegen dem Uhrzeigersinn ausgeführt wird, der Uhrzeiger sich aber mit dem Uhrzeigersinn dreht, sollte im Unterricht thematisiert werden.

Drehungen am eigenen Körper und an alltäglichen Gegenständen

Die Technik des Drehens muss mit den Kindern geübt werden. Ihre bisherigen Erfahrungen beziehen sich auf das praktische Umdrehen bzw. Umklappen konkreter Gegenstände (Umdrehen einer Seite, Drehen eines Geldstückes). Drehen im Sinne der Drehsymmetrie bedeutet aber, dass ein Punkt beim Drehen erhalten bleibt, der Fixpunkt. Übungen am eigenen Körper eignen sich zum Verstehen:

- Drehen auf einem Bein (Fixpunkt: Standpunkt des Fußes)
- Drehen des Kopfes (Fixpunkt: Hals)
- Drehen des Handgelenks (Fixpunkt: Gelenk)
- Drehen des Oberkörpers (Fixpunkt: Taille)
- Drehen eines Kindes, dass ausgestreckt auf dem Boden liegt (Fixpunkt: Kopf bzw. Füße)

Alltägliche Gegenstände werden in den Stuhlkreis gelegt. Ein Kind hält den Gegenstand an einer Stelle fest, ein anderes dreht um den Fixpunkt.

Die Kinder sind sehr erfinderisch in der Auswahl der Gegenstände, die sie drehen möchten: Bücher, Schuhe, Schultisch, Ranzen usw. Bei allen Drehversuchen sollte darauf geachtet werden, dass die Kinder immer links herum, also im mathemtisch positiven Sinne, drehen. Eine interessante Überlegung beinhaltet die Frage, welche Linie die gedrehte Figur auf den Boden malt. Zur Veranschaulichung kann man eine Ecke des Drehobjekts mit einem Klebepunkt markieren. Die Kinder sind erstaunt, wenn sie erkennen, dass auf diese Weise jede vollständiege Drehung einen Kreis erzeugt.

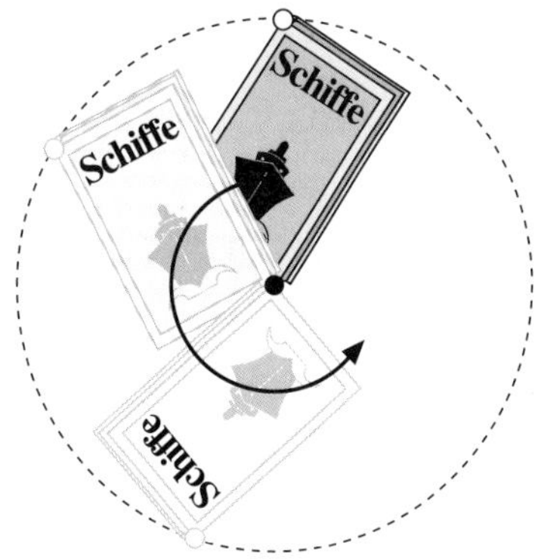

Drehungen mit geometrischen Plättchen

Dreht man geometrische Plättchen um einen Fixpunkt, entstehen neue komplexe Gesamtfiguren. Die Gestalt der neuen Figur ergibt sich aus der Lage des Drehpunktes in der Ausgangsfigur.

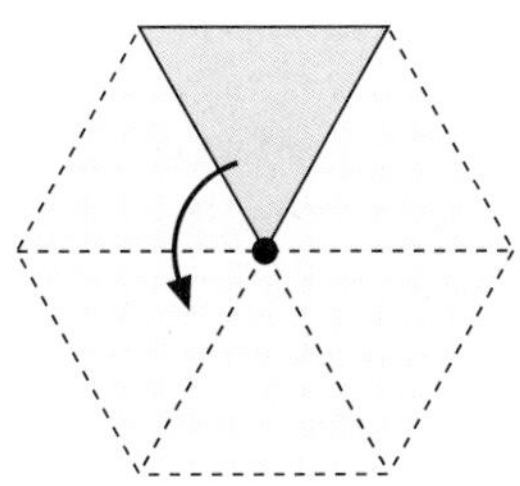

Geometrische Formen aus Kunststoff (z. B. geometrische Formen von Schroedel) oder Pappe (Schulbuchbeilage) sind gut geeignet, um drehsymmetrische Figuren zu legen. Begonnen wird mit gleichen Plättchen. Der Auftrag an die Kinder enthält immer die Fragestellung, wie oft das einzelne Plättchen gedreht (bzw. gelegt) werden muss, bis die Figur sich schließt. Liegt der Drehpunkt im Scheitel des rechten Winkels einer Form, dann muss diese Form viermal gedreht werden (Quadrat, Rechteck, rechtwinkliges Dreieck, Drache mit einem rechten Winkel).

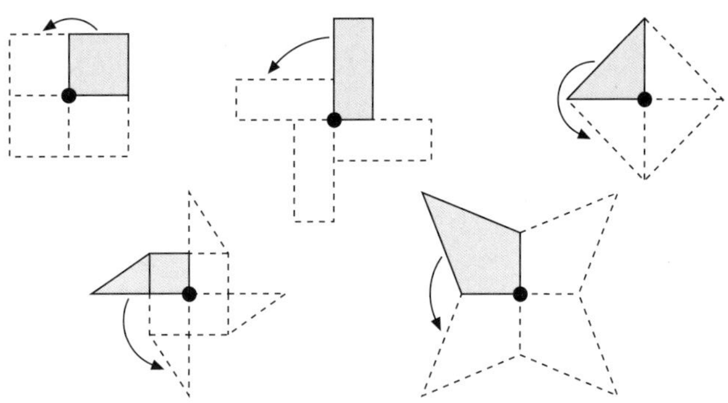

Ein rechtwinkliges gleichschenkliges Dreieck ergibt einen Stern, wenn es achtmal an einer Spitze gedreht wird. Je kleiner der Winkel am Drehpunkt, desto öfter muss gedreht werden. Ist der Winkel kein Teiler von 360°, dann lässt sich die Figur nicht schließen (z. B. ein Achteck).

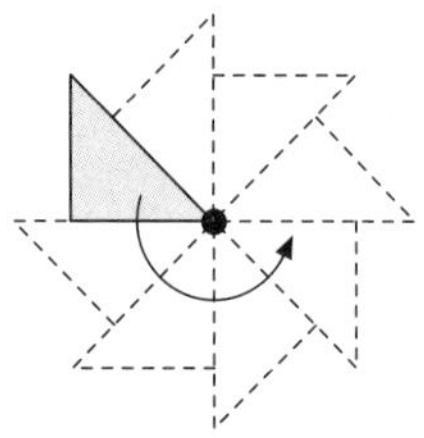

Auch mit Figuren aus mehreren Plättchen lassen sich Drehungen ausführen.

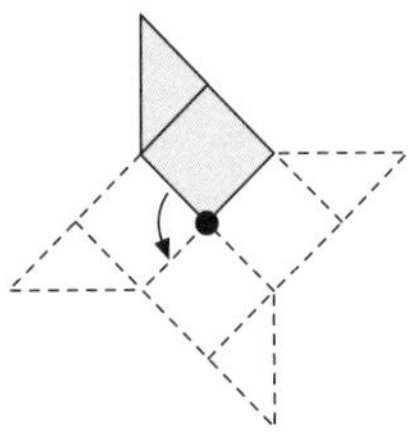

Drehungen an Drehpunkten, die außerhalb der Figur liegen, können im Unterricht unberücksichtig bleiben.

Drehungen zeichnen
Jedes Kind benötigt Blankopapier, Bleistift und geometrische Plättchen. Häufig sind käufliche Plättchen zum Umfahren mit dem Bleistift zu klein. Nehmen Sie Karton, Moosgummiplatten oder Sperrholz und schneiden sie daraus selbst Formenplättchen in handlicher Größe. Die Kinder wählen eine Figur aus, legen sie auf das Papier und markieren den Drehpunkt. Nun wird die Figur so oft gedreht und immer wieder aufgezeichnet, bis sich die Gesamtfigur schließt. Die Vorübung mit Plättchen hat bewirkt, dass die Kinder die Einzelfiguren nicht ineinander, sondern immer aneinanderanstoßend zeichnen.

Es kann vollständig auf Plättchen verzichtet werden, wenn die Kinder Drehungen auf Karopapier ausführen und zeichnen. Damit die Aufgabe nicht zu schwierig wird, sollten nur solche Figuren gedreht werden, die genau auf den Karolinien platziert sind und solche, die die Diagonalen der Kästchen mit einbeziehen.

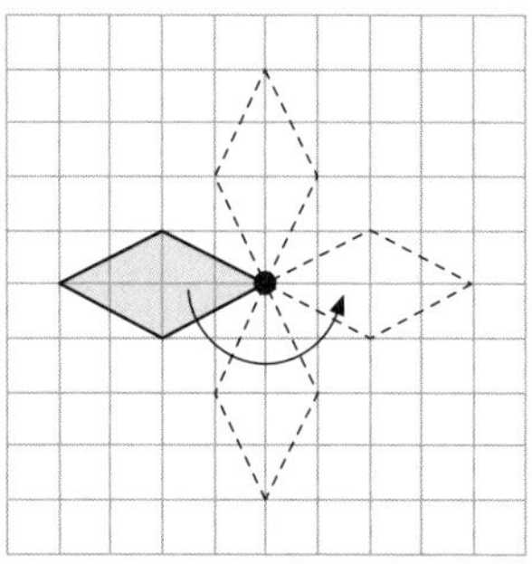

Untersuchungen auf Drehsymmetrie
Eine Figur bezeichnet man als drehsymmetrisch, wenn sie sich durch Drehung wieder in die Ausgangslage zurückführen lässt. Zur Überprüfung, ob eine Figur drehsymmetrisch ist, eignet sich eine Folie, auf der die Figur abgebildet ist. Legt man die Folie über das Objekt und dreht sie, dann ist durch die Durchsichtigkeit der Folie erkennbar, ob Folie und Ausgangsfigur wieder übereinander liegen. Damit der Drehpunkt nicht verrutscht, stecke man Figur und Folie im Drehpunkt auf einer Styroporplatte übereinander fest. Gemeinsam mit den Kindern werden folgende Gegenstände auf Drehsymmetrie überprüft:

- Bilder eines Skatblatts
- Sterne
- Mandalas
- Muster (quadratisch, sechseckig, achteckig, kreisformig etc.)
- geometrische Figuren (Quadrat, Raute, Rechteck, regelmäßiges Sechseck, gleichseitiges Dreieck)

Die Erfahrungen und Techniken zu Drehungen können durch ein geeignetes Freiarbeitsmaterial verbessert werden. Eine wahre Fundgrube ist das *alef-Programm* aus den 70er Jahren (Schroedel Verlag). Oft liegen die Materialien ungenutzt, verstaubt und vergessen in der hintersten Ecke des Lehrmittelraums. Trennen sie aus dem Schülermaterial (2. und 3. Schuljahr) die Seiten mit Übungen zu Drehungen heraus. Verwahren sie die Arbeitsblätter in Klarsichtfolien in einem Ordner. Die Legeübungen lassen sich mit Plättchen (*matema-Formenspiel*, Schroedel Verlag) ausführen. Für Zeichnungen benötigen die Kinder wasserlösliche Folienstifte.

3.3.3 Schubymmetrie

Eine Verschiebung (Translation) ist festgelegt durch die Verschiebungsrichtung und den Verschiebungsbetrag. Bei einer Verschiebung ist das Bild einer Figur dieselbe Figur noch einmal. Sie darf weder gedreht noch gespiegelt noch gekippt werden. Das Fünfeck in der Abbildung wurde um 4 Einheiten (Verschiebungsbetrag) horizontal nach rechts (Verschiebungsrichtung) verschoben.

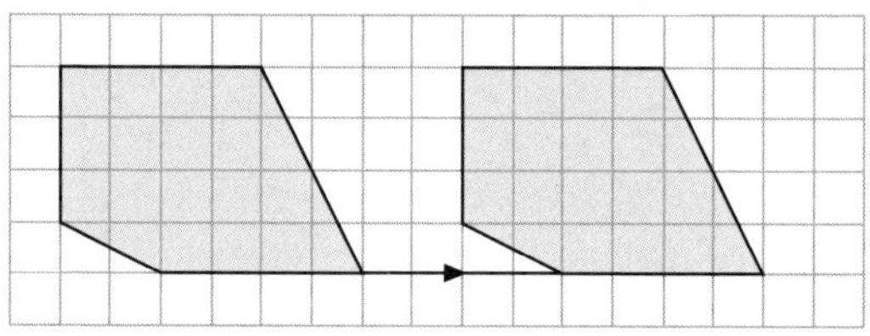

Streifen- oder Bandornamente können neben Translationssymmetrie auch Dreh- und Achsensymmetrien besitzen. „Unter einem Bandornament versteht man eine durch zwei parallele Geraden begrenzte Figur mit Verschiebungsperiode.“ (Besuden 1984, S. 39). In den ersten beiden Schuljahren haben die Kinder Erfahrungen mit Bandornamenten gemacht (vgl. **Handbuch 1**, S.139 und **Handbuch 2**, S. 151ff.). Bandornamente sind häufig nicht nur schubsymmetrisch (d. h. Verschiebung und Achsenspiegelung), sondern auch achsen- und drehsymmetrisch.

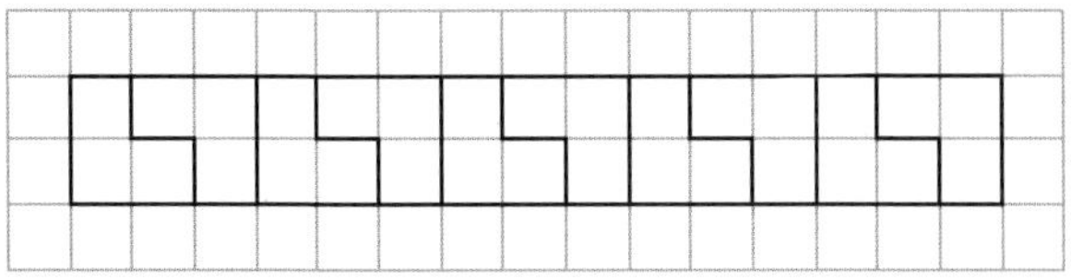

Verschiebungen im Planquadrat

Die Technik des Verschiebens erarbeiten die Kinder anhand eines großformatigen Planquadrats und konkreten Gegenständen. Dazu zeichnen Sie ein Planquadrat der Größe 1m x 1m mit den Ziffern 1–10 und den Buchstaben A–J.

Die Kinder sollten möglichst so auf das Planquadrat schauen können, dass die Zahlenreihe oben und die Buchstabenreihe links vom Betrachter angeordnet ist. Ein Teddybär wird in das Feld B 1 gesetzt. Auf welchem Weg kommt er zu E 5? Die Kinder zeigen verschiedene Wege mit den Fingern. Fordern Sie sie dazu auf, den Teddy im Planquadrat zu bewegen. Wichtig ist, dass der Teddy immer in derselben Haltung verschoben wird. Die Kinder finden sehr kurze, aber auch extrem lange Wege.

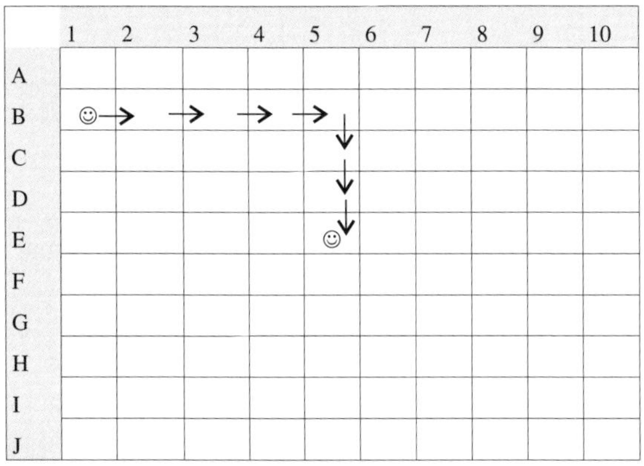

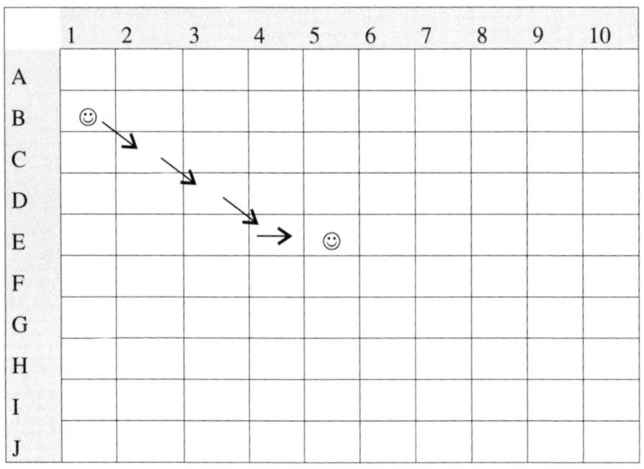

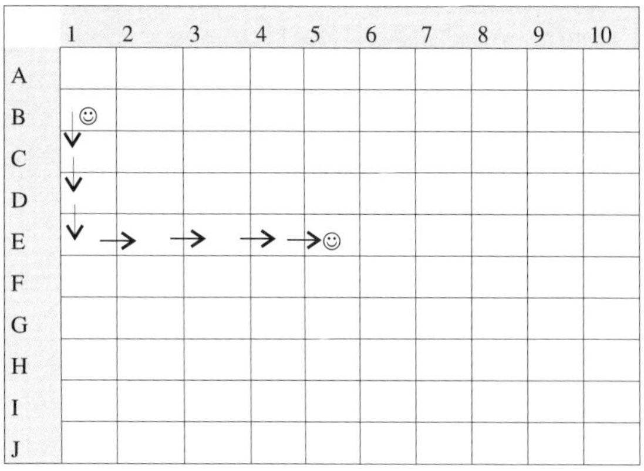

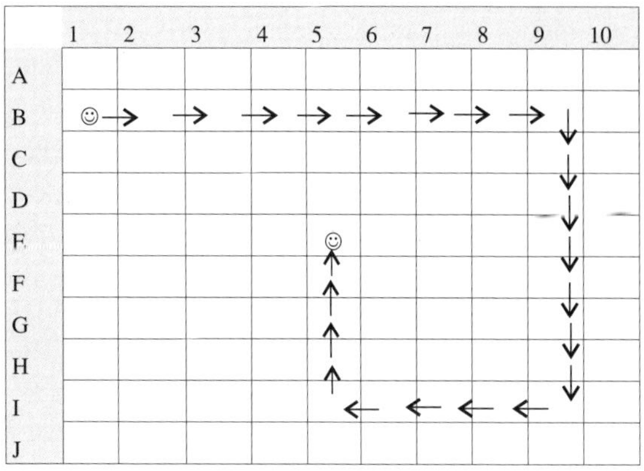

Zur besseren Orientierung im Planquadrat empfiehlt es sich, die verschiedenen Wege auch mündlich zu beschreiben. Auf seinem ersten Weg wandert der Teddy über diese Planquadrate:
B1 - B2 - B3 - B4 - B5 - C5 - D5 - E5.
Anders formuliert geht er vier Felder nach rechts und drei nach unten. Eine geeignete Notationsform ermöglicht die Verwendung von Pfeilen:

➔	ein Feld nach rechts
🡐	ein Feld nach links
🡑	ein Feld nach oben
🡓	ein Feld nach unten
🡖	ein Feld schräg nach rechts unten
🡗	ein Feld schräg nach links unten
🡕	ein Feld schräg nach rechts oben
🡔	ein Feld schräg nach links oben

Lange Notationsform:
➔ ➔ ➔ ➔ 🡓 🡓 🡓

Kurze Notationsform:
4➔ 3🡓

Diese vier Formen der Wegbeschreibung sind immer wieder zu berücksichtigen:

1. Konkretes Verschieben
2. Aufzählen der Planquadrate
3. Richtungsveränderung beschreiben
4. Notieren der Wege durch vereinbarte Symbole

Die Kinder verschieben Spielzeugautos, Würfel, Anspitzer usw. Die Übungen lassen sich vielfältig variieren:

- Verschiebungen in der Vorstellung ausführen: z. B.: Ein Würfel liegt in G 7. Verschiebe ihn fünf Felder nach links, drei Felder schräg rechts nach oben und drei Felder nach rechts.
- Beschreibe über drei Felder, wie der Anspitzer von E 4 nach G 7 kommt.
- Ein Radiergummi liegt in E 8. Verschiebe ihn so, dass er wieder auf dem Ausgangsfeld landet. Der Weg bildet ein Dreieck. Findest du mehrere Möglich- keiten?
- Ein Kreis liegt in D 2, ein Quadrat in I 8. Der Kreis verschiebt sich nach F 7, das Quadrat nach C 5. Notiere zwei Wege, die sich nicht/einmal/ zweimal kreuzen.
- Partnerdiktate: Jedes Kind erhält ein kleines Planquadrat als Kopie und einen Knopf, der der Größe eines Feldes entspricht. Ein Kind gibt die Startposition an und verschiebt seinen Knopf, in dem er dem Partner seine Wegbeschreibung nennt. Dieser verschiebt seinen Knopf analog. Anschließend werden die Zielfelder verglichen.

Verschiebungen im Karogitter

Die Struktur des Karopapiers legt nahe, Verschiebungen in der Vertikalen (nach oben bzw. nach unten) und in der Horizontalen (nach rechts bzw. nach links) vorzunehmen. Der Verschiebungsbetrag wird in Zentimetern ausgedrückt, da zwei Kästchen im Heft einen Zentimeter breit sind. Als Verschiebungsrichtung eignen sich auch die Diagonalen (schräg) der Kästchen. Die Anzahl der Kästchen bestimmt den Verschiebungsbetrag.

Die Kinder schneiden ein Papierquadrat mit der Kantenlänge 1 cm aus. Sie legen es in ihr Heft und verschieben es immer um 3 cm, zuerst nach rechts, anschließend nach oben und dann nach links und nach unten. Das Quadrat liegt wieder in seiner Ausgangsposition. Auf dem Overhead-Projektor lassen sich Verschiebungen für alle Kinder in Einzelschritten nachvollziehbar zeigen.

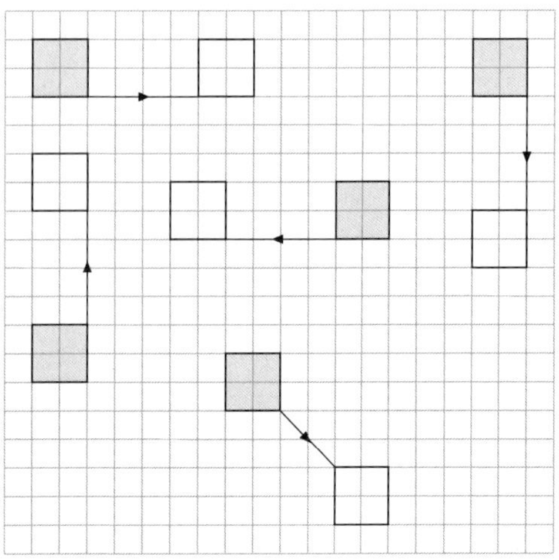

Einfache und komplexere Figuren können im Karogitter verschoben werden. Die Kinder benötigen schon nach kurzer Zeit keine Papierschablonen mehr, sondern sie zeichnen die Figuren aus freier Hand. Unter Berücksichtigung folgender Schwerpunkte lassen sich Arbeitsblätter für die Hand des Kindes ohne großen Aufwand selbst herstellen:

- Verschiebung ausführen und zeichnen
- Verschiebungsrichtung und Verschiebungsbetrag bestimmen und einzeichnen
- Durch Mehrfachverschiebungen Muster erzeugen

1. Verschiebe die Figur um 4 cm nach rechts und zeichne sie auf.

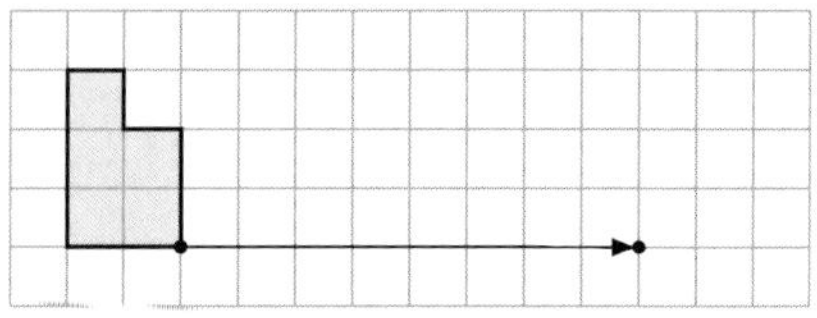

2. Wie wurde verschoben?

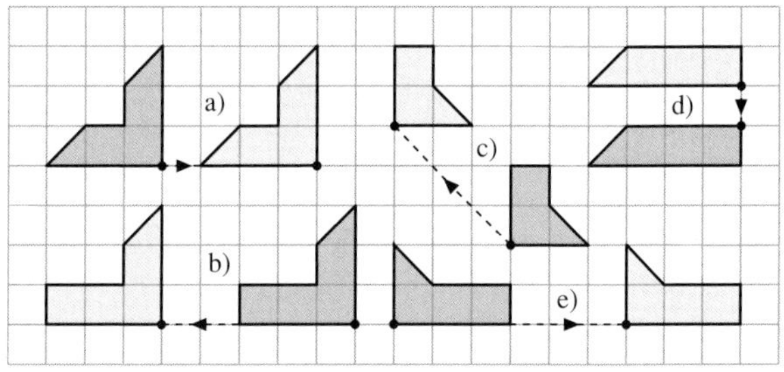

Ergänze:

Figur A wurde um ___ cm nach ___ verschoben.
Figur B wurde um ___ cm nach ___ verschoben.
Figur C wurde um ___ cm nach ___ verschoben.
Figur D wurde um ___ cm nach ___ verschoben.
Figur E wurde um ___ cm nach ___ verschoben.

3. Zeichne Muster. Verschiebe und zeichne so. Erfinde eigene Muster

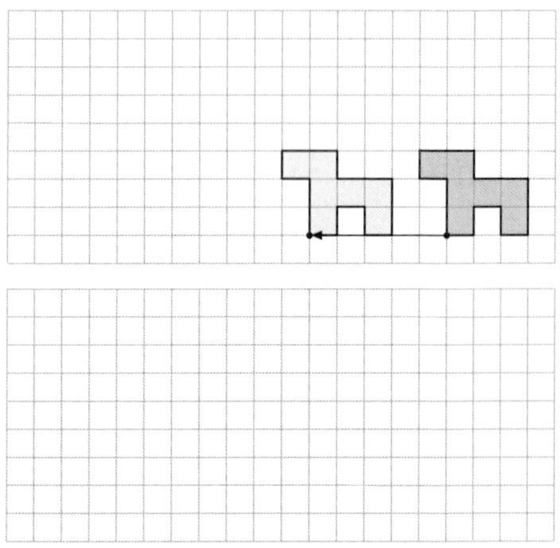

3.4 Topologische Fragestellungen

Geometrische Aufgaben aus dem Bereich der Topologie umfassen die Arbeit an Kurven, Netzen, Wegen und Knoten. Erste Ideen, Topologie im Mathematikunterricht zu betreiben, sind bei Dienes (1967) zu finden. Seinen Anregungen liegt im Wesentlichen das entwicklungspsychologische Argument Piagets (1971) zu Grunde, dass kindliches Denken sich auf der Basis topologischer Erkenntnisse entwickele. In den 70er Jahren war daher der Anteil topologischer Aufgaben in Rahmenrichtlinien und Schulbüchern sehr groß. Die unterrichtliche Erprobung hat aber gezeigt, dass die Topologie nicht ausschließlich der Ursprung kindlichen Denkens und geometrischen Handelns sein kann (vgl. Schipper 1981). In heutigen Schulbüchern sind topologische Aufgaben nicht mehr oder nur noch in sehr begrenztem Maße zu finden. Weder formales Lernen topologischer Grundbegriffe noch entwicklungspsychologische Aspekte sind ausschlaggebend für die Behandlung topologischer Aufgaben im Unterricht. Ausgewählte Fragestellungen insbesondere der kombinatorischen Topologie ermöglichen allerdings die Verwirklichung unterrichtspraktischer und allgemein mathematischer Ziele. Aufgaben aus der Topologie sind geeignet für

- fächerübergreifenden Unterricht (besonders die Verknüpfung zu den Fächern Sachunterricht, Kunst und Verkehrserziehung),
- offenen Unterricht,
- problemorientierten Unterricht,
- die Erschließung und Strukturierung der Umwelt,
- die Schulung der Raumanschauung und Raumorientierung,
- die Entwicklung der Fähigkeit, kreativ und ziel- gerichtet zu probieren,
- die Förderung des kombinatorischen Denkens,
- den spielerischen Umgang mit der Mathematik.

Topologische Aufgaben können jederzeit und punktuell im Unterricht bearbeitet werden, da kaum Vorkenntnisse notwendig sind. Als Hintergrundwissen und zum besseren Verständnis der sich anschließenden Vorschläge werden einige Begriffserläuterungen vorweggeschickt.

3.4.1 Einige topologische Begriffe

Netze und Wege

Ein topologisches Netz besteht aus Ecken (auch Knoten genannt) und Kanten („Kurven"), wobei in der Ecke eines Netzes mehrere Kanten zusammentreffen können. Es werden zusammenhängende und nicht zusammenhängende Netze unterschieden.

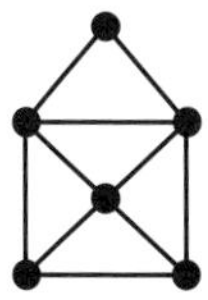

Zusammenhängendes Netz mit 6 Ecken und 10 Kanten.

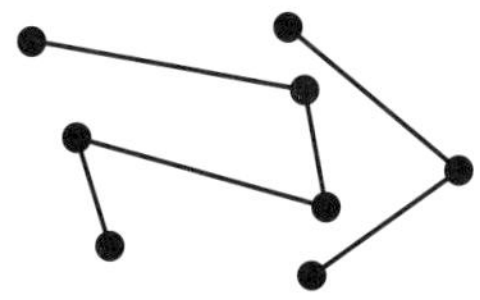

nicht zusammenhängendes Netz

In einem Netz lassen sich Wege beschreiben. Ein Kantenzug, der aus verschieden Kanten gebildet ist, heißt Weg. Sind Anfangs- und Endpunkt eines Weges identisch heißt der Weg geschlossen, ansonsten offen. (Müller/Wölpert 1976, S. 45)

Ecken gerader und ungerader Ordnung

Ecken bzw. Knoten können die beiden Eckpunkte einer Kante sein, ein Punkt auf einer geschlossenen Kante oder einzelne Ecken ohne Kanten (vgl. Radatz/Rickmeyer 1991, S. 103).

Bei Ecken gerader Ordnung treffen 2, 4, 6 usw. Kanten aneinander, bei Ecken ungerader Ordnung 1, 3, 5 usw.

Knoten gerader Ordnung

Knoten ungerader Ordnung

3.4.2 Netze

In der Umwelt gibt es viele netzartige Strukturen. Einige Beispiele:

- Verkehrsnetze (Straßenbahn-, U-Bahn-, Eisenbahn- und Busnetze, Schifffahrts- und Fluglinien)
- Wege durch den Zoo, den Vergnügungspark, den Rummelplatz
- Straßenkarten, Stadtpläne

In der Mathematik werden Kantenmodelle von Körpern, Rechenbäume oder Rechenräder als Netze bezeichnet. Die Arbeit an Netzen trainiert das räumliche Vorstellungsvermögen und die Raumorientierung. Jeder Erwachsene kennt die Anforderungen beim Fahren nach Stadtplan oder beim Heraussuchen der richtigen U-Bahnlinie. In den beiden ersten Handbüchern wurden elementare Zugänge zum Umgang mit Netzen beschrieben (**Handbuch 1**, S.117 f., **Handbuch 2**, S.116 f.). Im 3. Schuljahr werden die Netzstrukturen komplexer und die Übungsformen anspruchsvoller. Drei Schwierigkeitsstufen können unterschieden werden:

1. Wege durch ein Netz finden
2. Netze in einem Zug durchlaufen
3. Netze herstellen und zeichnen

Wege durch ein Netz

Stadtplan

Begonnen wird mit einem einfach strukturierten Wegeplan, um den Kindern die Möglichkeit zu geben, sich langsam in die Struktur eines Netzes „einzusehen“ und geeignete Orientierungspunkte zu finden. Die Lehrerin vereinfacht einen Stadplanausschnitt des Stadtteils, in dem die Kinder der Klasse wohnen.

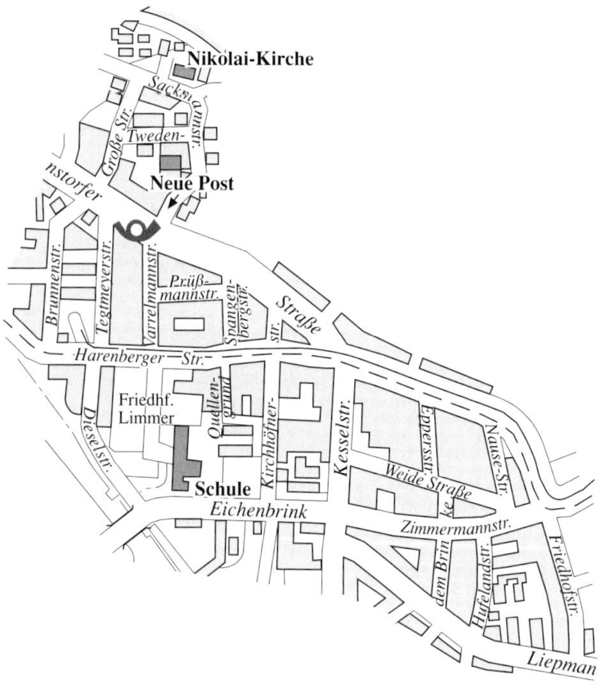

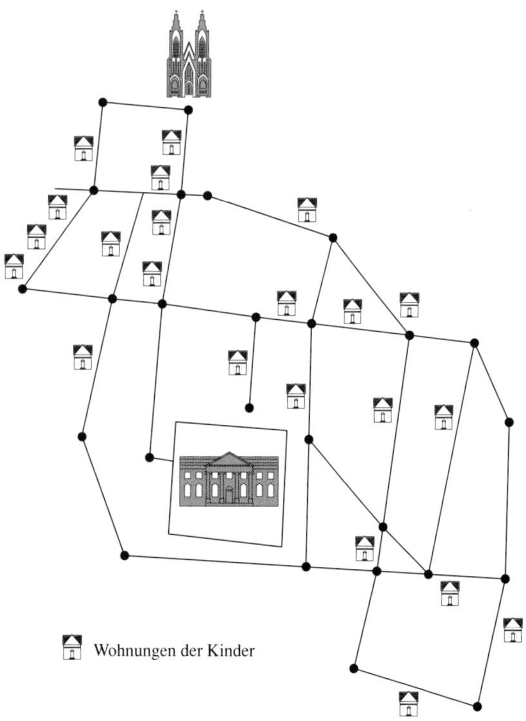

Mögliche Fragestellungen:

- Wer findet einen Weg von der Schule zur Kirche? Wer findet einen möglichst kurzen, wer einen sehr langen Weg?
- Wie viele Wege findest du von deiner Wohnung zur Schule?
- Können wir alle Kinder der Klasse einmal besuchen, ohne dass wir ein Kind zweimal besuchen oder einen Weg doppelt beschreiten müssen?

Wege im Zoo

Der Hannoversche Zoo wurde um einige Attraktionen erweitert (Dschungelpalast, Gorillaberg, Meyers Hof, Sambesi). Findest du einen Weg durch den Zoo, sodass du an jeder dieser Stationen genau einmal vorbeikommst?

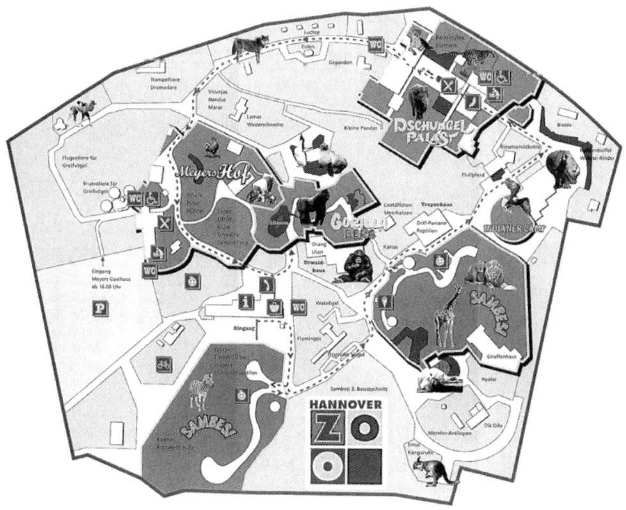

Entfernungen im Straßen- und Eisenbahnnnetz

Aus Straßen- und Bahnnetzen lassen sich nicht nur verschiedene Wege von einem Ort zum anderen finden, sondern die einzelnen Entfernungen können in Kilometern berechnet werden. Somit lassen sich die Längen unterschiedlicher Wege auch rein rechnerisch miteinander vergleichen (vgl. Kapitel 4 in diesem Handbuch).

Verbindungen mit der Straßenbahn

U-Bahn, S-Bahn und Straßenbahnlinien einzelner Städte sind sehr komplex und das Lesen solcher Pläne muss geübt werden. Als Beispiel legen wir das Hannoversche Straßenbahnnetz zu Grunde. Begonnen wird mit einfachen Orientierungsübungen:

- Wie viele Linien gibt es?
- Welche Linien fahren am Hauptbahnhof vorbei?
- Welche Endstation hat die Linie 5?
- Mit welcher Linie kommt man vom Hauptbahnhof zum Zoo?
- Mit welchen Linien muss Oma vom Hauptbahnhof aus fahren, um ihre Enkelkinder in Kirchrode zu besuchen?

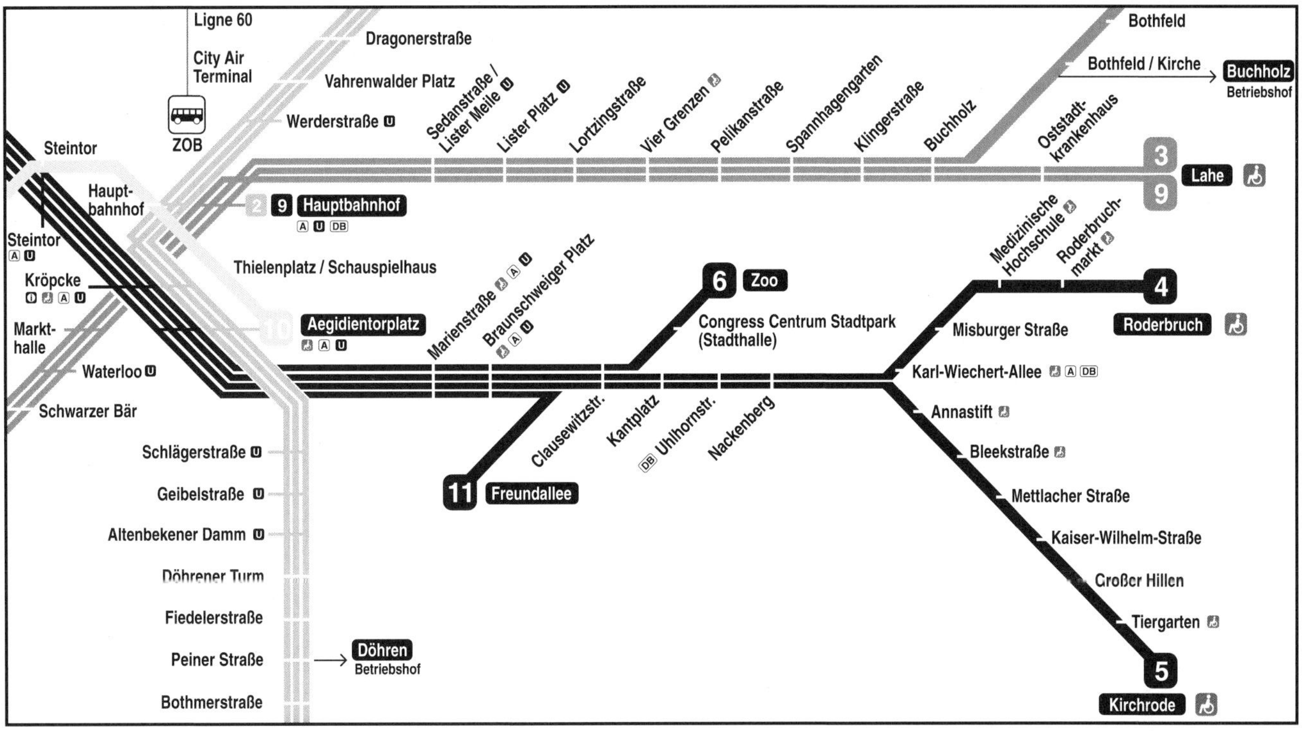

Durchlaufbarkeit von Netzen in einem Zug

Sachinformativer Einschub

Wenn es einen Weg durch ein Netz gibt, der alle Kanten genau einmal erfasst, liegt ein sogenannter Eulerweg vor. Solche Netze heißen durchlaufbar. Sie lassen sich in einem Zug zeichnen, ohne dass der Stift abgesetzt werden muss oder ein Bogen doppelt gezeichnet wird. Um ein zusammenhängendes Netz in einem Zug durchlaufen zu können, müssen entweder alle Knoten gerade Ordnung haben oder das Netz hat genau zwei Knoten ungerader Ordnung. Anfangs- und Endpunkt des Weges sind in diesem letzten Fall die Knoten ungerader Ordnung. In einem Netz, das nur aus Ecken gerader Ordnung besteht, kann jede Ecke Start- und Zielpunkt sein.

Das bekannteste Beispiel für ein durchlaufbares Netz ist das „Haus vom Nikolaus“.

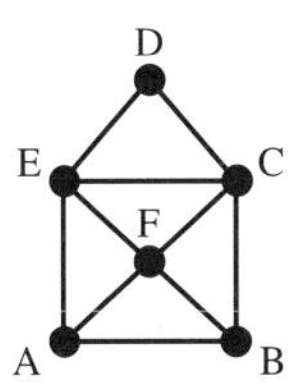

Im „Haus vom Nikolaus“ sind die Eckpunkte A und B Ecken ungerader Ordnung, da in ihnen drei Kanten zusammentreffen. In den Ecken E, C und F stoßen vier Kanten aneinander, in der Ecke D zwei Kanten. Somit hat das Netz in den Ecken A und B genau zwei Ecken ungerader Ordnung, was notwendige Voraussetzung ist, um das Netz in einem Zug durchlaufen zu können. Eine dieser beiden Ecken muss der Startpunkt, die andere der Zielpunkt sein. Anders lässt sich dieses Netz nicht in einem Zug zeichnen bzw. durchlaufen, denn jede Ecke wird beim Durchlaufen um die Ordnung 2 reduziert, so dass Ecken gerader Ordnung genau so oft angelaufen, wie verlassen werden können. Ein Ecke ungerader Ordnung kann dagegen nur Start- oder Zielpunkt eines Weges sein. Konkret: Eine Ecke der Ordnung 5 kann zweimal durchlaufen (also angelaufen und wieder verlassen) werden; wird sie dann erneut angelaufen, dann gibt es keine freie Kante mehr, um die Ecke wieder zu verlassen.

Im Unterricht geht es darum, diese Gestzmäßigkeit (und vielleicht auch schon die oben angedeutete Begründung) anhand geeigneter Netze und Hilfsmittel von den Kindern entdecken zu lassen. Auf diese Weise lernen die Kinder strategisches und planvolles Vorgehen, was sie im Unterrichtsgespräch oder im Zwiegespräch immer wieder begründen sollen.

Begonnen wird mit einem Quadrat. Warum lässt es sich in einem Zug durchlaufen? Kinder begründen ihre Meinung mit einfachen Worten:

- ..., weil das Quadrat keine Kreuzung hat
- ..., weil das Quadrat, wenn man es aufbläst, wie ein Kreis keinen Anfang und kein Ende hat
- ..., weil man von Ecke zu Ecke laufen kann, genauer: weil man jede Ecke, die man erreicht, auch wieder verlassen kann (gerade Ordnung!)

Auch ein Quadrat mit einer Diagonalen lässt sich in einem Zug zeichnen, wenn man in einer Ecke beginnt, von der die Diagonale ausgeht. Warum kann dagegen ein Quadrat mit zwei Diagonalen nicht in einem Zug gezeichnet werden? Kinder begründen:

– Bei mir bleibt immer eine Linie frei.
– Aus einer Ecke kommt man nicht wieder weg.

Netz A der folgenden Abbildung lässt sich in einem Zug durchlaufen. Ergänzt man nur eine Strecke, wie in Netz B, dann ist die Durchlaufbarkeit nicht mehr gegeben, da das Netz vier Ecken ungerader Ordnung hat. Wie muss Netz B ergänzt werden, damit es wieder durchlaufbar wird? Welche Ergänzungen sind notwendig, damit jede beliebige Ecke als Starpunkt gewählt werden darf?

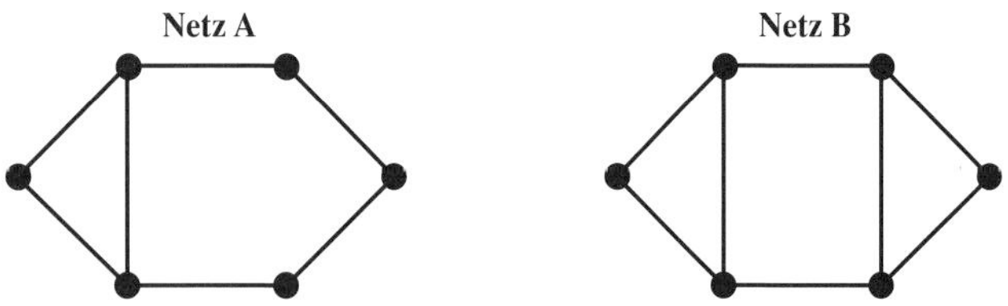

Die Untersuchung von Netzen auf ihre Durchlaufbarkeit in einem Zug ist für manche Kinder eine schwierige Aufgabe, wenn sie sie rein visuell oder zeichnerisch lösen sollen. Solchen Kindern hilft ein einziges Stück Draht (Pfeifenputzer) mit dem sie versuchen, das Netz nachzubilden. Gelingt dies, dann lässt es sich auch in einem Zug zeichnen.

Eine Versuchsreihe mit sechs Netzen ermöglicht den Kindern, die Regeln für das Zeichnen in einem Zug selbst zu erkennen.

Netz	Lässt sich das Netz in einem Zug durchlaufen?	Anzahl der Bögen, die in den Ecken zusammentreffen	Ist meine Vermutung richtig?
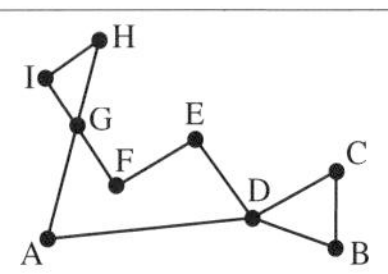	ja	A – 2 E – 2 B – 2 F – 2 C – 2 G – 4 D – 4 H – 2 I – 2	ja
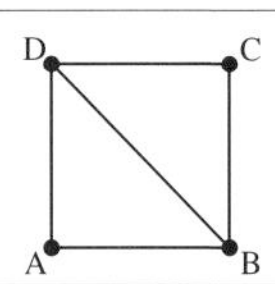			
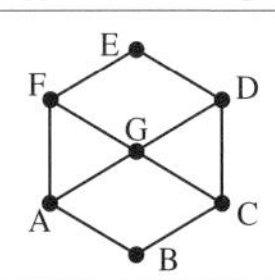			
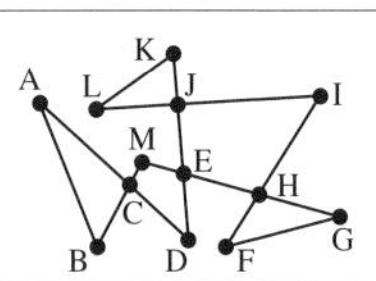			
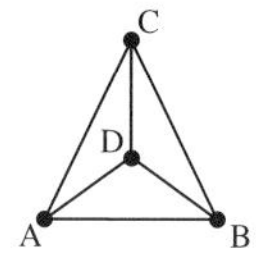			
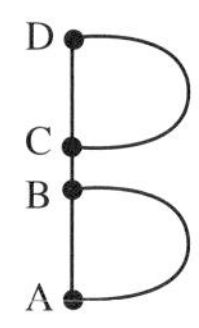			

Zuerst versuchen die Kinder, das Netz in einem Zug zu zeichnen. Ihr Versuchsergebnis tragen sie in die zweite Spalte ein. In die dritte Spalte wird die Anzahl der Kanten vermerkt, die in einer Ecke zusammentreffen. Vielleicht erkennen die Kinder, dass Netz 1, 2, 4, und 6 alle Ecken aufweisen in der eine gerade Anzahl von Kanten oder gerade Anzahlen von Kanten und genau zwei ungerade Anzahlen zusammentreffen. Im gemeinsamen Unterrichtsgespräche kann dann die richtige Lösung besprochen und in die letzte Spalte der Tabelle eingetragen werden. Weitere Anregungen für Netze finden Sie bei Radatz/Rickmeyer 1991, S. 106; Bauersfeld 1975, S. 83 ff.; Ellrott/Schindler 1975, S. 288, Müller/ Wölpert 1976.

Netze in Spielen

Van de Walle (1987) hat einen Kartensatz mit vier verschiedenen Kartentypen entwickelt, die Sie auf der **Kopiervorlage G 7** wiederfinden.

Zwei Kopien der Kopiervorlage reichen für vier Kinder. Mit den Karten lassen sich Wege, Muster, Ziffern, Buchstaben und symmetrische Netze legen (vgl. Radatz/ Rickmeyer 1991, S. 111 f.)

Das Verrückte Labyrinth (Ravensburger Verlag) enthält einzelne Wege-Karten, die sich zu einem Labyrinth aneinanderlegen lassen. Jeder Spieler muss sich einen eigenen Weg legen, um zum Ziel zu gelangen. Da aber alle Mitspieler an einem Labyrinth spielen, kann dem Gegner durch geschicktes Verschieben der Karten der Weg durch das Labyrinth verbaut werden.

Ebenfalls im Ravensburger Verlag sind die Spiele *Deutschland-, Europa- und Weltreise* zu finden. Alle Orte sind durch ein zusammenhängendes Netz miteinander verbunden. Die Spieler stellen sich eine Reiseroute zusammen, die sie auf dem kürzesten Weg abfahren müssen.

Der Spielplan von *Scotland Yard* (Ravensburger Verlag) besteht aus einem U-Bahn-, Bus- und Taxinetz. Anhand des Netzes und U-Bahn-, Bus- und Taxifahrkarten rekonstruieren die Mitspieler, auf welchem Weg „Mr. X“ in den Straßen Londons versucht unterzutauchen.

Vier verschiedene Spielpläne stehen bei *Dampfross* (Schmidt Spiele) zur Auswahl. Auf einer Deutschland-, Frankreich- und zwei Amerikakarten zeichnen die Spieler Eisenbahnlinien ein, über die eigene oder gegnerische Transportgüter befördert werden. Wer das geschickteste Eisenbahnnetz verlegt und damit die meisten Punkte gesammelt hat, gewinnt das Spiel. Dampfross ist ein sehr anspruchsvolles und zeitintensives Spiel.

3.4.3 Färbeprobleme

Bei Färbeproblemen geht es um die Fragestellung, wie viele verschiedene Farben mindestens notwendig sind, um Muster (bzw. ebene Karten oder planare Graphen) einzufärben, wobei sich gleiche Farben nicht entlang einer gemeinsamen Kante berühren dürfen.

Sachinformativer Einschub

Jedes Muster in der Ebene (ebene Landkarte) ist mit höchstens vier Farben färbbar, wobei Gebiete mit gemeinsamen Grenzen verschiedene Farben haben (Vier-Farben-Satz)

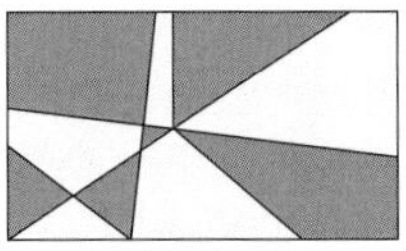
2 Farben

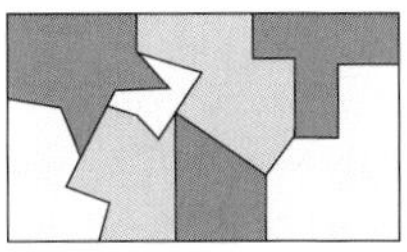
3 Farben

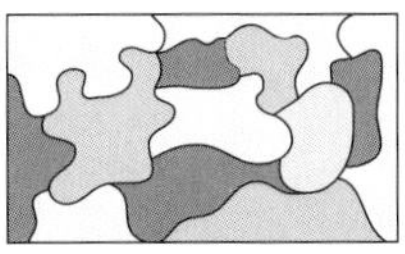
4 Farben

Vor kurzem erst ist der Beweis dieser Vermutung mittels eines Computerprogramms gelungen (vgl. Stein 1997, S. 55) Für jedes durch Linien von Rand zu Rand in einer Ebene gebildete Muster benötigt man genau zwei Farben (Zwei-Farben-Satz).

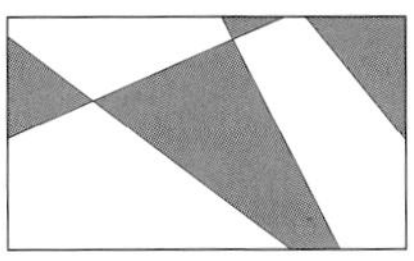
Abbildung a

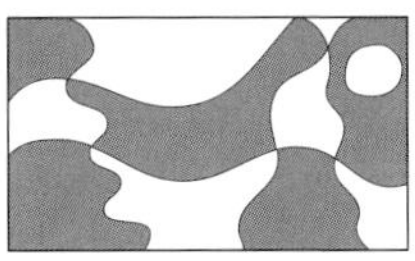
Abbildung b

Die Gebiete können sowohl durch Geraden (Abb. a) als auch durch gebogene Linien, die sich überschneiden dürfen und von Rand zu Rand verlaufen (Abb. b), erzeugt werden.

Die Kinder versuchen sich gegenseitig zu unterbieten, wenn sie versuchen, ungefärbte Muster mit möglichst wenigen Farben einzufärben. Meistens werden zu Beginn von den Kindern mehr als vier Farben verwenden. Durch Diskusionen und häufiges Ausprobieren entwickeln die Kinder Strategien, die Farbanzahl zu reduzieren. Wichtig ist dabei die Erkenntnis, dass Anzahl und Lage aneinander stoßender Flächen ausschlaggebend für die Menge der Farben ist. Wer kann ein eigenes Muster konstruieren für das zwei, drei oder vier Farben ausreichen?

Linien, Bögen, Formen und Farben in der Kunst

Die abstrakte Malerei bietet viele Beispiele, die zur Betrachtung im Geometrieunterricht geeignet sind (vgl. Gieseking 1997). Die Bilder vereinen geometrische Formen, gerade Linien, Bögen und Farben. Vielfältige Anregungen geben Bilder von Piet Mondrian, Fernand Leger, Wassily Kandinsky und Joan Miro. Mondrian arbeitet mit präzise gegliederten Flächen, meistens mit Rechtecken. Miro verbindet Farbvisionen mit linearen und kindlich-naiven Gebilden. Kandinskys Bilder zeichnen sich durch ihre linear-geometrische Organisation aus. Leger verwendet geometrische Grundelemente wie Zylinder, Kegel und Kugel.

Die abstrakte Malerei ist ein häufig verwendetes Thema für Kalenderblätter. Diese sind aufgrund ihrer Größe gut im Klassenunterricht einzusetzen. Auch kleine Kunstpostkarten sind als Anschauung geeignet. Viele Kinder sind überrascht von der Schlichtheit und der klaren Farbgebung der Bilder. Sie entdecken immer wieder geometrische Elemente wie Dreiecke, Quadrate und Kreise. Kinder lassen sich von den Vorlagen großer Künstler gern anregen, selbst künstlerisch tätig zu werden. Die Wahl der Materialien, Farbarten und Tech- niken sollte möglichst offen sein. Dazu einige Anregungen:

- Geometrische Formen lassen sich präzise aus farbigem Papier oder Karton falten und schneiden.
- Gerade Linien können sauber mit dem Lineal gezogen werden. Viele Künstler verwenden für gerade Linien häufig die Farbe Schwarz.
- Kurven und Bögen kann man sowohl frei als auch mit einem Kurvenlineal oder dem Rand eines Glases zeichnen. Wollfäden und Pfeifenputzer eignen sich ebenfalls für gebogene Linien.
- Zum Kolorieren eignen sich Wasserfarben, Wachsmal-, Bunt- und Filzstifte. Die Farben müssen von den Kindern intensiv und deckend aufgetragen werden. Flächen werden akkurat ausgemalt. Klare Farben wie Rot, Blau, Gelb, Schwarz und Weiß werden in der abstrakten Malerei bevorzugt.

3.4.4 Fadenspiele und Knotentechniken

Fadenspiele gehören zum Volksgut, sind aber mehr und mehr in Vergessenheit geraten. Es lohnt sich, Fadenspiele im Unterricht zu thematisieren, da sie einen Beitrag zur Förderung des räumlichen Vorstellungsvermögens leisten und zusätzlich Spaß machen. Fadenspiele sind eine gelungene Einlage auf Elternabenden. Manche Eltern sind erstaunt, wie flink ihre Kinder die Finger einsetzen. Als Lehrerin wird man immer mehr Kinder beobachten können, die Schnüre mit auf den Schulhof nehmen. Fadenspiele verbreiten sich so über die Klassengrenze hinaus. Durch Vormachen und Nachahmen oder eine bebilderte Vorlage lernen die Kinder, Fäden nach Vorschrift zu knüpfen. Wenn sie die einzelnen Arbeitsschritte als einen komplexen nach einer bestimmten Reihenfolge durchzuführenden Handlungsablauf verinnerlicht haben, sind sie in der Lage, Knoten und Webtechniken auswendig auszuführen. Dieser geistige Prozess erfordert die Reproduktion räumlicher Beziehungen. Das Knüpfen eines auswendiggelernten Knotens verbindet kognitive Fähigkeiten mit manuellen Tätigkeiten. Webtechniken und Knoten leisten einen wichtigen Beitrag zur Kopfgeometrie.

Fadenspiele

Für Fadenspiele benötigt man eine einfache Schnur, die zur Schlaufe gebunden ist. Aus dieser Schlaufe lassen sich durch geschicktes Weben mit den Fingern Fadenfiguren herstellen. Fadenspiele sind auf der ganzen Welt bekannt. Besonders in kleinen Kulturkreisen, bei den Indianern, den Eskimos oder Inselvölkern im Pazifik sind sie verbreitet. Bei Fadenspielen handelt es sich nicht nur um schlichte Spielerei, sondern sie haben häufig auch einen unmittelbaren Lebensbezug. Beispielsweise werden sie zur Illustration von erzählten Geschichten geknüpft. Das Spielen mit Schnüren wird von Generation zu Generation durch Vormachen und Nachahmen weitergegeben. Anleitungsbücher helfen die Tradition zu erhalten (z. B. Gryski 1996 und1997).

Technisches Grundwissen

Für Knoten und Fadenspiele sind Nylonfäden (2 m) am besten geeignet. Solche Schnüre sind geflochten und nicht gedreht. Sie verheddern sich selten, da sie eine sehr glatte Oberfläche haben. Für Fadenspiele benötigt man eine Schlaufe. Um aus einem Nylonfaden eine Schlaufe herzustellen, kann man die Enden verknoten oder miteinander verschmelzen. Dazu erhitzt man die Enden der Schnur über einer Kerze. Die weichen, klebrigen Enden presst man anschließend zusammen und lässt die Schweißstelle auskühlen.

In schriftlichen Anleitungen für Fadenspiele werden für alle Fäden und Schlaufen spezielle Namen verwendet.
Bei allen Webtechniken stehen beide Hände senkrecht mit den Handflächen zueinander. Um die einzelnen Finger werden Schlaufen gelegt, die mithilfe der Finger verwebt werden. Fadenfiguren beginnen meistens mit einer der beiden Grundpositionen (vgl. Gryski 1997, S. 7 – 8):

Grundposition 1 **Grundposition 2**

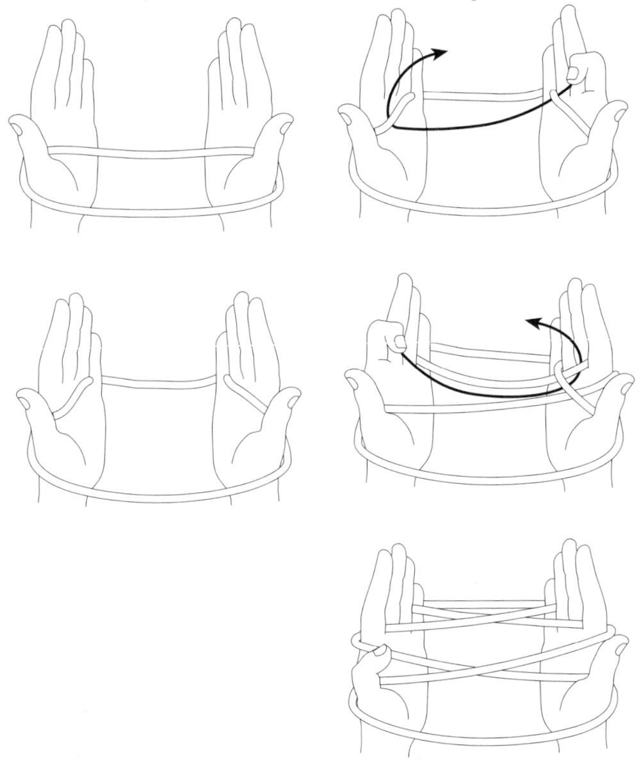

Für viele Fadenspiele ist der Navajo-Schritt notwendig. Benannt ist er nach den Navajo-Indianern, die geschickte Fadenspieler sind (Gryski 1996, S. 4).

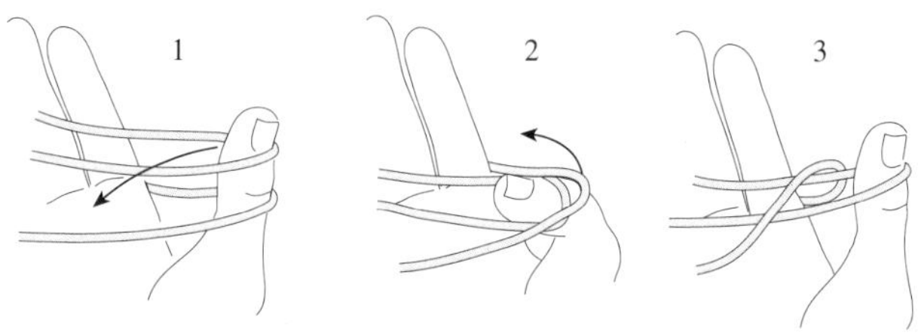

Tipps für die Unterrichtspraxis

Sie können damit rechnen, dass einige Kinder Fadenspiele kennen. Ihr Wissen ist ein geeigneter Ausgangspunkt für den weiteren Unterricht. Die „Könner“ zeigen ihren Mitschülern, welche Figuren sie weben können. Jeder erhält dazu eine Schlaufe (2 m), womit die Figur hergestellt wird. Direktes Vormachen wird mit mündlichen Anweisungen gekoppelt. Die meisten Figuren lösen sich leicht wieder auf, wenn man die waagerechten Fäden oben und unten auseinander zieht. Wollen Sie Ihren Kindern Fadenspiele zeigen, dann bieten sich die folgenden Möglichkeiten an:

- direktes Vormachen der einzelnen Schritte
- Mit einem oder zwei Kindern wird die Figur so oft geknüpft, bis sie auswendig beherrscht wird. Anschließend geben die Kinder ihr Wissen an die anderen weiter (Schneeballprinzip).
- eigenständiges Arbeiten nach einer schriftlichen Anleitung mit Text und Bild

Die letzte Variante ist sehr anspruchsvoll. Die Kinder müssen über ein gutes Lesevermögen verfügen und in der Lage sein, einen sachlichen Text zu verstehen. Gleichzeitig müssen sie Bild und Text kombinieren und konkret mit dem Faden arbeiten. Erstrebenswertes Ziel ist es, dass alle Kinder die Figur auswendig weben und an andere weitergeben können.

Anregungen für Fadenfiguren und Fadentricks

- Tasse mit Untertasse (vgl. Gryski 1996, S. 6 – 7)
  Diese Figur stammt ursprünglich aus Neukaledonien. In Japan gilt sie als Tasse. Für diese Figur benötigt man eine kurze Schlaufe (1 m). Man beginnt mit Grundposition 2.

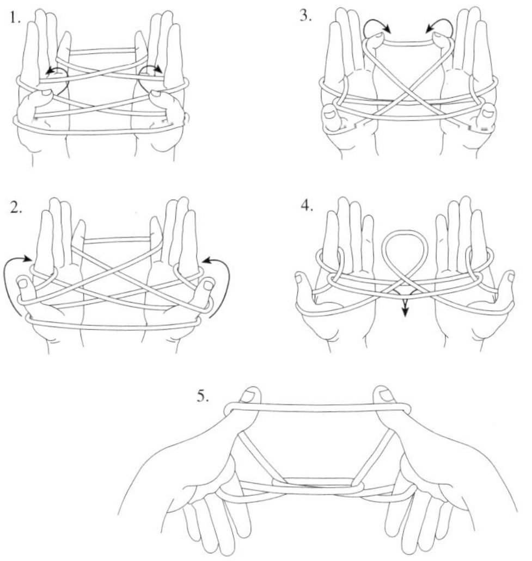

- Fliege fangen (vgl. Gryski 1996, S. 18 – 19):
  Die Fliege kommt von den Salomon-Inseln.

1. Hänge die Schnur über die kleinen Finger.
2. Hole mit den Daumen jeweils beide Fäden der Kleinfingerschlinge.

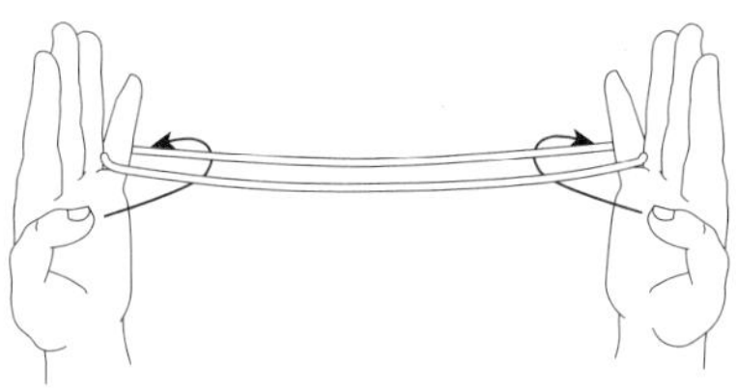

3. Hole mit dem rechten Zeigefinger von unten die beiden linken Handflächenfäden. Fäden spannen!

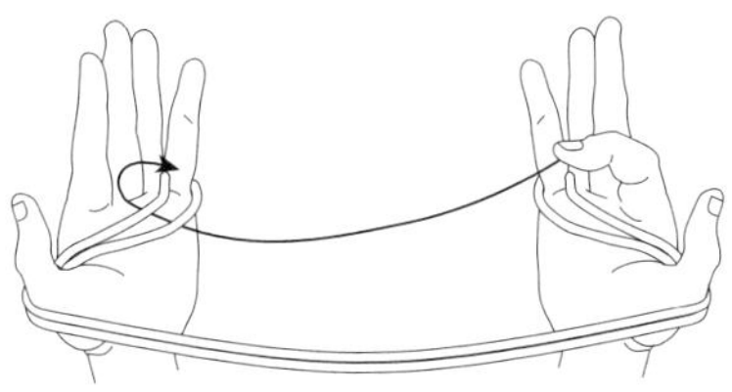

4. Schiebe den linken Daumen über die hinteren Zeigefingerfäden und hole von unten die beiden rechten Handflächenfäden, die neben (nicht zwischen!) den Fäden der rechten Zeigefingerschlinge verlaufen. Fäden wieder spannen.

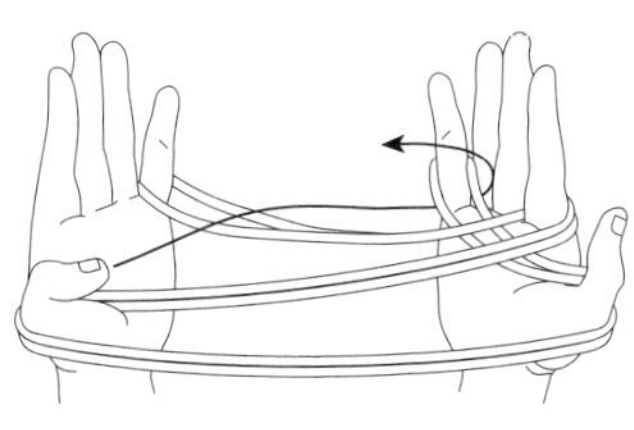

5. Mache mit den beiden Schlingen, die auf dem linken Daumen liegen, einen Navajo-Schritt.

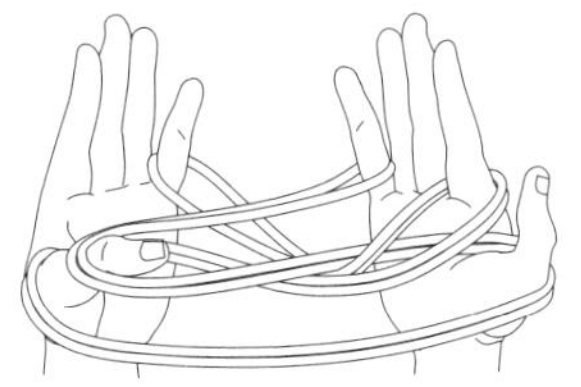

6. Laß die Schlingen vom rechten Daumen abgleiten und zieh die Fäden wieder stramm.

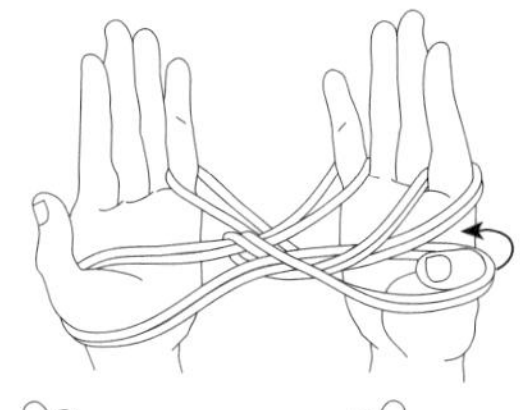

7. Laß die Schlingen vom linken Daumen und vom rechten Zeigefinger abgleiten - jetzt siehst du die Fliege. Die kleinen Finger noch nicht auseinanderziehen!

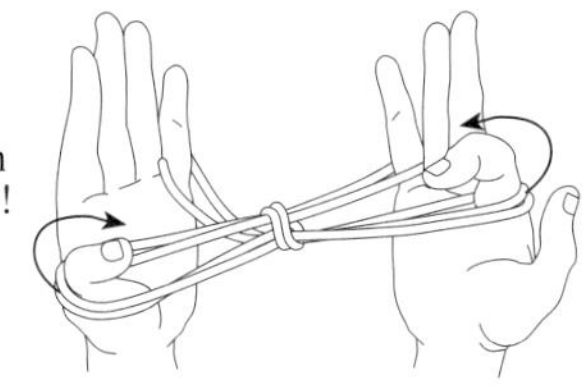

8. Klatsche in die Hände, um die Fliege zu fangen! Ob du sie erwischt hast?
9. Nimm die Hände auseinander und ziehe dabei mit den kleinen Fingern die Kleinfingerschlingen auseinander - die Fliege ist weg!

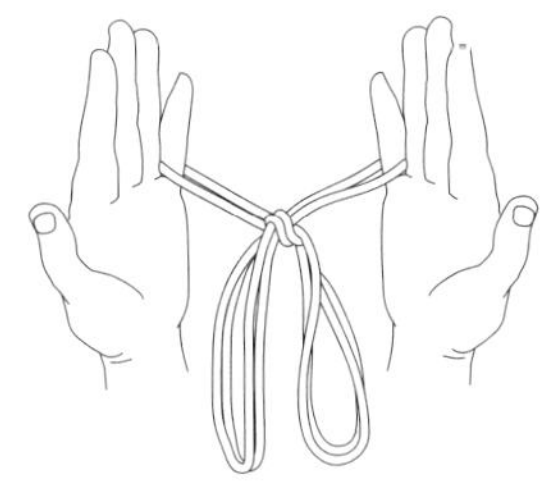

Abheben von Fäden

Die Technik des Abhebens ist bekannter als das Weben von Fadenfiguren. Zwei Spieler sind mindestens nötig. Einer beginnt mit folgender Grundfigur (vgl. Gryski 1996, S. 28).

1. Lege die Schnur über beide Hände.

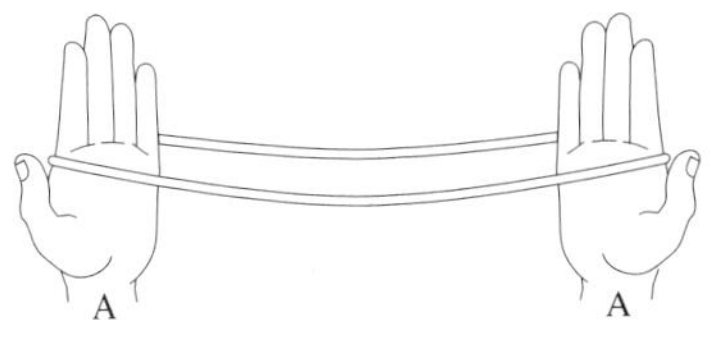

2. Lege mit Zeigefinger und Daumen der rechten Hand den vorderen Faden der großen Schlinge einmal um die linke Hand. Der Faden kommt wieder zwischen dem linken Daumen und Zeigefinger nach vorne.
3. Mache dasselbe bei der rechten Hand.

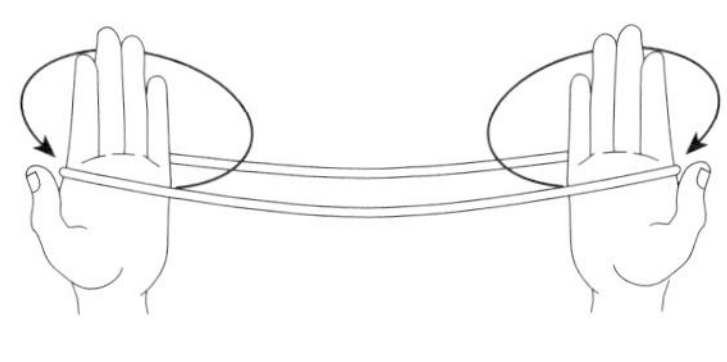

4. Dann machst du weiter bei der Grundfigur 2, aber mit den Mittelfingern.

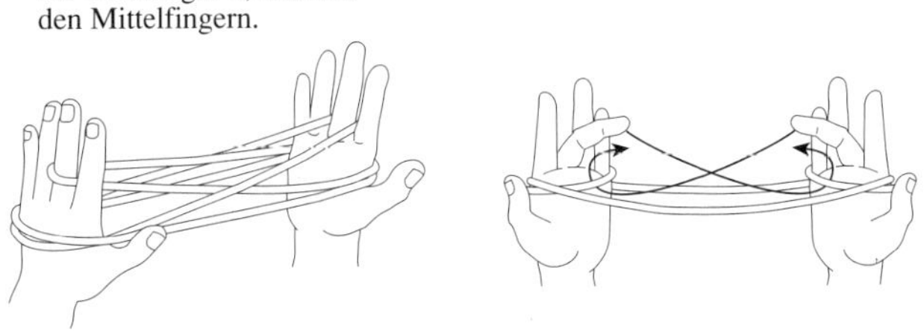

Der zweite Spieler hebt diese Figur nach einer bestimmten Vorschrift ab, sodass eine neue Figur entsteht. Es können sich auch mehrere Spieler beteiligen, indem bei jedem

Abheben weitergegeben wird. Wenn Sie Fadenspiele aus der Kindheit kennen, werden Sie erstaunt sein, wie viele Abhebefiguren Ihnen unter anderem Namen bekannt sind. Die mündliche Überlieferung hat die Namensverschiebung bewirkt. Gryski beschreibt in ihrem Büchlein eine lange Kette von Abhebe-Figuren: Von der Grundfigur zur Matratze, dann zum Spiegel, anschließend zur Wiege, diese wird in den Edelstein überführt und danach ins Katzenauge umgewandelt. Dieses wird zum Fisch auf dem Teller und als Abschluss zur Standuhr oder zum Bergkristall (vgl. Gryski 1996, S. 28–30).

1. Von der Grundfigur zur Matratze

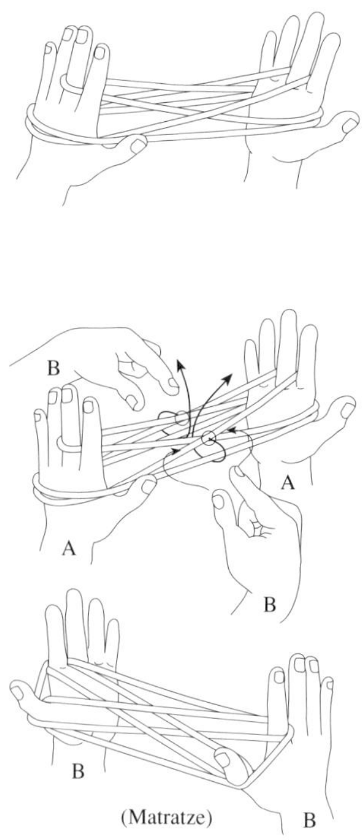

2. Von der Matratze zum Spiegel

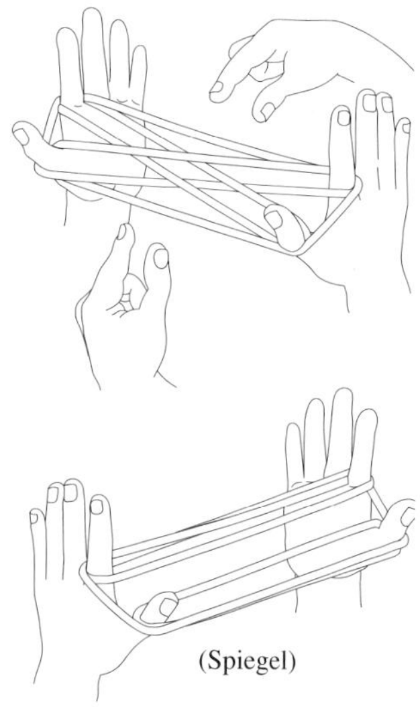

3. Vom Spiegel zur Wiege

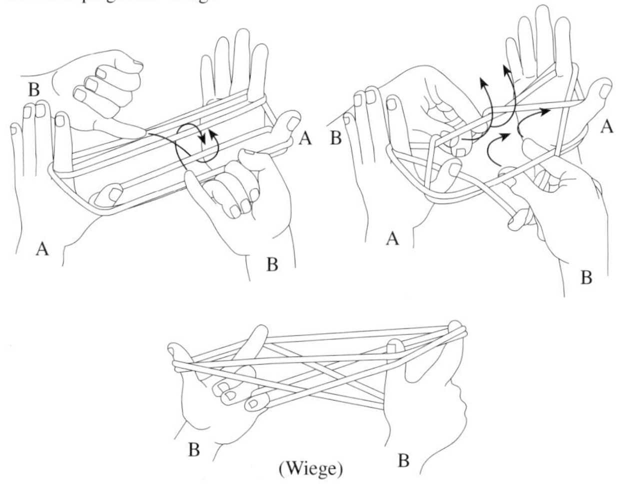

4. Von der Wiege zur Säge

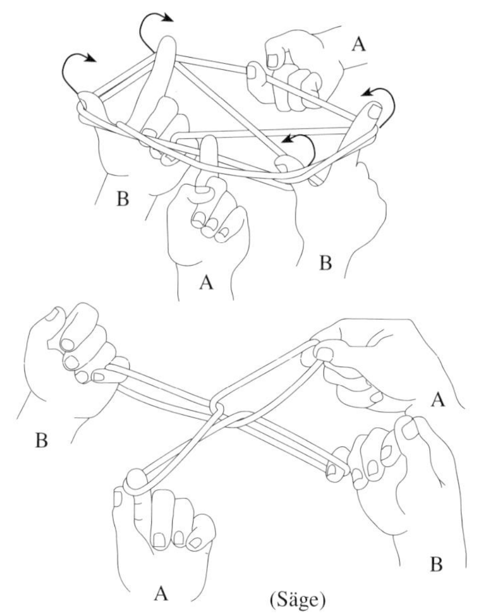

Knoten

> Sachinformativer Einschub
>
> Das Lernen von Knoten kann als kopfgeometrische Übung betrachtet werden. Ein Knoten im täglichen Leben bezeichnet eine Verknüpfung in einer oder zwischen zwei Schnüren (Krawattenknoten, Schuhknoten, Makrameknoten, Häkelschlingen u. a.).
> Durch einen Knoten können auch Gegenstände an eine Schnur gebunden werden. Streng mathematisch gesehen handelt es sich bei den eben genannten Beispielen nicht um Knoten, sondern um Verschlingungen. Knoten im mathematischen Sinn bezeichnen eine „geschlossene doppelpunktfreie Linie", die mit einer an beiden Enden zusammengebundenen Schnur veranschaulicht werden kann (Müller/Wölpert 1976, S. 98). Obwohl die folgenden Übungen Verschlingungen, realisiert an einem Seil mit freien Enden, behandeln, verwenden wir wie im alltäglichen Leben den Begriff Knoten.

Knoten werden für verschiedene Zwecke benötigt. Besonders im Freizeitbereich sind sie aus Sicherheitsgründen häufig unerlässlich (Segeln, Klettern u. a.). Owen (1997) unterscheident sechs Gruppen von Knoten:

1. Stopperknoten
2. Laufende Knoten
3. Schlingen
4. Schlaufen
5. Steke
6. Fischerknoten

Zum Einstieg in Knotentechniken legen die Kinder eine Schnur zu einfachen Schlingen. Dies kann mittels mündlicher Anweisungen oder über Abbildungen geschehen. Dazu einige Beispiele:

- Nimm in jede Hand ein Schnurende. Lege die rechte über die linke Schnur, sodass eine Schlaufe entsteht. Stecke die oben aufliegende Schnur durch die Schlaufe und ziehe den Knoten fest. (Knoten A)
- Knüpfe eine Acht in deine Schnur. Lege das linke Schnurende über das rechte (Es entsteht eine Schlaufe.) und anschließend unter das rechte. Stecke das untere Schnurende von oben in die Schlaufe. Ziehe den Knoten fest. Du erhältst eine Acht. (Knoten B)
- Versuche nach der Abbildung folgenden Knoten zu knüpfen. Du benötigst zwei verschiedenfarbige Schnüre. (Knoten C)

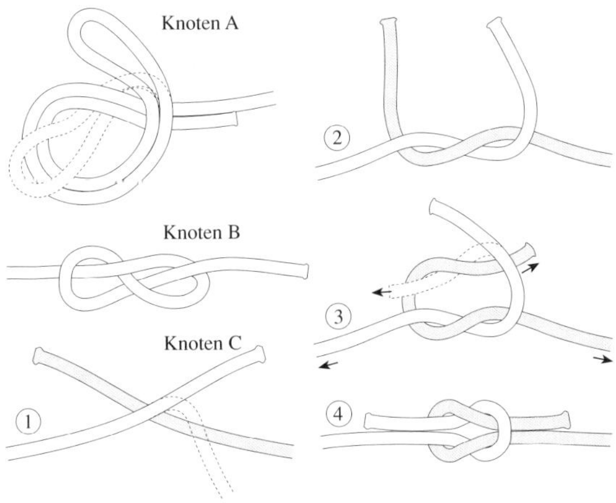

Kinder sind besonders motiviert einen Knoten zu knüpfen, wenn sie seinen Gebrauchswert kennen. Welchen Knoten verwendeten die Franziskanermönche in der Kordel um ihre Mönchskutte?

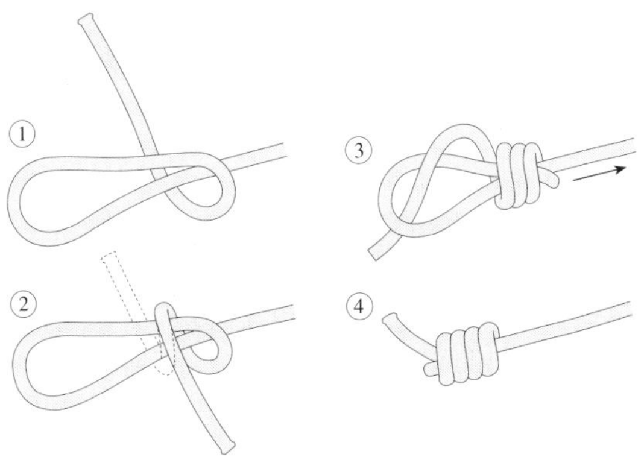

Wie banden Straßenräuber ihre Pferde fest, um sie bei der Flucht schnell wieder losbinden zu können?

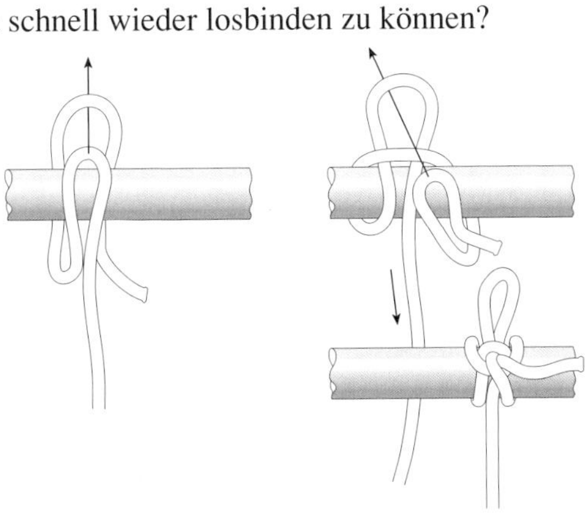

Als Anschauungsobjekt für die Knotentechniken verwendet man im Unterricht ein dickes Tau. Die Kinder sollten die Knoten so häufig knüpfen, bis sie sie auswendig können. Obige Knoten sind dem Buch von Owen (1997) entnommen. Weitere Vorschläge für Knotentechniken findet die Leserin u. a. bei Besuden (1984) und in Büchern aus dem Freizeitbereich, beispielsweise Knoten für Angler, Segler oder Kletterer. Fächerübergreifende Angebote sind Handarbeits- und Bastelbüchern unter den Stichwörtern Makrameetechnik oder Tücher binden zu entnehmen.

3.5 Geometrisches Zeichnen

Geometrisches Zeichnen erfordert eine gleichzeitige und verbindende Koordination von visuellen und motorischen Erfahrungen und Fähigkeiten. Die sichere Differenzierung geometrischer Lagebeziehungen wie rechts, links, oben, unten u. a. sowie visuelles Orientieren sind Grundvoraussetzungen für das Zeichnen. **Handbuch 1** (S. 144 ff.) und **Handbuch 2** (S. 161 ff.) enthalten zahlreiche Übungen zum Zeichnen. Besonderes Augenmerk liegt dabei auf der Freihandzeichnung, dem Abzeichnen, dem Färben und dem Zeichnen mit einfachen Zeichengeräten (Gegenständen aus der Umwelt, Schablonen, Lineal). Folgende Übungen haben in den vorangegangenen zwei Schuljahren geholfen, ein Verständnis für die Einsatzmöglichkeiten von Schablonen und Linealen zu vermitteln und den technischen Umgang mit ihnen in einfacher Form vorzubereiten:

- gerade und gebogene Linien mit alltäglichen Gegenständen zeichnen
- ebene Figuren mit Formenschablonen herstellen
- Faltlinien nachzeichnen
- Figuren mit dem Lineal vervollständigen
- Figuren abzeichnen
- Muster auf Karopapier entwickeln
- Punkte verbinden
- Vergrößerungen/Verkleinerungen im Punktraster

Im 3. Schuljahr erfolgt ein erstes In-Gebrauch-Nehmen der klassischen mathematischen Zeichengeräte Geodreieck und Zirkel. Die systematische Nutzung dieser Werkzeuge wird im 4. Schuljahr fortgesetzt. Um die Besonderheiten dieser Zeichengeräte erkennen zu können, sind gewisse Grunderfahrungen mit den Begriffen parallel, senkrecht und rechter Winkel Voraussetzung.

3.5.1 Rechter Winkel, senkrechte und parallele Geraden

Geometrische Begriffe, die die Kinder bisher gelernt haben, bezogen sich meistens auf spezielle Objekte:

- Wie sieht ein Quadrat aus?
- Welche Eigenschaften hat ein Quader?

- Was ist eine Seite, Kante, Ecke, Fläche?

Die Begriffe senkrecht, parallel und rechtwinklig sind komplexer, da sie nicht Objekte, sondern Beziehungen definieren. Im Unterricht kommt es darauf an, die Beziehungen zwischen den Eigenschaften senkrecht, parallel und rechtwinklig herauszuarbeiten. Wenn zwei Geraden senkrecht aufeinander stehen, bilden sie einen rechten Winkel, wenn ein rechter Winkel vorliegt, dann stehen zwei Geraden (Halbgeraden, Strecken) senkrecht aufeinander.

Parallele und senkrechte Linien im Klassenraum und im Stadtteil

Aus einem Stück Papier lässt sich in zwei Schritten ein rechter Winkel falten. Die Faltlinien liegen senkrecht zueinander und bilden an ihrem Schnittpunkt vier rechte Winkel.

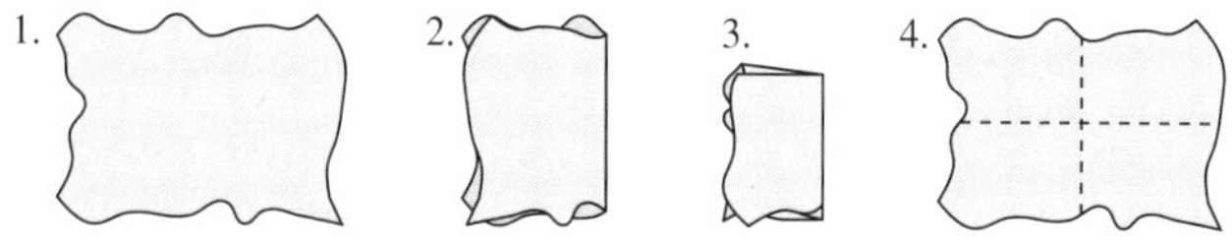

Mit dem Faltwinkel untersuchen die Kinder Gegenstände des Klassenraums auf Rechtwinkligkeit. Rechte Winkel finden sich an Fenstern, Türen, Regalen, Schränken, Tafeln, Schulbüchern, Heften und anderen Objekten. Auch geometrische Figuren wie Quadrate, Rechtecke, Dreiecke u. a. werden in die Untersuchung mit einbezogen. Den Kindern sollte erklärt werden, dass die Bezeichnung rechter Winkel für „richtiger Winkel" steht und nichts gemeinsam mit der Richtungsangabe „rechts" hat. Einen „linken Winkel" gibt es nicht.

Indischer Lehrer: „Hier die Nummer 1 heißt „Rechteck." Ihr meint jetzt sicher, daß Nummer 2 „Linkseck" genannt wird. Ich muß euch aber sagen, daß durch Verordnung des „Goverment of India Survey Department" dies auch ein „Rechteck" ist."

aus: Cyria,R./Riegler, T. (1980): Scherz, Satire und Cartoons. München: Südwest Verlag, S. 347

Faltet man ein rechteckiges Blatt Papier immer wieder auf der Mittellinie werden nach dem Auffalten des Papiers parallele Faltlinien sichtbar. Das Erzeugen paralleler Faltlinien gelingt auch mit einem beliebigen Papierausriss, wenn zuerst ein rechter Winkel gefaltet wird.

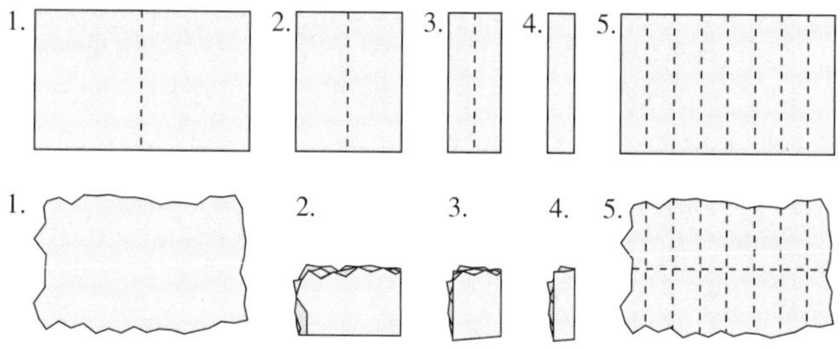

Lediglich vom optischen Eindruck geleitet, suchen die Kinder im Klassenraum parallele Linien. Dabei werden sie feststellen, dass parallele Linien häufig dort auftreten, wo auch rechte Winkel zu finden sind: Schreiblinien, Rechenkästchen, Regalbretter u. a.

In der Umwelt sind viele Beispiele für parallele und senkrechte Linien zu finden (Zebrastreifen, Bahnschienen, Geländer, Zäune, Balkonumrandungen, Brücken, Baugerüste, Fachwerkhäuser, Fenster, Türen, Ornamente an Häusern, architektonische Besonderheiten). Es kann ein Streifzug durch den Stadtteil unternommen werden. Ggf. werden von den Objekten Fotos gemacht.
In Zeitschriften und Katalogen machen sich die Kinder auf die Suche nach rechten Winkeln und parallelen Linien. Auch hier soll der optische Eindruck ausschlaggebend sein. Die Bilder werden anschließend im Klassenraum ausgestellt. Beim Vergleich der Bilder kommt immer wieder die Verbindung zwischen Rechtwinkligkeit und Parallelität zum Ausdruck.

Parallele und senkrechte Linien durch Tanz und Bewegung darstellen

Parallel und senkrecht bezeichnen Lagebeziehungen, die Kindern nicht nur durch visuelle Übungen, sondern auch durch Bewegungen mit dem eigenen Körper erfahren können. Da Grundschülern teilweise grundlegende Raumerfahrungen fehlen, sind solche Übungen sinnvolle Orientierungshilfen.
Dazu einige Anregungen:

- Aufstellen in einer Geraden (Kinderkette)
- Aufstellen in zwei oder mehreren parallelen Reihen (Eisenbahnprinzip). Können sich die Reihen so bewegen, dass die Parallelität erhalten bleibt? Die Kinder erkennen in dieser Bewegungsübung, dass die Reihen nur dann parallel bleiben, wenn alle sich in dieselbe Richtung und synchron bewegen, z. B. führen alle Kinder gemeinsam einen Schritt nach rechts aus.
- Die Kinder fassen sich an den Schultern und bilden zwei Reihen, die senkrecht zueinander stehen (Kreuz oder Mühle). Nach Musik dreht sich die Mühle so,

dass die rechten Winkel erhalten bleiben. Mal tanzen die Kinder vorwärts, mal rückwärts.

- Zwei oder mehrere Kinder legen mit ihren Körpern Rechtecke, rechtwinklige Dreiecke und Quadrate.
- Welche großen Druckbuchstaben weisen rechte Winkel auf (E, F, H, L, T)? Die Kinder legen sie mit ihren Körpern nach.
- Auch Taschenrechner-Zahlen haben rechte Winkel. Sie lassen sich ebenfalls nachlegen.

Musik oder akustische Signale unterstützen die Bewegungsfreude der Kinder. Weiter Anregungen findet die Leserin bei Berger (1997).

Papierbilder weben und Figuren aus Streichhölzern legen

Die klassische Webtechnik bedient sich paralleler Kettfäden und horizontaler Schussfäden. Flechtmotive aus Tonzeichenpapier und Flechtstreifen aus Buntpapier machen sich diese Technik zunutze. Über Lehrmittelverlage (z. B. Schubi) kann man Flechtbögen und -streifen käuflich erwerben.

Eine geeignete Vorübung zum Zeichnen von parallelen und senkrechten Strecken ist das Legen von Figuren mit Streichhölzern. Es werden Muster entworfen, die ausschließlich aus parallelen und senkrechten Linien bestehen. Wer kann ein Wort aus großen Druckbuchstaben legen, wobei nur solche Buchstaben gelegt werden dürfen, die rechte Winkel haben? (FETT, FEHLT, TEE, FEE, HEFT)

Parallele bzw. senkrechte Geraden und rechte Winkel im Punktefeld

Ein Punktefeld (**Kopiervorlage G 8**), in dem die Punkte im Quadratraster angeordnet sind, ist gut geeignet zum Zeichnen von senkrechten und parallelen Strecken. Dazu einige Anregungen:

- Welche Strecken sind parallel? Zeichne sie in derselben Farbe nach.

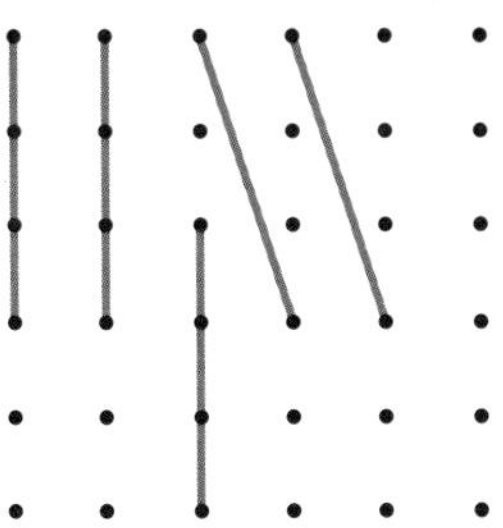

- Immer zwei Strecken sind senkrecht zueinander. Zeichne sie in derselben Farbe nach.

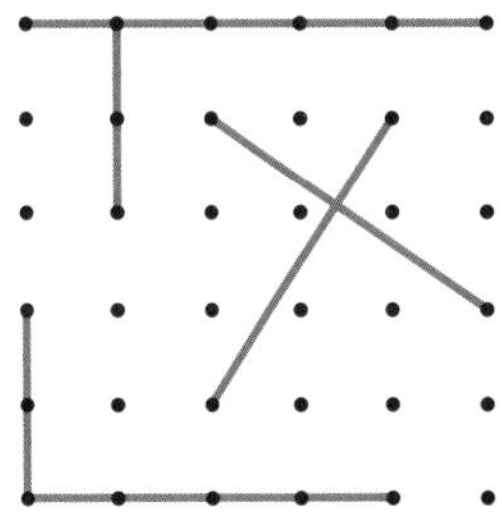

- Zeichne zu der Strecke parallele Strecken.

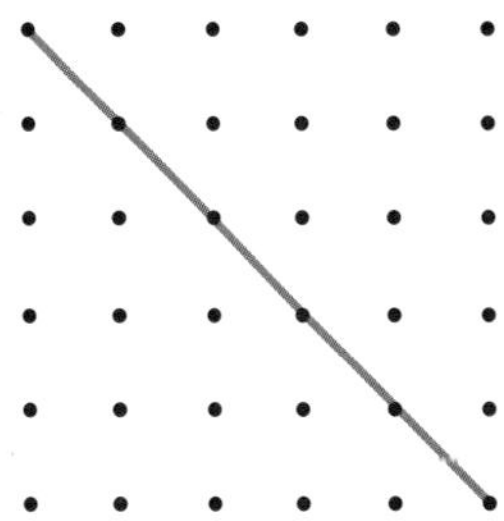

- Zeichne zu den Parallelen mehrere Senkrechte.

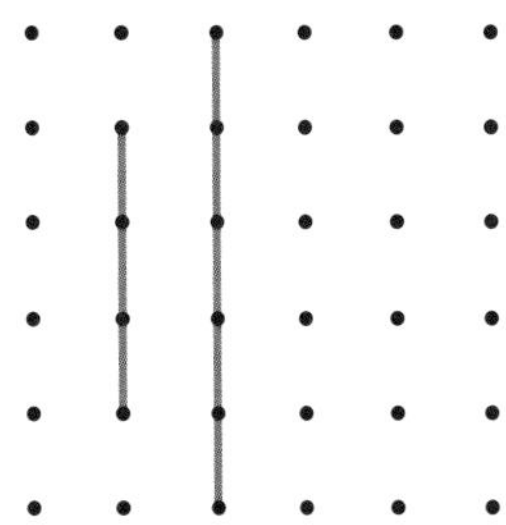

- Zeichne an jede Strecke eine zweite, sodass ein rechter Winkel entsteht. Nimm den rechten Winkel deines Geodreiecks zur Hilfe.

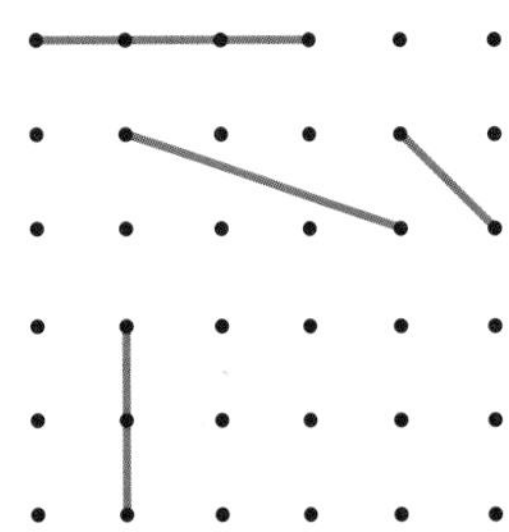

- Zeichne das Muster weiter.

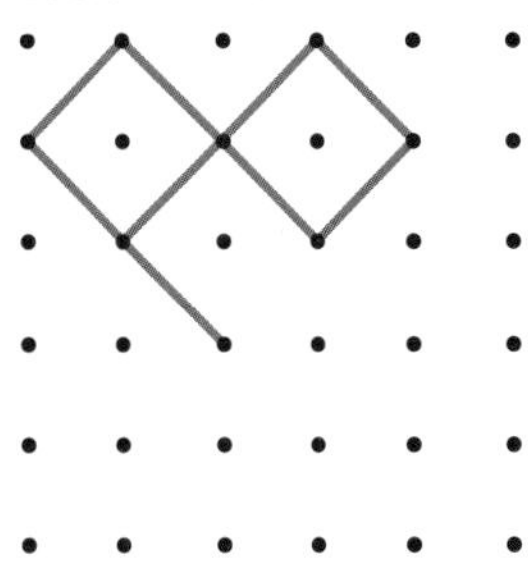

- Zeichne wie im Beispiel Figuren, die ausschließlich rechte Winkel oder parallele Strecken haben.

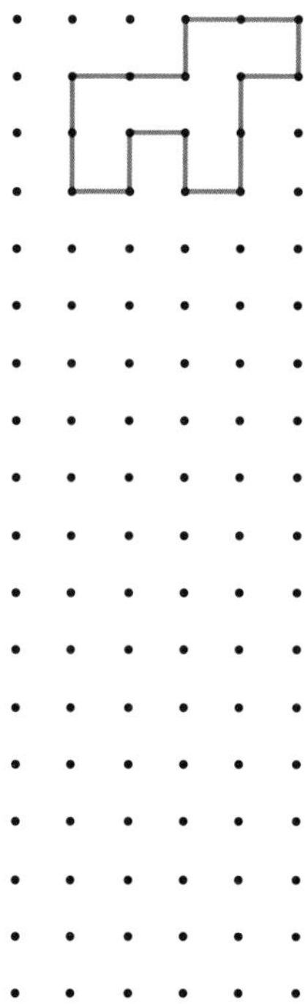

3.5.2 Das Geodreieck

Im Laufe des 3. Schuljahrs wird beim Zeichnen und Messen das Lineal mehr und mehr vom Geodreieck abgelöst. Seine Verwendungsmöglichkeiten, insbesondere beim Zeichnen, sind weitaus größer als die des Lineals. Parallele und senkrechte Linien sowie rechte Winkel lassen sich mithilfe eines Geodreiecks genauer zeichnen. Das Lineal eignet sich mehr zum Messen und Zeichnen von unterschiedlich langen Strecken. Es hat sich als hilfreich erwiesen, wenn alle Kinder der Klasse das gleiche Geodreieck verwenden. Teilweise varriieren sie in Größe, Farbgebung und Schriftaufdruck, sodass eine gemeinsame Diskussion über das Zeichengerät erschwert würde. Bevor das Geodreieck zum gezielten Zeichnen verwendet wird, sollte es von den Kindern selbst auf seine Form, seine Vorteile gegenüber dem Lineal und seine Zeichenmöglichkeiten hin untersucht werden. Dazu einige Aufgaben als Anregung:

1. Wie viele Ecken und Seiten hat ein Geodreieck?
2. Miss die Längen der Seiten. Was fällt dir auf?
3. Wenn du zwei Geodreiecke aneinander legst, entsteht eine Figur mit vier gleich langen Seiten. Wie heißt die Figur?
4. Kannst du aus einem quadratischen Blatt Papier ein Geodreieck falten? Beschreibe, wie du das gemacht hast.
5. Kannst du auch aus einem unregelmäßigen Papier ein Geodreieck falten und schneiden? Beschreibe den Vorgang.
6. Zeichne mit dem Geodreieck den Zaun weiter. Welche Linien auf dem Geodreieck helfen dir?

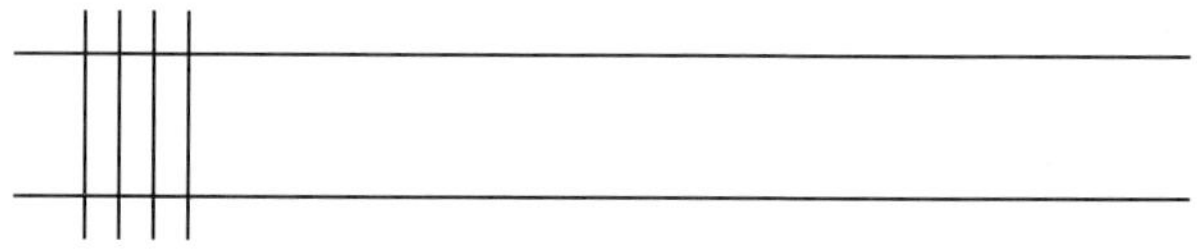

7. Versuche dieses Muster auf Blankopapier zu zeichnen. Warum gelingt dir die Zeichnung mit dem Geodreieck besser als mit einem Lineal?

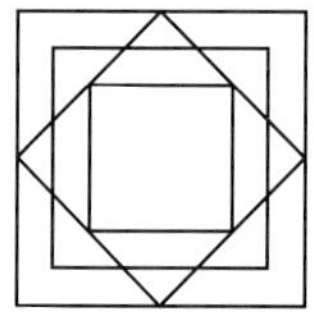

8. Beschreibe, wie du das Muster mit dem Geodreieck gezeichnet hast.
9. Zeichne weitere Muster mit dem Geodreieck.

Ohne dass die Kinder die Fachbegriffe verwenden oder kennen müssen, arbeiten sie bei diesen Aufgaben mit rechten Winkeln und parallelen bzw. senkrechten Linien. Wenn im gemeinsamen Unterrichtsgespräch die verschiedenen Lösungswege der Kinder besprochen werden, werden auch die mathematischen Fachbegriffe mit einbezogen.

3.5.3 Zeichnen mit dem Geodreieck

Das Zeichnen von rechten Winkeln mit dem Geodreieck schult den Blick für dessen Form und Gestalt. Dazu untersucht man das Geodreieck auf rechte Winkel. An drei Stellen sind auf dem Geodreick rechte Winkel sichtbar. Zur Veranschaulichung werden Geodreiecke auf den Tageslichtprojektor gelegt. Auf jedem Geodreieck zeichnen die Kinder die Linien eines rechten Winkels nach.

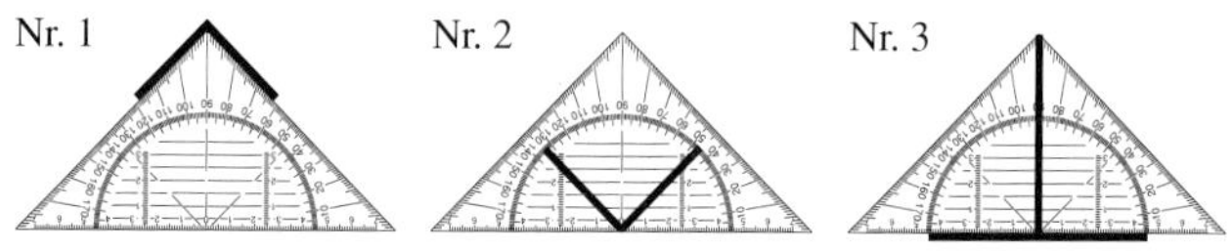

Nur einer der rechten Winkel eignet sich zum Zeichnen (Nr. 3). Die anderen beiden können zur Überprüfung auf Rechtwinkligkeit herangezogen werden. Diese Erkenntnis machen die Kinder selber, wenn sie mit einem großen Tafel-Geodreieck versuchen, auf eine Tapetenrolle ein Quadrat zu zeichnen. Dazu kommen die Kinder im Stuhlkreis zusammen und arbeiten mit einem großen Tafel-Geodreieck. Bei den ersten Zeichenversuchen verwenden die Kinder meistens den Außenwinkel des Geodreiecks (Nr. 1). Damit lässt sich kein sauberer rechter Winkel (wegen der „runden Ecke“) zeichnen. Auch die Seitenlängen des entstehenden Quadrates werden nicht gleichlang sein, denn das Geodreieck muss anders angelegt werden, um die Seitenlängen genau zeichnen zu können. Die Zentimeterskala des Geodreiecks muss beim Zeichnen des Quadrats mit verwendet werden. Es wird mit einer Strecke von 6 cm begonnen. Wie muss das

Geodreieck angelegt werden, um von einem Endpunkt der Strecke aus eine Senkrechte von 5 cm errichten zu können? Die Abbildung zeigt mögliche Zeichenschritte für ein Quadrat.

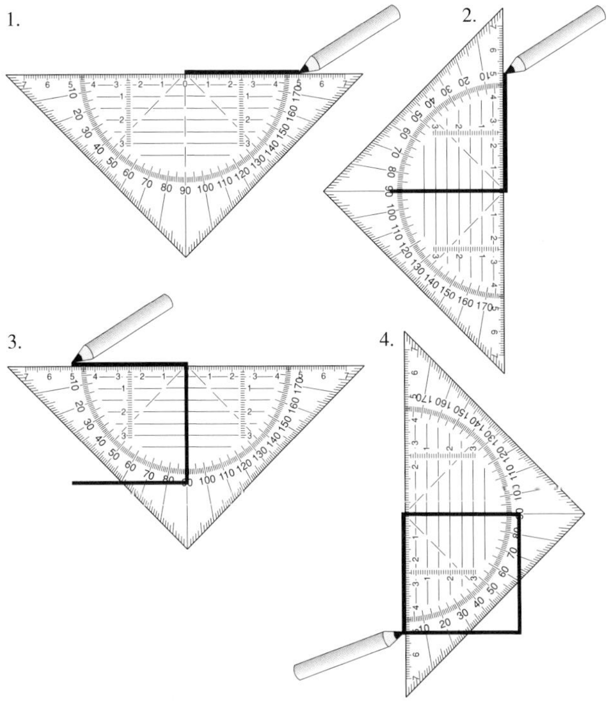

Die Kinder zeichnen nun selbstständig auf unliniertem Papier verschieden große Quadrate, Rechtecke und rechtwinklige Dreiecke. Die Seitenlängen werden nachgemessen. Formales Vorgehen ist erforderlich, wenn die Kinder ebene Figuren mit festgelegten Längen zeichnen müssen:

- Zeichne ein Quadrat mit a = 3 cm.
- Zeichne ein Rechteck mit a = 5 cm, b = 4 cm.
- Zeichne ein rechtwinkliges Dreieck mit a = 6 cm, b = 4 cm.
- Zeichne ein rechtwinkliges Dreieck mit a = 5 cm, b = 5 cm.

Ästhetisch ansprechende Muster können aus parallelen und senkrechten Linien, aus rechten Winkeln und symmetrischen Elementen hergestellt werden. Das Abzeichnen von solchen Mustern mit dem Geodreieck ist teilweise weniger anspruchsvoll als ein eigener Entwurf. In vorgegebenen Mustern können Strecken nachgemessen und parallele bzw. senkrechte Linien durch vorheriges Überprüfen festgestellt werden. Mit schlichten Mustern zum Abzeichnen kann begonnen werden, die, wenn die Kinder genug Übung haben, an Komplexität zunehmen sollten. Auch Bandornamente und Parkettierungen können mit dem Geodreieck gezeichnet werden.

Die Kinder werden nicht explizit im Zeichnen und Prüfen von parallelen Geraden mit dem Geodreieck mittels der Senkrechten unterwiesen. Dies folgt in späteren Schuljahren. Desgleichen gilt für schriftlich formulierte Zeichenaufträge.

3.5.4 Experimentieren mit dem Zirkel

In den vorangegangenen zwei Schuljahren haben die Kinder runde Gegenstände in ihrer Umgebung gesucht, Kreise untersucht und aus Kreisen Figuren gefaltet (**Handbuch 1**, S. 121, 127 und **Handbuch 2**, S. 130 ff.). Beim Umgang mit Schablonen erfreuen sich die Kinder an den entstehenden Mustern, ohne etwas über die Größe ihrer Kreise zu erfahren. Teller, Münzen und andere runde Gegenstände aus dem häuslichen Bereich sind als Schablonen geeignet. Wie lässt sich im Vergleich zum Quadrat ein Kreis beschreiben? Ein Quadrat hat vier Seiten und vier Ecken, wobei alle Seiten gleich lang sind. Die Winkel in den Eckpunkten sind rechte Winkel. Derart viele Eigenschaften für einen Kreis finden Kinder von sich aus nicht. Sie beschreiben ihn lediglich mit den Worten: „Ein Kreis sieht wie ein Ball aus. Er ist rund und kann rollen." Die Kinder müssen erst noch durch geeignete Aufgabenstellungen erfahren, dass jeder Kreis einen Mittelpunkt hat und alle Punkte der Kreislinie vom Mittelpunkt den gleichen Abstand (Radius) haben. Das Wort Radius stammt aus dem Lateinischen und wird übersetzt mit Stab bzw. Speiche. Die Kinder stehen in diesem Zusammenhang vor dem Problem, mit einfachen Hilfsmitteln einen Kreis zeichnen zu müssen. Mit einem Bindfaden und einem Stück Kreide kann ein Kreis auf dem Schulhof gezeichnet werden. Diese Methode benötigt zwar einen geringen technischen Aufwand, hat aber den Nachteil, dass es sehr schwierig ist, den Bindfaden während des Zeichnens gleichmäßig gespannt zu halten. Die Kreislinie wird unregelmäßig. Für ein anderes Verfahren liegen im Stuhlkreis Holzlatten in verschiedenen Längen, die am Anfang und am Ende jeweils mit einem Loch durchbohrt sind, groß genug für eine Bleistiftspitze. Zusätzlich benötigt man einen Nagel, einen Hammer, ein Holzbrett und weißes Papier. Gemeinsam wird überlegt, wie sich mit den vorgegebenen Gegenständen ein Kreis zeichnen lässt. Die Kinder werden die Technik, wie sie in der Abbildung dargestellt ist, gemeinsam entwickeln. Eine Latte wird ausgewählt und mit dem Nagel auf der Holzplatte fixiert. Zwischen Holzplatte und Latte liegt ein weißes Papier. Dreht man nun die Latte um den Nagel und steckt durch das gegenüberliegende Loch den Bleistift, entsteht ein Kreis.

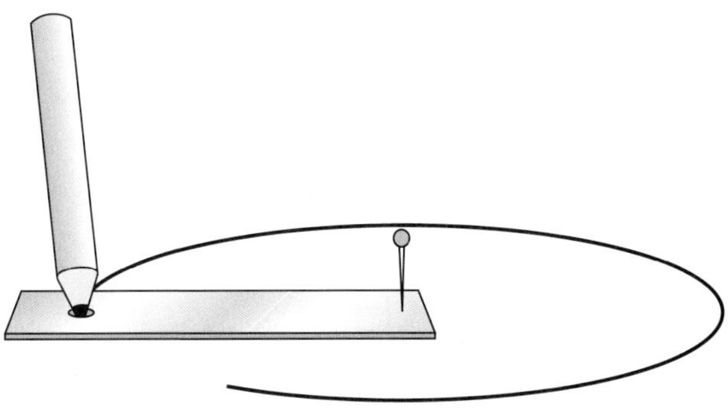

Die Länge des Holzstabes veranschaulicht eindringlich, dass der Abstand vom Mittelpunkt zur Kreislinie überall gleich ist. Der Zirkel hat im Vergleich zu dieser Konstruktion deutliche Vorteile. Die Spanne des aufgeklappten Zirkels übernimmt dieselbe Funktion wie die Holzlatte. Der klassische Zirkel ist fleixibel, d. h. der Radius des Kreises kann immer wieder neu eingestellt werden. Die Längen (Radien) der Stäbe werden ausgemessen und gleichzeitig am Zirkel aufgespannt. Dazu verwendet man am besten den großen Tafelzirkel. Wer kann am Zirkel den Radius von 20 cm, 30 cm usw. einstellen?

Kennenlernen des Zeichengeräts

Analog zum Untersuchungsbogen des Geodreiecks im vorherigen Kapitel lernen die Kinder in kleinen Experimenten sowohl die Vorzüge als auch die technischen Schwierigkeiten im Umgang mit dem Zirkel kennen.

1. Zeichne mit dem Zirkel zwei unterschiedlich große Kreise.
   a) Die Kreise dürfen sich nicht berühren. Findest du zwei Lösungen?
   b) Die Kreise dürfen sich in einem Punkt berühren. Findest du zwei Lösungen?
2. Kannst du auch zwei gleich große Kreise zeichnen, die sich in zwei, drei oder vier Punkten berühren?
3. Zeichne mit einer Münze einen Kreis. Zeichne einen Kreis, der größer bzw. kleiner ist. Warum ist die Aufgabe mit einem Zirkel leichter zu lösen?
4. Zeichne diese beiden Muster mit Münzen.

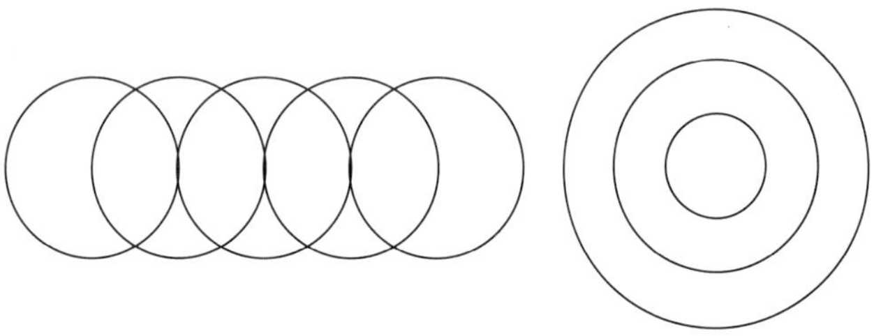

   Zeichne dieselben Muster noch einmal mit deinem Zirkel. Warum werden die Zeichnungen mit dem Zirkel genauer? Beschreibe, worauf du beim Zeichnen mit dem Zirkel achten musst.
5. Kannst du diesen Teddy aus Kreisen mit deinem Zirkel zeichnen?

6. Erfinde eine eigene Kreisfigur.
7. Zeichne Gesichter mit Zirkel und Lineal.

8. Erfinde eigene Gesichter.
9. Das Muster besteht aus vier Kreisen. Jeder hat einen Radius von 5 cm. Einige Teile der Kreise sind ausradiert worden. Kannst du alle Kreise vervollständigen?

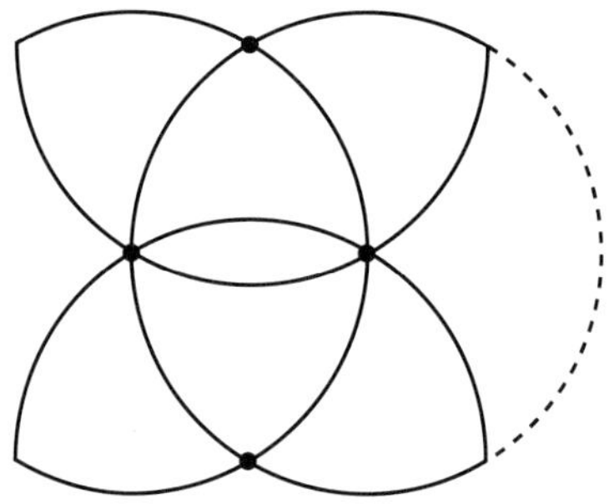

10. Finde heraus, wie dieses Muster gezeichnet wurde. Ein Tipp: Alle Kreise sind gleich groß und manchmal siehst du nur einen halben Kreis.

Im gemeinsamen Unterrichtsgespräch werden die verschiedenen Lösungswege der Kinder vorgestellt.

Freies Zeichnen

Freies Experimentieren sollte den Kindern unbedingt ermöglicht werden. Sie üben dadurch nicht nur den technischen Umgang mit dem Zirkel, sondern entdecken selbstständig, was sich mit einem Zirkel alles zeichnen lässt. Im Erfinden von Figuren sind Kinder sehr kreativ. Sie entwerfen sowohl gegenständliche Bilder als auch Muster und abstrakte Gebilde. Teilweise setzen sie zusätzlich ein Geodreieck ein. Die Kinder entwickeln erst nach und nach den Mut, auch unvollständige Kreisbögen zu zeichnen. In ihren ersten Zeichenversuchen zeichnen sie meistens vollständige Kreise.

Rätselbilder laden zum Entdecken und Nachahmen ein:
- Worauf ist beispielsweise zu achten, wenn man ein Muster zeichnen möchte?
- Wie hat Josef dieses Muster gezeichnet?
- Was muss man dazu herausfinden?
- Wie groß sind seine Kreise?
- Wo hat er den Zirkel eingestochen?
- Wie viele Kreise hat er gezeichnet?
- Welche Kreise siehst du nur teilweise?

Solche freien Unterrichtsphasen kosten relativ viel Zeit, bilden aber die Basis für intensive Unterrichtsgespräche. Das Nachzeichnen eines Musters mit unvollständigen Kreisen fordert von den Kindern ein gut ausgebildetes räumliches Vorstellungsvermögen. Sie müssen eine Figur visuell zergliedern, indem sie diese in einzelne Kreissegmente zerlegen bzw. zu kompletten Kreisen ergänzen. Dazu ist das Wissen über die Beziehung von Radius und Mittelpunkt eines Kreises eine grundlegende Voraussetzung. Ein Muster, das alle gemeinsam zeichnen, ist geeigneter, als wenn jedes Kind selbst zeichnet. Dazu schraubt die Lehrerin in den großen Tafelzirkel einen Filzschreiber ein. Eventuell muss er mit Schaumstoff gepolstert werden, damit er fest in der Verankerung sitzt Anschließend wird ein Muster Phase für Phase auf eine große Tapetenrolle gezeichnet. Es ist wichtig, dass das Originalmuster genauso groß ist wie seine Kopie. Nur so haben die Kinder die Möglichkeit, Kreisradien direkt vom Originalmuster mit dem Zirkel abzunehmen.

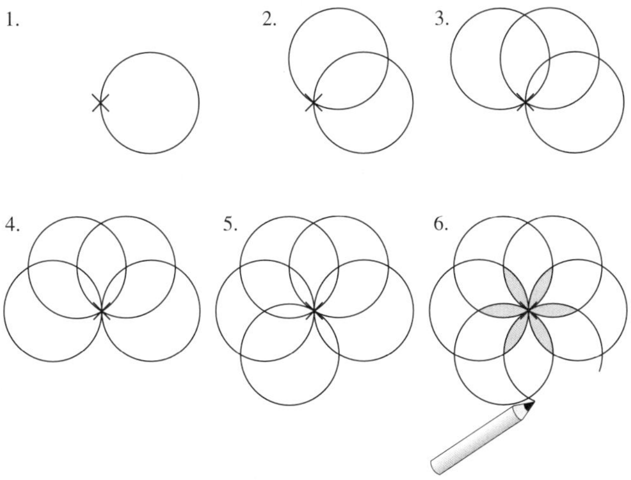

Muster weiterzeichnen und einfärben

Begonnen wird mit Bandornamenten aus Kreisbögen, die die Kinder weiterzeichnen sollen. Später werden die Muster komplizierter. Die Strukturen der Ornamente sind leichter zu erkennen, wenn die Mittelpunkte der Kreise, d. h. dort, wo der Zirkel eingestochen werden muss, besonders markiert sind.

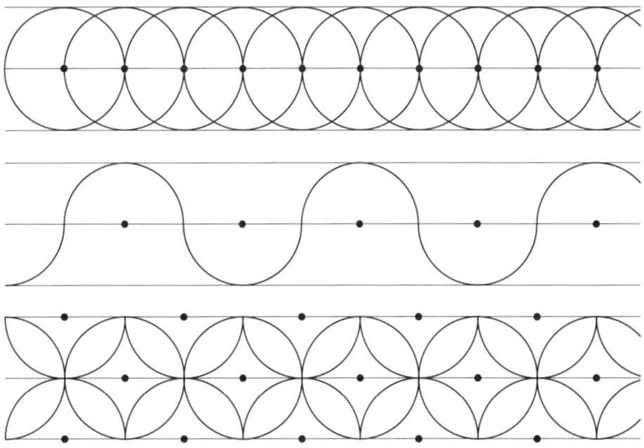

Die Kinder haben Freude daran, Muster einzufärben. Wenn man als Lehrerin die Farbwahl unter geometrischen Aspekten steuern möchte, können Färbevorschriften aufgestellt werden, z. B.
- Verwende nur zwei Farben.
- Färbe symmetrisch ein.
- Wähle für die Kreisteile verschiedene Farben.
- Färbe Schwarz-Weiß-Muster.

Es ist faszinierend zu entdecken, wie unterschiedlich Muster mit gleicher Struktur wirken, wenn unterschiedliche Bereiche farblich hervorgehoben sind.

Im Memory der **Kopiervorlage G 9** und **G 10** müssen die Kinder immer wieder ihre visuelle Wahrnehmungsfähigkeit trainieren, um gleichgestaltete Muster in verschiedener Schwarz-Weiß-Färbung (im Spiel Paare) herauszufinden. Kirchenfenster, Mandalas und Fußbodenmosaike regen die Kinder zum Nachahmen an.

Zeichnen nach Anweisung

Das Zeichnen nach mündlichen oder schriftlichen Anweisungen, wie es ab dem 4. und 5. Schuljahr erwartet wird, bereiten wir im 3. Schuljahr an einfachen Beispielen vor:
a) Zeichne ein Quadrat.
b) Zeichne um das Quadrat einen Kreis, der das Quadrat nicht berührt.
c) Zeichne in das Quadrat einen Kreis, der die Seiten des Quadrats nicht berührt.
d) Zeichne in das Quadrat einen Kreis so, dass der Kreis jede Seite genau einmal berührt.
e) Zeichne um das Quadrat einen Kreis so, dass die vier Ecken des Kreises auf der Kreislinie liegen.

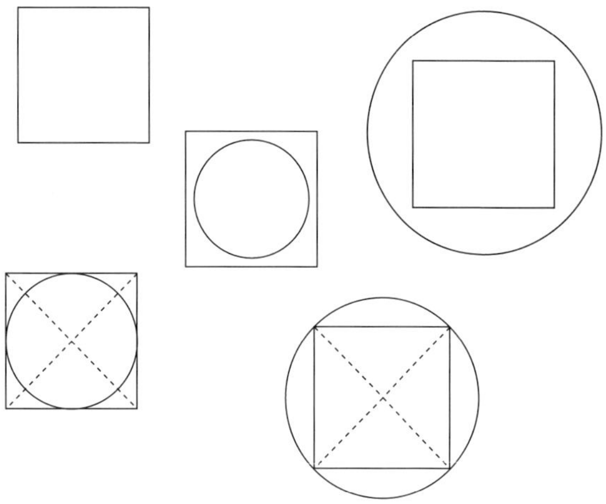

Um diese Aufgaben ausführen zu können, müssen die Kinder erkennen, dass der Mittelpunkt des Kreises identisch mit dem Mittelpunkt des Quadrates ist. Analoge Aufgaben lassen sich auch zu einem gleichseitigen Dreieck oder einem Sechseck formulieren.

Winkel herstellen und vergleichen

> Sachinformativer Einschub
>
> „Ein Winkelfeld kann man durch die beiden Halbgeraden beschreiben, die das Winkelfeld begrenzen. Man nennt diese Halbgeraden die Schenkel und ihren gemeinsamen Anfangspunkt den Scheitel des Winkelfelds. Ein Winkelfeld ist dann die ebene Punktmenge, die bei Drehen des einen Schenkels auf den anderen überstrichen wird. (...) Um Eindeutigkeit zu erreichen, legen wir uns, wie in der Mathematik üblich, auf den Gegenuhrzeigersinn fest. Damit haben wir die Ebene orientiert. (...) Winkelgrößen werden in Grad gemessen. Dem Vollwinkel (...) ist die Größe 360° zugeordnet.“ (Deutsches Institut für Fernstudien, 1975, S. 9)

Zum Verstehen und Vergleichen von Winkeln bietet sich als Anschauungshilfe der große Zeiger einer Uhr an. Nach einer Stunde ist der Zeiger einmal herumgewandert und hat dabei einen Kreis beschrieben. Nach 15 Minuten hat er einen rechten Winkel überstrichen. Wie spät ist es auf der Uhr und wie viele Minuten sind vergangen, wenn der große Zeiger folgenden Winkel beschrieben hat?

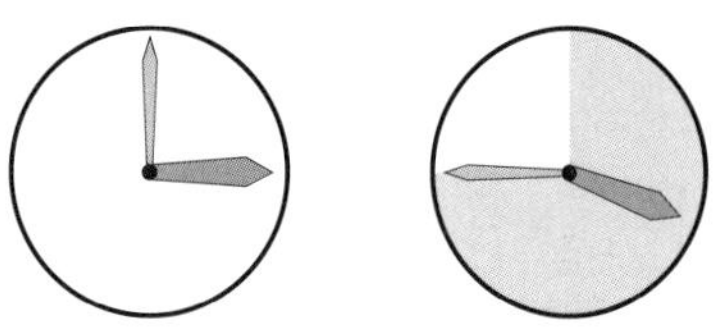

15.00 Uhr 15.45 Uhr

Durch zweimaliges Falten lässt sich aus einem Kreis ein rechter Winkel falten. Faltet man den Winkel auf, bilden die zwei Faltlinien (Durchmesser) vier rechte Winkel. Zwei rechte Winkel ergeben einen Halbkreis. Die Kinder zeichnen in einen Kreis an drei verschiedenen Stellen den Durchmesser ein. Anschließend wird der Kreis in seine Kreissegmente zerschnitten. Jedes Kreissegment stellt einen Winkel dar. Alle Winkel werden durch Übereinanderlegen (direkter Vergleich) nach der Größe sortiert. Welche sind größer bzw. kleiner als ein rechter Winkel? Welche Winkel sind gleich groß?

Vielfältige Übungen vertiefen den Winkelbegriff:

- Vergleiche die Kreisteile miteinander. Sortiere sie nach der Größe.

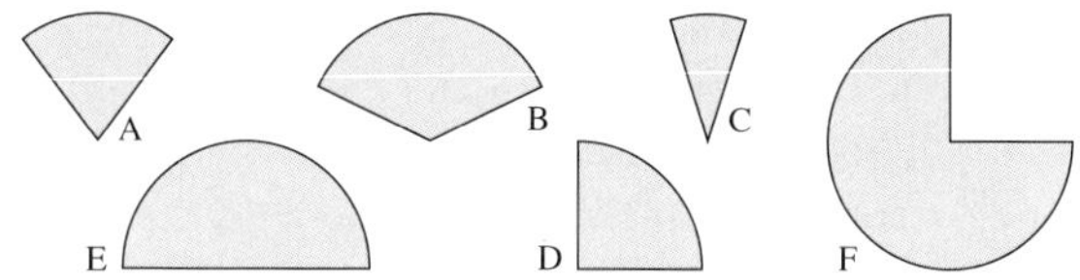

F > E > B > D > A > C

- Schneide alle Kreisteile aus. Lege sie zu einem Kreis zusammen. Klebe auf. Färbe jeden Winkel in einer anderen Farbe.

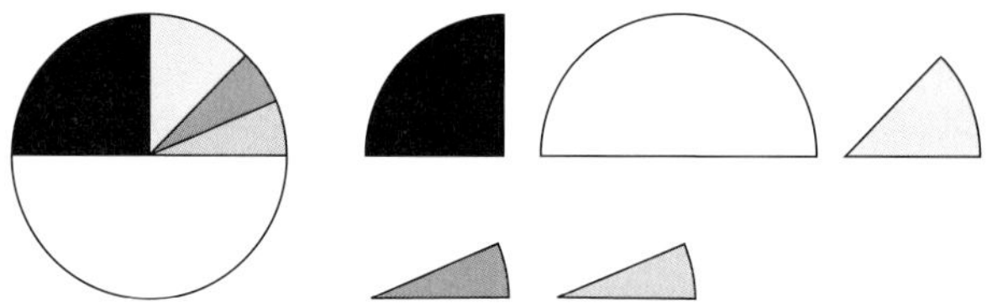

- Schneide alle Kreisteile aus. Du kannst mit ihnen vier Kreise legen.

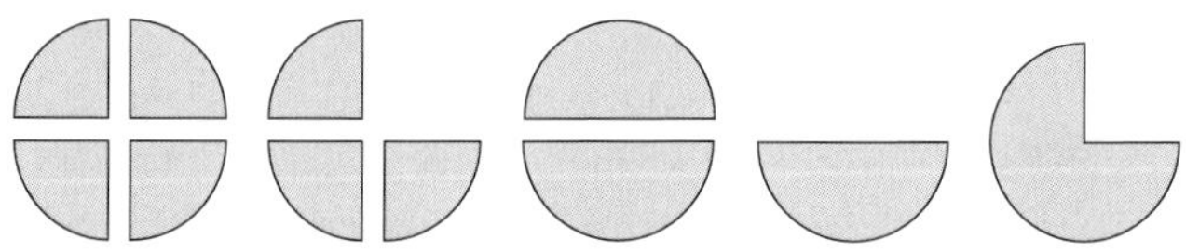

- Färbe alle rechten Winkel gelb ein.
  Färbe alle Winkel, die größer als ein rechter Winkel sind, blau.
  Färbe alle Winkel, die kleiner als ein rechter Winkel sind, rot.

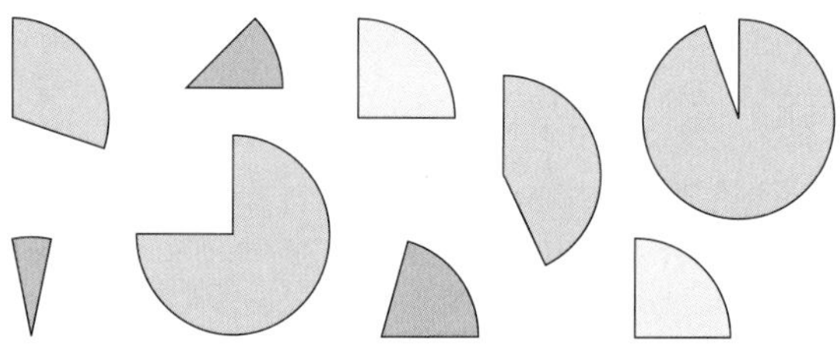

- Zeichne in einen Kreis 4 rechte Winkel. Färbe jeden in einer anderen Farbe.
- Zeichne in einen Kreis zwei Halbkreiswinkel. Färbe jeden anders ein.

4. Sachrechnen und Größen

4.1 Voraussetzungen, Formen und Einordnung des Sachrechnens

Im 1. Schuljahr dominieren Erkundungen, Beobachtungen und Untersuchungen als wichtige Grundlagen für den Aufbau eines systematischen Sachrechenunterrichts. Im 2. Schuljahr stehen diese Unterrichtsverfahren weiterhin im Mittelpunkt, werden jedoch, bedingt durch die fortschreitenden Lesefähigkeiten der Grundschulkinder, ergänzt durch Sachaufgaben in Textform. Die Grundlegung der angestrebten Fähigkeiten geht in den ersten beiden Grundschuljahren einher mit konkretem handelnden Tun. Die Übersetzung von Sachsituationen in die Sprache der Mathematik geschieht über szenische Darstellungen und wird mit konkretem Material anschaulich belegt. Lösungen werden möglichst durch ein hohes Maß an Selbsttätigkeit in Probier- und Erkundungsphasen herausgefunden. Dazu wird den Kindern bereits im 2. Schuljahr ein Spektrum an Problemlösestrategien angeboten, damit der Übersetzungsprozess aus der Sach- in die Fachstruktur zunehmend besser gelingt.

Im 3. Schuljahr nimmt der Umgang der Schüler mit Sachtexten zu, denn die Realität des Kindes ist auch zu einem beträchtlichen Teil verschriftete Umwelt. Deshalb sollen die Kinder weiter befähigt werden, mit Sachtexten oder Informationstexten kompetent umzugehen. Damit die Schüler Interesse an diesen Sachaufgaben entwickeln und sich nicht – wie oftmals beklagt wird – der Inhalte schnellstens entledigen, indem sie durch Herumoperieren mit den angebotenen Zahlenwerten eine Lösung produzieren, ist es wichtig, dass die Sachaufgaben an die Erfahrungen der Kinder anknüpfen und für sie einen Informations- bzw. Unterhaltungswert besitzen. Es gibt zahlreiche Sachsituationen, die für die Kinder bedeutsam oder sinnvoll im wahrsten Sinne des Wortes sind. Kassenzettel, Fahrpläne, Zeitungsannoncen, Rezepte, Speisekarten, Fernsehprogramme, Kalenderblätter, Eintrittskarten, Bundesjugendspielkarten, Witze, Cartoons, Ausschnitte aus Lexika, Medaillenspiegel, Sporttabellen sind als authentische Texte bzw. Informationsmaterialien gut in schülernahe Handlungsrahmen zu integrieren, um Sinnbezüge im Mathematikunterricht herzustellen. Von Vorteil ist, dass durch den Einsatz der genannten Textformen die Bezüge zwischen Mathematikunterricht und Umwelt unverfälscht dargestellt werden können.

Authentizität als handlungsleitendes Prinzip bedeutet jedoch nicht, dass der Sachrechenunterricht nur durch aufwendige Projekte gestaltet werden muss. „Authentisch meint nicht mehr, aber auch nicht weniger als Wahrnehmung von und Orientierung an pädagogisch verantwortbarer 'Normalität'. Das können auch Simulationen sein." (Erichson 1997, S. 48) Im gleichen Beitrag betont die Autorin, dass es keine authentische Situation gebe, „die nicht fächerübergreifend, problem- und projektorientiert, handlungsintensiv oder sinnvoll wäre" (Erichson 1997, S. 47). Sachrechnerische Kompetenz wird gewiss nicht erworben, indem z. B. anhand von konstruierten Modellaufgaben Musterlösungen auf Vorrat gesammelt oder dem Schüler Vorschriften für das richtige Aufschreiben eines Lösungsweges gemacht werden. „So viele Freiheiten wie möglich, so wenige Festlegungen wie nötig", wie Berger u. a. (1996, S. 21) treffend anregen. Vielmehr geht es im Sachrechenunterricht des 3. Schuljahrs darum, durch ein Angebot an Sachaufgaben, die zum Rechnen herausfordern, die Stufe des „Mathematisierungsprozesses" für die Kinder transparent zu machen. Die Schüler sollen sich ein Bild von der Situation machen und überlegen, warum eine Lösung sinnvoll ist und wie man diese finden kann. Dazu wird das bereits vorhandene Spektrum an Lösungsstrategien erweitert (vgl. tabellarische Übersicht „Sachrechencurriculum" auf der folgenden Seite).

Das bereits in den Handbüchern für das 1. und das 2. Schuljahr beschriebene „Sachrechencurriculum" wird in diesem Handbuch im skizzierten Sinne für das 3. Schuljahr fortgeschrieben. Es wird erneut betont, dass Sachrechnen in der Grundschule nicht als eigenständiger Lehrgang verstanden werden kann, sondern in enger Verbindung zu arithmetischen und geometrischen Themen steht. In der folgenden Tabelle wird ein Spiralcurriculum zum Sachrechnen beschrieben, in dem zum einen aufeinander aufbauende Arbeitsformen und zum anderen bewährte Methoden auf höherem Niveau angeboten werden. Die Übergänge zwischen Arbeitsweisen in den Schuljahren 1 bis 3 sind fließend. Speziell für das 3. Schuljahr sind Übungsformen zum informativen Lesen (fächerübergreifendes Arbeiten im Deutsch- und Mathematikunterricht) erforderlich. „Informatives Lesen lernt man am besten beim informativen Lesen ..." durch:

- *„orientierendes Lesen*, um sich über den Sachverhalt einen Überblick zu verschaffen;
- *genaues Lesen*, um Beziehungen zwischen den Textaussagen herzustellen;
- *selektives Lesen*, um für die Problemlösung die wesentlichen Informationen herauszupicken;
- *kritisches Lesen*, um textimmanente Widersprüche, aber auch solche zwischen Textaussage und eigener Erfahrung zu entdecken;
- *produktives Lesen*, um mit den Informationen zu operieren;
- *'worterschließendes Lesen'* (Kleinschmidt), um z. B. die Bedeutung von Fachbegriffen zu entschlüsseln;

- *rückversicherndes Lesen*, um sich eines Sachverhalts zu vergewissern." (Erichson 1993, S. 18).

Es geht hier um die Phase des Verstehens einer Sachsituation, eines Sachtextes, d. h. die Mathematisierung einer Sachsituation in Textform lässt sich als eine besondere Form der Texterschließung definieren. Die Übungen zum informativen Lesen korrespondieren eng mit den im Sachrechenunterricht einzusetzenden Bearbeitungshilfen wie

- Sachsituationen nachspielen;
- Sachaufgaben mit eigenen Worten wiedergeben;
- Sachaufgaben aus dem Gedächtnis aufschreiben;
- Fragen formulieren, die anhand des Textes beantwortet werden können;
- Fragen finden, die nicht durch den Text beantwortet werden können;
- Textstellen mit wichtigen Informationen unterstreichen;
- Sachaufgaben in sinnlose Kapitänsaufgaben verwandeln;
- Sachtexte nach einer Vorschrift verändern;
- Sachtexte miteinander vergleichen, Gemeinsamkeiten und Unterschiede herausfinden;
- Antworten und Fragen miteinander in Beziehung setzen.

Die tabellarische Darstellung erhebt keinen Anspruch auf Vollständigkeit, sie dient als Anregung. Es ist zu wünschen, dass die Angebote durch authentische oder spontane Lernanlässe, die sich durch das aktuelle Schulleben, das schulische Umfeld, Fragen der Kinder o. Ä. ergeben, ergänzt werden zugunsten einer schülerorientierten Organisation des Sachrechenunterrichts.

Tabellarische Übersicht zum Aufbau einer sich entwickelnden Unterrichtskultur beim Sachrechnen: „Sachrechencurriculum"

	Präsentationsform	Art der Aufgaben	Sinnstiftende Anlässe	Bearbeitungshilfen	Lösungswege
1. Schuljahr	• Rollenspiel • Unterrichtsgang • originale Begegnung • szenische Darstellung • Zahlen aus der Umwelt • Bilder, Schilder, Prospekte	• Bildergeschichten • Puzzle- und Bildergeschichten • Erzählgeschichten • Wortgeschichten • selbst gemalte Sachaufgaben • Sachaufgaben	• Schulwegbeschreibungen • Wir fahren im Schulbus • Garderobenhaken-anordnung • Zahlen in meiner Klasse • Unsere Geburtstage • Jahreskalender • Mein Schultag • Unsere Haustiere • Einkaufssituationen	• Bildaufgaben zeichnerisch variieren • Bildaufgaben ergänzen, reduzieren • tabellarische Darstellungen • symbolische Darstellungen • zu symbolischen Darstellungen Kontexte konstruieren • von Bildfragmenten zu vollständigen Bildaufgaben	• Bilder vergleichen • Rollenspiele verändern • Strategiekonferenzen abhalten
	↓↑	↓↑	↓↑	↓↑	↓↑
2. Schuljahr	• offene Sachaufgaben • Textaufgaben • Bildaufgaben • Lückentexte	• Entscheidungsaufgaben • Vergleichsaufgaben • Interpretationsaufgaben • Rechengeschichten • selbst geschriebene Sachaufgaben • Kapitänsaufgaben • Denksport-Sachaufgaben	• Tagesaktivitäten • Stundenplan • Jahreszeiten, Feiertage • Meine Zähne • Körpermaße • Arztbesuch • Öffnungszeiten • Schulwegbeschilderung • Postversand, -gebühren • Schulmilchbestellung	• Diagramme zeichnen • Schaubilder erstellen • Fragen sammeln • Lückentexte mit sinnvollen Zahlenangaben ausfüllen • Texte markieren, unterstreichen oder durchstreichen • Aufgaben spielen • Aufgaben mit anderen Worten erzählen oder aufschreiben • unsortierte Aufgaben ordnen	• Lösungswege diskutieren • Lösungswege zu Aufgaben zuordnen • Aufgaben zu fertigen Lösungswegen zuordnen • Lösungen begründen • Sachaufgaben in ihrer Struktur miteinander vergleichen
	↓↑	↓↑	↓↑	↓↑	↓↑
3. Schuljahr	• authentische Gebrauchstexte • Rekorde • Lexika • Tabellen und Statistiken	• Informationstexte • Sachtexte • Gebrauchstexte • Sachsituationen • freie, selbst geschriebene Sachaufgaben • themengebundene, selbst geschriebene Sachaufgaben	• aktuelle Vorkommnisse • Bundesjugendspiele • Klassenfest • Körpergewicht und Ernährung • Körpermaße und Wachstum • Urlaubsfahrten • Fernsehkonsum • Grundrisse und Ortspläne • jahreszeitliche Betrachtung der Pflanzen- und Tierwelt • Wasserverbrauch	• Fragen formulieren, die anhand des Textes zu beantworten sind • Fragen finden, die nicht durch den Text zu beantworten sind • Sachaufgaben in sinnlose Kapitänsaufgaben umwandeln • Kapitänsaufgaben zu sinnvollen Sachaufgaben verändern • Sachtexte nach einer Vorschrift verändern	• Lösungswege beschreiben • Lösungswege miteinander vergleichen • Fragen und Antworten zueinander in Beziehung setzen • Lösungswege zeichnerisch darstellen

4.2 Handlungserfahrungen und Sachrechnen mit Größen

Folgt man den bereits in den ersten beiden Handbüchern beschriebenen Leitideen auch im 3. Schuljahr, so bedeutet das für die Gestaltung eines (fächerübergreifenden) Sachrechenunterrichts, dass die erlebte Umwelt als Lernanlass Priorität hat. Damit ist allerdings nicht gemeint, dass ein willkommener Anlass (z. B. das Einkaufen), genutzt wird, um daran Rechenoperationen wie die schriftliche Addition einzuführen, und diese authentischen Momente, sobald sie ihren Zweck erfüllt haben, zu vernachlässigen und sich auf das zu konzentrieren, was man ohnehin zu lernen angestrebt hatte. Authentische Handlungssituationen wie Klassenfahrten, Bundesjugendspiele oder Fernsehkonsum sind gekennzeichnet durch ihre Komplexität. Es wäre dem Ziel der Umwelterschließung sicherlich nicht dienlich, diese Komplexität im Sinne von didaktischer Reduktion zu vereinfachen und gar den „Sachbezug in eine Übung zu Rechenzwecken" (Schütte 1994, S. 88) zu modifizieren. Sachrechnen steht nicht primär im Dienst von Rechenübungen. Die Schülerumwelt wird in den Mathematikunterricht einbezogen, indem Sachrechnen vornehmlich dann betrieben wird, wenn es für einige Schülerinnen, die Klasse, die Schule, in anderen Fächern ... einen Lernanlass gibt. Gegen notwendige Einschränkungen ohne Verlust der Authentizität ist gewiss nichts einzuwenden. Es muss aber nicht das gesamte Datenmaterial jahrgangsgerecht vereinfacht werden, damit es auf der Altersstufe bearbeitet werden kann („Das hatten wir noch nicht." vs. „Lernen auf eigenen Wegen"). Gerade die Orientierung an der Realität ist die beste Voraussetzung, dem Ziel der Umwelterschließung in konkreten Handlungssituationen näher zu kommen. Lehrerinnen müssen nicht krampfhaft Sachaufgaben erfinden. Diese ergeben sich in vielfältiger Form aus sinnstiftenden Lernanlässen, die die Kinder motivieren, über sich und ihre Welt nachzudenken und sie mit mathematischen Mitteln zu erschließen.

Ein Ziel des Sachrechenunterrichts im 3. Schuljahr ist es, an die in den vorangegangenen Schuljahren gemachten Handlungserfahrungen anzuknüpfen, die Kenntnisse über Größen zu vertiefen und das Wissen der Schüler über den Umgang mit Größen zu verfeinern. Aktivitäten, die sich beim Umgang mit Größen als besonders günstig zur Unterstützung des Begriffsbildungsprozesses erweisen und sich am klassischen Stufengang bei der Erarbeitung von Größen orientieren, wurden im Handbuch für das 2. Schuljahr ausführlich beschrieben. Auf diese handlungsorientierten Zugänge wird auch im Sachrechenunterricht des 3. Schuljahrs nicht verzichtet.

Bei der Erarbeitung der Größen im 3. Schuljahr werden vorrangig folgende Ziele verfolgt:

- Aufbau der Vorstellung von Größen
- Erarbeitung der Größenbegriffe
- Verfeinerung und Vergröberung von Größen
- Umwandeln von Größen
- Schätzen und Rechnen mit Größen
- Ausbau der Anwendungserfahrungen
- Steigerung der Genauigkeit

Beim Geld handelt es sich vornehmlich um die Größen Cent und €, bei Längen um mm, cm, dm, m und km, bei der Zeit um s, min, h, Tag, Woche, Monat und Jahr. Bei Gewichten sollten außer g und kg ebenso die im täglichen Gebrauch benutzten Einheiten Pfund und Zentner angesprochen werden, bei Rauminhalten geht es um ml, ccm und l. Im 3. Schuljahr können auch bereits Bruchteile von Größen mit einbezogen werden. Im 2. Schuljahr hat man sich mehr auf die bekannten Sprechweisen wie „halbe Stunde" oder „Vierteljahr" beschränkt. Auf dieser Altersstufe werden sowohl die Kommaschreibweise (7,5(00)kg) als auch die Bruchschreibweise ($7\frac{1}{2}$ kg, $\frac{1}{4}$ l) benutzt. Dabei muss der Bruchzahlcharakter (0,5 kg – $\frac{500}{1000}$ kg = $\frac{5}{10}$ kg) nicht herausgearbeitet werden.
Die Kommaschreibweise wird als Kurzform für längere Notationen eingeführt (7,50 € = 7 € 50 Cent). Sie trennt Stellen voneinander, z. B. Cent von €. In einer Tabelle werden die Größen und die im Unterricht zu verwendenden Kürzel noch einmal übersichtlich dargestellt:

Größen	Einheiten
Geld	Cent, Euro, ct, €
Längen	mm, cm, dm, m, km
Zeit	s, min, h (Std.), Tag, Woche, Monat, Jahr
Gewichte	g, kg, evtl. Pfund, Zentner
Rauminhalte	ml, ccm (cm^3), l

Bereits im **Handbuch 2** wurde darauf aufmerksam gemacht, dass es zwar verschiedene Formen der Behandlung von Größen im Unterricht gibt, dass aber Aktivitäten, wie wir sie aus dem klassischen Stufengang beim Umgang mit Größen kennen, zur Unterstützung des Begriffsbildungsprozesses notwendig sind. Deshalb rufen wir an dieser Stelle noch einmal die klassische Stufenfolge zur Entwicklung von Größenvorstellungen ins Gedächtnis. Diese klassische Stufenfolge dient auch im 3. Schuljahr als Orientierungsrahmen, in dem die im vorhergehenden Abschnitt genannten Ziele bei der Erarbeitung von Größen realisiert werden.

Klassische Stufenfolge bei der Erarbeitung von Größen

(1) Erfahrungen in Sach- und Spielsituationen sammeln

(2) Direktes Vergleichen von Repräsentanten einer Größe

(3) Indirekter Vergleich mithilfe von selbstgewählten Maßeinheiten

(4) Indirekter Vergleich mithilfe standardisierter Maßeinheiten, Messen mit vielerlei technischen Hilfsmitteln wie Meterstäben, Uhren, Waagen, Messbechern usw.

(5) Abstrahieren von Größenbegriffen aus vielen Beispielen

(6) Wechseln der Messbereiche, sodass sich günstige Zahlenverhältnisse ergeben (Verfeinern, Vergröbern), Umrechnen in benachbarte Einheiten

(7) Rechnen mit Größen

Für einige Kinder der Klasse kann es wichtig sein, noch einmal Erfahrungen in Sach- und Spielsituationen zu sammeln, während andere bereits ohne Schwierigkeiten mit standardisierten Maßeinheiten umgehen können. Es bleibt der fachkundigen Entscheidung der Lehrkraft vorbehalten, auf welcher Ebene sie im 3. Schuljahr an die im 2. Schuljahr erworbenen Vorkenntnisse anknüpft.

4.2.1 Verzahnung von Sach- und Strukturebene

Im Sachrechnen geht es vornehmlich darum, eine (möglichst) reale Situation (die Sache) in die mathematische Sprache (die Struktur) zu übersetzen. Erst wenn dieser Übersetzungsprozess gelungen ist, wenn sich das Kind ein Bild von der Situation gemacht hat, kann es überlegen, ob es geeignete Lösungswege gibt, ob ihm mathematische Mittel zur Verfügung stehen. Nur dann kann ihm auch die Rückübersetzung, d. h. eine Interpretation des mathematischen Ergebnisses entsprechend der Sachsituation, gelingen.

Dieser komplexe Mathematisierungsprozess macht das Sachrechnen zu einem schwierigen Lernfeld. Deshalb ist es wichtig, die beiden Ebenen im Schulalltag nicht voneinander zu trennen und Übungsformen anzubieten, die sowohl dem Primat der Sache dienen und die Interessensbereiche der Kinder berühren, als auch dem Primat der Struktur Rechnung tragen, indem die Entwicklung von flexiblen Problemlösestrategien angebahnt wird. Dabei ist zu bedenken: Das reine Arbeiten an und mit Sachaufgaben kann sehr wohl sinnleer betrieben werden, und die Beschäftigung mit einem kindgemäßen Lernanlass muss nicht zwingend etwas zur Entwicklung von Problemlösestrategien beitragen. Genau die Synthese beider Schwerpunkte ist bei der Entwicklung eines schülerzentrierten, handlungsorientierten Sachrechenunterrichts anzustreben.

In den nachfolgenden Abschnitten 4.3. bis 4.9. wird durch eine Vielzahl an Unterrichtsbeispielen illustriert, wie versucht werden kann, im Sachrechenunterricht der Grundschule eine Unterrichtskultur aufzubauen,

- die von sinnstiftenden Lernanlässen getragen wird,
- durch die Schülerinnen mathematische Strukturen in Sachverhalten erkennen lernen,
- in der durch handlungsorientierte Vorgehensweisen die Umwelt mit mathematischen Mitteln erschlossen wird,
- in der durch systematisches Arbeiten an und mit Sachaufgaben flexible Problemlösestrategien entwickelt werden können.

4.2.2 Verzahnung von Zahl- und Größenvorstellung

Die Zahlenraumerweiterung bis 1 000 geht einher mit vielfältigen Orientierungsübungen und bedarf solider Anschauungsmittel (vgl. Kap 2, S. 37 ff.). Die Vorstellung des Zahlenraums bis 1 000 wird unterstützt, indem Zahl- und Größenvorstellungen miteinander in Beziehung gesetzt werden. Möglichkeiten der Verzahnung von Zahl- und Größenvorstellungen werden im Folgenden exemplarisch am Beispiel der Größenbereiche „Geld“ und „Längen“ beschrieben.

Geld schätzen, sortieren, zählen, umwechseln

Ein durchsichtiges Gefäß mit Geldmünzen wird mit in den Unterricht gebracht.

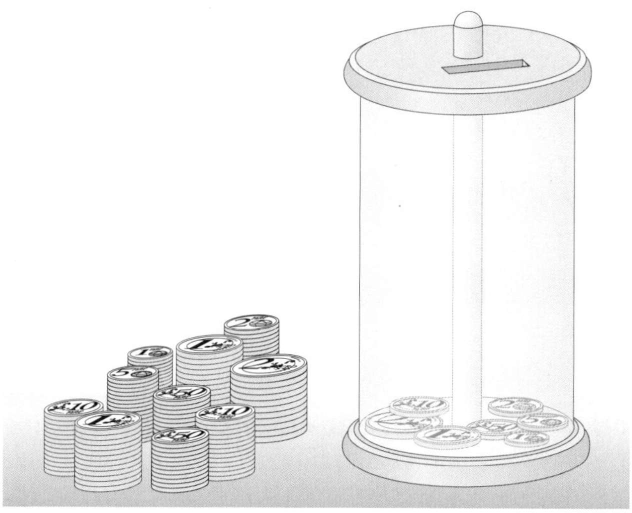

Die Schüler schätzen die Anzahl der Münzen bzw. vermuten, wie viel Geld in dem Gefäß sein könnte. Vielleicht sammelt jemand aus der Bekanntschaft oder eines der Kinder selbst Centstücke. Nach dieser Schätzübung kann gezählt werden. Es erweist sich nicht nur als mühsam, sondern auch als sehr fehleranfällig, das Geld unsortiert zu zählen. Deshalb wird vereinbart, Türme zu zehn Geldstücken gleicher Sorte zu bilden. Jetzt kann das Geld leichter gezählt werden, indem man zuerst die wertvollsten, danach die jeweils nächste Sorte der Münzen zählt und parallel dazu ggf. Strichlisten führt. Ebenso ist es möglich, die Münzen in eine Stellentafel einzuordnen und stellengerecht zu zählen bzw. geschickt zusammenzufassen.

Stufenweises Umwandeln mit Rechengeld

784 € = 7 Hunderter, 8 Zehner, 4 Einer
= 3 Zweihunderter, 1 Hunderter, 1 Fünfziger, 1 Zwanziger, 1 Zehner, 2 Zweier
= 78 Zehner, 4 Einer
= 7 Hunderter, 84 Einer
= ...

Das Wechseln von Geld, das im Prinzip dem Bündeln und Entbündeln entspricht, lässt sich am übersichtlichsten in der Stellentafel darstellen.

3	25	12
3	26	2
5	6	2

5	6	2
4	16	2
4	15	12

Geldbeträge herausgeben, ergänzen, aufteilen

Immer 1 000 €

450 €	550 €
710 €	290 €
312 €	688 €

Stufenweises Ergänzen

473 € + 7 € = 480 €
473 € + 7 € + 20 € = 500 €
473 € + 7 € + 20 € + 500 € = 1 000 €

Stufenweises Ergänzen analog zum halbschriftlichen Verfahren

473 € + € = 1 000 €
473 € + 7 € = 480 €
480 € + 20 € = 500 €
500 € + 500 € = 1 000 €
473 € + 527 € = 1 000 €

1 000 € bezahlen mit Scheinen, Münzen gleicher Sorte:

2 x 500-€-Scheine
10 x 100-€-Scheine
20 x 50-€-Scheine

Bezahlen eines 1 000-€-Betrages mit allen Sorten von Scheinen

1	2	1				
1	2	0	2			
1	0	5				

Die Schüler sollen das Rechengeld dazu legen, ihre gefundenen Lösungen in die Tabelle übertragen und ggf. die folgenden Gleichungen notieren:

1 000 € = 500 € + 200 € + 200 € + 100 €
1 000 € = 500 € + 200 € + 200 € + 50 € + 50 €
1 000 € = 500 € + 100 € + 100 € + 100 € + 100 € + 100 €

Ähnliche Verflechtungen mit der Zahlraumerweiterung lassen sich mit allen Größen finden. Der Vorteil beim Geld ist, dass das Kind die Übungen ohne großen Aufwand handelnd mit Material nachvollziehen kann und zunehmend eine Vorstellung von großen Zahlen auch über Maßzahlen gewinnt.

Echte 1 000 m

Das Schild in der obigen Abbildung hat sicherlich schon so manche Autofahrerin zu der Frage angeregt, ob es wohl tatsächlich echte 1 000 m sind bis zur Autobahnausfahrt von Echte, einem kleinen Dorf zwischen Göttingen und Hannover. Leider kann die Länge der Strecke aus Gründen der Verkehrssicherheit nicht gemessen werden.

Die Vorstellung von einem Kilometer bzw. von 1 000 m
Andere, möglichst überschaubare und ungefährlichere Wege, lassen sich sicherlich vor Ort ausfindig machen, um eine Strecke von 1 000 m abzumessen. Im Abschnitt 4.4.2, S. 216, wird diese Vorgehensweise genauer beschrieben. An dieser Stelle soll an einem weiteren Beispiel verdeutlicht werden, wie die Entwicklung der Vorstellung von 1 km unterstützt werden kann. Auf einem Wegabschnitt von 1 000 m Länge wird ein riesengroßes Knäuel aus möglichst reißfester Wolle abgewickelt. (Da es keine 1 000 m Lauflänge gibt, muss man mindestens 2 Knäuel miteinander verknoten.) Zum einen werden die Schüler bereits beeindruckt sein, wenn sie sehen, wie riesig ein aufgewickeltes Wollknäuel von 1000 m ist, zum anderen lassen sich mit dem 1 000 m-Knäuel gut Längen zum Vergleich ausmessen. Das Knäuel wird wieder aufgerollt. Nun können Strecken auf dem Sportplatz damit ausgemessen werden. Die Wolle passt $2\frac{1}{2}$ mal um den Sportplatz (400 m + 400 m + 200 m = 1 000 m = 1 km). Ebenso können Messungen mit dem Knäuel bzw. mit kleineren Wollknäueln auf dem Schulhof vorgenommen werden. Wer das Knäuel nicht zerschneiden möchte, heftet nach jeder Schulhofumrundung ein Fähnchen mit der entsprechenden Rundenanzahl an die Stelle und lässt diese durch einen Schüler festhalten. Es besteht auch die Möglichkeit, die Wolle nach jeder Umrundung abzuschneiden, zu kleinen Knäueln aufzuwickeln und analog dazu proportionale Zuordnungen aufzulisten.

1 Umrundung	5 Umrundungen	10 Umrundungen	20 Umrundungen
50 m	250 m	500 m	1 000 m

Diese Übungen können weiter ausgedehnt werden. Sie dienen dazu, sich ein Bild von 1 km bzw. 1 000 m zu machen. Die Ausführungen im Kapitel 4.4 bieten weitere Anregungen dazu an.

4.2.3 Förderung von Sachrechenkompetenz

Das Sachrechnen nimmt im 3. Schuljahr einen breiten Raum ein. Die Anforderungen werden größer. Sachaufgaben enthalten z. B. mehr Daten, bieten Anlass für verschiedene Fragestellungen oder räumen Entscheidungsspielräume ein, die der Schüler sinnvoll nutzen soll. Im Unterricht müssen die Schüler befähigt werden, den wachsenden Anforderungen beim Sachrechnen gerecht zu werden.

Interessante schülerorientierte Lernanlässe

Ein Sachrechenunterricht, der sich am Primat der Sache orientiert und Lernanlässe in den Mittelpunkt stellt, die die Schüler interessieren, bietet die besten Voraussetzungen dafür, den wachsenden Anforderungen zu begegnen. Die Erwartung eines interessanten Ergebnisses steuert den Lösungsweg und stellt sicher, dass das Kind sein Ziel nicht so schnell aus den Augen verliert. Sachaufgaben sind nicht nur Anwendungsfeld für erlernte Rechenverfahren, sondern wesentlich auch Mittel zur Aktivierung von entdeckendem und problemlösendem Denken. „Entscheidend ist das Primat der Sache: Sachsituationen sind hier nicht nur Mittel zur Anregung, Verkörperung oder Übung, sondern selbst Stoff, den es zu bearbeiten gilt. Sachrechnen ist damit ein Stück Sachkunde. Die Schüler sollen befähigt sein, umweltliche Situationen durch mathematisches Modellieren klarer, bewusster und auch kritischer zu sehen." (Winter 1985, S. 31) Die Fähigkeiten der Schüler beim Bearbeiten von Sachaufgaben nehmen zu, wenn bei ihnen über ein Sachinteresse die Bereitschaft geweckt wird, zunächst einmal zu überlegen und kritisch über die angebotenen Informationen nachdenken zu wollen, anstatt gleich blind darauf loszurechnen.

Aufbau eines Sachrechenkurses

Bereits im **Handbuch 2**, S. 172 f., wurde darauf hingewiesen, dass die Sachrechenkompetenz der Schüler gefördert werden kann, indem ihnen im Verlauf ihrer Schulzeit ein Repertoire an Bearbeitungshilfen vermittelt wird. Wir sehen einen wesentlichen Schwerpunkt dieser Arbeit im Sachrechenunterricht des 3. Schuljahrs. Den Schülern soll bewusst werden, dass es vornehmlich auf die Lösungsstrategien ankommt und nicht nur auf zahlenmäßig exakte Lösungen einzelner Sachaufgaben. Deshalb werden ihnen Bearbeitungshilfen an die Hand gegeben, mit deren Hilfe sie sich mit Sachaufgaben auseinander setzen, anstatt sie „nur" rein rechnerisch zu lösen. Es ist zu empfehlen, eine Art Sachrechenkurs im 3. Schuljahr aufzubauen, in dem systematisch – nach Möglichkeit in einem regelmäßig wiederkehrenden Turnus – verschiedene Bearbeitungshilfen eingesetzt und reflektiert werden.
Durch einen Sachrechenkurs,

- der von schülerzentrierten Lernanlässen ausgeht,
- in dem vielfältige Bearbeitungshilfen zur kritischen Auseinandersetzung mit Sachaufgaben angeboten,
- verschiedenartige Lösungswege von Kindern übersichtlich (d. h. nicht nach strengen unreflektierten Vorschriften) dokumentiert werden,
- in dem Übungsformen zum Erörtern von Lösungswegen und Vermitteln von Bearbeitungsstrategien ihren Platz haben,

erhöht sich die Chance, dass Schüler ihre sachrechnerische Kompetenz erweitern. In einem Sachrechenkurs der skizzierten Art können alle Bearbeitungsformen eingesetzt werden, die im Sachrechencurriculum auf S. 196 aufgezählt sind. Im Abschnitt 4.9 wird an ausgewählten Beispielen beschrieben, wie ein Sachrechenkurs mit dem Ziel der Vermittlung und Festigung von Bearbeitungsstrategien gestaltet werden kann.

In den folgenden Abschnitten werden sowohl die Erarbeitung der Größen an ausgewählten Sachsituationen, schulischen Vorhaben bzw. anhand themenspezifischer Arbeitsweisen beschrieben als auch Übungsformen zum Lösen von Sachaufgaben und zur Entwicklung von möglichst flexiblen Bearbeitungsstrategien vorgestellt.

4.3 Sachrechnen mit Geld

Der Umgang mit Geld im 3. Schuljahr knüpft an die Vorkenntnisse der Schüler aus den ersten beiden Schuljahren an. Nach wie vor ist es wichtig, dass der Unterricht Unterstützung für die Alltagsbewältigung anbietet und auf Alltagserfahrungen zurückgegriffen wird oder Alltagssituationen simuliert werden. Ebenso wichtig ist aber auch der Aufbau von Größenvorstellungen. Beide Ziele lassen sich gut über handlungsorientierte Zugänge und aktiven Umgang mit Material erreichen. Dazu werden konkrete Zahlungsmittel oder Rechengeld als Ersatz dafür zum Kennenlernen der Geldwerte und zur Entwicklung der Vorstellung vom Wert des Geldes benötigt. Einhergehend mit der Erweiterung des Zahlenraums bis 1 000 und darüber hinaus werden im 3. Schuljahr - eingebettet in schülernahe Sachzusammenhänge - folgende Schwerpunkte zum Größenbereich Geld behandelt:

- Geldscheine und Münzen kennen lernen,
- Geldbeträge legen,
- Geld zählen und die Gesamtbeträge notieren,
- gemischte Geldbeträge in Kommaschreibweise notieren und umgekehrt,
- Geldbeträge überschlägig ermitteln und mit ihnen rechnen.

In den Abschnitten 4.3.1 bis 4.3.5 werden diese Schwerpunkte erläutert. Den Sachzusammenhängen, in denen diese Inhalte vermittelt werden können, ist aus Gründen der übersichtlichen Darstellung der Abschnitt 4.3.6 gewidmet. Im Sachrechenunterricht werden die Übungsformen im jeweiligen Kontext der Situationen angeboten.

4.3.1 Geldscheine und Münzen kennen lernen

Diese Münzen und Scheine gibt es. Die Schüler sollen sie benennen, unterscheiden können und ihren Wert kennen.

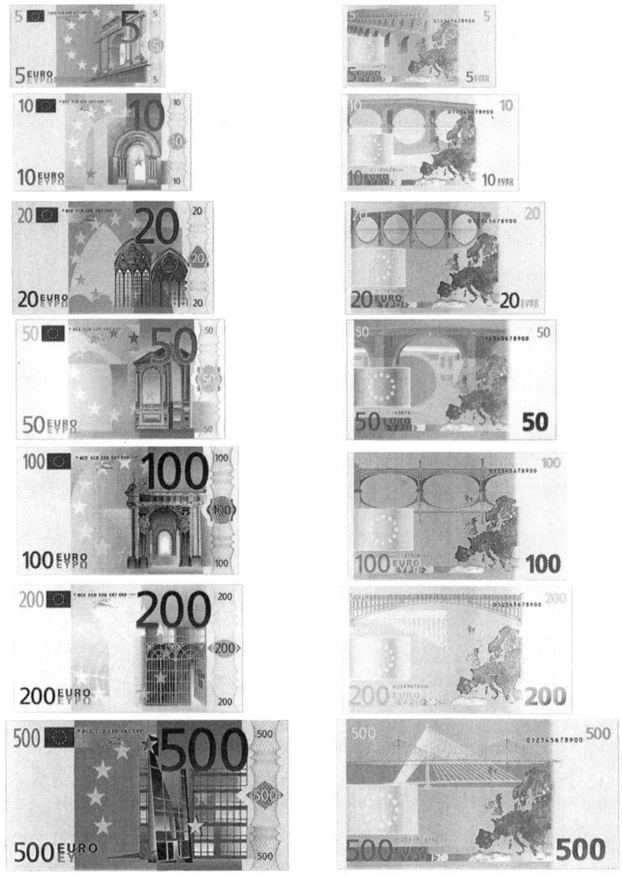

Die Sparkassen haben ein Info-Blatt entwickelt, mit dem man sich ein Überblickswissen rund ums Geld verschaffen kann. Wenn man sich im Unterricht die Zeit nimmt, die Abbildungen auf Scheinen und Münzen genauer zu betrachten, können die Schüler Steckbriefe oder Suchanzeigen erfinden, mit deren Hilfe Geldstücke bzw. -scheine identifiziert werden können. Vereinbart wird, dabei nicht die Geldwerte zu verraten.

Steckbrief

gesucht wird:	ein Geldschein
besonderes Merkmal:	rot, hell, Brückenbogen
Wert:	etwa zwei Kinobesuche

Suchanzeige

verlorener Gegenstand:	Münze
besondere Merkmale:	silbriger Rand, großer goldener Adler auf der Rückseite
Wert:	etwa vier Überraschungseier

Es reicht nicht aus, dass Kinder anhand ihrer wachsenden Kenntnisse im Zahlenraum bis 1 000 Geldwerte bestimmen oder miteinander vergleichen. Um eine Vorstellung von den Geldwerten zu entwickeln, werden Bereiche im Unterricht angesprochen, die der Entwicklung von Größenvorstellungen förderlich sind.

Beispiele:

a) Welche Produkte werden von Kindern des 3. Schuljahrs favorisiert? Was kosten diese Produkte?

b) Finde Gegenstände, deren Preise sich zwischen 50 und 100 €, 100 und 150 €, 150 und 200 € ... bewegen.

c) Ermittle den Wert deines Tornisters, gefüllt mit allen Lehr- und Lernmaterialien.

Die Schüler legen z. B. zu a) in der Schule eine Tabelle der folgenden Art an.

Gegenstand	Preis
Skateboard	98,00 €
In-Line-Skates	79,00 €
Barbie-Puppe	14,95 €
ICE-Startset	199,00 €
Puppenhaus	148,00 €
Turnschuhe	178,00 €

Sie bekommen die Hausaufgabe, sich über die Preise der entweder bereits im Unterricht zusammengestellten Gegenstände oder der von ihnen favorisierten Produkte anhand von Katalogen oder durch Besuch in Geschäften zu informieren und diese zu notieren. Im Unterricht werden die eingeholten Preise miteinander verglichen. Es können Preisintervalle bestimmt, die Preise nach der Größe geordnet sowie Differenzen zum nächsten Hunderter oder Tausender ermittelt werden. Die Beträge werden auf unterschiedliche Arten mit Rechengeld gelegt und Einkaufssituationen werden simuliert, damit das Herausgeben und Nachzählen des Geldes, wie im **Handbuch 2**, S. 177 f., beschrieben, erneut geübt werden.

Preis für ... Preisintervall zwischen ... und...	Lege mit Rechengeld	Differenz zum Hunderter bzw. zum Tausender
50 € und 100 € Skateboard 98,00 €	50 €, 20 €, 20 €, 5 €, 2 €, 1 €	2 € fehlen bis 100 €.
100 € und 150 € Puppenhaus 148 €		
Inliner		

Auch bei Übungsvariante b) geht es um die Vertiefung von Größenvorstellungen.

Übungsform c) eignet sich gut dazu, eine Vergleichsgröße zu den bisher zusammengestellten Preiskategorien zu ermitteln. Sie lässt sich recht gut im Mathematikunterricht realisieren. Dazu werden genügend Lehr- und Lernmittelkataloge sowie Schreibwarenprospekte benötigt, denen die Schüler die Preise entnehmen können. Die Schüler bekommen eine Liste, auf der sie die für den Unterricht erforderlichen Materialien finden. Als Arbeitsform bietet sich Gruppenarbeit mit vier unterschiedlichen Aufträgen an. Die Preise müssen entweder aus Katalogen oder in Geschäften eingeholt und (schriftlich) addiert werden. Meistens sind die Schüler sehr erstaunt, wenn sie die Gesamtsumme von Tornister und Inhalt ermittelt haben. Was schätzen Sie?

Bei allen drei Übungsvarianten erfahren die Schüler zum einen etwas über die Kaufkraft des Geldes, zum anderen dienen die aufgeführten Übungen auch der Orientierung im Tausenderraum (vgl. hierzu Abschnitt 4.2.2).

4.3.2 Geldbeträge legen

Das Legen von Geldbeträgen bedeutet eigentlich Bezahlen von Geldbeträgen, noch genauer: Bezahlen mit vorhandenen Scheinen und Münzen. So soll es den Schülern auch vermittelt werden, damit die Zerlegungen, die gewöhnlich parallel dazu im arithmetischen Unterricht behandelt werden, nicht zu Irritationen führen und Zerlegungen genannt werden, die reine Zahlzerlegungen sind.
Im Alltagsleben wäre es ja auch denkbar, den Betrag von 320 € mit zwei Zweihunderteuroscheinen zu bezahlen und Restgeld herauszubekommen. Das konkrete Legen von Geldbeträgen ist eine wichtige Voraussetzung, um genau das nachvollziehen zu können.

Geldbeträge bezahlen

Simon muss 320 € (666 €, 95,75 €) bezahlen.

Lege die Geldbeträge. Finde mindestens drei Möglichkeiten und notiere sie.

320 € =

=

=

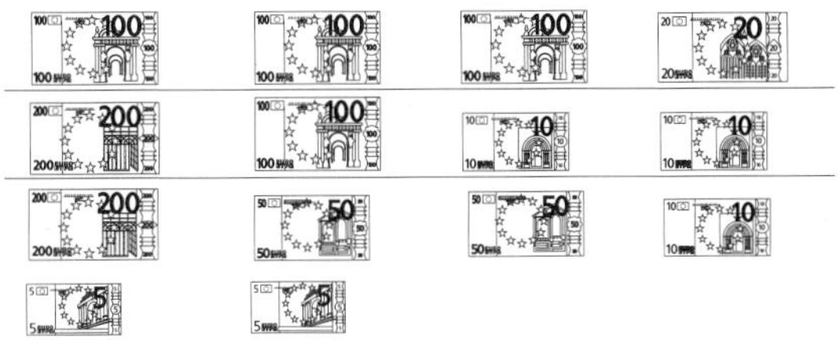

Katja hat 162 € (810 €, 152,50 €) mit fünf Scheinen bzw. Münzen gelegt.

Wie hat sie das gemacht? Gibt es mehrere Möglichkeiten?

162 € =

810 €=

152,50 € =

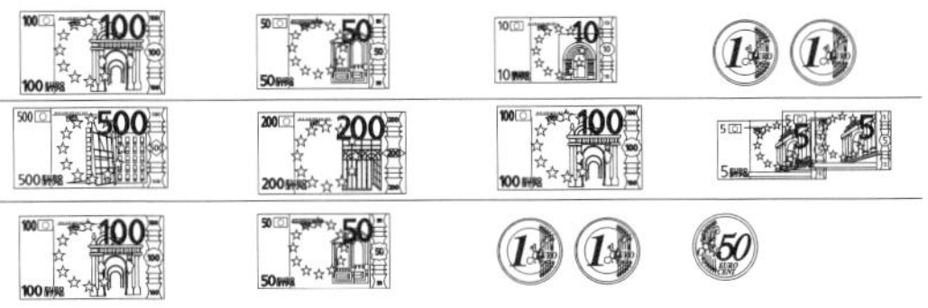

Die Begrenzung auf eine bestimmte Anzahl von Geldscheinen und Münzen erfordert genaue Kenntnisse über alle im Umlauf befindlichen Scheine und Münzen. Angeregt durch vielfältige Zahlzerlegungen im Tausenderraum ist bei einigen Schülern in der Vorstellung z. B. bei 666 € auch eine Zerlegung wie 300 € + 300 € + 30 € + 30 € + 3 € + 3 € denkbar. Deshalb ist es besonders wichtig, die Beträge mit Rechengeld anschaulich zu legen, denn der Umgang mit Geld im Tausenderrraum unterscheidet sich deutlich vom Umgang mit reinen Zahlen im Tausenderraum, weil Anzahl- und Wertbegriff voneinander unterschieden werden müssen.

Bettina hat ausprobiert, dass sie 400 € mit zwei, drei, vier oder fünf Scheinen legen kann.

Setze die angefangene Tabelle fort bis zu zehn Scheinen. Lege selbst eine Tabelle an und probiere die Möglichkeiten für andere Hunderterbeträge, z. B. für 200 €, aus.

Beispiel 400 €

Anzahl der Scheine	Gelegt mit Rechengeld	Rechnung
1		
2	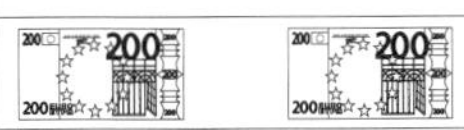	2 · 200 €
3		1 · 200 € 2 · 100 €
4	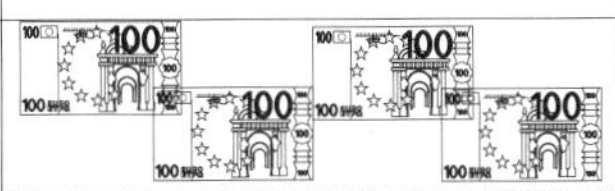	4 · 100 €
	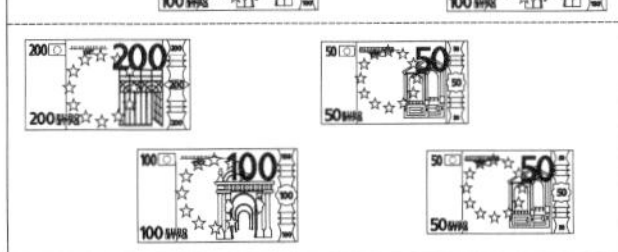	1 · 200 € + 1 · 100 € + 2 · 50 €
5	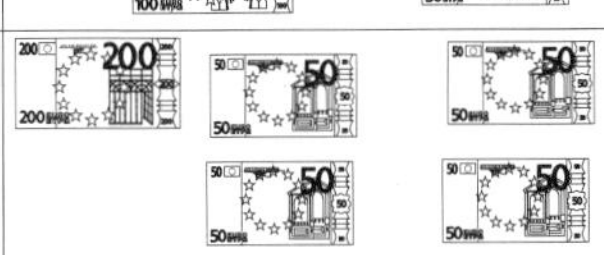	1 · 200 € + 4 · 50 €

Frau Nolte hat drei verschiedene Geldscheine in der Brieftasche. Wie viel Geld kann es sein?

Lege die Beträge und trage die möglichen Geldbeträge in die Tabelle ein. Versuche systematisch vorzugehen.

Beispiel:

5 €	10 €	20 €	50 €	100 €	200 €	500 €	Betrag
x	x	x					35 €
x	x		x				65 €
x	x			x			115 €
x	x				x		215 €
x		x	x				75 €
x		x		x			125 €
x		x			x		225 €
x			x	x			155 €

Herr Dorfmark muss 45 € (445 €, 814 €) bezahlen. Er gibt der Verkäuferin 50 € (500 €, 1 000 €). Wie viel bekommt er jeweils zurück?

Zwei Schüler wählen die Geldbeträge aus und spielen die Einkaufssituation. Sie legen dabei die Beträge mit Rechengeld und sprechen dazu, indem sie die Beträge ergänzen.

zu zahlender Betrag	gegeben	zurückerhalten
45 €	50 €	5 € (→ 50 €) 5 € zusammen
445 €	500 €	5 € (→ 450 €) und 50 € (→ 500 €), 55 € zusammen
814 €	1 000 €	1 € (→ 815 €) und 5 € (→ 820 €) und 10 € (→ 830 €) und 20 € (→ 850 €) und 50 € (→ 900 €) und 100 € (→ 1 000 €), 186 € zusammen

Das Nachspielen von Einkaufssituationen wurde im **Handbuch 2** ausführlich beschrieben und dabei insbesondere das Versprachlichen des Herausgebens betont.

Die Einkaufssituationen werden deshalb im 3. Schuljahr wieder aufgegriffen, weil durch sie der Umgang mit Geld realitätsnah simuliert und geübt werden kann.

Petra nimmt aus der Rechengeldkasse zuerst 1000 Euro danach 500 Euro. Sie spielt Einkaufen.

Lege den zu zahlenden Betrag, ergänze die Summe und notiere wie im Beispiel.

Immer 1000 €

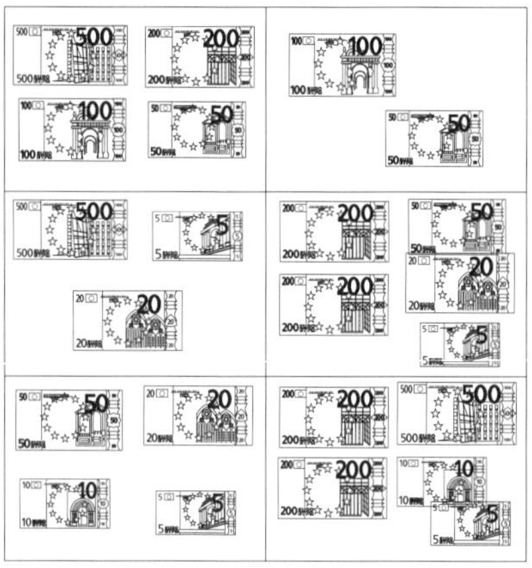

Immer 1000 €

850 €	150 €
525 €	475 €
85 €	915 €

Immer 500 €

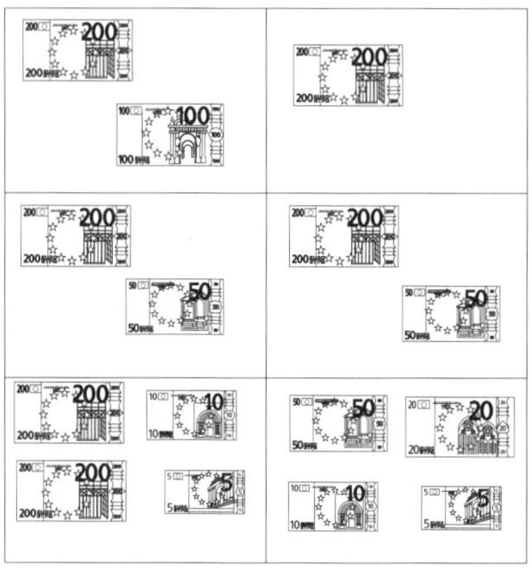

Immer 500 €

300 €	200 €
250 €	250 €
415 €	85 €

Beim Herausgeben bzw. Ergänzen bis 1 000 oder 500 € wird die Verzahnung von Zahl- und Größenvorstellung im Tausenderraum geübt (vgl. hierzu Abschnitt 4.2.2). Das Legen mit Rechengeld ist auch bei dieser Übung – nicht für alle, aber für einige Schüler – wichtig, damit deutlich wird, dass die Stellenwerte nicht stellvertretend für einen Geldschein oder eine Münze stehen: Es gibt keinen 300-€-Schein. 310 € entsprechen zwar 300 € und 10 €, sind aber z. B. mit einem Zweihunderteuroschein, einem Hunderteuroschein und einem Zehneuroschein darzustellen.

4.3.3 Geld zählen und die Gesamtbeträge notieren

Diese Übungsform kann besonders gut durch überschlägiges Überprüfen von Kassenzetteln realisiert werden (vgl. auch die Abschnitte 4.3.5 und 4.3.6). Geldzählstrategien fehlen den Kindern häufig, weil sie wenig selbstständig einkaufen, Rückgeld arglos wieder einstecken oder es gewohnt sind, dass in Supermärkten bargeldlos bezahlt wird.

Unterschiedliche Zählstrategien, bei denen die Kinder z. B.

- immer mit den größten Werten beginnen,
- Scheine oder Münzen geschickt zusammenfassen,
- Scheine oder Münzen gegen größere eintauschen oder
- verdoppeln

werden deshalb in gespielten Einkaufssituationen oder – wenn möglich – bei Unterrichtsgängen zu Geschäften geübt.

Sven durfte mit verbundenen Augen 5-mal in einen Rechengeldhaufen greifen. Folgende Münzen und Scheine hat er gegriffen:

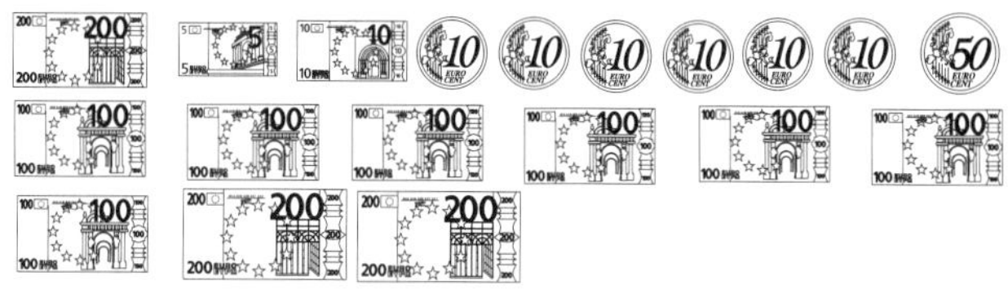

Die Schüler erhalten die Aufgabe, die Scheine und Münzen geschickt zusammenzufassen, um den Betrag festzustellen. Ziel ist, dass die Kinder zunehmend erkennen, dass z. B. zwei 200-Euro-Scheine und ein 100-Euro-Schein zusammen 500 € ausmachen oder dass fünf 10-Cent-Stücke und ein 50-Cent-Stück zusammen 1 € ergeben. Das Zusammenfassen könnte ggf. folgendermaßen aussehen:

	500,00 €
	500,00 €
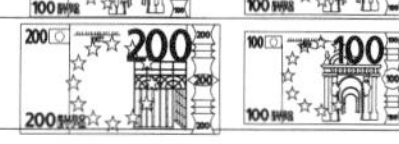	300,00 €
	15,00 €
	1,00 €
	0,10 €
	Es sind 1 316,10 €

Boris und Kevin spielen Wettbüro. Kevin verdoppelt Boris' Einsatz. Im 2. Durchgang verändern sie die Bedingung, sodass Kevin nur die Hälfte von Boris' Wetteinsatz zahlen muss.

Lege die Geldbeträge und fülle die Tabelle aus.

Verdoppeln und Halbieren sind als Strategien im Hunderterraum bewusstgemacht worden und sollten deshalb auch im Tausenderraum thematisiert werden.

Boris' Einsatz	Kevins doppelter Einsatz	Boris' Einsatz	Kevins halber Einsatz
400 €	800 €	900 €	450 €
350 €	700 €	250 €	125 €
75 €	150 €	600 €	300 €

Sachaufgaben, bei denen es um Proportionalität geht, lassen sich an diesen Stellen gut einsetzen.

Ein Fußball kostet 35 €. Wie viel kosten dann zwei, vier, acht (zehn) Fußbälle?

1 Fußball	2 Fußbälle	4 Fußbälle	8 Fußbälle	10 (8+2) Fußbälle
35 €	70 €	140 €	280 €	280 € + 70 € = 350 €

Der Hausmeister bekommt die Rechnung für 12 Tafellineale. Er muss 180 € überweisen. Wie viel kosten sechs, drei, (neun, ein, zehn) Tafellineale?

12 Tafellineale	6 Tafellineale	3 Tafellineale	9 (6+3/ 12–3) Tafellineale	1 (3:3) Tafellineal	10 (9+1) Tafellineale
180 €	90 €	45 €	135 €	15 €	150 €

4.3.4 Gemischte Geldbeträge legen, lesen und auf verschiedene Weise schreiben

Geldbeträge tauchen in der Regel im Alltagsleben als gemischte Beträge auf, in denen € und Cent zugleich vorkommen. Wenn man Preistafeln und Anzeigen studiert, werden die Preise, die häufig mit 9 €, 90 Cent oder 9 Cent enden, ins Auge springen. Im Mathematikunterricht lassen sich Elemente aus realen Einkaufsituationen gut einflechten, indem die Kinder Preisschilder mit Gegenständen kleben oder sich Preise bzw. Preistabellen aus Geschäften organisieren. Ebenso eignen sich Kataloge oder Zeitungsbeilagen von Supermärkten.

Die Schüler können Preise in den Taschenrechner eintippen bzw. Geldbeträge in eine Stellentafel legen (vgl. **Handbuch 2**, Kopiervorlage SR 1) und anschließend in einer Stellentafel notieren, die bewusst durch farbliche Gestaltung Euro- von Cent-Beträgen trennt.

100 €	10 €	1 €	10 Cent	1 Cent	Kommaschreibung
	4	9	9	5	49, 95 €
0	9	9	9	5	99, 95 €
1	4	9	9	5	149, 95 €

Die folgenden wichtigen Merkmale sollen im Sachrechenunterricht mit Geld, in Sachbezüge eingebettet, häufig geübt werden:

- Beträge müssen stellenwertgerecht in Dezimalschreibweise übertragen und geschrieben werden.
- Vor dem Komma stehen die Euro-Beträge, hinter dem Komma werden zuerst die 10-Cent-, dann die 1-Cent-Beträge notiert.
- Die Größenbenennung € darf nicht vergessen werden.
- Beim Fehlen eines Stellenwertes muss die Stelle mit einer 0 besetzt werden. Das gilt auch für die Centbeträge.

Die Notwendigkeit der Beachtung lässt sich übersichtlich an der Stellentafel visualisieren. Ein rein formales Eintragen und Übertragen von Zahlenwerten in eine Stellentafel reicht allerdings nicht aus. Vielmehr muss durch häufigen Umgang mit Geld oder Rechengeld eine Vorstellung von Geldwerten vermittelt werden. Deshalb werden im Abschnitt 4.3.6 Sachsituationen beschrieben, die geeignet sind, Bezüge zwischen gemischter Schreibweise und Kommaschreibweise zu verdeutlichen. Erfahrungen mit Kommazahlen lassen sich gut im Zusammenhang mit Sachbezügen machen.

Die in Größenbezeichnungen wie 9,14 €, 15,08 €, 0,75 € auftretenden Maßzahlen werden, wie eingangs bereits erwähnt, im 3. Schuljahr nicht als Dezimalbrüche aufgefasst. Das Komma trennt € und Cent, demzufolge können sowohl die vereinfachende Sprechweise 9 Euro 14 oder 9 € 14 Cent als auch die Dezimalsprechweise 9 Komma 14 € im Unterricht benutzt werden. Sicherlich werden die Kinder unterschiedliche Formulierungen verwenden, sodass diese Sprechweisen im Unterricht durch weitere, beim Umgang mit Geld üblichere, ergänzt werden können:

5 € 75 Cent — Das kostet fünf Euro fünfundsiebzig (inhaltlich).

Das kostet fünf Euro und fünfundsiebzig Cent (inhaltlich).

Das kostet fünf Komma sieben fünf Euro (formal, stellenadäquat).

Das kostet fünf fünfundsiebzig (verkürzt, umgangssprachlich).

Wenn mit gemischten Beträgen bei Sachaufgaben gerechnet werden soll, dann werden die Euro-Beträge in der Rechnung von den Cent-Beträgen isoliert (vgl. Abschnitt 2.4.4) oder die gemischten Beträge in reine Cent-Beträge umgewandelt. Beispiel:

Zwei Zeichenblöcke kosten im Schreibwarenladen 1,85 €. Petra kauft gleich vier.

1 € · 2 = 2 €
80 ct · 2 = 160 ct = 1,60 €
5 ct · 2 = 10 ct = 0,10 €
2 € + 1,60 € + 0,10 €
= 3,70 €

1,85 € = 185 ct
185 ct · 2 = 370 ct
100 ct · 2 = 200 ct
80 ct · 2 = 160 ct
5 ct · 2 = 10 ct
200 ct + 160 ct + 10 ct
= 370 Cent = 3,70 €

Vier Zeichenblöcke kosten 3, 70 €.

Übungen der folgenden Art sind nötig, um gemischte Geldbeträge in Kommaschreibweise übertragen und ihren Wert zueinander in Beziehung bringen zu lernen.

Geldbeträge mit Komma schreiben und lesen

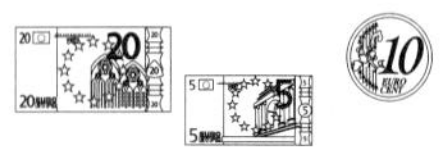	25,10 €
	0,75 €
	500,05 €
5 € 2 Cent	5,02 €
52 € 20 Cent	52,20 €
12 Cent	0,12 €
82 €	82,00 €

Leistungsschwächere Schüler legen auch bei dieser Aufgabe zunächst die Beträge mit Rechengeld.

Geldbeträge mit Komma in gemischter Schreibweise angeben und lesen

Lies die Geldbeträge in gemischter Schreibweise vor und stelle fest, wie viel jeweils bis zum nächsten vollen Euro-Betrag fehlt.

17,95 € = 17 € 95 Cent	5 Cent fehlen bis 18 €.
9,04 € = 9 € 4 Cent	96 Cent fehlen bis 10 €.
46,80 € = 46 € 80 Cent	20 Cent fehlen bis 47 €.
4,99 € = 4 € 99 Cent	1 Cent fehlt bis 5 €.

Konkretes Legen mit Rechengeld und das Eintragen in eine Stellentafel sind an dieser Stelle eine hilfreiche methodische Differenzierung für leistungsschwächere Schüler. Zeitungsbeilagen und Kassenzettel sind geeignete Medien, auf denen man vornehmlich Preise mit mindestens einer 9 als Kommastelle finden kann. Welche leidvolle Erfahrung so mancher Käufer mit der verflixten 9 als Kommastelle machen kann, haben wir im folgenden Zeitungsartikel zum Nachempfinden abgedruckt, wobei wir die originale „Pfennigfuchserei" zu einer „Centfuchserei" aktualisiert haben.

Centfuchserei

Da war ich unterwegs im Supermarkt und sollte schließlich 95,86 € bezahlen.
Ich zückte das Portmonee gewiss, wenigsten 5,86 € an Kleingeld gesammelt zu haben. Ich zähle nach – es sind nur 5,83 €. Auf hundert Euro gibt es also 4,14 € raus. Noch mehr Kleingeld. Ich kaufe noch auf dem Wochenmarkt für 9,90 € ein – diesmal passt das Kleingeld.
Nach weiteren Besorgungen parke ich wenig später den Wagen vor einem Reformhaus. Die Parkuhr will gefüttert sein. Mit 50 Cent für die halbe Stunde. Kein Problem, ich habe ja genug Kleingeld. Fünf 10-Cent-Stücke sind schnell zusammengezählt. Die Parkuhr nimmt aber nur 50-Cent-Münzen. Dumm gelaufen. Also tauschen.
Im Reformhaus kann die Kasse nur geöffnet werden, wenn ich etwas einkaufe.
Ich kaufe irgendeinen Firlefanz für 50 Cent, um eine 50-Cent-Münze für die Parkuhr zu erhalten. Ich hetze weiter zur Post, weil ich noch eine 56-Cent-Briefmarke für einen Brief brauche.
Tja, 56 Cent hab´ ich nicht. 1,49 €, ja. Also einen Euro eingeworfen, 56-Cent-Marke gewählt. Was kommt aus dem Automaten, weil er nicht wechselt? Eine 24- und vier 5-Cent-Marken. Solche Marken kann man oft gebrauchen.
Folgt der Einkauf im zweiten Supermarkt. Der Einkaufswagen dort kann nur gegen einen Euro Pfand benutzt werden. Der Euro steckt aber im Briefmarkenautomaten. Und nun? Wechseln an der Kasse ist ohne Einkauf nicht möglich. Aber einen Chip für den Einkaufswagen kann ich kaufen, er kostet nur 49 Cent. Die hab ich passend.
Als ich schließlich an der Kasse stehe – kein Kleingeld mehr im Portmonee – muss ich 30,93 € bezahlen. 0,93 € hätte ich passend in Form von Einkaufswagen-Chip und Briefmarke. Aber das interessiert niemanden. Ich zahle mit einem 50-Euro-Schein, und nach einem Ich-kann-nicht-anders-rausgeben der Kassiererin habe ich wieder für 18,74 € Kleingeld in der Tasche. Na prima.

top

Gleiche Geldbeträge erkennen

6,60 €	0,66 €	9,75 €	415 Cent
65 Cent	4,50 €	7,30 €	0,65 €
6 € 4 Cent	6,40 €	6 € 16 Cent	3 € 15 Cent
4 € 15 Cent	10,05 €	28 Cent	66 Cent
616 Cent	450 Cent	640 Cent	604 Cent

Zu einigen Geldbeträgen kann kein gleichwertiger Betrag gefunden werden. Die Schüler müssen die bewusst ausgelassenen Beträge herausfinden und in anderer Schreibweise in den freien Feldern der letzten Spalte notieren, sodass schließlich zwölf Paare mit je zwei gleichen Beträgen gebildet werden können. Ein Kästchen in der Tabelle bleibt leer.

Leistungsstarke Kinder werden die Beträge, die identisch sind, mit gleichen Ziffern, Symbolen oder Farben versehen, z. B. 6 € 4 Cent und 604 Cent. Leistungsschwächere Kinder können zunächst die 20 beschrifteten Teile der Tabelle ausschneiden, durch konkretes Nachlegen mit Rechengeld die Angaben miteinander vergleichen und so je zwei gleiche Beträge herausfinden.

Geldbeträge auf verschiedene Weise legen

6, 40 € 

oder 

16,20 € 

oder 

27,90 € 

oder 

Diese Aufträge lassen sich mehrfach variieren. Die Schein- bzw. Münzsorten können z. B. begrenzt werden oder das Herausgeben von Geldbeträgen wird erneut mit Rechengeld geübt, indem immer bis zum nächstmöglichen Schein (nicht zum nächsten Zehner) ergänzt werden soll:

6,40 € bis 10 €, 3,60 € Rückgeld

16,20 € bis 20 €, 3,80 € Rückgeld

27,90 € bis 50 €, 22,10 € Rückgeld

4.3.5 Geldbeträge überschlägig ermitteln und mit ihnen rechnen

Beim Einkaufen ist es wichtig, die zu zahlenden Beträge überschlägig zu ermitteln bzw. sich bereits beim Beladen des Einkaufswagens einen groben Überblick über den Warenwert zu verschaffen, denn ein genaues Überprüfen ist in der Kürze der Zeit beim Einkaufen schlecht möglich. Geschicktes Runden und grobes Abschätzen von Geldsummen sollten deshalb als wichtiges Instrumentarium im Sachrechnen geübt werden.
Die Schüler legen gemischte Geldbeträge, verändern diese mit weiterem Rechengeld zu glatten Beträgen und notieren beide Werte in einer Tabelle. Die Rundungsregel „Runden auf vollen Euro“ sollten alle Kinder beherrschen. Deshalb wird sie besonders geübt.

Runden auf vollen Euro	
genauer Preis	gerundeter Preis
5,78 €	6,00 €
30,95 €	31,00 €
0,54 €	1,00 €
10,34 €	10,00 €
1,59 €	2,00 €
Summe: 49,20 €	Summe: 50,00 €

Die genaue Summe wird (mit dem Taschenrechner, schriftlich, im Kopf oder durch Zusammenzählen der gelegten Beträge) ermittelt und mit der Summe, die mit den gerundeten Geldbeträgen errechnet wurde, verglichen. Genau das macht der Käufer auch beim Einkaufen, wenn er den von ihm überschlägig ermittelten Warenwert mit dem Betrag, den der Kassenzettel ausweist, vergleicht.
Im täglichen Leben, beim Einkaufen, bei einem Restaurantbesuch o. Ä. kommt es jedoch nicht immer auf das Einhalten bestimmter mathematischer Rundungsregeln an. Rechnungen lassen sich auf verschiedene Arten überschlägig überprüfen:

1. Runden der Beträge auf vollen Euro
2. Runden der Beträge auf volle 10 €, 100 € ...
3. Runden auf halbe Euro-Beträge
4. Gegensinniges Auf- und Abrunden
5. Geschicktes Zusammenfassen geeigneter Geldbeträge

Die Auflistung macht deutlich, wie wichtig es ist, dass die Kinder befähigt werden, bei der Überschlagsrechnung angemessen zu runden, d. h. situationsgerecht erlernte Rundungsregeln zu kombinieren und flexibel einzusetzen.
Verschiedene Rundungsregeln werden bei der folgenden Vorgehensweise angewandt. Den Schülern wird ein Kassenbon ausgehändigt, bei dem die zu zahlende Summe nicht zu sehen ist, weil der untere Teil des Belegs nach hinten umgeknickt wurde. Die Fragestellung zu dem Essensbeleg lautet: Haben den Restaurantbesuchern die eingesteckten 150 € gereicht?
Dieser Frage sollen die Schüler durch überschlägiges Rechnen nachgehen. Es bietet sich an dieser Stelle Partner- oder Gruppenarbeit an, damit Gespräche in Gang gesetzt werden, die auch der Lehrkraft für die anschließende Gegenüberstellung der Überschlagsrechnungen Aufschlüsse über Denkweisen der Schüler vermitteln. Dabei ist es möglich, dass nur auf die Überschlagsrechnungen der Schüler zurückgegriffen wird. Es ist aber ebenso denkbar, dass verschiedene Überschlagsrechnungen mit den zuvor genannten Rundungsvarianten von der Lehrkraft vorgegeben werden. Dazu werden fünf Überschlagsvarianten zur Auswahl angeboten.

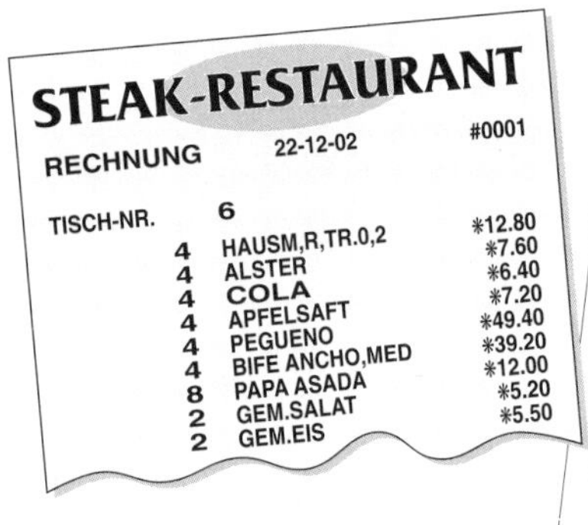

Essensbeleg	Überschlag 1	Überschlag 2
12,80 €	13,00 €	10,00 €
7,60 €	8,00 €	8,00 €
6,40 €	6,00 €	6,00 €
7,20 €	7,00 €	7,00 €
49,40 €	49,00 €	50,00 €
39,20 €	39,00 €	40,00 €
12,00 €	12,00 €	10,00 €
5,20 €	5,00 €	5,00 €
5,50 €	6,00 €	6,00 €
145,30 €	145,00 €	142,00 €
	Strategie 1	Strategien 1 und 2

<table>
<tr><th>Essensbeleg</th><th>Überschlag 3</th><th>Überschlag 4</th><th>Überschlag 5</th></tr>
<tr><td>12,80 €</td><td>10,00 €</td><td>13,00 €</td><td>13 €</td></tr>
<tr><td>7,60 €</td><td>10,00 €</td><td>7,50 €</td><td rowspan="2">14 €</td></tr>
<tr><td>6,40 €</td><td>5,00 €</td><td>6,50 €</td></tr>
<tr><td>7,20 €</td><td>5,00 €</td><td>7,00 €</td><td>7 €</td></tr>
<tr><td>49,40 €</td><td>50,00 €</td><td>50,00 €</td><td rowspan="2">90 €</td></tr>
<tr><td>39,20 €</td><td>40,00 €</td><td>40,00 €</td></tr>
<tr><td>12,00 €</td><td>10,00 €</td><td>12,00 €</td><td>10 €</td></tr>
<tr><td>5,20 €</td><td>5,00 €</td><td>5,00 €</td><td rowspan="2">10 €</td></tr>
<tr><td>5,50 €</td><td>5,00 €</td><td>6,00 €</td></tr>
<tr><td>145,30 €</td><td>140,00 €</td><td>147,00 €</td><td>144 €</td></tr>
<tr><td></td><td>Strategien 2 und 4</td><td>Strategien 1, 2 und 3</td><td>Strategien 1, 2 und 5</td></tr>
</table>

Strategie 1: Runden der Beträge auf vollen Euro

Strategie 2: Runden der Beträge auf volle 10 €, 100 €...

Strategie 3: Runden auf halbe Euro-Beträge

Strategie 4: Gegensinniges Auf- und Abrunden

Strategie 5: Geschicktes Zusammenfassen geeigneter Geldbeträge

Die verschiedenen Strategien werden beschrieben und Vor- und Nachteile z. B. unter folgenden Fragestellungen erörtert:

- Wie ist die Schülergruppe vorgegangen? Welche Rundungsregeln hat sie angewandt?
- Welche Überschlagsrechnung ließ sich schnell ermitteln? Woran lag das?
- Warum liefert Überschlagsrechnung 3 die größte Abweichung nach unten?
- Warum liefert Überschlagsrechnung 4 die größte Abweichung nach oben?
- Beantworte die Ausgangsfrage: Haben die eingesteckten 150 € für den Restaurantbesuchern gereicht? Antwort: Das eingesteckte Geld reicht.

Erst nachdem die Ausgangsfrage durch überschlägiges Rechnen beantwortet werden konnte, wird die Summe vom Essensbeleg (145,30 €) preisgegeben, damit die Überschläge mit der genauen Endsumme der Restaurantrechnung verglichen werden können.

Es erweist sich als günstig, die beschriebene Vorgehensweise noch ein weiteres Mal im Unterricht einzusetzen, damit ein flexibles Einsetzen der Rundungsregeln mehrfach geübt wird. Die dabei gemachten Erfahrungen zeigen, dass unterschiedliche Strategien andere, oftmals auch genauere Ergebnisse liefern, dass jedoch für den täglichen Gebrauch als schnelle überschlägige Kontrolle das grobe Runden auf volle 1 €, 10 €, ...(Strategien 1 und 2) in der Regel ausreicht.

Des Weiteren können im Unterricht Einkaufsspiele angeregt werden, in denen zu zahlende Beträge zum einen überschlägig, ggf. auch exakt ermittelt und zum andern mit dem Taschenrechner überprüft werden. Oder die Kinder bringen selbst Kassenzettel mit, die untereinander ausgetauscht werden, nachdem der Endbetrag umgeknickt wurde. Sie berechnen die Summen je nach Leistungsvermögen überschlägig und genau und benutzen den umgeknickten Endbetrag auf dem Kassenzettel zur selbstständigen Kontrolle. Auch an dieser Stelle können Sachaufgaben eingesetzt werden, bei denen die Proportionalität eine Rolle spielt:

> Eine Schere kostet 1,75 €. Wie viel kosten zwei, drei, vier, fünf, ..., zehn Stück? Rechne überschlägig!

Preis 1 Sch.	Preis 2 Sch.	Preis 3 Sch.	Preis 4 Sch.	Preis 5 Sch.	Preis 8 Sch.	Preis 10 Sch.
1,75 €						
1,80 €	3,60 €		7,20 €			18 €
2 €	4 €		8 €			20 €
1.	2.	7.	3.	6.	4.	5.

Beim Ausfüllen dieser Tabellen können die Strategien des Verdoppelns, Halbierens und des Zusammenfassens geübt werden, wenn z. B. – wie in der letzten Zeile angeregt – in der vorgeschriebenen Reihenfolge vorgegangen wird. Es ist wichtig, diese Rechenstrategien häufig einzusetzen und zu üben. Flexibles Denken zeigen Kinder, die erkennen, dass der exakte Preis für 10 Scheren 50 Cent (nämlich 10 · 5 Cent) bzw. 2,50 € (nämlich 10 · 25 Cent) unter den überschlägig ermittelten Werten liegt.

4.3.6 Geld in Sachsituationen

In diesem Abschnitt werden Vorhaben beschrieben, die sowohl schüler- als auch handlungsorientiertes Vorgehen im Unterricht ermöglichen und dabei die zuvor genannten Übungsformen im Umgang mit Geld berücksichtigen.

Spielzeug und Spiele im „Spielwarenladen"

Die Kinder erhalten die Hausaufgabe, (wenn möglich) ihr Lieblingsspiel, Spielzeug, Kuscheltier am nächsten Tag mit in die Schule zu bringen. Es wäre zu wünschen, dass sie auch noch den Kaufpreis dafür in Erfahrung bringen könnten. Die Kinder, denen es nicht möglich ist, die genannten Dinge mitzubringen, erhalten die Aufgabe, einen Spielwarenprospekt, eine Katalogseite mit Spielwaren, eine Zeitungsanzeige o. Ä. mitzubringen. Tags darauf stellen alle Kinder ihr Mitgebrachtes im Gesprächskreis vor, beantworten Fragen dazu, stellen gemeinsame Interessen bzw. Gegensätze sowie Vorzüge und Nachteile einiger Spiele fest und erhalten Gelegenheit, das eine oder andere Spielzeug miteinander auszuprobieren.

Da es in diesem Kapitel um Sachrechnen mit Geld geht, wird das Thema schwerpunktmäßig unter diesem Blickwinkel beleuchtet. Den Leserinnen, die das Spielverhalten von Kindern stärker unter sozialkritischen Aspekten betrachten oder evtl. an ältere Kinderspiele erinnern möchten, wird dazu der von Reinhart (1995) herausgegebene Reader empfohlen.

In der Klasse wird mit den mitgebrachten Spielwaren und Prospekten ein „Spielwarenladen" aufgebaut, Preisschilder werden hergestellt und den aufgestellten Spielzeugen zugeordnet. Die Preisschilder können sowohl mit Fantasiepreisen als auch mit realistischen Warenwerten beschriftet werden. Mithilfe der erzeugten „Spielwarenladenatmosphäre" sollen beim handlungsorientierten Umgang mit Geld folgende Schwerpunkte im Mittelpunkt des Unterrichts stehen:

- Kennenlernen der Geldscheine
- Legen von (gemischten) Geldbeträgen
- Zählen von (gemischten) Geldbeträgen
- Notieren von Warenwerten
- Lesen von (gemischten) Geldbeträgen
- Schreiben von Geldbeträgen mit Komma und in gemischter Schreibweise
- Übertragen von der Kommaschreibweise in die gemischte Schreibweise und umgekehrt
- Überschlägiges Rechnen

Im Folgenden werden Aufgaben angeboten, mit denen diese Schwerpunkte geübt werden.

Du hast 100 € zur Verfügung. Wie viele verschiedene Teile aus dem „Spielwarenladen" kannst du dir dafür kaufen?

Simone würde sich gern aus dem „Spielwarenladenangebot" die folgenden fünf Teile kaufen:

Wir schlagen vor, dass sich die Schüler die auf volle € gerundeten Beträge der Spielwaren, die sie aus dem „Spielwarenladen" ausgewählt haben, auf kleine Kärtchen schreiben. Dieses Vorgehen hat den Vorteil, dass die Schüler die Preiskärtchen mehrfach verwenden und verschiedene Kombinationen finden können.

Ein kleiner Ausschnitt zeigt, zu welchen Kombinationen Simone gekommen ist. Sie hatte die Warenwerte der von ihr ausgewählten Spielwaren auf folgende Beträge gerundet:

50 €	40 €	40 €	20 €	5 €

20 € + 40 € + 40 €	50 € + 40 € + 5 €	50 € + 40 €	
20 € + 40 € + 5 €	40 € + 20 €	50 € + 5 €	40 € + 5 €

Simone hat durch überschlägiges Rechnen herausgefunden, dass sie sich höchstens 3 Teile kaufen kann, denn sie hat nur 100 € zur Verfügung. Nun muss sie sich entscheiden.

Im Anschluss an diese Aufgabe kann das genaue Ergebnis durch (schriftliche) Addition oder mithilfe des Taschenrechners ermittelt werden.

Die folgenden Ausführungen beziehen sich auch auf die Abbildung der Spielzeuge auf der vorigen Seite. Die Schüler sollen feststellen, welche Teile gekauft worden sind. Ihnen wird nur mitgeteilt, wie viele Teile gekauft wurden oder was die Käuferin dafür (genau oder gerundet) bezahlen musste. Sachaufgaben dazu:

1. Maren kauft drei Teile. Sie kosten zusammen 129,95 € (130 €).
2. Sylvia hat nur ein Teil gekauft. Sie hat mit einem Hunderteuroschein bezahlt und hat 60,01 € (60,00 €) zurückbekommen.
3. Dietmars Tante hat zwei gleiche Teile gekauft. Sie muss 99,96 € (100,00 €) bezahlen.
4. Welche Teile sind gekauft worden, wenn der Rechnungsbetrag 154,92 € (155,00 €) lautet?
5. Welche drei Teile müsste Kristof aussuchen, wenn er bestrebt wäre, den kleinst möglichen Betrag dafür auszugeben?

Informationen auf Kassenzetteln, Belegen und Quittungen

Die Kinder bringen, wenn die Eltern es erlauben, Kassenzettel, Quittungen und Belege von zu Hause mit oder die Lehrerin sammelt über einen längeren Zeitraum hinweg diese Materialien und stellt sie zur Verfügung.

Belege dieser Art sind für Schüler nicht leicht zu lesen, deswegen erscheint es ratsam, sie vergrößert auf Folie für den Overheadprojektor zu ziehen, damit informatives Lesen daran geübt werden kann. Es tauchen Begriffe wie Summe, Rückgeld, Zahlungsweise, gegebener Betrag, Mehrwertsteuer, bar, Geschäft, Datum, Uhrzeit usw. auf, die mithilfe der Erfahrungen der Kinder geklärt werden sollten. Wenn diese Begriffsklärungen erfolgt sind, können die Kassenzettel zu überschlägigem Überprüfen, wie bereits im Abschnitt 4.3.5 beschrieben, genutzt werden.

Wir überprüfen Belege durch Überschlagsrechnungen.
Die Schüler teilen eine Seite in ihrem Kästchenheft in zwei Hälften. Sie holen sich einen Kassenbeleg aus der in der Klasse vorhandenen Sammlung. Die Endsummen der Belege sind vorab nach hinten geknickt worden. Diesen Beleg legen sie auf die linke Hälfte des Heftes und klemmen ihn ggf. mit einer Büroklammer fest, damit er nicht verrutschen kann. Nun schreiben sie die gerundeten Beträge auf die rechte Hälfte ihres Heftes genau neben die auf dem Beleg ausgedruckten Beträge. So verfahren sie mit allen Beträgen, ermitteln die Summe der Überschlagsrechnung und vergleichen ihr Ergebnis, indem sie die Endsumme des Kassenbelegs als Kontrollzahl hinzuziehen. Dieses Vorgehen kann mehrfach wiederholt werden, denn überschlägiges Überprüfen ist eine Fähigkeit, die im täglichen Leben oft gebraucht wird. Sinnvoll ist ebenso eine Reflexion der Überschlagsrechnung. Der Schüler erklärt, welche Rundungsregeln er beim Ermitteln des Überschlags benutzt hat. Evtl. wird sein Vorgehen auch von seinen Mitschülern bewertet. Der Schüler, der die Überschlagsrechnung im Beispiel gemacht hat, sollte z. B. begründen, warum sein Überschlagsergebnis größer ist als die Rechnungssumme auf dem Beleg.

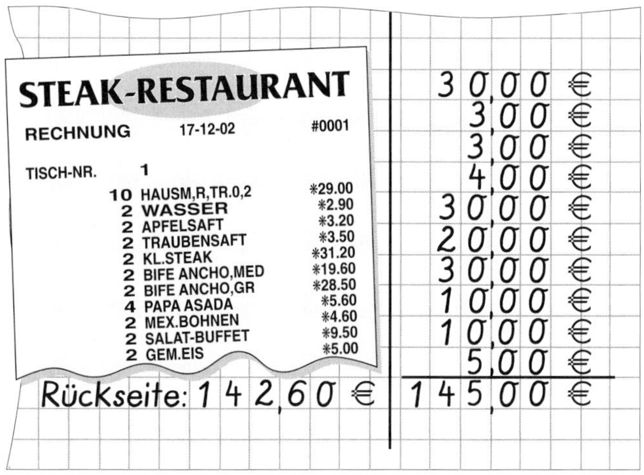

Wir erfinden themengebundene Rechengeschichten.
Es bietet sich an, die Schüler zum Thema „Spielwarenladen“ bzw. zu den authentischen Belegen eigene Rechengeschichten oder Sachaufgaben schreiben zu lassen. Die Vorteile dieses Verfahrens wurden bereits im **Handbuch 2** erläutert. Deshalb werden an dieser Stelle nur einige Schülerbeispiele vorgestellt. In diesem Zusammenhang scheint es besonders geeignet, die Geschichten und Sachaufgaben unter den Mitschülern auszutauschen und lösen zu lassen, damit Möglichkeiten der Rücksprache gegeben sind.

Schülerbeispiele zur Abbildung auf Seite 209:

> *Jch habe 150 € zu Weihnachten geschenkt gekriegt. Jch möchte mir nur den Teddy kaufen. Wie viel Geld kriege ich wieder?*
>
> *Mareike hat 150 € zu Weihnachten geschenkt bekommen. Sie möchte sich nur die Barbiefigur kaufen. Wie viel Geld nimmt sie mit?*
>
> *Kurts Freund lernt in der Musikschule Keyboard. Kurt möchte deshalb das Lernkeyboard haben. Er bekommt 5 € Taschengeld in der Woche. Was soll Kurt machen?*

Gemeinsames Frühstück zum Wochenausklang – ein Unterrichtsbeispiel

Es wird zu Hause nachgefragt, was aus dem Haushalt der Familien mitgebracht werden kann. Einige Kinder schließen sich zu Gruppen zusammen, damit das Vorhaben kostengünstig bleibt. Gemeinsam wird am nächsten Tag an der Tafel festgehalten, was jeder dazu beiträgt, um das Frühstücksbuffet möglichst vielseitig zu gestalten. Nur die Brötchen sollen frisch am Morgen vom Bäcker geholt werden. Drei Bäcker stehen zur Auswahl. Die Kinder wissen durch eigene Einkäufe einige Preise. Es wird beschlossen, dass zunächst jedes Kind seinen Wunsch bzgl. der Brötchensorte äußert. Es werden normale Brötchen, Milchbrötchen, Körnerbrötchen, Hörnchen, Sesambrötchen, Käsebrötchen, Croissants sowie Schoko-Croissants genannt. Die Sorten werden untereinander auf eine große Pappe geschrieben, damit im weiteren Verlauf des Unterrichts, wenn Preise und Anzahl der zu kaufenden Brötchen hinzukommen, eine übersichtliche Tabelle angelegt werden kann. Drei Schülergruppen werden bestimmt, die Preise bei den Bäckern in ihrer Wohnumgebung einholen sollen. Als die Schülergruppen tags darauf die Preise neben die Brötchensorten schreiben, entwickeln sich die Schüler zu wahren Centfuchsern. Sie sind bestrebt, den Klasseneinkauf so preiswert wie möglich zu gestalten, obwohl von einigen wenigen Bedenken angemeldet werden: „Vielleicht schmecken die etwas teureren Brötchen bei Bäcker 2 aber besser, wiegen mehr oder sind größer?!"

Ein Gesprächskreis schließt sich an, in dem erörtert wird, warum es wohl Preisunterschiede zwischen den einzelnen Bäckerläden gibt und warum die Sorten auch bei einem Bäcker unterschiedlich viel kosten. Unterschiedliches Gewicht, unterschiedliche Zutaten, Verkauf unterschiedlicher Mengen usw. werden als Argumente genannt.

Schließlich interessiert noch, wie viel Geld insgesamt aus der Klassenkasse genommen werden muss und welche Beträge den drei Kaufgruppen mitgegeben werden müssen. Die Kinder legen in ihrem Kästchenheft eine Tabelle an und übertragen die Daten, die auf der großen Pappe zusammengestellt worden waren. Bei dieser Gelegenheit wird genaues Zeichnen mit dem Lineal bzw. Einteilen einer Seite in vorgeschriebene Abschnitte geübt. Das Querformat eines DIN-A4-Heftes misst etwa 30 cm, und 7 Spalten sollen entstehen, von denen die erste mit Text mehr Platz benötigt.

Es müssen Brötchen für 26 Kinder und die Lehrerin besorgt werden. Pro Person werden 2 Brötchen gewünscht. Die Kinder berechnen die Summen überschlägig und/oder genau. Durch die Beratung untereinander gibt es niemanden, der die Summe für teure Brötchen ermittelt. Etwa ein Drittel der Kinder benötigt gar kein Rechengeld, um die Endpreise zu ermitteln. Bevor nun endlich zum Wochenausklang das gemeinsame Frühstück stattfinden kann, werden in einem letzten Schritt die Beträge ermittelt, die bei den drei Bäckern entrichtet werden müssen:

Bäcker 1: 3,00 € (B 1)

Bäcker 2: 3,80 € (B 2)

Bäcker 3: 5,80 € (B 3)

Es sind viele Rechnungen auszuführen und mit Rechengeld zu legen. Die Arbeit wird deshalb in Gruppen zu mindes- tens zwei Kindern ausgeführt. Zwei Kinder werden beauftragt, das Geld aus der Klassenkasse an die drei Brötchenkäufergruppen auszuzahlen. Bei der ersten Gruppe reicht das vorhandene Kleingeld noch, um den exakten Betrag auszuhändigen, bei den anderen beiden Gruppen müssen Geldscheine mitgegeben werden. Durch dieses authentische Problem können zum Schluss auch noch das Bezahlen und Rückgeldüberprüfen geübt werden. Selbst geschriebene Sachaufgaben der Schüler zur vorhandenen Tabelle bieten sich als Haus- oder Schulaufgaben ebenso an wie Denksport-Sachaufgaben der folgenden Art:

> Klaus kauft drei verschiedene Brötchen. Welche Beträge könnte er zahlen?

Brötchensorten	Preis pro Stück Bäcker 1	Preis pro Stück Bäcker 2	Preis pro Stück Bäcker 3	Anzahl der Brötchen	Summe ungefähr	Summe genau
normale Brötchen	0,19 €	0,17 €	0,15 €	20	4,00 €	3,00 €-B 3
Körnerbrötchen	0,25 €	0,25 €	0,35 €	4	1,20 €	1,00 €-B 2
Milchbrötchen	0,25 €	0,25 €	0,35 €	7	2,10 €	1,75 €- B 2
Hörnchen	0,30 €	0,25 €	0,20 €	9	1,80 €	1,80 €- B 3
Sesambrötchen	0,30 €	0,25 €	0,20 €	5	1,00 €	1,00 €-B 3
Käsebrötchen	0,40 €	0,35 €	0,50 €	3	1,20 €	1,05 €-B 2
Croissants	0,50 €	0,70 €	0,65 €	2	1,00 €	1,00 €- B 1
Schoko-Croissants	0,50 €	0,70 €	0,65 €	4	2,00 €	2,00 €- B 1
				54		

Klaus hat zwei € zur Verfügung. Von welcher Sorte kann er die meisten, von welcher die wenigsten Brötchen kaufen?

Klaus hat 1,05 € bezahlt und zwei Brötchen im Korb. Welche beiden Sorten hat er (bei Bäcker 2) gekauft?

Im Anschluss an diesen aktuellen Anlass in der Klasse können ebenfalls die Karteikarten der **Kopiervorlage SR 1** im Sachrechenunterricht eingesetzt werden.

Das Freibad öffnet wieder!

In der Regel öffnen im Mai die Freibäder. Die Schüler erhalten deshalb die Hausaufgabe, sowohl die Öffnungszeiten als auch die Eintrittspreise des Bades, das sie gern besuchen, zu notieren oder den Prospekt zu besorgen. In größeren Städten wird es sicherlich mehrere Freibäder geben, sodass sich bereits, ähnlich wie in der Brötchen-einkauf-Situation, Diskussionen im Sachrechenunterricht über die Preisunterschiede und die damit verbundenen Angebote ergeben:

- Was bietet Schwimmbad A? Was muss ich dafür bezahlen?
- Was bietet im Vergleich dazu Schwimmbad B? Was muss ich dafür entrichten?
- Was möchte ich gern wahrnehmen?
- Worauf lege ich, worauf legt die Familie Wert?
- Wofür und auf Grund welcher Kriterien würde ich mich entscheiden?
- Warum wird welche Karte gekauft?

usw.

In kleineren Ortschaften und Städten wird man sich mit nur einem Freibad begnügen müssen und deshalb liegen nur Eintrittspreise von einem Freibad vor.
Eintrittspreise in Bad Entenhausen:

Einzelkarten

Gruppe 1	
Kinder und Jugendliche bis 16 Jahre	1,50 €
Gruppe 2	
Schüler, Studenten, Sozialhilfeempfänger, Wehrpflichtige	2,50 €
Gruppe 3	
Erwachsene	3,00 €
Gruppe 4	
Familien	4,00 €

Zwölfer-Karten

Gruppe 1	15,00 €
Gruppe 2	25,00 €
Gruppe 3	30,00 €

Saison-Karten (Einlass mehrmals am Tag möglich)

Gruppe 1	30,00 €
Gruppe 2	45,00 €
Gruppe 3	70,00 €
Gruppe 4	
Familien mit 1 Kind	100,00 €
Familien mit mehr Kindern	125,00 €
Alleinstehende mit 1 Kind	65,00 €
Alleinstehende mit mehr Kindern	72,00 €

Dieser Lernanlass eignet sich dazu, Preistabellen lesen und die Daten interpretieren zu lernen, denn ein Mathematisierungsprozess ist nur möglich, wenn die Inhalte verstanden sind. Man klärt die darin vorkommenden Begriffe wie Sozialhilfeempfänger, Wehrpflichtige, Familie, Alleinstehende usw., erläutert sie anhand von Beispielen und hinterfragt z. B. die Bedingungen:

- Warum gibt es in den drei Preiskategorien drei Gruppen?
- Warum gibt es für Familien keine Zwölfer-Karten?
- Was unterscheidet eine Saison-Karte von einer Einzel- oder Zwölfer-Karte?
- Vergleiche die Einzelkarte (1,50 €) mit der Zwölfer-Karte (15,00 €)! Fülle die Tabelle aus!

Einzel-karte(n)	1	2	4	8	10	12	
Preis in €	1,50	3,00	6,00	12,00	15,00	18,00	

Mit einer Zwölfer-Karte spart man den Preis für zwei Einzelkarten. Für 45 € kann man bereits drei Zwölfer-Karten kaufen. Bei der Berechnung des Preisvorteils muss allerdings bedacht werden, ob das Kind in der Sommersaison überhaupt allein so viele Schwimmbadbesuche machen wird!

Wenn die Kinder die Prospekte oder die notierten Daten mit in den Unterricht bringen, werden sie sicherlich von ihren eigenen Erlebnissen, Erfahrungen und den familiären Gewohnheiten berichten. Sie erzählen bestimmt auch, wie oft sie bereits im Freibad waren, welche Karte sie bereits gekauft haben oder kaufen möchten. Fingerspitzengefühl muss man bei diesem Thema entwickeln, denn ggf. gibt es Kinder in der Klasse, für die ein Freibadbesuch aus familiären Gründen ein Traum bleibt, oder für die der Erwerb einer Saison-Karte aus finanziellen Gründen nie in Frage kommt, weil schon der Preis für eine Einzelkarte nicht aufgebracht werden kann. Deshalb ist es ratsam, an solchen Stellen von der Ich-Betroffenheit abzuweichen und von konstruierten Situationen auszugehen. Ideal wäre es, wenn die Möglichkeit bestünde, mit der Klasse gemeinsam einen Ausflug ins Freibad zu organisieren. Dann könnte festgestellt werden, wie viele bzw. welche Karten bereits in der Klasse vorhanden sind und von welcher Sorte noch Eintrittskarten dazugekauft werden müssten. Da dieser Idealfall jedoch nur in wenigen Fällen gegeben ist, wird die Situation gemeinsam mit den Schülern unter Berücksichtigung der in der Klasse vorhandenen Gegebenheiten konstruiert:

> Wir (Klasse 3b mit 26 Kindern) würden gern mit unserer Lehrerin ins Freibad fahren. Wir haben uns die Eintrittspreise besorgt und überlegen gemeinsam, welche Eintrittskarten wir noch hinzukaufen, denn fünf Kinder können auf eine Familienkarte zurückgreifen und vier Kinder besitzen bereits je eine Zwölfer-Karte.

Die Schüler können diese Aufgabe in Gruppen lösen.

Im Anschluss daran können von der Lehrerin gestellte bzw. von den Schülern selbst geschriebene Sachaufgaben mit Bezug zur Preistafel gelöst werden. Die Aufgaben zielen nicht zwingend auf eine rechnerisch zu ermittelnde Lösung, sondern in erster Linie auf Überlegen und Abwägen ab. Auch Kapitänsaufgaben können dabei sein.

Beispiele dazu:

1. Jenny und Maren aus der Klasse 3b bleiben in den Sommerferien in diesem Jahr zu Hause. Sie haben sich vorgenommen, bei schönem Wetter jeden Tag ins Freibad zu gehen. Welche Eintrittskarten sollen sie sich kaufen? Was rätst du ihnen?

2. Jenny und Maren fahren ins Freibad. Sie kaufen sich je eine Einzelkarte zu 1,50 €. Wie viel muss jedes Mädchen bezahlen?

3. Die Freibadkasse öffnete soeben. Jenny stand mit ihrer Mutter in der Warteschlange. Vor ihr kaufte eine Familie mit vier Kindern eine Saisonkarte, ein Bundeswehrsoldat eine Zwölfer-Karte und ein Kind eine Einzelkarte. Wie viel Geld hatte die Kassiererin an diesem Morgen bisher eingenommen?

4. Jennys Mutter wollte für die Familie mit einem Kind ebenfalls eine Saisonkarte kaufen. Sie hatte einen 200-Euro-Schein dabei. Ob die Kassiererin schon genügend Wechselgeld in der Kasse hatte?

5. Ab wie viel Freibadbesuchen spart Maren Geld, wenn sie sich statt Einzelkarten eine Zwölfer-Karte kauft?

6. Die Kassiererin hat am Montagnachmittag in einer Stunde nur Karten an Kinder verkauft. Sie hat 300 € eingenommen. Wie viele Saisonkarten, Zwölfer-Karten und Einzelkarten hat sie verkauft? Kombiniere! Es gibt mehrere Möglichkeiten.

7. Klaus sagt zu dir: „Wenn meine Mutter und ich jeder für sich eine Karte gekauft hätte, hätten wir zusammen 100 € bezahlt. Weil wir uns zusammen eine Karte derselben Preisklasse gekauft haben, haben wir 35 € gespart.“ Findest du heraus, welche Karte sie sich gemeinsam gekauft haben?

8. Wie oft muss Maren das Freibad besuchen, damit es sich sogar für sie lohnt, eine Saisonkarte statt mehrerer Zwölfer-Karten zu kaufen? Lege eine Tabelle an und versuche, dir Rechenvorteile zu Nutze zu machen.

Besuche	Einzelpreis	Zwölfer-Karte	Saisonkarte
1	1,50 €		
2	3,00 €		
4	6,00 €		
8	12,00 €		
10	15,00 €		
12	18,00 €	15,00 €	
14	21,00 €		
16	24,00 €		
18	27,00 €		
20	30,00 €		
22	33,00 €		
24	36,00 €	30,00 €	30,00 €
26	39,00 €		
28	42,00 €		

4.4 Sachrechnen mit Längen

Im 2. Schuljahr wurden eigene Körpermaße der Schüler zur Entwicklung einer Größenvorstellung herangezogen. Der Meterstab wurde in 100 Zentimeter eingeteilt. Genaues Messen und Zeichnen mit dem Lineal wurden geübt. An diese Vorerfahrungen wird angeknüpft. Im 3. Schuljahr kommen die Einheiten Kilometer, Dezimeter und Millimeter hinzu. Bei allen Längeneinheiten wird wiederum Wert darauf gelegt, dass den Schülern Vergleichsgrößen als Vorstellungshilfen vermittelt werden. Erfahrungsgemäß entwickeln sich diese Vorstellungsbilder gut, wenn Vergeichsgrößen, die die Schüler selbst betreffen oder die im Umfeld der Kinder anzutreffen sind, herangezogen werden. Sehr hilfreich ist es auch, wenn die ermittelten Längen durch Aneinanderlegen von Meterstäben und Linealen, durch Aufkleben eines entsprechend langen Klebebandes auf dem Fußboden oder durch Kreidemarkierungen auf dem Schulhof dargestellt werden.

4.4.1 Inhaltliche Schwerpunkte bei der Entwicklung von Größenvorstellungen

Beziehung zwischen Meter und Kilometer

Beim Kennenlernen der Einheit km wird eine Vorstellung der Beziehung „1 000 m entsprechen 1 km" hergeleitet durch Aufgaben der folgenden Art:

- Wegstrecken abschreiten, abfahren (Fahrradtachometer beobachten)
- Entfernungen schätzen
- kleinere Entfernungen zu großen in Beziehung setzen:
  - Wie lang ist der Weg von der Schule zur Kirche?
  - Wie lang ist dein Schulweg?
  - Wie viele Schritte benötigst du für 50 m, 100 m, 200 m, 500 m , 1 000 m?
  - Bei den Bundesjugendspielen läufst du 50 m. Wie lang ist die gesamte Laufbahn?
- in Metern angegebene Längen bis zu 1 km ergänzen,
- in Metern angegebene Längen von 1 km subtrahieren:
  - Ergänze immer auf 1 km: 870 m (870 m + 130 m = 1 km) …
  - Subtrahiere immer die angegebenen Meter von 1 km: 1 km - 280 m = 720 m

Zusammen 1 km	
280 m	720 m
740 m	260 m
310 m	690 m

- Längen in Kilometer- und Meterangaben als Vorbereitung auf die Kommaschreibweise in eine Stellentafel eintragen
- Trage in die Stellentafel ein und übertrage in m:

1 km	100 m	10 m	1 m
4	0	2	3

4 km 23 m = 4 023 m

Entfernungen

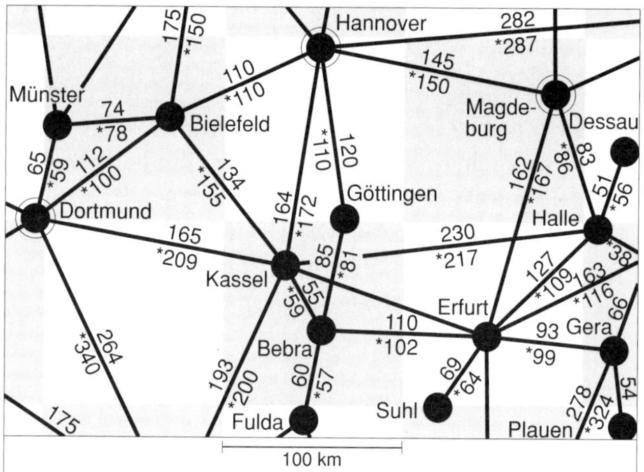

*Bahnkilometer nach Deutscher Bahn
Zahlen über Linie = Straßenkilometer unter Bevorzugung der Autobahn

Auf einem Kartenausschnitt können Entfernungen gut abgelesen werden. Die kleine Karte hat den Vorteil, dass sie in 6 übersichtliche Planquadrate eingeteilt ist, deren Höhe und Breite je 100 km und deren Diagonale etwa 140 km entsprechen. Sowohl Bahn- als Autobahnkilometer können abgelesen und miteinander verglichen werden. Wählt man z. B. Hannover als Ausgangspunkt, so bieten sich u. a. folgende Fragen an:

- Wie viele Kilometer sind es von Hannover bis Magdeburg (145 km), bis Dortmund (222 km), bis Göttingen (120 km), bis Kassel (164 km)?
- Du fährst 120 km nach Süden. In welcher Stadt bist du? (In Göttingen)
- Du startest in Hannover und fährst jeweils südwestlich 222 km (A), südöstlich 228 km (B) und südlich 265 km (C). In welchen Städten kommst du an? (A = Dortmund, B = Halle, C = Fulda)
- Du fährst von Hannover über Magdeburg nach Halle. Wie weit ist das mit dem Auto, wie weit mit der Bahn? (Auto 228 km, Bahn 236 km) Wie viele km sind es hin und zurück?

Entfernungstabelle: Entfernungen von Hannover nach ...

Städte	Straßenkilometer		Bahnkilometer	
	hin	hin und zurück	hin	hin und zurück
Münster	184 km		210 km	
Bebra	205 km			382 km
Halle		456 km	236 km	
		220 km		220 km

Fülle die Tabelle mithilfe des Kartenausschnitts aus.

Beziehung zwischen Meter und Zentimeter

Die Beziehung Meter – Zentimeter wurde im 2. Schuljahr sehr intensiv nach der klassischen Stufenfolge erarbeitet mit dem Ziel, sichere Größenvorstellungen zu entwickeln. Im 3. Schuljahr sind darauf aufbauend folgende Übungsformen angebracht:

- Ordne nach der Größe:
  180 cm, 50 cm, 18 cm, 4 m, 1 m 50 cm, ...
- Welche Längen gehören zusammen?
  6 m 5 cm, 65 cm, 8 m, 800 cm, 605 cm, 8 cm, ...
- Schreibe in einer anderen Schreibweise.

Länge in cm	gemischte Schreibweise	Kommaschreibweise
310 cm	3 m 10 cm	3,10 m
400 cm	4 m 0 cm	4,00 m
705 cm	7 m 5 cm	7,05 m
32 cm	0 m 32 cm	0,32 m

- Vergleiche die Längen miteinander und setze die Zeichen <, > oder = ein.
  ($\frac{1}{2}$m = 50 cm, $\frac{1}{4}$ m = 25 cm, $\frac{3}{4}$ m = 75 cm)
  130 cm □ 1 m 3 cm
  130 cm □ 1 m 30 cm
  70 cm □ $\frac{1}{4}$ m
  0,75 m □ $\frac{3}{4}$ m
- Schreibe mit Komma.
  Die Kommaschreibweise kann aufgefasst werden als verkürzte Schreibweise für Längenangaben mit Doppelbezeichnung: 2 m 36 cm = 2,36 m. Das Komma trennt Meter von Zentimetern. Die Sprechweisen lauten analog zum Geld:
  2,36 m: 2 Meter 36 Zentimeter,
  2 Meter sechsunddreißig,
  zwei sechsunddreißig,
  zwei Komma drei sechs Meter.
- Berechne den Unterschied.
  - zwischen 3,55 m (3 m 55 cm) und 3,80 m (3 m 80 cm),
  - zwischen 2,75 m (275 cm) und 4,25 m (425 cm).

Beziehung zwischen Dezimeter und Zentimeter/ Beziehung zwischen Meter und Dezimeter

Im Umgang mit der Einheit dm kann die Beziehung 10 cm = 1 dm z. B. anhand des orangefarbenen Zehners der Cuisenairestäbe erarbeitet werden. Zehn Einer mit je 1 cm Kantenklänge ergeben einen Zehner mit 10 cm bzw. 1 dm Kantenlänge. Als Vorstellungshilfe für diese Einheit wird die Fingerspanne/Handspanne herangezogen und mit der Länge des Zehnerstabes verglichen. Mithilfe dieser Messinstrumente werden Gegenstände gesucht, die 1 dm lang sind: Locher, Mini-Buntstift, Seifenstück, Musikkassette o. Ä.

Weitere Anregungen und Beispiele:

- Gegenstände mit der Fingerspanne, den orangefarbenen Cuisenairestäben oder selbst hergestellten Dezimeterstreifen ausmessen und mit dem Lineal nachmessen (Schulheftbreite DIN A4 entspricht etwa zwei Handspannen oder 2 dm 1 cm = 21 cm)
- Nach Vorgabe in Dezimeter oder in Dezimeter und Zentimeter Strecken zeichnen
  - Zeichne eine Strecke von 1 dm 3 cm, 1 dm 5 cm, 2 dm, 7 dm, 15 dm, 20 dm Länge. Welche Strecken kannst du in dein Heft zeichnen? Welche musst du an die Tafel zeichnen?
- Strecken nachmessen und die Längen in zwei Schreibweisen angeben: 1 dm 2 cm = 12 cm
- Längenangaben in Zentimeter verwandeln und in Kommaschreibweise angeben
  3 dm = 30 cm = 3,0 dm
  2 dm 6 cm = 26 cm = 2,6 dm
  24 cm = 2 dm 4 cm = 2,4 dm
- Längenangaben in Dezimeter und Zentimeter oder gemischte Angaben in Meter umwandeln und umgekehrt
  5 dm = 50 cm = 0,50 m
  5 dm 4 cm = 54 cm = 0,54 m
  0,45 m = 45 cm = 4 dm 5 cm
  5 m = 500 cm = 50 dm
- Längen miteinander vergleichen (< oder = oder >)
  120 cm □ 1 dm 2 cm
  120 cm □ 12 dm
  120 cm □ 1 m 20 cm
  120 cm □ 1 m 2 cm
  120 cm □ 1,20 m
- Längenangaben in eine Stellentafel eintragen

m	dm	cm	gemischte Schreibweise	Kommaschreibweise
4	3	2	4 m 3 dm 2 cm 4 m 32 cm	4,32 m
	2	5	0 m 2 dm 5 cm 0 m 25 cm	0,25 m

Durch das Entwickeln von Vorstellungsbildern mittels Standardrepräsentanten und durch Unterstützung der Stellentafel werden die Beziehungen herausgearbeitet:

100 cm = 1,00 m ↔ 10 cm = 0,10 m ↔ 1 cm = 0,01 m
10 dm = 1,00 m
1 dm = 10 cm

Für lernschwache Kinder ist die Einheit dm oft eine Erschwernis. Hinzu kommt, dass im täglichen Gebrauch dm so gut wie gar nicht vorkommen. Sie sind aus schulischer Sicht ein Zwischenschritt zum Umwandeln, der die „Mal-zehn-Strategie“ absichert, die in der alltäglichen Umrechnung gar nicht bewusst ist. Deswegen erscheint es ratsam, beim Umwandeln mit dm den Zwischenschritt über cm zu machen.

Beziehung zwischen Zentimeter und Millimeter

Die Schüler haben bisher als kleinste Einheit den Zentimeter kennen gelernt. Wenn sie jetzt den Auftrag erhalten, z. B. ihre Füllerspitze oder die Breite einer Büroklammer auszumessen, werden sie feststellen, dass die Einheit zum Ausmessen nicht mehr ausreicht. Es ist notwendig, die Maßeinheit zu verfeinern. Die Einheit Millimeter wird über ihre Beziehung zu der Einheit Zentimeter (1 cm entspricht 10 mm) hergeleitet. Aufgabenstellungen der folgenden Art dienen der Entwicklung von Größenvorstellungen:

- Kleine Gegenstände wie Postkarte, Briefumschlag, Radiergummi, Schulheft, Füllerspitze, Büroklammer, Anspitzer genau mit dem Lineal ausmessen
- Längen von Gegenständen miteinander vergleichen und ggf. die Unterschiede in Millimetern angeben (Postkartenlänge 148 mm, Briefumschlaglänge 176 mm, Unterschied 28 mm)
- Strecken zeichnen nach gemischten bzw. ausschließlich in Millimetern angegebenen Längenangaben
  - Zeichne Strecken, die 4 cm 5 mm oder 25 mm lang sind. (Millimeterpapier eignet sich an dieser Stelle recht gut, weil die Kinder zu genauem Zeichnen mit einem gut angespitzten Bleistift angehalten werden können.)
- Längenangaben in die nächst kleinere oder nächst größere umwandeln,
  15 cm 4 mm = 154 mm
  106 mm = 10 cm 6 mm
  9 cm = 90 mm
  85 mm = 8 cm 5 mm
- Längenangaben in die Stellentafel eintragen

cm	mm	Schreibweisen		
0	5	0 cm 5 mm	5 mm	0,5 cm
4	7	4 cm 7 mm	47 mm	4,7 cm
3	2	3 cm 2 mm	32 mm	3,2 cm

- Längenangaben mit Komma schreiben
  36 mm = 3,6 cm
  2 cm 4 mm = 2,4 cm
  Das Komma trennt Zentimeter von Millimeter. Man sagt „3 Komma 6 Zentimeter" oder „3 Zentimeter 6 Millimeter." Bei den Brüchen beschränkt man sich in der Regel praxisnah auf $\frac{1}{2}$ cm, also 25 mm = 2,5 cm = $2\frac{1}{2}$ cm.

4.4.2 Längen in Sachsituationen

Auch im 3. Schuljahr bleibt beim Umgang mit Längen als vorrangiges Ziel die Entwicklung von Größenvorstellungen bestehen. Diese lassen sich aus sachlichen Zusammenhängen gut ableiten. Deshalb werden nun Vorhaben beschrieben, in denen die zuvor genannten Schwerpunkte bei der Arbeit mit Längen im Sachrechenunterricht berücksichtigt werden.

Bundesjugendspiele – ein Unterrichtsbeispiel

Bei dem Lernanlass „Bundesjugendspiele" stehen vornehmlich die Längeneinheiten Meter, Dezimeter und Zentimeter (sowie die Zeiteinheit Sekunde) im Mittelpunkt. Viele der hierzu im Abschnitt 4.4.1 beschriebenen Übungen im Umgang mit den genannten Größen lassen sich in diesem Zusammenhang handlungsorientiert üben.

Bereits vor den Wettkämpfen füllen die Kinder den Kopf ihrer Wettkampfkarten mit ihren spezifischen Daten wie Name, Klasse, Jahrgang usw. aus. An dieser Stelle bietet es sich bereits an, Ausschnitte der Karten genauer zu betrachten, damit die Schüler ein Verständnis dafür entwickeln, wie ihre Leistungen, die sie am Wettkampftag erbringen, bewertet werden.

1,39	1,41	[illegible]	1,45	1,47	1,49	**1,51**	1,53	1,55	1,57	1,59	1,61	1,63	1,65	1,67	Weitsprung
52	56	60	65	69	74	**78**	82	86	91	95	99	103	107	111	
1,89	1,91	1,93	1,95	1,97	[illegible]	**2,01**	2,03	2,05	2,07	2,09	2,11	2,13	2,15	2,17	
155	158	162	[illegible]	170	[illegible]	**177**	181	185	188	192	196	199	205	210	
2,39	2,41	2,43	2,45	2,47	2,49	**2,51**	2,53	2,55	2,57	2,59	2,61	2,63	2,65	2,67	
268	273	279	284	289	294	**299**	304	309	314	319	324	329	334	339	
2,89	2,91	2,93	2,95	2,97	2,99	**3,01**	3,03	3,05	3,07	3,09	3,11	3,13	3,15	3,17	
392	396	401	408	414	420	**427**	433	439	445	451	458	464	470	476	
3,39	3,41	3,43	3,45	3,47	3,49	**3,51**	3,53	3,55	3,57	3,59	3,61	3,63	3,65	3,67	
542	548	554	560	566	571	**577**	583	589	595	600	603	609	614	620	
3,89	3,91	3,93	3,95	3,97	3,99	**4,01**	4,03	4,05	4,07	4,09	4,11	4,13	4,15	4,17	
682	688	693	699	704	710	**716**	721	727	732	737	743	748	754	759	
4,39	4,41	4,43	4,45	4,47	4,49	**4,51**	4,53	4,55	4,57	4,59	4,61	4,63	4,65	4,67	
817	822	828	833	838	843	**848**	854	859	864	869	874	879	884	889	

Die Karte ist so aufgebaut, dass die Weitsprungleistungen im Abstand von 2-cm-Intervallen mit ihrer entsprechenden Punktebewertung aufgelistet sind. Die Punktintervalle schwanken zwischen einem Zuwachs von 4 bis 6 Punkten. Auffällig ist, dass Mädchen und Jungen unterschiedlich bewertet werden, d. h. von geschlechtsspezifischem Leistungsvermögen ausgegangen wird. Gründe dafür werden in Unterrichtsgesprächen genannt. Die Schüler schätzen vorab, wie weit sie wohl springen werden. Die geschätzten Angaben werden an einem Maßband, das in der Klasse ausgelegt ist, gezeigt und notiert, damit sie im Nachhinein mit den tatsächlich erbrachten Sprungweiten verglichen werden können. Der Zusammenhang zwischen den Weitsprungleistungen und der Punktbewertung wird anhand des Wettkampfkartenausschnitts an vielen Beispielen erläutert. Wenn Stephan z. B. 2,50 m springt, bekommt er 297 Punkte, wenn er 2,45 m springt bekommt er 284 Punkte. Die Schüler stellen mithilfe der auf den Wettkampfkarten vorgegebenen Skala Zuordnungstabellen her. Weil nicht für jede Weite eine Punktzuordnung angegeben ist, müssen die Schüler interpolieren und aus der

Differenz zwischen zwei Punktwerten etwa die Hälfte der Differenz ermitteln, z. B. 2,41 m ↔ 273 P, 2,43 m ↔ 279 P, d. h. 2,42 m ↔ 276 P.

Sprungweite	Punkte
2,89 m	392
2,90 m	394
2,91 m	396

Am Wettkampftag übernehmen die Wettkampfrichter, in diesem Fall Eltern und Lehrer, das Eintragen der erbrachten Weiten. Das Ermitteln der Bestleistung, das Übertragen dieser Leistungen in Punkte, sowie das Addieren der Gesamtpunktzahl wird auf die Schülerinnen übertragen. Diese Aufgabe wird im Sachrechenunterricht mit Unterstützung der Lehrerin ausgeführt. Nachdem jede Schülerin ihre Punkte übertragen und ihre Gesamtpunktzahl addiert hat, kontrolliert sie diese mit dem Taschenrechner. Tischnachbarn und Lehrkraft sind weitere Prüfinstanzen.

Im weiteren Unterrichtsverlauf bietet sich die Fortsetzung der Arbeit mit den Wettkampfkarten unter der Fragestellung an „Wie viele Sieger haben wir in der Klasse?" Die Kinder sind sicherlich an den Ergebnissen interessiert. Die Wettkampfkarten werden mit Magneten an den Wandtafeln fixiert. Die Projektarbeit kann beginnen. Mit der schulinternen Druckerei werden als erstes Siegertreppen wie bei einer Olympiade gedruckt und die Erst-, Zweit- und Drittplatzierten getrennt nach Geschlecht und drei durchgeführten Disziplinen auf die Siegertreppen geschrieben. Dabei müssen die Schüler die Angaben nach der Größe ordnen. Es ist auch möglich, die Differenzen zwischen Erst-, Zweit- und Drittplatzierten zu berechnen und in andere Einheiten umwandeln zu lassen.

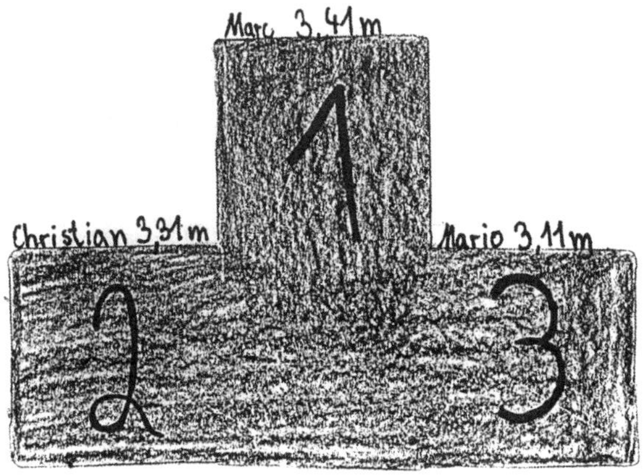

In einem nächsten Schritt sollen die Kinder eine Transferleistung erbringen und ihr Siegertreppen-Modell in eine vorgegebene tabellarische Übersicht übertragen. Dabei lernen sie nicht nur, Längenangaben der Größe nach zu ordnen, sondern sie müssen bei den unterschiedlichen Disziplinen ebenso darauf achten, die richtigen Maßeinheiten (m oder s) zu wählen.

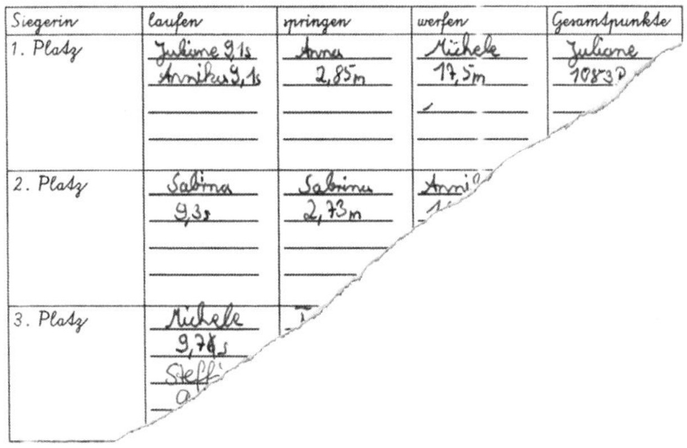

Daten übersichtlich darzustellen ist ein wichtiges Lernziel im Rahmen des Sachrechenunterrichts im 3. Schuljahr. Die Ergebnisse werden anhand der Tabelle im Unterrichtsgespräch interpretiert. Man stellt überrascht fest, dass es nicht nur drei Kinder sind, die um die ersten drei Plätze „gekämpft" haben. Bei der differenzierten Betrachtungsweise nach Disziplinen und Geschlecht erhöht sich die Anzahl der Sieger auf fünf Jungen und sieben Mädchen. Beim Lesen der Übersicht machen die Kinder weitere Entdeckungen. Ein Schüler bemerkt z. B., dass Juliane insgesamt die meisten Punkte bekommen hat, obwohl sie nur einen 1. und einen 3. Platz, Annika hingegen einen 1. und einen 2. Platz bekleidet und beide gleich schnell gelaufen sind. Wie kommt das? Anhand der Wettkampfkarten lässt sich nachvollziehen, dass Juliane in der Weitsprungdisziplin, in der beide keine ersten Plätze belegen, wesentlich mehr Punkte bekommen hat als Annika.

Eine weitere Darstellungsform wird im Unterricht eingesetzt. Die Leistungen werden getrennt nach Geschlecht und Disziplinen in ein Säulendiagramm übertragen. Die

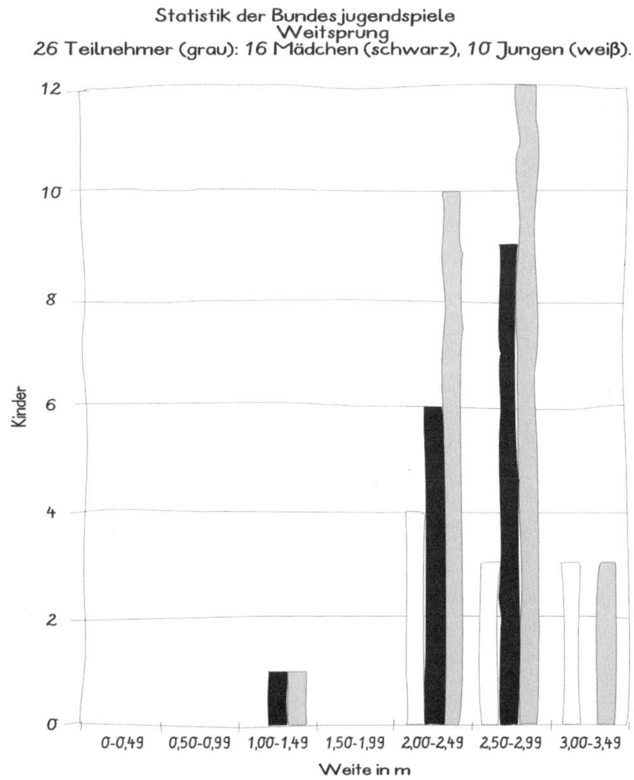

Schüler wählen eine Disziplin bzw. die Punktezahl aus und erstellen Diagramme. Es wird bewusst eine Skalierung von ... bis ... gewählt, damit die Kinder die Weiten den vorgegebenen Intervallen zuordnen müssen, d. h. z. B. die Sprungweite von 3,41 m dem Intervall „3,00 m bis 3,49 m."

Unterrichtserfahrungen zeigen, dass die Schüler dieser Altersstufe sehr gern statistische Erhebungen in Form von Diagrammen erstellen, offenbar weil das so „wissenschaftlich aussieht."

Zuletzt können die Schüler anhand der vorliegenden Punktetabellen ermitteln, welche Kinder der Klasse eine Urkunde bekommen. Für die Altersstufe 10 Jahre gibt es z. B. für Jungen ab 1 150 Punkten eine Siegerurkunde und ab 1 600 Punkten eine Ehrenurkunde. Dazu müssen die Schüler als erstes auf der Wettkampfkarte die Punkte für ihre beste Leistung ablesen, diese danach notieren und anschließend überschlägig bzw. genau addieren, um ihre Gesamtpunkte zu ermitteln. Damit wird sowohl das Ordnen von Größen als auch überschlägiges bzw. genaues Addieren von drei Zahlen im Tausenderraum geübt. Stephans Rechnung dazu als Beispiel:

Disziplin	Bestleistung	Punkte	Überschlag
Weitsprung	2,41 m	273	270 Pkt.
Schlagball	10,5 m	80	80 Pkt.
50-m-Lauf	10,6 s	236	240 Pkt.
insgesamt		589	590 Pkt

Wenn man die eigenen erreichten Leistungen in Beziehung bringt zu Rekorden, hat man zum einen eine interessante Aufgabenstellung und zum andern tragen die Vergleiche zur Bildung von Größenvorstellungen bei. Im Folgenden wird deshalb die Schülerleistung mit weiteren Weitsprungleistungen verglichen.

Stephan ist z. B. 2,41 m weit gesprungen. Weltrekordinhaber Mike Powell/USA ist 8,95 m weit gesprungen. Mit dem Maßband werden beide Weiten dargestellt. Der Unterschied wird berechnet. Es wird festgestellt, dass Mike Powell fast viermal so weit gesprungen ist wie Stephan. Stephan ist 1,40 m groß, Mike Powell ist aber sicherlich nicht viermal so groß wie Stephan. Aber vielleicht ist das Verhältnis seiner Beinlänge zur übrigen Rumpflänge anders als bei Stephan, sodass Powells Sprungkraft gewaltiger ist. Den Zusammenhang zwischen Körper- und Beinlänge in Relation zur Sprungkraft beleuchtet Erichson (1992) am Beispiel des europäischen Springfrosches. „Der europäische Springfrosch ... kann aus dem Stand 2 m springen. Das ist das 25-fache seiner Körperlänge (Kopf und Rumpf)." (Erichson 1992, S. 14). Das liegt daran, dass seine Beine doppelt so lang sind wie sein Körper: Länge des Froschkörpers 8 cm, Länge der Froschbeine 16 cm.
Erichson überträgt die Bedingungen auf den Menschen und stellt kuriose Vergleiche an. Damit die Schüler die Kuriosität dieser Vergleiche begreifen, erhalten sie im Sachrechenunterricht die Aufgabe, die Größenverhältnisse des Springfrosches auf ihre eigenen Körpermaße zu übertragen. Als Hilfe für ihre Berechnungen wird ihnen eine Tabelle angeboten. Verschiedene Schreibweisen werden gleichzeitig geübt.

Stephans kuriose Berechnung

Körperlänge (Rumpf und Kopf)	errechnete Beinlänge	errechnete (fiktive) Sprungweite	echte Sprungweite
63 cm	126 cm	1575 cm	241 cm
0,63 m	1,26 m	15,75 m	2,41 m
0 m 63 cm	1 m 26 cm	15 m 75 cm	2 m 41 cm

Stephans Körperlänge (Rumpf und Kopf) beträgt 63 cm. Wenn man die Bedingungen des Springfrosches zugrunde legt, müßten Stephans Beine 2-mal so lang wie sein Körper, also 1,26 m lang sein. Stephan ist aber insgesamt nur 1,32 m groß. Als Frosch könnte Stephan dann offenbar 15,75 m (25-mal die eigene Körperlänge von 63 cm) weit springen. Dann könnte Stephan 6-mal so weit springen wie in Wirklichkeit. Das wäre einmal über den ganzen Schulhof: ein verrückter Rekord! Wenn man an dieser Stelle noch einmal die Sprungweite des Weltrekordinhabers (8,95 m) als Vergleichsgröße hinzuzieht, wird deutlich, welche hervorragende Leistung Mike Powell vollbringt, denn er kann (theoretisch) den halben Schulhof überspringen.

Kirschkernweitspucken

Im Guinness-Buch der Rekorde 1998 (S. 50) ist folgender Spaßrekord zu finden:

> „Mit einem Kirschkern kam Horst Ortmann aus Langenthal, Hessen (D), am 27. August 1994 auf die Rekordweite von 28,98 m."

Es stellt sicherlich einen Anreiz dar, diesen Rekord von 28,98 m zu brechen. Von Vorteil ist, dass die Messübungen und der Vergleich mit dem Rekordmaß parallel einhergehen mit tatsächlichem Tun. Die Länge der Rekordweite wird mit Kreide auf dem Schulhof abgetragen, sodass die Unterschiede der von den Schülern erreichten „Spuckweiten" zum Rekordmaß jederzeit zu sehen sind. Die Disziplin kann im Wettstreit mit einem Partner oder auch als Mannschaftskampf durchgeführt werden. Im Wettstreit mit einem Partner werden die beiden erreichten Weiten jeweils miteinander verglichen, der Unterschied wird bestimmt, Umwandlungsübungen in Nachbareinheiten werden vorgenommen. Beim Mannschaftswettkampf wird darüber hinaus als Vergleichsgröße das Rekordmaß (ca. 29 m) herangezogen.

Dazu wird die folgende Liste geführt:

Kirschkernweitspuck-Wettbewerb

Name	Versuch	Weite	Andere Schreibweisen	Unterschied zum Rekord (fast 29 m)
Björn	1.	2 m 30 cm	2,30 m 230 cm	etwa 27 m
	2.			

Mit den Daten der ausgefüllten Liste werden weitere Übungen durchgeführt: Ergänze jeweils auf 5 m. Wie viel m fehlen bis 10 m? Verdoppele die Weite ... Die Kinder üben mit Maßen, zu denen sie eine Beziehung haben. Deshalb sind sie auch in ihrer Vorstellung präsent. Übungen dieser Art, in denen Längen und Maßeinheiten aus der erlebten Umwelt der Kinder im Mittelpunkt der Berechnungen stehen, sind im Hinblick auf das Ziel der Entwicklung von Größenvorstellungen von besonderer Bedeutung.

200 Meter langes „Fruchtsaft-Eis" auf der Autobahn

Mit den Informationen , die ein kleiner Zeitungsausschnitt enthält, soll ein Beitrag zur Entwicklung von Größenvorstellungen bei Kindern geleistet werden. Die Schüler müssen diesen Text sinnentnehmend lesen und die zur Überschrift passenden Informationen herausfiltern. Was war passiert? Wie konnte man wohl den Schaden beheben? Sie sollen Vergleichsgrößen für 200 m angeben, um sich vorstellen zu können, wie groß das Fruchtsaft-Eis auf der Autobahn war.

200 Meter langes „Fruchtsaft-Eis"

ECHTE (pid) Ein 200 m langes Eis aus Fruchtsaft hat für mehrere Stunden den Verkehr auf der Autobahn 7 im Landkreis Northeim behindert.
Der Grund: Bei einem Auffahrunfall zwischen den Anschlussstellen Northeim-Nord und Echte, an dem zwei Lastwagen beteiligt waren, rutschten gegen 4.30 Uhr rund 150 Kisten mit zusammen 900 Litern Fruchtsaft von der Ladefläche eines Transporters. Dabei gingen nahezu sämtliche Flaschen zu Bruch.
Der fruchtige Inhalt verteilte sich über eine Länge von 200 m auf der Autobahn und gefror wegen der niedrigen Temperaturen von 12,5 Grad unter Null innerhalb kürzester Zeit zu Fruchtsaft-Eis. Da sich die Straße in eine spiegelglatte Fahrbahn verwandelte, wurde die A 7 Richtung Norden für knapp zwei Stunden voll gesperrt.

Im Unterricht kann man ähnlich vorgehen wie bei den Weitsprungangaben. Es bietet sich an, die angegebene Länge vor der Schule abzuschreiten oder schätzen zu lassen, sie mit dem Maßband abzumessen und aufzeichnen zu lassen. Eine reizvolle Frage in diesem Zusammenhang: Wie viele echte Fruchteise am Stiel könnte man auf einer Länge von 200 m hintereinander legen? Ein Eisstiel ist etwa 1 dm lang. Mithilfe der orangefarbenen Cuisenaire-Stäbe (1dm Länge) kann das ausprobiert werden.

Anzahl der Fruchteise	Länge in dm	Länge in m	bis 200 m fehlen
1	1 dm	0,10 m	199,90 m
5	5 dm	0,50 m	199,50 m
10	10 dm	1,00 m	199,00 m
20	20 dm	2,00 m	198,00 m

Die Phase des konkreten Ausprobierens wird abgebrochen, wenn die Schüler erkannt haben, dass 200 m = 2 000 dm entsprechen, und damit bestimmen können, dass 2 000 echte Fruchteise am Stiel auf einer Länge von 200 m hintereinandergelegt werden könnten.

Mein Schulweg

Marc behauptet: „Wenn ich meinen täglichen Schulweg innerhalb des 3. Schuljahrs zusammenrechne, laufe ich von Gittelde nach Hamburg." Ist das möglich?

Um die Behauptung zu überprüfen, muss man wissen, wie lang die Strecke von Gittelde nach Hamburg und wie lang Marcs Schulweg ist.

Beides wird zu diesem Zeitpunkt noch nicht verraten, weil der Spannungsbogen erhalten bleiben soll. (Vielleicht erkundigen sich die Schüler zu Hause nach der Länge des Weges.) Stattdessen wird die Strecke von 1 km Länge in den Mittelpunkt des Unterrichtsgeschehens gerückt.
Die Kinder sollen eine Vorstellung von der Längeneinheit 1 km (= 1 000 m) durch das tatsächliche „Abgehen" einer 1-km-langen Strecke erwerben. Es erweist sich als günstig, die Varianten des Ausmessens einer solchen Strecke aus Gründen der Verkehrssicherheit unter Aufsicht der Lehrerin durchzuführen. Folgende Vereinbarungen werden getroffen:

- Zum Abmessen wird ein Messrad benutzt, das nach Abrollen eines Meters gut hörbar knackt. Nach jeweils 100 m wird eine Markierung auf die Straße gemacht.
- Eine Schülergruppe führt ein Strichlistenprotokoll und zählt die zurückgelegten Meter.
- Eine Kontrollgruppe zählt ihre zurückgelegten Schritte und notiert deren Anzahl nach jeweils 100 m.
- Nachdem 1 km zurückgelegt wurde, wird die zurückgelegte Wegstrecke beschrieben:
  - Wir sind 1 000 m gegangen.
  - Wir haben 10-mal 100 m markiert.
  - Das Messrad hat 1000-mal geknackt.
  - Wir haben 200 Fünferblöcke bei den Strichlisten stehen.
  - Wir haben 1 852 Schritte gezählt.

Beim Rückweg wird die Zeit gemessen. Darüber hinaus können ebenso Fotos von markanten Objekten auf dem Weg gemacht und an einem 1 000er-Zahlenstrahl, der das Kilometerprotokoll symbolisieren soll, auf dem Schulflur befestigt werden. Bei den Kindern soll ein Bild von dem abgegangenen Kilometer entstehen.

Es wäre mit zu viel organisatorischem Aufwand (Aufsicht, mehrere Messräder ...) verbunden, auch die Schulwege der Kinder auf ähnliche Weise bestimmen zu wollen. Nachdem eine Wegstrecke von 1 km Länge exemplarisch abgegangen wurde, erhalten die Schüler über zwei Tage hinweg als Hausaufgabe, die Zeitdauer ihres Schulweges mehrfach mit der Uhr zu messen. Desweiteren sollen sie die Länge ihres Schulweges mithilfe des Fahrradtachos bestimmen und von einem Startort ihrer Wahl, evtl. Wohnhaus oder Schule, mit dem Fahrrad 1-km-lange Wegstrecken ermitteln und notieren, z. B.: 1 km lang ist der Weg von der Schule zu Bäcker Eicke. Diese Standardrepräsentanten für 1km werden auf große Pappen übertragen und in der Klasse sichtbar aufgehängt. Kinder, die den Schulbus benutzen, messen ihren Schulweg bis zur Bushaltestelle. Die Länge der Strecke, die sie mit dem Schulbus zurücklegen, können sie auf dem Bustachometer ablesen.

Die Fuß-Schulweglängen werden im Unterricht auf einem Zahlenstrahl abgetragen. Die Namen der Kinder werden dazu geschrieben. Die Zeitdauer des Fußwegs wird ebenso übertragen.

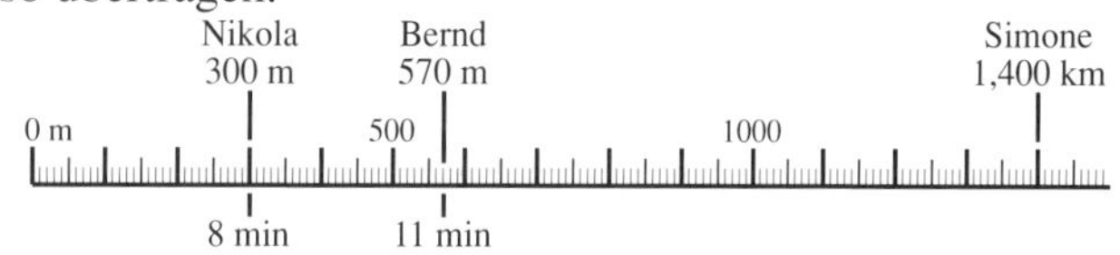

Mögliche Darstellung:

Es ist sicher möglich, aus der entstandenen klassenspezifischen Übersicht allgemein gültige Faustregeln zu entwickeln: Ein Schulkind benötigt für einen $\frac{1}{2}$-km-langen Schulweg etwa 10–15 Minuten. Für einen 1-km-langen Schulweg benötigt es etwa 20–30 Minuten.

Die Schüler legen Tabellen an, in denen sie funktionale Beziehungen darstellen.

Karins Schulweg

Länge	100 m	200 m	400 m	500 m	1 000 m
Dauer	3 min	6 min	12 min	15 min	30 min

Proportionale Abhängigkeiten können rechnerisch exakt bestimmt werden. In der Realität können jedoch, bedingt durch subjektive Einflüsse (z. B. das Gehverhalten) Abweichungen auftreten. Um die Schüler auf dieses Phänomen aufmerksam zu machen, lässt man sie die eingetragenen Werte mit einer Stoppuhr überprüfen. So erfahren sie an einem Beispiel, dass die Zeitdauer nicht nur abhängig ist von der Länge des Weges, sondern auch von dem Gehverhalten (gemütliches Schlendern bis zügiges Gehen) der Person.

Übungen, die im Abschnitt 4.1.1 beschrieben worden sind, bieten sich an:

- Schulwege werden miteinander hinsichtlich Länge und Zeitdauer verglichen.
- Schulwegsachaufgaben werden aufgeschrieben und gelöst.
- Umwandlungen von m in km und km in m werden geübt.
- Bestimmte Weglängen werden im Orts- oder Stadtplan gesucht, z. B. $\frac{1}{2}$-km-lange, 1-km-lange oder 200-m-lange Wege.

Wenn die Ausgangsfrage zum Thema „Mein Schulweg" wieder aufgegriffen wird, möchten die Schüler wahrscheinlich lieber ihre selbst ermittelten Schulweglängen als die von Marc für ihre Berechnungen heranziehen. Die Motivation, die eigenen Schulwege in Relation zur Entfernung Gittelde – Hamburg zu setzen, ist sicherlich hoch. Es ist zu empfehlen, diese zu nutzen. Die Länge der Wegstrecke Gittelde – Hamburg wird gemeinsam unter Zuhilfenahme des Autoatlas ermittelt, die durchschnittliche Anzahl der Schultage pro Jahr wird von der Lehrkraft bekannt gegeben: Wegstrecke Gittelde-Hamburg ungefähr 200 km; pro Schuljahr etwa 190 Schultage. Die Lehrkräfte, die Lernen auf eigenen Wegen favorisieren, lassen die Kinder mit diesen Informationen ihre eigenen, ggf. auch umständlichen „Wurstelpfade", gehen. Für diejenigen, die Lösungswege lieber vorstrukturieren möchten, ist als Beispiel Marcs Schulwegberechnung dargestellt. Wichtig ist, daran zu denken, dass der Schulweg pro Tag zweimal zurückgelegt werden muss. Leistungsstarke Schüler können als weiterführende Aufgabe ebenso die Gesamtzeitdauer ihrer Schulwege pro Woche, pro Schuljahr oder gar für die gesamte Grundschulzeit berechnen.

Marcs Schulweg beträgt 350 m.

Schultage	Länge des Schulweges in m	Länge des Schulweges in km
1	700 m	0,7 km
2	1 400 m	1,4 km
5	3 500 m	3,5 km
10	7 000 m	7 km
100	70 000 m	70 km
200	140 000 m	140 km
190	133 000 m	133 km

Innerhalb des 3. Schuljahrs ist Marc nicht die Strecke von Gittelde nach Hamburg gelaufen. Aber in seinen drei Grundschuljahren hat er die Strecke Gittelde-Hamburg nur durch seinen täglichen Schulweg schon zweimal zurückgelegt.

Wir machen eine Fahrradtour – ein fächerübergreifendes Vorhaben

Die Kinder sollen eine sichere Größenvorstellung von einem Kilometer aufbauen. Die Entwicklung dieser Größenvorstellung kann unterstützt werden, indem ein oder auch mehrere Kilometer gefahren werden und die Dauer gleichzeitig erlebt wird. Vorteil dieses Vorhabens ist, dass es in der vertrauten Umgebung durchgeführt wird. Der Ausflug, der hier beschrieben wird, besteht aus einer Fahrradtour der Klasse 3b nach Ührde und schließt eine Übernachtung ein. Im Sachunterricht steht das verkehrssichere Fahrrad im Mittelpunkt, denn der Besitz eines verkehrssicheren Fahrrads ist Voraussetzung für die Teilnahme an der Klassenfahrt. Auf dem Schulhof-Trainingsparcour werden Verkehrsregeln eingeschliffen und sicheres Radfahren geübt. Im Musikunterricht dominieren die beiden Lieder von Rolf Zuckowski (Zuckowski, 1993) „Wer links und rechts nicht unterscheiden kann“ und „An meinem Fahrrad ist alles dran“. Das Dehnungs-h und die Wortfamilie „fahren“ sind Unterrichtsgegenstände im Deutschunterricht. Dort werden ebenfalls die Pläne über die Gestaltung der beiden Tage sowie über die mitzubringenden Utensilien angefertigt. Es wird u. a. geklärt, was notwendiger Weise auf dem Fahrrad mitgenommen werden muss und welche Gepäckstücke für den Aufenthalt in Ührde von den Eltern transportiert werden müssen. Im Kunst- bzw. Werkunterricht wird ein Höhenlinienmodell aus Pappmaschee erstellt. Es versteht sich von selbst, dass ein Elternabend vorangehen muss, auf dem rechtliche, versicherungstechnische, finanzielle sowie organisatorische Fragen erörtert werden. Auch für Aufsicht muss gesorgt werden.

Im Mathematikunterricht stehen die Schwerpunkte Kartenkunde (inkl. Maßstab) und Rechnen mit Größen im Zusammenhang mit dem klasseninternen Vorhaben an. Nur auf den zweiten Aspekt wird in diesem Abschnitt detailliert eingegangen. Die Durchführung des Schullandheimaufenthaltes wird deshalb ausgeklammert. Folgende Vorbereitungen werden getroffen:

- Der Kartenausschnitt wird allen Schülern kopiert ausgehändigt.
- Ein 10 x 12 cm großes Rechteck wird mithilfe des Geodreiecks aus Pappe erstellt. Daraus wird ein 8 x 10 cm großes Rechteck mit einem Bastelmesser herausgetrennt, sodass ein Sichtfenster entsteht, durch das genau der Kartenausschnitt zu sehen ist, um den es geht.
- Als Orientierungshilfe wird der Ausschnitt koloriert. Die Lehrerin macht das für alle Schüler sichtbar auf einer OHP-Folie, damit die Schüler eine Kontrolle vor Augen haben. Die Legende wird dabei gelesen und die Bedeutung der Farben und Zeichen erläutert. Da viele Kinder bereits mit ihren Familien die Strecken in diesem Bereich gefahren sind, werden einige der vorkommenden Zeichen durch Erzählungen beschrieben.
- Die km-Angaben werden übertragen. Ein sehr hilfreiches Instrument zur Routenplanung ist ein Entfernungsmesser für Radfahrerkarten, den es zu beziehen gibt bei ADFC, Postfach 107747, 28077 Bremen. Mit dem Gerät wird die Strecke „abgefahren“. Die Länge der „abgefahrenen“ Strecke kann auf dem Entfernungsmesser unter dem entsprechenden Maßstab (hier: 1:150 000) abgelesen werden.

Maßstabsberechnungen können beim Thema „Wir machen eine Fahrradtour“ zum Unterrichtsgegenstand gemacht werden. Sie können aber auch ebenso erst im 4. Schuljahr im Zusammenhang mit größeren Entfernungen auf Autobahnen und Urlaubsreisen behandelt werden.

Nachdem die Vorbereitungen getroffen worden sind, werden anhand des Kartenausschnitts wichtige Berechnungen für die Fahrradtour vorgenommen.

Wie weit ist es von Gittelde bis Ührde? Um die Frage beantworten zu können, listen die Schüler die Teilstrecken auf.

Gittelde bis Kreuzung Windhausen:	4,5 km
Kreuzung Windhausen bis Badenhausen:	3,5 km
Badenhausen bis Förste:	6,0 km
Förste bis Kalkberge:	4,5 km
Kalkberge bis Kreuzung Osterode:	4,0 km
Kreuzung Osterode bis Ührde:	4,0 km

Die Teilstrecken werden addiert und die Gesamtstrecke mit 26,5 km ermittelt.

Folgende Übungen werden mit den ermittelten Längen durchgeführt:

- Gib die Teilstreckenlängen in m an.
  4,5 km = 4 500 m
  3,5 km = 3 500 m
- Ergänze die Längen der Strecken immer auf volle Kilometer.
  4 500 m + 500 m = 5 000 m = 5 km
  3 500 m + 500 m = 4 000 m = 4 km
  26 500 m + 500 m = 27 000 m = 27 km
- Beantworte die Fragen:
  - Kommen wir an einem Bahnhof vorbei? Wenn ja, wo?
  - Kreuzen wir die Bahnlinie? Wenn ja, wo?
  - In welchem Ort überqueren wir einen Fluß, die Söse?
  - Kommen wir an einer Kirche vorbei? Wenn ja, wo?
  - Welche Höhenzüge sind auf dem Kartenausschnitt zu finden? Schreibe sie auf.
- Schätze die Fahrzeit. Die Fahrzeit wird geschätzt, damit nach der Rückkehr im Unterricht darauf zurückgegriffen und die tatsächlichen Fahrzeiten mit den Schätzwerten verglichen werden können.

Teilstrecke	geschätzte Fahrzeit	tatsächliche Fahrzeit
Gittelde bis Kreuzung Windhausen: 4,5 km	30 min	20 min
Kreuzung Windhausen bis Badenhausen: 3,5 km	20 min	15 min
Badenhausen bis Förste: 6 km	40 min	25 min
Förste bis Kalkberge: 4,5 km	30 min	45 min
Kalkberge bis Kreuzung Osterode: 4 km	25 min	20 min
Kreuzung Osterode bis Ührde: 4 km	25 min	25 min
Gesamtstrecke Gittelde-Ührde: 26,5 km	170 min	150 min = $2\frac{1}{2}$ h

Auf der Fahrradtour haben alle Kinder ihren Kartenausschnitt dabei. Es wird in 6 Etappen gefahren, die den Teilstrecken entsprechen. Beim Stopp orientieren sich die Schüler auf der Karte über den Standort und die zurückgelegte Strecke. Auf der Fahrt sind drei Aufgaben zu erfüllen:

- Eine Schülergruppe schreibt Orte, Punkte, Sehenswürdigkeiten auf, die passiert werden. Damit soll der Bezug zur Arbeit mit der Karte hergestellt werden.
- Eine zweite Gruppe hat die Aufgabe, auf dem Fahrradtacho die gefahrenen Kilometer abzulesen und an den Haltepunkten zu notieren. Mit diesen Angaben sollen die Radfahrkilometer mit den Werten auf der Karte verglichen werden.
- Die dritte Gruppe misst mit der Uhr die Fahrzeiten und überträgt sie ebenfalls an den Haltepunkten in die vorbereitete Liste, damit die begonnene Tabelle mit den geschätzten Fahrzeiten nach der Rückkehr vervollständigt werden kann.

Entweder ist anhand der auf der Fahrradtour gemachten Erfahrungen zu ermitteln, wie viele Kilometer ungefähr in einer Stunde gefahren werden, oder den Kindern wird die Tatsache genannt, dass ein erwachsener Radfahrer in einer Stunde etwa 15 Kilometer, ein Kind etwa 12 km zurücklegt. Mit diesen Angaben werden Tabellen mit proportionalen Zuordnungen erstellt, anhand derer u. a. die folgenden Fragen beantwortet werden können:

- Wie lange brauchst du etwa für 30 km, für 6 km, für 3 km, für 1 km?
- Wie viele Kilometer hast du ungefähr zurückgelegt, wenn du eine $\frac{1}{2}$, eine $\frac{1}{4}$ Stunde, 20 Minuten, 2 Stunden gefahren bist?
- Bis wohin könntest du dann etwa gefahren sein? Schau auf der Karte nach.

Länge	12 km	6 km	30 km	1 km	$\frac{1}{2}$ km
Dauer	60 min	30 min	150 min = $2\frac{1}{2}$h	5 min	$2\frac{1}{2}$ min

Sichere Vorstellungsbilder können bei diesem Vorhaben durch eigene Erfahrungen der Schüler und durch Übungen im Umgang mit realitätsnahen Größen entwickelt werden. Vor allem in der Reflexionsphase nach der Rückkehr werden die „erlebten“ Entfernungen im Kopf der Kinder sein. So werden sie auch erklären können, warum man für die beiden gleich langen Teilstrecken von 4,5 km erheblich unterschiedliche Fahrzeiten gebraucht hat. Bei der ersten ging es nur bergab, während bei der zweiten Teilstrecke die Räder sogar wegen des steilen Anstiegs geschoben werden mussten. Die vorab geschätzten Zeiten waren allerdings gleich, denn da konnten sich die Schüler nur an den Zahlenwerten orientieren.

4.5 Sachrechnen mit Zeit

Im 2. Schuljahr wurden beim Größenbereich Zeit folgende Ziele verfolgt:

- Zeitpunkte und Zeitspannen bestimmen und berechnen
- die Jahreseinteilung in Jahreszeiten, Monate, Wochen und Tage vornehmen
- die Jahreszeiten und Monatsnamen nennen

- mit den Begriffen Jahr, Monat, Woche und deren Anzahl an Tagen vertraut sein
- ein Jahr in Wochen oder Monaten, einen Monat in Wochen oder Tagen, einen Tag in Stunden, eine Stunde in Minuten, eine Minute in Sekunden angeben

Auch im 3. Schuljahr stehen diese Lernziele im Vordergrund und sollen gefestigt werden. Vorrangig ist, wie in den vorangegangenen Schuljahren auch, das Gewinnen von Größenvorstellungen zur Zeit.

4.5.1 Inhaltliche Schwerpunkte bei der Entwicklung von Größenvorstellungen

Der Zahlenraum wird im 3. Schuljahr auf 1 000 erweitert. Deshalb bietet es sich an, bei Umwandlungsübungen mit den Einheiten Sekunden, Minuten, Stunden, Tagen, Wochen, Monaten, Jahren die Zahl 1 000 in den Mittelpunkt zu rücken.

Wie lange dauern ...?

Dauert eine Schulstunde länger als 1 000 Sekunden? Bin ich schon 1 000 Wochen auf der Welt?
Wie viele Wochen sind in 1 000 Stunden vergangen? Haben wir 1 000 Schulstunden in einem Schuljahr?

Als Lösungshilfen können für diese recht komplexen Fragestellungen Darstellungen in tabellarischer Form angeboten werden wie z. B. zu der 2. Frage:

Alter	1 Jahr	2 Jahre	3 Jahre	4 Jahre	5 Jahre
Wochen	52	104	156	208	

Alter	6 Jahre	7 Jahre	8 Jahre	9 Jahre	...
Wochen			416	468	

Es ist wichtig, dass die Schüler beim Ausfüllen der Tabellen ihre unterschiedlichen Vorgehensweisen miteinander vergleichen, damit sie ihr Spektrum an Bearbeitungsstrategien erweitern können:

- Einige Kinder stellen sofort fest, dass sie, um die Wochen für neun Jahre zu ermitteln, nur den Exkurs über zehn Jahre zu machen brauchen. Diese Kinder hätten die Tabelle als Lösungshilfe gar nicht benötigt.
- Weitere Kinder wenden die Verdoppelungsstrategie an und rechnen nacheinander die Wochen für zwei Jahre, vier Jahre, acht Jahre und schließlich neun Jahre aus.
- Wiederum andere rechnen sukzessive ein Jahr nach dem anderen aus und nutzen die multiplikativen Beziehungen nicht als Rechenhilfen aus.

Schüler eines 3. Schuljahrs sollten zunehmend befähigt werden, sich ihre gewählten Rechenwege zu erläutern und Vor- und Nachteile im Gespräch miteinander abzuwägen. Die Lehrkraft nimmt dabei ihre Rolle als Beraterin wahr.

Wie viele Minuten sind es? Wie viele Stunden und Minuten sind es?

Aufgaben mit Platzhaltern

2 h = □ min 145 min = □ h

12 h = □ min 600 min = □ h

4 h 20 min = □ min 450 min = □ h □ min

7 h 9 min = □ min

$\frac{1}{4}$ h = □ min

$4\frac{3}{4}$ h = □ min

Aufgaben in Form von Tabellen
Umwandlungen

Stunden	1	$\frac{1}{2}$	$2\frac{1}{2}$	6				
Minuten					45	90	180	360

Wöchentliche Schulzeit

	von	bis	Schulzeit h und min	Schulzeit min
Montag	8.00 Uhr	11.30 Uhr	3 h 30 min	210 min
Dienstag	8.50 Uhr	13.20 Uhr		
Mittwoch	8.00 Uhr	12.30 Uhr		
Donnerstag	8.00 Uhr	13.20 Uhr		
Freitag	8.50 Uhr	12.30 Uhr		
in einer Woche				

Ein Fußgänger geht in einer Stunde etwa 5 km. Ein Radfahrer schafft in einer Stunde etwa 15 km. Wie lange benötigt der Fußgänger, wie lange der Radfahrer für 5 km, 10 km ...? Fülle die Tabellen aus, um die Lösungen zu finden.

Fußgänger

km	5	10	15	2,5				
Zeit	1 h				$\frac{1}{2}$ h	$1\frac{1}{2}$ h	8 h	10 h
Zeit	60 min				30 min	90 min	480 min	600 min

Fahrradfahrer

km	15	$22\frac{1}{2}$	5	10				
Zeit	1 h				$\frac{1}{2}$h	$1\frac{1}{2}$h	8 h	10 h
Zeit	60 min				30 min	90 min	480 min	600 min

Wie schreibst du die Uhrzeit?

drei Minuten vor zehn	=	9.57 Uhr
viertel nach elf	=	11.15 Uhr
fünf Minuten nach halb eins	=	12.35 Uhr
zwanzig vor acht	=	7.40 Uhr

Wie viel Zeit ist vergangen?

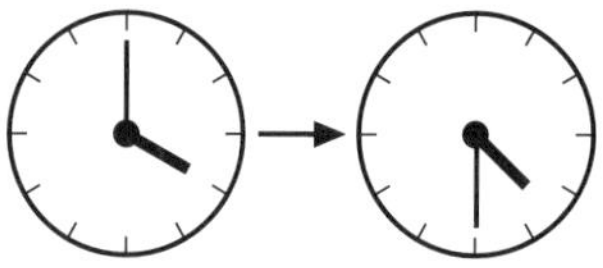

16.00 bis 16.30 → 30 min = $\frac{1}{2}$ h

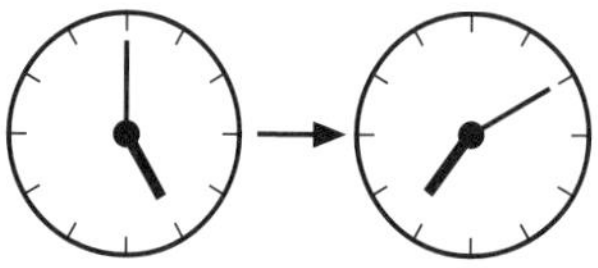

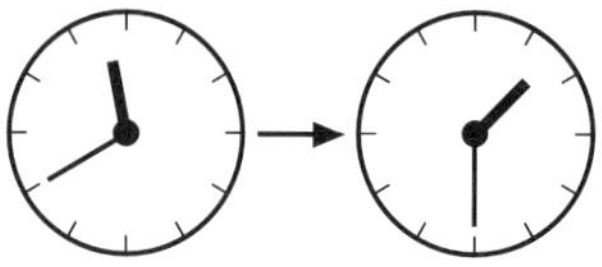

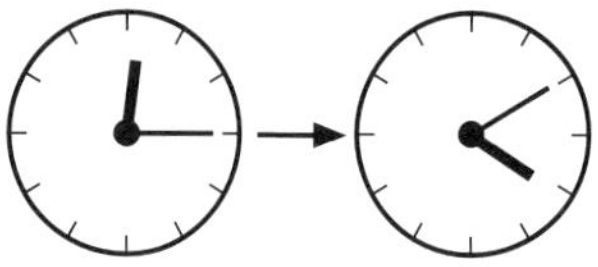

4.5.2 Zeit in Sachsituationen

Ein Zeitgefühl lässt sich gut entwickeln, wenn die Übungsformen in Sachzusammenhängen vorkommen. Im folgenden Abschnitt werden deshalb Sachthemen vorgestellt, bei denen es um das Ermitteln von Zeitspannen, um Umwandeln von Einheiten und um das Rechnen mit verschiedenen Zeiteinheiten geht. Darüber hinaus werden Übungen angeboten, die dazu beitragen, bei den Schülern das Verständnis für den Jahresrhythmus und den vom Menschen daran angepassten Kalender zu vertiefen.

Mein 24-Stunden-Tag

In der Grundschule steht die Entwicklung eines Zeitgefühls im Vordergrund. Es gibt viele Gelegenheiten, die individuellen Tagesläufe der Grundschulkinder etwas genauer zu betrachten, um bewusst zu machen, wie man seine Zeit verbringt. So können zum Beispiel die Aspekte Schlafzeit, Freizeit, Schulzeit oder Zeit für Hausaufgaben in den Mittelpunkt der Betrachtung gestellt werden. Exemplarisch wird in diesem Abschnitt die Schlaf- und Wachzeit betrachtet und ihr Verhältnis zueinander bestimmt. Die Schulkinder führen eine Woche lang Protokoll über ihre Schlafzeiten.

Wochentage	Schlafzeit von ...	Schlafzeit bis ...	Dauer der Schlafphasen	Dauer der Wachphasen
Sonntagnacht	19.30 Uhr	6.45 Uhr	11 h 15 min	12 h 45 min
Montagnacht				
Dienstagnacht				
Mittwochnacht				
Donnerstagnacht				
Freitagnacht				
Samstagnacht	22.45 Uhr	10.30 Uhr	11h 45 min	12h 15 min
insgesamt			78h 30 min	89h 30 min

In Kleingruppen werden die Protokolle miteinander verglichen, um über Gemeinsamkeiten, Unterschiede und Gewohnheiten zu sprechen. Wie alle Menschen benötigen die Kinder unterschiedlich viel Schlaf.
Besonders geübt werden in diesem Zusammenhang das Bestimmen von Zeitsspannen, das Addieren derselben sowie das Ergänzen auf 24 Stunden. Die Schüler können an ihrer ausgefüllten Tabelle ablesen, ob sie ihre Tageszeit mehr schlafend oder wach verbringen. Eine interessante Fortsetzung ergibt sich, wenn die ermittelten Werte auf einen Monat bzw. ein Jahr hochgerechnet werden oder die Frage gestellt wird: „In wie viel Tagen habe ich etwa 1 000 Stunden geschlafen?“

Bei der Rechnung zu dieser Fragestellung ist wiederum die tabellarische Darstellung eine große Hilfe.

Beispiel: Schlafzeit in einer Woche 78 h 30 min

Zeitraum	Schlafzeit	Schlafzeit Umrechnung
1 Woche	78 h 30 min	3 Tage 6 h 30 min
2 Wochen	157 h	6 Tage 13 h
4 Wochen/ 1 Monat	314 h	13 Tage 2 h oder 1 Wo. 6 Tg. 2 h
2 Monate	628 h	26 Tage 4 h oder 3 Wo. 5 Tg. 4 h
4 Monate	1256 h	52 Tage 8 h oder 7 Wo. 3 Tg 8 h

Nach knapp vier Monaten hat man etwa 1 000 h geschlafen. Dem Wert von 1 000 Stunden kann man sich noch stärker annähern, wenn man die Schlafstunden für einen halben Monat wieder abzieht. 1 256 h – 157 h = 1 099 h.

Nach $3\frac{1}{2}$ Monaten hat der Schüler demnach 1 099 h geschlafen. Wenn jetzt auch noch die Schlafstunden für 1 Woche, d. h. 78 h 30 min, abgezogen werden, hat man eine Schlafzeit von 1 020 h 30 min errechnet, die man in 3 Monaten und 1 Woche (97 Tage) erreicht hat. Die Ausgangsfrage kann damit beantwortet werden: „In ungefähr 97 Tagen habe ich 1 000 h geschlafen.“

Diese Rechnung ist kompliziert und auch nicht so genau, denn durch die Umwandlung in Monate entstehen große Abweichungen. Ein anderer Weg:

Schlafzeit in einer Woche: 78 h 30 min

Zeitraum	Schlafzeit
1 Woche	78 h 30 min
2 Wochen	157 h
10 Wochen	785 h
12 Wochen	942 h (785 h + 157 h)
13 Wochen	1 020 h 30 min (942 h + 78 h 30 min)

13 Wochen entsprechen 91 Tagen, d. h. die Antwort lautet gemäß dieser Berechnung: „In ungefähr 91 Tagen habe ich 1 000 h geschlafen.“

Sie kommt der richtigen Antwort (etwa 89 Tage) schon erheblich näher.

Fernsehkonsum

Dem Guinness-Buch der Rekorde 1986 ist zu entnehmen, dass das amerikanische Durschnittskind bis zu seinem 18. Geburtstag 710 volle Tage, 17 040 Stunden, fernsieht. Ein Kind im 3. Schuljahr ist gewöhnlich 9 Jahre alt und kann der Frage nachgehen, ob es bisher ungefähr 360 Tage (etwa die Hälfte von 710), d. h. pro Jahr ca. 40 Tage oder 960 Stunden, ferngesehen hat. Damit kann es im Anschluss an die Rechnung seinen Fernsehkonsum mit dem eines amerikanischen Durchschnittskindes vergleichen. Da der Tausenderraum im 3. Schuljahr im Mittelpunkt des Mathematikunterrichts steht, könnte die Frage ebenso lauten: „Sehe ich in einem Jahr wohl 1 000 Stunden fern?“

Zu beiden Fragestellungen bietet sich die folgende Vorgehensweise an. Die Schüler führen ein Wochenprotokoll über ihren Fernsehkonsum. Damit nicht nur Zeitkomponenten eine Rolle spielen, sondern auch die Qualität der Sendungen zum Gesprächsgegenstand gemacht werden kann, wird vorgeschlagen, die Fernsehzeiten nach bestimmten Gesichtspunkten vorzusortieren (vgl. hierzu auch Dröge 1991, Karteikarte Fernsehgewohnheiten).

Ein mögliches Beispiel:

Wochentag	Sachwissen	Musik	Spielfilm	Zeichentrick	Zeitdauer pro Tag
Montag				30 min	
Dienstag			1 h 45 min		
Mittwoch					
Donnerstag					
Freitag					
Samstag	15 min	1 h 15 min	2 h 10 min	/	3 h 40 min
Sonntag					
Zeitdauer pro Woche					

Die ausgefüllten Protokolle werden miteinander verglichen und Gepflogenheiten bewusst gemacht. Die Fernsehzeit wird hoch gerechnet (vgl. dazu die Berechnungen zum 24-Stunden-Tag), um die Ausgangsfrage zu beantworten, ob der Schüler etwa 960 Stunden im Jahr fernsieht. Interessant ist es ebenso, die ermittelte Fernsehzeit in Relation zur Schulzeit oder zur Hausaufgabenzeit zu betrachten.

Kinder sollen in ihrer Grundschulzeit lernen, Diagramme und Tabellen zu lesen. Deshalb bekommen sie den Auftrag, ihre Fernsehzeiten in Partnerarbeit in einem Säulendiagramm darzustellen. Die Darstellungen werden untereinander ausgetauscht und interpretiert. Wenn sich die Fernsehzeitangaben auf das aktuelle Wochenprogramm beziehen, bieten sich in diesem Zusammenhang Rätselaufgaben an, bei denen die Schüler versuchen, mithilfe der Fernsehzeitschrift herauszufinden, welche Sendungen gesehen wurden.
Dem Säulendiagramm ist z. B. zu entnehmen, dass Sina am Montag 50 Minuten ferngesehen hat. Um herauszufinden, welche Sendungen es gewesen sein könnten, wird die aktuelle Fernsehzeitung hinzugezogen und darin das Montagsprogramm untersucht. Sina wird die Vermutungen ihres Partners bestätigen oder nicht.

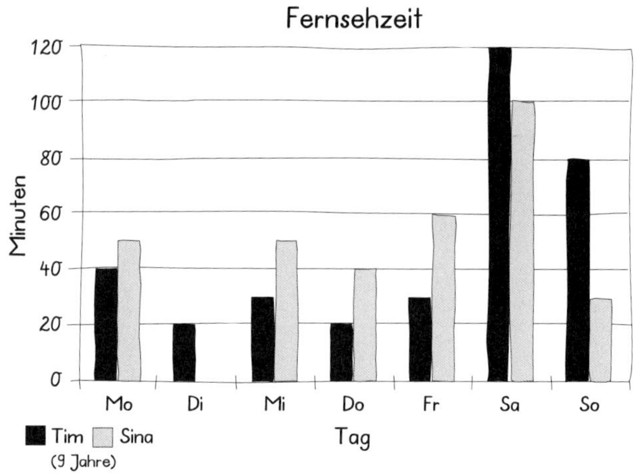

In diesem Zusammenhang werden aktuelle Fernsehprogramme oder Fernsehzeitschriften mit in den Unterricht gebracht, damit Übungen der folgenden Art zum Größenbereich Zeit durchgeführt werden können.

1. Programm		**2. Programm**	
Tagesprogramm		**Tagesprogramm**	
9.15	Käpt´n Blaubär	9.45	Sport extra
10.00	Tagesschau	13.40	Löwenzahn
10.15	Kinderweltspiegel	14.00	Nachrichten
10.30	Abenteuer Überleben	14.35	Locker vom Hocker
11.00	Tagesschau	14.50	Das liebe Geld
11.15	Achterbahn	15.00	Smello
12.00	Spielwarenmesse	15.20	Spielplatz
13.00	Europamagazin	15.30	Kaffeeklatsch
13.45	Tennis: Davis Cup	16.30	Blinky Bill
18.00	Tagesschau	16.57	Anders fernsehen
18.04	Die Wetterschau	17.00	Nachrichten
18.15	Fury	17.15	Die Dinos
18.40	Marienhof	17.45	Mach mit
19.04	Tagesschau-Telegramm	17.55	Die Schwarzwaldklinik
19.10	Sportschau	19.00	Heute

Anfangszeit

1.

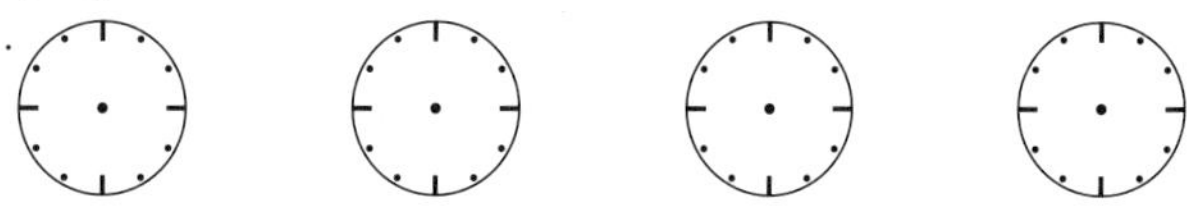

Käpt'n Blaubär	Kinderweltspiegel	Tennis: Davis Cup	Sportschau
______ Uhr	________ Uhr	________ Uhr	_____ Uhr

2.

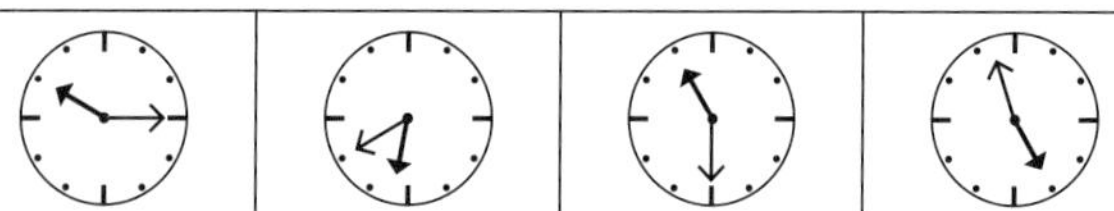

Kinderweltspiegel	________	________	________
10.15 Uhr	Uhr	Uhr	Uhr

Zeitspannen

Sendung	Beginn	Ende	Dauer
Käpt'n Blaubär	9.15 Uhr	10.00 Uhr	15 min
...	...	...	...
		Sendezeit insgesamt	h min

Pulsschläge

Das Herz ist der Motor unseres Körpers. Regelmäßig pumpt es Blut durch ihn. Anhand der Pulsschläge können wir ermitteln, wie schnell es arbeitet. Der Ruhepuls von Kindern beträgt etwa 85 Schläge in der Minute. Bei Belastung steigt dieser Wert an. Leistungssportler sind in der Lage, ihre Pulsfrequenz zu reduzieren, um Höchstleistungen zu erbringen, ohne ihr Herz-Kreislauf-System zu überlasten.

Bei einigen Kindern wurde sicherlich schon der Puls gemessen, sodass man im Unterricht auf diese Erfahrungen aufbauen kann. Den Puls kann man überall da spüren, wo Schlagadern zu ertasten sind, z. B. an der Halsschlagader oder am Handgelenk. Der Arzt misst den Puls gewöhnlich am Handgelenk in einem Zeitintervall von 15 Sekunden. Im Unterricht kann dieses Vorgehen intensiv unter Zuhilfenahme einer Stoppuhr geübt werden. Wenn man als Erstes versucht, die Pulsschläge für eine Minute zu ermitteln, wird deutlich, wie fehleranfällig dieses Verfahren ist. Ein Grundschulkind wird in der Regel Schwierigkeiten haben, eine Minute lang konzentriert mehr als ein Zahlwort in der Sekunde zu zählen. Die Notwendigkeit, die Zeitdauer der Messungen zu verkürzen, wird sich demnach von selbst ergeben. Die Pulsfrequenz für eine Minute wird dann durch Hochrechnen bestimmt. Folgende Übungen schließen sich an:

Fühlt gegenseitig eure Pulsschläge, tragt sie in die Tabelle ein und rechnet weiter! Lauft einmal über den Schulhof und geht ein zweites Mal genau so vor. Vergleicht die Werte miteinander.

Zeitdauer	Puls Schüler 1	Puls Schüler 1 nach Belastung	Puls Schüler 2	Puls Schüler 2 nach Belastung
15 s = $\frac{1}{4}$ min				
30 sec = $\frac{1}{2}$ min				
60 s = 1 min	91	99	93	98
5 min				
10 min				
30 min = $\frac{1}{2}$ h				
1 h				
2 h				

Die Die Zahl 1 000 kann als Vergleichsgröße wieder herangezogen werden: Wie viel Zeit ist nach 1 000 Pulsschlägen vergangen?

Ein Grundschüler verbringt täglich etwa 5 Zeitstunden, 300 Minuten, in der Schule. Wie oft hat sein Herz in dieser Zeit geschlagen? Setze deine eigene Pulsfrequenz ein und beantworte die Frage, indem du die Tabelle ausfüllst.

Zeit	Pulsschläge
1 min	91
5 min	
10 min	
60 min	
120 min	
240 min	
300 min	

Die Schüler können, je nach Leistungsstärke, unterschiedliche Strategien benutzen, um die Tabelle auszufüllen. Auch der Taschenrechner kann benutzt werden.

Größere Lebewesen kommen mit einer kleineren Pulsfrequenz aus. Kleinere Lebewesen haben kleinere Herzen. Sie müssen schneller schlagen, um den Körper mit frischem Blut zu versorgen.

Pulsfrequenzen:

Neugeborenes	140/min
2-jähriges Kind	120/min
4-jähriges Kind	100/min
10-jähriges Kind	90/min
14-jähriges Kind	85/min
erwachsene Frauen	75/min
erwachsene Männer	70–62/min

(Pschyrembel, S. 984)

Mit einem Metronom können die unterschiedlichen Frequenzen simuliert werden. Den Schülern werden Tabellen mit unterschiedlichen Pulsfrequenzen vorgegeben. Sie sollen diese vervollständigen.

Zeitdauer	Neugeborene	10 Jahre	14 Jahre	Frau	Mann
15 s					
30 s = $\frac{1}{2}$ min					
60 s = 1 min	140	90	85	75	66
5 min					
10 min					
30 min = $\frac{1}{2}$ h					
1 Stunde					
2 Stunden					

Ähnliche Berechnungen können die Kinder auch mit den Angaben der Pulsfrequenzen von Tieren durchführen, denn bei kleineren Tieren schlägt das Herz viel schneller als beim Menschen.

Zeitdauer	Pulsschläge	Pulsschläge	Pulsschläge
15 s			
30 s = $\frac{1}{2}$ min			
1 min	40	118	250
5 min			
30 min= $\frac{1}{2}$Std.			
1 h			
2 h			

Zeitdauer	Pulsschläge	Pulsschläge
15 sec		
30 sec / $\frac{1}{2}$ min		
1 min	760	468
5 min		
30 min / $\frac{1}{2}$ Std.		
1 h		
2 h		

Öffnungszeiten – ein Unterrichtsbeispiel

Geschäfte und Behörden am Ort haben verschiedene Öffnungszeiten. Schülergruppen erhalten als Hausaufgabe die Aufträge, die unterschiedlichen Zeiten einzuholen. Im Weiteren werden Gründe für die unterschiedlichen Öffnungszeiten gesucht und damit verbundene Notwendigkeiten und Zwänge aufgedeckt. Es geht also nicht nur darum, dass Kinder auf die Minute genau ausrechnen, wie viele Stunden z. B. die Sparkasse oder der Frisörladen geöffnet sind. Vielmehr sollen sie auch Hintergründe für die ermittelten Unterschiede kennen lernen. Folgende Fragen sind zu bearbeiten:

1. Wie viele Stunden in der Woche hat die Sparkasse geöffnet?
2. Wie viele Stunden in der Woche hat der Frisör geöffnet?

3. Vergleiche beides miteinander!
4. Warum hat der Frisör montags geschlossen?
5. Warum hat die Sparkasse donnerstags länger geöffnet und Mittwochnachmittag geschlossen?

Schülerberechnungen:

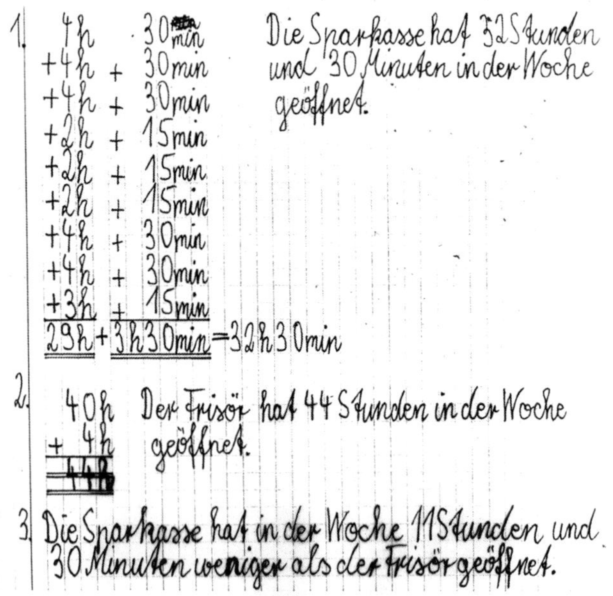

Kinder nennen u. a. folgende Begründungen zu 4 und 5:
„Behörden haben samstags und Mittwoch nachmittags Ruhetag."
„Zum Sonntag wollen Frauen schick sein, deswegen ist beim Frisör samstags geöffnet. Montags sind sie noch schick."
„Die Sparkasse macht morgens für alte Leute auf, nachmittags für Arbeiter."
„Die Sparkassenangestellten müssen das Geld von den Kunden verrechnen, wenn geschlossen ist, weil sie dazu Ruhe brauchen."
„Beim Frisör kann man sich Termine geben lassen."
„Beim Frisör können die das einteilen, bei der Sparkasse nicht."
„Da liegt viel Geld im Tresor, deshalb muss auch geschlossen sein."
„Das war früher nicht. Donnerstagsabend ist erst seit dem langen Einkaufsabend geöffnet. Damit man beim Einkaufen Geld holen kann."

Wenn man die Öffnungszeiten aller Geschäfte und Behörden am Ort eingeholt hat, kann eine Gesamtübersicht erstellt und die Lage der Geschäfte im Ortsplan eingezeichnet werden. Im Weiteren können jetzt Sachaufgaben gestellt werden, in denen die Öffnungszeiten unter Einbeziehung der unterschiedlichen Lage, die die einzelnen Geschäfte im Ort zueinander haben, gesehen werden können.

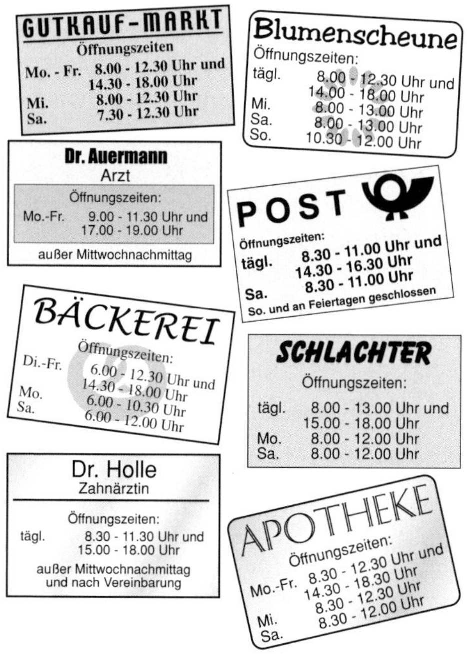

Beispiele:

Helga verlässt um 12.30 Uhr die Zahnarztpraxis. Sie will noch einen Blumenstrauß für ihre Mutter besorgen. Was bedeutet das für sie?

Konrad soll um 17.10 Uhr bei seinem Hausarzt sein. Er soll noch ein Brot zum Abendessen mitbringen. Erkläre die Situation!

Diese Sachaufgaben haben einen engen Bezug zum Ort. Nicht nur Zeitspannen, sondern auch Wege, die sich die Kinder vorstellen können, müssen mitberücksichtigt werden. Von Vorteil ist ebenfalls, dass bei Bedarf alle Vorschläge nachgeprüft oder die Wege abgegangen werden können.

Kalenderfragen

Eingangs wurde bereits erwähnt, dass der Jahreslauf und der von Menschenhand angelegte Kalender im 3. Schuljahr thematisiert werden. Der Kalender soll gelesen werden können. Es hat sich bewährt, den Schülern zuerst ein Arbeitsblatt zu geben, auf dem ein Jahreskalender abgebildet ist, dessen Monate in ungeordneter Reihenfolge aufgeklebt worden sind. Die Schüler erhalten einige wenige Hinweise über die Systematik durch die Angabe der Wochentage und die Anzahl der Wochen im laufenden Kalenderjahr.

Wo	22 23 24 25 26	17 18 19 20 21 22	44 45 46 47 48	26 27 28 29 30	48 49 50 51 52	9 10 11 12 13
Mo	7 14 21 28	3 10 17 **24** 31	1 8 15 22 29	5 12 19 26	6 13 20 27	1 8 **15** 22 29
Di	1 8 15 22 29	4 11 18 25	2 9 16 23 30	6 13 20 27	7 14 21 28	2 9 16 23 30
Mi	2 9 16 23 30	5 12 19 26	3 10 17 24	7 14 21 28	1 8 15 22 29	3 10 17 24 31
Do	3 10 17 24	6 **13** 20 27	4 11 18 25	1 8 15 22 29	2 9 16 23 30	4 11 18 25
Fr	4 11 18 25	7 14 21 28	5 12 19 26	2 9 16 23 30	3 10 17 24 31	5 12 19 26
Sa	5 12 19 26	**1** 8 15 22 29	6 13 20 27	3 10 17 24 31	**1** 4 11 18 **25**	6 13 20 27
So	**6 13 20 27**	**2 9 16 23 30**	**7 14 21 28**	**4 11 18 25**	**2 5 12 19 26**	**7 14 21 28**
Wo	39 40 41 42 43	5 6 7 8	13 14 15 16 17	35 36 37 38 39	30 31 32 33 34 35	1 2 3 4
Mo	4 11 18 25	1 8 15 22	**5** 12 19 26	6 13 20 27	2 9 16 23 30	4 11 18 25
Di	5 12 19 26	2 9 16 23	6 13 20 27	7 14 21 28	3 10 17 24 31	5 12 19 26
Mi	6 13 20 27	3 10 17 24	7 14 21 28	1 8 15 22 29	4 11 18 25	6 13 20 27
Do	7 14 21 28	4 11 18 25	1 8 15 22 29	2 9 16 23 30	5 12 19 26	7 14 21 28
Fr	1 8 15 22 29	5 12 19 26	**2** 9 16 23 30	3 10 17 24	6 13 20 27	**1** 8 15 22 29
Sa	2 9 16 23 30	6 13 20 27	3 10 17 24	4 11 18 25	7 14 21 28	2 9 16 23 30
So	**3 10 17 24 31**	**7 14 21 28**	**4 11 18 25**	**5 12 19 26**	**1 8 15 22 29**	**3 10 17 24 31**

Sie sollen die Monate ausschneiden und anschließend in die richtige Reihenfolge bringen. Beim Ordnen sind sie gezwungen, über die spezifischen Merkmale eines Monats nachzudenken und die Monate der entsprechenden Wochenzahl zuzuordnen. Der Februar hat z. B. 28 Tage und in ihm liegen die 5. - 9. Woche. Wenn die Kinder den geordneten Kalender hergestellt haben, werden u. a. folgende Fragen dazu gestellt:

- In der wievielten Woche beginnt der Sommer?
- Wie heißt der erste Monat im Jahr?
  Wann gibt es Herbstferien?
- Wie viele Monate haben 31 Tage?
- Jetzt ist August. In drei Monaten ist □ .Vor einem Monat war □ . Vor einem Vierteljahr war □.

Welcher Tag ist
- der erste Sonntag im März,
- der Tag nach Neujahr,
- der zweite Freitag im April?

Welche Woche ist gemeint?
- zwei Tage im vorausgehenden und fünf Tage im neuen Monat
- drei Tage im vorausgehenden und vier Tage im neuen Monat

Nikola hat in der 25. Woche an einem Dienstag ihren 9. Geburtstag. Schreibe das Datum. An welchem Tag ist Nikola 9 Jahre und 14 Tage alt?

An welchem Tag sind es noch genau fünf Monate bis Silvester?

Ein Jahr hat 12 Monate. Wie viele Monate haben 2 Jahre und 3 Monate?

„Haben wir im Jahr mehr Schultage oder mehr freie Tage?“ – ein Unterrichtsbeispiel

Der Vergleich zwischen Schultagen und freien Tagen regt dazu an, den Gebrauch des Kalenders in den Mittelpunkt des Unterrichts zu stellen. Kalenderfragen, die im vorangegangenen Abschnitt beschrieben wurden, stellen eine hilfreiche Vorbereitung auf das Thema dar. Die Schülerinnen benötigen im Unterricht sowohl einen aktuellen Ferienplan als auch einen gültigen Taschenkalender. Der Tageskalender sollte den Kindern mit seinen Kürzeln für Wochentage und die Anzahl der Wochen vertraut sein. Während die Schüler der o. g. Fragestellung nachgehen, üben sie das Ausrechnen von Zeitspannen in Tagen am Kalender, das Addieren von Zahlen im Tausenderraum und das Lesen und Auswerten von Tabellen, Plänen und Übersichten. Wenn die Schüler die Anzahl der Ferientage anhand des Ferienplans ermitteln, müssen sie darauf achten, dass sie die beiden Daten nicht einfach nur voneinander subtrahieren dürfen. Die Ferientage vom 13. 5. – 21. 5. z. B. errechnen sich nicht durch 21–13 = 8. Der 1. Ferientag zählt mit. Deshalb heißt die Rechnung 21 – 13 + 1 = 9. Vom 13. 5. – 21. 5. ergeben sich neun Ferientage. Bei der Berechnung der Weihnachtsferientage muss besonders aufgepasst werden, denn sie sind im Ferienplan zweimal aufgeführt.

Ferienplan

Weihnachtsferien	23. 12. – 8. 1.
Osterferien	19. 3. – 9. 4.
Himmelfahrtsferien	13. 5.
Pfingstferien	21. 5. – 24. 5.
Sommerferien	21. 7. – 31. 8.
Herbstferien	20. 10. – 2. 11.
Weihnachtsferien	22. 12. – 7. 1.

Die Schüler entwickeln verschiedene Strategien, um die schulfreien Tage und die Schultage zu ermitteln.

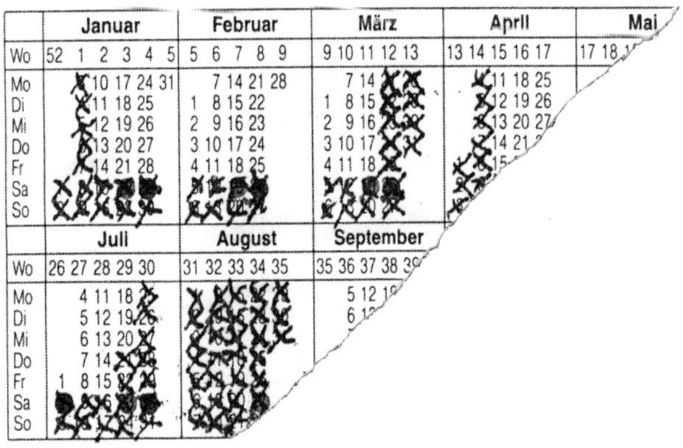

Die einen markieren die freien Tage auf dem Kalender und zählen sowohl die freien Tage als auch die Schultage nacheinander ab. Die anderen bestimmen die Anzahl der Ferientage rechnerisch anhand des Ferienplans, addieren die verbleibenden Samstage, Sonntage sowie Feiertage, die sie auf dem Taschenkalender farbig markiert haben, und bestimmen schließlich die Differenz zu 365 Tagen. Eine dritte Gruppe geht so vor, wie es der Tabelle zu entnehmen ist, die zur Kontrolle der Ergebnisse erstellt und in der Klasse befestigt wird. Diese Schüler haben die Ferientage und Feiertage pro Monat auf dem Taschenkalender markiert, abgezählt und das jeweilige Ergebnis notiert. Die in dem Monat verbleibenden Schultage haben sie ermittelt, indem sie die Differenz zu den Monatstagen gebildet haben (Januar: 15 + □ = 31). Die Lösung lautet: Wir haben 178 freie Tage und 187 Schultage in diesem Jahr.

Monat	Schultage	Ferientage inklusive Wochenenden und Feiertage	Monatstage
Januar	16	15	31
Februar	20	8	28

Monat	Schultage	Ferientage inklusive Wochenenden und Feiertage	Monatstage
März	14	17	31
April	15	15	30
Mai	18	13	31
Juni	22	8	30
Juli	14	17	31
August	0	31	31
September	22	8	30
Oktober	12	19	31
November	19	11	30
Dezember	15	16	31
insgesamt:	187	178	365

Mögliche Fragen dazu:

- In welchen Monaten haben wir die wenigsten Schultage? Warum?
- In welchen drei aufeinander folgenden Monaten haben wir die wenigsten freien Tage?
- Gibt es einen Monat, in dem es gleich viele Schultage und freie Tage gibt?
- ...

Die Summe der Schultage und die der freien Tage ist in diesem Beispiel fast gleich groß. Für diejenigen, die das Thema gern fortsetzen möchten, bietet es sich an, die Ergebnisse mit anderen Bundesländern oder anderen Ländern zu vergleichen (vgl. Müller/Wittmann 1992, S. 86/87).

Damit die Schüler lernen, Daten in Diagramme zu übertragen, erhalten sie die Aufgabe, anhand der vorhandenen Daten ein Säulendiagramm zu erstellen.

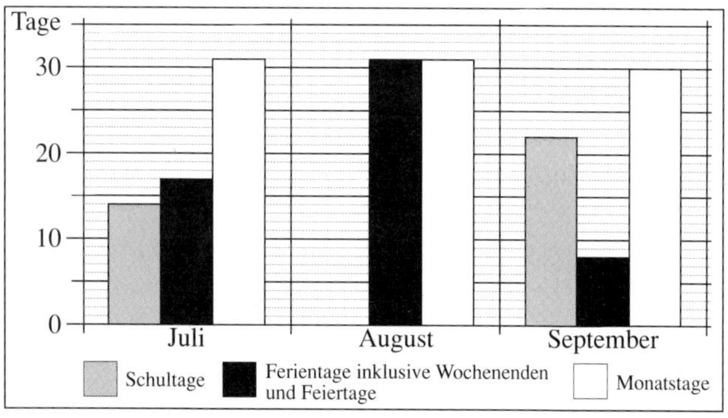

Dem Säulendiagramm sind z. B. die Anteile von Arbeits- und Erholungsphasen gut auf einem Blick zu entnehmen.

4.6 Sachrechnen mit Gewichten

Im 2. Schuljahr standen beim Größenbereich Gewichte unmittelbare und mittelbare Vergleiche als altersgemäße Handlungserfahrungen im Mittelpunkt des Unterrichts. Im 3. Schuljahr werden diese Erfahrungen erneut aufgegriffen. Durch das stufenweise Vorgehen soll die Entwicklung von Größenvorstellungen gesichert werden. Die Kinder führen viele Wiegeübungen mit unterschiedlichen Waagen aus. Die Einheiten Kilogramm und Gramm werden analog zu den Längeneinheiten Kilometer und Meter verwendet. Die Kommaschreibweise wird noch nicht verbindlich für alle behandelt, sie wird jedoch auch nicht künstlich aus dem Unterricht ausgeklammert. Damit die Kinder eine Vorstellung von Gewichten und Gewichtsunterschieden gewinnen, werden Gewichte geschätzt und miteinander verglichen. Dabei wird an die Erfahrungen der Kinder angeknüpft. Sie haben erlebt, dass es leichte Gegenstände gibt, die man z. B. tragen kann und dass es Gegenstände gibt, die schwer sind und die man nicht hochheben kann. Der Erwerb des Größenbegriffs bei Gewichten wird durch die Tatsache erschwert, dass man vom äußeren Erscheinungsbild her nicht auf das Gewicht schließen kann, denn z. B. ist ein aufgeblasener Wasserball zwar größer, aber nicht schwerer als ein Fußball.

4.6.1 Inhaltliche Schwerpunkte bei der Entwicklung von Größenvorstellungen

In diesem Kapitel werden Übungen vorgestellt, durch die die Entwicklung der Größenvorstellungen bei Schülern unterstützt werden kann.

Unmittelbares und mittelbares Vergleichen

Die Schüler nehmen Gegenstände in die Hand, stellen Vermutungen über die Gewichtsunterschiede an und überprüfen ihre Vermutungen, indem sie beide Gegenstände auf die Waagschalen legen/stellen. Anhand der Stellung der Waagschalen können sie ermitteln, welcher Gegenstand schwerer oder leichter ist.

Vergleiche die Gewichte der Gegenstände miteinander. Ordne die Gegenstände nach der Größe ihres Gewichts: volle Patrone, Füller, Lineal, Radiergummi

Patrone	Füller	Die Patrone ist leichter als der Füller.
Patrone	Lineal	Die Patrone ist leichter als das Lineal.
Patrone	Radiergummi	Die Patrone ist leichter als das Radiergummi.
Füller	Lineal	Der Füller ist schwerer als das Lineal.

Füller	Radiergummi	Der Füller ist schwerer als das Radiergummi.
Lineal	Radiergummi	Das Lineal ist leichter als das Radiergummi.

Nach der Größe ihres Gewichts geordnet: Füller, Radiergummi, Lineal, Patrone.

Die Schüler sollen im Unterricht vor allem selbst wiegen und Gewichte schätzen. Kuscheltiere können dazu ebenso von zu Hause mitgebracht werden wie Obst oder Lieblingsbücher. Ebenso können die Gewichte von Gegenständen aus dem Tornister oder aus der Frühstücksdose bzw. aus dem Sportbeutel miteinander verglichen werden.

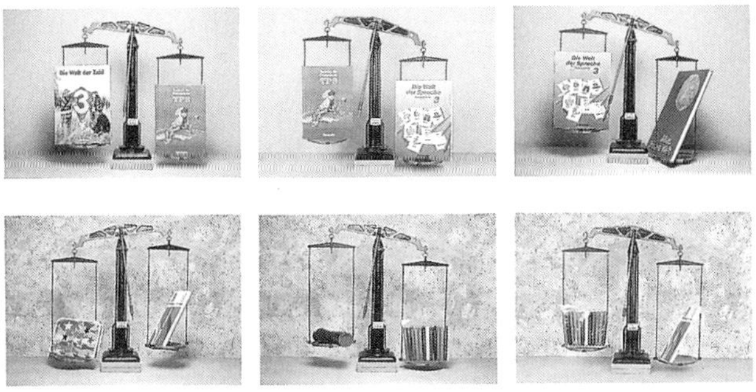

An diese wichtigen Grunderfahrungen schließen sich mittelbare Vergleiche an, bei denen Gewichtsvergleiche mit Nicht-Standardmaßen wie Steckwürfel, Nägel, Büroklammern o. Ä. durchgeführt werden.

Vergleiche die Gewichte der Gegenstände miteinander. Benutze zum Auswiegen Nägel. Ordne die Gegenstände nach der Größe ihres Gewichts.

Gegenstand	Anzahl der Nägel
Heft	
Radiergummi	
Federball	
Frühstücksbrot	
Rangfolge	
1.	4.
3.	5.

Kennenlernen von unterschiedlichen Waagen

In der Klasse müssen unterschiedliche Waagen vorhanden sein, damit geeignete Messgeräte für unterschiedlich große Gewichte ausgewählt werden können. Eine Briefwaage, eine Küchenwaage, eine Personenwaage, eine Balkenwaage sollten wenigstens zur Verfügung stehen. Die Schüler berichten ggf. über eigene Erfahrungen, die sie mit der einen oder anderen Waage bereits gemacht haben.

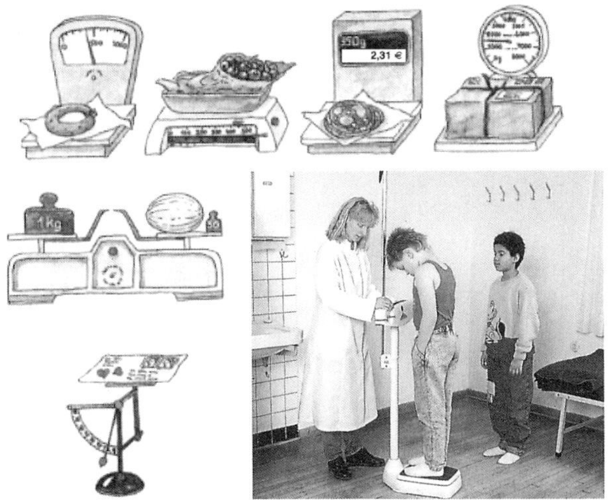

Kennenlernen eines Gewichtssatzes

Die Schüler sollten wissen, welche Gewichtssteine vorkommen und wie sie in dem Gewichtssatz angeordnet sind.

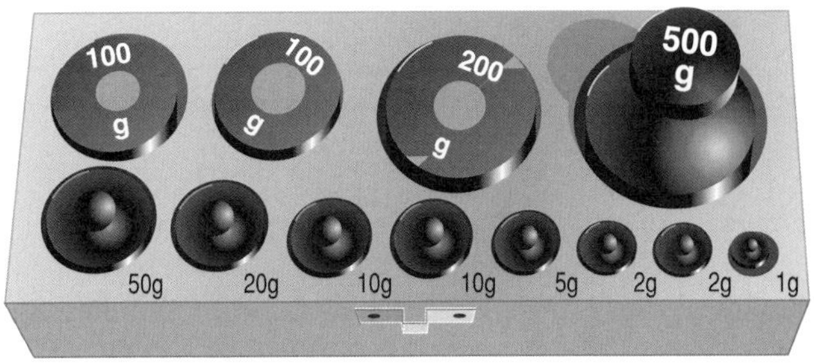

Das Gewicht von Gewichtssteinen schätzen/spüren
Die Schüler schließen die Augen. Ihnen wird ein Gewichtsstück aus dem Gewichtssatz in die geöffnete flache Hand gelegt. Sie sollen abschätzen, welches Gewichtsstück es ist.

Gewichtssteine kombinieren
Die ausgewählten Gewichte des Gewichtssatzes ergeben zusammen genau 1 000 g. Das entspricht 1 kg. Alle Gewichtsstücke werden auf die Balkenwaage gestellt. Es wird nach Gegenständen im Klassenraum gesucht, die etwa 1 000 g wiegen. Die Gewichtsstücke werden reduziert, sodass damit nur noch 500 g ausgewogen werden können und der Zusammenhang 500 g = $\frac{1}{2}$ kg deutlich wird. Auch zu diesem Gewicht werden passende Gegenstände aus der Klasse gefunden.

Die Beziehung von Größenvorstellung und Zahlenraumerweiterung wird durch die folgende Aufgabe unterstützt, in der die Schüler bestimmen müssen, mit welchen Gewichtssteinen vorgegebene Gewichtsangaben ausgewogen werden können, wenn Gewichte aus mehreren Gewichtssätzen zur Verfügung stehen. Die Schüler suchen nach verschiedenen Möglichkeiten und notieren diese entweder in tabellarischer Form oder als Addition.

	500 g	500 g	500g	412 g	412 g	412 g
1 000 g = 1 kg						
500 g = $\frac{1}{2}$ kg	/					
200 g		/		||		/
100 g		||	|||		|||	
50 g		||	||		||	||||
20 g			|||			
10 g			|||	|		
5 g			||		||	
2 g				|		||||| |
1 g					||	

90 g = 50 g + 20 g + 20 g oder
90 g = 20 g + 20 g + 20 g + 20 g + 10 g
320 g = 200 g + 100 g + 10 g + 10 g oder
320 g = 100 g + 100 g + 100 g + 20 g

Die Gewichtsstücke können auch in ihrer Anzahl begrenzt werden, um so die Möglichkeiten der Kombinationen einzuschränken.

Gewichte schätzen und bestimmen

Eine der wichtigsten Übungen zur Entwicklung von Größenvorstellungen ist das Schätzen, das dem genauen Wiegen vorangeht. Dabei kann es nicht Ziel sein, feine Gewichtsunterschiede zu „fühlen“. Vielmehr sollten Gegenstände in Gewichtskategorien eingeordnet werden können: ungefähr 10 g, ungefähr 100 g, ungefähr 1 000g. Es hat sich bewährt, im Mathematikunterricht gemeinsam mit den Schülern Gewichtsangaben von Gegenständen oder Lebewesen als verbindliche Vergleichsgrößen, als sogenannte Standardrepräsentanten, zu bestimmen, z. B.:

2 Büroklammern	1 g
1 Tafel Schokolade	100 g
1 Stück Butter	250 g
1 Paket Salz	500 g
1 Tüte Zucker	1 kg
1 gr. Wassereimer	10 kg
1 Sack Kartoffeln	25 kg
1 neunjähriger Schüler	30 kg
1 dicker Mann	100 kg
1 Pkw	1 000 kg

Diese Angaben werden für alle sichtbar in der Klasse aufgehängt, damit im Unterricht häufig darauf Bezug genommen werden kann. Wenn ein Schüler z. B. das Gewicht einer Tüte Obst mit 380 g ermittelt hat, kann er den Vergleich zu den Standardrepräsentanten herstellen: Das Gewicht entspricht etwa 4 Tafeln Schokolade, das Obst wiegt 120 g weniger als ein Paket Salz oder es wiegt 130 g mehr als ein Stück Butter.

Schätzen, Wiegen, Vergleichen

Gegenstand	geschätzt	gewogen	Vergleich
Apfel	60 g	125 g	etwas mehr als 1 Tafel Schokolade
Federtasche	200 g	290 g	etwas mehr als ein Stück Butter

Gewichte zuordnen

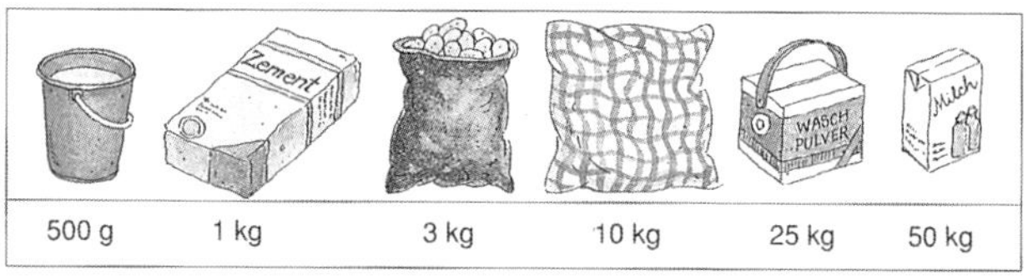

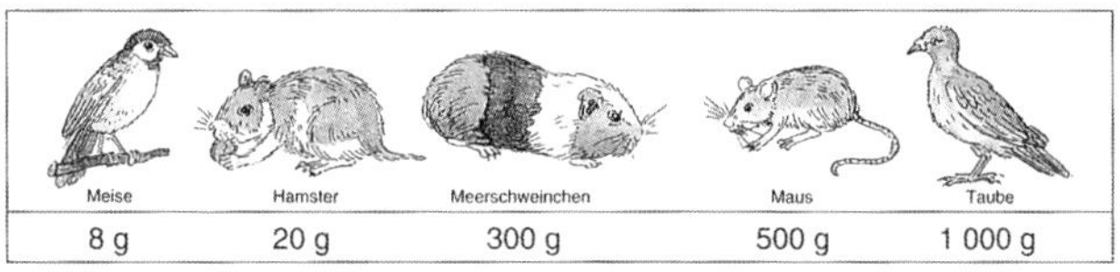

Schwerer? Leichter? Gleich schwer?
Es ist ratsam, viele Gegenstände zum genauen Wiegen zu nehmen, mit denen die Kinder häufig in Berührung kommen oder die sie oft in Händen halten, damit die Vorstellung von Gewichten gefördert wird. Zahnputzbecher, Kamm, Becher, Teller, Federmappe, Füller, Schultornister, Frühstücksbrot gehören z. B. dazu. Als günstig erweist es sich, die Beispiele so auszuwählen, dass Gewichtsunterschiede schwer feststellbar sind und eine Prüfung durch genaues Nachwiegen erforderlich wird.

Zahnputzbecher - Teelöffel
leerer Tornister - Mathematikbuch
Schülerin Martina - Schülerin Stella

Umwandeln von Gewichtseinheiten

1 kg 200 g = 1,200 kg = 1 200 g
$\frac{1}{4}$ kg = 0,250 kg = 250 g
$\frac{1}{2}$ kg = 0,500 kg = 500 g
$\frac{3}{4}$ kg = 0,750 kg = 750 g
1 250 g = 1 kg 250 g = 1,250 kg

< oder > oder = ?

750 g	$\frac{3}{4}$ kg
100 g	1 kg
200 g	$\frac{1}{2}$ kg
495 g	$\frac{1}{2}$ kg

Bruchzahlen werden hier nur als Maßzahlen in Zusammenhang mit Größen verwendet.

Rechnen mit Gewichten

Ordne nach dem Gewicht.

Welches Kind ist am leichtesten, welches am schwersten? Welche Kinder sind schwerer als Bernd? Zeichne ein Pfeilbild.

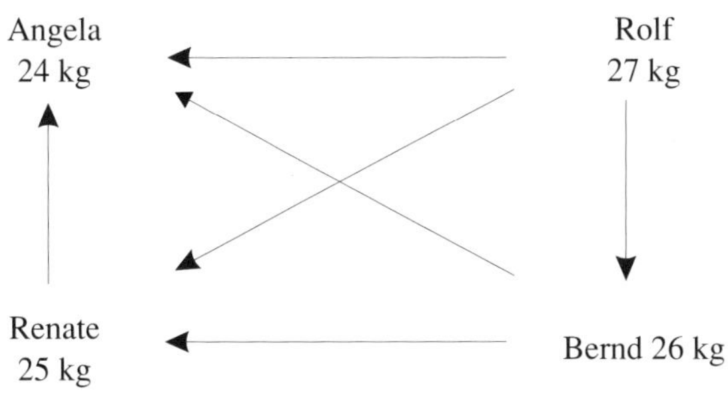

Lege Gewichtstabellen an.

Kaufe mehrere Teile von einer Sorte. Wie viele davon kannst du tragen?

Sorte	Einzelgewicht	Ich nehme 2	Ich nehme 5	Ich nehme 10
Stück Butter	250 g 0,250 kg $\frac{1}{4}$ kg	500 g 0,5 kg $\frac{1}{2}$ kg	1250 g 1 kg 250 g 1,250 kg 1 $\frac{1}{4}$ kg	2500 g 2 kg 500 g 2,5 kg 2 $\frac{1}{2}$ kg
Sack Kartoffeln	25 kg			
Tafel Schokolade	100 g			

Wie viel Gramm fehlen?

immer 1 kg/1 000g	864 g	22 g	154 g	611 g	750 g
	136 g				
immer 1 kg/1 000g	$\frac{1}{4}$ kg	$\frac{1}{2}$ kg	$\frac{3}{4}$ kg	136 g	500 g
	750 g				

Löse die Sachaufgaben.

Rosina, 10 Jahre alt und 130 cm groß, hat sich letzte Woche auf die Waage gestellt. Als sie die Anzeige der Waage auf 48 kg sah, hat sie beschlossen abzunehmen. In dieser Woche hat sie bereits 2 kg abgenommen. Nach wie vielen Wochen wiegt sie nur noch 16 kg? Rechne und nimm kritisch Stellung zu der Aufgabe.

Rosina, 10 Jahre alt und 130 cm groß, hat sich letzte Woche auf die Waage gestellt. Als sie die Anzeige der Waage auf 48 kg sah, hat sie beschlossen abzunehmen. In dieser Woche hat sie bereits 2 kg abgenommen. Wie viel kg muss sie noch abnehmen, um ihr Idealgewicht zu erhalten? (Hilfe: AID-Tafel, S. 235)

Martin wiegt 29 kg. Die Lehrerin erklärt ihm, dass sein Tornister nur ein Zehntel seines Körpergewichts, also 2 kg 900 g wiegen sollte.

a) Montags hat er Mathematik, Kunst, Sachunterricht und Deutsch. Wie viel wiegt sein gefüllter Tornister?

b) Wie viel wiegt sein Tornister, wenn er alles mitnimmt?

c) Finde heraus, welche 4 Teile er eingepackt haben könnte, wenn sein gefüllter Tornister 2 kg 140 g wiegt.

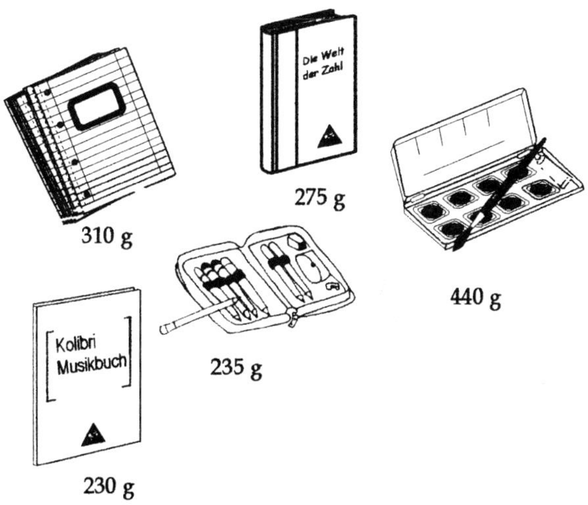

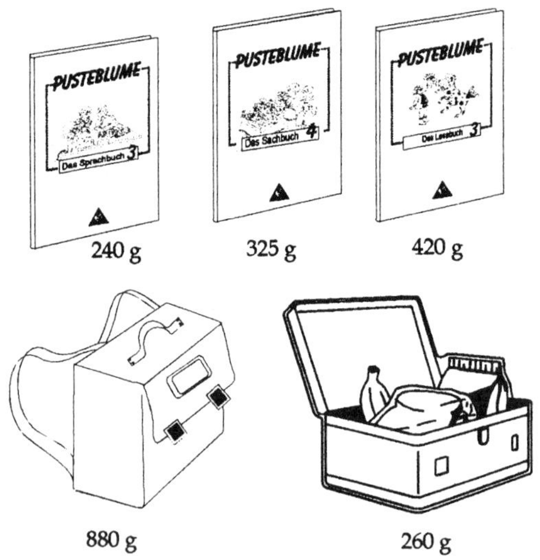

Klasse 3 b schickt an ihre Partnerklasse ein Päckchen (Höchstgewicht 2 kg). Die Maße der Kiste sind normgerecht. Können die Schüler alles mitschicken?

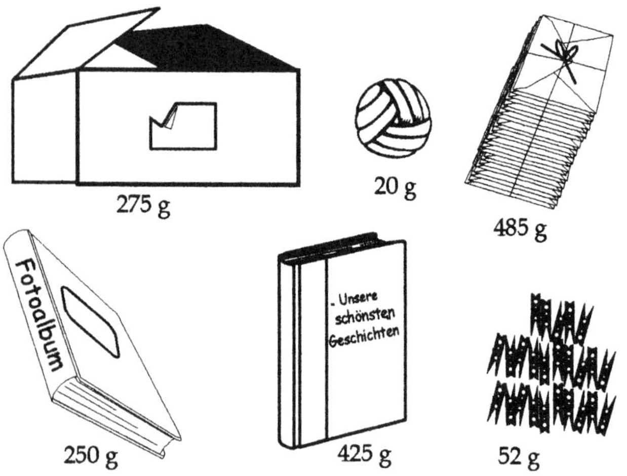

4.6.2 Gewichte in Sachsituationen

Im Folgenden werden übende Aktivitäten zum Thema „Gewichte“ beschrieben, denen bestimmte Fragestellungen zugrunde liegen. Dabei wird möglichst von Lebenssituationen ausgegangen, in denen Gewichte eine Bedeutung für die Schüler haben. Im **Handbuch 2** stand z. B. das Gewicht des Schultornisters im Mittelpunkt.

Mein Körpergewicht

Im 3. Schuljahr bietet es sich an, das eigene Körpergewicht zu betrachten. Wie schwer bin ich? Wie schwer sind die anderen?

Als Vorübung schätzt jeder Schüler sein Gewicht und schreibt es auf. Die Ergebnisse werden besprochen. Die Schüler beschreiben, wie sie zu ihren Schätzergebnissen gekommen sind. Der eine oder andere hat es vielleicht genau gewusst bzw. sich mit seinem Nachbarn beraten. Wenn die Schülerinnen ihr geschätztes Gewicht in die Tabelle eingetragen haben, gibt die Lehrerin das statistisch ermittelte Durchschnittsgewicht von 9-jährigen Kindern, 26 kg, bekannt. Nun erhalten die Schüler den Auftrag, sich auf der bereitgestellten Personenwaage genau zu wiegen und ihr Gewicht zu notieren. Anschließend sollen sie den Unterschied zu ihrem geschätzten Gewicht ermitteln sowie ihr Gewicht mit dem statistischen Wert vergleichen. Voraussetzung ist, dass das Wiegen und Ablesen auf einer Personenwaage an mehreren Beispielen vorab geübt wurde. Die folgenden Vereinbarungen werden getroffen: Wir wiegen ohne Schuhe, ohne Jacke und wir rechnen etwa 1 kg für Kleidung ab. Um im weiteren Verlauf des Unterrichts Diskriminierungen zu vermeiden, werden die Zettel mit den Gewichten der Schüler eingesammelt. Die Zettel werden mit Nummern versehen, damit die Daten anonym bleiben. Die Lehrkraft überträgt die Gewichtsangaben in eine für die Schülerhand vorbereitete Liste.

Körpergewicht

Schülerin	geschätzt	gewogen	Unterschied zur eigenen Schätzung	Unterschied zum statistischen Wert (26 kg)
1	30 kg	27 kg	3 kg	1 kg
2				
3				

Die Liste wird kopiert und jedem Kind ausgehändigt. Nun können Fragen dazu gestellt werden:

- Welches ist das höchste, welches das niedrigste Gewicht?
- Welches ist die höchste, die niedrigste Differenz zwischen geschätztem und ermitteltem Gewicht?
- Welches ist die höchste, die niedrigste Abweichung zum statistischen Durchschnittsgewicht?
- Welche Gewichtsangaben treten am häufigsten auf? Vergleiche mit dem statistisch ermittelten Gewicht.
- Wie groß ist der Unterschied zwischen dem kleinsten und dem größten Gewicht?

Da das Gewicht etwas mit der Körpergröße zu tun hat, kann der Unterricht fortgesetzt werden, indem man die von der AID (1989) herausgegebene Schautafel zu vergleichenden Betrachtungen hinzuzieht. (Die Schautafel ist zu beziehen beim Auswertungs- und Informationsdienst AID e. V., Landwirtschaft und Forsten, Postfach 200 153, 53 173 Bonn.)

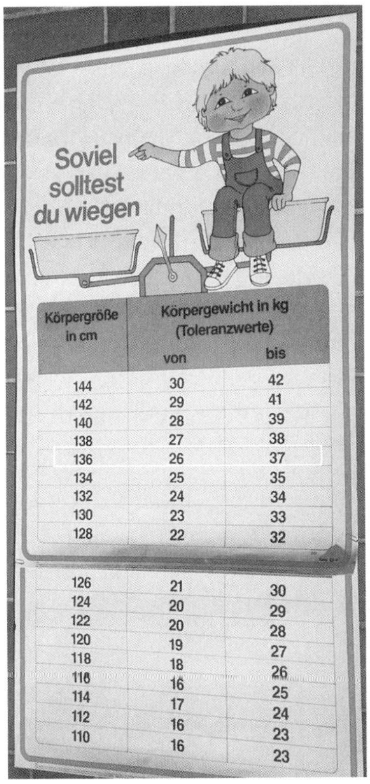

Die Schülerinnen stellen in Partnerarbeit ihre Körpergröße fest und lesen an dem Intervall ab, ob sie im Normbereich liegen, Beispiel: Körpergröße 136 cm, Minimalgewicht 26 kg und Höchstgewicht 37 kg. Weil es sicherlich für einige Schüler peinlich werden kann, ist es ratsam, dass jeder Schüler seine eigene Wertungnur für sich allein vornimmt und man im Weiteren mit den Gewichts- und Größenangaben fremder Kinder rechnet. Deshalb wird den Schülern die Klassenliste einer fiktiven Klasse ausgehändigt. Sie erhalten die Aufgabe, festzustellen, wie viele Kinder dieser 3. Klasse Untergewicht bzw. Übergewicht haben, indem sie die eingetragenen Werte mit dem AID-Schaubild vergleichen.

	Vorname	Gewicht/kg	Größe/cm
1	Lydia	33 kg	142 cm
2	Sarah	29 kg	137 cm
3	Simon	30 kg	135 cm
4	Daniel	27 kg	140 cm
5	Nadine	30 kg	138 cm
6	Julia	32 kg	132 cm
7	Karen	38 kg	142 cm
8	Ibro	25 kg	134 cm
9	Stefanie	36 kg	141 cm
10	Lea	30 kg	140 cm

Fächerübergreifende Aspekte, wie sportliche Aktivitäten und Essgewohnheiten zur Erhaltung der Gesundheit können das Thema an dieser Stelle fortsetzen.

Einkaufssituation – ein Unterrichtsbeispiel

Damit die Schüler einen Eindruck vom Abhängigkeitsverhältnis Preis-Gewicht gewinnen können, wird vorgeschlagen, einen Unterrichtsgang in ein Geschäft zu unternehmen, in dem Artikel verkauft werden, die noch abgewogen werden müssen. Im Beispiel handelt es sich um einen Fleischerladen, in dem die Schüler sogar selbst Wurstwaren auswiegen durften. In dem Laden befindet sich eine Fleischerwaage, an der die Preise für ein Kilogramm der Ware (noch immer) per Hand eingegeben werden müssen.

Im Laden wird folgendermaßen vorgegangen:

- Das Schnitzelstück wird auf die Fleischerwaage gelegt, nachdem das Gewicht vorab geschätzt wurde.
- Dann wird auf der Anzeige abgelesen, wie viel das Stück genau wiegt, in diesem Fall 560 g. Ist das mehr als ein Kilo oder weniger? Es ist ungefähr $\frac{1}{2}$ kg.
- Jetzt wird der Preis für ein Kilogramm bei der Verkäuferin erfragt. Ein Kilo Schnitzelfleisch kostet 5,90 €. Wird das Schnitzelstück auf der Waage mehr oder weniger kosten? Es muss ungefähr 3 € kosten.
- Schätzen, Vermuten und Begründen sind in dieser Phase sehr wichtig, denn beim Einkaufen kommt es darauf an, dass man in kurzer Zeit ungefähre Angaben als Kontrolle ermitteln kann.
- Erst jetzt wird der Kilopreis eingetippt und der genaue Preis für die Ware auf dem Display abgelesen. Das Ablesen von der Anzeige ist sehr schwierig und bedarf längerer Übung. Die Schüler müssen im untenstehenden Beispiel der Digitalanzeige entnehmen, dass z. B. das Schnitzelstück etwa $\frac{1}{2}$ kg wiegt, dass der Kilopreis für die Ware 5,90 € beträgt und dass der Kunde 3,30 € für das Schnitzelstück bezahlen muss.

kg	€/kg	€
0,560	5,90	3,30
Schnitzel		

kg	€/kg	€
1,780	3,90	6,94
Bratwurst		

- Der Vorgang des Wiegens und das Ablesen der auf dem Display erscheinenden Gewichts- und Preisangaben wird mehrfach geübt.

Aus diesem Grund erhalten die Schüler im darauffolgenden Unterricht Abbildungen von Digitalanzeigen. (**Kopiervorlage SR 2** enthält Blankovorlagen.)

kg	€/kg	€
0,200	2,80	
Schulterbraten		

kg	€/kg	€
1,500	2,80	
Schulterbraten		

kg	€/kg	€
0,100		0,49
Leberwurst		

kg	€/kg	€
0,500		2,45
Leberwurst		

Die Schüler sollen die Proportionalität von Gewicht und Preis in Form von Tabellen darstellen.

Schulterbraten

Gewicht	Preis
1 kg / 1 000 g	2,80 €
100 g	0,28 €
50 g	
150 g	
250 g / $\frac{1}{4}$ kg	
500 g / $\frac{1}{2}$ kg	
600 g	
750 g / $\frac{3}{4}$ kg	
800 g	
850 g	

Leberwurst

Gewicht	Preis
100 g	0,49 €
200 g	
300 g	
400 g	
500 g / $\frac{1}{2}$ kg	
600 g	
700 g	
800 g	
900 g	
1 000 g/1 kg	

Die Schüler bekommen als Hausaufgabe auf, Kilopreise von Obst und Gemüse zu erfragen sowie Wiegeetiketten mit in die Schule zu bringen. Wenn zudem auch Obst oder Gemüse mitgebracht wird, können die Schüler zum einen im Unterricht Gewichte schätzen und Obst oder Gemüse genau wiegen und zum anderen mit realistischen Preisangaben Tabellen anlegen. Die Dreisatzrechnungen, die beim Anlegen der Tabellen durchgeführt werden müssen, lassen sich gut auf folgende Weise darstellen:

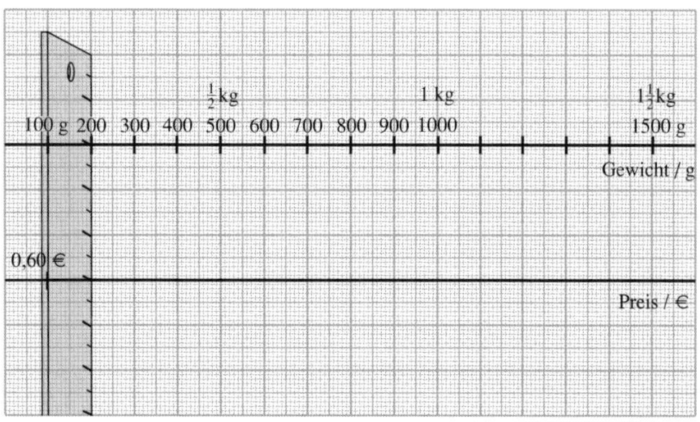

Auf Millimeterpapier wird eine Gewichtsskala gezeichnet. Als Preisskala wird eine ebenso lange Strecke gezeichnet. Sie bleibt ohne Angaben. Dieses Schema wird in eine Klarsichthülle gesteckt, damit es mehrfach verwendet werden kann. Der Schüler trägt den Preis, z. B. 0,60 € für 100 g Mortadella, mit Folienstift auf Höhe der 100 g ein. Das Lineal dient als „Ablesehilfe". Wenn der Schüler festgestellt hat, dass 200 g Mortadella zweimal so viel wie 100 g Mortadella kosten, trägt er die ermittelten 1,20 € auf der Preisskala mit Folienstift ein. Auf diese Weise werden die im Fleischerladen gemachten Erfahrungen zur Proportionalität auf ein Modell für die Schülerhand übertragen.

Um proportionale Zuordnungen geht es auch im Zusammenhang mit den mitgebrachten Wiegeetiketten. Mithilfe von Klebepunkten oder Tippex können Angaben auf den Wiegeetiketten unkenntlich gemacht werden. Die Schüler sollen die fehlenden Angaben ungefähr ermitteln. Das Etikett zum Kauf der Nektarinen weist folgende Angaben aus:

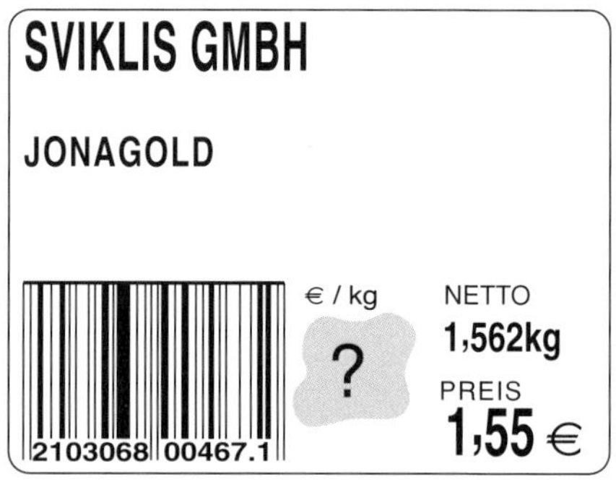

Die Schülerin soll dem Etikett den Kilopreis und den Preis für die gezahlte Ware entnehmen können. Darüber hinaus soll sie wissen, welche 3. Angabe auf dem Etikett noch fehlt. Es ist zu hoffen, dass einige Schülerinnen dem Wiegeetikett auch noch Folgendes entnehmen können: Es wurde weniger als ein Kilo gekauft, weil der Endpreis geringer als der Preis für ein Kilo ist. Es wurde mehr als ein halbes Kilo gekauft, weil mehr als die Hälfte des Kilopreises als Endpreis angegeben ist.

Wenn die Schüler häufig Gelegenheit erhalten, in realen oder simulierten Einkaufsituationen das Gewicht von Gegenständen zu schätzen, konkret auszuwiegen bzw. andere Gewichte als Vergleichsgröße heranzuziehen, dann können Aufgaben zu Gewichtsvergleichen auch auf ikonischer Ebene mittels Abbildungen von Gegenständen oder

Tieren angeboten werden, denen die Schüler Gewichtsangaben zuordnen müssen.

1 g	500 g	1 000 g	20 g	250 g	100 g

In einer weiteren Übungsvariante sollen die Schüler herausfinden, welche Gegenstände weniger als ein Kilo wiegen und diese Gegenstände der Gewichtsgruppe I zuordnen.

Alle Gegenstände, die mehr als 1 Kilo wiegen, gehören in die Gewichtsgruppe II. Die Gewichtsangaben innerhalb der beiden Gewichtsgruppen sind abschließend nach der Größe geordnet aufzuschreiben.

Leistungsschwächeren Schülern kann es beim Ordnen der Gewichtsangaben eine Hilfe sein, wenn sie die Teile ausschneiden können.

Gewichtsgruppe 1 Gewicht kleiner als 1 kg	Gewichtsgruppe 2 Gewicht größer als 1 kg
1. Waschpulver 750 g	1. Fernseher 12 kg
2.	2.
3.	3.
4.	4.
5.	5.
6.	6.

Süßes - aber wie viel?

Nicht mehr als etwa 10 % des täglichen Kalorienbedarfs sollten als Süßigkeiten verzehrt werden. Beispiel für ein Kind von 7 - 9 Jahren: täglicher Bedarf 1900 Kcal, davon maximal Süßigkeiten 190 Kcal.

In einer angenommenen oder tatsächlichen Süßigkeitenration für eine Woche könnten z. B. sein:

	Zucker in g	Kcal (gesamt)
100 Gummibärchen	50	350
1 Kugel Eiscreme	15	150
100 g Kekse	20	300
1 Nußcremewaffel	8	120
2 Mohrenköpfe	25	180
2 Riegel Kinderschokolade	14	150
8 Bonbons	40	150
Summe	172	1400

Diese Wochenmenge enthält im Durchschnitt 25 g Zucker pro Tag.
Die Zusammenstellung wird mit den Schülern besprochen, um ihnen bewusstzumachen, dass es ratsam ist, seinen Süßigkeitenkonsum zu kontrollieren. Damit sie zur Beobachtung ihrer häuslichen Gewohnheiten ein paar Anhaltspunkte haben, wird ihnen folgende Tabelle mitgegeben.

So viel Stückchen Würfelzucker à 3g sind enthalten in:

1 Milchschnitte	4 Stück ≃	12 g
1 Marsriegel	13 Stück ≃	39 g
1 Portion Götterspeise	7 Stück ≃	21 g
2 Eßlöffel Ketchup	3 Stück ≃	9 g
1 Dose Fanta	11Stück ≃	33 g
6 Gummibärchen	2 Stück ≃	6 g
50 g Lakritze	11Stück ≃	33 g
1 Stück Rührkuchen	9 Stück ≃	27 g
1 Mohrenkopf	4 Stück ≃	12 g
1 Dose Coca-Cola	12 Stück ≃	36 g
1 Glas Nutella	79 Stück ≃	237 g

Die Schüler legen im Unterricht Tabellen an, in denen der Zuckeranteil von Nahrungsmitteln bestimmt wird:

Anzahl / Sorte	1	2	4	6	8	10
Mars-Riegel	39 g	78 g				390 g
Fanta Dose	33 g		132 g		244 g	
Milch-schnitte	12 g			72 g		

Eine Ausstellung in der Schule wird aufgebaut. Dort werden leere Flaschen und Packungen von Lebensmitteln aufgestellt, deren Zuckeranteil durch Würfelzuckerhaufen und Schilder mit Gewichtsangaben demonstriert wird, z. B.: 1 Rolle Smarties (40 g) enthält 10 Stückchen , 30 g Würfelzucker. Das entspricht $\frac{3}{4}$ des Nettogewichts.

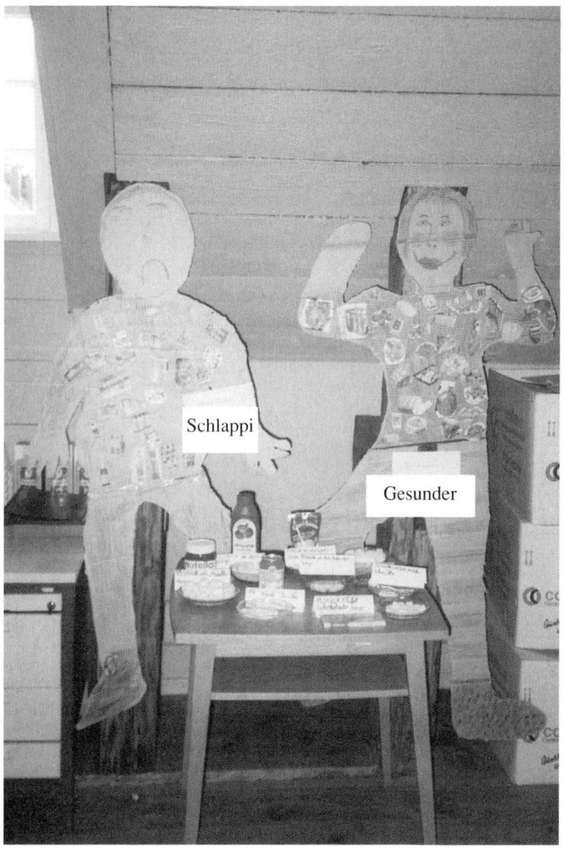

Kartoffelverzehr

Als Schwerpunkte zu diesem Unterrichtsvorhaben bieten sich folgende Themen an (vgl. Dallmann u. a. 1995):

- Biologische und historische Aspekte der Kartoffel
- Verwendungsmöglichkeiten der Kartoffel
- Vorbereitung eines Kartoffelfestes
- Zubereitung von Kartoffelgerichten
- Kartoffelverzehr

Das Thema „Kartoffelverzehr" wird herausgegriffen. Die Kartoffel ist neben dem Brotgetreide eine wichtige Grundlage für die Ernährung der Menschen in Mitteleuropa. Zu Großmutters Zeiten waren jedoch die Kochgewohnheiten anders: Vor mehr als einer Generation drehte sich in der deutschen Küche noch alles um die Kartoffel. Sie war mit einem jährlichen Pro-Kopf-Verbrauch von 178 kg wichtigstes Nahrungsmittel. In der heutigen Zeit stehen Obst und Südfrüchte an erster Stelle auf dem Speisezettel. Sie haben dem Fett und den Kohlehydraten den Rang abgelaufen, weil durch die veränderten Lebens- und Arbeitsbedingungen der Körper heute weniger Energie benötigt.

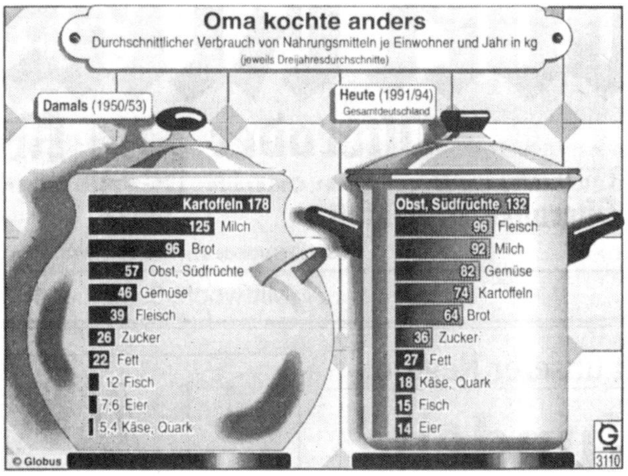

Die Schülerinnen sollen ein solches Diagramm verstehen lernen und nach Gründen für die Veränderungen des Essverhaltens suchen. Dazu werden am besten ältere Menschen befragt. Folgende Bereiche werden angesprochen :

- Was heißt Pro-Kopf-Verbrauch pro Jahr und Einwohner?
- Was hat sich am Essverhalten der Menschen innerhalb von ca. 40 Jahren geändert?
- Wie sind die Unterschiede zu erklären?
- Wähle Nahrungsmittel aus und berechne, wie viel Kilogramm du davon etwa während deiner 3-jährigen Grundschulzeit zu dir genommen hast (z. B. 82 kg Gemüse mal 3).

Damit die Größenvorstellung von Gewichten verfeinert wird, werden zu einigen in der Statistik aufgeführten Pro-Kopf-Mengen Vergleichsgrößen hinzugezogen. 36 kg Zucker, d. h. sechsunddreißig 1 kg-Tüten Zucker, verspeist eine Person in einem Jahr, 18 Tüten in einem halben Jahr, 3 Tüten/3 000 g pro Monat, etwas weniger als 1 Tüte (~ 1 000 g) in der Woche. Leere Tüten, auf denen die Gewichtsangaben jeweils notiert werden, eignen sich recht gut als Modell an dieser Stelle. Ebenso kann mit leeren Quarkbechern (250 g) das Gewicht von 18 kg Pro-Kopf-Verbrauch an Käse- und Quarkprodukten (etwa 72 Becher pro Jahr) demonstriert werden.

Die in der heutigen Zeit verzehrte Jahresmenge an Kartoffelprodukten entspricht ungefähr dem Gewicht von drei Grundschülern. An einer Dorfschule ergibt sich ggf. die Gelegenheit, die Menge von 74 kg bzw. 178 kg Kartoffeln auswiegen zu lassen. Um herauszufinden, wie viele Kartoffeln im Durchschnitt pro Tag von einer Person gegessen werden, wird eine Tabelle angelegt:

Gewicht	74 kg	37 kg	~6 kg	~$1\frac{1}{2}$ kg	~1500g	~200 g
Zeitraum	1 Jahr	$\frac{1}{2}$ Jahr	1 Mon.	1 Wch	1 Wch	1 Tag

Man kann sagen, dass pro Person im Durchschnitt pro Woche ca. $1\frac{1}{2}$ kg Kartoffeln, das entspricht ungefähr 12 – 14 Kartoffeln mittlerer Größe, verzehrt werden. Im Unterricht wird über die Aussagekraft von statistischen Werten gesprochen. Die Schüler erhalten die Hausaufgabe, ihren Verzehr an Kartoffelprodukten über eine Woche hinweg zu beobachten, um sie mit den statistischen Werten zu vergleichen. Darüber hinaus werden zum Thema Kartoffelverzehr folgende Aspekte angesprochen:
Welche Rolle spielt die Kartoffel in unserer Ernährung?
In welchen Zubereitungsformen kennen wir sie?
Wie schmeckt sie uns?
Wie häufig essen wir Kartoffeln oder Kartoffelprodukte?
Gespräche über Essgewohnheiten belegen, dass wir Kartoffeln häufig als Kartoffelerzeugnisse, z. B. Pommes frites, Knödelpulver, Kartoffelchips bzw. als Trockenerzeugnisse wie Kartoffelpüree und Fertigsuppen zu uns nehmen. Diese fließen also auch in die Erhebung mit ein.

Die Schüler bringen leere Packungen von Kartoffelprodukten mit. Die Gewichtsangaben darauf werden gelesen und u. a. zu folgenden Berechnungen herangezogen:

- Wie viel Gramm fehlen noch zu einem Kilo, wie viel Gramm sind es mehr als ein Kilo?
- Ordne die angegebenen Gewichte nach der Größe.
- Welche Gewichtsangaben unterscheiden sich um höchstens 50 g?
- Wie groß ist der Unterschied zwischen der höchsten und der niedrigsten Gewichtsangabe?

Mögliche Sachaufgaben zum Thema:

Was ist schwerer, ein Kilogramm Kartoffeln oder ein Kilogramm Kartoffelchips?

Wie viele Kartoffeln sind 1 kg?

Wie viele Tüten sind etwa ein Kilo Kartoffelchips (1 Tüte 75 g)?

Zum Schluss der Einheit werden Kartoffelpuffer gebacken. Die 12 – 14 Kartoffeln mittlerer Größe, d. h. die Kartoffel- menge, die im Durchschnitt pro Woche pro Person verzehrt wird, reicht zur Herstellung von Kartoffelpuffer für etwa 6 Personen. Günstig ist es, wenn die Schülergruppen die Kartoffeln dazu einzeln auswiegen und das Gewicht notieren:

Anzahl der Kartoffeln	1	2	3	4	5	6	7	8	9	10
Gewicht										

Viele Kinder kennen Kartoffelpuffer nur als Fertigprodukte. Deshalb ist es eine motivierende Aufgabe, Puffer selbst herzustellen.

Rezept für 6 Personen:
Zutaten: 12 - 14 mittelgroße Kartoffeln, 2 Zwiebeln, 3 Eier, Salz, $\frac{1}{4}$ l Öl zum Braten, etwa 100 g Paniermehl

Kartoffeln schälen und waschen. Kartoffeln auf der Reibe in eine Schüssel reiben.
Feingeschnittene Zwiebeln und Eier sowie eine Prise Salz hinzufügen. Alles mit etwa 100 g Paniermehl verrühren, damit der Brei nicht mehr flüssig ist. Das Öl portionsweise in einer Pfanne erhitzen. Den Kartoffelpufferbrei löffelweise in die Pfanne geben und zu möglichst glatten, dünnen Fladen verstreichen. Nach ca 2 Minuten mit einer Küchenhand wenden, sodass die Kartoffelpuffer auf jeder Seite goldbraun und knusprig braten. Die Puffer heiß mit Apfelmus oder Heidelbeerkompott servieren.

4.7 Sachrechnen mit Rauminhalten

Zunächst werden unmittelbare Vergleiche durchgeführt, indem formgleiche Gefäße mit Flüssigkeit nebeneinandergestellt bzw. die Flüssigkeiten formungleicher Gefäße durch Umschütten in formgleiche Gefäße miteinander verglichen werden. Dann schließen sich Übungen zum mittelbaren Vergleich an, in denen Rauminhalte mit einer nicht standardisierten kleineren Maßeinheit ausgemessen werden. Es ist zu empfehlen, dabei nach Möglichkeit Gefäße zu benutzen, die den Kindern vertraut sind, wie z. B. Joghurt-Becher, Trinkgläser oder die Plastikhüllen aus Überraschungseiern.

Schätzübungen vor der Durchführung unmittelbarer oder mittelbarer Vergleiche können angeregt, sollten aber nicht überstrapaziert werden. In dieser Anfangsphase kommt es vor allem darauf an, durch Umfüllen und durch den Umgang mit Messbechern zunächst praktische Erfahrungen zu sammeln, die dann auch zu besseren Schätzungen führen.

4.7.1 Inhaltliche Schwerpunkte bei der Entwicklung von Größenvorstellungen

Der klassische Stufengang bei der Erarbeitung von Größen (vgl. **Handbuch 2**) erweist sich auch beim Sachrechnen mit Rauminhalten als geeignet. Deshalb wird in den folgenden Ausführungen beschrieben, mit welchen methodischen Schritten dieser Stufengang im Mathematikunterricht aufgebaut werden kann.

Unmittelbare Vergleiche

Zu unmittelbaren Vergleichen von Rauminhalten in formgleichen Gefäßen haben sicherlich viele Kinder bereits Erfahrungen gesammelt: In welcher der beiden angebrochenen Flaschen Apfelsaft ist noch mehr Saft? Ist die Milch auf die Gläser der Geschwister gerecht verteilt? Welcher Eimer enthält mehr Wasser und ist damit auch schwerer?

An solche Vorerfahrungen wird im Unterricht zunächst angeknüpft. Dabei wird thematisiert, dass Vergleiche von Rauminhalten bei formgleichen Gefäßen besonders leicht sind, weil ein Vergleich des Flüssigkeitspegels schon ausreicht, um festzustellen, in welchem der Gefäße mehr oder weniger Flüssigkeit enthalten ist. Wie aber können Rauminhalte unterschiedlich geformter Gefäße miteinander verglichen werden?

Durch Umschütten finden die Kinder heraus, in welches der drei Gläser am meisten bzw. am wenigsten Saft passt. Alternativ dazu werden alle drei Gläser randvoll mit Flüssigkeit gefüllt. Der Inhalt jedes Glases wird danach in ein formgleiches, größeres Gefäß umgeschüttet. Nun können die Flüssigkeitspegel der drei formgleichen Gefäße direkt miteinander verglichen werden.

Im Unterrichtsgespräch wird herausgearbeitet, dass Gefäße zwar unterschiedliche Formen, aber dennoch das gleiche Fassungsvermögen haben können.

Mittelbare Vergleiche

Mittelbare Vergleiche mit kleineren Vergleichsgefäßen führen direkt zum Messen von Rauminhalten: Wie oft kann ich ein Einmachglas, wie oft eine Wasserflasche mit einer Tasse füllen? Finde heraus, ob die Milchtüte oder die Wasserflasche mehr Flüssigkeit fasst. Fülle beide mit einer Tasse. Zähle jeweils die Anzahl der Tassenfüllungen. Benutze beim Umfüllen einen Trichter.

Im Beispiel wird gezeigt, dass in die Milchtüte 5 Tassen und in die Saftflasche ein wenig mehr als 4 Tassen passen. Damit ist deutlich geworden, dass in die Milchtüte mehr Flüssigkeit passt als in die Wasserflasche.

Praktische Übungen dieser Art dienen nicht nur der Vertiefung des Grundverständnisses für das Messen im Größenbereich Volumina, sie tragen vielmehr auch dazu bei, die Fähigkeit zum Schätzen von Flüssigkeitsmengen zu verbessern. Dieser Aspekt wird in der folgenden Aufgabe besonders betont, indem die Kinder vor jeder Messung aufgefordert werden, abzuschätzen, wie viele Tassen jeweils in das Gefäß passen.

Gefäße	 2 l	 1,5 l	 1 l
Flüssigkeit, geschätzt in Tassen			
Flüssigkeit, gemessen in Tassen			

Gefäße	 5 l	 0,22 l	 0,3 l
Flüssigkeit, geschätzt in Tassen			
Flüssigkeit, gemessen in Tassen			

Indirekter Vergleich mit standardisierten Maßeinheiten

Im 3. Schuljahr werden die Einheiten Liter (l) und Milliliter (ml) eingeführt.

1 Liter ist der Rauminhalt eines Würfels mit 1 Dezimeter Kantenlänge (1 l = 1 dm^3 = 1 000 cm^3). Besonders gut zur Demonstration eignet sich in diesem Zusammenhang ein hohler Kubikdezimeterwürfel, der in der Regel auch bei der Erweiterung des Zahlenraums zur Veranschaulichung des Tausenders herangezogen wird. Er kann sowohl mit einem Liter Flüssigkeit als auch mit 1 000-cm^3-Würfeln ausgefüllt werden, sodass die Beziehungen 1 l = 1 000 ml = 1 000 cm^3 bzw. 1 ml = 1 cm^3 veranschaulicht werden können.

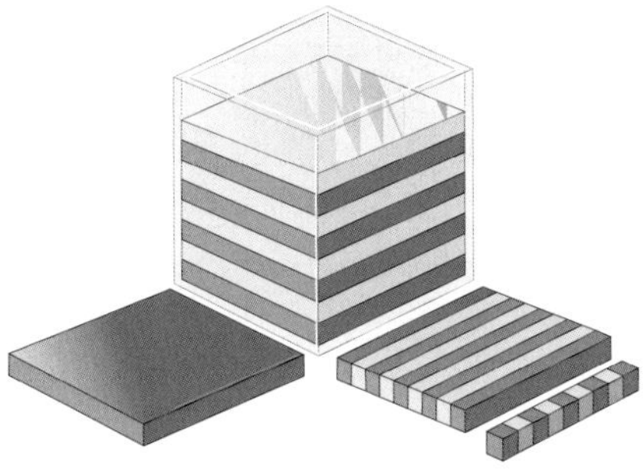

Die zuvor mit Tassen durchgeführten Messungen sollten auch mit diesem Standardmaß „1 Kubikdezimeterwürfel" bzw. „1 Liter" vorgenommen werden. Das Ausmessen der Blumenvase - 2 vollständige Füllungen, also 2 Liter Inhalt - fällt leicht, ebenso das der Gießkanne. Bei der Kaffeekanne und erst recht bei dem Zahnputzbecher und der Cola-Dose wird es viel schwieriger. Das 1-Liter-Maß ist zu grob. Mögliche Verfeinerungen werden von den Kindern vorgeschlagen: Wir könnten die Plastikhüllen aus Überraschungseiern nehmen oder kleine Gläser oder ...

Ein genauer Blick auf ein standardisiertes 1-Liter-Maß (aus der Küche oder sogar aus einem Chemielabor) macht aufmerksam auf die kleineren Einteilungen. Welche Bedeutung haben diese Striche? Wie viele gibt es? Im Unterrichtsgespräch wird herausgearbeitet, dass der Abstand zwischen zwei kleinen Strichen für 1 Tausendstel Liter steht, für 1 Milliliter. Wenn wir kleine Gefäße hätten, in die genau so viel Flüssigkeit hineinpasst wie in einen kleinen Würfel mit einem Zentimeter Kantenlänge, dann könnten wir damit genau 1 ml abmessen. Weil uns solche kleinen Messbecher aber nicht zur Verfügung stehen, messen wir mit anderen Behältern, die eine Maßeinteilung in Milliliter haben, insbesondere mit (gereinigten) Medizinflaschen unterschiedlicher Größe oder mit Messbechern aus dem Physik- bzw. Chemieraum. Bei der Arbeit mit diesen Gefäßen kommt es auf das genaue Ablesen von den Skalen an. Folgende Ableseübungen werden angeboten :

Auf einigen Messbechern steht statt ml auch cm^3. Um deutlich zu machen, dass beide Einheiten die gleiche Bedeutung haben, wird der hohle Kubikdezimeterwürfel als Modell eingesetzt. Zur Demonstration werden 100 ml Flüssigkeit aus dem Messbecher in den Würfel umgegossen. Mit einem Lineal wird die Höhe der Flüssigkeitssäule, 1 cm gemessen. Mithilfe der cm^3-Würfel des genannten Modells kann gezeigt werden, dass die Flüssigkeit den Platz von 100-cm^3-Würfeln einnimmt (vgl. hierzu auch **Handbuch 2**, S. 150 f.). Die Lehrkraft entscheidet situativ, (z. B. auf Grund der mitgebrachten Meßssbecher) inwieweit sie auf die Maßeinheit cm^3 eingehen möchte. Wenn die Lehrkraft sich dafür entscheidet, sich im Mathematikunterricht auf die Einheit Milliliter zu beschränken, kann u. a. den folgenden Fragen nachgegangen werden: Wie viel ml Wasser passen auf einen Teelöffel, einen Esslöffel, eine Kelle, in eine Überraschungseihülle, in einen Tuschbehälter?

Nachdem die Schüler Erfahrungen im Umgang mit einem Litermaß gesammelt haben, sollen sie nach Gegenständen suchen, die nach ihrer Schätzung ungefähr einen Liter fassen. Wenn durch Umfüllen bestätigt werden kann, dass der Gegenstand ungefähr 1 Liter fasst, wird er als Standardrepräsentant im Klassenraum aufgestellt. Darüber hinaus werden leere Gefäße in der Klasse aufgestellt, die die Schüler aus dem häuslichen Gebrauch mitbringen, z. B. Haarwaschmittelflaschen, Waschmittelpackungen, Getränkeflaschen, Sonnenmilchtuben, Arzneimittelflaschen. Die Schüler sollen eine Vorstellung vom Fassungsvermögen kleiner und großer Gefäße entwickeln. Dazu eignen sich auch Übungen, in denen die Schüler zu den Abbildungen oft verwendeter Gefäße die entsprechenden Flüssigkeitsmengen zuordnen.

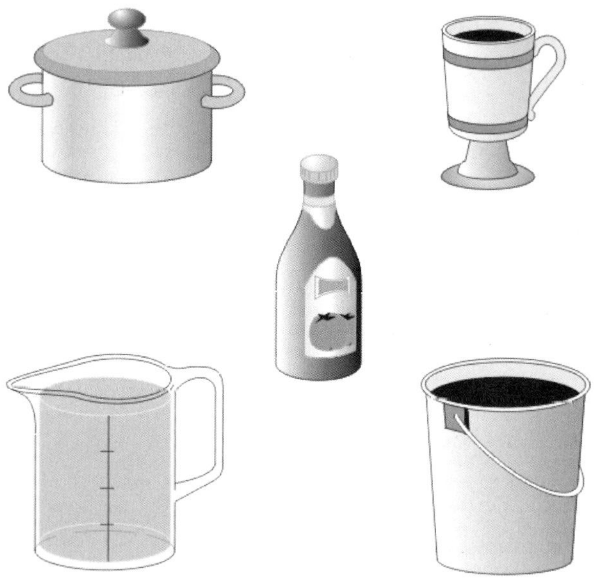

$10\,l$	$3\,l$	$\frac{1}{2}\,l$	$1\,l$	$\frac{1}{4}\,l$

Festigung des Verständnisses von Rauminhalten

Zur weiteren Festigung des Verständnisses von Rauminhalten gehören auch Übungen, in denen die Schüler Umwandlungen von einer Maßeinheit in die andere vornehmen, Flüssigkeitsmengen miteinander vergleichen, Raummaße nach der Größe ordnen oder Tabellen anlegen, die das Rechnen mit Rauminhalten erfordern.

Umwandlungsübungen

1 l 200 ml = 1 200 ml
$\frac{1}{4}$ l = 250 ml
3000 ml = 3 l
500 ml = $\frac{1}{2}$ l
$1\frac{3}{4}$ l = 1 750 ml

Größenvergleiche

< oder > oder = ?

750 ml $\frac{3}{4}$ l
100 ml 1 l
200 ml $1\frac{1}{2}$ l
495 ml $\frac{1}{2}$ l

Ordnen nach der Größe

$\frac{1}{4}$ l, 200 ml, 1 l 400 ml, 750 ml, 2 000 ml, 200 l, 10 ml, 500 ml, 800 ml

Tabellen anlegen

Die Schüler werden unterschiedlich vorgehen, um die Tabellen auszufüllen. Die einen werden die Werte rechnerisch ermitteln, während andere darauf angewiesen sind, die Handlungen konkret auszuführen. Entsprechend sollten für diese Übungen geeignete Messbecher zur Verfügung stehen, ihre Verwendung aber nicht vorgeschrieben werden.

Bestimme die Anzahl der gefüllten $\frac{1}{4}$-l-Becher.

Menge	1 l	$1\frac{1}{2}$ l	2 l	$\frac{1}{2}$ l	$\frac{3}{4}$ l	750 ml	250 ml
Anzahl der $\frac{1}{4}$-l-Becher	4	6					

Bestimme die gesamte Flüssigkeitsmenge.

Anzahl der Gefäße	Saft $1\frac{1}{2}$ l	Milch $\frac{1}{2}$ l	Wasser 5 l	Cola 2 l	Kakao $\frac{1}{4}$ l
3					
8					
12	18 l	6 l	60 l	24 l	3 l

Finde heraus, wie oft die verschiedenen Messbecher gefüllt werden müssen, um die angegebene Flüssigkeitsmenge umzugießen.

Rauminhalt	100 l	85 l	50 l	15 l	10 l
$\frac{1}{2}$-l-Maß	200-mal	170-mal	100-mal		
1-l-Maß					
$\frac{1}{4}$-l-Maß					

Rauminhalt	8 l	7 l	6 l	5 l	21 l
$\frac{1}{2}$-l-Maß					
1-l-Maß					
$\frac{1}{4}$-l-Maß					

Ergänze immer zu 1 l.

500 ml	500 ml
270 ml	730 ml
390 ml	
465 ml	
222 ml	

Gelegenheiten, in denen der Bruchzahlbegriff auf anschaulicher Ebene vorbereitet werden kann, sollten im Grundschulunterricht immer wieder genutzt werden. Es bietet sich in diesem Zusammenhang an, den Schülern Beziehungen zwischen Maßzahlen von Brüchen durch Umschütten von Flüssigkeiten zu verdeutlichen. Sie nehmen z. B. einen 1-l-Messbecher, einen $\frac{1}{2}$-l-Messbecher sowie eine leere Schulmilchtüte, die $\frac{1}{4}$ l Flüssigkeit fasst. Die Schüler erhalten die Aufgabe, die zwei Messbecher mit dem $\frac{1}{4}$-l-Gefäß zu füllen. Ziel ist, dass die Schüler dabei Folgendes erkennen: Das $\frac{1}{4}$-l-Gefäß muss zweimal gefüllt werden, um damit das $\frac{1}{2}$-l-Maß zu füllen. Das 1-l-Gefäß wird durch viermaliges Umgießen der Flüssigkeit des $\frac{1}{4}$-l-Gefäßes sowie durch zweimaliges Umgießen mit dem $\frac{1}{2}$-l-Maß gefüllt. Diese Kenntnisse wurden bereits in den zuvor genannten Übungen vorausgesetzt.

Finde heraus, mit welchen Gefäßen jeweils 1 l zusammengegossen werden kann.

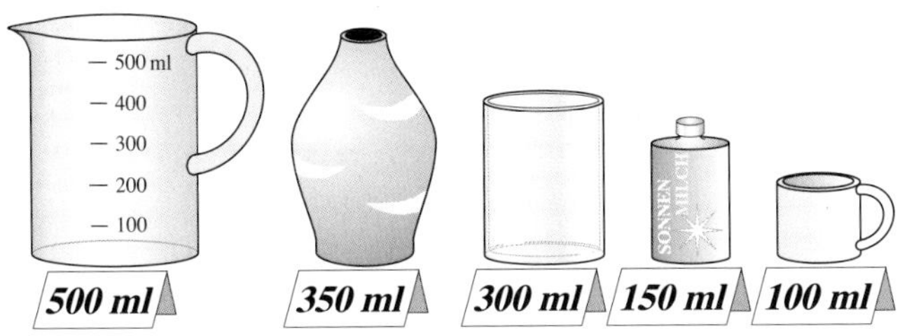

Zusammen immer 1 l

150 ml + 350 ml + 300 ml + 100 ml + 100 ml

100 ml + 100 ml + 300 ml + 500 ml

500 ml + 350 ml + 150 ml

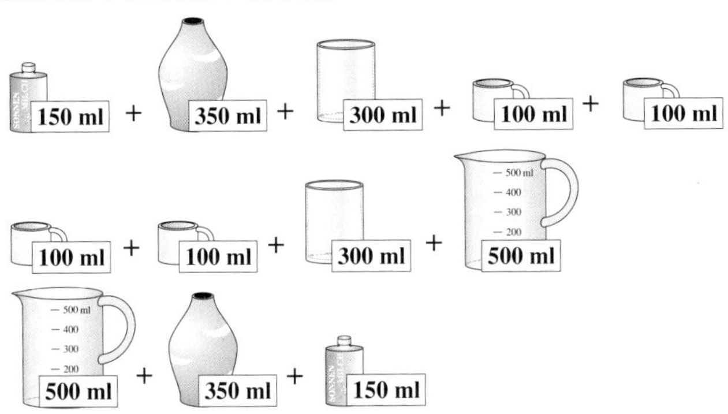

Mit welchen Gefäßen kann man eine 1-Liter-Flasche genau füllen, indem man immer wieder das gleiche Gefäß nimmt?

500 ml + 500 ml = 1 l

250 ml + 250 ml + …

4.7.2 Rauminhalte in Sachsituationen

Durch eigene Aktivitäten mit Rauminhalten, vor allem durch Umschütten von Flüssigkeiten, wird bei den Schülern ein Schätzvermögen entwickelt, das im täglichen Leben von Bedeutung ist. Der Rauminhalt von Gefäßen wird durch Umgießen miteinander verglichen, das jeweilige Fassungsvermögen bestimmt und der Umgang mit verschiedenen Maßeinheiten geübt. Diese Vorgehensweisen sind zur Entwicklung von Größenvorstellungen wichtig. Deshalb werden im Folgenden solche Vorhaben beschrieben, in denen Schätzen, Umschütten und Messen eine wichtige Rolle spielen.

Schulmilchbestellung

Im **Handbuch 2**, S. 178 f., wurde die wöchentliche Schulmilchbestellung im Zusammenhang mit dem Größenbereich Geld beschrieben. In diesem Sachkontext können ebenso gut Schütt- und Messübungen vorgenommen werden. Die ausgewaschenen leeren Gefäße füllt man mit Wasser (Ein Trinkpäckchen fasst $\frac{1}{4}$ l.). Das Wasser wird zum Messen in Messbecher umgeschüttet, um den Inhalt anschließend an der Skala ablesen zu können. Mit dem beschriebenen Verfahren wird im Unterricht folgenden Fragen nachgegangen:

- Wie viele Trinkpäckchen muss ich füllen, um eine große Tüte Milch zu füllen?
- Wie viele Trinkpäckcheninhalte passen in unsere Blumengießkanne?
- Wie viel Milch enthält ein Trinkpäckchen?
- Wie viele Liter/Milliliter trinkt ein Schüler an 5 Schultagen? Passt der Inhalt in eine Saftflasche?
- Wie viele Liter/Milliliter von jeder Sorte enthält die klasseninterne Wochenbestellung?

Getränkebestellung Klasse 3b

Sorte	8. – 12.1.	Inhalt in l / ml	insgesamt	insgesamt
Kakao	𝍸 𝍷𝍷𝍷𝍷	$9 \cdot \frac{1}{4}$ l	$2\frac{1}{4}$ l	2 l 250 ml
Milch-Mix	–	–	–	–
Milch	𝍷𝍷𝍷	$3 \cdot \frac{1}{4}$ l	$\frac{3}{4}$ l	750 ml
Jogurt	𝍷	$1 \cdot \frac{1}{4}$ l	$\frac{1}{4}$ l	250 ml
insgesamt	𝍸 𝍸 𝍷𝍷𝍷	$13 \cdot \frac{1}{4}$ l	$3\frac{1}{4}$ l	3 l 250 ml

- Wie viele Liter sind das insgesamt? In welches Gefäß könnte diese Menge passen?
- Wie viele habe ich getrunken, wenn ich mit dem Inhalt einen 10-l-Wassereimer füllen könnte?
- Wie viele Trinkpäckchen habe ich getrunken, wenn ich ein Planschbecken (200 l) damit füllen könnte?

Die Erfahrungen im Unterricht zeigen, dass Schülerinnen gern mit Rekorden und großen Zahlen umgehen, sodass es eine reizvolle Aufgabe sein kann, den beiden zuletzt genannten Fragen nachzugehen. Das Ergebnis wird auf einem großformatigen Wandplakat dokumentiert.

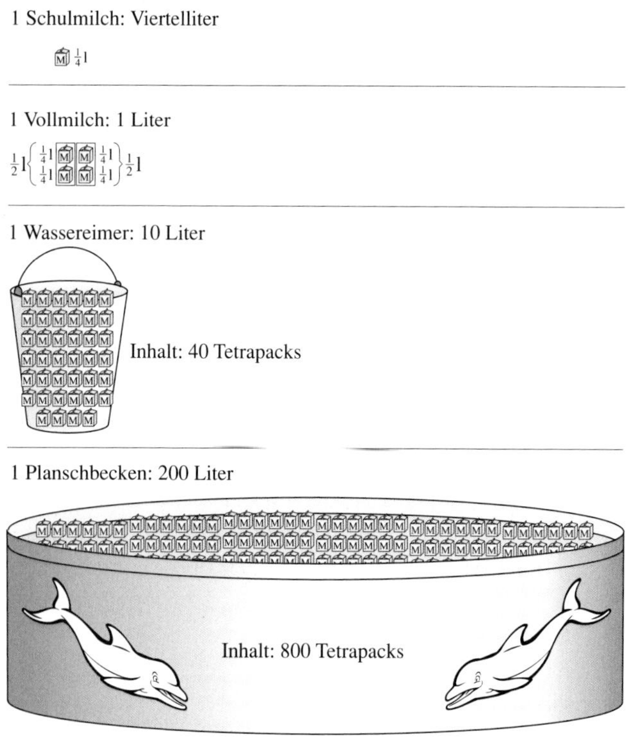

Den Schülern wird z. B. im Unterricht als Strukturierungshilfe eine Tabelle vorgegeben, mit deren Hilfe sie „verrückte" Vergleiche der genannten Art leichter durchführen können. Sie übertragen als erstes ihre durch Umschütten mit Schulmilchtüten ermittelten Werte in Spalte 1 und 2, übertragen die Anzahl der Schultage in Spalte 3 und wandeln die Schultage in Monate bzw. Jahre um.

Anzahl der Schulmilchtüten	Angabe in l oder in ml	Anzahl der Schultage	Vergleichswerte
1	$\frac{1}{4}$ l / 250 ml	1	
4	1 l / 1 000 ml	4	
8	2 l	8	
16	4 l	16	
20	5 l	20 / 1 Monat	
40	10 l	40 / 2 Monate	
80	20 l	80 / 4 Monate	
800	200 l	800 / 40 Monate, mehr als 3 Jahre	

Der Tabelle ist zu entnehmen, dass der Inhalt von 800 Schulmilchtüten in ein Planschbecken passt. Wenn ich 4 Jahre lang an jedem Schultag eine Tüte Milch trinke, dann schaffe ich in dieser Zeit ein ganzes Planschbecken voll Milch. „Verrückte" Vergleiche wie diese motivieren zum Rechnen und unterstützen die Entwicklung von Größenvorstellungen bei Kindern.

Neben der rein rechnerischen Ermittlung der Rauminhalte und des Zeitraums sowie des Ausfüllens der Tabelle ist angestrebt, dass die Schüler eine Vorstellung von der getrunkenen Menge haben: Die getrunkene Menge von 4 l entspricht etwa dem Fassungsvermögen einer kleinen Schüssel. Deshalb werden den Schülern Kärtchen mit Vergleichswerten in Form von Abbildungen ausgehändigt, die sie in Spalte 4 der obigen Tabelle an die richtige Stelle kleben sollen:

Trinken müssen wir! - Aber was ?

Auf Wasser können wir nicht verzichten. Es dient als Transportmittel und bringt die lebensnotwendigen Nährstoffe zu unseren Organen. Wir nehmen nicht nur mit Getränken, sondern auch mit der festen Nahrung Flüssigkeit auf. Ein Vollkornbrot z. B. besteht fast zur Hälfte aus Wasser. So decken wir ungefähr die Hälfte unseres Flüssigkeitsbedarfs, ohne etwas zu trinken. Damit erreichen wir aber nicht unseren Tagesbedarf. Zusätzlich sollte jedes Kind etwa 2 l Flüssigkeit täglich trinken. Geeignet sind Mineralwasser, verdünnte Obstsäfte und Gemüsesäfte sowie möglichst ungesüßte Früchte- und Kräutertees. Cola-Getränke, Limonaden, gesüßte Tees und Fruchtsaftgetränke sind wegen ihres zu hohen Zuckergehaltes (vgl. Abschnitt 4.6.2) nicht so gesund.

In der Klasse werden Gespräche über Trinkgewohnheiten und Getränkesorten geführt. Die von den Kindern favorisierten Getränke werden in einer Tabelle notiert. Es wird die Vereinbarung getroffen, dass jeder Schüler als Hausaufgabe seine individuelle Trinkmenge jeder Sorte mit einem Messbecher abmisst und einen Tag darüber gewissenhaft Protokoll führt. Die beiden Fragen, denen nachgegangen werden soll, lauten:

- Trinke ich genug (quantitativer Aspekt)?
- Welche Getränkesorten trinke ich meistens (qualitativer Aspekt) ?

Entweder beantwortet jedes Kind die Fragen für sich allein oder es wird eine Klassenübersicht erstellt, zu der Klassengespräche stattfinden. Die Lehrkraft entscheidet sich für eine der genannten Formen auf Grund ihrer aktuellen Klassensituation.

Klassenübersicht: Trinkverhalten an einem Tag

	Tee	Wass.	Milch	Cola	Limo	Saft	Tagesmenge
Maren	200 ml	$\frac{1}{4}$ l	–	350 ml	–	1 l	1 l 800 ml
Dario							
Dennis							
Farina							
Sonja							
Sebastian							

Bei diesem Vorhaben wird das Ablesen von Raummaßen auf der Skala des Messbechers geübt. Darüber hinaus müssen die Schüler Raummaße in einheitliche Maßeinheiten umwandeln, um sie anschließend addieren zu können. Sie müssen wissen, dass 1 000 Milliliter einen Liter ergeben.

Die Schüler können ihren ausgefüllten Tabellen entnehmen, ob sie recht wenig oder recht viel Flüssigkeit zu sich genommen haben. Darüber hinaus können sie die Differenz zwischen ihrer getrunkenen Tagesmenge zu der empfohlenen Tagesmenge von 2 Litern berechnen. Im aufgeführten Beispiel wären das 200 ml zu wenig für Maren.

Im Unterricht werden über das Rechnen hinaus Unterrichtsgespräche über Vorzüge und Nachteile der von den Schülern genannten Getränke geführt und damit nicht nur quantitative sondern auch fächerübergreifend qualitative Aspekte der Gesundheitserziehung angesprochen. Im Rahmen des Sachunterrichts wird der Bezug zur gesunden Ernährung hergestellt.

Wasserverbrauch

Bei uns verbraucht im Durchschnitt jeder Mensch etwa 130 l Wasser am Tag.

In Unterrichtsgesprächen erzählen die Kinder, in welchen Bereichen und bei welchen Tätigkeiten Wasser verbraucht wird. Es wird nach Vergleichsgrößen für die Menge von 130 l gesucht. Die Menge entspricht etwa einer knappen Badewannenfüllung, einer Regentonnenfüllung oder 13 Wassereimerfüllungen. Dieser Sachverhalt wird auf einem Plakat visualisiert.

130 Liter

130 Liter

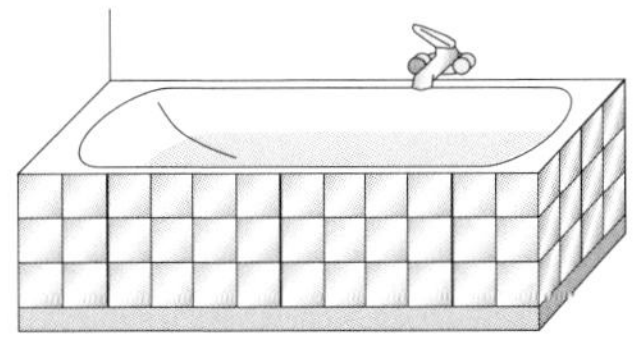

130 Liter

In der Regel können sich Schülerinnen nicht vorstellen, dass eine Person an einem Tag 130 l Wasser verbraucht. Deshalb werden gemeinsam Bereiche gesucht, in denen Wasser verbraucht wird. Diese Bereiche werden im linken Teil der Tabelle aufgeschrieben.

Wir verbrauchen Wasser beim	geschätzt
Trinken und Kochen	4 l
Waschen, Zähneputzen	
Baden und Duschen	
Geschirrspülen	
Reinigen der Wohnung	
Wäschewaschen	
Spülen der Toilette	
insgesamt	130 l

In einem nächsten Schritt sollen die Kinder schätzen, wie hoch die Anteile der einzelnen Bereiche an 130 l sein könnten. Damit zum Schätzen Vergleichswerte herangezogen werden können, wird an der Tafel festgehalten, wie viele Liter der Toilettenspülkasten und wie viele Liter ein Wischeimer fasst. Es wird ausgemessen, wie viele ml in einen Zahnputzbecher und wie viel Liter in die Spüle der Schulküche passen. Vor dem Hintergrund dieser aktiven Vorerfahrungen sollen die Schüler vermuten, wie viel Wasser jeweils in den genannten Teilbereichen pro Tag verbraucht wird. Diese geschätzten Werte werden in die zweite Spalte der Tabelle eingetragen. Wenn diese Aufgabe erfüllt ist, werden die geschätzten Angaben den statistischen gegenübergestellt und beide miteinander verglichen: Wo sind große Abweichungen? In welchen Bereichen konnte man einigermaßen genau schätzen?

Wir verbrauchen Wasser beim	Schätzung	Statistik	Wassermenge
Trinken und Kochen	4 l	5 l	
Waschen, Zähneputzen		17 l	
Baden und Duschen		42 l	
Geschirrspülen		8 l	
Reinigen der Wohnung		8 l	
Wäsche waschen		15 l	
Spülen der Toilette		35 l	
insgesamt	120 l	130 l	

Zur Unterstützung der Größenvorstellung werden die Zahlenangaben wieder mit entsprechenden Repräsentanten in Verbindung gebracht. Die Schüler zeichnen in die 4. Spalte der Tabelle bekannte Repräsentanten:
10 l entsprechen einem Wassereimer.
5 l entsprechen einer kleinen Gießkanne.
1 l entspricht einer Flasche.

Weitere Fragen, die sich anschließen können:

- Gesamtverbrauch einer Person in einem Monat oder in einem Jahr
- Gesamtverbrauch eines 4-Personen-Haushalts pro Woche, pro Monat, pro Jahr u. v. a. m.

Nachdem vornehmlich quantitative Aspekte im Vordergrund gestanden haben, soll selbstverständlich auch der Aspekt des Wassersparens angesprochen werden: Wie kann man in den oben genannten Bereichen den Wasserverbrauch reduzieren? Die Schüler werden gewiss von eigenen Erfahrungen berichten und Sparmaßnahmen benennen. Exemplarisch wird in der Schule der Wasserspareffekt beim Zähneputzen untersucht:

- Kind A putzt 1 Minute lang seine Zähne bei abgedrehtem Wasserhahn und benutzt dabei einen mit Wasser gefüllten Zahnputzbecher.
- Kind B putzt 1 Minute lang seine Zähne bei laufendem Wasser.

Bei beiden Versuchen wird das verbrauchte Wasser mit einem Eimer unter dem geöffneten Abfluss aufgefangen. Die Kinder werden verblüfft sein, wenn sie den großen Unterschied feststellen. Beim Putzen mit einem Zahnputzbecher wird etwa $\frac{1}{2}$ l Wasser verbraucht. Beim Zähneputzen mit laufendem Wasserhahn werden etwa 5 l Wasser im gleichen Zeitraum benötigt. Was bedeutet das für eine Person, wenn man davon ausgeht, dass sie sich 2-mal am Tag die Zähne putzt?

Die Gegenüberstellung zeigt, wie groß der Einspareffekt bereits für eine Person beim täglichen Zähneputzen sein kann.

Wasserverbrauch beim Zähneputzen im Vergleich

Zeitraum	1 Tag	1 Woche	1 Monat
mit Zahnputzbecher	1 l	7 l	28 l
mit Zahnputzbecher		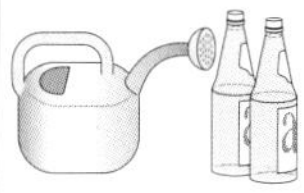	
bei laufendem Wasserhahn	10 l	70 l	280 l
bei laufendem Wasserhahn		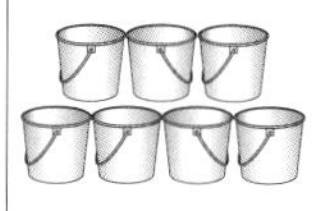	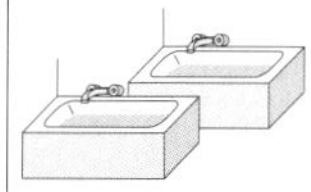
Unterschied im Wasserverbrauch	9 l	63 l	252 l

Es bieten sich weitere Vergleiche an, die das Bewusstsein für einen sparsamen Umgang mit unserem Wasser schärfen, wie z. B.:

- Toilettenspülung mit und ohne Spartaste (5 l – 10 l-Verbrauch),
- Gegenüberstellung 1 mal Vollbad und 1 mal Dusche (150 l – 60 l Verbrauch).

4.8 Sachrechnen mit verschiedenen Größen

Im Verlauf des 3. Schuljahrs haben die Schüler folgende Größenbereiche und Maßeinheiten kennengelernt (vgl. dazu auch S. 197):

Größenbereich	Maßeinheit
Geldwerte	Cent, Euro
Längen	mm, cm, dm, m, km
Zeit	s, min, h, Tag, Woche, Monat, Jahr
Gewichte	g, kg (Pfund, Zentner)
Rauminhalte	ml, cm^3, l

Diesen Größen begegnen die Schüler häufig in ihrer Alltagswelt. In vielen Situationen werden allerdings unrealistische Größenangaben gemacht bzw. mit falschen Größenangaben falsche Vorstellungen suggeriert.

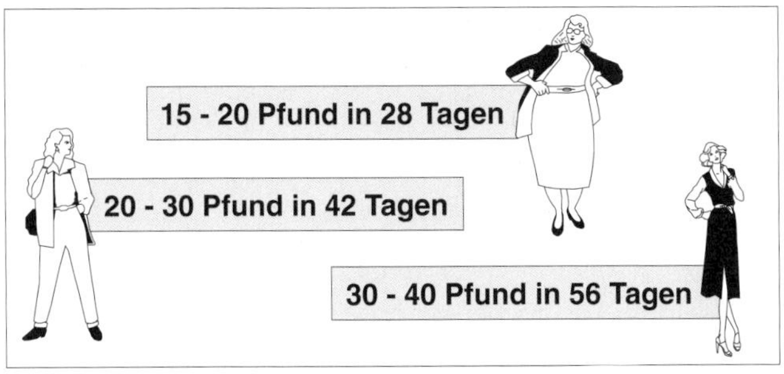

Deshalb ist es angebracht, im Unterricht Aufgaben auszuwählen, in denen die Schüler Größenangaben kritisch hinterfragen. In den folgenden beiden Abschnitten werden dazu Übungsformen vorgestellt. Im 3. Abschnitt dieses Kapitels wird am Thema „Postversand" gezeigt, wie im Unterricht themenspezifisches Arbeiten unter Berücksichtigung verschiedener Größenbereiche realisiert werden kann.

4.8.1 Die richtige Maßeinheit finden

Mit den folgenden Vorübungen wird das Ziel verfolgt, Größenangaben sinnvoll zu verwenden bzw. richtig zuordnen zu können:

1. Die Schüler bekommen eine Liste mit Maßeinheiten, z. B.: Millimeter, Gramm, Kilogramm, Liter, Woche. Sie erhalten die Aufgabe, mit jedem dieser Wörter einen Satz zu bilden. Dabei sollen sie darauf achten, dass die Maßeinheit in einem sinnvollen Kontext verwendet wird.
   Beispielsätze:
   Meine Bleistiftspitze ist 5 Millimeter lang.
   Ein Briefumschlag wiegt etwa 20 Gramm.
   Ich wiege 32 Kilogramm.
   In der Schulmilchflasche ist $\frac{1}{4}$ Liter Milch.
   In einer Woche haben wir 5 Schultage.
2. Die Schüler sollen die folgenden Sätze vervollständigen, indem sie die richtigen Maßeinheiten verwenden. Zur Auswahl stehen die in der nebenstehenden Tabelle zusammengestellten Maßeinheiten. Alle sind im Unterricht bereits behandelt worden.
   Beispiele:
   Mein Füller ist 14 ... lang. (cm)
   Mein Fahrrad fängt an zu schlingern, wenn ich auf dem Gepäckträger mehr als 10 ... transportiere. (kg)
   Eine gefüllte Federmappe wiegt etwa 250 ... (g)
   Der Toilettenspülkasten läuft in ungefähr 10 ... leer. (s)
   Mein Bruder hat 1500 ... abgenommen. (g)
3. Die Schüler sollen herausfinden, welche der folgenden Angaben richtig oder falsch sind und ihre Entscheidungen begründen:
   a) Simones Schultag in der Grundschule war heute sehr anstrengend. Sie hat 450 Minuten auf ihrem Stuhl gesessen und konzentriert zugehört.
   b) Beates Meerschweinchen hat ein Kleines bekommen. Es wog kurz nach der Geburt 1400 g und war 8 cm lang.
   c) Ralf hatte auf dem Ausflug der 3. Klasse den schwersten Rucksack. Er wog 32 kg.
   d) Ein PKW wiegt leer etwa 1 000 kg.
   e) In 20 Sekunden habe ich meine Schnürsenkel zugebunden.
   f) Mein neues Mathematikbuch hat 2,80 € gekostet.
4. Den Schülern werden unvollständige Sätze gegeben, in denen Maßeinheiten fehlen. Sie müssen die fehlenden Wörter einsetzen. Zur Kontrolle übertragen die Schüler die gefundenen Maßeinheiten in das Kreuzworträtsel und ermitteln schließlich das Lösungswort, indem sie die Buchstaben in den grau unterlegten Feldern zu einer Maßeinheit zusammenfügen.

   1. Ein erwachsener Wanderer benötigt für 5 Kilometer etwa eine ....
   2. In der 3. Klasse sind viele Schülerinnen 9 ... alt.
   3. Unser Sonntagsspaziergang war 3 ... lang.
   4. Eine Schulstunde dauert 45 ....
   5. Nach etwa 15 ... hatte ich meinen Tornister gepackt.
   6. In der Hustensaftflasche sind noch 145 ....
   7. Kinder sollten nach Möglichkeit täglich 2 ... Flüssigkeit zu sich nehmen.
   8. Auf dem Knäuel sind 285 ... Wolle.

Der Kontrollsatz lautet: Das Jahr hat 3 mal 4

_ _ _ _ _ _ .
Lösungswort

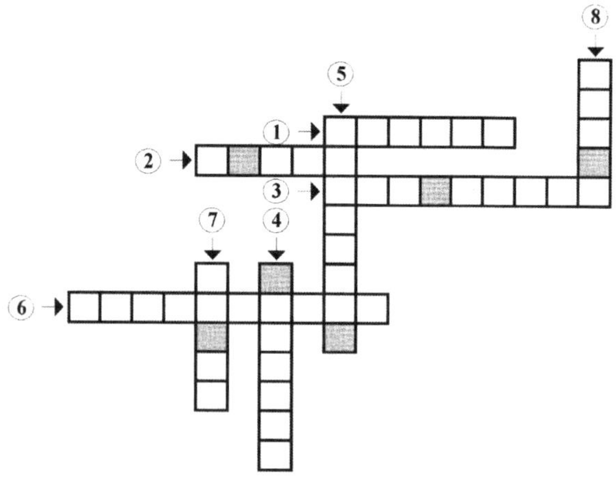

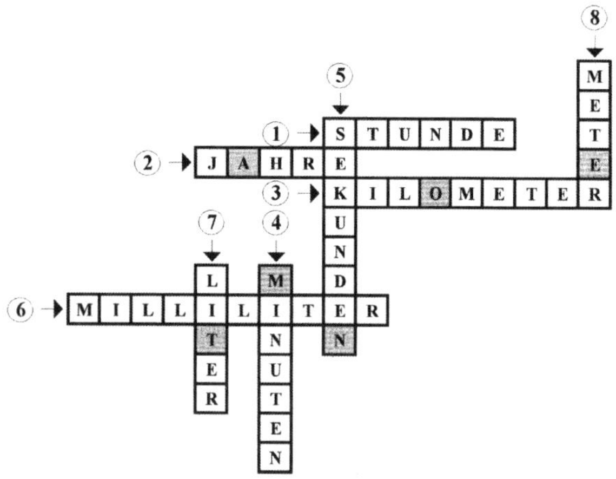

Lösungswort: **MONATE**

4.8.2 Schaubilder erstellen und interpretieren

Daten, Zahlen, Größenangaben usw. lassen sich leichter interpretieren, wenn man sie in übersichtlicher Form darstellt. In der Grundschule bieten sich Darstellungen in Form von Säulendiagrammen oder Tabellen an. Wir beschreiben im Folgenden einige Varianten für den Mathematikunterricht im 3. Schuljahr.

Informationen aus einer Tabelle entnehmen

Die Lehrkraft zeigt den Schülern z. B. eine Tabelle, in die sieben Kinder einer fremden Klasse sowohl ihre Größe und ihr Gewicht als auch ihr Lieblingsgetränk eingetragen haben.

Name	Größe	Gewicht	Lieblingsgetränk
Amelie	152 cm	35 kg	Orangensaft
Mareike	132 cm	25 kg	Multivitaminsaft
Edita	141 cm	30 kg	Milch

Name	Größe	Gewicht	Lieblingsgetränk
Bastian	154 cm	59 kg	Mineralwasser
Regina	135 cm	28 kg	Apfelsaft
Michael	146 cm	34 kg	Kakao
Boris	149 cm	42 kg	Früchtetee

Die Schüler erhalten die Aufgabe, eines der Kinder auszuwählen, zu beschreiben und mit den anderen der Gruppe zu vergleichen.

Mögliche Schüleräußerungen:

- Amelie trinkt am liebsten Orangensaft. Sie ist die Zweitgrößte der Gruppe. Nur zwei Kinder wiegen noch mehr als sie.
- Boris wiegt 7 kg mehr als Amelie. Er mag am liebsten Früchtetee und ist der Drittgrößte.
- Mareike trinkt gern Multivitaminsaft. Sie ist die Kleinste der Gruppe und wiegt auch am wenigsten.
- Bastian ist sowohl der Größte als auch der Schwerste. Er trinkt am liebsten Mineralwasser.
- Regina ist 3 cm größer als Mareike. Sie wiegt komischerweise auch 3 kg mehr als Mareike. Ihr Lieblingsgetränk ist Apfelsaft.
- Edita ist 13 cm kleiner als der Größte und 5 kg schwerer als die Leichteste in der Gruppe. Sie favorisiert Milch.
- Michael trinkt gern Kakao. Drei Kinder sind schwerer als er und drei Kinder sind größer als er.

Preistafeln anlegen

Proportionale Zuordnungen lassen sich gut in Tabellenform darstellen.

Anzahl	1	2	4	5	10	12	20
Preis	2,60 €	5,20 €					

Beim Anlegen der Preistafeln können Rechenvorteile gut genutzt werden, indem den Schülern gezeigt wird (oder sie entdecken es selbst!), dass sie durch Strategien des Verdoppelns oder des Zusammenfassens die Ergebnisse schneller finden als wenn sie immer wieder von Neuem von der Anzahl 1 ausgehen.

Befragungen durchführen

Wenn den Schülern im Unterricht Gelegenheit gegeben wird, reale Befragungen selbst durchzuführen, fällt ihnen die sich anschließende Interpretation der Ergebnisse erfahrungsgemäß leichter. Im Beispiel geht es darum, die Regenpausen attraktiver zu gestalten. Die Schüler sollen anhand der Befragung aller Schüler Wünsche dazu bis zur nächsten Planungskonferenz zusammentragen. Jedes Kind darf 2 Wünsche ankreuzen. Die Ergebnisse der Befragung werden in einem 1. Durchgang auf Klassenlisten notiert und in einem 2. Durchgang in die untenstehende Übersicht übertragen.

Wenn die Übersicht erstellt ist, werden die Ergebnisse interpretiert:

- Was wünschen die meisten, die wenigsten Kinder?
- Vergleiche die Wünsche der Mädchen mit denen der Jungen.
- Versuche zu begründen, warum so viele Mädchen eine Leseecke wünschen.

Säulendiagramm erstellen

Die Aufgabe lautet, die Wünsche der beiden Klassen 3a und 3b miteinander zu vergleichen und in einem Säulendiagramm darzustellen.

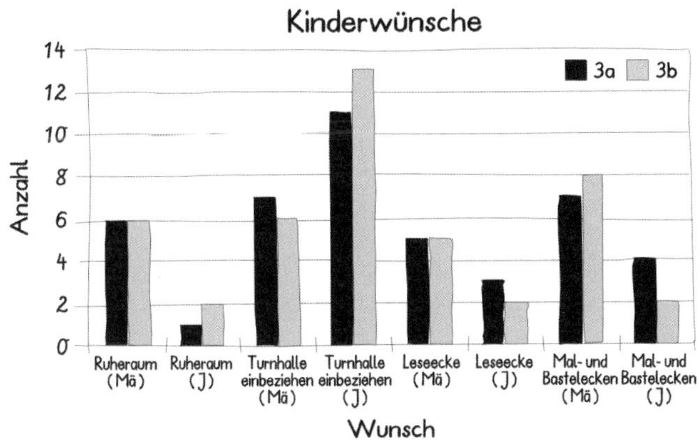

Schaubilder interpretieren und zeichnen

Die Schüler bekommen z. B. die Statistik über die Entwicklung der Schülerzahlen an ihrer Grundschule vorgelegt, in der die Schüleranzahl in Form von Strichmännchen und Strichen dargestellt ist.

Entwicklung der Schülerzahlen in den letzten 10 Jahren

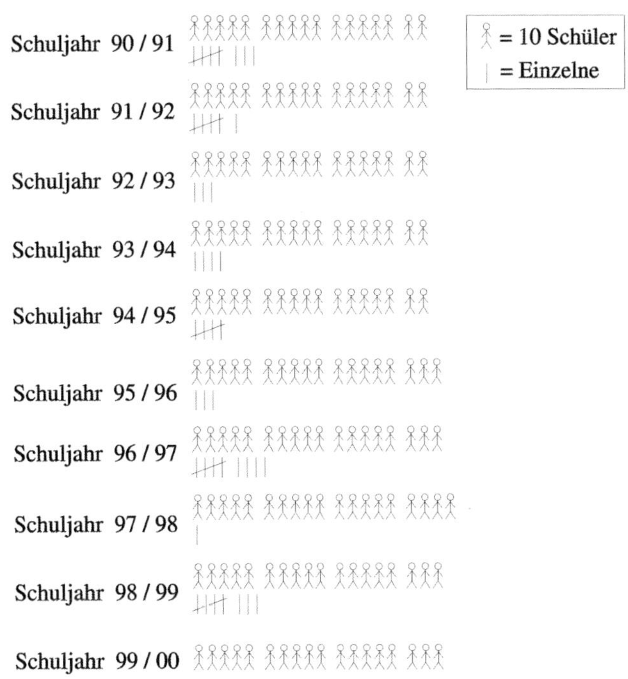

Sie sollen der Übersicht Informationen entnehmen:

- In welchen Schuljahren waren gleich viele Schüler an der Schule?
- In welchem Schuljahr waren die meisten, die wenigsten Schüler an der Schule?
- In welchem Zeitraum nahm die Schülerzahl zu, in welchem ab?

Wenn die Schüler diese Art der Darstellung interpretieren können, sollen sie den Transfer auf andere Zusammenhänge leisten und, wie im Beispiel, zu den Informationen der vorliegenden Zeitungsnotiz, eine ähnliche Statistik anlegen.

Wünsche Klasse	Schüler	Ruheraum		Turnhalle einbeziehen		Leseecken		Mal- und Bastelecken	
		Mädchen	Jungen	Mädchen	Jungen	Mädchen	Jungen	Mädchen	Jungen
1 a	20	5	2	6	11	5	1	8	2
1 b	21					4	2		
2 a	26					3	2		
2 b	26					4	4		
3 a	22	6	1	7	11	5	3	7	4
3 b	22	6	2	6	13	5	2	8	2
4 a	22					5	1		
4 b	23					3	2		
insges.	182					34	17		

Knapp über 10 000

Sg.Bad Grund (cap) 10 011 Einwohner zählte das Niedersächsische Landesverwaltungsamt zum Stichtag 30. Juni 1998 in der Samtgemeinde Bad Grund. In der Bergstadt Bad Grund ist die Zahl unter 3 000 gesunken. 2 852 nennt das Landesverwaltungsamt für Bad Grund, 2 042 für Badenhausen, 1 731 für Eisdorf, 2 191 für Gittelde und 1 195 für Windhausen.

Dabei wird ein Strichmännchen für je 100 Personen, ein Kästchen für je 10 Personen und ein Strich für eine Person verwendet.

Beispiel: 2 852 Einwohner der Bergstadt Bad Grund

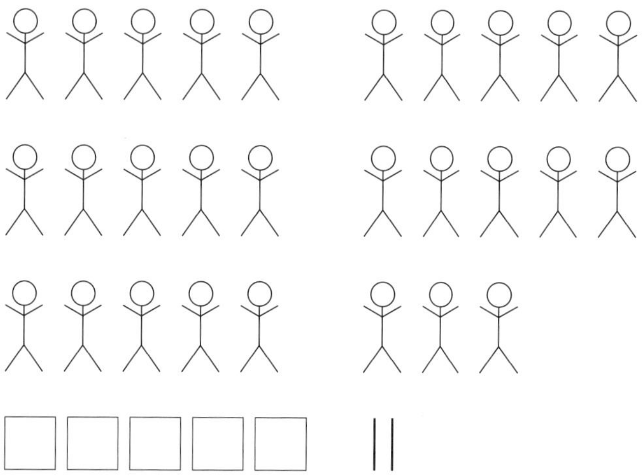

In der nächsten Übersicht werden Wassereimer als Repräsentanten für je 10 l verwendet:

So viel Wasser verbraucht man
1 x Wäsche waschen → 90 l
1 x Geschirr spülen → 30 l
1 x baden →150 l
1 x duschen → 60 l
1 x Toilette spülen → 10 l

Die Schüler erhalten die Aufgabe, ein Schaubild anzufertigen, indem sie für je 10 l Wasser einen Wassereimer aufmalen. Gleichzeitig sollen sie die verbrauchten Wassermengen geordnet, d. h. vom geringsten bis zum höchsten Verbrauchswert, aufzeichnen.

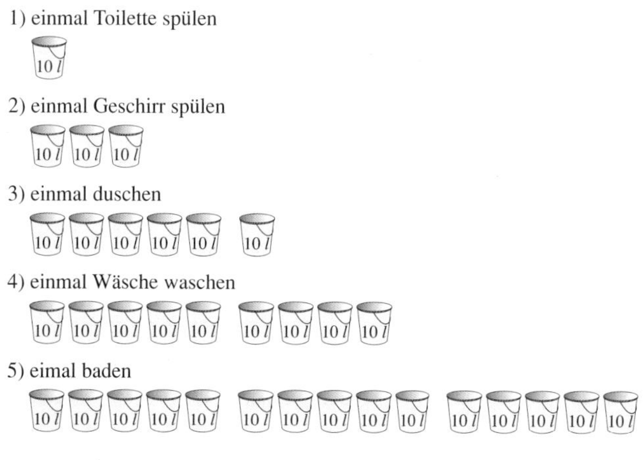

4.8.3 Fächerübergreifendes Thema „Post“

Im **Handbuch 2**, S. 180 ff wurde das Thema „Post” bereits aufgegriffen. Die dort gemachten Vorschläge für Arbeitsformen sind auch auf das 3. Schuljahr zu übertragen, denn das Thema kann im 2. oder im 3. Schuljahr bzw. in beiden Schuljahren auf unterschiedlichem Niveau behandelt werden. Im 3. Schuljahr sollten die Schüler auf jeden Fall im Rahmen dieses Vorhabens die im Handel erhältlichen Briefmarken sowie die gebräuchlichsten Frankierungswerte von Postkarte (51 ct), Standardbrief (56 ct), Kompaktbrief (1,12 €), Großbrief (1,53 €) und Maxibrief (2,25 €) kennen lernen und mit diesen Beträgen rechnen.

Indem die Schüler die Postbroschüren lesen, bauen sie ihre Kenntnisse über verschiedene Größen, vornehmlich über Geld, Längen und Gewichte im Kontext Post aus und üben darüber hinaus informatives Lesen.

Wir stellen in diesem Abschnitt einen Ausschnitt aus einer fächerübergreifenden Einheit zum Thema „Post” vor.

Briefmarken

Die Währungsumstellung auf Euro hat u. a. folgende Veränderungen mit sich gebracht: Im Jahr 2001 wurden Briefmarken herausgegeben, auf denen die Gebühren sowohl in alter als auch in neuer Währung angegeben sind. Diese Briefmarken werden durch solche ersetzt, die nur noch die Beträge in Euro-Währung ausweisen. Neben den traditionellen Briefmarken in verschiedenen Wertstufen kann man an den Automaten auf den Postämtern Briefmarken in vielen frei wählbaren Werten selbst ausdrucken lassen. Die Wertstufen sind in Euro angegeben. Beispiele:

Jedes Kind malt im Mathematikunterricht eine der handelsüblichen Briefmarken auf DIN A4-Papier. Die Zeichnungen werden in der Klasse ausgestellt und mit den Originalen verglichen. Die Schüler und Schülerinnen einer 3. Klasse wählten folgende Briefmarken aus:

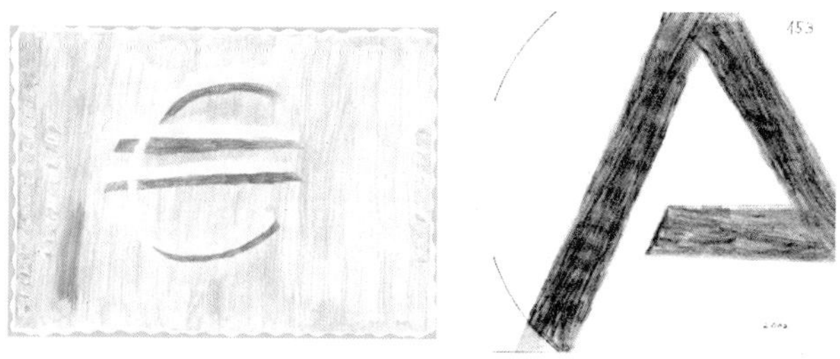

Rechnen mit Briefmarkenwerten

Bei den folgenden Sachaufgaben stehen die aktuellen Briefmarkensorten im Mittelpunkt. Rechnen mit Briefmarkenwerten wird geübt. Dabei muss häufig der Wert erst in Cent umgerechnet werden. Schüler, die eine Veranschaulichungshilfe zum Lösen der Aufgaben benötigen, bekommen Kärtchen, die mit den Briefmarkenwerten bedruckt sind. Wichtig ist, dass den Schülern auch im 3. Schuljahr zum Lösen der Aufgaben Rechengeld zur Verfügung steht, denn viele Kinder werden möglicherweise beim Addieren der Eurowerte Schwierigkeiten haben.

1a. Wie viel Cent kosten die Briefmarken einer Sorte jeweils insgesamt, wie viel Euro sind es?

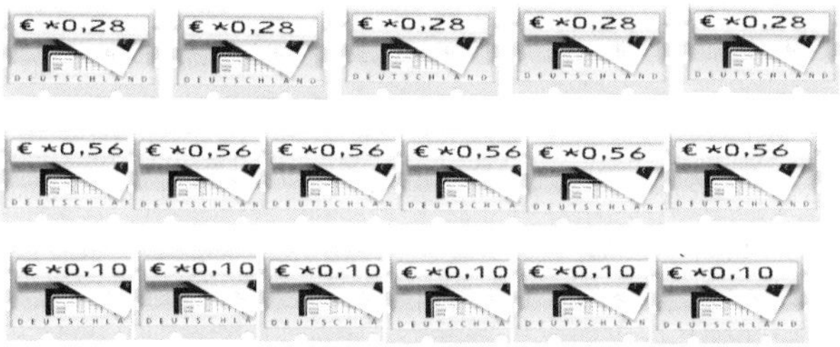

1b. Wie viel kosten alle drei Sorten zusammen?.

2. Wie viele 51-ct-Briefmarken erhältst du für 1 € 53 ct, 2 € 4 ct, 3 € 6 ct usw. Lege eine Tabelle an.

Geldbetrag	153 ct	204 ct	306 ct	408 ct	510 ct	1020 ct
Anzahl der 51 ct-Marken	3			8		

3 a. Lege Preistabellen für den Kauf von 10 ct- und 41 ct-Briefmarken an.

Anzahl der 10 ct-Marken	zu zahlender Betrag
1	10 ct
2	20 ct
...	...
15	150 ct

Anzahl der 41 ct-Marken	zu zahlender Betrag
1	41 ct
2	82 ct
...	...
15	615 ct

3 b. Du kaufst 8 Briefmarken zu 10 ct und 2 Briefmarken zu 41 ct. Wie viel musst du dafür bezahlen? Benutze die Tabelle von 3a. Formuliere weitere ähnliche Aufgaben und rechne die jeweils zu zahlenden Beträge aus.

80 ct + 82 ct = 162 ct 162 ct = 1 € 62 ct = 1,62 €

3 c. Jemand hat zehn Briefmarken gekauft und nur 10 ct- und 41 ct-Briefmarken gewählt. Er behauptet, dafür 3 € 2 ct bezahlt zu haben. Prüfe die Behauptung. Als Lösungshilfe kann dir folgende Aufstellung dienen.

Anzahl der 10 ct-Marken	Anzahl der 41 ct-Marken	zu zahlende Bträge		
10	0	100 ct	=	1 €
9	1	131 ct	=	1 € 32 ct
...	...	...	=	...
0	10	410 ct	=	4 € 10 ct

4. Wie viele 56-ct-Briefmarken kannst du kaufen für 2 €, 2,50 €, 4 €, 5 €, 5,60 €, 10 €, 11,20 €, 16,80 € ? Wie viel Geld bleibt jeweils übrig ?

Ein möglicher Rechenweg für den Betrag von 2 €:
3·56 ct = 168 ct. Drei 56-ct-Briefmarken kann man kaufen.
168 ct + □ = 200 ct 32 ct bleiben übrig.

Briefsendungen

Von der örtlichen Post wird ein Klassensatz an Gebührenbroschüren besorgt. Übungen zur Orientierung darin erfolgen im Unterricht, damit die Schüler befähigt werden, sich in der Broschüre zurechtzufinden und z. B. zum Stichwort Briefpost bzw. Paket/Päckchen die entsprechenden Seiten finden und die Portogebühren ablesen können. Im Weiteren reicht es, sich in einem 3. Schuljahr auf die Basisprodukte der Briefpost zu konzentrieren, denn das sind sicherlich die Versandformen, die den Schülern dieses Alters geläufig sind. Die Schüler erhalten die Aufgabe, sowohl die Namen der aktuellen Briefsorten und deren maximales Gewicht als auch die entsprechenden Portogebühren mit Hilfe der Broschüre herauszufinden und zu notieren.

Briefe/Postkarten

Briefe sollen verschlossen sein

Standardbrief **0,56 €**

Mindestmaße: L 140, B 90 mm
Höchstmaße: L 235 ,B 125, H 5 mm
Gewicht bis 20 g

Kompaktbrief **1,12 €**

Mindestmaße: L 100, B 70 mm
Höchstmaße: L 235, B 125, H 10 mm
Gewicht bis 50 g

Großbrief **1,53 €**

Mindestmaße: L 100, B 70 mm
Höchstmaße: L 353, B 250, H 20 mm
Gewicht bis 500 g

Maxibrief **2,25 €**

Mindestmaße L: 100, B 70 mm
Höchstmaße: L 353, B 250, H 50 mm
Gewicht bis 1000 g

Postkarte **0,51 €**

Einteilige Karte aus Papier oder Karton
Mindestmaße: L 140, B 90 mm
Höchstmaße: L 235, B 125
Flächengewicht zwischen 150 g/m^2 und 500 g/m^2

Im weiteren Unterrichtsverlauf werden Sachaufgaben unter Zuhilfenahme der Gebührenbroschüre gelöst.

1. Die Schulsekretärin möchte die Dienstpost frankieren. Sie hat einen Großbrief zu frankieren. Wie hoch sind die Portokosten für den Großbrief? Welche Briefmarkenkombinationen kann sie aufkleben ? (Finde mehrere Möglichkeiten!)

2. Eine Woche später bringt sie 3 Standardbriefe und einen Kompaktbrief zur Post. Wie viel muss sie bezahlen?

3. Ist es möglich, dass die Sekretärin 6,00 € für 3 Briefe mit 3 verschiedenen Versandarten bezahlen muss?

4. Ist es möglich, dass sie einen Betrag in Höhe von 5 € für mehrere Versandarten entrichten muss?

5. Bestimme in den Aufgaben a) - e) die Portokosten. Sieh in der Gebührenbroschüre nach, um festzustellen, welche Briefsorte damit frankiert werden kann.

	Briefmarken	Portokosten	Versandform
a)	€ 0,56 € 0,56 € 0,41	153 ct	Großbrief
b)	€ 0,10 € 0,10 € 0,41 € 0,41 € 0,41 € 0,41 € 0,41		
c)	€ 0,10 € 0,41		
d)	€ 0,10 € 0,51 € 0,51		
e)	€ 0,05 € 0,10 € 0,41		

6. Sebastian verschickt Einladungskarten zu seiner Geburtstagsfeier als Postkarten. Er muss insgesamt 4 € 8 ct bezahlen. Wie viele Karten hat er verschickt?

7. Inge hat Ansichtskarten aus ihrem Urlaubsort St. Peter Ording verschickt. An ihre zwei besten Freundinnen hat sie sogar Briefe geschrieben. Das Porto betrug insgesamt 2,65 €. Wie viele Ansichtskarten hat sie verschickt?

8. Kurt besitzt 3,50 €. Er hat davon in einem Schreibwarenladen bereits 3 Ansichtskarten gekauft, das Stück zu 61 ct. Nebenan in der Post will er die nötigen Briefmarken dazu holen. Reicht sein Geld?

Das Messen auf den Millimeter genau spielt beim Postversand eine große Rolle. Das Einhalten von Mindest- und Höchstmaßen erleichtert das maschinelle Verteilen, während Sondermaße eine wesentlich teurere Handverteilung erfordern. Deswegen werden im Folgenden im Unterricht Briefe gepackt, die die Kinder wiegen müssen. Sie sollen aus dem Broschürenheft über Briefsendungen entnehmen, in welcher Höhe die Briefe frankiert werden müssten.
Die Schüler wiegen die Briefe mit der Briefwaage, lesen in der Broschüre das notwendige Porto ab und malen die entsprechende/n Briefmarke/n auf den Umschlag.
Im Unterrichtsgespräch werden u. a. folgende Sachverhalte thematisiert: Wie versende ich eine Margarinedose? Sie kann nicht als Großbrief verschickt werden, weil sie die vorgeschriebenen Maße überschreitet, obwohl sie mit ihrem Gewicht innerhalb der Grenzen liegt. Einen verlorengegangenen Schlüssel, der mehr als 20 g wiegt, wird man mit einem Kompaktbrief zurückschicken müssen, obwohl die Vorgaben für die Längenmaße eines Standardbriefs eingehalten werden könnten.

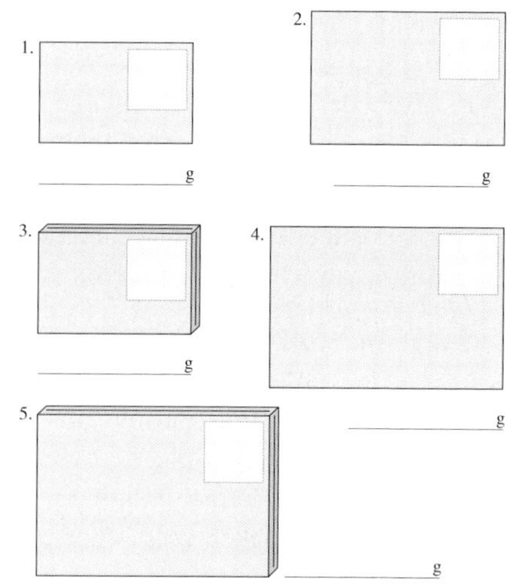

Postbeamte verwenden zum Kontrollieren der vorgeschriebenen Maße einen Messschlitz. Dieser kann ggf. in der örtlichen Poststelle ausgeliehen oder auf Pappe kopiert werden. So kann der Messschlitz als Erleichterung zum Nachmessen von Briefen und Päckchen auch im Unterricht eingesetzt werden.

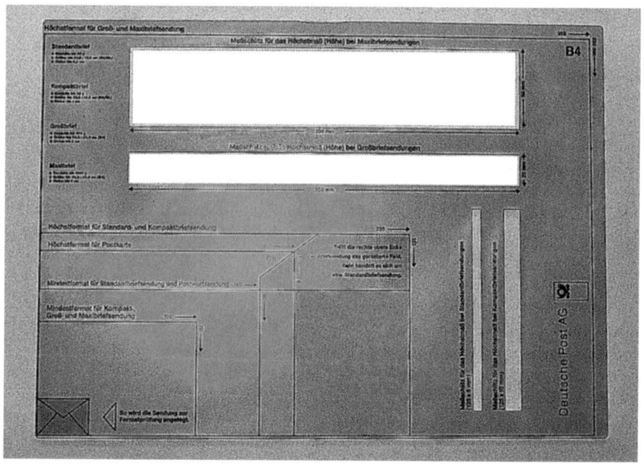

Päckchen- und Paketgebühren

Die drei Größenbereiche Längen, Geld und Gewichte werden ebenfalls in diesem Zusammenhang behandelt, denn auch die Paketgebühren werden nach Gewicht und unter Beachtung vorgeschriebener Höchst- und Mindestmaße entrichtet. Den Kindern liegt aus der Preistabelle der Post der Ausschnitt über Post-Pakete und Päckchen vor.

Postpaket

POSTPAKETE sind verpackte und adressierte Güter bis 20 kg.
Haftung grundsätzlich bis **500,00 €**

Quaderform

Mindestmaße:	15 x 11 x 1 cm
Höchstmaße:	120 x 60 x 60 cm
Höchstgewicht:	20 kg

Gewicht	
bis 4 kg	**5,62 €**
über 4 kg bis 8 kg	**6,39 €-**
über 8 kg bis 12 kg	**7,16 €**
über 12 kg bis 20 kg	**8,69 €**

Päckchen	**3,68 €**
Höchstgewicht	2.000 g
Quaderform	
Mindestmaße:	15 x 11 x 1 cm
Höchstmaße:	L + B + H max. 90 cm dabei Höchstmaße L 60 cm, B 30 cm, H 15 cm

Die Schüler bringen unterschiedlich große Kartons mit in den Unterricht. Damit sollen Pakete gepackt werden. In einem ersten Schritt werden die mitgebrachten Kartons mit einem Lineal ausgemessen, um sie als „Päckchen" oder „Paket" identifizieren zu können. Kartons, die weder die Maße für ein Päckchen noch für ein Paket aufweisen, werden als sperriges Postpaket eingestuft und deshalb ausgesondert. Die Schüler, die Kartons mit „Päckchenmaß" haben, sollen versuchen, ohne eine Waage zu Hilfe zu nehmen, ein 2 kg- Päckchen mit Gegenständen aus der Klasse zu packen. Sie sollen erst im Anschluss an die Schätzübung auch genau wiegen. Die Größenvorstellung von 2 kg soll unterstützt werden. Die anderen Kinder können ihre Pakete so voll packen, bis nichts mehr hineinpasst. Mit den selbst gepackten Paketen werden Aufgaben der folgenden Art gelöst:

Schätze das Gewicht der Pakete. Notiere das Gewicht in der Tabelle. Wiege jedes Paket mit der Waage. Trage auch das Gewicht ein. Welche Gebühr musst du dafür entrichten? Schau in der Gebührenbroschüre nach und setze die richtige Paketgebühr ein.

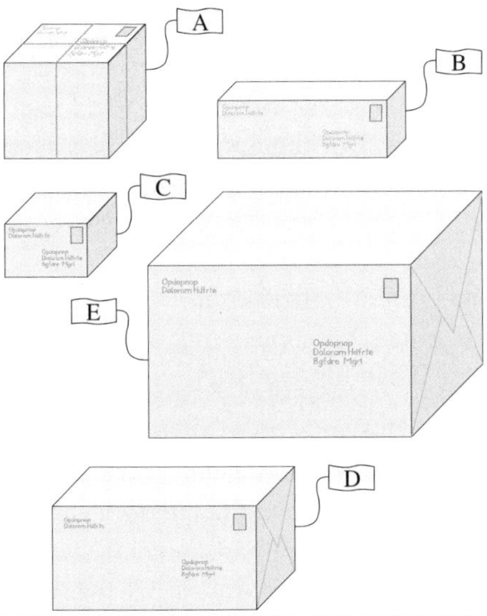

Paket	geschätzt	gewogen	Preis
A	kg	kg	€
B	kg	kg	€
C	kg	kg	€
D	kg	kg	€
E	kg	kg	€

Packset

In den Filialen und Agenturen der Deutschen Post AG können fertige Verpackungen gekauft werden. Folgende Verpackungen sind im Angebot:

Packset	
Größe XS	**1,28 €**
22, 5 x 14,5 x 3,5 cm	
Größe S	**1,48 €**
25 x 17,5 x 10 cm	
Größe M	**1,79 €**
35 x 25 x12 cm	
Größe L	**1,99 €**
40 x 25 x 15 cm	
Größe XL	**2,30 €**
50 x 30 x 20 cm	

Die Lehrkraft bringt die Verpackungen mit in den Unterricht. Die Schüler müssen diese zunächst zusammenbauen. Dabei lernen sie unterschiedliche Netze von Quadern kennen. Anschließend soll noch einmal das genaue Messen mit Lineal, Zollstock, Zentimetermaß etc. geübt werden. Die Schüler messen jeweils die Breite, Höhe und Tiefe der vorgefertigten Pakete (Die Lehrkraft muss die Längenangaben auf den Verpackungen vorher überkleben.) und tragen ihre Messungen in die vorbereitete Tabelle ein. Anschließend überprüfen sie die Genauigkeit ihrer Messungen anhand der Angaben in der Postbroschüre und übertragen sie in ihre Tabelle. Zum Schluss müssen sie die Verpackung auf Grund der Maße in die richtige Versandkategorie „Päckchen" oder „Paket" einstufen.

Name des Pakets	gemessene B x H x T	vorgegebene Längenmaße B x H x T	Päckchen	Paket
XS EXTRA SMALL		22,5x14,5x3,5	X	X
S SMALL				
M MEDIUM				
L LARGE				
XL EXTRA LARGE				

Nach dieser Übung können die Kartons des Packsets hinsichtlich ihres Fassungsvermögens mit den von den Schülern mitgebrachten Kartons verglichen werden. Sie können mit Dingen aus der Klasse gepackt und anschließend gewogen werden. Danach sollen die Schüler die zu entrichtende Paketgebühr bestimmen.
Ebenso kann sich ein Packwettbewerb anschließen unter der Fragestellung: Welche Schülergruppe schafft es, ohne eine Waage zu benutzen, ein Paket zu packen, das möglichst genau 4 kg, 8 kg, 12 kg oder 20 kg wiegt? Mit diesem Wettbewerb wird wiederum die Größenvorstellung von Gewichten geschult.

Wege des Briefträgers

Die Wege des Briefträgers zu erkunden ist ein kleiner Exkurs, das Thema „Post" unter topologischen Aspekten (vgl. hierzu auch S. 179 ff) zu betrachten. Ein vereinfachter Stadtplanausschnitt mit dem Straßennetz rund um die Schule bietet die Möglichkeit, einen Teil der Route für unseren Briefträger, der die Post zu Fuß austeilt, zusammen zu stellen. Dabei darf nicht vergessen werden, dass ein Postbote im städtischen Bereich grundsätzlich jede Straße zwei Mal durchläuft, um zuerst auf der einen und dann auf der anderen Straßenseite die Post auszutragen. Ausnahmen bilden ggf. Postzustellungen mit dem Auto oder mit dem Fahrrad in verkehrsberuhigten Zonen bzw. dörflichen Regionen, in denen der Postbote die Post abwechselnd auf der einen und anderen Straßenseite zustellt.

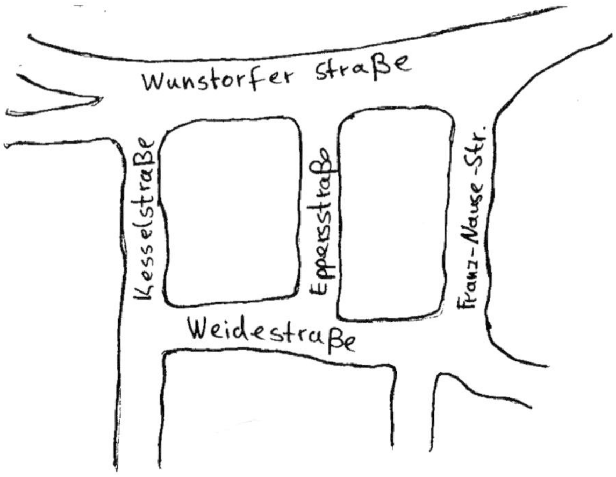

Zeichne Wege für einen Briefträger, der die Post unter folgenden Bedingungen zustellt:

- Der Briefträger muss die Post in der Kesselstraße, der Weidestraße, der Franz-Nause-Straße, der Epperstraße und der Wunstorfer Straße verteilen.
- Suche für den Briefträger einen Weg, bei dem er jede Straße genau zwei Mal durchlaufen muss, einmal auf der einen Straßenseite, ein anderes Mal auf der anderen Seite. Das stilisierte Netz in der Abbildung zeigt eine mögliche Lösung. Wer findet weitere?

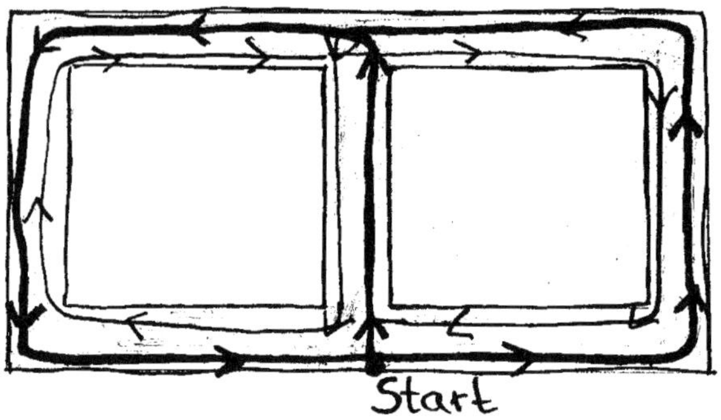

- Der Briefträger möchte seine Post immer erst auf der einen Seite einer Straße und dann sofort auf der anderen Seite der gleichen Straße verteilen. Erst dann will er die Post in der nächsten Straße verteilen, wieder erst auf der einen, danach gleich auf der anderen Seite. Geht das hintereinander für alle 5 Straßen? Beginne an der Ecke Wunstorfer Straße/Kesselstraße. Wie weit kommst du? Probiere es auch von anderen Startpunkten aus.
- Der Briefträger fährt morgens von der Post mit der Straßenbahn bis zur Ecke Wunstorfer Straße/Franz-Nause-Straße. Dort beginnt er mit der Verteilung der Post und dort möchte er auch mit der Straßenbahn wieder zur Post zurückfahren, wenn er alle Briefe ausgetragen hat. Ist das möglich? Gibt es vielleicht sogar mehrere Möglichkeiten?
- Zeichne einen Wegeplan mit 6 Straßen. Findest du auch hier Wege für den Briefträger?

Ein praktischer Tipp:
Die Kinder sollten ihre Lösungen auf Folie festhalten, die sie immer wieder über das Straßennetz legen können. Das hat den Vorteil, dass die markierten Wege während des Lösungsfindungsprozesses immer wieder gelöscht bzw. verändert werden können.

Über die dargestellten sachrechnerischen Aspekte hinaus werden im Sachunterricht und in weiteren Unterrichtsfächern Bezüge zum Thema „Post" hergestellt. Hierbei werden u. a. die Schwerpunkte „Der Weg eines Briefes", „Beschriften eines Briefumschlags", „Schreiben eines Briefes", „Orientieren im Telefon- und Postleitzahlbuch" sowie das Telefonieren behandelt.

4.9 Festigung und Erweiterung von Bearbeitungsstrategien

Die Entwicklung von Sachrechenkompetenz wird unterstützt, indem den Schülern im Verlauf ihrer Schulzeit ein Repertoire an Bearbeitungsstrategien vermittelt wird. Ein wesentlicher Schwerpunkt dieser Arbeit liegt im Sachrechenunterricht des 3. Schuljahrs. Wir empfehlen deshalb, in diesem Schuljahr einen Sachrechenkurs kontinuierlich aufzubauen. In ihm sollten verschiedene Bearbeitungshilfen systematisch eingesetzt werden. Im Abschnitt 4.9.1 wird eine Auswahl daraus beschrieben. Einige dieser Bearbeitungshilfen wurden bereits im **Handbuch 2** vorgestellt. Sie werden hier wieder aufgegriffen, weil es wichtig ist, bereits erlernte Strategien zu festigen und weiterhin verfügbar zu machen. Damit das Spektrum an Bearbeitungsstrategien erweitert wird, werden im 3. Schuljahr weitere Bearbeitungshilfen hinzugenommen. Schließlich sollen die Schüler durch Reflexion ihrer Lösungswege und ihrer angewendeten Strategien Erkenntnisse sammeln, die bei der Bearbeitung künftiger Sachaufgaben von Nutzen sein können.

4.9.1 Aufbau eines Sachrechenkurses mit Bearbeitungshilfen

Im **Handbuch 2** (S. 171 f.) wurden die Vor- und Nachteile von traditionellen Bearbeitungshilfen diskutiert. Es wurde herausgestellt, dass u. a. das Einhalten von festen Arbeitsschritten bzw. auch das Herausarbeiten von Signalwörtern im Sachrechenunterricht durchaus ihre Berechtigung haben, dass diese Bearbeitungshilfen aber bei weitem nicht ausreichen, Lösungsstrategien der Schüler überdauernd zu verbessern. Wir halten es deshalb für notwendig, ein großes Spektrum an Bearbeitungshilfen anzubieten. In diesem Abschnitt beschreiben wir, wie ein Sachrechenkurs mit dem Ziel der Vermittlung und Festigung von Bearbeitungsstrategien durch gezielten Einsatz von Bearbeitungshilfen beim Umgang mit Sachaufgaben gestaltet werden kann. Dabei knüpfen wir an die im 2. Schuljahr begonnene Arbeit an und ergänzen die im **Handbuch 2** gemachten Vorschläge für gezielte Übungsformen.

Als überdauernde Bearbeitungsstrategien beim Umgang mit Sachaufgaben streben wir die Entwicklung folgender Fähigkeiten an. Die Schüler sollen lernen,

- die für die Problemstellung wesentlichen Komponenten herauszufiltern,
- Lösungswege miteinander zu vergleichen und zu bewerten,
- analoge Sachaufgaben zu finden,
- Sachaufgaben zu variieren,
- Lösungsskizzen anzufertigen,
- Schaubilder und zeichnerische Darstellungen zu interpretieren.

Im Folgenden werden Bearbeitungshilfen beschrieben, die diese Fähigkeiten entwickeln helfen:

- Sachaufgaben und Lösungswege miteinander vergleichen
- Fragen und Antworten aufeinander beziehen
- Fragen stellen und Antworten am Text belegen
- Rechengeschichten schreiben
- Sachaufgaben verändern
- Sinnhaftigkeit von Sachaufgaben reflektieren
- Lückentexte sinnvoll ausfüllen
- Textstellen unterstreichen
- Lösungswege zeichnerisch darstellen
- Denk-Sport-Sachaufgaben und Scherzaufgaben lösen

Sachaufgaben und Lösungswege miteinander vergleichen

„Wichtiger als Ergebnisse von vielen einzelnen Sachaufgaben ist das Erörtern von Lösungswegen und Strategien, um neue Sachaufgaben und Sachprobleme besser bewältigen zu können“, sagt Wagemann treffend. (1991, S. 188)

Auch diese Lehrintention sollte im Sachrechenkurs des 3. Schuljahrs angestrebt werden. Es geht in diesem Zusammenhang nicht um die einzelnen Lösungsergebnisse von Aufgaben, sondern um den Vergleich sowohl syntaktischer als auch semantischer Strukturen von Sachaufgaben. Man kann z. B. feststellen,

- dass sich Sachaufgaben im Kontext gravierend unterscheiden können, während sie gleiche rechnerische Lösungswege erfordern (unterschiedliche Semantik und gleiche Syntax),
- dass der Kontext von Sachaufgaben ein ähnlicher oder gar der gleiche ist, obwohl die rechnerischen Lösungswege der entsprechenden Sachaufgaben verschieden sind (gleiche Semantik und unterschiedliche Syntax).

„Durch das Vergleichen zweier Sachaufgaben wird der Schüler zu einer sorgfältigen Analyse der Texte angeregt, die ihn befähigt, Problemstellungen und Lösungswege von Sachaufgaben zu erfassen. Beim Vergleichen gewinnt er Erkenntnisse und Erfahrungen über bestimmte Aufgabentypen und deren Lösungswege.“ (Geißler 1978, S. 29) Es ist ratsam, das Vergleichen erst nach einer gefundenen Lösung (damit ist der gedankliche Lösungsprozess gemeint, nicht ein perfekt schriftlich fixierter) zu planen, damit die Schülerinnen darauf eingestellt sind, anhand der Bearbeitungshilfe „Vergleichen“ Bearbeitungsstrategien zur Bewältigung künftiger Sachaufgaben zu erlernen.

Die folgenden methodischen Vorgehensweisen bieten sich im Unterricht an:

- Die Lehrerin gibt zwei Sachaufgaben nebeneinander (an der Tafel, auf dem OHP, auf einem Plakat) vor. Die Aufgaben werden entweder gemeinsam oder selbstständig durch die Schüler gelöst. Danach werden die Lösungswege und die Antworten für alle sichtbar notiert, damit die beiden Sachaufgaben im Unterrichtsgespräch miteinander verglichen werden können.

- Zwei Partner bekommen je eine Sachaufgabe. Sie lösen diese und versuchen danach, Unterschiede und Gemeinsamkeiten der beiden Sachaufgaben in Partnerarbeit herauszufinden (Beispiel 1, s. u.). Diese Variante setzt voraus, dass die Schüler bereits Fähigkeiten im Erkennen des Gemeinsamen und des Unterschiedlichen erworben haben. Die Arbeitsform kann erleichtert werden, indem den Partnern sowohl gemeinsame als auch unterschiedliche Merkmale der beiden Sachaufgaben ungeordnet vorgegeben werden und die Schüler nur noch entscheiden müssen, ob es sich hierbei um Unterschiede oder Gemeinsamkeiten handelt (Beispiel 2, s. u.).

Löst die Sachaufgaben. Findet Unterschiede und Gemeinsamkeiten heraus und schreibt sie auf.
Beispiel 1:

A	B
Die Kinder der Klasse 3b gehen ins Theater. Eine Theaterkarte kostet 4 €. Frau Drösel, die Klassenlehrerin, hat 104 € eingesammelt. Wie viele Kinder haben bereits bezahlt?	Die 26 Kinder der Klasse 3b feiern ein Grillfest. Jedes Kind soll 4 € bezahlen. Wie viel Geld kommt insgesamt zusammen?
Mögliche Lösungsvariante: 1 Kind - 4 € → 10 Kinder - 40 € → 20 Kinder - 80 € → 24 : 4 = 6 → 20 + 6 = 26 Antwort: 26 Kinder haben bereits gezahlt.	Mögliche Lösungsvariante: 4 · 20 = 80, 4 · 6 = 24, 80 + 24 = 104 Antwort: Insgesamt kommen 104 € zusammen.

gleich	unterschiedlich
Schüler der Klasse 3b	Sachverhalt: A Theaterbesuch ↔ B Grillfest
Größe 4 €	weitere Größenangaben: A 104 € ↔ B 26 Kinder
Sachverhalt: Geld, vergnügliches Unternehmen	Fragestellung: A Klassenstärke ↔ B Gesamtbetrag
	rechnerische Lösung: A Zuordnung, Division, Addition B Multiplikation, Addition

Beispiel 2:
In diesem Beispiel werden den Schülern bereits fertige Lösungswege vorgegeben. Diese sollen sie miteinander vergleichen.

Udo wandert 20 km.
Für 4 km braucht er eine Stunde.

Vergleicht die verschiedenen Lösungswege zu der Sachaufgabe miteinander.

1. Lösungsweg:	2. Lösungsweg:
1 h - 4 km, 2 h - 8 km, 3 h - 12 km, 4 h - 16 km, 5 h - 20 km.	20 : 4 = 5
Antwort: Udo wandert 5 h.	Antwort: Udo wandert 5 h.

3. Lösungsweg:	4. Lösungsweg:
km | h 4 | 1 8 | 2 12 | 3 16 | 4 20 | 5	20 + 4 = 24
Antwort: Udo benötigt 5 h.	Antwort: Udo wandert 24 km

In einer „Strategiekonferenz“, können u. a. folgende Merkmale herausgestellt werden:

- Lösungsweg 1 und 3 sind ähnlich. Lösungsweg 3 ist allerdings übersichtlicher dargestellt als Weg 1.
- Lösungsweg 2 ist recht kurz, weil gleich erkannt wurde, dass eine Lösung durch Teilen gefunden werden kann.
- Lösungsweg 4 ist falsch, weil in der Sachaufgabe steht, dass Udo 20 km und nicht 24 km gewandert ist.

Die Arbeitsaufträge können in ihrem Schwierigkeitsgrad differenziert werden, indem man sich z. B. nur auf den Vergleich von zwei Lösungswegen beschränkt. Darüber hinaus können den Schülern ebenso Lösungsmöglichkeiten angeboten werden, die z. B. durch Zeichnungen, Skizzen oder Tabellen dargestellt werden. Zum einen lernen die Kinder durch diese Arbeitsform viele Lösungsmöglichkeiten kennen, zum andern lernen sie in Strategiekonferenzen zunehmend Lösungswege zu bewerten; denn wenn zwei Schüler die Lösungswege miteinander vergleichen, werden sie diese ggf. klassifizieren in geeignete, hilfreiche, umständliche, arbeitsaufwendige, ungeeignete o. Ä. und damit das Lösen weiterer Sachaufgaben lernen.

Aufgaben zum Erkennen von Gemeinsamkeiten und Unterschieden müssen nicht eigens für diese Übungsform konstruiert werden. Schulbuchaufgaben oder Aufgaben aus diversen Aufgabensammlungen gibt es reichlich. Vor allem witzige, „verrückte“ oder unmögliche Aufgaben sind für diese Übungsform gut geeignet, weil sie so offenkundig überzogen sind.

Löse jeweils die Sachaufgaben und vergleiche anschließend je zwei miteinander.

Aufgaben zum Schmunzeln

1. Vor dem Frühstück wiegt Kolja Quarky 32,50 kg. Als er nach dem Frühstück auf die Waage steigt, zeigt sie 33,40 kg. Er isst noch 100 g Früchtequark.

2. Henri Manske kann große Gewichte heben. Im Kartoffelkeller zeigt er seine Kunst. Die gestemmten Säcke wiegen 50 kg, 25 kg und 10 kg.

3. 6 Ringelnattern wollen eine Riesenschlange verkörpern. Sie schlängeln sich hintereinander her. Jede Ringelnatter ist 35 cm lang.

4. Maus Jumpy wird verfolgt. Sie ist noch 8 Sprünge von ihrer Behausung entfernt. Mit einem Sprung kommt sie 25 cm weit.

Fragen und Antworten aufeinander beziehen

Ein wichtiges Ziel der Grundschularbeit ist, Reflektionsfähigkeit der Kinder zu entwickeln. Deshalb sollen sie angehalten werden, sowohl ihre Lösungen als auch ihre Antworten zu überprüfen. Die Schüler nehmen eine reflektierende Einstellung zur Beantwortung einer gestellten Frage ein, wenn sie sich Überprüfungsfragen stellen: „Passt meine Antwort zu der Frage?“ / „Passt das Ergebnis zu den Angaben in der Aufgabe?“ / „Passt die Antwort zu der Aufgabe?“

Dazu werden den Schülern fertig gelöste Aufgaben mit verschiedenen, auch falschen bzw. abwegigen Antworten vorgelegt. Die Kinder sollen die Antworten kritisch durchsehen und begründen, woran sie eine falsche oder abwegige Antwort erkannt haben.

Stelle dir Überprüfungsfragen und versuche dein Urteil zu begründen.

Udo wandert 20 km. Für 4 km braucht er eine Stunde. Wie lange ist er unterwegs?

Lösungsweg: 20 : 4 = 5

Antworten:

1. Udo braucht 5 h.
2. Udo wandert 20 km.
3. Udo wandert 5 h.
4. Udo wandert eine Stunde.
5. Udo wandert 4 km.
6. Udo braucht 5.

Mögliche Äußerungen der Schüler:
- Antwort 2 ist falsch. Es wird nach der Zeit gefragt (Wie lange ...?). Die Angabe ist dem Text entnommen.
- Antwort 4 ist falsch, denn im Text steht, dass Udo für 4 km eine Stunde braucht.
- Antwort 5 ist falsch. Es wird nach der Zeit gefragt.
- Bei Antwort 6 fehlt die Größe.

In der Zimmerei werden von einem 40 m langen Holzbrett 3 Stücke von je 12 m Länge abgeschnitten. Wie lang ist das restliche Holzbrett?

Lösungsweg: 3 · 12 = 36, 40 - 36 = 4

Antworten:

1. Das restliche Brett ist 40 m lang.
2. Das restliche Brett ist 12 m lang.
3. Das restliche Brett ist 4 m lang.
4. Die 3 Stücke sind 36 m lang.
5. Es bleibt ein 4 m langes Holzbrett übrig.

Mögliche Äußerungen der Schüler:
- Antwort 1 ist falsch. 40 m können nicht übrig bleiben, denn das ganze Holzbrett misst 40 m.
- Antwort 2 ist falsch, wie die Rechnung belegt. Ein Teilstück ist 12 m lang.
- Antwort 4 gibt keine Antwort auf die Frage, obwohl die Aussage richtig ist.
- Antwort 5 ist eine inhaltlich richtige Antwort, nur mit anderen Worten.

Fragen stellen und Antworten am Text belegen

Diese Übungsform korrespondiert eng mit Übungen zum informativen Lesen, die dazu dienen sollen, sich einen Überblick über die dargestellte Situation zu verschaffen. Der Blick ist dabei nicht ausschließlich auf die Zahlen gerichtet, sondern auf die Informationen, die der Text gibt. Da Textstellen als Belege gefunden werden sollen, geht es nicht um Interpretationen, sondern um die Fakten, die im Text stehen. Textunterstreichungen, bei denen es nur um die für rechnerische Lösungen relevanten Textstellen geht, werden in einem weiteren Abschnitt dieses Kapitels behandelt.
Im Unterricht kann so vorgegangen werden, dass entweder die Schüler viele Fragen zu der angebotenen Sachaufgabe selbst finden oder dass mögliche Fragen (wie in den Beispielen) von der Lehrkraft vorgegeben werden.

Zu welchen Fragen findest du Antworten im Text? Unterstreiche die Stelle im Text farbig und kreise die dazu gehörige Frage in der gleichen Farbe ein!

Für den Schulgarten werden neue Gartengeräte gekauft. Ein Spaten für 14,50 €, eine Hacke für 7,50 € und eine Harke für 8,00 €. In der Klassenkasse sind noch 100 €.

Mögliche Fragen:

1. Wer kauft neue Geräte?
2. Wie viele Geräte werden gekauft? 3 Geräte
3. Warum werden neue Geräte gekauft?
4. Wofür werden die Geräte gekauft?
   Für den Schulgarten
5. Welche Geräte werden gekauft?
   Spaten, Hacke, Harke
6. Welche Person bezahlt die Geräte?
7. Wie teuer sind die Geräte zusammen?
8. Bleibt Geld übrig?

Mit Textstellen lassen sich nur die Fragen 2, 4, 5 belegen. Zu den Fragen 1, 3, 6, können nur Vermutungen angestellt werden. Die Antworten auf Frage 7 und 8 kann ich nur durch eine Rechnung finden.

Mögliche Fragen:

> Die Osterferien dauern vom 28. März bis zum 19. April. Nadja verbringt die ersten zwei Wochen mit ihrer Freundin auf einem Reiterhof. Die restliche Zeit bleibt sie zu Hause.

1. Wie lange dauern die Osterferien?
   vom 28. 3. – 19. 4.
2. Wer verbringt zwei Wochen auf einem Reiterhof?
   Nadja und ihre Freundin
3. Wo sind Nadja und ihre Freundin?
   auf dem Reiterhof
4. Wie alt ist Nadja?
5. Hat Nadja noch andere Freundinnen?
6. Hat Nadja ein Pferd?
7. Wie lange verbringen die Freundinnen auf dem Reiterhof? zwei Wochen
8. Wie viele Tage sind Osterferien?
9. Wie lange bleibt Nadja zu Hause?

Die Fragen 1, 2, 3 und 7 lassen sich durch Textstellen belegen. Zu den Fragen 4, 5 und 6 erhält man keine Informationen im Text. Die Antworten zu den Fragen 8 und 9 kann ich nur durch eine Rechnung finden.

Wenn man die Antworten auf die gestellten Fragen nach den Kriterien „anhand von Textstellen belegbar", „erfährt man nicht", „kann nur durch Rechnung ermittelt werden" überprüft, macht man die Schüler sensibel für die Unterscheidung von wesentlichen und unwesentlichen Komponenten der Problemstellung. Das ist eine wichtige Fähigkeit für das Lösen von Sachaufgaben.

Rechengeschichten schreiben

Bei selbst geschriebenen Sachaufgaben und Rechengeschichten lassen sich zwei Varianten unterscheiden. Schüler schreiben ihre Aufgaben frei, d. h. ohne Vorgaben, oder sie bekommen Vorgaben und schreiben danach themengebundene Sachaufgaben auf. Beide Varianten haben den Vorteil, dass die Schüler ihre eigenen Erfahrungen beim Schreiben von Sachaufgaben und Rechengeschichten einbringen können.

Felix

Ostergeschichte
Ein Osterhase muss auf dem Bauernhof Ostereier kaufen, um sie zu bemalen. Er kauft 23 Stück, eins kostet 0,15 €. Er kauft für sich noch noch eine Tüte Hasenfutter für 7,00 €
Wieviel mu~~ß~~ss der Hase bezahlen?
Rechnung: ~~0,15 € · 23~~
~~45,30~~
~~3,00 €~~
3,45 €
+ 7,00 €
10,45 €

Saskia

Willi der Hase hat 32 Eier die er verteilen muss
sein Freund Haus muss 64 Eier verteilen
Birgit die Hasen Frau hat nur 24 Eier
deun sie ist für die kleinen Körbe
zuständick
Alfredo der schnellste Hase hat 88 Eier die er verteilt.
jeder muss es an 8 Kinder verteilen
sie mussten schon mal 208 eier ecrpacken
Antwort Alle kinder bekommt Eier verteilt
Rechnung:
Willi 32 : 8 = 4 bekommt jedes Kind
Hans 64 : 8 = 6 " "
Birgit 24 : 8 = 3 " "
Alfredo 88 : 8 = 11 " "

Das 2. Beispiel zum Thema „Ostern" zeigt, dass das Kind bewusst überlegt hat, welches Zahlenmaterial es nehmen soll. Darüber hinaus hat die Schreiberin gezielt Wörter eingebaut, die Hinweise auf die Größe der Zahlen geben: Die Hasenfrau hat die kleinste Anzahl zu verteilen, weil sie auch nur für die kleinen Körbe zuständig ist. Der schnellste Hase hat auch die meisten Eier zu verteilen. Sache und Struktur wurden bei der Erstellung des Textes also eng miteinander verzahnt.

Rechengeschichten können sowohl zu Schwerpunktthemen, wie im Beispiel zu „Ostern", als auch zu Vorgaben der folgenden Art geschrieben werden:

Erfinde Rechengeschichten zu dem Ausschnitt aus dem Klassenkassenbuch.
Klassenkasse 3b

Datum	Einnahmen		Ausgaben		Akt. Bestand
	Betrag/€	Art	Betrag/€	Art	€
25.8.	48,00	2 €/ je Kind			48, 00
20.12.			12,50	Päckchen für den kranken Mitschüler	35,50

Rechengeschichten werden (immer) für andere geschrieben. Klassenkameraden erhalten die Aufgaben zum Lösen. Damit Rückfragen gestellt werden können, sollten die Namen der Schüler dazugeschrieben werden.

Sachaufgaben verändern

Beim Verändern von Sachaufgaben wird verdeutlicht, welche Angaben wesentlich und welche Komponenten unwichtig sind für die Problemlösung.

Sachaufgaben können variiert werden nach den Gesichtspunkten:

„1. Zahlen, Maßzahlen ändern;

2. Personen und Gegenstände ändern;

3. Größenarten ändern, aber Sachsituationen belassen;

4. Sachverhalt ändern, aber die formale Struktur beibehalten;

5. operative Umkehrungen durchführen;

6. 'Ausschmückungen' der Sachaufgabe und umgekehrt Verkürzen' des Aufgabentextes (z. B. in Stichwörtern) ohne Veränderung des 'eigentlichen Inhaltes' der Sachaufgabe." (Wagemann 1991, S. 203)

Es sollte Schülern im 3. Schuljahr nicht mehr schwer fallen, Sachaufgaben gemäß Variante 6 zu verändern. Zu den anderen Veränderungsformen wird folgender Weg im Unterricht vorgeschlagen: Die Lehrerin schreibt die Elemente einer Sachaufgabe auf einzelne Kärtchen und heftet diese mit Magneten an die Tafel.

Sabine hat bereits 228 Murmeln. Sie kauft noch 35 glitzernde dazu. Wie viele Murmeln besitzt sie jetzt?

Tafeltext mit Kärtchen:

Sabine	hat	bereits	228	Murmeln.

Sie	kauft	noch	35	glitzernde	dazu.

Einige Angaben, z. B. Namen, Zahlen, Objekte, Art des Vermehrens sind für den Lösungsgedanken unwesentlich. Sie können ausgetauscht werden. Das wird demonstriert, indem die entsprechenden Kärtchen durch andere ersetzt werden.

Sabine	**hat**	**bereits**	**228**	**Murmeln.**
Gerda	**besitzt**	**schon**	**10**	**Bonbons.**
Jan	**bekommt**	**noch**	**500**	**Aufkleber.**
Kevin	**erhält**	**gerade**	**180**	**Stempel.**

Sie	**kauft**	**noch**	**35**	**glitzernde**	**dazu.**
Mutter	**bekommt**	**weitere**	**135**	**blaue**	**für sie.**
Er	**holt sich**	**heute**	**20**	**kleine**	**hinzu.**
Denis	**erwirbt**	**morgen**	**7**	**bunte**	**mehr.**

Die Schüler schreiben analoge Sachaufgaben zu der Grundaufgabe, indem sie Satzbausteine aus dem Angebot auswählen.

Mögliche Beispiele:

Kevin besitzt schon 500 Aufkleber. Er bekommt weitere 20 bunte hinzu.

Gerda hat bereits 180 Stempel. Ihr Bruder kauft noch 7 kleine für sie.

Anschließend werden die Sachaufgaben gelöst, damit die Schüler sehen, dass die Rechenart bei der Lösung der Aufgaben erhalten geblieben ist, obwohl viele Komponenten ausgetauscht worden sind. Den Schülern soll klar werden, dass es für den Lösungsweg unbedeutend ist, welche Personen oder welche Gegenstände in der Aufgabe vorkommen. Für den Lösungsweg unwesentlich ist auch die Art des Vermehrens bzw. der Wert der Zahlen. Wesentlich aber ist, dass bei allen Aufgaben zu einer vorhandenen Menge etwas dazukommt.

Im Zusammenhang mit der Bearbeitungshilfe „Sachaufgaben verändern" geht es also, wie am Beispiel gezeigt wurde, um das Ziel, den Schülern bewusstzumachen, dass offenbar verschiedene Aufgaben in wesentlichen Merkmalen (im Beispiel das Vermehren einer Menge) übereinstimmen können und dass es wichtig ist, diese gemeinsamen Merkmale herauszufinden, weil diese maßgeblich für die Art der Lösung sind.

Kapitänsaufgaben verändern

Kapitänsaufgaben nehmen einen wichtigen Stellenwert im Sachrechenunterricht der Grundschule ein. Für sie ist charakteristisch, dass ihre Daten unvollständig sind, dass die Angaben ggf. nichts mit der Fragestellung zu tun haben o. Ä. Selter (1994) hat interessante Untersuchungen zu diesem Thema veröffentlicht. Er hat aufgezeigt, welche Interpretationsvielfalt Kinder sogar in völlig sinnlose Kapitänsaufgaben hineinlegen. Die Schüler konstruieren sich einen nach ihrem Dafürhalten schlüssigen, jedoch willkürlichen Sinn, nur, um die Sachaufgabe auf jeden Fall lösen zu können. Denn sie haben ja gelernt, dass alle Sachaufgaben lösbar sind. Das ist ein Grund dafür, „Kapitänsaufgaben" häufig im Unterricht einzusetzen. Dies geschieht nicht, um die Kinder hineinzulegen oder den Zeigefinger zu erheben. Vielmehr sollen Begründungen für die Unlösbarkeit mancher Aufgaben gefunden werden, und sie zu verändern.

Reise mit der Bahn

Familie Krause möchte mit dem Zug nach München fahren. Im letzten Jahr fuhr sie nach Kassel. Diese Fahrt dauerte drei Stunden. Der Zug nach München fährt um 10.00 Uhr ab. Wann kommt die Familie in München an?

Die Schüler sollen im Sachrechenunterricht überlegen, woran es liegt, dass diese Kapitänsaufgabe nicht lösbar ist, und im Anschluss daran versuchen, aus der Kapitänsaufgabe eine sinnvolle Sachaufgabe zu konstruieren:

1. Woran liegt es, dass die Aufgabe nicht lösbar ist? Weil man nur weiß, wann der Zug abgefahren ist, nicht aber, wie lange er für die Fahrt nach München benötigt.

2. Kann ich die Aufgabe verändern, um sie lösen zu können, indem ich evtl. fehlende Angaben hinzufügen oder überflüssige weglassc?
   Ich kann die fehlende Fahrzeit angeben und die überflüssigen Informationen über Kassel weglassen:

Familie Krause möchte mit dem Zug nach München fahren. Der Zug nach München fährt um 10.00 Uhr ab. Seine Fahrzeit beträgt 4 h 10 min. Wann kommt die Familie in München an?

Ebenso kann ich die Fahrzeit nach München im Vergleich zu der Fahrzeit nach Kassel angeben:

Familie Krause möchte mit dem Zug nach München fahren. Im letzten Jahr fuhr sie nach Kassel. Diese Fahrt dauerte 3 Stunden. Der Zug nach München fährt 1 h und 10 Minuten länger als der nach Kassel. Wie lange dauert die Fahrt nach München?

Die Schüler sollen im Sachrechenunterricht an weiteren Beispielen den beiden o. g. Fragen nachgehen und die Aufgaben entsprechend verändern. Dazu werden Sachaufgaben von Bönig/Burmester (1994, S. 15 - 17) ausgewählt:

„Der Großvater von Ulla züchtet seit 23 Jahren Hühner. Schon dreimal wollte er in der Zeit mit der Züchterei aufhören. Er hat nämlich noch 150 Schweine, die ihn auch viel Zeit kosten. Wie alt ist der Großvater von Ulla?"

„In einem Gemüseladen stehen Regale mit Konservendosen. Ein Regal hat 6 Fächer. In dem Laden stehen 54 Regale. Wie viele Konservendosen stehen in einem Fach?"

„Herr Anders macht eine Abmagerungskur. Am Anfang seiner Kur wog er 102 kg. In der ersten Woche hat er 1 kg abgenommen. Wie schwer ist Herr Anders nach 80 Wochen?"

Sinnhaftigkeit von Sachaufgaben reflektieren

Der Sachrechenunterricht in der Grundschule soll einen entscheidenden Beitrag dazu leisten, Reflektionsfähigkeit der Schüler zu entwickeln. Sowohl Sachtexte, Bildaufgaben und Kapitänsaufgaben als auch eigens zum Anwenden erlernter Rechenverfahren konstruierte Sachaufgaben können zu einer kritischen Reflexion herangezogen werden. Denn man findet Aufgaben unter ihnen, die u. a. die Realität falsch bzw. verzerrt wiedergeben oder auch trivial sind. Beispiele:

1. Ein Holztransporter wird mit sieben Brettern beladen. Jedes Brett ist 4 m lang. Wie viele Meter Bretter hat er geladen?

2. In der Schülerbücherei stehen auf jedem Regal 35 Bücher. Jedes Buch ist 3 cm dick. Wie dick sind alle Bücher zusammen?

3. Boris und Maren machen in den Ferien zusammen eine Fahrradtour. Ihr gemeinsames Ziel ist 48 km entfernt. Wie viel km fahren Maren und Boris bis zum Ziel?

4. Ein Maler soll in einem Hochhaus mehrere gleich große Zimmer streichen. In dieser Woche hat er drei Zimmer gestrichen. Er verbrauchte dabei 24 kg Wandfarbe. Wie viel kg Wandfarbe wird er für das Streichen von fünf Zimmern benötigen?

5. Wie viele Liter Benzin tankt Familie Schröder in einem Jahr, wenn sie in jedem Monat 40 l tankt?

Die Autoren möchten die Lehrerinnen ermutigen, anhand solcher Sachaufgaben Unterrichtsgespräche zu führen, in denen über Sinnhaftigkeit von Sachaufgaben gemeinsam nachgedacht wird und u. a. folgende Fragen geklärt werden können:

- Wie sieht die beschriebene Situation in Wirklichkeit aus?
- Was ist hier realitätsfern, falsch, verzerrt dargestellt?

Diesen Fragen soll in Unterrichtsgesprächen nachgegangen werden, damit die Schüler sensibel gemacht werden für Ungereimtheiten oder Verfälschungen, die in Sachaufgaben angeboten werden. Durch dieses Vorgehen wird vielleicht auch dem Fehlverhalten der Kinder entgegengewirkt, voreilig nur gesuchte Zahlenwerte zu produzieren, ohne über den Sachgehalt der Aufgabe nachgedacht zu haben.

In einem Unterrichtsgespräch zu den genannten fünf Beispielen könnten z. B. folgende Aspekte erörtert werden:

- Aufgabe 1 ist in dieser vorliegenden Formulierung eine ausschließlich eingekleidete Rechenaufgabe ohne jeden Kontextbezug. Welche Aussagekraft hat die rechnerisch ermittelte Lösung, die ergibt, dass der Lastwagen 28 m Bretter geladen hat? Von Interesse wäre eher, ob diese auf den Lastwagen passen, wie weit sie ggf. überstehen oder ob sie für einen 30 m langen Zaun ausreichen.
- In Aufgabe 2 werden unrealistische Angaben gemacht. Dem Leser wird suggeriert, dass jedes Buch 3 cm dick ist. Wem hilft die Aussage, dass in jedem der Regale 105 cm Bücher stehen? Wenn Aufgabe 2 so formuliert gewesen wäre, dass der Platz, den 35 Bücher einnehmen, mit 1,05 m angegeben worden wäre, um herauszufinden, wie viele man etwa davon auf ein Regal stellen könnte, wäre ein sinnvolles Ziel dagewesen. Aber zum Vergleichen fehlt in der Aufgabe die Länge des Regals.
- Die Angaben in Aufgabe 3 sind trivial, denn wenn das Ziel 48 km entfernt ist und beide gemeinsam bis zum Ziel fahren, fährt jeder 48 km.
- In Aufgabe 4 wird die Realität verzerrt wiedergegeben, denn man kann die Angaben nur ungefähr ermitteln, weil z. B. unterschiedliche Tapeten auch unterschiedlich viel Farbe annehmen und vor allem nicht alle Zimmer gleich groß sind.
- Auch in Aufgabe 6 wird suggeriert, dass Familie Schröder in jedem Monat gleich viel tankt. In Wirklichkeit sind das nur überschlägige Werte.

Grundschulkinder sollen lernen, Sachaufgaben mit kritischen Augen zu betrachten. Es ist zu wünschen, dass sie bei Aufgaben der skizzierten Art feststellen, dass die Aufgaben zwar rein rechnerisch zu lösen sind, dass die Ergebnisse aber keine realitätstreue Aussagekraft haben. Die Lehrkraft unterstützt die Entwicklung von Reflektionsfähigkeitfähigkeit der Schüler, wenn sie Unterrichtsgespräche über den Sachgehalt von Sachaufgaben häufig im Sachrechenunterricht einsetzt.

Lückentexte sinnvoll ausfüllen

Das Beziehungsgeflecht von Daten kann besonders gut in Form von Lückentexten angeboten werden. In den beiden dargestellten Beispielen sind vornehmlich Größen einzusetzen. Durch genaues Lesen müssen die Schüler herausfinden, wie die Lücken sinnvoll auszufüllen sind. Sie müssen vom Kontext auf die Daten schließen. Es ist ratsam, die Lückenfüller als Puzzleteile auszuschneiden. Dann können die Schüler durch mehrmaliges Probieren herausfinden, in welche Lücken die Teile passen. Erst, wenn die Schüler kontrolliert haben, ob sie einen sinnvollen Text zusammengestellt haben, wird der vollständige Text vorgelesen, eingeklebt oder abgeschrieben (vgl. hierzu auch die Ausführungen zum Umgang mit Lückentexten im **Handbuch 2**, S. 188 und 214).

Eine komische Geburtsanzeige

Am ________ Januar im Jahr __________ wurde um ________ Uhr ein kleines Mädchen mit Namen ______________ im ______________________ geboren.

Bei der Geburt wog es ________ g. Seine Körperlänge betrug __________ cm.

Seine _______ Finger sahen ganz durchsichtig aus. Schreien konnte es schon wie der Sänger ______________________ .

Überlege gut, schneide die Teile aus und erstelle einen sinnvollen Text!

Michael Jackson	**10**	**14.50**	**3.**	
Kranken-haus	**1999**	**Kristin**	**49**	**2270**

Zoobesuch

Der Zoowärter berichtet:

Am ___________ hat die Gorilladame ____________ wieder großen Hunger gehabt. Sie hat allein zum Mittag ___________ kg Pflanzen gefressen.

Es ist also kein Wunder, dass die schwere Gorilladame bereits ___________ kg wiegt und so groß ist wie ein erwachsener Mensch, nämlich _________ cm.

Die _______________ Zoobesucher dieser Woche haben immer wieder vor dem Käfig gestanden und Chita beobachtet.

Überlege gut, schneide die Teile aus und erstelle einen sinnvollen Text!

2000	**Chita**	**220**
170	**15**	**Montag**

Textstellen unterstreichen

Textunterstreichungen als Bearbeitungshilfen dienen dazu, die für die Problemstellung wesentlichen Komponenten hervorzuheben. Die Schüler sollen lernen, von den unwesentlichen Komponenten abzusehen und die für die Lösung wichtigen herauszufiltern, damit der Übergang von der Aufgabenstellung zu Lösungswegen gefunden wird. Dieses Ziel kann erreicht werden, indem die Unterstreichungen von der Lehrkraft vorgegeben werden oder indem die Schüler die für sie wichtigen Textstellen selbst unterstreichen.

Lies genau und unterstreiche im Text die für deine Lösung wichtigen Informationen. Schreibe daraus eine neue Aufgabe, die nur noch die wichtigen Informationen enthält.

> An einem wunderschönen Sommerferientag traf Udo seinen besten Freund. Beide verabredeten sich für den nächsten Tag zu einer gemeinsamen Wanderung. Am Tag darauf starteten sie gleich nach dem Frühstück um 9.00 Uhr. Es war eine anstrengende Tour, die Udo ausgeguckt hatte.

> Auf der Wanderkarte war sie mit 20 km angegeben. Udos Freund hatte einen Kilometerzähler am Fuß. Als er nach einer Stunde darauf schaute, zeigte er 4 km an. Die zwei Freunde sahen auf der Wanderung viel von der Natur. Am Ende waren beide froh, als sie ohne Blasen an den Füßen und mit leer gegessenen Rucksäcken zu Hause ankamen. Wann kamen sie dort an?

Aufgrund der im Text unterstrichenen Angaben kann die folgende veränderte Sachaufgabe formuliert werden, die auf die wichtigsten Angaben reduziert wurde:

> In den Sommerferien machten Udo und sein Freund eine 20 km lange Wanderung. Sie starteten um 9.00 Uhr. Für 4 km brauchten sie eine Stunde. Wann kamen sie wieder zu Hause an?

Als eine weitere Variante zum o. g. Beispiel bietet sich an, den Text der überbestimmten Sachaufgabe zweifach auf ein Arbeitsblatt zu schreiben. Im unteren Text wird eine erlebnisorientierte Unterstreichung (Bastian), im oberen eine an der rechnerischen Lösung orientierte Unterstreichung (Ben) des Textes zum Vergleichen vorgegeben.

Lies die beiden Sachaufgaben genau. Vergleiche anhand der Unterstreichungen die Interessen der beiden Jungen. Durch welche Unterstreichungen wird eine rechnerische Lösung vorbereitet?

Ben:

> An einem wunderschönen Sommerferientag traf Udo seinen besten Freund. Sie verabredeten sich für den nächsten Tag zu einer gemeinsamen Wanderung. Am Tag darauf starteten sie gleich nach dem Frühstück um 9.00 Uhr. Es war eine anstrengende Tour, die Udo ausgeguckt hatte, auf der Wanderkarte war sie mit 20 km angegeben. Udos Freund hatte einen Kilometerzähler am Fuß. Als er nach einer Stunde darauf schaute, zeigte er 4 km an. Sie sahen auf der Wanderung viel von der Natur. Am Ende waren beide froh, als sie ohne Blasen an den Füßen und mit leer gegessenen Rucksäcken zu Hause ankamen. Wann kamen sie dort an?

Bastian:

> An einem wunderschönen Sommerferientag traf Udo seinen besten Freund. Sie verabredeten sich für den nächsten Tag zu einer gemeinsamen Wanderung. Am Tag darauf starteten sie gleich nach dem Frühstück um 9.00 Uhr. Es war eine anstrengende Tour, die Udo ausgeguckt hatte, auf der Wanderkarte war sie mit 20 km angegeben. Udos Freund hatte einen Kilometerzähler am Fuß. Als er nach einer Stunde darauf schaute, zeigte er 4 km an. Sie sahen auf der Wanderung viel von der Natur. Am Ende waren beide froh, als sie ohne Blasen an den Füßen und mit leer gegessenen Rucksäcken zu Hause ankamen. Wann kamen sie dort an?

Die Schüler werden gefragt, welche Interessen die beiden Kinder wohl hatten, die diese unterschiedlichen Textunterstreichungen vorgenommen haben. So erfahren die Schüler, dass die Selektion von wichtigen Textteilen abhängig ist von der damit verbundenen Intention: Wenn eine rechnerische Lösung des Problems angestrebt ist, sind andere Komponenten wichtiger als wenn die Ferienerlebnisse zusammengetragen werden sollen, wie das Beispiel anschaulich dokumentiert.

Lösungswege zeichnerisch darstellen

Im Abschnitt 4.8.2 wurde bereits auf das Erstellen von Schaubildern, Lösungsskizzen, Diagrammen und Tabellen im Zusammenhang mit verschiedenen Größenbereichen eingegangen. Deshalb wird an dieser Stelle der Schwerpunkt auf das Skizzieren und Interpretieren von Lösungswegen gelegt. Die Schülerin sollte eine Skizze allerdings nur dann anfertigen, wenn sie diese Hilfe benötigt. Eine Skizze zum Sachverhalt einer Aufgabe zu entwerfen darf nicht zu einer unnötigen Belastung für sie werden. Den Schülern sollte empfohlen werden, sich immer dann den Sachverhalt mit einer Zeichnung zu verdeutlichen, wenn die Anforderungen ihre Vorstellungskraft übersteigen. Das Anfertigen von derartigen Skizzen muss deshalb explizit im Unterricht thematisiert werden.

Zeichnungen anfertigen

1. Eine Pferdeweide soll eingezäunt werden. Der Landwirt misst die Weide aus. Sie ist 192 m lang und 165 m breit.

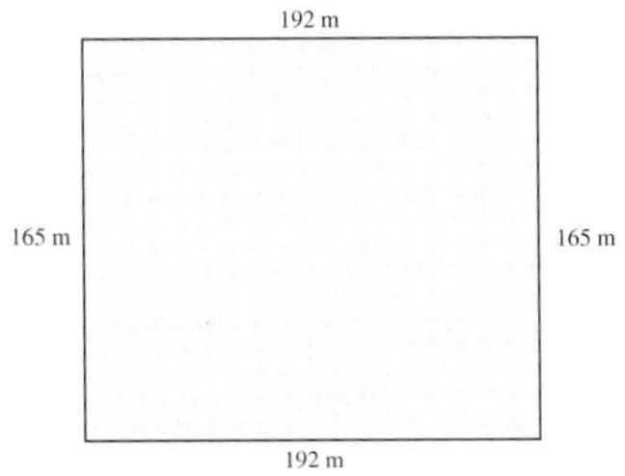

2. Herr Stein muss 70 Kisten Saft transportieren. Auf den Wagen im Getränkemarkt passen 8 Kisten.

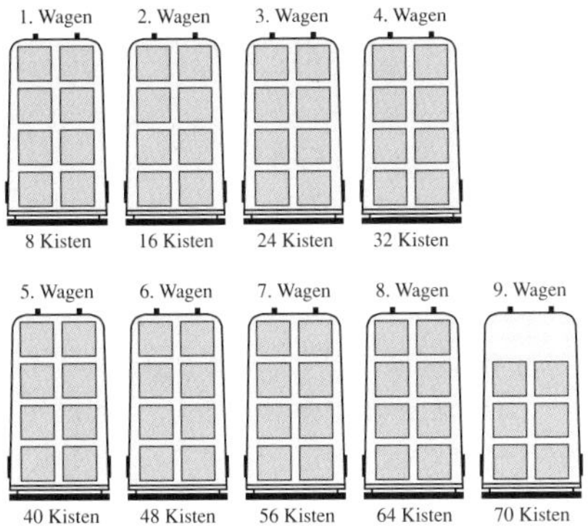

Rechenbäume vervollständigen

Das Anfertigen von Rechenbäumen ist keine Bearbeitungshilfe. Es setzt die Erfassung der Sachstruktur voraus. Wenn Rechenbäume aber als halbfertige Lösungsskizzen vorgegeben werden, können die Schüler ihre Lösungsgedanken dort übersichtlich vervollständigen. Voraussetzung ist allerdings, dass die Symbole, die in Rechenbäumen verwendet werden, im Unterricht besprochen worden sind.

Felix kauft eine neue Einrichtung für sein Zimmer, eine Schreibtischlampe für 40 €, einen Knautschsessel für 55 € und eine Schreibtischunterlage für 14 €. Felix hat 150 € dabei.

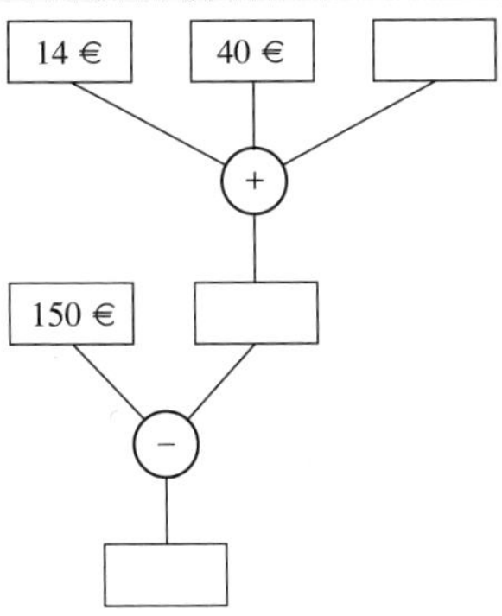

Zu Lösungsskizzen Sachaufgaben bilden

Wenn die Schüler zu halbfertigen Lösungsskizzen Sachaufgaben formulieren sollen, müssen sie die einzelnen Schritte der Rechenoperationen verstehen und zu einem Text umformen.

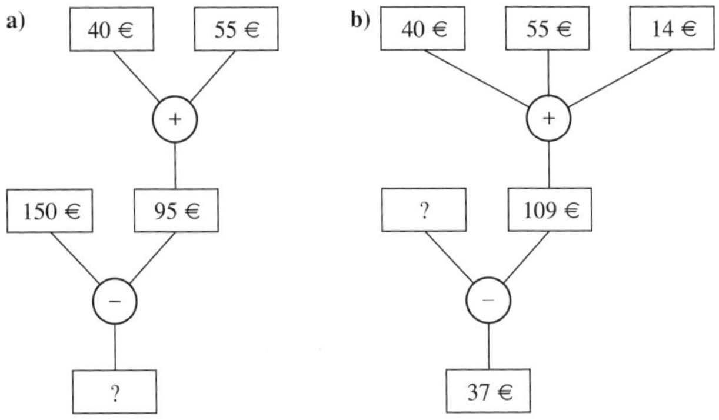

Mögliche Rechengeschichten:

a) Uta kauft eine Schreibtischlampe für 40 € und einen Knautschsessel für 55 €. Sie hat 150 € mit. Wie viel Geld behält sie übrig?

b) Bert kauft alle drei Sachen für sein Zimmer. Dafür muss er 109 € bezahlen. Er bekommt 41 € zurück. Wie viel Geld hatte er dabei?

Sollte es zu schwierig für die Kinder sein, selbst Sachaufgaben zu unfertigen Lösungsskizzen zu schreiben, kann die Lehrkraft eine Auswahl von Rechengeschichten anbieten, aus denen die Schüler die zu den Rechenbäumen passenden herausfinden müssen.

Finde heraus, welche der Sachaufgaben zu den Rechenbäumen a) und b) passen (3 richtige Lösungen).

Uta kauft eine Schreibtischlampe für 40 €, einen Knautschsessel für 55 € und einen Schreibtisch für 95 €. Sie hat 150 € dabei. Wie viel behält sie übrig?

Uta kauft eine Schreibtischlampe für 40 € und einen Knautschsessel für 55 €. Sie hat 150 € mit. Wie viel Geld behält sie übrig?

Uta hat heute für 150 € eingekauft. Letzte Woche hat sie 95 € ausgegeben. Wie viel € hat sie in den beiden Wochen ausgegeben?

Bert hat für die Einrichtung seines Zimmers 109 € ausgegeben. Er hat mit zwei Hunderteuroscheinen bezahlt.

Bert kauft alle drei Sachen für sein Zimmer. Dafür muss er 109 € bezahlen. Er bekommt 41 € zurück. Wie viel Geld hatte er dabei?

Bert hat für drei Einrichtungsgegenstände 109 € bezahlt. Nun hat er von seinem ersparten Geld noch 41 € übrig. Wie viel € hatte er gespart?

Denksport-Sachaufgaben und Scherzaufgaben lösen

Mit einem Angebot an Denksport- und Scherzaufgaben ist das Ziel verbunden, eine positive Einstellung der Schüler zum Nachdenken aufzubauen.

Beim Probieren, Kombinieren und Schmunzeln setzen sich die Schüler ausführlicher mit einer Aufgabe auseinander, als wenn sie vorschnell drauflos rechnen und willkürlich Zahlenmaterial miteinander verknüpfen. Viele Anregungen finden Sie bei Lehmann (1985).

Lisa, Katrin und Sabine sind zusammen 36 Jahre alt. Lisa ist 1 Jahr älter als Sabine, Sabine ist 1 Jahr älter als Katrin. Insgesamt sind sie 36 Jahre alt. Wie alt sind die Mädchen?

Ein Gorilla und sein Kind wiegen zusammen 100 kg. Der Gorilla ist neunmal so schwer wie sein Kind.

Gesine will gemeinsam mit ihrer Freundin ihren Drachen steigen lassen. Ihre Freundin fragt nach der Länge der Schnur. Da schmunzelt Gesine und sagt verschmitzt: „Wenn ich fünfmal so viel Schnur hätte wie jetzt, wäre sie halb so lang wie ein Kilometer."

Am ersten Schultag berichten die Kinder der Klasse 3b über ihre Ferienerlebnisse. 13 Schüler waren an der Nordsee. 6 Schüler waren an der Nordsee und zu einem Wochenendurlaub im Harz. 15 Schüler waren zu einem Wochenendurlaub im Harz.
4 Schüler waren weder an der Nordsee noch im Harz, sondern zu Hause. Wie viele Schüler sind in der Klasse 3b?

Ein Esel weckt mit seinem I-A-Geschrei 3 Nachbarn. Wie viele Nachbarn werden durch 3 Esel geweckt?

Das tapfere Schneiderlein hat sieben Fliegen auf einmal verjagt. Wie viele Fliegen können fünf tapfere Schneider verjagen?

Ein Radfahrer und ein Skater fahren einander entgegen. Der Radfahrer ist in Osterode gestartet, der Skater in Northeim. Welcher von beiden ist weiter von Northeim entfernt, als sie sich treffen?

Kann man, wenn es um 0.00 Uhr stürmt und hagelt, in 120 Stunden mit strahlendem Sonnenschein rechnen?

Michael Schumacher und sein Bruder fahren im Rennen am Nürburgring die gleiche Strecke. Michael braucht 1 h 45 min, sein Bruder benötigt 105 min. Welcher von beiden fuhr schneller?

4.9.2 Arbeit mit einer Sachrechenkartei

Um die Entwicklung von Sachrechenkompetenz zu fördern, werden gezielt Bearbeitungshilfen eingesetzt. Im Rahmen dieser Übungen hat sich als methodisches Verfahren der Einsatz einer dynamisch anwachsenden Sachrechenkartei bewährt. Der Umgang mit einer solchen Kartei sowie die Vorteile des Anlegens von und des Arbeitens mit einer selbst angelegten Sachrechenkartei wurden ausführlich im **Handbuch 2** (S. 172) beschrieben. Die Übungsvarianten aus der im 2. Halbjahr des 2. Schuljahrs begonnenen Kartei haben als Bearbeitungshilfen auch in den folgenden Jahren Bestand. Sie sind als Übungen zur Erweiterung des Spektrums an Bearbeitungshilfen im Umgang mit Sachaufgaben und Sachtexten geeignet. Es bietet sich an, diese im Verlauf des 3. Schuljahrs durch altersspezifische Übungsformen zu ergänzen bzw. sie in ihrem Schwierigkeitsgrad anzuheben. Wir schlagen vor, dass je zwei Kinder an einer Karteikarte arbeiten, damit zunehmend Gespräche über Sachaufgaben in Gang gesetzt werden. Die Lehrkraft kann beim Einsatz dieses Mediums vorwiegend Aufgaben der Moderation übernehmen. Sie kann als Gesprächspartnerin den Schülern zur Verfügung stehen bzw. sich Aufschluss über die Bearbeitungsstrategien der Schüler verschaffen, indem sie diese bei der Arbeit beobachtet.

Anhand von ausgewählten Beispielen zeigen wir, wie Sachrechenkarteikarten mit Bearbeitungshilfen zum Einüben von Bearbeitungsstrategien im 3. Schuljahr gestaltet werden können.

Beispiele:

Karteikarte 1

Findet Gemeinsamkeiten und Unterschiede der beiden Aufgaben heraus!

1. Ullas Schule ist 2 km von ihrer Wohnung entfernt.
   Sie geht den Weg dorthin täglich hin und zurück.

2. Udo wandert 20 km. Für 4 km braucht er eine Stunde.

Evtl. genannte Gemeinsamkeiten:
- Beide Kinder gehen.
- Beide legen mehrere Kilometer zurück.

Evtl. gefundene Unterschiede:
- Udo wandert in der Freizeit, Ulla geht zur Schule.
- Udo braucht für 4 km eine Stunde, für Ulla weiß ich das nicht.
- Udo geht den Weg nur einmal, Ulla muss den Schulweg hin und zurück gehen.
- Udo hat einen viel längeren Weg als Ulla.
- In der 2. Aufgabe will ich wissen, wie lange Udo braucht. In der 1. Aufgabe soll ich herausfinden, wie lang Ullas täglicher Weg ist.

Gleiche Rechenwege:
Ich kann in beiden Aufgaben fortlaufend addieren.
Aufg. 1: hin 2 km, zurück 2 km, 2 km + 2 km = 4 km

Aufg. 2: 1 h – 4 km,
2 h – 8 km,
3 h – 12 km,
4 h – 16 km,
5 h – 20 km.

Unterschiedliche Rechenwege:

In der 1. Aufgabe kann ich die Lösung durch Malnehmen ($2 \cdot 2 = 4$), in der 2. Aufgabe durch Teilen ($20 : 4 = 5$) finden.

Der Blick der Schüler wird bewusst auf den Vergleich semantischer bzw. syntaktischer Strukturen gerichtet. Es geht nicht vorrangig um die einzelnen Lösungsergebnisse. Wir hoffen, dass durch diese Art des Umgangs mit Sachaufgaben der Schülerneigung, unreflektiert Lösungen von Sachaufgaben zu produzieren, entgegengewirkt werden kann. Vielleicht erkennen die Schüler bei der gedanklichen Auseinandersetzung mit beiden Sachaufgaben im Beispiel, dass Ulla einen ziemlich langen Schulweg hat und beziehen die Situation sogar auf ihren eigenen Schulweg.

Wir möchten herausstellen, dass das Anlegen einer Sachrechenkartei nicht Voraussetzung für die Unterrichtsarbeit mit Bearbeitungshilfen ist. Die Aufgaben können ebenso auf andere, im Unterricht sonst übliche Art, gestellt werden. Der Vorteil einer klassenspezifischen Kartei ist jedoch, dass das Aufgabenangebot darin nach Bearbeitungshilfen geordnet werden kann.

Im herkömmlichen Sachunterricht werden Sachaufgaben in der Regel arithmetischen Inhalten oder inhaltlichen Schwerpunktthemen zugeordnet. Bearbeitungshilfen werden im Umgang mit den Aufgaben dabei eher sporadisch gegeben. Wenn gezielte Übungsformen als Ordnungskriterium gewählt werden, wie bei der Sachrechenkartei, kann eine Sachaufgabe unter verschiedenen Rubriken des Mediums eingeordnet und damit unter mehreren Blickwinkeln reflektiert werden. Das Ziel ist nicht (nur) die Lösung dieser einen Sachaufgabe, sondern das Erlernen überdauernder Strategien für das Bearbeiten vieler Sachaufgaben durch das Einsetzen vielfältiger Bearbeitungshilfen, wie im Abschnitt 4.9.1 umfassend gezeigt wurde.

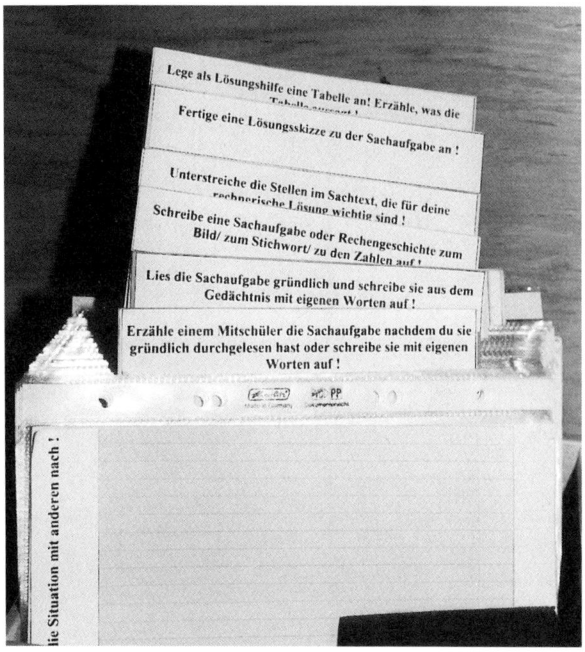

Einmaleinsleporello

Kopiervorlage K 1

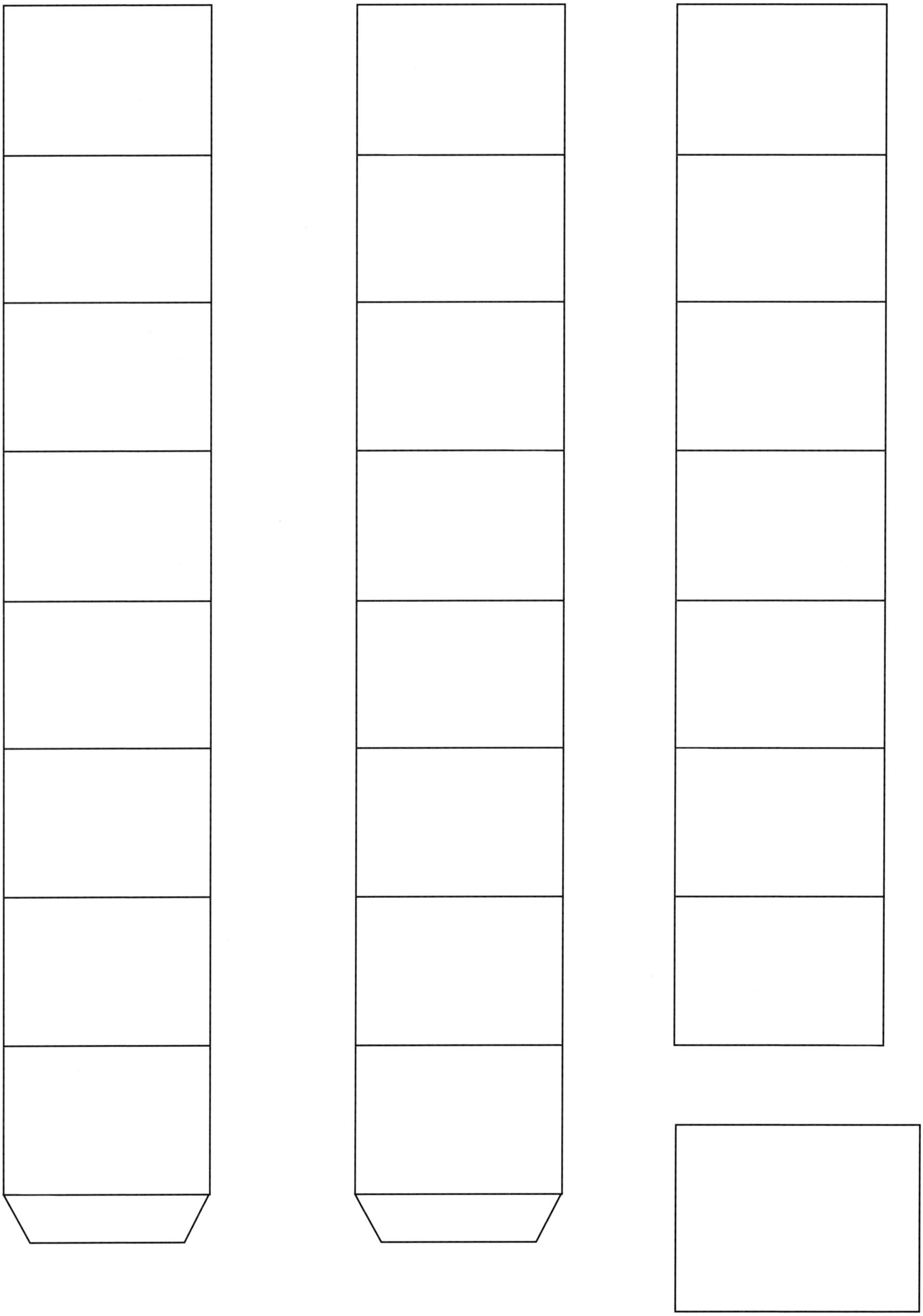

A ○ B

A		B
□ · □		□ · □
□ · □		□ · □
□ · □		□ · □
□ · □		□ · □
□ · □		□ · □
□ · □		□ · □

□ = □ · □		□ = □ · □
□ = □ · □		□ = □ · □
□ = □ · □		□ = □ · □
□ = □ · □		□ = □ · □
□ = □ · □		□ = □ · □
□ = □ · □		□ = □ · □

B ○ A

A ○ B

A		B
☐ : ☐		☐ : ☐
☐ : ☐		☐ : ☐
☐ : ☐		☐ : ☐
☐ : ☐		☐ : ☐
☐ : ☐		☐ : ☐
☐ : ☐		☐ : ☐

☐ = ☐ : ☐	☐ = ☐ : ☐
☐ = ☐ : ☐	☐ = ☐ : ☐
☐ = ☐ : ☐	☐ = ☐ : ☐
☐ = ☐ : ☐	☐ = ☐ : ☐
☐ = ☐ : ☐	☐ = ☐ : ☐
☐ = ☐ : ☐	☐ = ☐ : ☐

B ○ A

Tausenderstreifen

Kopiervorlage A 1

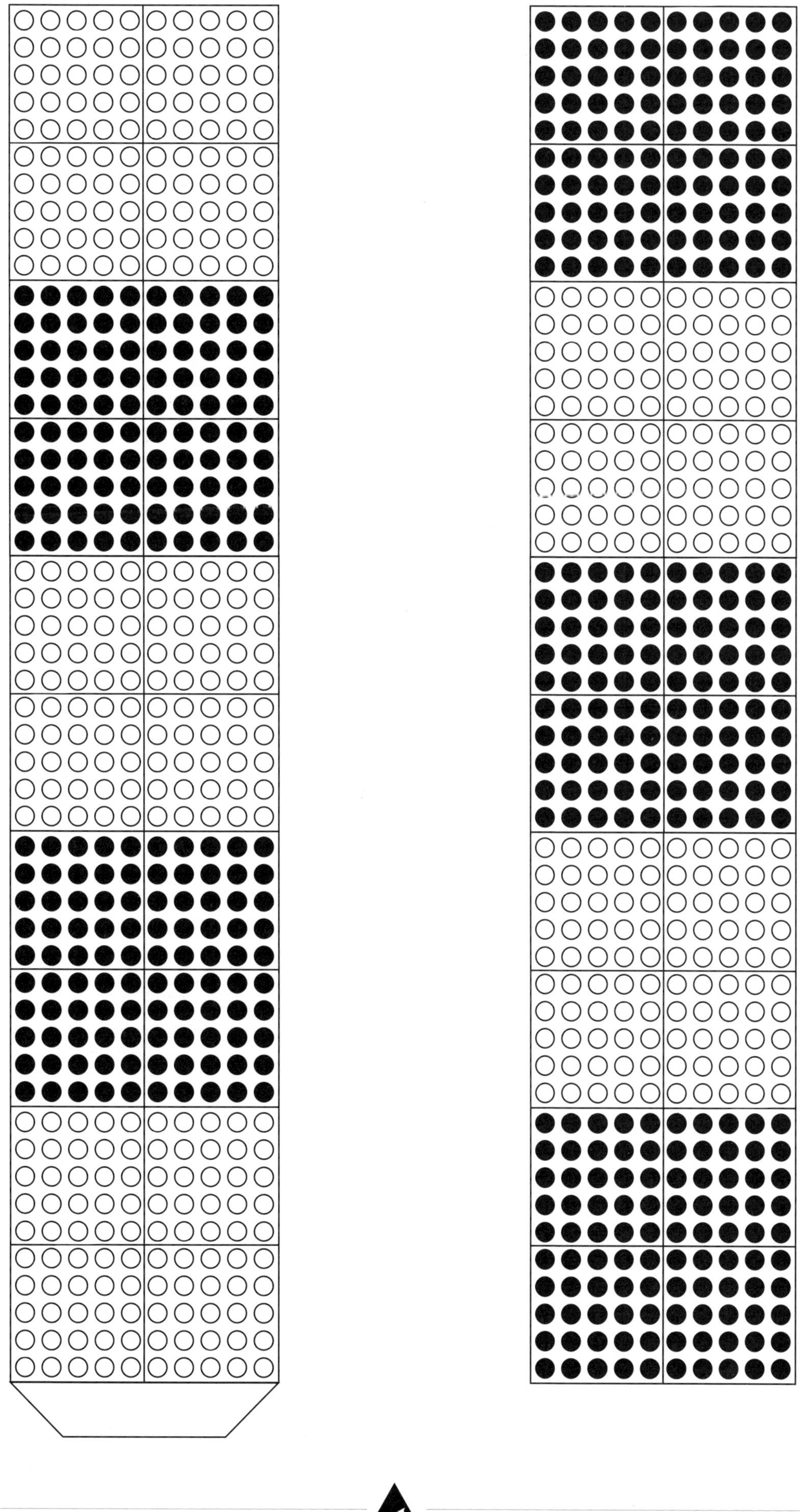

Mein Tausenderbuch

1	2	3	4	5	6	7	8	9	10
11	12	13	14	15	16	17	18	19	20
21	22	23	24	25	26	27	28	29	30
31	32	33	34	35	36	37	38	39	40
41	42	43	44	45	46	47	48	49	50
51	52	53	54	55	56	57	58	59	60
61	62	63	64	65	66	67	68	69	70
71	72	73	74	75	76	77	78	79	80
81	82	83	84	85	86	87	88	89	90
91	92	93	94	95	96	97	98	99	100

____

(Schreibe hier deinen Namen hin)

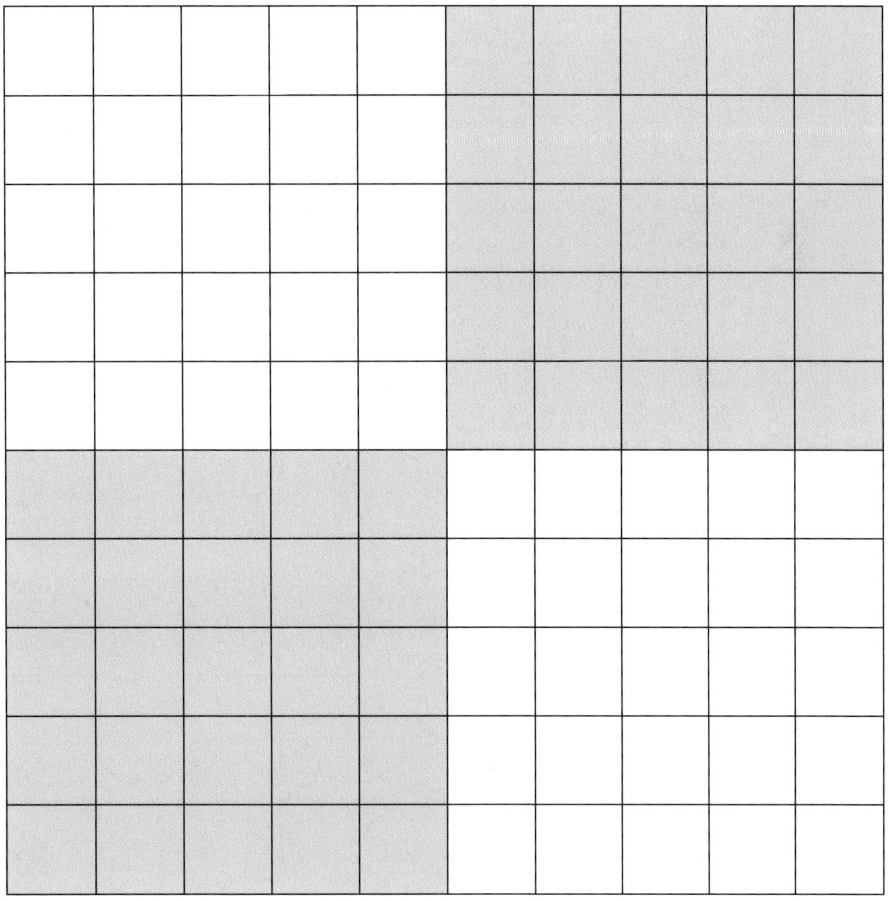

E	
Z	
H	

	1	0	0	1	0		1
	2	0	0	2	0		2
	3	0	0	3	0		3
	4	0	0	4	0		4
	5	0	0	5	0		5
	6	0	0	6	0		6
	7	0	0	7	0		7
	8	0	0	8	0		8
	9	0	0	9	0		9
1	0	0	0				0

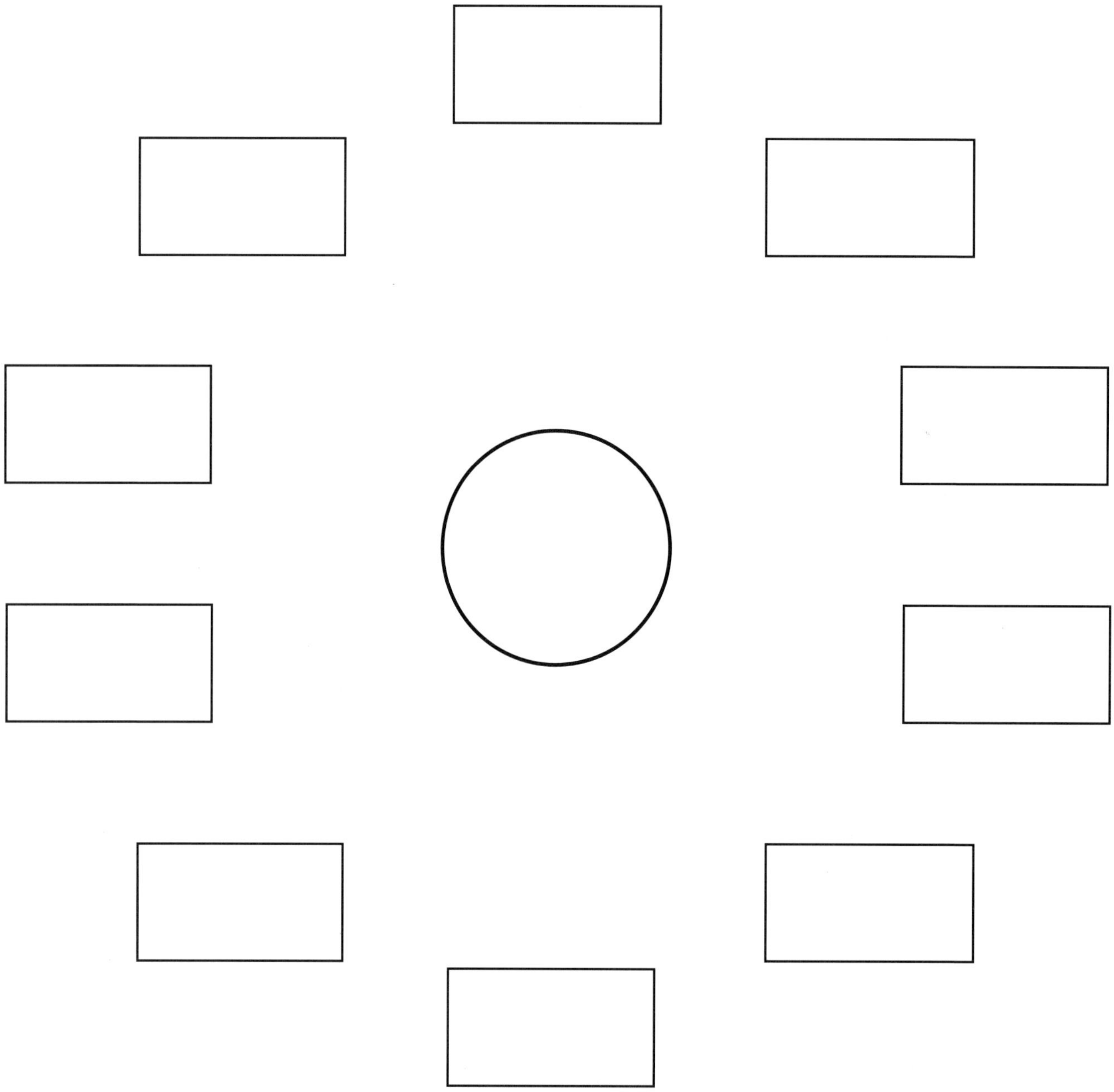

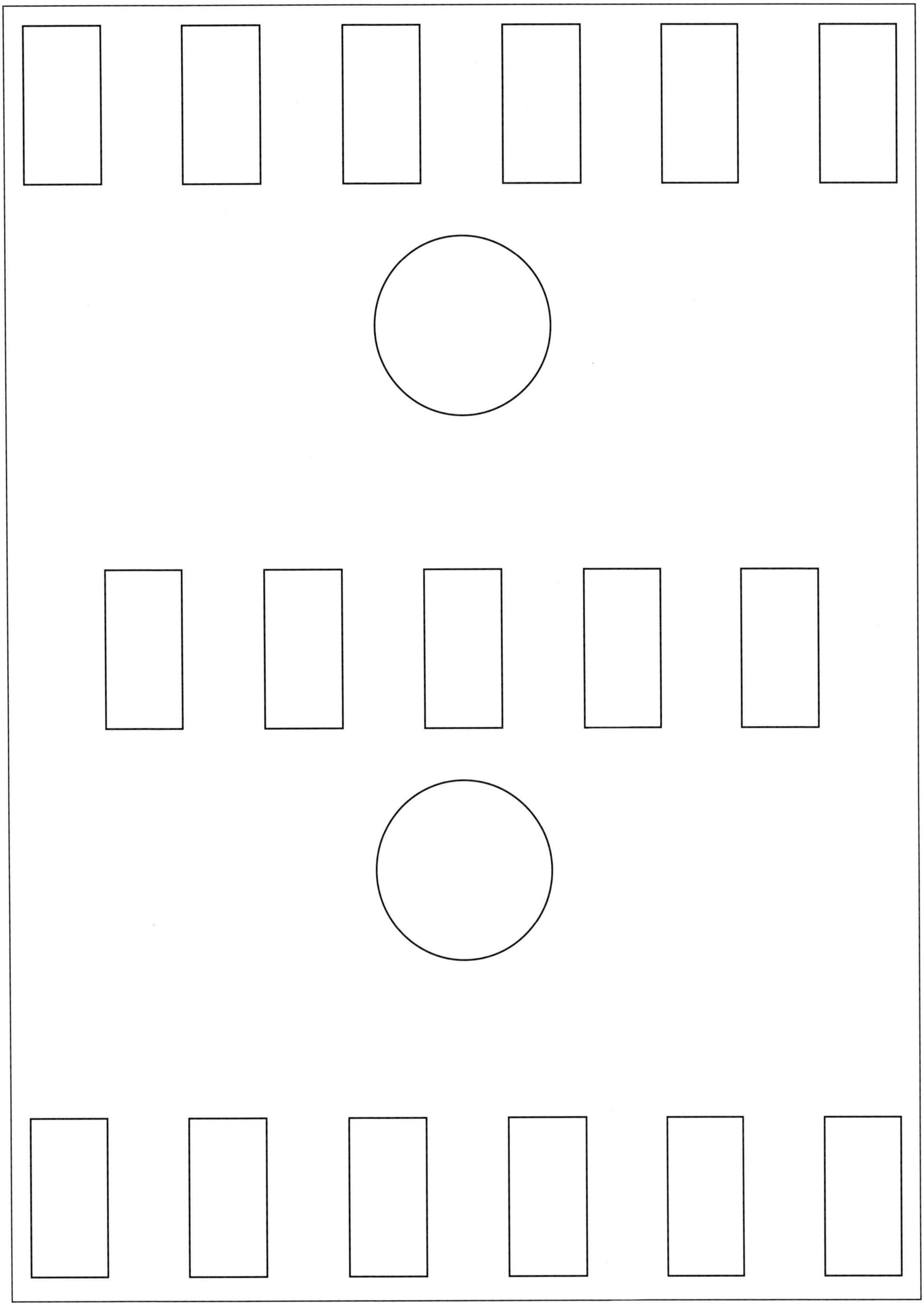

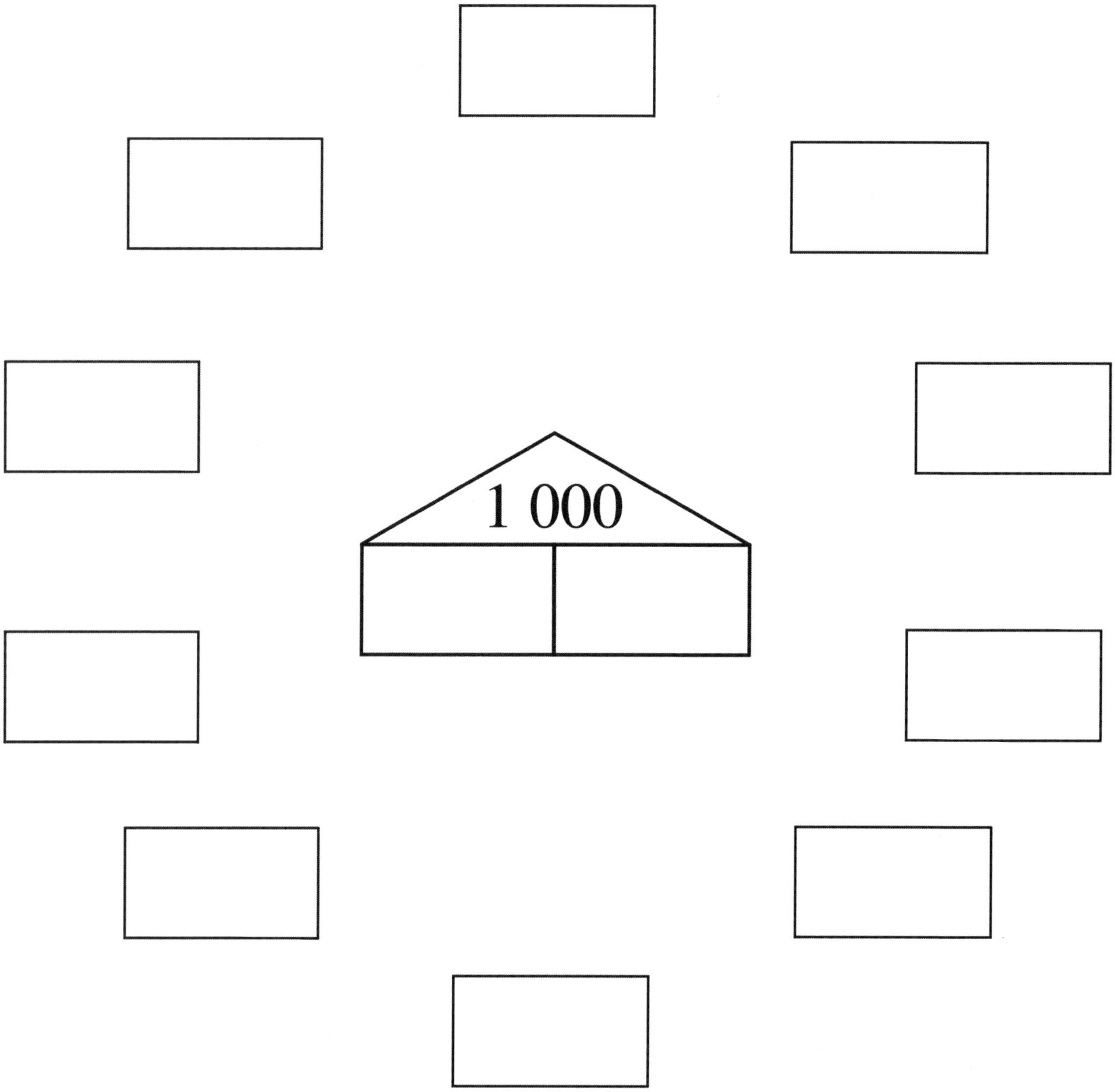
1 000

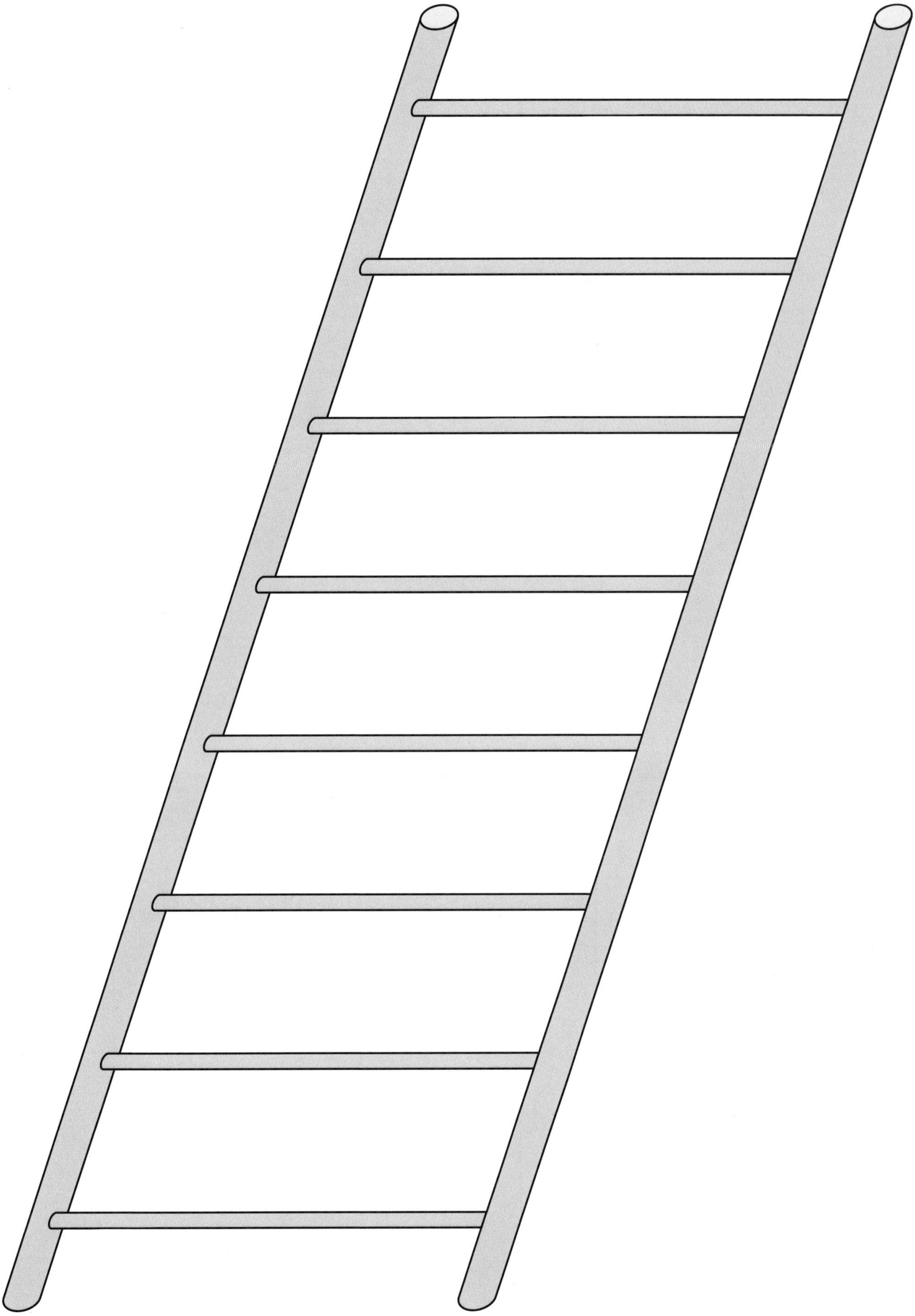

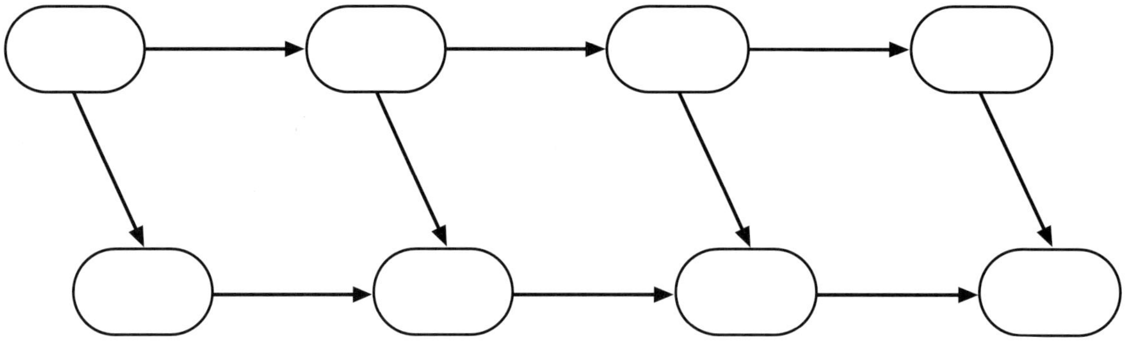

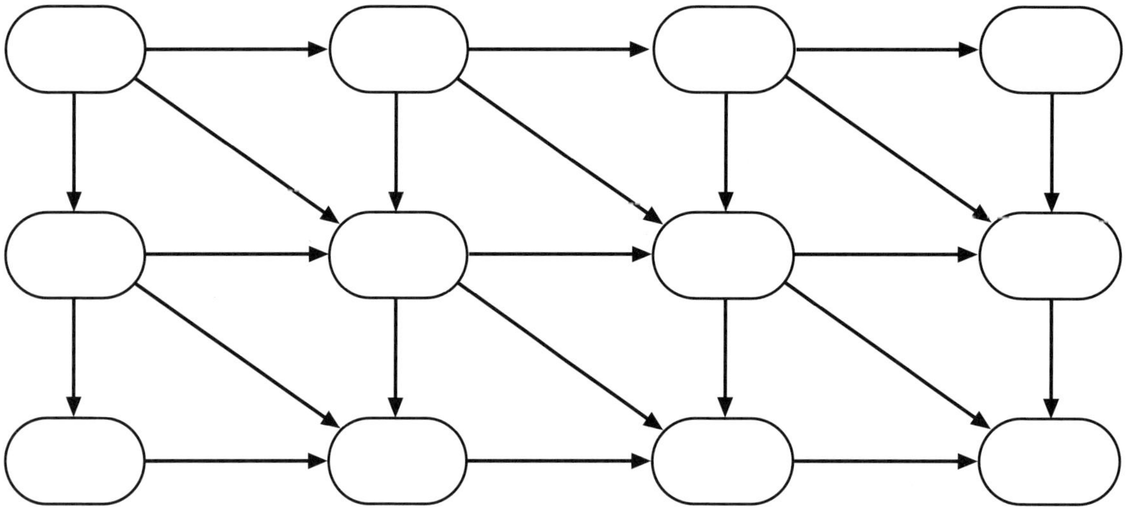

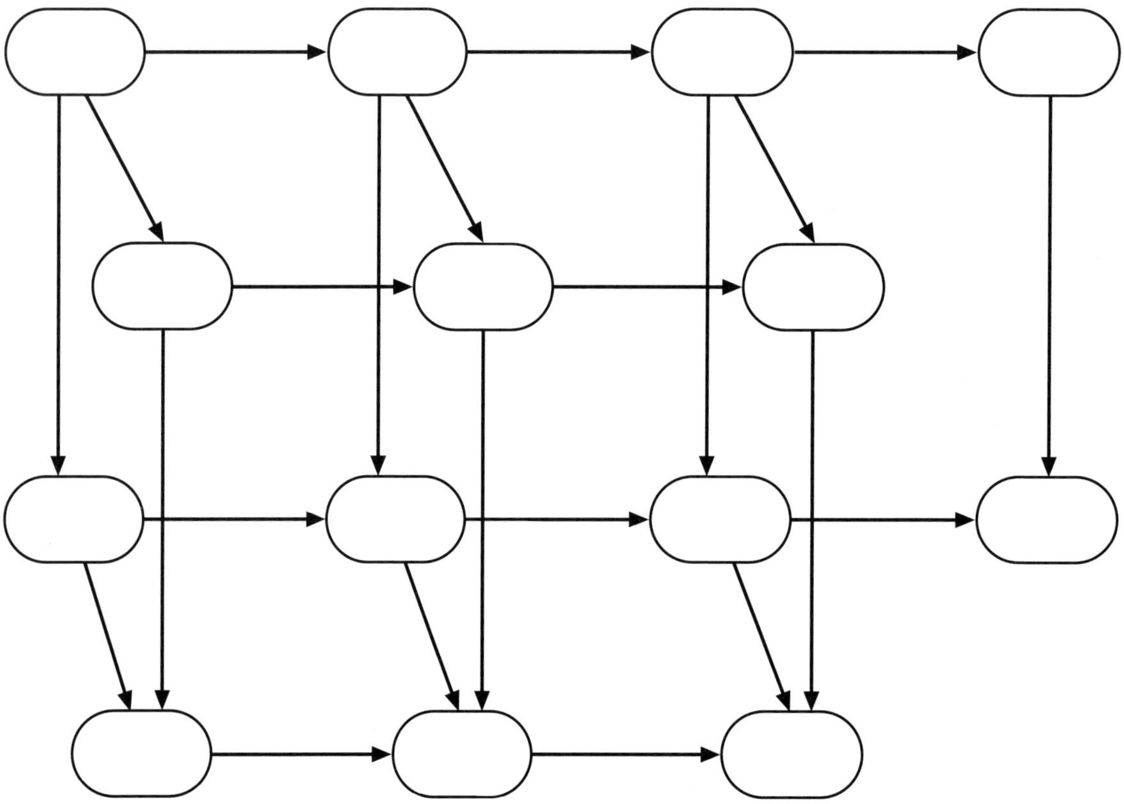

10	20	30	40	50	60	70	80	90	100
110	120	130	140	150	160	170	180	190	200
210	220	230	240	250	260	270	280	290	300
310	320	330	340	350	360	370	380	390	400
410	420	430	440	450	460	470	480	490	500
510	520	530	540	550	560	570	580	590	600
610	620	630	640	650	660	670	680	690	700
710	720	730	740	750	760	770	780	790	800
810	820	830	840	850	860	870	880	890	900
910	920	930	940	950	960	970	980	990	1000

Operatoren

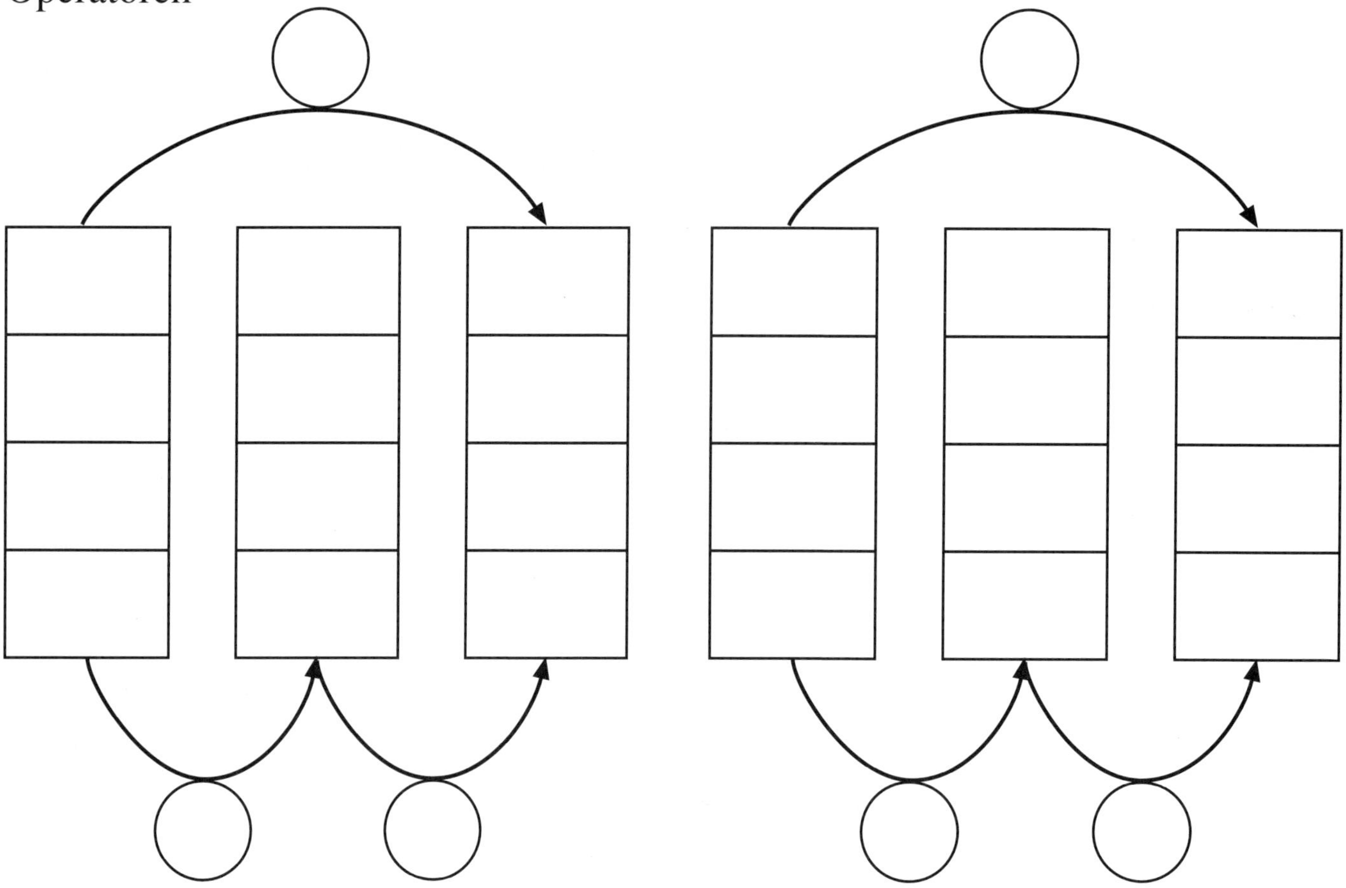

Hunderter-Rechenkreis

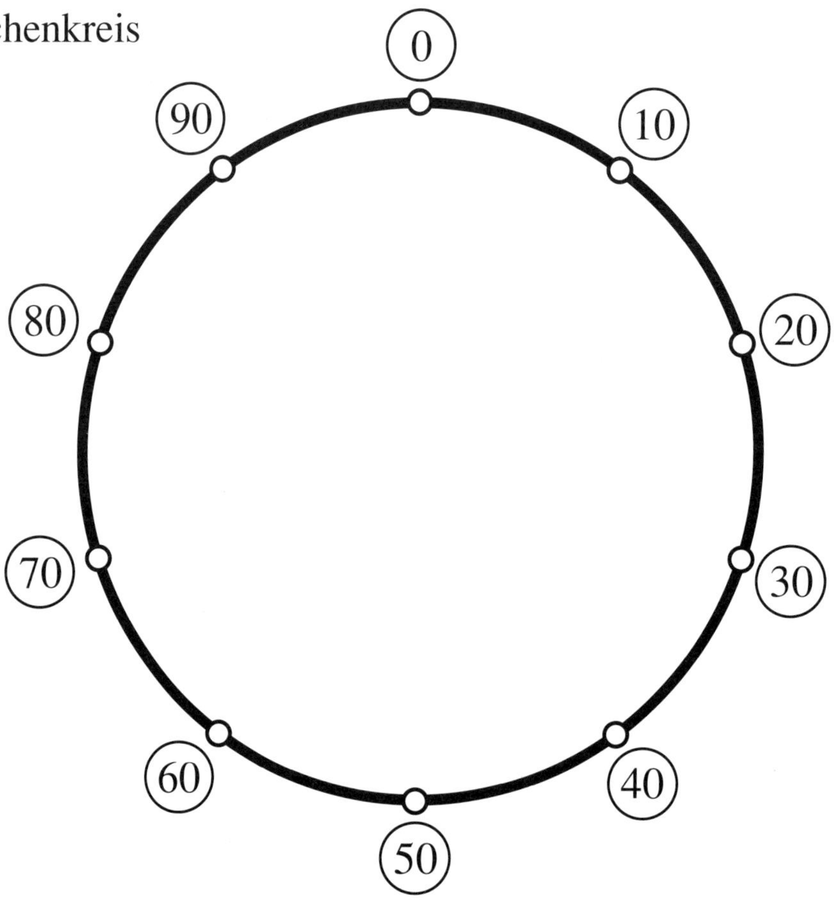

Vierhunderterfeld

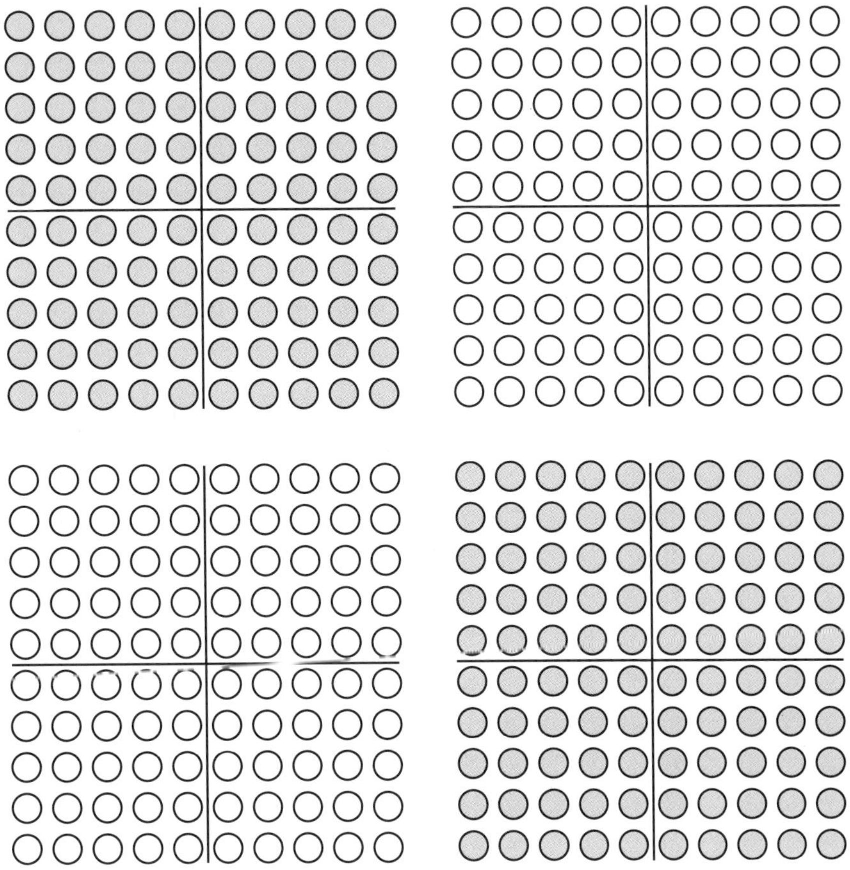

Rechenpuzzle

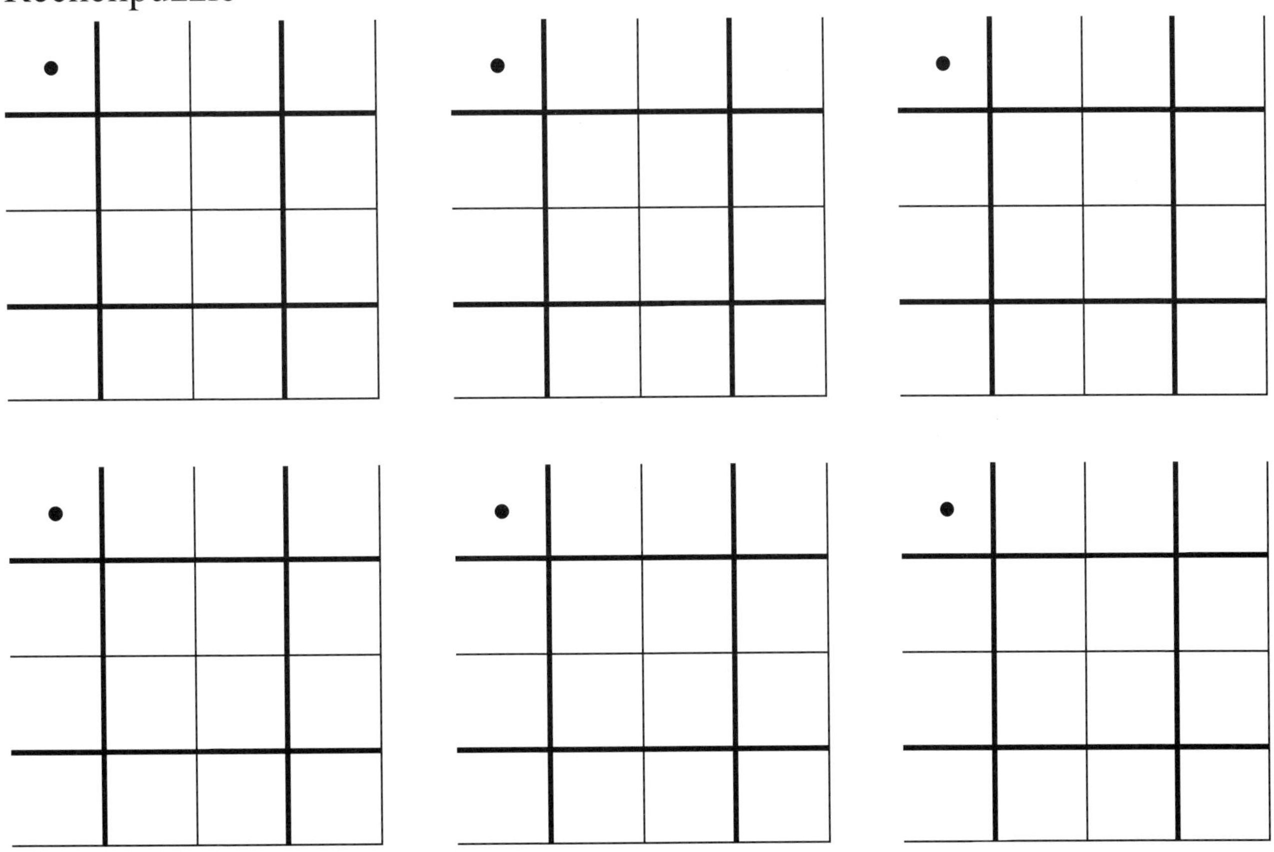

•	11	12	13	14	15	16	17	18	19	20
1										
2										
3										
4										
5										
6										
7										
8										
9										
10										

H	Z	E

Zeichenvorlage für Geobretterfiguren

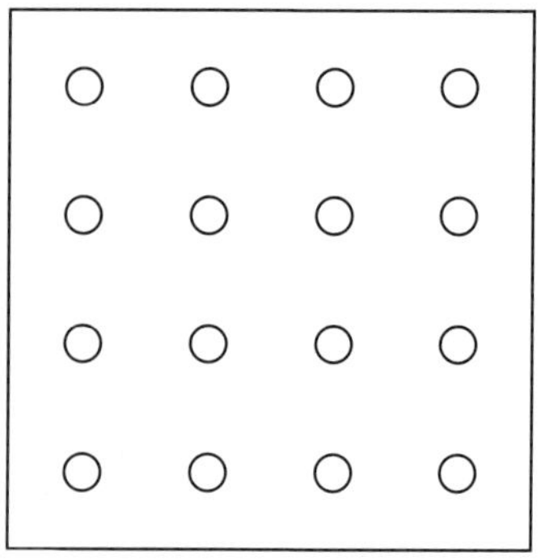
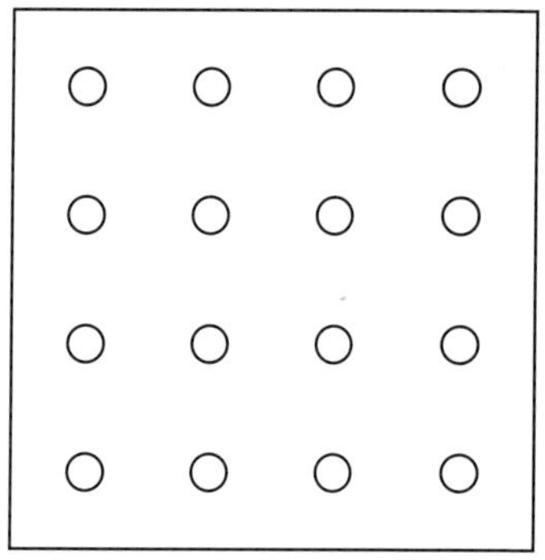
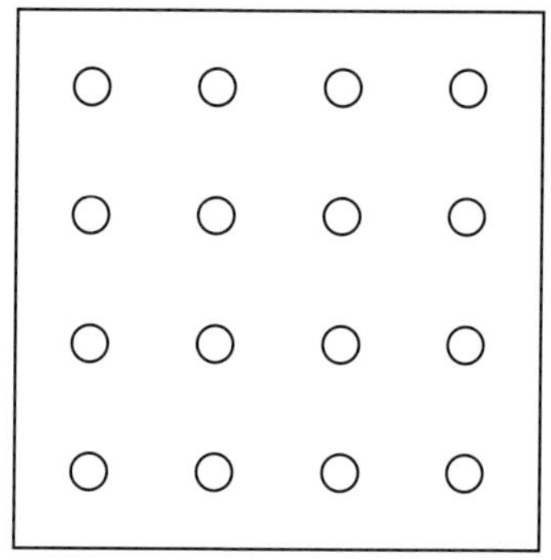
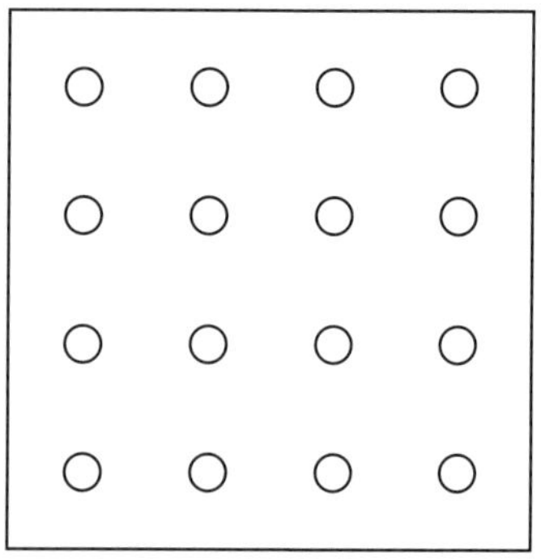
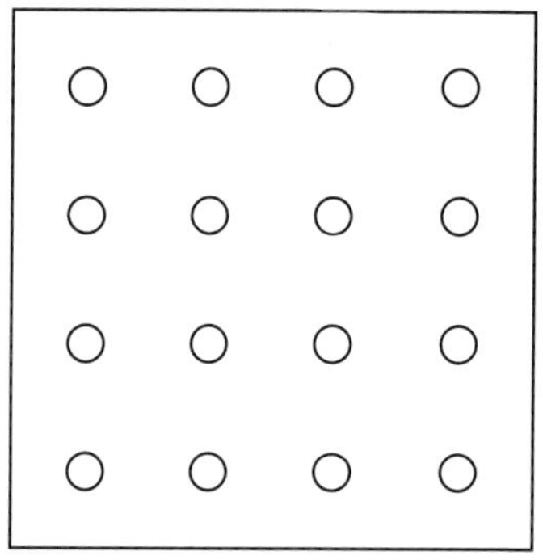
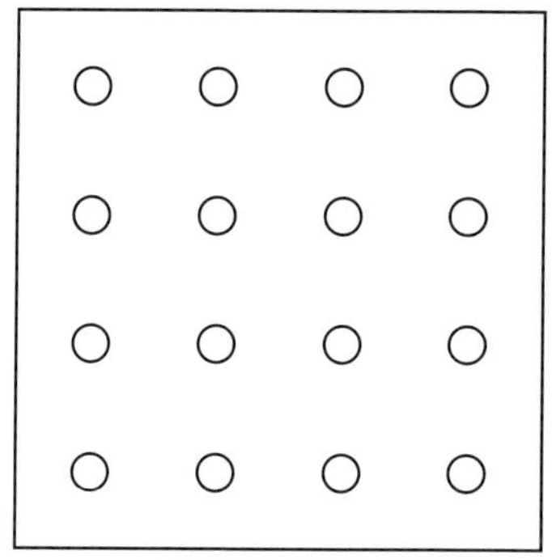
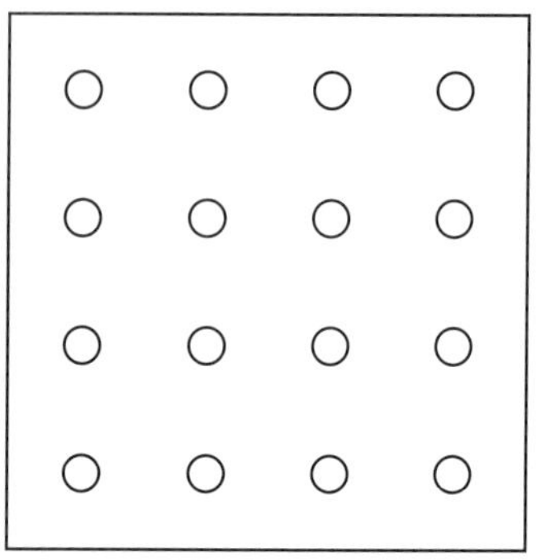
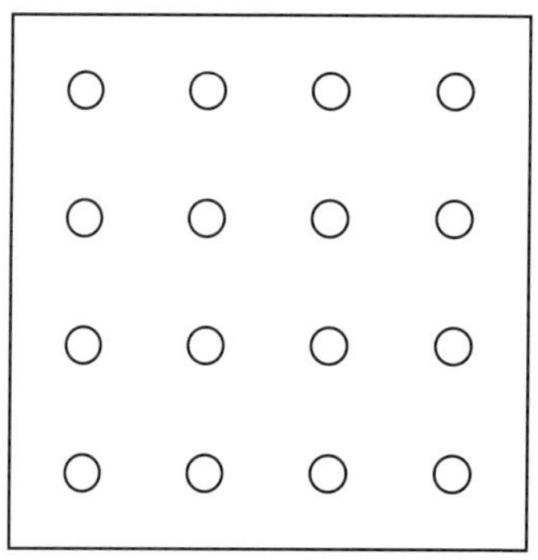
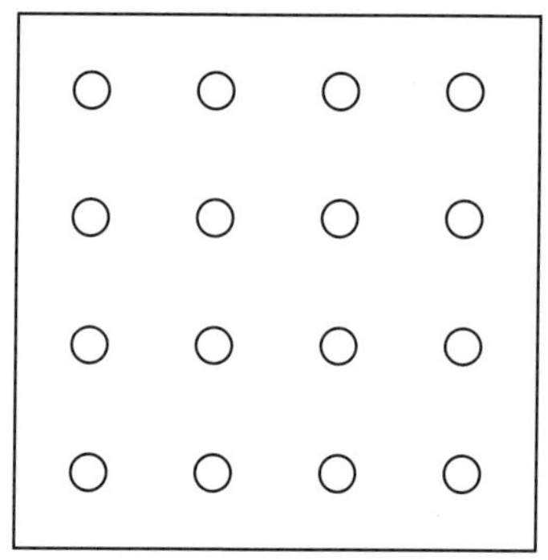
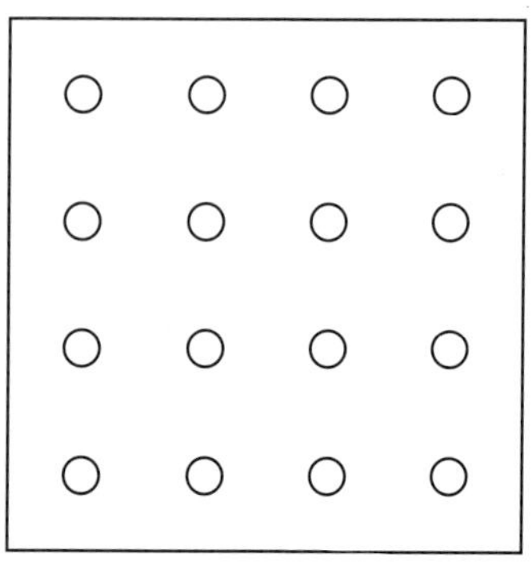
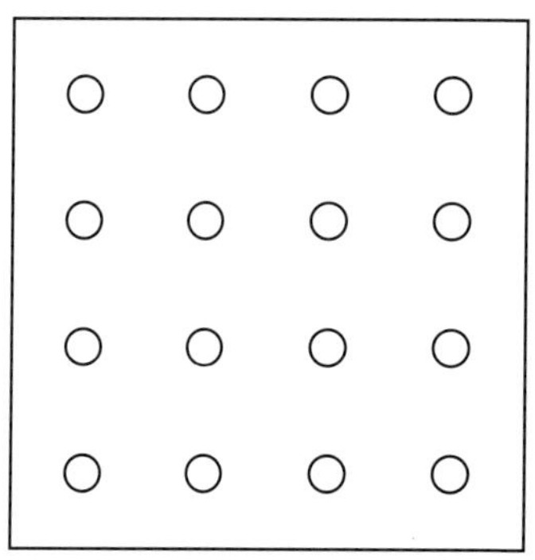
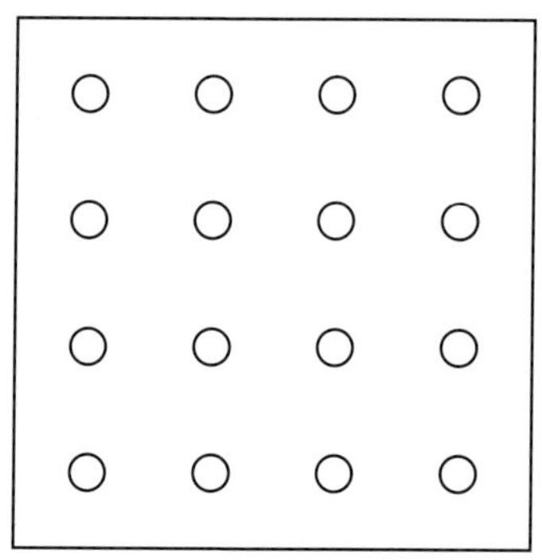

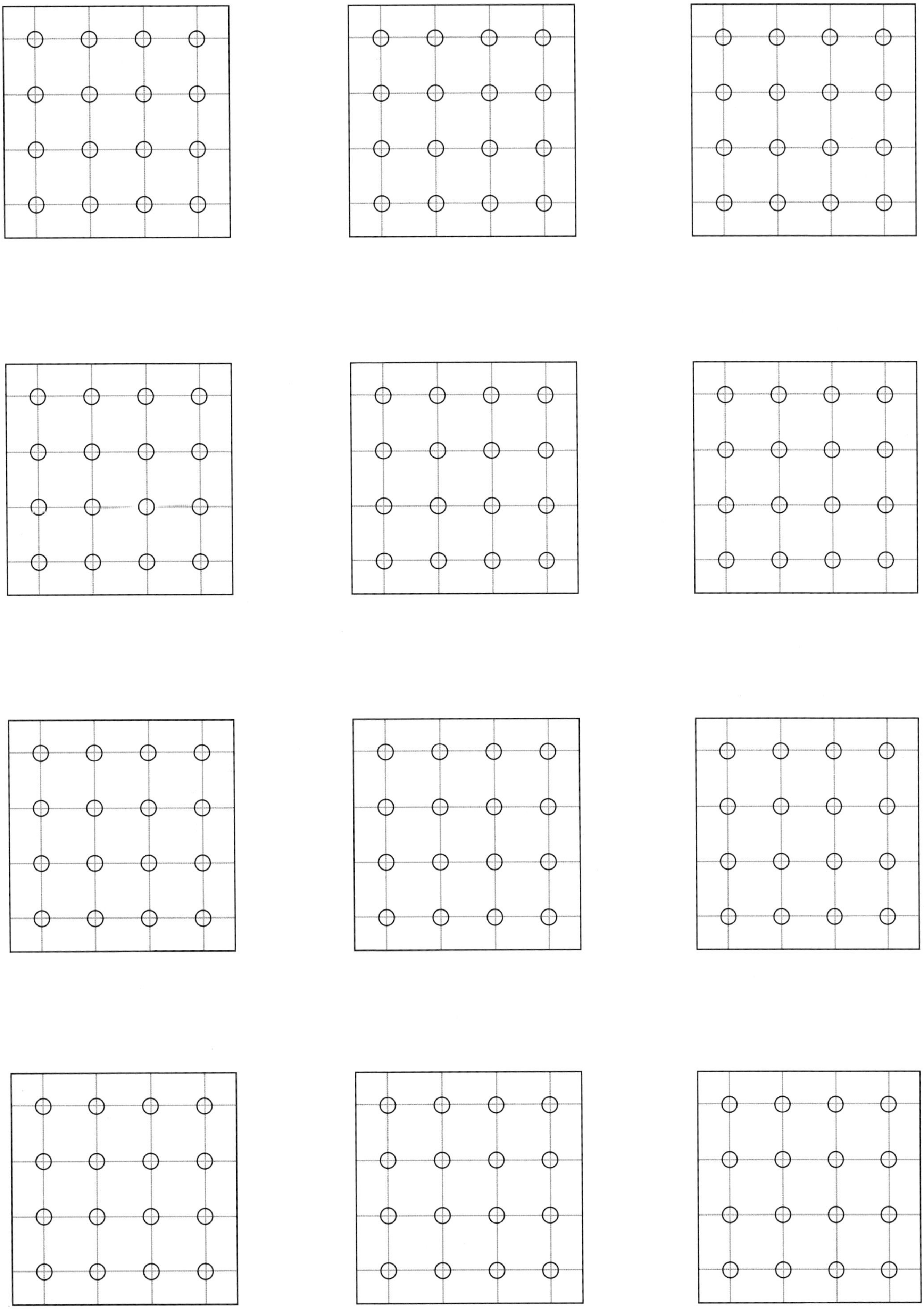

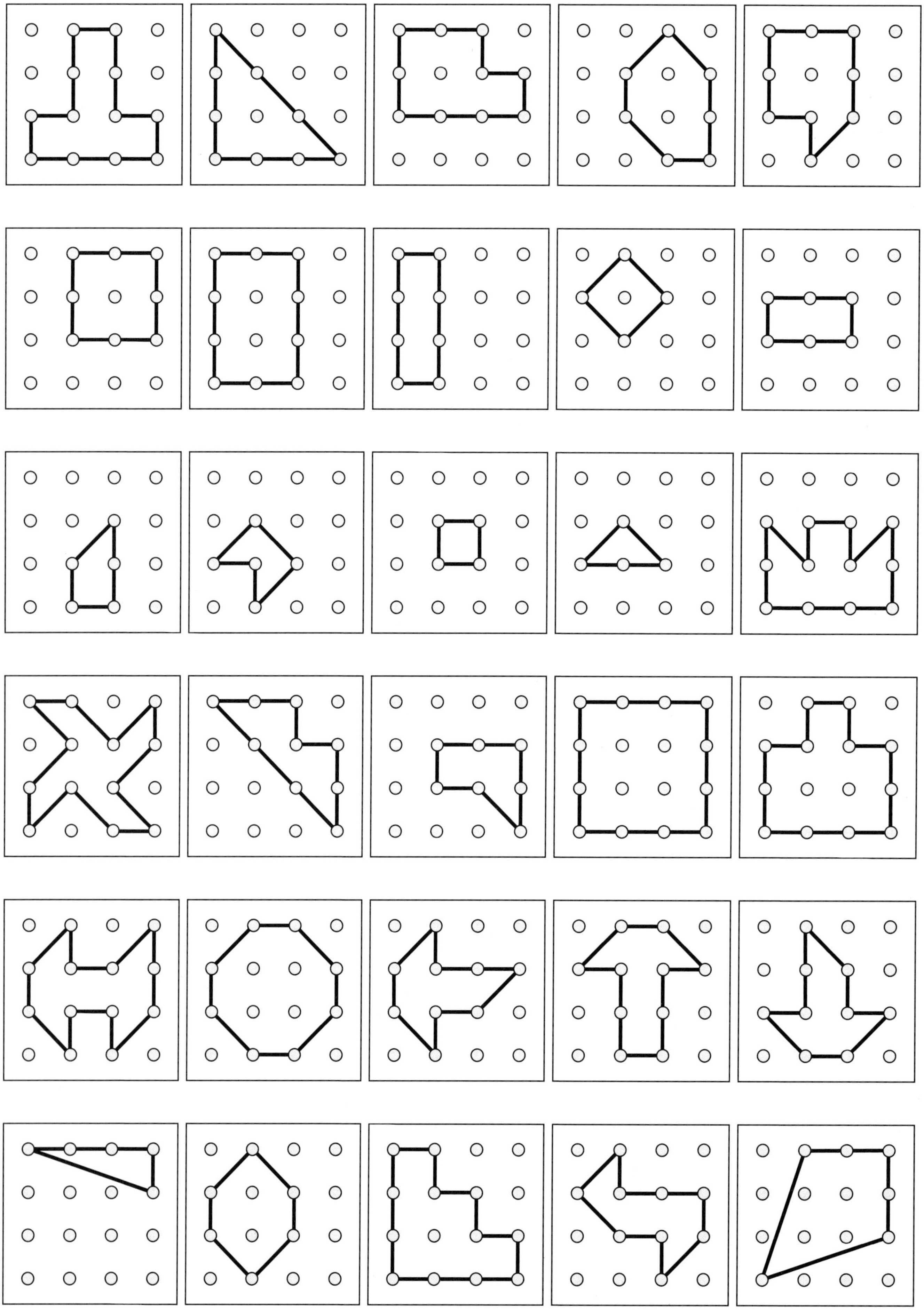

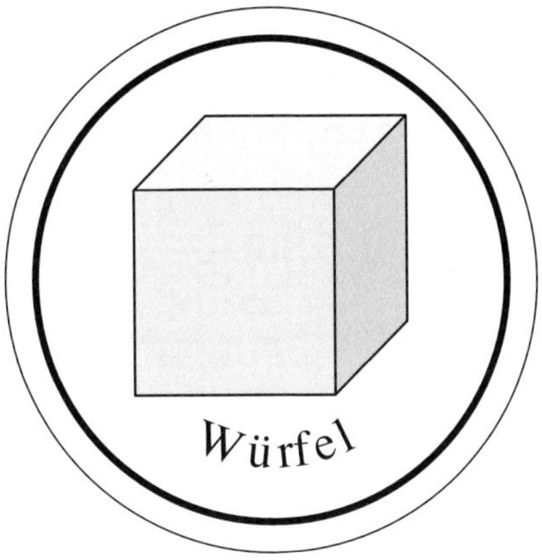
Würfel

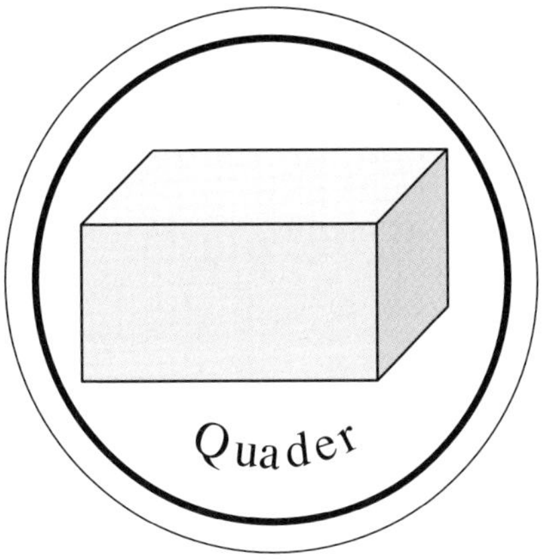
Quader

Kugel

Kegel

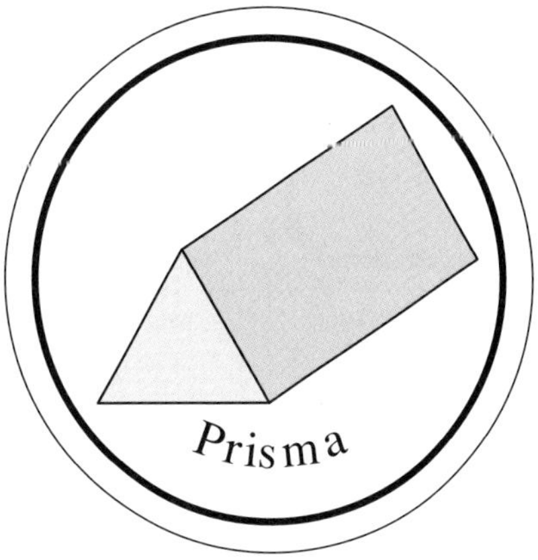
Prisma

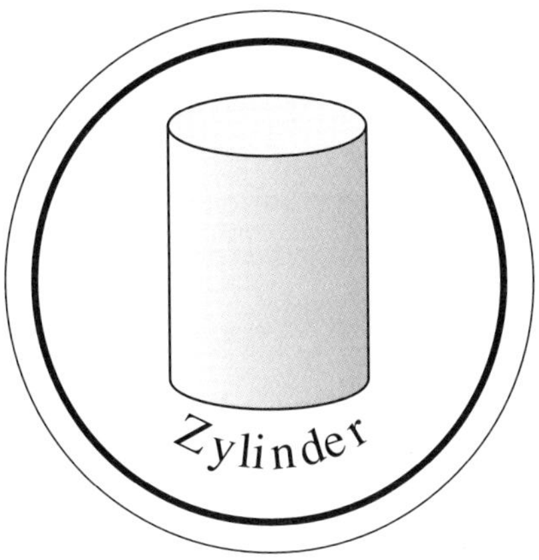
Zylinder

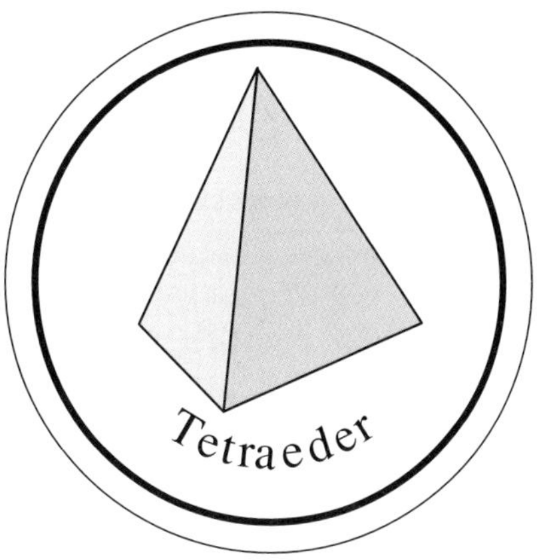
Tetraeder

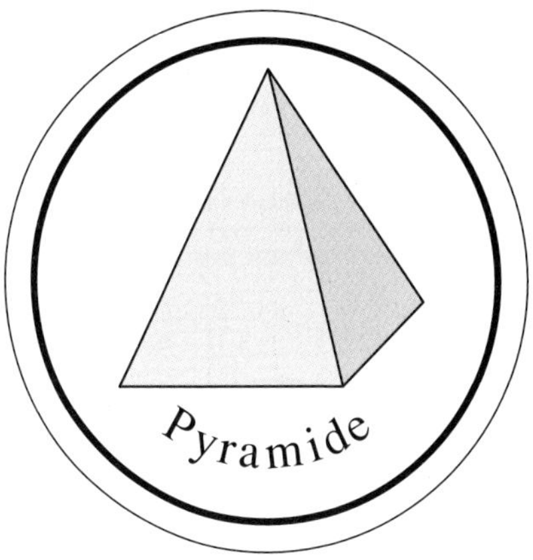
Pyramide

Alle Flächen sind quadratisch.	Der Körper hat 12 Kanten.	Alle Kanten sind gleich lang.
Alle Flächen sind dreieckig.	Alle Flächen sind rechteckig.	Der Körper ist rund.
Der Körper hat 8 Ecken.	Der Körper hat eine Spitze.	Mindestens eine Fläche ist kreisförmig.
Mindestens eine Fläche ist rechteckig.	Mindestens eine Fläche ist quadratisch.	Mindestens zwei Flächen sind dreieckig.
Der Körper hat keine Ecken.	Der Körper hat 5 Ecken.	Der Körper hat 4 Ecken.
Der Körper hat 6 Ecken.	Der Körper hat mindestens 6 Ecken.	Der Körper hat mindestens 8 Kanten.
Der Körper hat 5 Flächen.	Der Körper hat 6 Flächen.	Der Körper hat höchstens 4 Flächen.

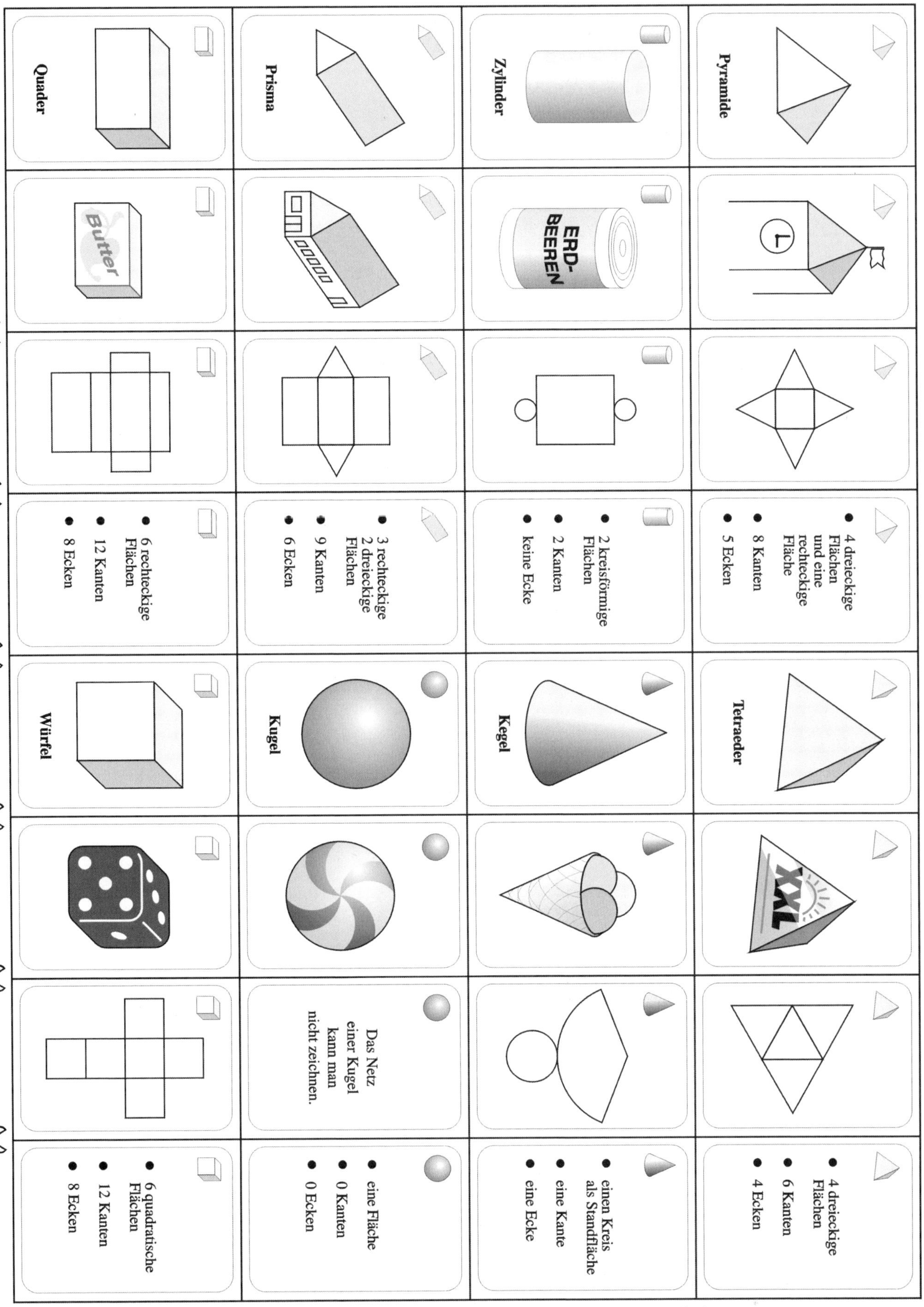
Quader
Butter
6 rechteckige Flächen
12 Kanten
8 Ecken
Prisma
3 rechteckige 2 dreieckige Flächen
9 Kanten
6 Ecken
Zylinder
ERD-BEEREN
2 kreisförmige Flächen
2 Kanten
keine Ecke
Pyramide
4 dreieckige Flächen und eine rechteckige Fläche
8 Kanten
5 Ecken
Würfel
6 quadratische Flächen
12 Kanten
8 Ecken
Kugel
Das Netz einer Kugel kann man nicht zeichnen.
eine Fläche
0 Kanten
0 Ecken
Kegel
einen Kreis als Standfläche
eine Kante
eine Ecke
Tetraeder
XXL
4 dreieckige Flächen
6 Kanten
4 Ecken

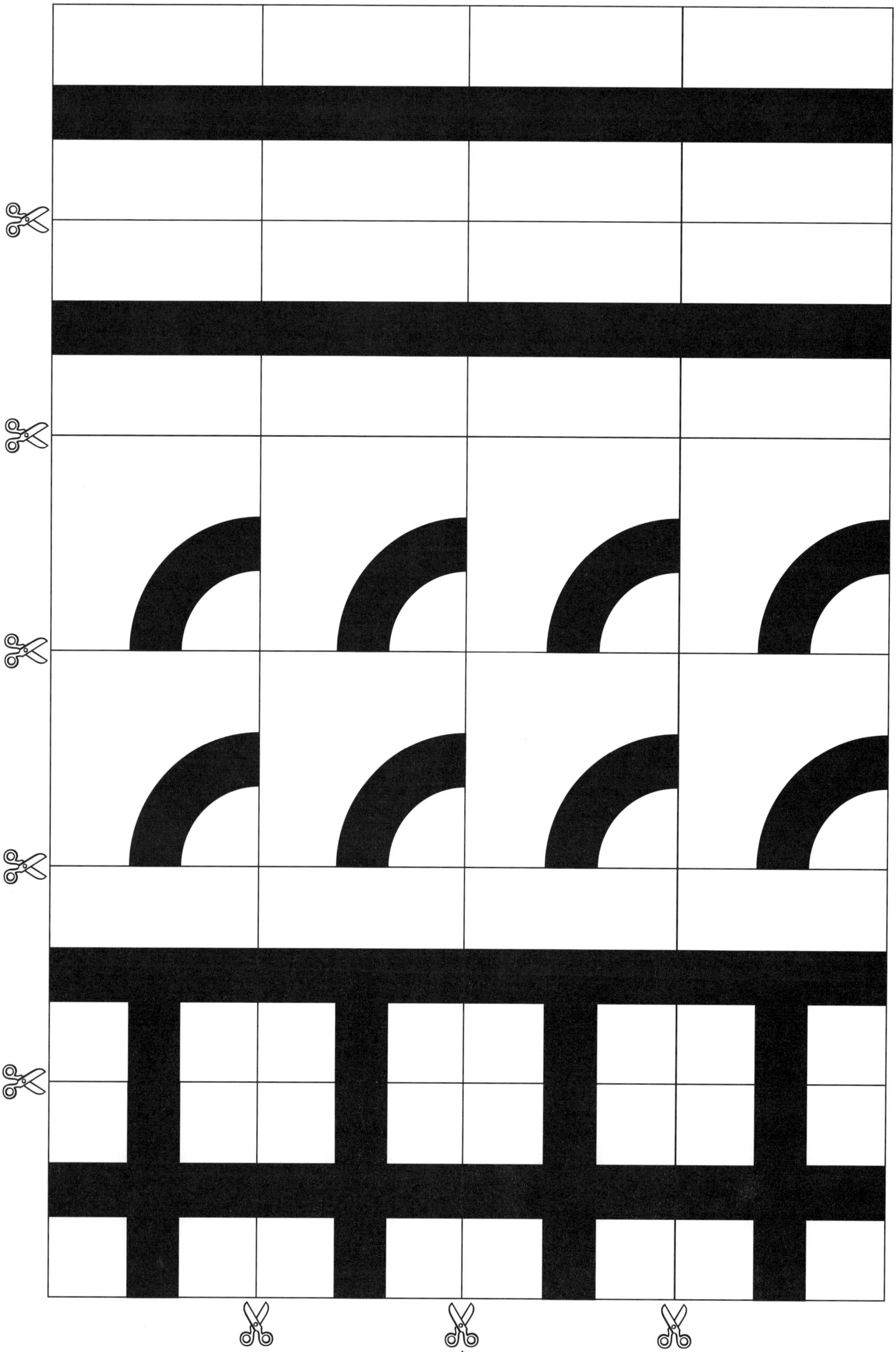

Beim Bäcker 1a

Janine hat eine Sachaufgabe geschrieben:

Ich gehe zum Bäcker und kaufe 10 Brötchen. Jedes kostet 35 Cent.

Johannes meint: „Pah, das ist einfach. Sie muss 3,50 € bezahlen."

- Gehe zu deinem Bäcker und frage ihn, welche Brötchensorten es bei ihm gibt. Lege eine Tabelle an.
- Frage den Bäcker, warum die Brötchen unterschiedlich viel kosten (Gewicht, Zutaten ? ...)

Brötchensorte	Stückpreis	Preis für 5 Brötchen	Preis für 10 Brötchen

Beim Bäcker 1b

- Schreibe auf, welche Kombinationen für Janine bei deinem Bäcker möglich wären!
- Denke dir selbst (mit einem Partner) Sachaufgaben dazu aus!
- Warst du schon einmal in anderen Ländern im Urlaub? Schreibe auf, was man dort zum Frühstück verzehrt!

Brötchensorten und Anzahl	Summe
3 Sesam (0,26 €) + 1 Käse (0,40 €) + 6 normale (0,25 €)	0, 78 € + 0,40 € + 1,50 € = 2,68 €

Kopiervorlage SR 2 - Digitalanzeige

kg	€ / kg	€

kg	€ / kg	€

kg	€ / kg	€

kg	€ / kg	€

kg	€ / kg	€

kg	€ / kg	€

kg	€ / kg	€

kg	€ / kg	€

kg	€ / kg	€

kg	€ / kg	€

kg	€ / kg	€

kg	€ / kg	€

kg	€ / kg	€

kg	€ / kg	€

kg	€ / kg	€

kg	€ / kg	€

Schroedel

Literaturverzeichnis

Abele, A. u. a. (1994): Handbuch zur Grundschulmathematik 3. und 4. Schuljahr. Stuttgart: Klett.

Abele, Ch.u. a. (1996): LUMATRIX – Multiplizieren und Dividieren 1. und 2. Schuljahr. Hannover: Schroedel.

Akademie für Lehrerfortbildung Dillingen (1995): Rechenstörungen. Donauwörth: Auer.

Arbeitsgruppe im Regierungsbezirk Detmold (Hrsg.) (1993): Handreichung Mathematik. Leistungsmessung – Leistungsbeurteilung im 3. und 4. Schuljahr der Grundschule – am Beispiel differenzierter Klassenarbeiten.

Arnold, N. (1997): Computer im offenen Unterricht der Primarstufe. In: Grundschulunterricht, Heft 4, S. 18 – 21.

Balhorn, H./Brügelmann, H. (1991): Computer in der Grundschule: 3 Fragen – 4 Antworten. In: Die Grundschulzeitschrift, Heft 47, S, 28 – 29.

Bartnitzky H./Christiani, R. (1987): Zeugnisschreiben in der Grundschule. Heinsberg: Agentur Diek.

Bartnitzky, H. (Hrsg.) (1989): Umgang mit Zensuren in allen Fächern. Frankfurt/Main: Scriptor.

Bartnitzky, H. u. a. (1987): Differenzierte Diktate: Klasse 3 und 4. Frankfurt/Main: Scriptor.

Bauer, L. (1993): Hanna – Note 6. In: Grundschule, Heft 11. S. 35 – 38.

Bauersfeld, H. u. a. (1971): alef 3 – Arbeitsheft für den Schüler. Hannover: Schroedel.

Bauersfeld, H. u. a. (1972): alef 3 – Handbuch zum Lehrgang. Hannover: Schroedel.

Bauersfeld, H. u. a. (1975): Wege zur Mathematik, alef 1. Hannover: Schroedel.

Bauersfeld, H. (1992): Faltschnitte und Daumenkino. In: Grundschulunterricht, H. 39, S. 21 – 25.

Baumert, J. u. a. (1997): TIMSS – Mathematisch-naturwissenschaftlicher Unterricht im internationalen Vergleich. Berlin: Leske & Budrich.

Bennemann, D./Spiegel, H./Wenning, A. (1991): "Wir verbrauchen zu viel Wasser." In: Die Grundschulzeitschrift, Heft 42, S. 10 – 13 und S. 60 – 63.

Berger, A. (1997): Mathematik: Bewegung und Tanz in der Geometrie. In: Die Grundschulzeitschrift, Heft 109, S. 14 – 15.

Berger, A. u. a. (1996): Das Zahlenbuch. Mathematik im 3. Schuljahr. Stuttgart: Klett.

Bönig, D./Burmester, K. (1994): "Das kann man nicht rechnen..."– "Das ergibt doch keinen Sinn." In: Mathematische Unterrichtspraxis, Heft 3.

Bönsch, M. (1972): Die Wandtafel als Arbeitsmittel im Unterricht. Hannover: Zickfeldt.

Brownell, W. A./Moser, H. E. (1949): Meaningful vs. mechanical learning: A study in grade III. Subtraction. Durham, NC: Duke University Press.

Brügelmann, H./Bohnenkamp, A. (1990): Öffnung des Unterrichts durch Computer? In: Die Grundschulzeitschrift, Heft 32, S. 56 – 60.

Bruner, J. (1996): The Culture of Education. Cambridge (USA): Harvard University Press.

Dahlke, M. u. a. (1992): Fördern in der Grundschule durch Zusammenarbeit von Grundschul– und Sonderschullehrkräften. Hildesheim: NLI.

Dallmann, G. u. a. (1995): Ernährung und Gesundheit. Materialien für die Grundschule (1. – 4. Klasse). Stuttgart: Klett.

Deutsches Institut für Fernstudien (1975): Einfache geometrische Begriffe. Tübingen: Beltz.

Dienes, Z. P./ Golding, E. W. (1967): Die Entdeckung des Raumes und praktische Meßübungen. Freiburg: Herder.

DIMDI – Deutsches Institut für medizinische Dokumentation und Information (Hrsg.) (1994): ICD–10, Internationale statistische Klassifikation der Krankheiten und verwandter Gesundheitsprobleme. Band 1. Bern: Huber.

Dirk, A. (1995): Origami-Schachteln. Ravensburg: Ravensburg.

Drenckhahn, F. (1952): Zur Frage einheitlicher Anordnungen und Verfahren des schriftlichen Rechnens. In: Unsere Schule, 7. Jahrgang, S. 349 – 355.

Dröge, R. (1991): Kinder schreiben Sachaufgaben selbst. In: Die Grundschulzeitschrift, Heft 42, S. 14 – 15 und S. 58 – 59.

Drunkemühle, L. (1985): Förderunterricht in der Grundschule. Frankfurt/Main: Diesterweg.

Ebeling, A. (1995): Strategiekarten. In: Praxis Grundschule, Heft 3, S. 15 –18.

Ellrott, D./Aps–Ellrott, B. (1995): Förderdidaktik Mathematik Primarstufe. Offenburg: Mildenberger.

Ellrott, D./ Schindler, M. (1975): Reform des Mathematikunterrichts. Bad Heilbrunn: Klinkhardt.

Enzensberger, H. M. (1997): Der Zahlenteufel. München: Hanser.

Erichson, Ch. (1992): Von Lichtjahren, Pyramiden und einem regen Wurm. Erstaunliche Geschichten, mit denen man rechnen muß. Hamburg: VPM.

Erichson, Ch. (1993): Lesestoff zum Sachrechnen. In: Grundschulunterricht, Heft 4, S. 17 – 19.

Erichson, Ch. (1997): Authentische Texte zum Mathematiklernen. In: Die Grundschulzeitschrift, Heft 102, S. 47 – 49.

Flitner, A. (1992): Reform der Erziehung. München: Pieper.

Floer, J. (1982): Fördernder Mathematikunterricht in der Grundschule. In: Floer, J./Haarmann, D. (Hrsg.) (1982): Mathematik für Kinder – Grundlegung – Beispiele – Materialien. Frankfurt/Main: Arbeitskreis Grundschule, S. 35 – 150.

Floer, J. (1990): Spielen und Üben mit dem Taschenrechner. In: Die Grundschulzeitschrift, Heft 31, S. 50–54.

Floer, J. (1993): Spiele mit dem Zauberspiegel. In: Grundschulzeitschrift, Heft 62, S. 51 – 58.

Floer, J./Schipper, W. (1989): Spiegelzahlen. Teil 1. In: Die Grundschulzeitschrift, Heft 23, S. 55 – 59.

Floer, J./Schipper, W. (1989): Spiegelzahlen. Teil 2. In: Die Grundschulzeitschrift, Heft 24, S. 53 – 58.

Floer, J. u. a. (1980): Mach mit – Mathematik für Kinder im 3. Schuljahr. München: List.

Floer, J. (1991): Die Kinder, das Rechnen und die 'Sachen'. Anmerkungen zu einer schwierigen Begegnung. In: Die Grundschulzeitschrift, Heft 42, S. 5 – 7.

Fölling-Albers, M. (1997): Lernen, Wissen, Verstehen. In: Grundschule, Heft 10, S. 8 – 9.

Franke, M. (1995): Auch das ist Mathe! Vorschläge für projektorientiertes Unterrichten. Köln: Aulis.

Franke, M. (1997): Was übrig bleibt, bekommt die Lehrerin – Eine Brücke bauen zwischen Alltagserfahrungen und Sachrechnen. In: Mathematische Unterrichtspraxis, Heft 1, S. 17 – 32.

Frenzl, W. (1993): Mathe zum Schmunzeln. Sachaufgaben 3. Niederzier: Kohl.

Geißler, E. (1978): Sachaufgaben in den unteren Klassen. Berlin: Volk und Wissen.

Gerlach, A. (1907, 1920): Von schönen Rechenstunden. Leipzig: Quelle & Meyer.

Gerster, H.-D. (1982): Schülerfehler bei schriftlichen Rechenverfahren – Diagnose und Therapie. Freiburg: Herder.

Gieseking, K. (1997): Linien, Flächen, Bilder. In: Grundschule, Heft 6, S. 58.

Grassmann, M. u. a. (1998): Untersuchungen über Vorkenntnisse und informelle Lösungsstrategien zu zentralen Inhalten des Mathematikunterrichts der Klasse 3 (Teil 1). In: Sache–Wort–Zahl, Heft 16, S. 51 – 59.

Gravemeijer, K.V. u. a. (Eds.) (1990): Contexts, Free Productions, Tests and Geometry in Realistic Mathematics Education. Uetrecht: Freudenthal–Institut.

Gryski,C. (1996): Fadenspiele. Hamburg: Carlsen.

Gryski, C. (1997): Die schönsten Fadenspiele. Kempen: Edition Moses.

Guder, R. (1993): Differenzieren statt fördern? In: Grundschule, Heft 6, S. 12 – 17.

Guinness Buch der Rekorde 1998 (1997): Hamburg: Guinness–Buch.

Gurlitt, W. (Hrsg.) (1967): Riemann Musiklexikon. Mainz: B. Schott´s Söhne.

Heymann, H. W. (1996): Allgemeinbildung und Mathematik. Weinheim, Basel: Beltz.

Hönisch, K. u. a. (1995): Wir feiern mit Zahlix. Eine themenorientierte Arbeitsmappe aus der Welt der Zahl–Grundschulwerkstatt. Hannover: Schroedel.

Hönisch, K. u. a. (1996): Durch das Jahr mit Zahlix. Eine themenorientierte Arbeitsmappe aus der Welt der Zahl–Grundschulwerkstatt. Hannover: Schroedel.

Johnson, J. Th. (1938): The relative merits of three methods of subtraction. New York: Bureau of Publications, Teachers College, Columbia University.

Kempinsky, H. (1923): So rechnen wir bis tausend und darüber hinaus. Leipzig: Verlag der Dürr´schen Buchhandlung.

Klank, A. (1997): Zurück zur Tafel. In: Grundschule, Heft 4, S. 56 – 60.

KMK (Ständige Konferenz der Kultusminister der Länder) (1958): Beschluß der Kultusministerkonferenz vom 25. März 1958 über Richtlinien und Rahmenpläne für den Mathematikunterricht. In: Bundesanzeiger vom 09.04.1958.

KMK (Ständige Konferenz der Kultusminister der Länder) (1976): Empfehlungen und Richtlinien zum Mathematikunterricht in der Grundschule. Beschluß des Kultusministerkonferenz vom 3. Dezember 1976. In: Bundesanzeiger vom 15.3.1977.

Kohrs, K.-W. (1989): Wasser ist mehr als naß. Bausteine Grundschule, Heft 1. Aachen: Bergmoser + Höller.

Krauthausen, G. (1993): Kopfrechnen, halbschriftliches Rechnen, schriftliche Normalverfahren, Taschenrechner: Für eine Neubestimmung des Stellenwerts der vier Rechenmethoden. In: Journal für Mathematik-Didaktik, Heft 3/4, S. 189 – 219.

Krauthausen, G. (1994): Von ‚Futterprämien' und kognitiven Werkzeugen. In: Krauthausen, G./Herrmann, V. (1994): Computereinsatz in der Grundschule? Stuttgart: Klett, S. 82 – 111.

Krauthausen, G. (1997): Die nächste Welle? Neue Trends zum Computereinsatz im Grundschulalter. In: Grundschulunterricht, 44, H. 4, S. 14 – 17.

Krauthausen, G./Herrmann, V. (1994): Computereinsatz in der Grundschule? Stuttgart: Klett.

Kultusminister des Landes Nordrhein–Westfalen (Hrsg.) (1991): Verordnung über den Bildungsgang in der Grundschule. Frechen: Verlagsgesellschaft Ritterbach.

Lankes, E.-M. (1997): Wissen aufbauen und anwenden. In: Grundschule, Heft 10, S. 10 – 12.

Lehmann, J. (1985): 3 PLUS 8 und mitgemacht. Berlin: Volk und Wissen.

Lewe, H. (1998): Differenzierte Klassenarbeiten. In: Grundschulmagazin, Heft 1, S. 15 – 18.

Lietzmann, W. (1916): Methodik des mathematischen Unterrichts. Leipzig: Quelle & Meyer.

Lorenz, J. H. (1991): Parkettierungen. In: Grundschule, Heft 2, S. 16 – 19.

Lorenz, J. H. (1997): Kinder entdecken die Mathematik. Braunschweig: Westermann.

Lorenz, J. H./Radatz, H. (1993): Handbuch des Förderns im Mathematikunterricht. Hannover: Schroedel.

Maras, R. (1979): Das Tafelbild im Unterricht. München: Lurz.

Menninger, K. (1979): Zahlwort und Ziffer. Göttingen: Vandenhoek & Ruprecht.

Ministerium für Schule und Weiterbildung des Landes Nordrhein–Westfalen (Hrsg.) (1996): Richtlinien Mathematik. Frechen: Verlagsgesellschaft Ritterbach.

Möller, M. (1998): Schriftliche Rechenverfahren und Computerprogramme. In: Die Grundschulzeitschrift, Heft 119, S. 62 – 64.

Mosel-Göbel, D. (1988): Algorithmusverständnis am Beispiel ausgewählter Verfahren der schriftlichen Subtraktion. In: Sachunterricht und Mathematik in der Primarstufe, Heft 12, S. 554 – 559.

Müller, G. N./ Wittmann, E. Ch. (1997): Spiegeln mit dem Spiegelbuch. Leipzig: Klett.

Müller, G. N./Wittmann, E. Ch. (1995): Mit Kindern rechnen. Frankfurt/Main: Arbeitskreis Grundschule.

Müller, K. P./ Wölpert, H. (1976): Anschauliche Topologie. Stuttgart: Teubner.

Mulatinho, P. (1996): Pfiffiges Origami. Augsburg: Augustus.

Niedersächsisches Kultusministerium (Hrsg.) (1984): Rahmenrichtlinien für die Grundschule – Mathematik. Hannover: Schroedel.

Niedersächsisches Kultusministerium (Hrsg.) (1994): Medien– und Kommunikationserziehung in der Grundschule. Hannover: Berenberg.

Nolte, M. (1996): Auswirkungen beeinträchtigter Sprachwahrnehmung im Mathematikunterricht am Beispiel von Sabrina – eine Falldarstellung. In: Zentralblatt für Didaktik der Mathematik, Heft 6, S. 194 – 199.

Owen, P. (1997): Outdoor– Knotenfibel. München: BLV.

Padberg, F. (1992): Didaktik der Arithmetik. Mannheim: Bibliogaphisches Institut.

Palzkill, L. u. a. (Hrsg.) (1992): Die Welt der Zahl 1. Hannover: Schroedel.

Piaget, J./Inhelder, B. (1971): Die Entwicklung des räumlichen Denkens beim Kinde. Stuttgart: Klett.

Pschyrembel, W. (1982): Klinisches Wörterbuch. Berlin, New York: Walter de Gruyter.

Radatz, H./Rickmeyer, K. (1991): Handbuch für den Geometrieunterricht an Grundschulen. Hannover: Schroedel.

Radatz, H./Rickmeyer, K. (1996): Aufgaben zur Differenzierung. Hannover: Schroedel.

Radatz, H./Schipper, W. (1983): Handbuch für den Mathematikunterricht an Grundschulen. Hannover: Schroedel.

Radatz, H./Schipper, W. (1997a): Freigabe des Verfahrens der schriftlichen Subtraktion. In: Die Grundschule, Heft 3, S. 26 – 27.

Radatz, H./Schipper, W. (1997b): Methodische Öffnung des Mathematikunterrichts. In: Die Grundschulzeitschrift, Heft 102, S. 52 – 53.

Radatz, H./Schipper, W./Dröge, R./Ebeling, A. (1996): Handbuch für den Mathematikunterricht 1. Schuljahr. Hannover: Schroedel.

Radatz, H./Schipper, W./Dröge, R./Ebeling, A. (1998): Handbuch für den Mathematikunterricht 2. Schuljahr. Hannover: Schroedel.

Raudies, M./Zander, R. (1996): Zu wesentlichen Ergebnissen der ersten Phase des Forschungsprojekts „Computernutzung an Grundschulen des Landes Brandenburg". In: Potsdamer Studien zur Grundschulforschung, Heft 13, S. 126 – 140.

Reinhart, G. (1995): Wie es früher war ... Kinderspiel. Bausteine Grundschule, Sonderheft 3. Aachen: Bergmoser + Möller.

Rickmeyer, K. (1996): Übungen mit dem Somawürfel. In: Praxis Grundschule, Heft 2, S. 4 – 9

Rickmeyer, K. (1997): Flächeninhalt und Geobrett. In: Praxis Grundschule, Heft 2, S. 18 – 23.

Röhling, J. (1978): Das Tafelbild – Bedeutung, Aufgabe, Gestaltung. In: Bayerischer Lehrerinnen– und Lehrerverband (Hrsg.): Handreichungen für die Unterrichtspraxis. München.

Roth, H. (1956): Sollen wir beim Subtrahieren das Entlehnen oder Hinaufzählen lehren? In: Die Deutsche Schule, S. 410 – 417.

Schattschneider, D./ Wallace, W. (1987): M. C. Escher Kaleidozyklen. Berlin: TACO

Schipper, W. (1986): Grundschulmathematik Vom Abacus zum Computer? In: Die Grundschule, Heft 4, S. 20 – 24.

Schipper, W. (1990): Kopfrechnen: Mathematik im Kopf. In: Die Grundschulzeitschrift, Heft 31, S. 22 – 25 und 44 – 49.

Schipper, W. (1995a): Die Modellversuche CLIP und COMPiG. In: Die Grundschule, Heft 10, S. 73 – 74.

Schipper, W. (1995b): Auf den Spuren der Hunderter–Tafel. In: Praxis Grundschule, Heft 3, S. 19 – 26.

Schipper, W. (1998a): Wie zeitgemäß ist die KMK–Empfehlung zur schriftlichen Subtraktion? In: Brügelmann, H. u. a. (Hrsg.) (1998): Jahrbuch Grundschule: Fragen der Praxis – Befunde der Forschung. Seelze: Friedrich Verlag, S. 154 – 159.

Schipper, W. (1998b): „Schulanfänger verfügen über hohe mathematische Kompetenzen." – Eine Auseinandersetzung mit einem Mythos. In: *Peter-Koop, A.* (Hrsg.): Das besondere Kind im Mathematikunterricht der Grundschule. Offenburg: Mildenberger, S. 119 – 140.

Schipper, W. (1998c): Schriftliches Rechnen – ein Fossil mit Zukunft. In: Die Grundschulzeitschrift, Heft 119, S. 10 – 16.

Schipper, W./Depenbrock, K. (1997): Förderung der rechnerischen Flexibilität mit Hilfe von Spielen. In: Die Grundschule, Heft 10, S. 43 – 45.

Schmid, H./Vortmann, H. (1995): Übungen im Mathematikunterricht der Grundschule. Heinsberg: Agentur Dieck.

Schröter, E./Kochan, B. (1995): Der Computer als Schreibwerkzeug beim Schriftspracherwerb. In: Die Grundschule, Heft 10, S. 24 – 28.

Schulz, A. (1994): Fördern im Mathematikunterricht. Stuttgart: Klett.

Schütte, S. (1994): Mathematiklernen in Sinnzusammenhängen. Stuttgart: Klett.

Schütte, S. (1997): Geschichten zum Rechnen: In: Die Grundschulzeitschrift, Heft 102, S. 25 – 44.

Selter, Ch. (1994): Eigenproduktionen im Arithmetikunterricht der Primarstufe. Wiesbaden: Deutscher Universitätsverlag.

Selter, Ch. (1994): Jede Aufgabe hat eine Lösung. In: Die Grundschule, Heft 3, S. 20 – 22.

Selter, Ch. (1995): Eigenproduktionen im Arithmetikunterricht. In: Müller, G.N./Wittmann, E.Ch. (Hrsg.)(1995): Mit Kindern rechnen. Frankfurt/Main: Arbeitskreis Grundschule, S. 138 – 150.

Selter, Ch. (1997): Eigenproduktionen statt Fertigprodukt Mathematik! In: Die Grundschulzeitschrift, Heft 110, S. 6 – 11.

Selter, Ch./Spiegel, H. (1997): Wie Kinder rechnen. Stuttgart: Klett.

Seymour, D./Shedd, M. (1973): Finite Differences – A Problem Solving Technique. Palo Alto: Creative Publications.

Spiegel, H. (1996): Spiegeln mit dem Spiegel. Leipzig: Klett.

Stein, M. (1997): Einführung in die Mathematik II – Geometrie. Heidelberg/Berlin: Spektrum.

Stern, E. (1992): Warum werden Kapitänsaufgaben „gelöst"? – Das Verstehen von Textaufgaben aus psychologischer Sicht. In: Der Mathematikunterricht, Heft 5, S. 7 – 29.

Sundermann, B./Selter, Ch. (1995): Halbschriftliches Rechnen auf eigenen Wegen. In: *Müller G. N./Wittmann, E. CH.* (Hrsg.): Mit Kindern rechnen. Frankfurt/M.: Arbeitskreis Grundschule, S. 165 – 178.

Szendrei, J. (1996): Concrete materials in the classroom. In: Bishop, A. J. et al. (eds.): International Handbook of Mathematics Education. Dordrecht: Kluwer, S. 411 – 434.

Usiskin, Z. (1997): Doing Algebra in grades K-4. In: Teaching Children Mathematics 6, Vol. 3, pp. 346 – 356.

van de Walle, J. A. (1987): Trackcards. In: Hill, J. M. (Ed.): Geometry for Grades K–6. Reston: NCTM.

Varga, T. (1967): Combinatorials, Probability and Statistics. Sherbrooke: National Institut of Education.

Vollmer, N. (1997): Computerspiele statt Legosteine. In: Forschung an der Universität Bielefeld, H. 15, S. 24 – 29.

Wagemann, E. (1984): Über Strategien im Sachrechenunterricht der Grundschule. In: Mathematische Unterrichtspraxis, Heft 1, S. 1 – 14.

Wagemann, E. (1991): Bausteine zu einer Methodik des Mathematikunterrichts. Giessen: Universität.

Weiß, R. H./Büscher, P. (1997): Rechenstörungen. In: SchulVerwaltung Heft 11, S. 304 – 310. Kronach: Link

Wielpütz, H. (1990): Üben und Fördern. In: Die Grundschule, Heft 10, S. 50 – 52.

Windolph, E. (1997): Ergänzen oder Borgen? Die Diskussion um die Form der schriftlichen Subtraktion. In: SchulVerwaltung, Heft 3, S. 76 – 77.

Winter, H. (1981): Der didaktische Stellenwert des Sachrechnens im Mathematikunterricht der Grund– und Hauptschule. In: Pädagogische Welt, Heft 35.

Winter, H. (1984): Wiegen und Gewichte. In: mathematik lehren, Heft 2, S. 17 – 21.

Winter, H. (1985): Sachrechnen in der Grundschule. Bielefeld: CVK.

Winter, H. (1991): Anwenden und Entdecken – Probleme des Sachrechnens in der Grundschule. In: Die Grundschulzeitschrift, Heft 42, S. 28 – 35.

Winter, H. (1994): Modelle als Konstrukte zwischen lebensweltlichen Situationen und arithmetischen Begriffen. In: Die Grundschule, Heft 3, S. 10 – 13.

Winter, H. (1996): Praxishilfe Mathematik. Berlin: Cornelsen.

Wittmann, E. Ch./Müller G. N. (1992): Handbuch produktiver Rechenübungen. Band 2, Stuttgart: Klett.

Wolk, S. (1996): Aufgabenangebote – Differenzierte Mathematikarbeiten in der Primarstufe. In: Bambach, H./ Bartnitzky, H.u. a. (Hrsg.): Prüfen und Beurteilen. Seelze: Friedrich–Verlag, S.72 – 73.

Wollring, B. (1997): Mädchen und Jungen bauen gemeinsam Würfel aus gefaltetem Papier. In: Sach – Wort – Zahl, Heft 7.

Zuckowski, R (1993): Rolfs Liederkalender als Cassette, CD und Video. Hamburg: Polydor.

Zühlke, Ch. (1994): Übungen und Spiele in der Hundertertafel. Berlin: Volk und Wissen.

Querverweise Kopiervorlagen ⇨ Textseiten

Kopiervorlage		Hinweise auf Seite(n)	Kopiervorlage		Hinweise auf Seite(n)
K 1	⇨	18, 19	G 1	⇨	150, 151, 155
K 2	⇨	19	G 2	⇨	155
K 3	⇨	19	G 3	⇨	157
A 1	⇨	64, 102, 107, 109	G 4	⇨	168
A 2	⇨	65	G 5	⇨	168
A 3	⇨	65	G 6	⇨	168
A 4	⇨	67, 71, 72	G 7	⇨	182
A 5	⇨	69	G 8	⇨	189
A 6	⇨	79	G 9	⇨	193
A 7	⇨	80	G 10	⇨	193
A 8	⇨	80	SR 1	⇨	212
A 9	⇨	80	SR 2	⇨	235
A 10	⇨	92			
A 11	⇨	97			
A 12	⇨	99, 100			
A 13	⇨	103, 104			
A 14	⇨	105			
A 15	⇨	125			

Sachwortverzeichnis

A

Abziehen 132 f.
Abziehen mit Entbündeln 133
Achsensymmetrie 170 ff., 174,
Achteck 152
Addition 10, 68, 73 ff.
aktives Lernen 52
Analogien 61, 69, 72, 76, 95, 98
Arbeitsmittel 41, 63 ff.
Artikulationsmedium 64
Aufgabe der Woche 49, 70
Authentizität 195, 197

B

Balkendiagramm siehe Säulenbild/-diagramm
Bandornamente 176, 191, 193
Bearbeitungshilfen/-strategien 196, 255 ff., 262
Beobachten 53 ff.
Bewertungsnormen 20
Beziehungen 113 ff.
Bingo 16
Bündelung/Bündeln 12, 46, 60 ff., 67
Bündelungsbegriff 12
Bündelungsbrett 62

C

Computer 28 ff.

D

Daten sammeln 53 ff.
Daumenkino 147
Denksport-Sachaufgaben 264
Dezimeter 215
Diagnose 39
Diagnoseinstrument 8 f.
diagnostische Aufgabensätze 9 f.
diagnostische Gespräche 9
Diagramme 46 f., 53 ff., 248 ff.
differenzierte Gruppenarbeit 23
differenzierte Hausaufgaben 23
differenzierte Mathematikarbeiten 20 ff.
differenzierter Unterricht 23
differenziertes Aufgabenangebot 22
Differenzierung 7, 39
Division 16, 89 ff.
Division durch Zehnerzahlen 94 ff.
Division mit Rest 91
Division von Hunderterzahlen 108 ff.
Division von Kommazahlen 111 ff.
Dodekaeder 161
Doppelbesetzung 7
Doppelwürfel 161, 166
Drachen 143 ff., 150 ff.
Drehpunkt 174 f.
Drehsymmetrie 151, 170, 174 ff.
Drehung 152, 175 f.
Drehwinkel 174 f.
Dreieck 143 ff., 150 f.

E

ebene Figuren 143 ff.
Ecke 159 f.
Eckenrechnen 79
Eigenproduktionen 82 ff.
Eingrenzung 111 f.
Einheitsmaße 153 ff.
Einkaufssituationen 203 ff.
Einmaleins12 ff.
Einmaleins-Tabelle 14
Einmaleinsreihe 13
Einprägestrategien 14
Einzelförderung 8
Entbündeln 67, 134
Entdeckungen 97 ff., 113 ff.
Entfernungen 214
Ergänzen 86, 132 f.
Ergänzungsmethode 130 f.
Erkunden 53 ff.
Erweitern 132
Eulerweg 181

F

facherübergreifend 250 ff.
Fadenfiguren 185
Fadenspiele 183 ff.
Fadentricks 185
Fähigkeitsprofil 10
Falten 145 f., 160, 164 ff.
Faltschachtel 165 f.
Faltwinkel 188
Faltwürfel 164 f.
Färbeproblem 183
Fehler 14 f., 96 f., 111, 138 ff.
Fehleranalyse 9, 15, 22
Fehlertechniken 9
Fläche 153, 159 f.
Flächeninhalt 152 ff., 155 ff.
Flächeninvarianz 155
Flächenmodell 159, 160 ff.
Flächenvergleich 154 ff.
Flexibilität des Rechnens 50 ff.
Fördergruppe 8
Fördermaßnahmen 7
Fördern 7, 19 f., 23
Förderplan 8, 11
Förderunterricht 39 ff.
Freihandskizze/-zeichnung 146
Fünfeck 151 f.

G

ganzheitliche Zugänge 52 ff.
gegensinniges Verändern 87 f.
Geld 198 f., 201 ff., 250 f.
Geldwerte (Vorstellung von) 205
Geobrett 147 ff., 154 ff., 158
Geodreieck 190 f.
geometrische Körper 159 ff., 166 ff.
geometrisches Zeichnen 168, 187 ff.
gestütztes Kopfrechnen 82 ff.
Gewichte 230 ff., 252 f.
gleichsinniges Verändern 87
Größen 197 ff., 247 ff.
Größenbereiche 201 f.
Größenvorstellung 48, 64, 85, 198 ff., 201 ff., 213, 216, 221 ff., 230 ff., 239 ff.
großes Einmaleins 100 ff.
günstige Rechenwege 85 ff.

H

Handlungserfahrungen 197 ff.
handlungsorientierte Zugänge 197, 201
horizontal 170 ff., 178
Hunderter-Feld 9, 92, 98 f.
Hunderter-Tafel 32, 41
Hunderterraum 12

I

individuelle Lösungswege 22
individuelle Rechenwege 82 ff.
informatives Lesen 195 f.
innere Differenzierung 7
Integrationsklasse 7
integrative Fördermaßnahmen 8
Isolierung von Schwierigkeiten 10

K

Kalender 228 ff.
Kante 159 f.
Kantenmodell 160
Kapitänsaufgaben 260
Kegel 159 f.

Kerbhölzer 45
Kilometer 200, 214, 221 f.
Klammerrechnen 115 ff.
klassische Stufenfolge (Größen) 197 f.
Kleeblätter 17
Knoten 179, 181, 186 f.
Knotentechniken 183 f., 186 f.
Kombinatorik 117 f.
Königsaufgaben 13
konstruktives Lernen 53
Kopfgeometrie 149 f., 163 f., 186
Kopfrechnen 15 f., 48, 74 ff., 77 ff., 85 f.
Kreis 191 ff.
Kreislinie 191 ff.
Kugel 159 f.
Kurve 179

L

Lagebeziehungen 187 f.
Längen 199 f., 213 ff.
Legenden 47
Leistungsbegriff 20
Leistungsbeobachtung 20
Leistungsbewertung 20
Leistungsheterogenität 73, 84
Leistungskontrolle 5
Leistungsmessung 20
Leistungsvergleich 20
Lernanlässe 200
Lernerfahrungen 7
Lernschwächen/-schwierigkeiten 8, 10, 38 f.
Lernstandsbestimmung 8 ff.
Links-Rechts-Unterscheidung 42
Liter 241 ff.
Lösungswege 14 f., 196, 255 ff., 262 f.
lotrecht 170 f.
Lückentexte 261 f.

M

Malkreuz 92, 103
Maßeinheiten 197 f.
Maßstab 66, 153
Mathematiklernen 52 f.
Mathematisierung (einer Sachsituation) 196, 198
Mehrsystemblöcke 11
Meter 214 f.
Meterquadrat 153 f.
Milliliter 241 ff.
Millimeter 216
Mittelpunkt 191, 193
Multiplikation 13, 16, 89 ff., 106 ff.
Multiplikation mit Zehnerzahlen 94 ff.
Multiplikation von Kommazahlen 106 f., 108
musikalische Symmetrie 173
Muster 48 ff., 58 f., 172, 190 ff.

N

Nachbaraufgabe 90
Nachhilfeunterricht 40
Netze 162, 166, 179 ff.
nicht-dezimale Systeme 63
nichtpädagogischer Leistungsbegriff 20
Normalverfahren 120
Notationsformen 82 ff., 85 ff.

O

offene Aufgaben 50
Öffnung (des Mathematikunterrichts) 5
Oktaeder 161
Operationsvorstellung 43 f., 48
operative Beziehungen 89 f.
operative Übungen 12, 70 f., 97 f.
Operatoren 99
Ordnung der Zahlen 69, 72 f.
Origami 164

P

pädagogischer Leistungsbegriff 20
parallel/Parallelität 170 ff., 188 ff.
Parallelogramm 143 ff.
Parkettierbarkeit 151 f.
Parkettierung 151 f., 162, 191
Pfeilnetze 92 f.
Planquadrat 177 f.
Präsentationsformen 196
Primat der Sache 198
Primat der Struktur 198
Prisma 159 f., 168
Probeaufgabe 90
Problemlösestrategie 198, 259 f.
Pyramide 159 ff., 168

Q

Quader 159 ff.
Quadernetz 166
Quadrat 143 ff., 150 ff.
Quadrat-, Strich-, Punktdarstellung 70, 76
quantitativer Flächenvergleich 153

R

Radius 191 ff.
Rahmenrichtlinien 23 f.
Raumanschauung 179
Rauminhalte 239 ff.
räumliche Orientierung 159, 169 f.
räumliches Denken 159
räumliches Vorstellungsvermögen 145, 159, 162 ff., 169 f., 193
Raute 143 ff., 151 f.
Rechenbäume 263
Rechengeld 69
Rechengeschichten 42 f., 258 f.
Rechenhaus 99
Rechenkreis 16, 99 f.
Rechenmauern 49
Rechenpuzzle 91, 104
Rechenpyramiden 33
Rechenrad 99
Rechenrahmen 64 f.
Rechenstörung 8, 10, 12, 39 f., 77
Rechenstrategie 64, 87
Rechenstrich 87 ff.
Rechenvorteil 74, 86
Rechenwege 50 f.
Rechteck 143 ff., 151
rechter Winkel 143 f., 146, 163, 175, 188 ff., 194
Rechts- und Verwaltungsvorschriften 23
Referenzkontext 64, 67, 83, 87
Reflexionsfähigkeit 260 f.
Rekorde 218
Repräsentationsebenen (enaktiv, ikonisch) 150
Runden/Rundungsregeln 112 f., 207 ff.

S

„Sachrechencurriculum" 195 f.
Sachrechenkartei 264 f.
Sachrechenkompetenz 200 f., 255 ff.
Sachrechenkurs 200 f., 255 ff.
Sachrechenunterricht 216
Sachrechnen 195 ff., 247 ff.
Sachsituationen 209 ff., 216 ff., 234 ff., 243 ff.
Sachtexte 196
Säulenbild/-diagramm 47, 248 f.
Schätzen 48
Schaubilder siehe Diagramme
Scherzaufgaben 264
Schreibweise der Zahlen 69
schriftliche Addition 119 ff., 121 ff.
schriftliche Mathematikarbeit 19 ff.